G. Watzek, M. Matejka (Hrsg.)

Der zahnlose Unterkiefer

Seine chirurgisch-prothetische Rehabilitation

Symposium, Fuschl,
9. bis 13. September 1987

Springer-Verlag Wien New York

Prof. Dr. Georg Watzek
Doz. Dr. Michael Matejka
Abteilung für zahnärztliche Chirurgie
Universitätsklinik für Zahn-, Mund- und Kieferheilkunde, Wien, Österreich

Mit 194 zum Teil farbigen Abbildungen

CIP-Titelaufnahme der Deutschen Bibliothek
Der **zahnlose Unterkiefer**: seine chirurg.-prothet.
Rehabilitation ; Symposium, Fuschl, 9.–13. September 1987 /
G. Watzek ; M. Matejka (Hrsg.). – Wien ; New York :
Springer, 1988

NE: Watzek, Georg [Hrsg.]

ISBN-13:978-3-7091-8964-1   e-ISBN-13:978-3-7091-8963-4
DOI: 10.1007/978-3-7091-8963-4

Vorwort

Eine alle Seiten befriedigende prothetische Versorgung des zahnlosen Unterkiefers ist – trotz aller Fortschritte der Prothetik – ohne Einbeziehung chirurgischer Maßnahmen und Unterstützung durch diese nicht immer möglich. Diese Tatsache wird durch einen steten Anstieg der Anforderungen an Halt und Funktion einer totalen Prothese seitens der Patienten noch mehr betont. Die chirurgische Hilfestellung durch den Kieferchirurgen war jahrzehntelang durch standardisierte, traditionelle chirurgische Techniken geprägt, die insgesamt jeweils nur geringen Modifikationen unterworfen wurden und deren Leistungsfähigkeit zumindest universitär nur selten in Frage gestellt wurde. Erst kritische Untersuchungen der letzten Jahre zeigten die oft ungünstige und fragwürdige Relation zwischen Aufwand, Patientenbelastung und Komplikationsgefahr einerseits und dem oft mäßigen Erfolg und Vorteil für den Patienten andererseits auf. Die daraus resultierenden Bestrebungen, die traditionellen Wege der präprothetischen Chirurgie zu verlassen oder zumindest in wesentlichen Punkten zu modifizieren, wurden bestärkt durch die Einführung und das Angebot der in einem hohen Grad verträglichen und einsetzbaren Knochenersatzmaterialien, der verschiedenen Formen des Hydroxylapatits, und die Bekanntgabe und Einführung von nunmehr wissenschaftlich in einem hohen Maß untermauerten enossalen Implantationsmethoden mit den in der Literatur in den letzten Jahren angegebenen guten Prognoseraten. Diese drei unterschiedlichen Behandlungsvarianten – die traditionellen, präprothetisch-chirurgischen Verfahren, der Einsatz von Hydroxylapatit-Keramiken und die Implantation von enossalen Pfeilern aus Titan, Tantal oder Keramik – standen in den letzten Jahren zur Erreichung ein und desselben Zieles in Konkurrenz zueinander, nämlich, den zahnlosen Patienten mit Hilfe prothetischer Maßnahmen wieder zu einem heutigen modernen Anforderungen entsprechenden funktionellen Zahnersatz zu verhelfen. Wie so oft erwies sich allerdings auch beim Studium dieser Problematik, daß die gesteckten Ziele am ehesten durch die Kombination von diesen oder jenen Behandlungsverfahren erreicht werden können und daß ein monotherapeutisches Vorgehen ohne Kompromißbereitschaft und Einbeziehung neuer Techniken sich letzten Endes als Fehlentwicklung erweisen mußte.

In Fortsetzung des Gestaltungsprinzips der 1. Tagung der Arbeitsgemeinschaft für zahnärztliche Chirurgie, Mund-, Kiefer- und Gesichtschirurgie der österreichischen Gesellschaft für Zahn-, Mund- und Kieferheilkunde schien uns aufgrund der eingangs besprochenen Problematik die Chirurgie des zahnlosen Unterkiefers ein Thema, das in Anbetracht seiner Aktualität wieder eine Vielzahl von Kollegen ansprechen sollte.

Bereits durch das Ausmaß der Vortragsanmeldungen bewahrheiteten sich zu unserer Freude diese Vermutungen, die dann auch durch die Liste der Teilnehmer neuerlich bestätigt wurden. Trotz kritischer Auswahl der Vortragenden sahen wir uns gezwungen, den Umfang der Tagung von zwei auf drei Tage zu erweitern. Wir haben jedoch keineswegs die Absicht, uns in Zukunft damit selbst zu präjudizieren, sondern werden selbstverständlich bei vielleicht weniger populären, aber deshalb nicht minder interessanten Themen den Umfang der Tagung zur Gewährleistung einer entsprechenden Qualität wieder verkürzen.

Wie schon bei der 1. Tagung erwiesen sich unseres Erachtens der Tagungsort und der bewußt und betont informelle Charakter als Garanten für einen intensiven, interessanten und manchmal auch leidenschaftlichen Erfahrungsaustausch. Die Diskussionen waren – wie erhofft – meist offen, tiefschürfend und letzten Endes klärend.

Bei der Programmgestaltung wurde wieder versucht, allen Tagungsteilnehmern einen Überblick über die gesamte Problematik zu geben, den einzelnen Kapiteln Einführungsvorträge und Überblicksreferate voranzustellen und so alle Aspekte durch Vorträge inhaltlich zu erfassen. Dieses Bemühen wurde nun auch bei der Zusammenstellung des vorliegenden Buches fortgesetzt. Aufgrund der zeitmäßigen Ausdehnung dieser Tagung und der Verläßlichkeit unserer Autoren bei der Abfassung und Abgabe der Manuskripte hat dieses Buch nun fast den doppelten Umfang wie der Bericht über die letzte Tagung. Allen Vortragenden sei hiermit für die Überlassung der Manuskripte und ihre Mitarbeit nochmals sehr herzlich gedankt. Unser besonderer Dank gebührt wieder dem Springer-Verlag in Wien für seine Unterstützung und die ausgezeichnete Ausstattung des Buches.

Wien, im Frühjahr 1988   G. Watzek
                                                         M. Matejka

Inhaltsverzeichnis

Entwicklung, funktionelle und altersbedingte Veränderungen der Knochenstrukturen des Unterkiefers

H. Plenk jr.

Laboratorium für Biomaterial- und Stützgewebeforschung
(Leiter: Prof. Dr. H. Plenk) am Histologisch-Embryologischen Institut
(Vorstand: Prof. Dr. H. G. Schwarzacher) der Universität Wien

Mit 6 Abbildungen

Zusammenfassung

Die Knochenstrukturen des menschlichen Unterkiefers entwickeln sich aus dem der Neuralleiste entstammenden Ektomesenchym des Kopfes. Im 1. Kiemen- oder Mandibularbogen entsteht neben dem 5. Hirnnervenast und dem 1. Aortenbogen zuerst ein Knorpelstab, der Meckelsche Knorpel, der durch sein aktives Wachstum zur Vereinigung der beiden Unterkieferhälften beiträgt. Im 2. Lunarmonat entsteht parallel dazu, aber als membranöser Belegknochen der Mandibularkörper, der dann auch die Zahnanlagen beherbergt. Der Meckelsche Knorpel wird bis zur Geburt größtenteils wieder rückgebildet.

Die weiteren Knochenneubildungs-, Wachstums- und Umbauvorgänge, die schließlich zu der charakteristischen Form des menschlichen Unterkieferknochens führen, sind einerseits durch äußere Einflüsse (Muskelansatzzonen, funktionelle Beanspruchung), andererseits aber durch aktive Wachstumsvorgänge bedingt, die nun auf der Basis von Sekundärknorpel bzw. Chondroidknochen vor allem im Bereich des Processus condylaris und auch der Kinnspitze stattfinden. Nach dem Durchbruch der Zähne reagiert das Knochengewebe des Zahnfortsatzes eigenständig auf die Einflüsse des Kauens oder orthodontischer Maßnahmen, überträgt diese Belastungen aber auch auf das Rahmengerüst der Mandibula. Wenn es dann, z. B. altersbedingt, zum Ausfall der Zähne kommt, sind ein Abbau des Alveolarfortsatzes und eine mehr oder weniger ausgeprägte Atrophie des gesamten Unterkieferknochens die Folgen dieses Funktionsausfalles und bilden die Ausgangslage für die bei dieser Tagung diskutierten Therapien.

Summary

Embryonic Development, Functional and Age-dependent Changes of the Bone Structures of the Lower Jaw. The bone structures of the lower jaw develop from the ectomesenchyme originating from cranial neural crest cells. This primordium, however, first forms the actively growing MECKEL's cartilage in the first branchial or mandibular arch, accompanied by a cranial nerve and aortic arch. During the second month, independent membranous bone formation builds up the mandibular body which embraces the tooth germs. Until birth most of Meckel's cartilage will be resorbed.

Further bone formation, growth and remodelling which finally lead to the characteristic shape of the human mandible are guided by muscular insertion zones and functional influences, but there is also active endochondral growth on the basis of secondary cartilage or chondroid tissue, mainly found in the condylar process and the mandibular symphysis. After eruption of the teeth, the alveolar bone process reacts independently to masticatory or orthodontic influences, but also transfers the loads to the framework of the mandible. Therefore, an age-dependent loss of teeth causes not only resorption of the alveolar bone, but also a more or less extensive atrophy of the mandible. These are the starting points for the therapeutical measures discussed at this meeting.

Schlüsselwörter: Unterkieferknochen, embryonale Entwicklung, Wachstum, funktioneller Umbau, Altersveränderungen.

Key words: Lower jaw bone, embryonic development, growth, functional remodelling, age changes.

Die Entwicklung des menschlichen Unterkiefers

Das Mesoderm der ventralen Gesichts-Hals-Region differenziert sich nicht wie im dorsalen Genick-Rumpf-Bereich zu Chorda, paraxialen Segmenten und Seitenplatten, sondern wird durch Zellen repräsentiert, die aus der Abfaltungszone der Neuralleisten um den vorderen Neuroporus in die Umgebung der Rachenmembran (= Mundbucht) und in die Branchial- oder Kiemenbogenregion einwandern (Abb. 1).

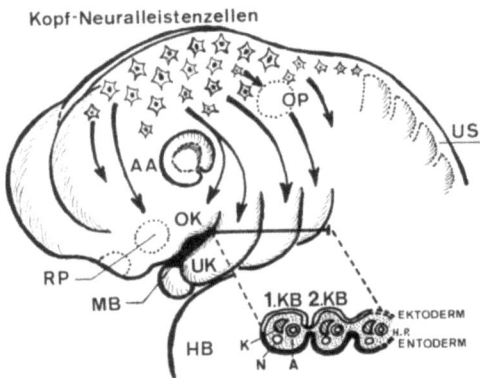

Abb. 1. Schematische Darstellung der Migration der Kopf-Neuralleistenzellen in die Gesichts- und Kiemenbogenregion (umgezeichnet nach Mjör and Fejerskov 1986). *AA* Augenanlage; *RP* Riechplakoden; *MB* Mundbucht; *OK* Oberkiefer-wulst; *UK* Unterkieferwulst; *OP* Ohrplakode; *HB* Herzbuckel; *US* Ursegmente. Im Schnitt sind in den Kiemenbögen *(KB)*, eingebettet in Ektomesenchym, eine Knorpelspange *(K)*, ein Nerv *(N)* und ein Aortenbogen *(A)* zu erkennen

Dieses sogenannte Ektomesenchym besiedelt die Kiemenbögen zusammen mit einem Hirnnerven(ast) und einem Arterien(= Aorten)bogen und differenziert sich über embryonales Bindegewebe zu Knochen- und Knorpelgewebe, später auch zu den mesodermalen Zahngeweben und zum

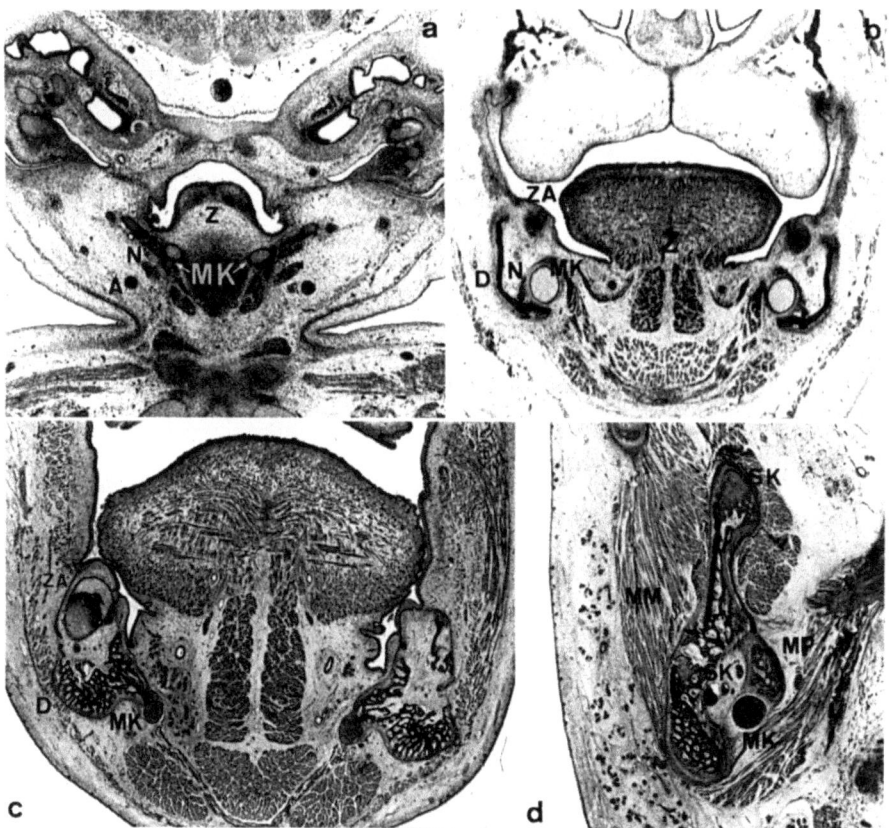

Abb. 2. Frontale Serienschnitte durch die Unterkieferregion von verschieden alten menschlichen Embryonen (Sammlung des Histologisch-Embryologischen Institutes der Universität Wien. Azanfärbung, Vergr. **a, b** 20×; **c, d** 10×). **a** 15 mm Scheitel-Steiß-Länge (SSL). Die beiden Meckelschen Knorpel *(MK)* sind im Unterkiefer neben dem N. mandibularis *(N)* und der Arterie *(A)* zu erkennen. *Z* Zunge. **b** 25 mm SSL. Neben den Meckelschen Knorpeln *(MK)* sind die Belegknochen der Dentale *(D)* zu erkennen, eingeschlossen der N. mandibularis *(N)*, darüber Zahnanlagen *(ZA)*. *Z* Zunge. **c, d** 95 mm SSL. Im mehr rostralen Schnitt **(c)** sind die weiter ausgebildeten Dentale *(D)* mit Zahnanlagen *(ZA)* und daneben die Meckelschen Knorpel *(MK)* zu erkennen. Der mehr dorsale Schnitt **(d)** zeigt einen Ramus mandibulae mit Sekundärknorpel *(SK)* im Proc. coronoideus und als Ausläufer vom Proc. condylaris. M. masseter *(MM)* und M. pterygoideus *(MP)* umfassen die Mandibula. *MK* Meckelscher Knorpel

Zahnhalteapparat. Im zentralen Bereich der Kiemenbögen entstehen näm-lich zuerst Knorpelstäbe, die nicht nur als Stütze dienen, sondern auch durch innere Zell- und Grundsubstanzvermehrung expansiv wachsen können. Damit besitzen die Kiemenbögen ähnliche Wachstumsvorausset-zungen wie die Extremitätenanlagen oder die Rippenbögen, die sich aus dem Embryonalkörper herausstülpen oder die Brustorgane mit einem schützenden Korb umgreifen müssen. Knochengewebe entsteht in wachsen-

den Strukturen sozusagen erst „sekundär", denn es kann nämlich nicht
selbst „wachsen", sondern nur jenen Bindegewebsraum verfestigend auffül-
len, der durch Wachstumsdehnung (ausgeübt z. B. von Hirnanlage, Knorpelgewebe oder Zahnanlagen) oder Muskelzug an Bindegewebsformatio-
nen frei wird. Im 1. Kiemen- oder Mandibularbogen kann die Anlage des
sogenannten Meckelschen Knorpels schon bei einem menschlichen Embryo
von etwa 12 mm Länge (also am Beginn des 2. Schwangerschaftsmonats)
nachgewiesen werden (Low, 1910). Ab 15 mm Länge ist er im späteren
Unterkiefer als runder Knorpelstab deutlich zu erkennen (Abb. 2 a) und ist
ventral bis an die Kinn-Symphyse vorgewachsen, während er dorsal im
Bereiche des späteren Mittelohres mit den Anlagen von Hammer und
Amboß endet und damit das sogenannte primäre Kiefergelenk bildet, das
beim Menschen jedoch nicht als solches benützt wird. Ab 18 mm Länge
kann man lateral vom Meckelschen Knorpel eine unabhängige, membranö-
se Knochenbildung nachweisen, die aber in enger Beziehung zum Nerven
(N. mandibularis) steht und über der es zur Abfaltung der Zahnleiste und
Ausbildung der Zahnanlagen kommt (Abb. 2 b, c). Durch Rekonstruktion
von Schnittserien durch entsprechend alte menschliche Embryonen kann
die äußere Form des so entstehenden knöchernen Corpus mandibulae, das
wegen des Einschließens der Zahnanlagen auch Dentale genannt wird, in
seiner Lagebeziehung zum Meckelschen Knorpel und zum N. mandibularis
dargestellt werden (Abb. 3).

Der Meckelsche Knorpel beteiligt sich größtenteils nicht an der Knochenbildung, sondern wird bis zur Geburt ersatzlos resorbiert, wobei in den

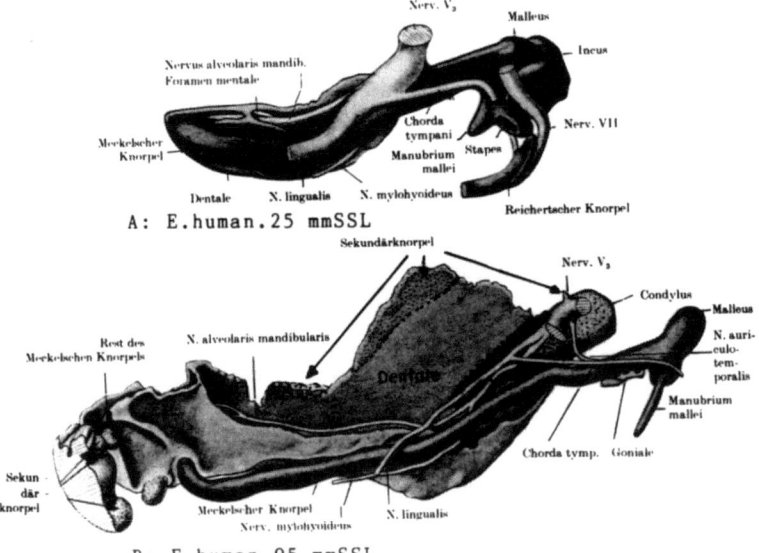

Abb. 3. Schematische Darstellung der Unterkieferentwicklung nach Rekonstruktion
von Serienschnitten (nach Low, 1910). Ansicht von medial: **A** 25 mm SSL; **B** 95 mm
SSL

nicht mineralisierenden Bereichen andere Abbaumechanismen als bei der enchondralen Ossifikation eingesetzt werden (Mühlhauser, 1986). Nur in den beiden Gehörknöchelchenanlagen kommt es zu ausgedehnterer chondraler Ossifikation und auch an der Symphysis menti, wodurch ein variabler Anteil zur Bildung des Corpus mandibulae beigetragen wird (Goret-Nicaise und Pilet, 1983). Im Bereiche der Symphyse, entlang des späteren Alveolarkammes, am Processus coronoideus und vor allem am und im Processus condylaris (Abb. 2 d) bilden sich jedoch neben dem membranösen Knochengewebe auch sogenannte Sekundärknorpel (siehe auch Abb. 3 B) mit der schon erwähnten expansiven Wachstumspotenz. Diesen Wachstumszentren, die dann enchondral ossifizieren oder über ein knorpelig-knöchernes Mischgewebe Knochen bilden (Goret-Nicaise und Dhem, 1984), kommt nicht nur bei der Entwicklung, sondern auch für die postnatalen Wachstums- und Formgebungsvorgänge des Unterkiefers große Bedeutung zu (Enlow, 1975).

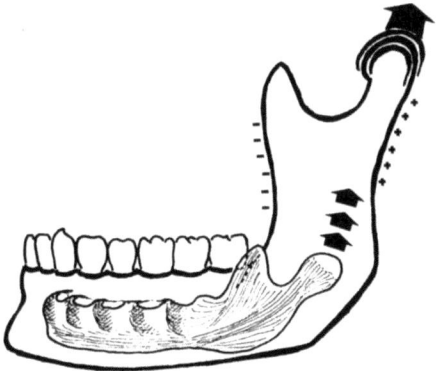

Abb. 4. Schematische Darstellung der Größen- und Formveränderung des Unterkiefers eines Neugeborenen und eines Erwachsenen (umgezeichnet nach Benninghoff-Görttler, 1968 und Enlow, 1975). Driftbewegung (+, –) und Wachstum (Pfeile)

Wachstum und funktionelle Formgebung des Unterkiefers

In der Abb. 4 sind schematisch die Größenverhältnisse und die Formänderung der Unterkiefer eines Neugeborenen und eines Erwachsenen dargestellt. Beim Neugeborenen bildet das Corpus mandibulae, das größtenteils vom Alveolarfortsatz eingenommen wird, in dem die Zahnanlagen liegen, und der Ramus mandibulae mit den Processus coronoideus und condylaris einen stumpfen Winkel von zirka 150°. Während die Zahnanlagen auch für das Längenwachstum des Corpus verantwortlich sind, erfüllt die chondrale Ossifikation des Sekundärknorpels im Processus condylaris diese Funktion im Ramus und stemmt damit den Unterkiefer gegen das Widerlager des definitiven Kiefergelenkes kinnwärts (Enlow, 1975). Mit zunehmender Ausbildung der Kaufunktion nach Durchbruch der Zähne führen diese Wachstums- und Knochenumbauvorgänge zusammen mit der Zügelung des

Corpus durch die Masseter- und Pterygoideusmuskulatur zu der typischen
Abnahme des Kieferwinkels, der beim erwachsenen Menschen zwischen
100 und 130° betragen kann. Wie Enlow (1975) eindrucksvoll darstellt, sind
für diese weitere Formgebung durch Driftbewegungen und für das endgültige Ausmodellieren des Unterkieferknochens distinkte An- und Abbauzonen
auf den Knochenoberflächen verantwortlich (Abb. 5), die zum Teil mit
Muskelansatzzonen und dadurch wieder mit umgebenden Gesichts- und
Halsregionen im Zusammenhang stehen.

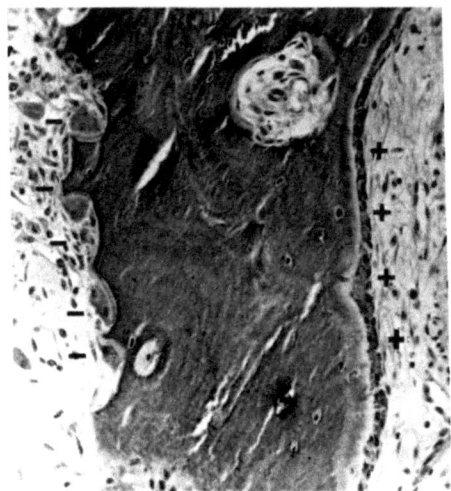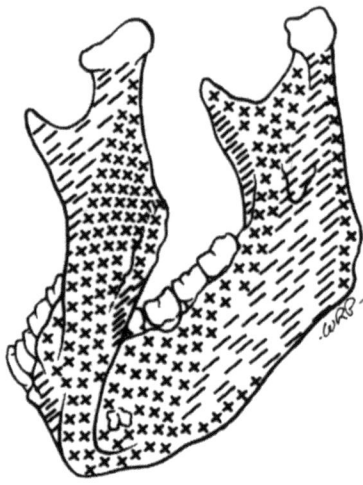

Abb. 5. Histologisches Bild einer osteoklastischen Resorptionsfront (–) und einer
mit Osteoblasten bedeckten Anbaufront (+) (Unentkalkter Dünnschnitt, Trichrom-
Goldner-Färbung) und Darstellung der Resorptions- und Anbauzonen am Unterkiefer aus Enlow (1975)

Eine besondere Situation findet sich an der Kinnregion, wo einerseits
die unterschiedliche Beteiligung der Meckelschen Knorpel, der Chondriola
symphysea, der Ossicula mentalia und der Sekundärknorpel in der Symphy-
senregion an Wachstums- und Knochenbildungsvorgängen (Goret-Nicaise,
1982, 1984) und anderseits die Ansätze der Mundbodenmuskulatur für die
individuell so verschiedene Ausprägung des menschlichen Kinns verantwortlich sind (Toldt, 1915). Die zuletzt zitierte Publikation zeigt übrigens,
daß immer schon einzelne Vertreter der Wiener Anatomenschule funktionelle Überlegungen in die reine Beschreibung morphologischer Gegebenheiten einbezogen. Offenbar bleibt etwas von dieser Wachstums- und
Knochenneubildungspotenz sowohl am Processus condylaris als auch am
Kinn erhalten, und man kann so erklären, warum der Unterkiefer auch nach
Abschluß des Körperwachstums z. B. bei einer endokrinen Störung (Akro-
megalie) oder im Alter noch zu erheblichen Formveränderungen fähig ist.
Schließlich sollen hier noch die funktionellen Einflüsse des Kauens und
damit die Rolle des Alveolarfortsatzes und der Zähne erörtert werden. Nach

dem Durchbruch der bleibenden Zähne bildet den sogenannten Basalbogen des Unterkiefers eine mit Spongiosa gefüllte Kompaktaschale, die basal dicker ist als gegen den Alveolarfortsatz (Benninghoff-Görttler, 1968). Der Alveolarknochen selbst ist ein Spongiosagerüst mit einer dünnen Corticalisschichte, auf die zur Auskleidung der Alveolen ein sogenannter Bündel- oder Faserknochen aufgelagert ist, in den die Fasern des periodontalen Ligamentes wie bei einer Muskelansatzzone einstrahlen. Die Reaktion auf Kaubelastungen einerseits und die Driftbewegungen in vertikaler und mesialer Richtung anderseits, die die Zähne in Okklusion halten sollen, drücken sich in zeitlebens anhaltenden Umbauvorgängen des Alveolarknochens mit distinkten An- und Abbaufronten aus. Es muß hier nicht betont werden, daß diese Plastizität und Umbaubereitschaft des Alveolarknochens die Grundvoraussetzung für orthodontische Maßnahmen bildet. Wesentlich erscheint jedoch noch, daß die auf den Alveolarknochen einwirkenden Kaubelastungen natürlich auf den Mandibularkörper (= Basalbogen) und den gesamten Unterkieferknochen übertragen werden. Analysiert man daher die Knochenstruktur der Mandibula mit Hilfe der schon länger gebräuchlichen Spaltlinientechnik (Benninghoff-Görttler, 1968) oder moderner mit radiologischen und spannungsoptischen Untersuchungsmethoden (Küppers, 1971), so findet man übereinstimmende Ergebnisse und eine ähnliche Belastungszonenverteilung für den bezahnten und den nicht mehr bezahnten Unterkiefer, unabhängig von der Lage des Belastungspunktes im Frontzahn-, Prämolaren- oder Molarenbereich (Küppers, 1971). Die letztgenannten, sehr sorgfältigen Untersuchungen zeigen jedoch auch, daß schon eine einseitige Teilbezahnung des Unterkiefers zu einer seitengleichen Knochenstrukturverminderung und zu funktioneller Hypertrophie der muskulären und knöchernen Strukturen der Gegenseite führt. Um wieviel deutlicher muß sich dann völlige Zahnlosigkeit auswirken!

Veränderung der Knochenstrukturen beim zahnlosen Unterkiefer

Kommt es zum Verlust aller Zähne im Unterkiefer, wie dies z. B. im fortgeschrittenen Alter der Fall ist, so hat dieser Zustand bedeutende Konsequenzen für die Knochenstrukturen des Unterkiefers. Durch das Fehlen der Zähne und – in den meisten Fällen – das Tragen einer Prothese werden auf den Alveolarfortsatz an Stelle von Zugbelastungen (der Kaudruck wird durch die Aufhängung der Zähne am periodontalen Ligament in Zugkräfte auf den Alveolarknochen umgewandelt, die dieser aushalten kann) Druckbelastungen ausgeübt. Das Ausbleiben adäquater Belastungen und die Einwirkung inadäquater Belastungen führen beide zur Resorption des Alveolarknochens. Je nach Ausgangssituation, Dauer der Zahnlosigkeit und des Prothesentragens finden sich verschiedene Formen von zahnlosen Unterkiefern (Abb. 6). Es scheint z. B. recht typisch für eine noch nicht vollständige Resorption des Alveolarfortsatzes unter Prothesen zu sein, daß man einen oft messerscharfen Alveolarkamm findet (Tschabitscher, 1987), der natürlich andere therapeutische Konsequenzen nach sich zieht als etwa eine durch völliges Fehlen des Alveolarfortsatzes abgerundete Oberfläche

des Mandibularkörpers. Die Resorption des Alveolarfortsatzes zeigt auch
eine Progression nach distal (Enlow, 1975), wodurch der Bereich zwischen
den Foramina mentalia meist auch ein besseres Knochenlager für eine
enossale Implantation anbietet. Sowohl für das Einbringen von enossalen
Implantaten als auch für die verschiedenen Methoden der Kieferkammplastik erscheint wichtig, daß sich nach völligem Abbau des Alveolarfortsatzes
die Corticalis des oben beschriebenen Basalbogens nun auch kranial
ausbildet, was bei der ersteren Therapieform zusätzlichen Halt für die
Implantate bietet, für eine Kieferkammplastik aber ein reaktionsschwäche-
res Lagergewebe darstellt. Das Einheilen von „Sandwichplastiken" ist daher
erfolgsträchtiger als submukös-subperiostale Augmentationen. Obwohl die
Problematik des Nervus mandibularis in einem der folgenden Beiträge
speziell behandelt wird (Matejka et al., 1988), soll auch hier darauf

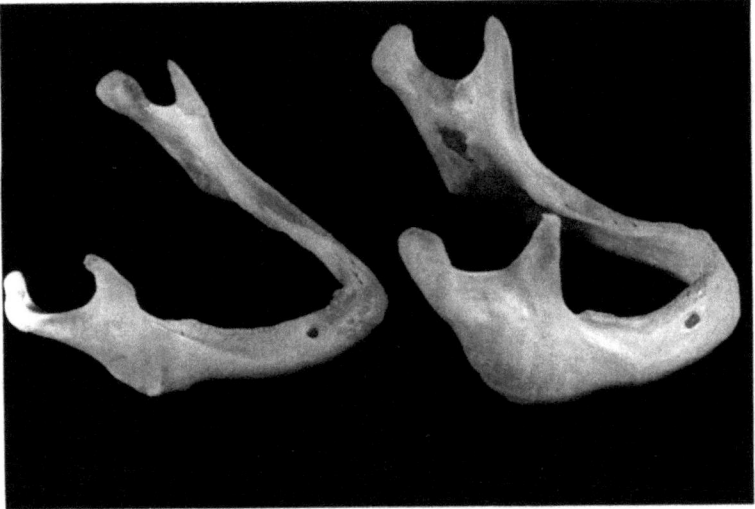

Abb. 6. Zwei zahnlose menschliche Unterkiefer mit unterschiedlich ausgeprägter
Atrophie des Alveolarfortsatzes (Sammlung Doz. Dr. Tschabitscher, Anatomisches
Institut der Universität Wien). Beachte auch die Zunahme des Kieferwinkels links!

hingewiesen werden, daß mit Atrophie des Alveolarfortsatzes sich auch der
Canalis mandibularis und das Foramen mentale nach kranial verlagern und
dies eine Implantation im Seitenzahnbereich (= distal vom 1. Prämolaren)
erschweren oder unmöglich machen kann. Bei hochgradiger Atrophie liegt
das Foramen zusammen mit dem teilweise eröffneten Kanal auf der
Oberfläche des Unterkieferkörpers und damit der Nerv direkt unter der
Schleimhaut, dem Druck durch das Kauen bzw. die Prothese ausgesetzt
(Gershenson et al., 1986). Man muß sich aber gar nicht so eine Extremsitua-
tion vorstellen, um zu verstehen, daß die Beeinträchtigung der Kaufunktion
durch einen zahnlosen Unterkiefer sich biomechanisch auf das auch im
Alter noch empfindlich reagierende Knochengewebe auswirkt und z. B.

durch Umbauvorgänge der Kieferwinkel wieder größer wird. Ebenso kommt es bei den verschiedenen Stadien der Atrophie des zahnlosen Unterkiefers, wie in der Literatur mehrfach beschrieben (z. B. Atwood und Coy, 1971; Laney, 1986), nicht nur zur Resorption des Alveolarfortsatzes, sondern auch zur Reduktion des Basalbogens von kranial her. Dieser an sich negativen Bilanz steht aber entgegen, daß Muskelansatzzonen funktionsbedingt stärker hervortreten können, wie z. B. die Crista mylohyoidea (Fallschüssel, 1986) oder eine Spina mentalis magna, die Gisel (1960) in guter Wiener Tradition nicht nur einfach beschrieben, sondern auch funktionell zu deuten versucht hat.

Hält man sich diese augenscheinlich bis ins hohe Alter und auch bei hochgradiger Atrophie noch vorhandene Anpassungsfähigkeit des knöchernen Skelettes an funktionelle Reize stets vor Augen, so wird man ermutigt, durch direkte Kaulastübertragung, wie sie nur mit osseointegrierten Implantaten vollwertig erzielt werden kann, eine funktionelle Wiederherstellung anzustreben und so die Atrophie des Unterkiefers hintanzuhalten.

Danksagung

Neben den Mitarbeitern meines Laboratoriums gilt mein Dank Frau Doz. Dr. Hauser vom Histologisch-Embryologischen Institut und Herrn Doz. Dr. Tschabitscher vom Anatomischen Institut der Universität Wien für ihre Hilfe bei der Zusammenstellung dieser Präsentation.

Literatur

Atwood DA, Coy WA (1971) Clinical, cephalometric, and densitometric study of reduction of residual ridges. J Prosthet Dent 26:280–295
Benninghoff A, Görttler K (1968) Lehrbuch der Anatomie des Menschen, Bd 1. Urban und Schwarzenberg, München Berlin Wien
Enlow DH (1975) Handbook of facial growth. WB Saunders, Philadelphia London Toronto
Fallschüssel GKH (1986) Zahnärztliche Implantologie – Wissenschaft und Praxis. Quintessenz, Berlin
Gershenson A, Nathan H, Luchansky E (1986) Mental foramen and mental nerve: changes with age. Acta Anat 126:21–28
Gisel A (1960) Spina mentalis magna bei maximaler Altersatrophie. Acta Anat 43:277–284
Goret-Nicaise M (1982) La symphyse mandibulaire du noveau-né. Etude histologique et microradiographique. Revue Stomatol Chir Max-Fac 83:266–272
Goret-Nicaise M (1984) Die Symphysis menti beim menschlichen Feten. Anat Anz 156:217–224
Goret-Nicaise M, Pilet D (1983) A few observations about Meckels cartilage in the human. Anat Embryol 167:365–370
Goret-Nicaise M, Dhem A (1984) The mandibular body of the human fetus. Histologic analysis of the basilar part. Anat Embryol 169:231–236
Küppers K (1971) Analyse der funktionellen Struktur des menschlichen Unterkiefers. Ergeb Anat Entwgesch 44/6:7–91
Laney WR (1986) Selecting edentulous patients for tissue-integrated prostheses. Int J Oral Max-Fac Impl 1:129–138
Low A (1910) Further observations on the ossification of the human lower jaw. J Anat Physiol 44:83–95

Matejka M, Pechmann U, Lill W, Neuhold A, Watzek G (1988) Präimplantologische
    Diagnostik zur Erfassung der anatomischen Ausgangssituation. In: Watzek G,
    Matejka M (Hrsg) Der zahnlose Unterkiefer. Seine chirurgisch-prothetische
    Rehabilitation. Springer, Wien New York, S 293–303
Mjör IA, Fejerskov O (eds) (1986) Human oral embryology and histology. Munks-
    gaard, Copenhagen
Mühlhauser J (1986) Resorption of the unmineralized proximal part of Meckel's
    cartilage in the rat. A light and electron microscopic study. J Submicrosc Cytol
    18:717–724
Toldt C (1915) Über den vorderen Abschnitt des menschlichen Unterkiefers mit
    Rücksicht auf dessen anthropologische Bedeutung. Mitt Anthropol Ges (Wien)
    45:235–267
Tschabitscher M (1987) Persönliche Mitteilung

Anschrift des Verfassers: Prof. Dr. H. Plenk, Laboratorium für Biomaterial- und
Stützgewebeforschung, Histologisch-Embryologisches Institut, Schwarzspanierstra-
ße 17, A-1096 Wien.

Forderungen des Prothetikers an den Chirurgen

R. Slavicek

Universitätsklinik Wien für Zahn-, Mund- und Kieferheilkunde
(Vorstand: Prof. Dr. G. Watzek)

Mit 3 Abbildungen

Zusammenfassung

Präprothetische Chirurgie ist Teamarbeit! Planung, Technik, Nachsorge sollten gemeinsam erwogen und besprochen werden. Fehler in der prothetischen Versorgung, die meist kausal mit dem anliegenden Problem verbunden sind, sind diagnostisch zu erfassen und durch geeignete Maßnahmen zu eliminieren. Die chirurgische Technik muß auf die Erhaltung oder besser noch Verbesserung der Prothesenlager abgestimmt werden. Hier muß der Prothetiker seine Wünsche deponieren. Wünschenswert ist es, daß der präprothetisch tätige Chirurg den endgültig versorgten Patienten sieht und über den weiteren Verlauf informiert bleibt. Mit einer solchen Zusammenarbeit sollte es möglich sein, neue Wege in der präprothetischen Chirurgie zu erarbeiten, vor allem aber ein gutes Kommunikationsverhältnis zwischen Chirurgen und Prothetiker zu schaffen.

Summary

What Does the Prosthetist Except of the Surgeon? Preprosthetic surgery requires teamwork. Planning, technique and postoperative management should be considered and discussed in an interdisciplinary approach. Inadequate prosthetic management, which is usually related to the underlying problem, should be eliminated by an adequate diagnostic work-up and by suitable therapeutic procedures. The surgical technique to be used should be tailored to preserving or rather improving the denture-bearing area. Here is where the prosthetist should tell the surgeon what he needs. The surgeon doing preprosthetic surgery should see the patient after definitive prosthetic management and should be kept informed of the further course. Such a teamwork approach should contribute towards developing new concepts for preprosthetic surgery and improving communication between the surgeon and the prosthetist.

Schlüsselwörter: Initialtherapie, Präprothetik, präprothetische Chirurgie.

Key words: Initial treatment, preprosthetic procedures, preprosthetic surgery.

Einleitung

Der Sammelbegriff „präprothetische Chirurgie" umfaßt Maßnahmen, die Funktion eines abnehmbar prothetisch versorgten Kauorganes zu verbessern. Gleichzeitig soll dabei auch, wenn möglich, die Akzeptanz des Zahnersatzes durch den Patienten verbessert werden. In den meisten Fällen ist die Problemstellung durch die starke bis extreme Atrophie der Alveolarkämme gegeben. Daraus ergeben sich mechanische Schwierigkeiten für den Prothetiker, transversale Schubkräfte während der Prothesenfunktion abzufangen. In den meisten Fällen treten dabei auch ungünstige Veränderungen am Prothesenlager auf. Die tragenden Flächen zeigen eine starke Zunahme verschieblicher Schleimhautbereiche, der Anteil der Gingiva propria, speziell im vestibulären Bereich, ist stark reduziert. In vielen Fällen irregulärer Atrophie treten dabei auch ungünstige Veränderungen an der knöchernen Basis auf. Da bei vielen Patienten eine dentoalveoläre Kompensation skelettaler Dysgnathien bestand, tritt mit zunehmender Atrophie eine Dekompensation derselben ein (Slavicek, 1986). Dies führt in vielen Fällen zu prothetisch ungünstigen sagittalen und transversalen Kieferkammbeziehungen. Ein weiterer erschwerender Faktor ist das gestörte Muskelgleichgewicht auf Grund des starken Vertikalverlustes.

Die Methoden der präprothetischen Chirurgie sind im Laufe der Zeit erstaunlich wenig verändert worden. Unverändert ist auch der Kommunikationsmangel zwischen den prothetisch tätigen Praktikern und Chirurgen (Matras, 1981; Matras und Slavicek, 1981). Daraus resultiert auch die sehr geringfügige Zahl der Überweisung zu solchen Eingriffen. Mitbestimmend ist dabei zumeist auch das hohe Alter der Patienten, der meist beeinträchtigte Allgemeinzustand gerade jener Fälle, die solcher Eingriffe bedürfen würden (Dormann und Höppner, 1972). Ein Teil der Reservation dürfte aber auch darauf zurückzuführen sein, daß speziell bei den absolut kammerhöhenden Maßnahmen in der Vergangenheit eine hohe Rezidivquote die Regel war. Ein weiterer Einbruch ist aber auch dadurch entstanden, daß die Implantattechnik in vielen Fällen die prothetische Situation erheblich verbessern kann. In der Folge soll versucht werden, eine möglichst unabhängige Forderungsliste und Indikationsstellung aus der Sicht des Prothetikers zu erarbeiten.

Indikationen zur präprothetischen Chirurgie

In der Literatur sind viele Einteilungen zur Indikationsstellung zu finden. In diesem Vortrag soll versucht werden, die Indikationsstellung eher aus der Sicht des Prothetikers zu sehen.

1. Eingriffe am jungen Prothesenlager,
2. Eingriffe am pathologisch veränderten Prothesenlager,
3. Eingriffe zur funktionellen Verbesserung der Prothesenlager,
4. Eingriffe zur relativen Vergrößerung der Prothesenlager,
5. Eingriffe zur absoluten Vergrößerung der Prothesenlager,
6. Eingriffe zur Beseitigung skelettaler Diskrepanzen,
7. Eingriffe aus spezieller Indikation.

1. Eingriffe am jungen Prothesenlager

a) Korrekturen am Alveolarfortsatz unmittelbar nach der Extraktion

Sachgemäße Extraktionen und Beseitigung von scharfen Kanten und Ecken sind eine Selbstverständlichkeit. Dies gilt auch für die optimale chirurgische Wundversorgung und Nachsorge ausgedehnterer Extraktionsbereiche. Von besonderer Bedeutung sind hier allerdings auch korrigierende Eingriffe dentoalveolärer Fehlstellungen anzuführen, die im Rahmen einer Immediatversorgung durchgeführt werden können. Dabei können für den Prothetiker, aber auch für den Patienten erhebliche Erleichterungen erzielt werden. In manchen Fällen ist dabei selbstverständlich auch die ästhetische Indikation vordergründig, wie zum Beispiel der protrusive Alveolarfortsatz mit der Notwendigkeit einer Korrektur ohne zu großen Knochenverlust.

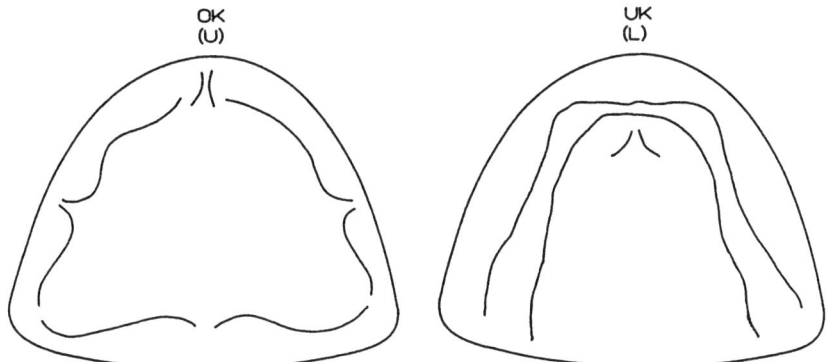

Abb. 1. Umrißskizze der Prothesenlager auf dem Befundblatt

b) Beseitigung von Störfaktoren am irregulär abgeheilten Kieferkamm

Aufgepilzte Kämme verursachen chronische Druckstellen und verhindern die Integration der Prothesen. Schlecht verheilte Kammabschnitte, häufig verursacht durch schlechte Extraktionstechnik, mangelnde chirurgische und prothetische Nachsorge verursachen dem Patienten Schmerzen und verzögern oder verhindern den Integrationsprozeß der Prothesen. Hier ist die Indikation zur nivellierenden Kieferkammkorrektur gegeben. Diese sollte aus der Sicht des Prothetikers sparsam und schonend geschehen. Die unmittelbare Zusammenarbeit postoperativ mit dem Prothetiker ist zwingend notwendig. Korrigierende Verbesserung der Prothesenbasis im Anschluß an solche Eingriffe ist eine conditio sine qua non (Frenkel, 1982).

c) Beseitigung von Folgen schlecht kontrollierter Immediatprothesen

Das erste Prothesenjahr ist für die Prognose der prothetischen Situation des Patienten von allergrößter Wichtigkeit. Unterbleibt hier eine gezielte Kontrolle und prothetische Nachsorge, können erhebliche pathologische

Veränderungen am harten und weichen Prothesenlager eintreten. Vor Anfertigung einer endgültigen Prothese sind diese Patienten vorzubehandeln. An dieser Stelle sei der Prothetiker dringend davor gewarnt, sogenannte „aufgeschliffene" Fronten anzufertigen. Diese Prothesen verzichten auf ein labiales Lippenschild und werden vom Patienten ästhetisch angenehm empfunden, da die anfänglich störende Interferenz im oberen Vestibulum wegfällt. Die Abheilung des knöchernen Prothesenlagers erfolgt dabei irregulär, der Alveolarfortsatz deformiert und wird dabei prothetisch untauglich. Nachfolgende chirurgische Korrektur führt zu einem unnötig hohen Substanzverlust, der bei einem primären chirurgischen Korrekturverfahren unterblieben wäre.

2. Eingriffe am pathologisch veränderten Prothesenlager

Als Folge schlechter prothetischer Versorgung und mangelnder Kontrolle treten Veränderungen am Prothesenlager auf. Hier ist vor allem die ungleichmäßige Atrophie anzuführen. Als unmittelbare Folge tritt meist eine erhöhte Verschieblichkeit im Bereich der von Gingiva propria bedeckten Lager auf. Mit zunehmender Atrophie des Knochens kommt es zur bindegewebigen Proliferation und zum Auftreten eines sogenannten Schlotterkammes. Dieser ist immer ein Zeichen einer mangelhaften Prothesenfunktion. Kritische Aufmerksamkeit ist dabei der Lage der Okklusionsebene des Zahnersatzes zuzuwenden. Ein chirurgisches Korrektiv ohne entscheidende Verbesserung der Prothesenfunktion ist dabei zum Scheitern verurteilt.

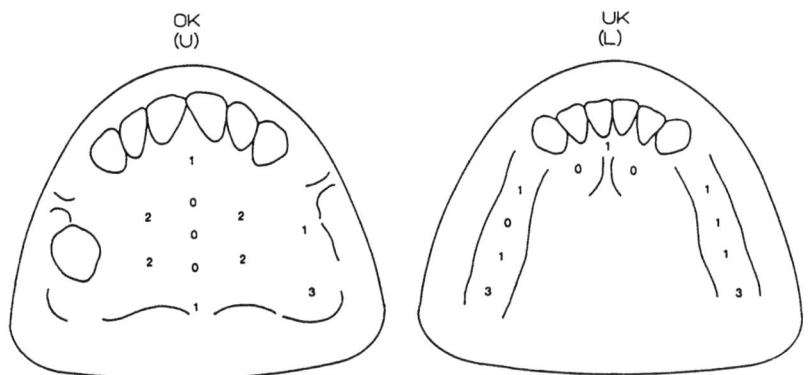

Abb. 2. Eingetragene Resilienzskizze im teilbezahnten Gebiß

Optimale chirurgisch-prothetische Zusammenarbeit ist zur Problemlösung nötig. Ein Hauptanliegen des Prothetikers ist hier vor allem der Erhaltung wertvoller Gingiva propria und Beseitigung hypermobiler Partien (Fröhlich, 1949; Sailer, 1982; Watzek, 1984, 1985).

Eine wünschenswerte Straffung in den vestibulären Bereich muß durch geeignete prothetische Maßnahmen unmittelbar unterstützt werden. Flä-

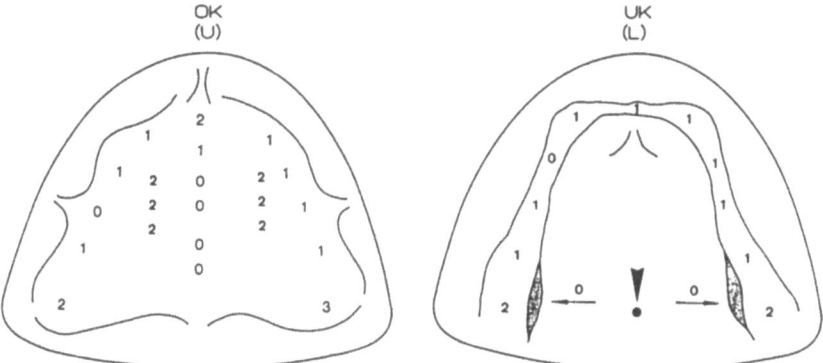

Abb. 3. Eingetragene Resilienz bei einem zahnlosen Patienten

chenhafte Schleimhautveränderungen, verursacht durch mechanische Über-
beanspruchung bei gleichzeitiger schlechter Prothesenhygiene (Mykosen),
die vorwiegend den Oberkiefer betreffen, können in den meisten Fällen
durch konservative konditionierende Maßnahmen beseitigt werden. Nur in
seltenen Fällen ist hier eine chirurgische Intervention nötig (Sailer, 1982).
    Eine Sonderindikation am pathologisch veränderten Prothesenlager ist
der chirurgische Resilienzausgleich. Sowohl für die Teilprothetik, hier oft zu
Unrecht ignoriert, als auch für die Vollprothetik ist eine möglichst gleichmäßige Resilienz der Lager wünschenswert. Ergibt die obligate Resilienzunter-
suchung höhere Diskrepanzen, sind prothetische resilienzausgleichende
Maßnahmen unzureichend. Chirurgische Maßnahmen müssen in diesen
Fällen sowohl die Beseitigung extrem unnachgiebiger Bereiche als auch
Gebiete erhöhter Resilienz betreffen. Diese Maßnahmen setzen ebenfalls
ein hohes Maß an Verständnis von chirurgischer Seite voraus. Als typische
Beispiele seien hier der Torus palatinus, der Torus mandibularis einerseits,
die Tuberfibromatose und die Überresilienz des trigonum retromolare
anderseits angeführt.

3. Eingriffe zur funktionellen Verbesserung der Prothesenlager

a) Beseitigung von Muskelansätzen, die durch die funktionelle
Randgestaltung der Prothesen nicht neutralisiert werden können

Nicht alle kammnahen Muskelansätze der mimischen Muskulatur sind dem
Sitz und der Funktion der Prothese abträglich. Durch optimale Gestaltung
der Prothesenränder ist es möglich, Prothesen „muskelgriffig" zu machen
(Gerber, 1971, 1973).
    Damit kann sogar eine funktionelle Verbesserung erzielt werden. Bei
hochgradiger Atrophie der Kieferkämme kann es aber zu echten Störfunk-
tionen durch die hohen Muskelansätze kommen. Eine chirurgische Eliminierung ist dann wünschenswert und indiziert (Obwegeser, 1968). Dies
betrifft vor allem die unteren lateralen Wangenbänder und den Bereich des

unteren anterioren Vestibulums mit dem Musculus mentalis. Seltener treten diese Probleme im Oberkiefer auf.

Ein Sonderfall ist bei extremer Atrophie die Spina mentalis (muscularis), die im Bereiche der Sublingualrolle der unteren Prothese Probleme machen kann (Hromatka, 1956; Uhlig, 1970). Eine Eliminierung trägt hier zur erheblichen Funktionsverbesserung bei.

b) Funktionsverbesserung im retralen sublingualen Raum

Bei starker Atrophie tritt die Linea mylohyoidea als Störfaktor auf. Es entsteht dabei eine meist messerscharfe Kante, die zusätzlich von sehr verschieblicher Schleimhaut bedeckt ist. Gerade im Atrophiefall benötigt der Prothetiker vertikale Einlagerungsmöglichkeiten, um den transversalen Schubkräften entgegenwirken zu können. Eingriffe können sich dabei auf das posteriore Drittel beschränken (Frenkel, 1982). Im anterioren lingualen Bereich ist es zumeist möglich, durch geeignete prothetische Maßnahmen eine gute Funktion zu erzielen.

c) Verbesserung im retrotubären Bereich des Oberkiefers

Bei starker Atrophie im Tuberbereich ist prothetisch eine starke sehnige retrotubäre Plica störend. Bei oft nur mäßiger Mundöffnung wird die Prothese abgehebelt und damit das dorsale Ventil geöffnet. Eine Verbesserung in diesem Bereich ist äußerst wünschenswert.

4. Eingriffe zur relativen Vergrößerung der Prothesenlager

Für diese Eingriffe ist es für den Chirurgen notwendig, die Wünsche des Prothetikers zu kennen und zu berücksichtigen.

a) Eingriffe im vestibulären Bereich

Ziel des Prothetikers ist es, im vestibulären Bereich Flächen zu erhalten, die imstande sind, transversale und sagittale Schubkräfte aufzunehmen. Diese Flächen müssen von möglichst immobilem Gewebe bedeckt sein (Meissner et al, 1982). Das geeignetste Material aus prothetischer Sicht ist Gingiva propria aus dem Gaumenbereich (Steinhäuser et al, 1982).

Alle anderen Materialien haben sich aus der Sicht des Prothetikers weniger bewährt. Dies gilt auch für die Verwendung von normaler Haut. Hier ist vor allem die prothetisch ungünstige Ausbildung des bukkovestibulären Überganges zu kritisieren. Des weiteren fehlt natürlich dem Kutistransplantat der Schleimhautcharakter und damit auch die versiegelnde Abdichtung durch den Schleim. Vestibulumplastiken ohne Deckung (Eskici, 1976; Schwenzer, 1982) sind aus der langjährigen Erfahrung des Prothetikers abzulehnen, da mit einer starken Rezidivierung und ungünstiger Narbenbildung zu rechnen ist. Die aus der mukogingivalen Parodontalchirurgie mit freier Transplantation von Gingiva propria ist aus der Sicht des Prothetikers die bevorzugte Methode. Transplantation von Mukosa, z. B.

aus der Wange, ist sinnlos, da hier wiederum verschiebliche Schleimhaut entsteht. Die ebenfalls aus der mukogingivalen Chirurgie übernommene Technik der Verschiebeplastik nach Edlan – Mejchar hat sich aus der Sicht des Prothetikers weniger bewährt als das freie Transplantat (Edlan und Mejchar, 1963). Die Rezidivquote ist hier wesentlich höher.

b) Eingriffe im unteren Lingualbereich

Bei extremen Atrophien ist eine Vertiefung des Mundbodens, speziell im posterioren Drittel, wünschenswert (Frenkel, 1982). Eine Reduktion des Mukosaüberschusses bzw. eine Fixierung derselben ergibt eine erheblich verbesserte Möglichkeit, auch in aussichtslosen Fällen zu einem akzeptablen prothetischen Resultat zu gelangen. Im unteren anterioren Bereich kann ein hoher Frenulumansatz sowohl teilprothetische als auch totalprothetische Probleme hervorrufen. Eine Vertiefung des anterioren Mundbodens ist in solchen Fällen indiziert. Auch hier ist aus der Sicht des Prothetikers mit Gingivatransplantat zu decken.

c) Eingriffe im oberen Vestibulum

Retrotubär und im vestibulären Tuberbereich sind relativ kammerhöhende Maßnahmen wünschenswert und funktionsverbessernd.

Dies vor allem, wenn mit einem balancierten Okklusionskonzept gearbeitet wird. Dabei kommt es zu stärkeren transversalen Schubkräften im retralen Bereich, daher sind vertikale schubaufnehmende Prothesenelemente zu schaffen. Besondere prothetische Sorge gilt den anterioren Kammbereichen des Oberkiefers.

Auf Grund der häufig angetroffenen Kombination einer unteren anterioren Restbezahnung mit einer oberen Totalprothese kommt es zu einer gehäuften Anzahl von Patienten mit extremer Verkürzung des oberen anterioren Vestibulums. Leider ist dabei in den meisten Fällen die Situation so ungünstig, daß eine relative Erhöhung nicht mehr möglich ist. Gerade in diesem Bereich ist aber ein Hauptanliegen des Prothetikers an den Chirurgen zu sehen.

5. Eingriffe zur absoluten Vergrößerung der Prothesenlager

Solche Eingriffe wären aus der Sicht des Prothetikers wünschenswert. Leider ist der Prothetiker gerade auf diesem Gebiet eher enttäuscht worden. Auflagerungen von autoplastischem Knorpel und Knochenmaterial hat sich aus unserer Sicht nicht bewährt. Eigene Erfahrungen stimmen hier mit internationalen Statistiken überein (Steinhäuser et al., 1982). Bessere Resultate werden mit geänderter Technik wie Visierosteotomie, Sandwichtechnik oder Kombinationen erzielt (Härle, 1982). Hier ist aber besonders kritisch anzuführen, daß all diese Eingriffe oftmals ein für unserer geriatrisches Patientengut nicht zumutbares Operationsrisiko darstellt. Der Prothetiker beobachtet auf dem Gebiet der absoluten Kammerhöhungen mit Interesse die Möglichkeit der Anwendung anorganischer Stoffe, wie

z. B. Hydroxylapatit (Osborn, 1987; Waldhardt, 1987). Langzeitresultate
sind abzuwarten.

6. Eingriffe zur Beseitigung skelettaler Diskrepanzen

Auf Grund der eingangs erwähnten dentoalveolären Dekompensation
kompensierter Dysgnathien im Totalprothetischen Patientengut ist die
Lagebeziehung der Kiefer oftmals stark bis kritisch funktionseinschrän-
kend. Skelettale Distalbeziehung hat dabei eine günstigere Prognose als die
Mesialbeziehung. Die skelettale Klasse III dekompensiert dabei sowohl
sagittal als auch transversal. Dabei ist für den Prothetiker ein oft unlösbares
Problem in der Zahnaufstellung gegeben. Erschwert wird dies zumeist durch
den eintretenden Vertikalverlust, der die Mesialbeziehung noch verschärft.
Korrigierende Eingriffe müssen dabei aber unbedingt auf die Wünsche des
Prothetikers eingehen. Ein chirurgisch-prothetisches set-up ist dabei Bedin-
gung. Beim Distalbiß, hier vorwiegend bei der Klasse II/1, sind es
ästhetische Probleme, die möglicherweise zur chirurgischen Intervention
zwingen.

7. Eingriffe aus spezieller Indikation

a) Entfernung retinierter Zähne

Die Indikation zur Entfernung retinierter Zähne ist aus der Sicht des
Prothetikers unter sorgfältiger Erwägung aller Fakten zu stellen. Häufig ist
die Konsequenz eines solchen Eingriffes eine erhebliche Defektbildung und
deutliche Herabsetzung der Qualität des Prothesenlagers die Folge. Geri-
atrische Patienten haben außerdem ein wesentlich verlangsamtes Repara-
tionsverhalten, und der Allgemeinzustand erlaubt oft keine konsumieren-
den Eingriffe. Wird dennoch eine Entfernung indiziert, muß die Technik des
Chirurgen der Forderung des Prothetikers gerecht werden, äußerst sub-
stanzschonend vorzugehen. Kieferkammanteile sollen wenn möglich erhalten werden, so daß der Zugang gemeinsam entschieden werden muß. Der
Nachsorge kommt ebenfalls große Bedeutung zu.

b) Entfernung von Wurzelresten

Im wesentlichen gilt das gleiche wie im vorangegangenen Abschnitt
Gesagte. Selbstverständlich ist es wünschenswert, keine solchen Einschlüsse
am prothetischen Patienten zu haben. Bei routinemäßig angefertigten
Panoramaschichtaufnahmen, wie sie obligatorisch an der prothetischen
Abteilung der Universitätsklinik ZMK Wien durchgeführt werden (Rem-
bart, 1986), wird ein hoher Prozentsatz an Einschlüssen festgestellt. Eine
Sanierung sollte möglichst frühzeitig und nicht erst im Senium erfolgen.

c) Entfernung von Fremdkörpern, Einschlüssen und sogenannten Restostitiden

Eine Entfernung wird hier vor allem aus fokologischer Indikation gestellt.
Die Abwägung der internen Situation, der zu erwartende Substanzverlust

und das Risiko für den Patienten sind hier sorgfältig zu bewerten. Die Argumente des Prothetikers sind anzuhören. Eine Herabsetzung der Prothesenfunktion nach einem solchen Eingriff kann für den Patienten eine ebenso ernsthafte gesundheitliche Gefährdung darstellen wie eine Fokalbelastung.

d) Entlastung des Nervus mentalis

Im extremen Atrophiefall tritt das Foramen mentale in den Bereich des druckbelasteten Prothesenlagers. Dies kann für den Patienten mit Problemen wie Schmerz, Hyp- bzw. Hyperästhesien verbunden sein. In seltenen Fällen ist die prothetische Entlastung der Zone ohne Erfolg. Eine chirurgische Intervention ist dann Mittel der Wahl. Auch hier ist die Nachsorge von hoher Wichtigkeit.

e) Operativer Verschluß von Kieferhöhlenfisteln

Antrumfisteln stellen für die Versorgung des zahnlosen Oberkiefers ein schwerwiegendes Problem dar. Eine sorgfältige chirurgische Deckung ist hier zwingend indiziert.

f) Platzprobleme im Kammbereich bei korrekter Vertikaleinstellung

Lange Zeit unversorgte Lückengebisse neigen oftmals zur Kammannäherung. Diese Situation ist sowohl teil- als auch totalprothetisch nur durch chirurgische Intervention zu lösen.

Literatur

Dormann R, Höppner HJ (1972) Chirurgische Pathophysiologie des hohen Lebensalters. Chirurg 43 : 145

Edlan A, Meichar B (1963) Plastic Surgery of vestibulum in dental periodontal therapy. Int DentJ 13 : 593

Eskici A (1976) Spätergebnisse der Mundvorhof- und Mundbodenplastik. Fortschr Kiefer Gesichtschir 21 : 146

Frenkel G (1982) Präprothetische Eingriffe aus heutiger Sicht, Modifizierte Traunerplastik nach Brown. DZZ 37 : 76–81

Fröhlich E (1949) Zur Pathologie und Therapie des sogenannten Schlotterkammes. DZZ 4 : 473

Gerber A (1971, 1973) Persönliche Kommunikation

Härle F (1982) Indikation, Methoden und Ergebnisse zur absoluten Alveolarkammerhöhung des Unterkiefers. DZZ 37 : 121–126

Hromatka A (1956) Untersuchungen bei knöchernen Auflageflächen im Unterkiefer. Stomatologie 9 : 206–244

Matras H (1981) Persönliche Kommunikation, ZAFI Kurs „Präprothetische Chirurgie"

Meissner B, et al (1982) Spätergebnisse der relativen Kieferkammerhöhung im atrophischen Unterkiefer. DZZ 37 : 139–142

Obwegeser HL (1968) Die submuköse Vestibulumplastik. Med Habil-Schrift, Zürich

Osborn JF (1987) Totalprothesen. Urban u Schwarzenberg (Praxis der Zahnheilkunde)

Rembart H (1986) Mitteilung Österr Ges f Zahn-, Mund- und Kieferheilkunde, Zweigverein Wien

Sailer HF (1982) Pathogenese und Therapie des Schlotterkammes. DZZ 37 : 110

Schwenzer N (1982) Prinzipien und Standardverfahren zur operativen Verbesserung
    des Prothesenlagers. DZZ 37 : 127–131
Slavicek R (1986) Die Vorbehandlung funktionsgestörter Totalprothesenträger. In:
    Drücke/Klemt, Schwerpunkte der Totalprothetik. Quintessenz, S 49–72
Slavicek R (1986) Die Bedeutung der skelettalen Diagnose für den zahnlosen
    Patienten. In: Drücke/ Klemt, Schwerpunkte der Totalprothetik. Quintessenz,
    S 73–98
Steinhäuser EW, et al (1982) Langzeiterfahrungen mit autoplastischen Transplanta-
    ten in der präprothetischen Chirurgie. DZZ 37: 88–93
Steinhäuser EW (1986) Freie Schleimhautverpflanzung in der Mundhöhle – eine
    Maßnahme zur Verbesserung des Prothesenhalts. Schweiz Mschr Zahnheilkd
    78 : 1046
Uhlig H (1970) Zahnersatz für Zahnlose. Quintessenz Berlin
Waldhart E (1987) Persönliche Mitteilungen
Watzek G (1984, 1985) Persönliche Kommunikation

Anschrift des Verfassers: Doz. Dr. R. Slavicek, Widerhoferplatz 4, A-1090 Wien.

Prinzipien präprothetisch-chirurgischer Maßnahmen

B. Gattinger

Department für Mund-, Kiefer- und Gesichtschirurgie der Universitätsklinik
für Zahn-, Mund- und Kieferheilkunde, Graz (Vorstand: Prof. Dr. H. Köle)

Zusammenfassung

Die Grundprinzipien der präprothetischen Chirurgie bestehen in der Beseitigung
von störenden Einflüssen auf das Prothesenlager sowie in der Verbesserung der
Prothesenauflagefläche. Dazu werden die relative und absolute Kammerhöhung
herangezogen, wobei bei ersterer die Vertiefung der Retention oder aber die
Vergrößerung der prothesentragenden Fläche sowie die Beseitigung von störenden
muskulären Einflüssen das Ziel darstellen. Eine echte Rekonstruktion der verlorenen Knochenstrukturen erfolgt jedoch nur durch absolute Kammerhöhung, entweder durch direkte Augmentation mit verschiedenen Materialien oder durch Interposition von Transplantaten nach muskulär gestielten Spaltungsosteotomien. An Hand
eines Krankengutes von 2259 Fällen werden Vor- und Nachteile der einzelnen
Methoden dargestellt.

Summary

Principles of Preprosthetic Surgery. Preprosthetic surgery is mainly designed to
eliminate factors affecting the denture bearing area and to improve the condition of
the alveolar ridge. This is done by relative or absolute alveolar ridge augmentation.
Relative augmentation helps to deepen the retention area or extend the denture
bearing surface as well as eliminate adverse muscular factors. True reconstruction of
bone loss can, however, only be obtained by absolute augmentation in terms of
deposition of different materials or graft interposition after mandibular osteotomy
with pedicled muscle flaps. Merits and demerits of the different methods available
are reviewed on the basis of 2,259 cases.

Schlüsselwörter: Verbesserung des Prothesenlagers, relative und absolute
Kammerhöhung.

Key words: Improvement of alveolar ridge, relative and absolute alveolar ridge
augmentation.

Einleitung

Wenn man auf die Grundprinzipien der herkömmlichen präprothetischen
Chirurgie eingehen und ihren ersten Niederschlag in der Literatur erfor-
schen will, muß man sehr weit zurückgehen, und zwar in die Zeit der ersten

großen Katastrophe, die in diesem Jahrhundert über Europa hereinbrach, eine unheilvolle Zeit für die Menschen, aber eine ungemein wichtige und produktive für das Fach der Kiefer- und Gesichtschirurgie. Die von Ganzer (1916), Esser (1916) und von vielen anderen gemachten Anstrengungen, die Kaufunktion von Kieferverletzten wiederherzustellen, mündeten schließlich in die Überlegungen, die gleichzeitig als Prinzipien der präprothetischen Chirurgie bei nicht traumatisch Beeinträchtigten in der Nachkriegszeit verwirklicht wurden, die dann vor allem mit den Namen Pichler und Trauner (1930), Kazanjian (1924) und auch bereits Trauner (1952) und Wassmund (1931) verbunden sind. Die Methoden basieren darauf, bewegliche Schleimhaut in am Knochen fixierte umzuwandeln, um eine breitere Prothesenbasis zu erreichen. Diese Idee war der grundlegende Gedankengang, auf dem schließlich alle weiteren Methoden zur relativen Kammerhöhung basieren.

Entwicklung der präprothetischen Chirurgie

Der eigentliche, allgemeine Beginn der präprothetischen Chirurgie ist jedoch mit der Entwicklung einer Methode anzusetzen, die erstmals eine weite Verbreitung in dieser Sparte erfuhr und noch nicht völlig verloren hat: die Mundbodenplastik nach Trauner (1952). Dieser Induktionsstoß zog eine Reihe von Veröffentlichungen über verschiedene Möglichkeiten der „Ridge Extension" nach sich. Das Prinzip der submukösen Mundbodenplastik wurde wenig später von Obwegeser (1953) in Graz veröffentlicht und aus der Westdeutschen Kieferklinik die Beschreibung der Mundvorhofplastik mit umfangreicher Spalthauttransplantation von Rehrmann (1953) gebracht. Auch die freie Epithelisation der Wundflächen, von Wassmund bereits 1931 empfohlen, wurde nun mehr und mehr angewendet.

Ein weiterer prinzipieller Schritt zur Verbesserung der Ergebnisse war der Ersatz der Hauttransplantation und teilweise freier Epithelisation durch die Anwendung der freien Schleimhautverpflanzung, wie von Propper (1964) und Matras (1968) sowie Steinhäuser (1968) empfohlen. Dem Prinzip der relativen Kammerhöhung durch Tiefersetzen der umgebenden Weichteile sind natürlich Grenzen gesetzt, einerseits durch die restierende Knochenhöhe, anderseits durch Muskelansätze, auf die nicht verzichtet werden kann. Es ist daher nicht verwunderlich, daß Überlegungen angestellt wurden, das Prinzip der wirklichen Rekonstruktion in Form einer absoluten Erhöhung des Alveolarfortsatzes herzustellen. Nachdem Clementschitsch bereits 1953 die Transplantation von Beckenkamm empfohlen hatte, wurden diese Auflagerungen von autologen Rippen- oder Beckenkammtransplantaten unter anderen von Gerry (1956), Hofer und Mehnert (1964), Obwegeser (1967) und anderen zur Erhöhung des Kieferkammes verwendet, und zwar allein oder in Kombination mit einer später durchgeführten Vestibulumplastik. Der starke Abbau der aufgelagerten Materialien induzierte Überlegungen, von der Augmentation weg zu einer Interposition der Transplantate zu kommen, weil man aus Erfahrung mit anderen Rekonstruktionsmethoden wußte, daß interponierter Knochen weitgehend um-

und eingebaut wird, ohne seine Dimension wesentlich zu ändern. So entstand die Schettlersche Sandwich-Technik (1975), die allerdings nur interforaminär durch Alveolarfortsatzosteotomie und Interposition eines Transplantates erfolgt. 1975 wurde auch der Seitzahnbereich in diese Möglichkeiten eingeschlossen: Härle veröffentlichte seine Visierosteotomie, die ohne Knochentransplantation eine Erhöhung der restierenden Mandibula im gesamten Alveolarfortsatzbereich bringen sollte. Schließlich erschien 1978 Stoelinga und Tideman eine Kombination von Sandwich- und Visierosteotomie im Seitzahnbereich ein erfolgversprechender Weg.

Dies sind in großen Zügen die Schritte, die die konventionelle präprothetische Chirurgie gegangen ist.

Grundprinzipien

Bevor auf die Anwendungsmöglichkeiten und die Beurteilung dieser Prinzipien an Hand eines Krankengutes eingegangen wird, zeigt ein Überblick:
1. die relative Kammerhöhung,
2. die absolute Kammerhöhung.
Bei der relativen Kammerhöhung lassen sich grundsätzlich wieder zwei Prinzipien unterscheiden:
a) Vertiefung zur Retention von Prothesen und Beseitigung muskulärer Einflüsse und
b) Vergrößerung der prothesentragenden Fläche mit eventuell ebenfalls durchgeführter Ausschaltung muskulärer Beeinträchtigung.
Der bei beiden Möglichkeiten auftretende Schleimhautbedarf kann gedeckt werden:
1. durch submuköses Vorgehen (Obwegeser, 1953),
2. durch freie Epithelisation (Wassmund, 1931),
3. Übertragung von freien Hauttransplantaten (Pichler und Trauner, 1930), Kazanjian (1924), Rehrmann (1953) und
4. Deckung durch frei überpflanzte Schleimhaut (Propper, 1964; Matras, 1968; Steinhäuser, 1968; Köle, 1974).
Bei der absoluten Kammerhöhung bestehen ebenfalls zwei grundsätzliche Möglichkeiten:
1. Auflagerung von Hartgewebe auf dem atrophierten Alveolarfortsatz bzw. Kieferkörper und
2. die Osteotomie des Kiefers in zwei muskulär gestielte Anteile, die mit oder ohne Knocheninterposition so zueinander verschoben werden, daß eine Erhöhung der Mandibula entsteht.

Beurteilung der Methoden

An Hand der Analyse von 2259 präprothetischen Eingriffen eines Kollektivs der Grazer Klinik soll zu den oben angeführten Möglichkeiten Stellung genommen werden. Von diesen 2259 Eingriffen wurden 1999 am Unterkiefer und nur 260 am Oberkiefer vorgenommen, was einer prozentuellen

Verteilung von 88,5% zu 11,5% entspricht und die wesentlich größere
Bedeutung der Unterkieferverhältnisse bei Schwierigkeiten der prothetischen Versorgung drastisch vor Augen führt (Köle, 1978). Der gestellten
Thematik gemäß wird im weiteren nur über Operationen am Unterkiefer
berichtet.

Den Großteil dieser Operationen nimmt in 1200 Fällen die Mundbodenplastik nach Trauner (1952) ein. Sie entspricht dem Prinzip der Schaffung
von Vertiefung und Retention sowie dem Ausschalten von muskulären
Einflüssen. Sie wurde anfangs meist allein, später zunehmend und jetzt nur
mehr in Kombination mit Vestibulumplastiken angewendet. Die anfangs
geradezu schrankenlose Anwendung (im Jahre 1954 wurden 112 derartige
Eingriffe durchgeführt) erfuhr bald eine deutliche Reduktion, da sich zeigte,
daß bei an und für sich ausreichenden lingualen Schleimhaut- und
Kammverhältnissen schon ein bis eineinhalb Jahre nach lingualer Kammplastik eine über das physiologische Maß hinaus reichende Atrophie des
Knochens auftrat, was offensichtlich durch die Abtrennung des Musculus
mylohyoideus verursacht wurde. Es hat sich aber auch gezeigt, daß bei
totaler Atrophie des Alveolarkamms an Retentionsnischen so wenig zu
gewinnen war, daß es nicht durch den ungünstigen Einfluß der lingualen
Narben wieder verloren worden wäre. Ihre Indikationsbreite ist heute nur
mehr für ganz wenige Fälle gegeben, vor allem dann, wenn bei atrophischem, aber nicht völlig atrophiertem Kamm beim Schluckakt der Mundboden über das Niveau des unteren Alveolarkammes steigt und so zwangsläufig die Prothese gehoben wird. Die ursprünglich am meisten durchgeführte
präprothetische Methode ist somit zur weitaus am seltensten angewendeten
geworden.

Die zweite Gruppe der Eingriffe zur relativen Kammerhöhung besteht
weniger in der Schaffung von Retentionsnischen als in der Verbreiterung
der nutzbaren Auflagefläche für die Prothesenbasis. Die Vestibulumplastik
in ihren verschiedenen Ausprägungen dient diesem Zweck.

In dem vorgestellten Kollektiv wurden 177 vestibuläre submuköse
Unterkieferkammplastiken durchgeführt. Dabei fällt auf, daß in den Jahren
1953 und 1954, also zum Zeitpunkt ihrer Publikation, 143 Fälle zu verzeichnen waren, im gesamten Zeitraum seit 1955 jedoch nur mehr 34 Anwendungen erfolgten. Dies erklärt sich wohl dadurch, daß zu einem guten Ergebnis
für dieses Verfahren ein verhältnismäßig hoher Kamm und ausreichend
Schleimhaut vorhanden sein muß; Voraussetzungen, die in der modernen
Prothetik auch ohne chirurgische Intervention brauchbare Resultate bringen.
Der weitaus größte Teil der vestibulären Unterkieferkammplastik fällt in
die Gruppe, die dem Prinzip des Schaffens einer Wundfläche mit verschie-
denartiger Deckung der Schleimhautdefekte angehören. Primär wurden
diese Diastasen der Empfehlung Wassmunds gemäß der sekundären
Epithelisation überlassen. Eine sehr einfache Methode, jedoch mit leider
äußerst unbefriedigenden Ergebnissen behaftet. Die 473 Fälle, die auf diese

Weise versorgt wurden, zeigten postoperative Abflachungen des Vestibulums von 70%, also eine weitgehende Wiederherstellung des alten Zustandes. Wir haben daher diese Möglichkeit völlig verlassen.

Weiters wurden die durch Kaudalverlagerung des Fornix vestibuli geschaffenen Wundflächen mit Spalthauttransplantaten versorgt. Obwohl in der Literatur darüber teilweise positive Beurteilungen vorliegen (Steinhäuser, 1965), hat dieses Verfahren entscheidende Nachteile. Das Rezidivgeschehen in bezug auf die Vestibulumhöhe hält sich zwar in akzeptablen Grenzen, jedoch sind die anderen Begleiterscheinungen, die Übertragung von Haarfollikeln, Narbenringen an den Transplantatgrenzen, wenig Resilienz sowie keine Adhäsion zur Prothese und nicht zuletzt die ästhetische Komponente im Sinne einer modernen rekonstruktiven Chirurgie nur mehr in Ausnahmefällen vertretbar. An unserem Untersuchungskollektiv wurde zum Beispiel zum letztenmal 1975 die Situation eines Patienten so eingeschätzt, daß diese Methode zur Anwendung kam.

Die Abdeckung der Wundfläche mit frei transplantierter Schleimhaut ist sicher die beste Methode. Sie hat sich daher seit den späten sechziger Jahren an unserer Klinik durchgesetzt. Die transplantierte Schleimhaut hat sicher die geringste Schrumpfungstendenz, der Rückgang der Vestibulumtiefe beträgt je nach verwendeter Schleimhaut 20 bis 25%, wobei das im Grunde sehr gute Adhäsionsvermögen ebenfalls von der Entnahmestelle der Schleimhaut abhängt. Wir haben als Spenderregion anfangs vor allem Wangen-, aber auch Mundbodenschleimhaut herangezogen, wenn gleichzeitig eine Mundbodenplastik erfolgte. Der Nachteil dieser Spenderareale besteht vor allem darin, daß die verwendete Schleimhaut in ihrem Aufbau nicht der am Kiefer fixierten Mukosa entspricht, was sich schon daran zeigt, daß sich die entnommene Wangenschleimhaut wie ein Gummiband zusammenzieht, wie Matras (1968) überaus treffend schreibt. Die Schleimhaut vom Mundboden hat neben der besonderen Dünne und der damit verbundenen Vulnerabilität den Nachteil des sehr eingeschränkten Entnahmeausmaßes. Wir sind daher, einer Empfehlung Köles (1974) folgend, dazu übergegangen, Gaumenschleimhaut zu verwenden, die erstens im großen Ausmaß zur Verfügung steht, zweitens im Aufbau der Gingiva fixa weitgehend entspricht, keine Elastizität zeigt und sogar wiederholt entnommen werden kann. Die Entnahmestelle am harten Gaumen wird mit einer Kunststoffplatte abgedeckt, unter der die Epithelisation des Entnahmedefektes ohne Beschwerden für den Patienten in zirka drei Wochen vor sich geht. Nachdem einige Jahre verschiedene Entnahmeorte parallel angewendet wurden, wird seit 1980 nur mehr die Gaumenschleimhaut zur Deckung herangezogen.

Trotz dieser Verbesserungen zeigt sich bei den Eingriffen der relativen Kammerhöhung ein gravierender Nachteil: je radikaler die Ablösung der Weichteilansätze, besonders auf der Lingualseite, erfolgt, desto beschleunigter verläuft die Involution der Kammhöhe im Vergleich zur physiologischen Atrophierate, die sich erst nach zirka zwei bis drei Jahren wieder der

Normalkurve annähert (Joos und Härle, 1980). Daraus ergibt sich, daß zurückhaltende Eingriffe im Endeffekt oft mehr bringen als extensive.

Eine minimale Resthöhe in der Größenordnung von 15 bis 20 mm in der Unterkieferfront stellt nach allgemeiner Ansicht die Grenze des mit Weichteileingriffen verbesserbaren Prothesenlagers dar. Die Konsequenz zur Therapie bei geringer Knochenhöhe besteht im Prinzip der absoluten Kammerhöhung. Hier ist zuerst die direkte Augmentation auf den atrophierten Kiefer, konventionell mit autologen Knochen vom Beckenkamm oder Rippe, zu nennen. Unsere diesbezüglichen Fälle zeigen hier keine Ausnahme zur überwiegenden Anzahl der Literaturberichte, wie z. B. unter anderem Koberg (1985): nach drei Jahren zirka 80% und nach fünf Jahren praktisch 100% Resorption des aufgelagerten Transplantates.

Wesentlich geringere Resorptionsraten zeigt in der Folge die Interpositionsosteoplastik (Schettler, 1975; Stoelinga et al., 1978) nach Osteotomie der Mandibula in zwei weichteilgestielte Teile. Je nach verwendetem Interponat betrug die Resorption in den ersten ein bis zwei Jahren zirka 40% bei autologem Knochen bis 60% bei Bankknochen und schwenkte dann in die als physiologisch angesehene Resorptionskurve von zirka 0,5 mm pro Jahr (Tallgren, 1972) ein. Dies allerdings nur im interforaminären Bereich. Im Seitzahnbereich ist die Resorption bei der Methode nach Stoelinga zum Beispiel sehr unterschiedlich, durchschnittlich jedoch wesentlich höher, nämlich bis zu 80%, was nicht weiter verwundert, da bei sehr stark atrophem Kiefer als weichteilgestielte Deckung des Interponats praktisch oft nur die am Muskel gestielte Crista mylohyoidea zur Verfügung steht. Ob neue Osteotomieformen zu besseren Resultaten führen können, soll in einem späteren Beitrag dargestellt werden.

Konklusion

Die Betrachtung der Prinzipien der herkömmlichen Möglichkeiten in der präprothetischen Chirurgie und ihre Bewertung an Hand eines größeren Kollektives zeigen, daß sowohl bei der relativen als auch absoluten Kammplastik im Unterkiefer nur relative Erfolge erzielt werden können, selbst bei Beachtung wichtiger Kriterien wie Verwendung von Schleimhauttransplantaten bei möglichst geringer Muskelablösung oder möglichst breiter Interposition statt Auflagerung. Die Erörterung, ob neue chirurgische Alternativen bessere Ergebnisse erwarten lassen, hat sich diese Tagung zur Aufgabe gestellt.

Eines ist jedoch in jedem Fall klar: die einzigen wirklichen Gewinner können nur der ausgezeichnete Prothetiker und der aufgeklärte, kooperative Patient sein, eine Kombination, die mit großer Wahrscheinlichkeit gar keiner prothetischen Chirurgie bedarf. Wenn es aber doch dazu kommt, kann nur in enger Absprache mit dem Prothetiker Art und Ausmaß des notwendigen Eingriffes bestimmt werden, denn nur er kann schließlich entscheiden, was er im individuellen Einzelfall benötigt.

Literatur

Clementschitsch F (1953) Über die Wiederherstellung der Prothesenfähigkeit des Oberkiefers. Österr Z Stomatol 50:11

Esser JEJ (1916) Neue Wege für die chirurgischen Plastiken durch Heranziehung der zahnärztlichen Technik. Brun's Beiträge zur klinischen Chirurgie 103:547

Ganzer H (1916) Die Wiederherstellung des Vestibulums nach Schußverletzungen. Dtsch Mschr Zahnheilkd 43:380

Gerry RG (1956) Alveolar ridge reconstruction with osseus autografts. J Oral Surg 14:74

Härle F (1975) Visierosteotomie des atrophischen Unterkiefers zur absoluten Kammerhöhung. Dtsch Zahnärztl Z 30:561

Hofer O, Mehnert R (1964) Neue Methode zur Rekonstruktion des Alveolarkammes. Dtsch Zahn-Mund-Kieferheilkd 41:313

Joos U, Härle F (1980) Die Unterkieferresorption nach Vestibulumplastik und Mundbodensenkung. Dtsch Zahnärztl Z 35:986

Kazanjian UH (1924) Surgical operations as related to satisfactury dentures. Dent Cosmos 66:387

Koberg W (1985) Spätergebnisse nach Augmentationsplastiken. Fortschr Zahnärztl Implant 1:239

Köle H (1974) Persönliche Mitteilung

Köle H (1978) 25 Jahre Erfahrung mit präprothetischer Chirurgie an der Grazer Klinik. Österr Z Stomatol 5:162

Matras H (1968) Zur Anwendung der freien Schleimhauttransplantation in der präprothetischen Chirurgie. Österr Z Stomatol 65:56

Obwegeser H (1953) Über eine submuköse Methode der Alveolarkammplastik zur Verbreiterung der Prothesenbasis am Unter- und Oberkiefer. Zahnärztl Praxis 4:21

Obwegeser H (1967) Weitere Erfahrungen mit der aufbauenden Kammplastik. Schweiz Mschr Zahnheilkd 77:1002

Pichler H, Trauner R (1930) Die Alveolarkammplastik. Österr Z Stomatol 28:54

Propper R (1964) Simplified ridge extension using free mucosal grafts. J Oral Surg 22:469

Rehrmann A (1953) Ein Beitrag zur Alveolarkammplastik am Unterkiefer. Zahnärztl Rundschau 62:505

Steinhäuser E (1965) Ergebnisse der Vestibulumplastik mit freier Hauttransplantation am Ober- und Unterkiefer. In: Schuchardt K, Scheunemann H (Hrsg) Fortschritte der Kiefer- und Gesichtschir, Bd X. G Thieme, Stuttgart

Steinhäuser E (1968) Freie Schleimhautverpflanzung in der Mundhöhle – Eine Maßnahme zur Verbesserung des Prothesenhaltes. SSO 78:1046

Stoelinga PJW, Tideman H, Berger JS, De Koomen HA (1978) Interpositional bone graft augmentation of the atrophic mandible. J Oral Surg 36:30

Schettler D (1975) Sandwich-Technik mit Knorpeltransplantat zur Alveolarkammerhöhung im Unterkiefer. In: Schuchardt K, Scheunemann H (Hrsg) Fortschritte der Kiefer- und Gesichtschir, Bd XX. G Thieme, Stuttgart

Tallgren A (1972) The continue reduction of the residual alveolar ridges in complete denture wearers: a mixed longitudinal study covering 25 years. J Prothet Dent 27:120

Trauner R (1952) Die Alveolarkammplastik im Unterkiefer auf der lingualen Seite zur Lösung des Problems der unteren Prothese. Dtsch Zahnärztl Z 7:256

Wassmund M (1931) Über chirurgische Formgestaltung des atrophischen Kiefers zum Zwecke prothetischer Versorgung. Vierteljschr Zahnheilkd 47:305

Anschrift des Verfassers: Prof. Dr. B. Gattinger, Department für Mund-, Kiefer- und Gesichtschirurgie, Universitätsklinik für Zahn-, Mund- und Kieferheilkunde Graz, Auenbruggerplatz 12, A-8036 Graz.

Die absolute Kammerhöhung – ein erreichbares Ziel?

B. Gattinger

Department für Mund-, Kiefer- und Gesichtschirurgie der Universitätsklinik
für Zahn-, Mund- und Kieferheilkunde, Graz (Vorstand: Prof. Dr. H. Köle)

Mit 3 Abbildungen

Zusammenfassung

Da die augmentativen Knochentransplantationen durch reine Auflagerung keine
entsprechenden Ergebnisse brachten, wurden Interpositionsosteotomien eingeführt.
Damit konnte im allgemeinen im Frontbereich ein gutes, dauerhaftes Resultat erzielt
werden, was die Darstellung des eigenen Krankengutes, bei dem die Operationsmethode nach Stoelinga durchgeführt wurde, auch beweist. Im Mandibulakörperbe-
reich wurden jedoch nur sehr unbefriedigende Ergebnisse festgestellt. Eine Osteotomieform, die den gesamten unteren Alveolarfortsatz mobilisiert, wurde an der
Grazer Klinik eingesetzt und zeigte auch im Seitenbereich wesentliche Verbesserungen.

Summary

Absolute Alveolar Ridge Augmentation – a Realistic Prospect? As results of direct
augmentation by bone graft deposition were poor, mandibular osteotomy with
interposition of bone grafts was tried. This was found to produce satisfactory
long-term results in the interforaminal region, as reflected by our patients
osteotomized by the Stoelinga technique. But results in the lateral mandibular
regions were still inadequate. Consequently, a new osteotomy technique with
mobilization of the entire mandibular alveolar ridge was introduced at the Graz
Department. With this technique results were significantly improved particularly in
the molar region.

Schlüsselwörter: Mandibulaaugmentation, Interpositionsosteotomien, Osteotomie des totalen unteren Alveolarfortsatzes.

Key words: Mandibular augmentation, interpositional osteotomy, total
osteotomy of the lower alveolar ridge.

Einleitung

Die Interpositionstechniken, die seit der Mitte der siebziger Jahre in vielen
Modifikationen angewendet wurden, zeigten sukzessive eine Entwicklung
zur Verbesserung der Resultate, sodaß mit Einschränkungen vom Erreichen

einer absoluten Kammerhöhung – zumindest für den Frontbereich – gesprochen werden kann. Die unbefriedigenden Ergebnisse der Interpositionsosteotomien im Seitenbereich waren Veranlassung, erstens unser diesbezügliches Krankengut einer kritischen Betrachtung zu unterwerfen und zweitens, herauszufinden, ob durchgeführte Änderungen im Behandlungskonzept bzw. Änderungen in der Osteotomieform Verbesserungen erwarten lassen.

Patientengut und Methoden

Es wurden 42 Patienten, die sich einer aufbauenden Interpositionsplastik unterzogen, in diese Studie aufgenommen. Das Alter schwankte zwischen 35 und 68 Jahren, das weibliche Geschlecht überwog gegen das männliche mit 38:4. Davon wurden 31 mit der Osteotomieform nach Stoelinga (1978) operiert, wobei verschiedene Knochentransplantate zur Anwendung kamen. Bei 20 Patienten wurde autologer Beckenkamm, bei 6 tiefgefrorener Bankknochen und in 5 Fällen demineralisierter, gammasterilisierter Bankknochen eingebracht. Bei 3 Patienten wurde eine interforaminäre Sandwich-Osteotomie (Schettler, 1982) durchgeführt (Abb. 1).

In 8 Fällen wurde eine andere Osteotomieform vorgenommen, die exakt der von Obwegeser (1987) inaugurierten Variante der totalen Osteotomie des Alveolarfortsatzes bei Bezahnten entspricht. Diese Technik verbindet die Osteotomie des unteren Alveolarfortsatzes nach Köle (1959) im Frontbereich mit der sagittalen Spaltung der Rami nach Obwegeser und Trauner (1955), Dal Pont (1958), wobei die Verbindung beider Osteotomielinien unter dem Foramen mentale erfolgt. Dies hat zur Folge, daß neben der üblichen Höhenverlagerung des frontalen Alveolarkamms im Korpusbereich nicht nur eine verhältnismäßig dünne linguale Knochenlamelle, sondern die ganze Breite des Kieferkörpers mit Ausnahme der bukkalen Kompakta nach kranial verschoben wird. Außerdem besteht die Möglichkeit, eine Progenieoperation gleichzeitig durchzuführen. Als Interponat wurde autologer Knochen vom Beckenkamm, Gefrierknochen und Hydroxylapatit (Interpore®, Fa. Interpore International) verwendet. Eine sekundäre Vestibulumplastik wurde 3 bis 6 Monate nach dem Ersteingriff bei der Mehrzahl der Fälle vorgenommen, wobei auch die Metallentfernung durchgeführt wurde (Abb. 2 und 3).

Die Nachkontrollzeit betrug zwischen 6 und 62 Monate, im Durchschnitt 26 Monate.

An diesem Kollektiv wurden subjektiver Eindruck sowie Sensibilitätsstörungen der Unterlippe untersucht und vor allem das Schicksal des erhöhten Kieferkammes sowohl im Frontzahnbereich als auch am Korpus an Hand von seitlichen Fernröntgenbildern und Orthopantomogrammen verfolgt.

Ergebnisse

Die Befragung über den subjektiven Eindruck der Patienten ergab, daß nach der Neuanfertigung der prothetischen Versorgung postoperativ die überwie-

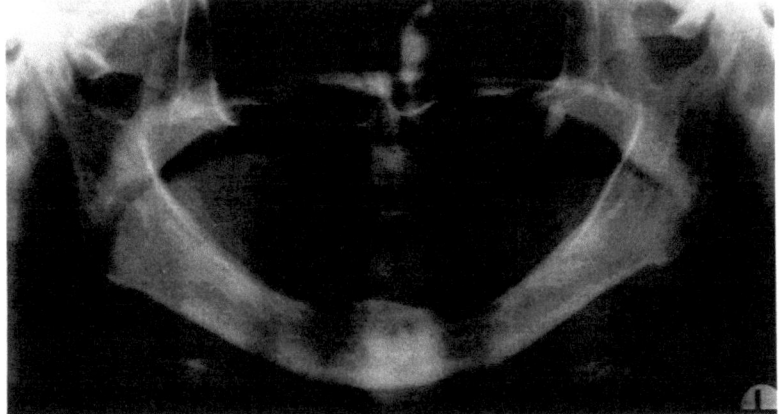

a

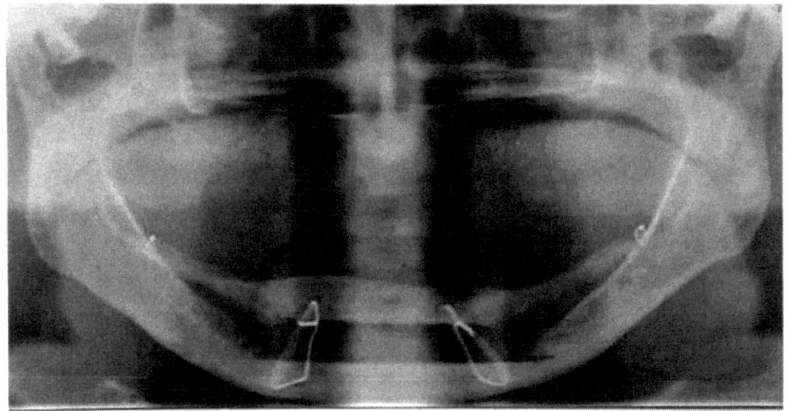

b

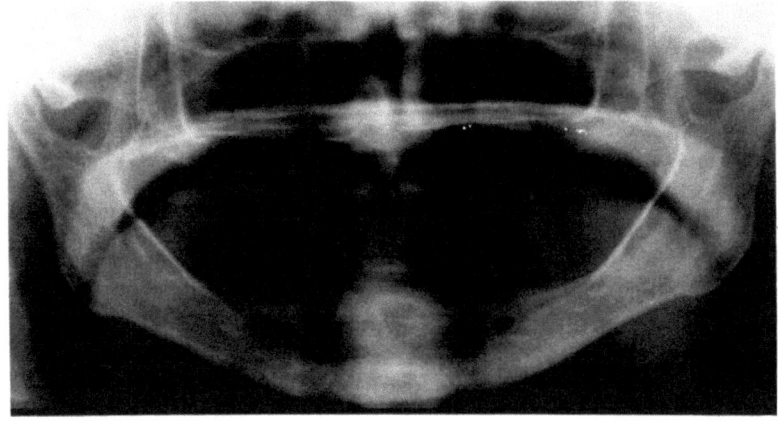

c

Abb. 1. a Orthopantomogramm eines atrophen Unterkiefers präoperativ. **b** 5 Monate postoperativ, kurz vor der Vestibulumplastik. **c** Nach 4 Jahren (Fronthöhe gut, Seitenbereich weitgehend resorbiert)

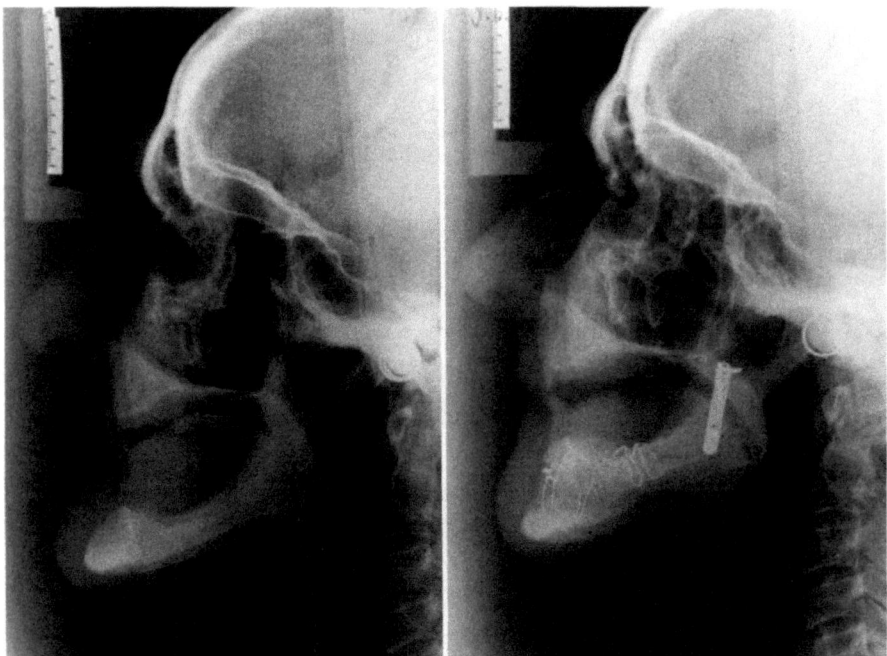

a   b

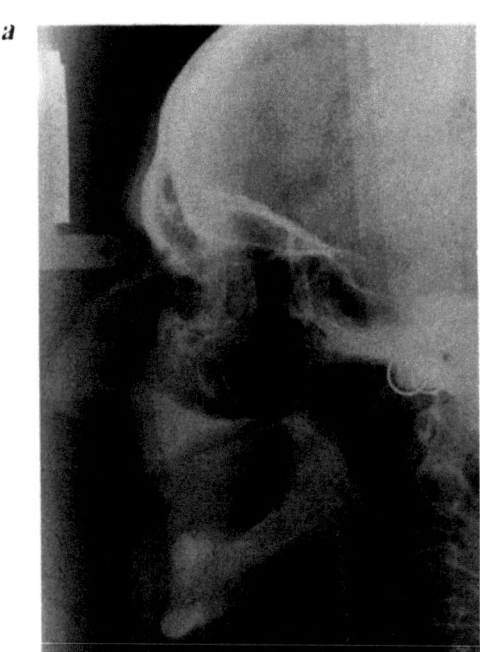

Abb. 2. a Seitliches Fernröntgen einer Patientin mit atrophem Unterkiefer. **b** Nach Kranialverlagerung des
totalen Alveolarfortsatzes. **c** 10 Monate nach der Osteoplastik, 5 Monate
nach Vestibulumplastik

c

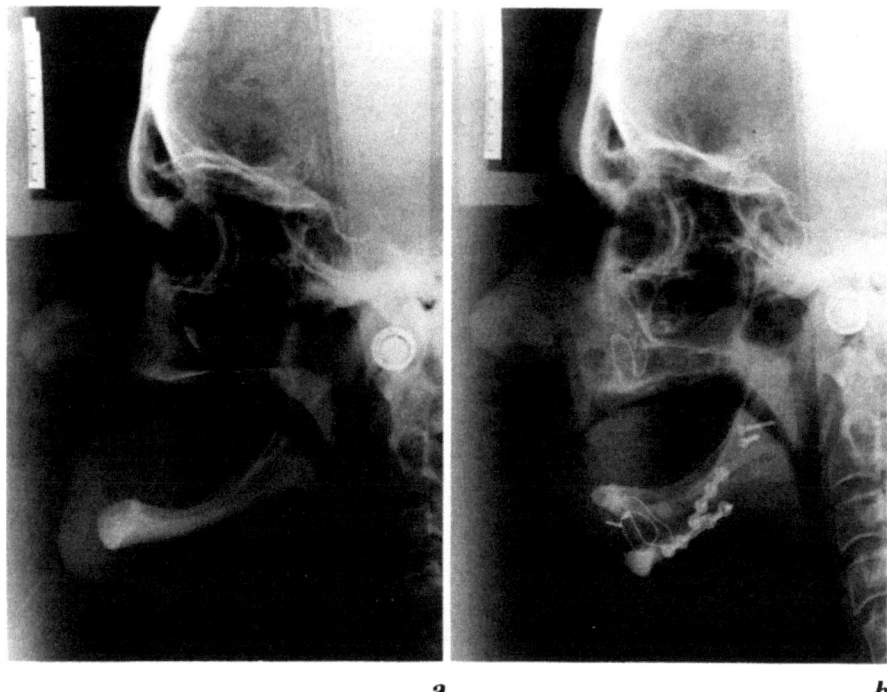

a   *b*

Abb. 3. a Seitliches Fernröntgen einer Patientin mit starker Atrophie des Unterkiefers. **b** 6 Monate nach Osteotomie des totalen Alveolarfortsatzes und gleichzeitiger Progenieoperation ohne Vestibulumplastik

gende Mehrzahl der Patienten, nämlich 32, eine wesentliche Verbesserung ihrer Kaufähigkeit konstatierten. Die restlichen beanstandeten einen nach wie vor schlechten Halt der Prothese oder Schwierigkeiten beim Essen wegen Sensibilitätsstörungen der Unterlippe. Von den 31 nach Stoelinga operierten Fällen zeigten 22 (70%) direkt postoperativ Sensibilitätsstörungen, die sich bis zum Zeitpunkt der Vestibulumplastik auf 10 (32%) reduzierten, wobei nur bei 2 eine einseitige Anästhesie, bei allen anderen Hypästhesie bzw. Parästhesie festgestellt werden mußte. Nach 12 Monaten waren noch 2 einseitige Anästhesien sowie 6 Hyp- bzw. Parästhesien nachzuweisen (25%).

Bei den Osteotomien des totalen Alveolarfortsatzes zeigten alle Patienten direkt postoperativ Sensibilitätsstörungen, die sich bei 6 Patienten nach 4 bis 5 Monaten zurückbildeten. Endgültiges ist bei dieser Gruppe wegen der zu kurzen Nachkontrollzeit nicht auszusagen.

Und nun zu den Ergebnissen der ossären Erhöhung. Bei der Methode nach Stoelinga zeigte sich bei autologer Knochentransplantation bei einer durchschnittlichen Ausgangshöhe von 14,2 mm (9 bis 20,5 mm) eine Erhöhung auf 28,5 mm (19,5 bis 36 mm), was einem Gewinn von 14,3 mm entspricht. Nach 6 Monaten war der Höhenverlust 18%, nach 12 Monaten

Tabelle 1. Methode nach Stoelinga –
Frontbereich autologer Knochen

op. Gewinn	14,3	%
nach 6 Monaten	−2,6	18
nach 12 Monaten	−4,9	34
nach 24 Monaten	−5,8	40
nach 36 Monaten	−6,5	45
nach 60 Monaten	−7,3	51

Tabelle 5. Operation nach Stoelinga –
Frontbereich entmineralisierter
Bankknochen

op. Gewinn	13,3	%
nach 6 Monaten	−3,6	27
nach 12 Monaten	−6,2	46
nach 36 Monaten	−8,3	62
nach 60 Monaten	−9,5	71

Tabelle 2. Methode nach Stoelinga –
Seitenbereich autologer Knochen

op. Gewinn	9,9	%
nach 12 Monaten	−4,6	46
nach 36 Monaten	−6,5	65
nach 60 Monaten	−8,2	82

Tabelle 6. Operation nach Stoelinga –
Seitenbereich entmineralisierter
Bankknochen

op. Gewinn	9,8	%
nach 12 Monaten	−6,4	65
nach 36 Monaten	−8,5	86
nach 60 Monaten	−9,4	95

Tabelle 3. Methode nach Stoelinga –
Frontbereich tiefgefrorener Knochen

op. Gewinn	13,7	%
nach 6 Monaten	−2,7	20
nach 12 Monaten	−5,2	37
nach 24 Monaten	−6,1	44
nach 36 Monaten	−6,7	49

Tabelle 7. Totaler Alveolarfortsatz –
Frontbereich

op. Gewinn	14,8	%
nach 6 Monaten	−1,1	7
nach 12 Monaten	−1,4	9

Tabelle 4. Methode nach Stoelinga –
Seitenbereich tiefgefrorener Knochen

op. Gewinn	10,1	%
nach 12 Monaten	−4,9	48
nach 36 Monaten	−6,8	67

Tabelle 8. Totaler Alveolarfortsatz –
Seitenbereich

op. Gewinn	11,6	%
nach 6 Monaten	−2,0	17
nach 12 Monaten	−2,4	20

34%, nach 24 Monaten 40%, nach 36 Monaten 45% und schließlich nach 60 Monaten 51% (Tabelle 1). Im Seitenbereich zeigte das Operationsergebnis einen primären Gewinn von 9,9 mm von durchschnittlich 10,2 mm (7 bis 17,5 mm) auf 20,1 mm (14,5 bis 27 mm). Nach 12 Monaten war der Verlust mit 46%, nach 36 Monaten mit 65% und nach 60 Monaten mit 82% des ursprünglichen Gewinns zu beziffern (Tabelle 2).

Bei der Transplantation von tiefgefrorenem Knochen war das Ergebnis etwas ungünstiger. Bei einem operativen Gewinn von frontal 13,7 mm von 12,4 mm (8,5 bis 17,5 mm) auf 26,1 mm (18,5 bis 29,0 mm) war die Resorption nach 6 Monaten mit 20%, nach 12 Monaten mit 37% und nach

24 Monaten mit 44% und nach 36 Monaten mit 49% gegeben (Tabelle 3). Im seitlichen Bereich gab es nur geringe Unterschiede zum autologen Knochen, nämlich bei einem durchschnittlichen Gewinn von 10,1 mm einen Verlust nach 12 Monaten von 48% und nach 36 Monaten von 67% (Tabelle 4).

Am schlechtesten schnitt der entmineralisierte Knochen ab. Bei einem operativen Gewinn von 13,3 in der Front war nach 60 Monaten ein Verlust von 71% eingetreten, im Seitenbereich nach primärem Aufbau von 9,8 mm eine Resorption von 95% feststellbar (Tabellen 5 und 6).

Bei der Osteotomie des gesamten unteren Alveolarfortsatzes zeigte sich ein wesentlich anderes Bild, wenn auch die Nachkontrollzeit erst maximal 12 Monate beträgt. In der Front wurde ein Aufbau von 16,5 mm (11 bis 19,5 mm) auf 31,3 mm (26,5 bis 35 mm) erreicht, was einem durchschnittlichen Gewinn von 14,8 mm entspricht. Nach 6 Monaten war lediglich eine Resorption von nur 7% und nach 12 Monaten von 9% eingetreten. Vor allem die Werte für den Seitenbereich sind hervorzuheben. Bei einem durchschnittlichen Gewinn von 11,6 mm, was einer Erhöhung von 12,5 mm (9 bis 18 mm) auf 24,1 mm (20,5 bis 29 mm) entspricht. Nach 6 Monaten war ein Verlust von 17% und nach 12 Monaten von 20% festzustellen.

Diskussion

Die in unserer Serie festgestellten Resorptionsverläufe bei der Osteotomie nach Stoelinga zeigen in der Front akzeptable Ergebnisse, wobei der autologe Knochen gegenüber dem Gefrierknochen besser abschneidet. Im Seitenbereich sind die Ergebnisse jedoch sehr unbefriedigend, was im wesentlichen anderen Erhebungen dieser Methode entspricht (Stoelinga et al., 1983; Moloney et al., 1985). Die noch schlechteren Ergebnisse mit dem entmineralisierten Bankknochen haben dazu geführt, daß wir dieses Material wieder verlassen haben. Ein weiterer Nachteil besteht bei diesem Vorgehen in dem sehr schmalen Alveolarfortsatzquerschnitt, der im Seitenbereich entsteht.

Vorteile demgegenüber zeigt die Osteotomie des gesamten Alveolarfortsatzes, die deutlich weniger Resorption, besonders auch im Seitenbereich, bringt, wobei der Kurvenverlauf auf ein früheres Einschwenken in das Niveau der physiologischen Resorptionsrate (Tallgren, 1972) hindeutet. Sicherlich ist nach 12 Monaten kein endgültiges Urteil abzugeben, aber wenn man in Betracht zieht, daß gerade im ersten Jahr der Hauptteil der Resorption stattfindet, können die Ergebnisse des totalen Alveolarfortsatzes mit vorsichtigem Optimismus betrachtet werden. Ein weiterer Vorteil besteht im wesentlich breiteren Querschnitt der Erhöhung im Korpusbereich, da der gesamte Kieferkörper nach kranial verschoben wird. Außerdem scheint die Frequenz der notwendigen sekundären Kammplastiken geringer zu sein, was im Sinne der Resorptionsprophylaxe sich als günstiger Faktor erweisen müßte.

Wenn sich die eingangs gestellte Frage nach einer stabilen Alveolarkammerhöhung bisher nur für den Frontbereich bejahen ließ, erscheint die Osteotomie des gesamten unteren Alveolarfortsatzes, die der von Obwegeser induzierten Variante entspricht, ein deutlicher Schritt in diese Richtung auch für den seitlichen Mandibulakörper.

Literatur

Dal Pont G (1958) L'osteotomia retromolare per la corretione della progenia. Minerva Chir 1 : 14

Köle H (1959) Formen des offenen Bisses und ihre Behandlung. Dtsch Stomat 9 : 753

Moloney F, Stoelinga PJW, Tideman H, De Koomen HA (1985) Recent development in interpositional bone-grafting of the atrophic mandible. J Max Fac Surg 13 : 14

Obwegeser H, Trauner R (1955) Zur Operationstechnik bei der Progenie und anderer Kieferanomalien. Dtsch Zahn-, Mund- Kieferheilkd 23 : 1

Obwegeser J (1987) Eine neue Operationsmethode zur Osteotomie des gesamten Unterkieferalveolarfortsatzes. Dtsch Z Mund-Kiefer-Gesichtschir 11 : 276

Schettler D (1982) Die Spätergebnisse der absoluten Kieferkammerhöhung im atrophischen Unterkiefer durch die „Sandwichplastik". DZZ 37 : 132

Stoelinga PJW, Tideman H, Berger JS, De Koomen HA (1978) Interpositional bone-graft augmentation of the atrophic mandible. J Oral Surg 36 : 30

Stoelinga PJW, De Koomen HA, Tideman H, Huijbers AJM (1983) A reappraisal of the interposed bone graft augmentation of the atrophic mandible. J Max Fac Surg 11 : 107

Tallgren A (1972) The continue reduction of the residual alveolar ridges in complete denture weares. J Prosthet Dent 27 : 120

Anschrift des Verfassers: Prof. Dr. B. Gattinger, Department für Mund-, Kiefer- und Gesichtschirurgie, Universitätsklinik für Zahn-, Mund- und Kieferheilkunde Graz, Auenbruggerplatz 12, A-8036 Graz.

Die augmentative Alveolarkammplastik mit cialitkonserviertem homologem Knorpelimplantat

Indikation, Technik und Ergebnisse nach fünfjähriger klinischer Erfahrung

Ch. Michel, J. Reuther und W. Weber

Klinik und Poliklinik für Kieferchirurgie (Vorstand: Prof. Dr. Dr. J. Reuther) der Universität Würzburg, Bundesrepublik Deutschland

Mit 2 Abbildungen

Zusammenfassung

Von bisher 80 operierten Patienten standen für eine prospektive Studie 40 Patienten zur Verfügung, die im Zeitraum von 1982 bis 1985 durch eine Auflagerungsplastik mit cialitkonserviertem homologem Knorpel versorgt worden waren.

Wundinfektionen oder Nahtdehiszenzen traten in 15% der Fälle auf, bei 2 Patienten mußte das Transplantat teilweise oder ganz entfernt werden. 72,5% der überweisenden Zahnärzte und 80% der nachuntersuchten Patienten waren mit dem erreichten Ergebnis zufrieden. Die objektive Untersuchung ergab in 50% sehr gute bis gute und in 20% schlechte Resultate. In 30% der Fälle wäre eine Verbesserung der Ergebnisse durch weitere chirurgische Maßnahmen oder Optimierung der insuffizienten prothetischen Versorgung zu erreichen.

Die Einheilung des Knorpels erfolgte in 68% durch narbige Einscheidung, röntgenologische Verkalkungszonen im Implantat waren in 32% der Fälle nachweisbar. 27,5% der operierten Patienten wiesen Sensibilitätsstörungen der Unterlippe auf.

Summary

The Augmentative Alveolar-Ridge Plastic with Cialit Conserved Homologe Cartilage – A Five Year Clinical Report. Of a total of 80 patients, 40 undergoing ridge augmentation with cialite-preserved homologous cartilage between 1982 and 1985 were available for a prospective study.

Wound infection or dehiscence of sutures occured in 15% of cases. In 2 patients the grafts had to be removed in toto or partially. 72.5% of the referring dentists and 80% of the patients undergoing follow-up examinations were content with the results. In objective terms, results were excellent or good in 50% of cases and bad in 20%. Further improvement could potentially be obtained in 30% by additional surgery or optimation of poorly fitting dentures.

Cartilage healing was by fibrous tissue sheating in 68% of cases. Radiologically, graft calcification was seen in 32% of cases, 27.5% of patients showed loss of sensitivity in the lower lip.

Schlüsselwörter: Augmentative Alveolarkammplastik, cialitkonservierter homologer Knorpel.

Key words: Alveolar ridge augmentation, cialite-preserved homologous cartilage.

Einleitung

Mit der Zunahme der durchschnittlichen Lebenserwartung um zirka 25 Jahre in diesem Jahrhundert steigt altersbedingt die Zahl der zahnlosen Patienten permanent an. Daneben führt der Luxuskonsum bei immer noch nachlässiger Mundhygiene zu einem schnelleren Zahnverfall (Körber, 1978). Aus diesen beiden Komponenten resultiert die große Zahl der Patienten mit extrem atrophierten Alveolarkämmen mit einer Gesamthöhe unter 1,5 cm, bei denen die Schaffung prothesenfähiger Verhältnisse nur mit der absoluten Kieferkammerhöhung möglich ist. Die Zahl der hierzu beschriebenen Operationsmethoden mit unterschiedlichen Transplantat- und Implantatmaterialien bestätigen die Aussage Obwegesers, daß die präprothetisch-chirurgischen Maßnahmen zwar keine unbedingt großen Eingriffe darstellen, aber dennoch zu einem der schwierigsten Gebiete der Kieferchirurgie zählen, wenn es darum geht, gute, insbesondere dauerhafte Resultate zu erzielen.

An unserer Klinik versuchen wir seit 1982 dieses Problem durch die subperiostale Implantation von cialitkonserviertem homologem Rippenknorpel zur absoluten Kieferkammerhöhung zu lösen.

Material und Methode

Auf einem sterilisierten Kunststoffmodell, welches an Hand eines Kompressionsabdruckes hergestellt wurde, wird der Knorpel zunächst der Kieferform und dem Knochenrelief sehr sorgfältig angepaßt.

Die Implantation erfolgt entweder über zwei senkrecht zur Kammlinie verlaufende Schnitte im Eckzahnbereich oder meist über einem Schnitt in der Medianlinie.

Seit einem Jahr führen wir zur Stabilisierung der Implantate neben dem Fibrinkleber auch die Fixierung mit zwei Titan-Minischrauben durch, welche über Stichinzisionen eingebracht werden. Kurz vor der prothetischen Versorgung, meist 6 Wochen post operationem, werden diese Schrauben wieder entfernt.

Von unseren bisher 80 operierten Patienten standen für die prospektive Studie 40 Patienten zur Verfügung, die im Zeitraum von 1982 bis 1985 operiert worden waren, so daß eine zumindest 2jährige Nachuntersuchungsperiode vorhanden war. Unsere Untersuchung basiert auf einer Fragebogenaktion an den überweisenden Zahnarzt sowie einer subjektiven Befragung unserer Patienten und objektiven klinischen und röntgenologischen Untersuchungen durch einen unabhängigen Nachbehandler.

Das untersuchte Patientengut setzt sich aus 32 Frauen und 8 Männern im Alter von 30 bis 80 Jahren zusammen. Auf Grund allgemeiner Narkoserisiken wurde der Eingriff in 15% der Fälle in Lokalanästhesie durchgeführt.

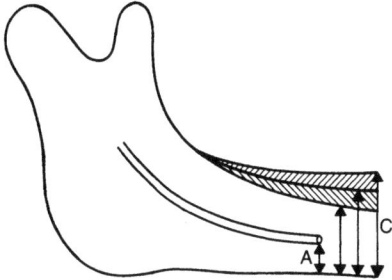

Abb. 1. Schematische Darstellung der Bestimmung des Atrophiegrades am Orthopantomogramm

A : C	kleiner / gleich 0,3	keine Atrophie
A : C	gleich 0,3 bis 0,5	mäßige Atrophie
A : C	größer 0,5	starke Atrophie

Die reine Operationszeit für die Präparation des Implantatlagers sowie die
Implantation betrugen durchschnittlich 10 bis 15 Minuten.

Die Indikation zum Eingriff wurde nach einem von Wical und Swoope
1974 angegebenen Schema bestimmt (Abb. 1). Dabei ist die Distanz der
Unterkieferbasis zur unteren Begrenzung des Foramen mentale im Orthopantomogramm sehr konstant. Die Relation dieser Strecke zur Gesamthöhe
des Kiefers führt zu einer Einteilung in verschiedene Atrophiegrade. Bei
unseren Patienten war in 39 Fällen der Quotient größer als 0,5. Präoperativ
waren zwischen 1,1 und 3,1 Totalprothesen im Unterkiefer getragen worden.

Ergebnisse

In der direkten postoperativen Phase trat bei 12 von 80 operierten Patienten
eine Wundinfektion oder eine Nahtdehiszenz ein, die in 10 Fällen durch
konservative Maßnahmen ohne Verlust des Implantates abheilte. Nur bei 2

Tabelle 1. Beanstandungen des überweisenden Zahnarztes nach augmentativer
Alveolarkammplastik

Struktur	Art der Beanstandung	Anzahl	%
Alveolarkamm	Unterkieferfront zu flach	16	40
	Seitenzahnbereich zu flach	14	35
	mobil	6	15
	disloziert	4	10
	zu schmal	2	5
	unter sich gehend	1	2,5
Vestibulum	zu flach	11	27,5
Mundboden	nicht tief genug	7	17,5
Narbenbildung	Unterkieferfront	4	10
	Seitenzahnbereich	2	5
Druckstellenneigung	Seitenzahnbereich	14	35
	Frontzahnbereich	7	17,5

von 80 Patienten mußte ein Teil bzw. das gesamte Transplantat entfernt werden.

In unserer Fragebogenaktion äußerten sich die Zahnärzte in 72,5% als zufrieden mit dem erreichten Ergebnis des präprothetisch-chirurgischen Eingriffs. In den negativen Fällen wurde neben dem weiterhin zu flachen Alveolarkamm eine erhöhte Druckstellenneigung kritisiert (Tabelle 1).

Bei der subjektiven Aussage äußerten sich 80% der nachuntersuchten Patienten als zufrieden mit der deutlich verbesserten Kauleistung nach der chirurgischen und prothetischen Versorgung. 20% waren mit dem Ergebnis nicht zufrieden, wobei schlechter Prothesensitz und gehäuftes Auftreten von Druckstellen angegeben wurden (Tabelle 2).

Tabelle 2. Subjektive funktionelle Beurteilung durch den Patienten nach augmentativer Alveolarkammplastik und prothetischer Versorgung

Funktion	gut		befriedigend		schlecht	
	Anzahl	%	Anzahl	%	Anzahl	%
Kauen, schlucken	27	67,5	5	12,5	8	20
Prothesenhalt OK	37	92,5	2	5,0	1	2,5
Prothesenhalt UK	19	47,5	13	32,5	8	20
Druckstellen	sehr viele		viele		wenige	
	3	7,5	19	47,5	18	45

Die Kriterien zur objektiven Einschätzung von Erfolg und Mißerfolg nach präprothetisch-chirurgischen Eingriffen werden in der Literatur sehr unterschiedlich dargestellt und sind in hohem Maße von der subjektiven Betrachtungsweise des Untersuchers abhängig. Nach Obwegeser (1959) bedeutet ein optisch schönes Operationsresultat so lange keinen Operationserfolg, solange die darauf angefertigte Prothese nicht funktionell die erwartete Verbesserung erbringt.

Bei unseren klinischen und röntgenologischen Nachuntersuchungen wurde in 50% ein sehr gutes bis gutes Resultat festgestellt, wobei neben dem Prothesensitz Form, Höhe, Lokalisation und Festigkeit der Transplantate beurteilt wurden. 20% unserer Patienten wiesen auf Grund eines flachen Weichteilreliefes und einer unzureichenden Alveolarkammhöhe ein schlechtes Resultat auf. Bei den verbleibenden 30% war nach objektiver Einschätzung eine Verbesserung entweder durch eine weitere chirurgische Maßnahme wie Vestibulumplastik oder Mundbodenabsenkung zu erreichen oder durch eine Optimierung der insuffizienten prothetischen Versorgung.

Die Einheilung des cialitkonservierten Knorpelspanes war in unserem Krankengut bei 68% durch narbige Einscheidung erfolgt, wobei dieser fest auf der Unterlage fixiert war. Röntgenologisch konnte bei 32% unserer Patienten eine Verkalkungszone um die Implantate nachgewiesen werden (Abb. 2). Dies könnte auf eine Verknöcherung und Revitalisierung der Knorpeltransplantate hinweisen, wie sie von Held und Spirgi (1961) und Schmelzle (1978) beschrieben wurden. Die von Schmelzle und Schwenzer

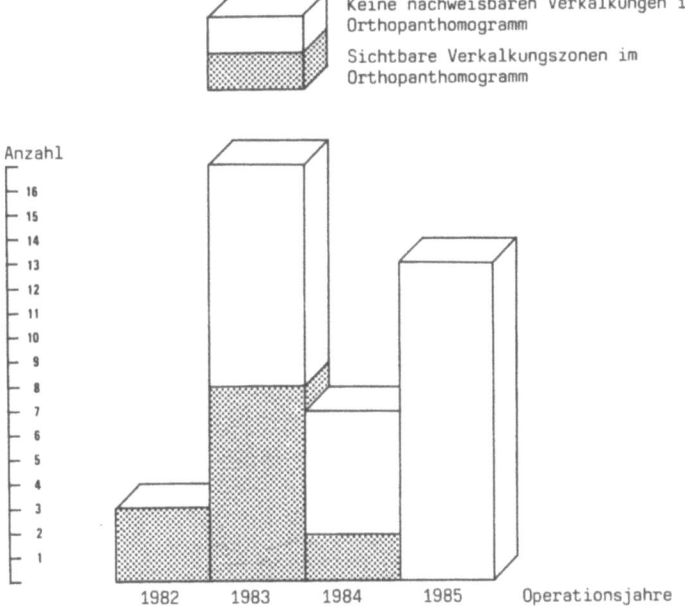

Abb. 2. Röntgenologisch nachweisbare Verkalkungszonen im Implantat, aufge-schlüsselt nach Operationsjahren

Tabelle 3. Sensibilitätsstörungen der Unterlippe nach augmentativer Alveolarkammplastik

Art der Beeinträchtigung	einseitig		beidseitig	
	Anzahl	%	Anzahl	%
Hypästhesie	4	10	1	2,5
Hyperästhesie	1	2,5	0	0
Parästhesie	1	2,5	4	10

(1982) und Riediger et al. (1980) beschriebene gute Formkonstanz des cialitkonservierten homologen Knorpels, der im Gegensatz zu Knochen-transplantaten praktisch keiner physiologischen Resorption unterliegt, war bei 80% unserer nachuntersuchten Patienten gegeben.

Sensibilitätsstörungen der Unterlippe nach relativer und absoluter Alveolarkammerhöhung sind unabhängig von der Methode bisher als häufige Komplikationen mit 20 bis 80% angegeben worden (Petzel et al., 1980; Emslander, 1985; Härle, 1982; De Koomen et al., 1980).

Auch in unserem Krankengut mußten wir bei 27,5% der Patienten eine Beeinträchtigung der Nervenfunktion des N. mentalis beobachten (Tabelle 3).

Diskussion

Nach unseren Erfahrungen ist die augmentative Alveolarkammplastik mit cialitkonserviertem homologem Rippenknorpel ein risikoarmer Eingriff, der problemlos auch in Lokalanästhesie durchgeführt werden kann.

Das kostengünstige Implantatmaterial ist seit vielen Jahren experimentell und klinisch erprobt und zeichnet sich durch hohe Formkonstanz und ausgezeichnete Biokompatibiliät aus. Ein wesentlicher Vorteil besteht darin, daß sekundäre Korrekturen problemlos durchgeführt werden können und daß bei vollständigem Implantatverlust hinsichtlich Narbenfreiheit und Alveolarkammhöhe eine dem präoperativen Zustand annähernd identische Situation vorliegt.

Nach über 5jähriger klinischer Erfahrung sehen wir auf Grund unserer Ergebnisse in der absoluten Alveolarkammerhöhung mit cialitkonserviertem Rippenknorpel eine brauchbare Alternative zu den anderen bekannten Methoden der augmentativen Alveolarkammplastik.

Literatur

De Koomen HA, Stoelinga PJW, Tideman H, Hendriks FHJ (1980) Resultate bei der Erhöhung des atrophischen Unterkiefers mit Beckenknochentransplantat. Dtsch Zahnärztl Z 35 : 1014–1016

Emslander E (1985) Die absolute Alveolarkammerhöhung im retrospektiven Vergleich zweier Methoden. Schweiz Mschr Zahnmed 95 : 656

Härle F (1982) Indikation, Methoden und Ergebnisse zur absoluten Alveolarkammerhöhung des Unterkiefers. Dtsch Zahnärztl Z 37 : 121–126

Held AJ, Spirgi M (1961) Homotransplantat mit lyophilisierten Knorpeln in der stomatologischen Chirurgie. Österr Z Stomatol 58 : 58

Körber E (1978) Die zahnärztliche-prothetische Versorgung·des älteren Menschen. Hanser, München Wien, S 10–13

Obwegeser H (1959) Die submuköse Vestibulumplastik. Dtsch Zahnärztl Z 9 : 629–639

Petzel JR, Haase S, Kreidler J (1980) Ergebnisse der relativen und absoluten Alveolarkammplastik im Unterkiefer. Dtsch Zahnärztl Z 35 : 1000–1002

Riediger D, Schmelzle R, Schwenzer N (1980) Indikation, Technik und Ergebnisse der rekonstruktiven Alveolarkammplastik mit Cialit®-konservierten Transplantaten. Dtsch Zahnärztl Z 35 : 997–999

Schmelzle R (1978) Konservierte Transplantate in der Kiefer- und Gesichtschirurgie. Hanser, München

Schmelzle R, Schwenzer R (1982) 10jährige klinische Erfahrung mit Cialit®-konserviertem Stützgewebe in der präprothetischen Chirurgie. Dtsch Zahnärztl Z 37 : 136–138

Wical KE, Swoope ChC (1974) Studies of residual ridge resorption. J Prosthet Dent 32 : 7–12

Anschrift des Verfassers: Dr. Dr. Ch. Michel, Klinik und Poliklinik für Mund-Kiefer-Gesichtschirurgie, Pleicherwall 2, D-8700 Würzburg, Bundesrepublik Deutschland.

Das Verhalten des gefäßgestielten Beckenkammtransplantates beim Aufbau des atrophischen Unterkiefers

H. Kärcher und A. Eskici

Department für Mund-, Kiefer- und Gesichtschirurgie der Universitätsklinik für Zahn-, Mund- und Kieferheilkunde, Graz (Vorstand: Prof. Dr. H. Köle)

Mit 6 Abbildungen

Zusammenfassung

Es wird die erstmalige Verwendung eines gefäßgestielten Beckenkammes zur Unterkieferaugmentation beschrieben. Nach 18 Monaten konnte noch keine Resorption festgestellt werden. Das simultane Arbeiten zweier Teams ermöglicht eine erhebliche Reduzierung der Operationsdauer, so daß diese Methode eine ernsthafte Alternative gegenüber konventionellen Methoden darstellt.

Summary

Vascularized Iliac Bone Grafts for Augmenting Atrophic Mandibles. The first application of a vascularized iliac bone graft for augmentation of the mandible is reported. Signs of absorption have so far been absent for 18 months. The two-team approach used significantly reduces the operating time so that the procedure is a promising alternative to conventional techniques.

Schlüsselwörter: Unterkieferaugmentation, gefäßgestielter Beckenkamm.

Key words: Mandibular augmentation, vascularized iliac bone.

Einleitung und Problemstellung

Der Aufbau des atrophischen Unterkiefers stellt noch immer eine Herausforderung dar.

Thoma und Holland (1951) verwendeten erstmals autologe Knochen (Rippe oder Beckenkamm) zur Unterkieferaugmentation. Leider betrug der Abbau der Transplantate nach 3 Jahren 90% und nach 5 Jahren 100% (Wang et al., 1976; Koberg, 1985).

Die Restauration des Alveolarfortsatzes durch Knochenauflagerungen wurde folglich 1985 für obsolet erklärt (Koberg, 1985).

Die sogenannten Interpositionsplastiken haben mit autologen oder gar homologen Knochen bei verschiedenen Osteotomien des zahnlosen Unterkiefers (Schettler, 1976; Stoelinga et al., 1978) nicht die erwartete Verbesserung gebracht. Die Resorptionen sind erheblich, 55% nach 3 Jahren (Osborn, 1987).

Die Fortschritte der Mikrochirurgie haben nicht nur die Rekonstruktion großer Weichteildefekte, sondern auch von Knochendefekten am Schädel und am Skelett ermöglicht. Ein Aufbau eines atrophischen Unterkiefers wurde bisher nur in einem Fall einer lokalisierten Bestrahlungsfolge im Kindesalter beschrieben. Salibian et al. (1980) hatten ein II. Metatarsale gemeinsam mit einem Dorsalis-pedis-Lappen verpflanzt. Bloom et al. (1984) konnte bei einer 62jährigen Patientin eine extreme Unterkieferatrophie mit einer gefäßgestielten Rippe aufbauen. Er wählte den posterolateralen Zugang zur Durchführung einer Thorakotomie und konnte einen 8 cm langen Gefäßstiel isolieren. Die Rippe mußte mehrfach osteotomiert werden.

Die gefäßgestielten Knochentransplantate bleiben vital. Selbst nach Jahren konnten Bitter et al. (1983) keine Atrophie bei tumorbedingten Defekten feststellen. Manchmal fand sich sogar eine funktionsbedingte Hypertrophie. Die Vitalität des Knochens und damit eine Kontrolle der Durchgängigkeit der mikrochirurgischen Gefäßanastomosen kann mit einer Technetium-Szintigraphie postoperativ in der ersten Woche überprüft werden.

Fallbericht

Eine 42jährige Frau wurde uns zur präprothetischen operativen Verbesserung des Prothesenlagers überwiesen. Die vertikale Höhe des Unterkiefers betrug in der Front 10 mm. Im Seitenzahnbereich war die Atrophie noch stärker ausgeprägt (Abb. 1 und 2). Wir entschlossen uns zu einem vitalen, gefäßgestielten Knochenaufbau. Ein gefäßgestielter Beckenkamm wurde wie von Taylor et al. (1979) beschrieben, gehoben. Der Unterkiefer wurde, nach einer Inzision am Kamm freigelegt und ein Tunnel lingual des Unterkiefers nach exoral zu den freigelegten Vasa facialia präpariert. Der Beckenkamm wurde dreifach im Sinne einer „Grünholzfraktur" osteotomiert und in seiner Dicke konturiert. Der M. iliacus und der Gefäßstiel kamen nach lingual zu liegen. Der Gefäßstiel wurde durch den Tunnel nach exoral gezogen und dort unter dem Operationsmikroskop mit den Vasa facialia anastomosiert.

Die Knochenfragmente des Beckenkammes wurden mit Drahtumschlingungen am Unterkiefer fixiert (Abb. 3). Nach Freigabe der Blutzirkulation blutete es profus aus allen Teilen des Transplantates. Vier Tage nach der Operation zeigte der Technetium-Scan eine hohe Speicherung aller Transplantatteile. Eine Woche nach der Operation traten zwei Dehiszenzen auf, die den vitalen Knochen zeigten, der eine gute Granulation und Abheilung nach vier Wochen zeigte (Abb. 4). Nach 12 Monaten wurde eine Vestibulumplastik durchgeführt und anschließend die endgültige Prothese angefertigt. Die Röntgenkontrollen zeigten nach 12 und 18 Monaten im Fernröntgen und Orthopantomogramm keine Resorption in vertikaler und horizontaler Ebene (Abb. 5 und 6).

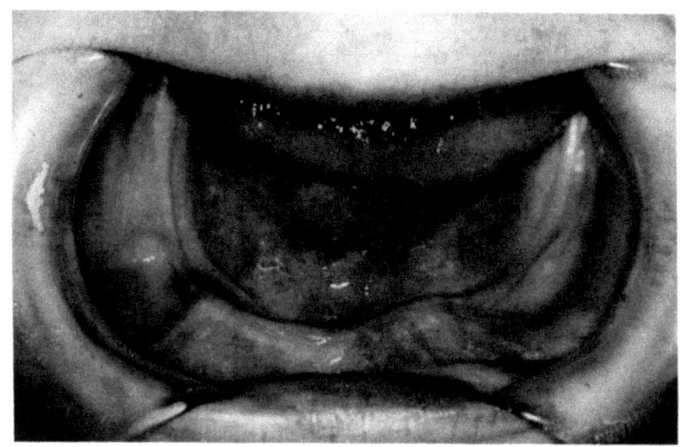

Abb. 1. Intraoraler Befund vor der Transplantation

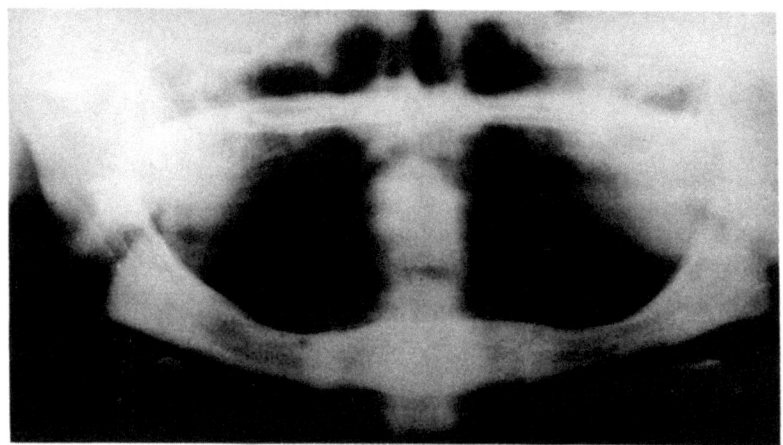

Abb. 2. Präoperatives Orthopantomogramm

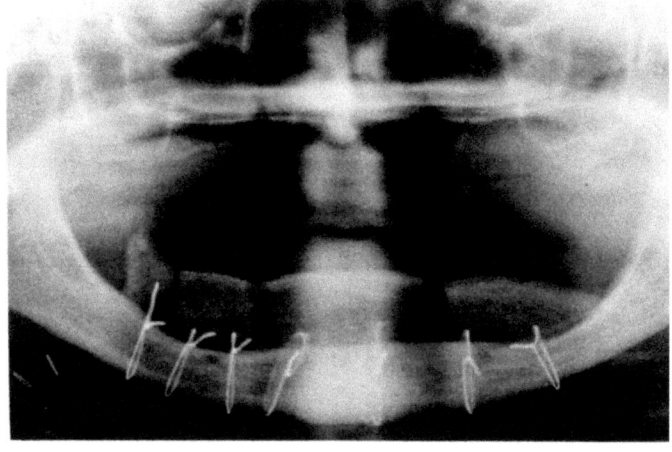

Abb. 3. Postoperatives Orthopantomogramm

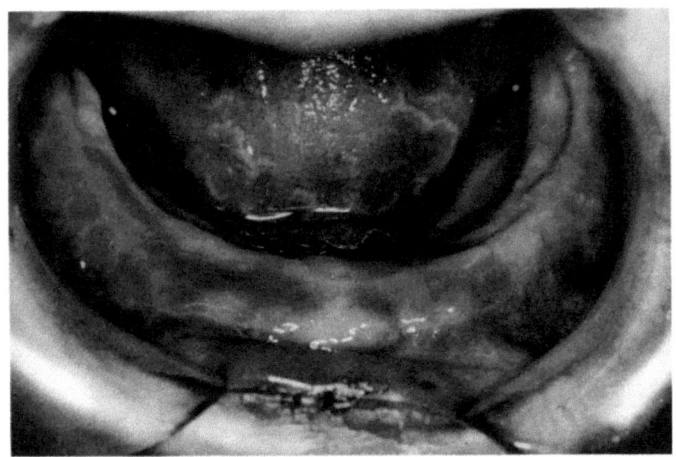

Abb. 4. Intraoraler Befund nach der Operation

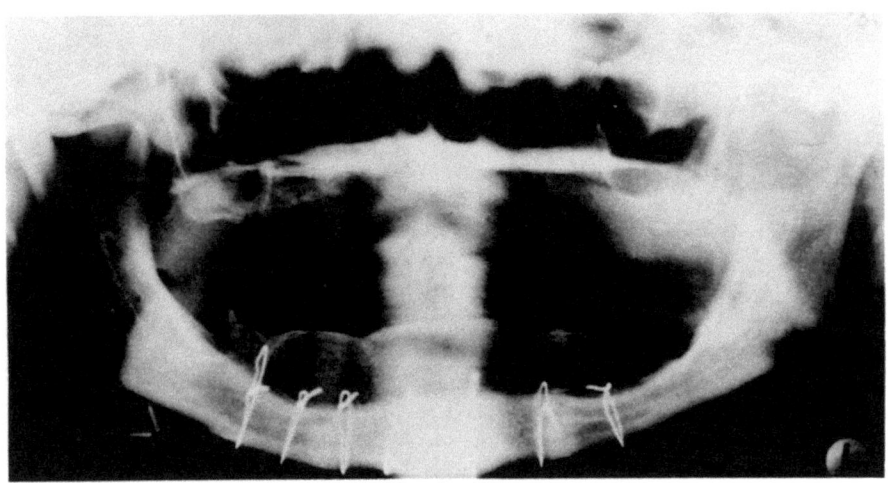

Abb. 5. Orthopantomogramm nach 18 Monaten

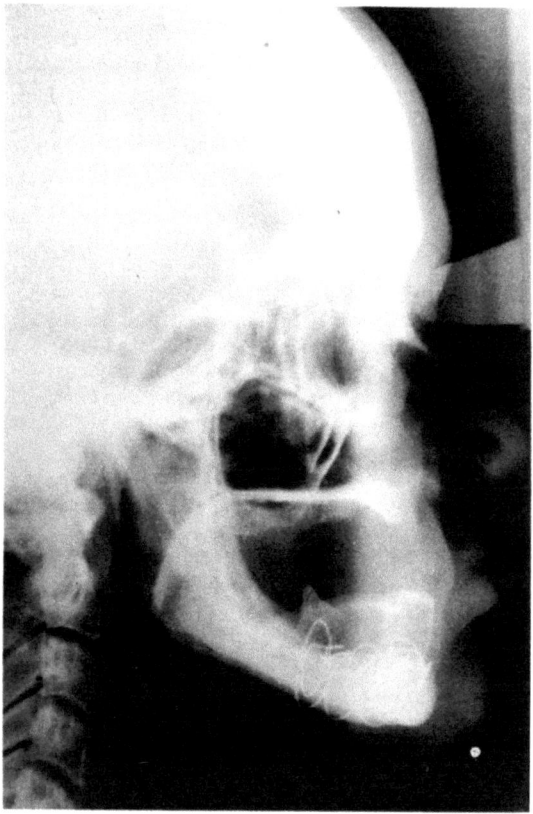

Abb. 6. Fernröntgen nach 18 Monaten

Diskussion

Das Alter der Patientin und die extreme Atrophie veranlaßten uns, ein vitales, gefäßgestieltes Beckenkammtransplantat zu verwenden. Es stellte sich uns die Frage, ob dies nicht eine Alternative zu einer freien, autologen Knochentransplantation oder einer Interpositionsplastik darstellt.

Die Wahl fiel auf Grund folgender Vorteile auf den Beckenkamm: Eine gefäßgestielte Rippe kann nur über eine Thorakotomie in Seitenlage gehoben werden. Der Beckenkamm ist in Rückenlage simultan mit der Präparation der Empfängerregion zu präparieren. Schließlich steht mit dem Beckenkamm wesentlich mehr Knochensubstanz als bei der Rippe zur Verfügung. Die Operationsdauer wird bei simultanen Arbeiten zweier Teams nur durch die Gefäßanastomose verlängert. Das stabile Ergebnis nach 18 Monaten beweist die Überlegenheit der Methode in jenen Fällen extremer Atrophie über alle anderen Methoden. Wir glauben daher diese bei jungen Patienten eine Alternative zu den herkömmlichen Methoden anwenden zu müssen.

Literatur

Bitter K, Schlesinger S, Westermann U (1983) Iliac bone or osteocutaneous transplant pedicled to the deep circumflex iliac artery. J Max Fac Surg 11 : 241 – 247

Bloom LY, Achauer BM, Tesoro VE, Pulver JP (1984) Augmentation of the atrophic mandible with a vascularized rib graft. Plast Reconstr Surg 73 : 820

Koberg W (1985) Spätergebnisse nach Augmentationsplastiken. Fortschr Zahnärztl Implantol 1 : 239 – 245

Osborn JF (1987) Chirurgische Vorbereitung der Kiefer. In: Totalprothesen. Urban & Schwarzenberg, München (Praxis der Zahnheilkunde 7)

Salibian AH, Rappaport I, Furnas DW, Achauer BM (1980) Microvascular reconstruction of the mandible. Am J Surg 140 : 499

Schettler D (1976) Sandwich-Technik mit Knorpeltransplantat zur Alveokammerhöhung im Unterkiefer. In: Schuchardt K, Scheunemann H (Hrsg) Fortschritte der Kiefer- und Gesichtschirurgie, Bd XX. G Thieme, Stuttgart

Stoelinga PJW, Tideman H, Berger JS, de Koomen HA (1978) Interpositional bone graft augmentation of the atrophic mandible. J Oral Surg 36 : 30

Taylor GI, Townsend P, Corlett R (1979) Superiority of the deep circumflex iliac vessels as the supply for free groin flaps. Plast Reconstr Surg 64 : 745

Thoma KH, Holland DJ (1951) Atrophy of the mandible. Oral Surg Oral Med Oral Path 4 : 1477 – 1495

Wang H, Waite DE, Steinhäuser E (1976) Ridge augmentation: An evaluation and follow-up report. J Oral Surg 34 : 600 – 602

Anschrift des Verfassers: Doz. Dr. H. Kärcher, Department für Mund-, Kiefer- und Gesichtschirurgie, Universitätsklinik für Zahn-, Mund- und Kieferheilkunde, Auenbruggerplatz 12, A-8036 Graz.

Klinischer Erfahrungsbericht über den Kieferkammaufbau mittels autologen Knochen- (Knorpel-) und homologen Knorpeltransplantaten

H. Porteder, E. Staus-Rausch, U. Jaskulka und *S. Wunderer*

Universitätsklinik für Kiefer- und Gesichtschirurgie, Wien
(Vorstand: Doz. Dr. H. Porteder)

Mit 1 Abbildung

Zusammenfassung

Anhand von 26 Fällen werden die Resultate nach absolutem Kieferkammaufbau mit autologen und homologen Knochen- und Knorpeltransplantaten besprochen. Innerhalb der ersten Jahre zeigten die einzelnen autologen Transplantate hinsichtlich des Resorptionsverhaltens nur geringgradige Unterschiede, wobei der Höhenverlust im transplantierten Bereich bei einer durchschnittlichen Beobachtungszeit von 2,5 Jahren 60% betrug. Die unbefriedigenden Ergebnisse konventioneller Behandlungsmethoden bei Unterkieferatrophien veranlaßten uns zum Einsatz homologer Kniegelenksmenisci. In laufenden Studien wird sich erweisen, ob die physiologisch gut belastbaren Menisci nach Implantation im Kiefer dem Prothesendruck besser standhalten können.

Summary

Clinical Experiences with Alveolar Ridge Augmentation Using Autologous Bone (Cartilage) and Homologous Cartilage Grafts. Absolute alveolar ridge augmentation with autologous and homologous bone and cartilage grafts is discussed and the results of 26 patients subjected to ridge augmentation are critically analysed. Minimal differences were found between different autologous grafts in terms of absorption during the first few years. Loss of elevation in the grafted regions was 60% during a mean follow-up time of 2.5 years. The unsatisfactory results of conventional treatments for alveolar atrophy prompted us to use homologous knee menisci. Currently ongoing studies will show whether the menisci, which tolerate considerable stresses under normal physiological conditions, are better able to withstand the pressures exerted by dentures after implantation into the jaw.

Schlüsselwörter: Kieferkammaugmentation, autologe/homologe Knochen-Knorpeltransplantate.

Key words: Alveolar ridge augmentation, autologous/homologous bone (cartilage) grafts.

Einleitung

Die Aufgabe der präprothetischen Chirurgie ist es, in der Mundhöhle Voraussetzungen zu schaffen, die es ermöglichen oder erleichtern, einen passenden Zahnersatz einzugliedern und tragbar zu machen (Frenkel, 1982).

Im wesentlichen unterscheiden wir zwischen der relativen (Rehrmann, 1953; Edlan und Mejchar, 1963) und absoluten (Thoma und Holland, 1951; Krüger, 1964; Obwegeser, 1967; Schwenzer, 1973; Schettler, 1976) Erhöhung des Kieferkammes bzw. den Ausgleich von bestehenden lokalisierten knöchernen Defekten (Fries, 1970; Porteder et al., 1986).

Im vorliegenden Beitrag wird nur über die absolute Kieferkammerhöhung mit autologen (autogenen) und homologen (allogenen) Transplantaten berichtet.

Neben den eher unbefriedigenden Erfahrungen mit herkömmlichen Behandlungsmethoden der Unterkieferkammatrophie (Koberg, 1985) interessiert uns vergleichsweise die Frage, ob die homologen Transplantate (Kniemenisci von der Leiche) bessere Ergebnisse liefern.

Material und Methode

An 26 Patienten (15 männl., 11 weibl.) im Alter von 46 bis 71 Jahren wurden in einem Zeitraum von 4 Jahren osteoplastische Operationen zur Kieferkammerhöhung im Unterkiefer von uns durchgeführt. Die mittlere Kontrollzeit beträgt zweieinhalb Jahre.

Die Patienten erhielten folgende Transplantate:

2 Patienten autologes Beckenkammtransplantat,

11 Patienten autologes Rippentransplantat,

6 Patienten autologes Knorpeltransplantat der Rippe,

2 Patienten autologes Knochen- und Knorpeltransplantat der Rippe,

5 Patienten homologe Knorpel, gammastrahlensterilisiert und lyophilisiert (Kniemeniskus der Leiche).

Nach Anlegen eines bogenförmigen Schleimhautschnittes im Vestibulum oris inferior von 36 bis 46, wird unter Schonung der Nervi mentales das Mukoperiost mobilisiert und vom atrophierten Kieferkamm gelöst. Anschließend wird das knöcherne Transplantatlager präpariert, mit der Fräse angefrischt und das entsprechend vorbereitete Rippen- oder Knorpeltransplantat eingelagert. Bei der Vorbereitung des Transplantates wird auf eine entsprechende Dicke und Form sowie Kongruenz mit dem Transplantatbett geachtet. Das Transplantat soll möglichst stufenlos und schlüssig dem Transplantatlager anliegen (Hesse und Hesse, 1984). Die Rippe wird nach Entnahme im kraniokaudalen Durchmesser gespalten, konturiert und mit der spongiösen Seite zum Implantatbett eingelagert. Auch das in typischer Weise entnommene kortikospongiöse Beckenkammtransplantat (Thoma und Holland, 1951) wird entsprechend modelliert und in analoger Weise eingesetzt. Die Transplantate werden mit Nähten oder Bohrdrähten an ihrer Unterlage bewegungsstabil fixiert.

Bei 6 Patienten war eine Sandwichplastik (Schettler, 1976) von 34 bis 44 durchgeführt worden. Die Segment- und Transplantatstabilisierung erfolgte mit Draht oder Miniplattenosteosynthese (Düker et al., 1976; Schargus, 1976) (Abb. 1). Bei 5 Patienten, denen homologer Knorpel transplantiert wurde, haben wir zusätzlich Fibrinkleber (Tissucol®, Fa. Immuno, Wien) (Osborn und Donath, 1983; Passl und Plenk jr., 1986) verwendet. Bei 4 Patienten wurde 5 bis 6 Monate nach der Kieferkammaugmentation eine Vestibulumplastik und Defektdeckung mit Spalthaut (Rehrmann, 1953) durchgeführt. Regelmäßige klinische Kontrollen und röntgenologische Untersuchungen (OPTG, Profil-Rö) im Abstand von 3, 6, 12, 18 und 24 Monaten wurden durchgeführt. Die Röntgenbilder wurden an bestimmten Referenzpunkten (median und lateral) planimetrisch vermessen und die Werte um den Vergrößerungsfaktor 1,3 dividiert.

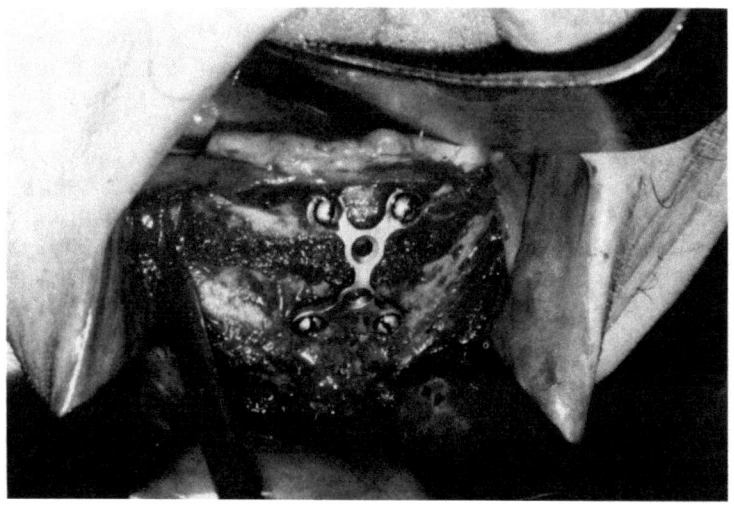

Abb. 1. Bewegungsstabile Fixierung nach Kieferkammerhöhung

Ergebnisse

Im Rahmen der Nachkontrollen war innerhalb von 1 bis 2 Jahren bei allen Patienten, die Rippen- oder Beckenkammtransplantate eingelagert erhielten (n = 15), ein deutlicher Abbau der Transplantate klinisch und röntgenologisch zu beobachten. Der Höhenverlust in der Transplantatregion betrug zwischen 40 bis 65%. Nach 2 bis 3 Jahren zeigten bei 9 Patienten dieser Gruppe die Prothesen trotz wiederholter Korrekturmaßnahmen eine zunehmende Lockerung ihres Sitzes. Eine vergleichbare Instabilität in diesem Ausmaß konnte bei der Patientengruppe, bei der eine Sandwichplastik durchgeführt wurde (n = 6), nicht beobachtet werden. Im Röntgen waren zwar Strukturveränderungen im Transplantatbereich (Abflachung der Knochensegmentränder, Umbau des Transplantates) erkennbar, aber ein erhöhter Kieferkamm gegenüber der Umgebung (Molarenregion) nachweisbar. Der Kieferkamm war als Prothesenlager noch geeignet. Bis auf die typischen vorübergehenden postoperativen Beschwerden an den Entnahmestellen der autologen Transplantate, wie Schwellung, Schmerzen oder Hämatom, waren keine Probleme aufgetreten (Grob, 1986).

Alle 5 Patienten, die einen homologen Knorpel implantiert bekamen, sind bis jetzt klinisch beschwerdefrei. Eine postoperative Nahtdehiszenz war vorübergehend aufgetreten. Sensibilitätsstörungen (Hyp- und Parästhesien) im Versorgungsgebiet des Nervus mentalis waren bei 4 Patienten festzustellen. Es zeigte sich jedoch im Laufe der Kontrollzeit eine Tendenz zur Besserung. Zeichen von Abstoßungsreaktionen waren in keinem Fall zu beobachten. Der Prothesenhalt konnte wesentlich verbessert werden und ist bis jetzt (2 bis 9 Monate post impl.) als gut zu bezeichnen.

Diskussion

Wie unsere Erfahrungen mit osteoplastischen Operationen zur absoluten Kieferkammerhöhung zeigen, ist mit den herkömmlichen Methoden nur ein temporärer Erfolg zu erreichen. Im Rahmen der durchgeführten Nachkontrollen waren innerhalb von 1 bis 2 Jahren bei den meisten Patienten (n = 21) deutliche Rückbildungszeichen der Transplantate zu beobachten. Diese betrugen bei unseren Patienten zwischen 40 bis 65%. Damit stimmen unsere Ergebnisse mit denen anderer Autoren weitgehend überein. Stoelinga et al. (1983) berichten über Höhenverluste von 65% innerhalb von 1 bis 3 Jahren, wobei diese im ersten Jahr am größten sind. Härle (1979) berichtet über Abbauraten von 46% nach drei Jahren. Bei der Sandwichplastik finden Moloney et al. (1985) Resorptionen bis 44% innerhalb des gleichen Zeitraumes. Freihofer und Hoppenreys (1986) geben eine Schwundrate von 61% nach 3,5 Jahren an, während Dumbach und Geiger (1980) nach 3 Jahren bereits von Totalresorptionen berichten. Eine entsprechende Anpassung der prothetischen Versorgung an die sich durch Transplantatresorption verändernden Kieferkammverhältnisse war vielfach notwendig. Welches Transplantat, autologe Rippe, Beckenkamm, Rippenknorpel oder der homologe Kniemeniskus, die größere Stabilität gegenüber resorptiven Vorgängen im Gewebe oder gegen mechanische Druckbelastung (Zahnprothese) hat, können wir derzeit aus eigener Erfahrung noch nicht beurteilen. Die Beobachtungszeit ist zu kurz. Biomechanische und morphologische Untersuchungen von Mutschler et al. (1986) zeigen im Tierexperiment, daß kein signifikanter Unterschied zwischen autogenen und allogenen Knorpeltransplantaten hinsichtlich ihres Verhaltens gegenüber Belastung gefunden werden konnte. Demgegenüber steht die Meinung anderer Autoren (Hesse und Hesse, 1983; Rogge und Kalbe, 1984), daß autologe Transplantate den homologen, konservierten, in ihren biologischen Eigenschaften überlegen sind.

Wirth et al. (1986) berichten über erste klinische Ergebnisse nach Meniskustransplantation im Tierexperiment und beim Menschen. An 14 Patienten wurden nicht mehr nähbare verletzte Menisken durch ein allogenes Transplantat ersetzt (9mal lyophilisierter und 5mal tiefgefrorener Meniskus). Die Erfahrungen dieser Arbeitsgruppe erstrecken sich über

18 Monate. Die Autoren konnten in 5 Fällen arthroskopisch ein völlig eingeheiltes Meniskustransplantat, das von einem normalen Meniskus nicht zu unterscheiden war, beobachten. Unsere Patienten, die homologe Meniskustransplantate erhielten, sind bis jetzt, 9 Monate nach der ersten Transplantation, beschwerdefrei. Die prothetische Situation ist zufriedenstellend. Für eine längerfristige Beurteilung der Stabilität solcher Knorpel sind auch Sterilisations- und Konservierungsmethoden mitbestimmend (Wangerin et al., 1987). Die von uns verwendeten Knorpel sind gammastrahlensterilisiert und lyophilisiert. Bei der zusätzlichen Verwendung des Fibrinklebers (Tissucol®, Fa. Immuno, Wien) folgen wir der Ansicht von Kallenberger (1984), Passl und Plenk jr. (1986) sowie eigenen Erfahrungen (Porteder et al., 1986), daß dadurch eine Förderung der Heilung und reparativen Osteogenese bewirkt wird.

Der Knorpel ist ein „ideales Transplantat", wie Helbing (1984) ausführt. Er ist gefäßlos, der Stoffwechsel ist bradytroph, und die Form läßt sich beliebig modellieren. Sein Schicksal im Empfängerorganismus ist jedoch von verschiedenen Faktoren abhängig. Eine Rolle spielt, wie bei anderen Transplantaten auch, das Transplantatlager, die lokalen Durchblutungsverhältnisse, die Kongruenz der Kontaktflächen zueinander und die bewegungsstabile Fixierung der Basis. Weniger von Bedeutung scheinen bei homologen Knorpeltransplantaten immunologische Vorgänge zu sein (Elves, 1974, 1976). Der Knorpel nimmt eine immunologische Sonderstellung ein. Einerseits werden den Chondrozyten und ihrer Matrix eine schwache Antigenität zugesprochen (Gibson et al., 1957), anderseits wird der Knorpelmatrix eine Art Schrankenfunktion zwischen den Chondrozytenantigenen und dem Immunsystem beigemessen (Moskalewski und Kawiak, 1965). Bei unseren Patienten zeigten sich bis jetzt keine Abstoßungsreaktionen.

Ob die Vestibulumplastik, einige Monate nach dem Primäreingriff durchgeführt, dem Patienten eine wesentliche Besserung seines Zustandes bringt, ist fraglich. Nur um den Patienten wieder einen Schritt weiterzuhelfen, haben wir sie im Einzelfall durchgeführt. Koberg (1985) weist bei Patienten, die nach der absoluten die relative Alveolarkammplastik abgelehnt haben, auf einen geringeren Abbau des Transplantates hin. Sein Befund steht mit Erfahrungen von Obwegeser (1969) in Einklang.

Wir meinen, daß die herkömmlichen Behandlungsmethoden der absoluten Kieferkammerhöhung langfristig nicht befriedigend sind. Schon die Vielzahl der Methoden ist ein Zeichen für eine gewisse Unzufriedenheit mit den therapeutischen Möglichkeiten. Auch Koberg (1985) bezeichnet seine Ergebnisse bei der augmentativen Alveolarkammplastik mit autologer Rippe als schlecht und stimmt darin mit Frenkel (1982) überein.

Aus den obgenannten Gründen war es das Ziel unserer Überlegungen, ein Transplantat zu verwenden, das schon unter physiologischen Bedingungen einer Druckbelastung ausgesetzt ist, um es auf seine Tauglichkeit bei der osteoplastischen Kieferkammerhöhung zu prüfen.

Literatur

Dumbach J, Geiger SA (1980) Klinische und radiologische Befunde bei absoluter Alveolarkammerhöhung im Unterkiefer durch autologe Rippentransplantate. Dtsch Zahnärztl Z 35 : 1003

Düker J, Härle F, Niederdellmann A (1976) Beckenkammtransplantat im Unterkiefer unter belastungsstabilen Verhältnissen im Tierexperiment. In: Schuchardt K, Scheunemann H (Hrsg) Fortschr Kiefer- u Gesichtschir, Bd 20. G Thieme, Stuttgart, S 21–23

Edlan A, Mejchar B (1963) Plastic surgery of the vestibulum in periodontal therapy. Int Dent J 13 : 593

Elves MW (1974) A study of the transplantation antigens on chondrocytes from articular cartilage. J Bone Joint Surg 56 : 178–185

Elves MW (1976) Newer, knowledge of the immunology of bone and cartilage. Clin Orthop 120 : 232–259

Freihofer HPM, Hoppenreys TJM (1986) Mandibular ridge augmentation by visor osteotomy combines with a subperiosteal ribgraft. J Max Fac Surg 14 : 301–307

Frenkel G (1982) Präprothetische Chirurgie, 2. Aufl. Hanser, München

Frenkel G (1982) Präprothetische Eingriffe aus heutiger Sicht. Dtsch Zahnärztl Z 37 : 76

Fries R (1970) Erfahrungen mit dem gewinkelten Beckenknochentransplantat bei der Rekonstruktion nach ausgedehnten Defekten des Unterkieferknochens. Österr Z Stomatol 67 : 419–427

Gibson T, Curran RC, Davis WB (1957) The survival of living homograft cartilage in man. Transplant Bull 4 : 105–106

Grob D (1986) Probleme an der Entnahmestelle bei autologen Knochentransplantationen. Unfallchir 89 : 339–345

Härle F (1979) Follow up investigation of surgical correction of the atrophic alveolar ridge by visor osteotomy. J Max Fac 7 : 283

Helbing G (1984) Chondrozytentransplantation. Hefte Unfallheilkd 163 : 327–331

Hesse W, Hesse I (1984) Knorpeltransplantation. Hefte Unfallheilkd 163 : 322–326

Hesse W, Hesse I (1983) Kriterien zur Beurteilung des transplantationsbiologischen Erfolges bei der Knorpeltransplantation. Hefte Unfallheilkd 165 : 40–42

Kallenberger E (1984) Persönliche Mitteilung. Basel

Koberg W (1985) Unerwünschte Spätergebnisse nach augmentativer Alveolarkammplastik im Unterkiefer durch autologe Rippenknochentransplantation. In: Pfeifer G, Schwenzer N (Hrsg) Fortschr Kiefer- u Gesichtschir, Bd 30. G Thieme, Stuttgart, S 41–46

Krüger E (1964) Die Knochentransplantation – Experimentelle Grundlagen und klinische Anwendung in der Kiefer- und Gesichtschirurgie. Hanser, München

Moloney F, Stoelinga PJW, Tidemann H, de Koomen HA (1985) Recent developments in interpositional bone grafting of the atrophic mandible. J Max Fac Surg 13 : 14

Mutschler W, Claes L, Helbing G, Kiefer H (1986) Biomechanik und Morphologie von Knochentransplantaten. Z Orthop 124 : 518–520

Moskalewski A, Kawiak J (1965) Cartilage formation after transplantation of isolated chondrocytes. Transplantation 3 : 737–747

Obwegeser HL (1967) Erfahrungen mit der aufbauenden Kammplastik. Schweiz Mschr Zahnheilkd 77 : 1002

Obwegeser HL (1969) Die chirurgische Vorbereitung der Kiefer für die Prothese. In: Haunfelder D, Hupfauf L, Kettler W, Schmuth G (Hrsg) Praxis der Zahnheilkd, Bd 3/C19. Urban u Schwarzenberg, München

Osborn JP, Donath K (1983) Fibrinklebesystem und reparative Osteogenese – Erste Ergebnisse tierexperimenteller Untersuchungen. Dtsch Zahnärztl Z 38 : 499

Passl R, Plenk H jr (1986) Histological observations after replantation of articular cartilage using fibrin sealant. In: Schlag G, Redl H (eds) Traumatology-Orthopaedics. Springer, Berlin Heidelberg New York Tokyo (Fibrin sealant in operative medicine, vol 7, pp 103–108)

Porteder H, Riedl V, Rausch E, Vinzenz K, Ulrich W (1986) A modified operating technique using fibrin sealant for major cysts of the jaw in the vicinity of the mandibular nerve. Plast Surg Maxillo-Fac, Dental Surg 4:188–194

Rehrmann A (1953) Beitrag zur Alveolarkammplastik am Unterkiefer. Zahnärztl Rdsch 62:505–512

Rogge D, Kalbe P (1984) Langzeitergebnisse der allogenen Knorpeltransplantation. Hefte Unfallheilkd 163:360

Schargus G, Schröder F, Sonntag G (1976) Experimentelle Untersuchungen über die Einheilung von Rippentransplantaten in Abhängigkeit von der Fixation. In: Schuchardt K, Scheunemann H (Hrsg) Fortschr Kiefer- u Gesichtschir, Bd 20. G Thieme, Stuttgart, S 24–26

Schettler D (1976) Sandwich-Technik mit Knorpeltransplantat zur Alveolarkammerhöhung im Unterkiefer. In: Schuchardt K, Scheunemann H (Hrsg) Fortschr Kiefer- u Gesichtschir, Bd 20. G Thieme, Stuttgart, S 61–63

Schwenzer N (1973) Präprothetisch chirurgische Maßnahmen bei der Alveolarkammatrophie. Zahnärztl Welt 82:332–336

Stoelinga PJW, de Koomen HA, Tidemann H, Huijbers TJM (1983) A reappraisal of the interposed bone graft augmentation of the atrophic mandible. J Max Fac Surg 11:107–112

Thoma K, Holland D (1951) Atrophy of the mandible. Oral Surg 5:1477

Wangerin K, Ewers R, Bumann A (1987) Verhalten unterschiedlich sterilisierter allogener Lyoknorpelimplantate im Tierexperiment. Dtsch Z Mund-, Kiefer-Gesichtschir 11:8–17

Wirth CJ, Milachowski KA, Weismeier K (1986) Die Meniskustransplantation im Tierexperiment und erste klinische Ergebnisse. Z Orthop 124:508–512

Anschrift des Verfassers: Doz. Dr. H. Porteder, Universitätsklinik für Kiefer- und Gesichtschirurgie, Alser Straße 4, A-1090 Wien.

Alveolarkammrekonstruktion nach der Sandwichplastik nach Schettler

H. Hauenstein

Klinik und Poliklinik für Mund-, Kiefer- und Gesichtschirurgie
am Klinikum Minden (Chefarzt: Prof. Dr. Dr. H. Hauenstein),
Bundesrepublik Deutschland

Mit 7 Abbildungen

Zusammenfassung

Durch die ständig steigende Notwendigkeit, jüngere Altersgruppen prothetisch zu versorgen, und durch Verlängerung des prothetischen Versorgungszeitraumes im Individualleben als Folge gestiegener Lebenserwartung wird der langfristige Erhalt der prothetiktragenden Strukturen zum entscheidenden Erfolgskriterium auch für chirurgische Maßnahmen. Gegenüber den enttäuschenden Ergebnissen konventioneller Operationsmethoden konnten mit der Sandwichplastik nach Schettler erstmals Ergebnisse erzielt werden, die den Aufwand rechtfertigen und auch langfristig den Anforderungen für eine suffiziente prothetische Versorgung genügen. Bei einer repräsentativen Gruppe von 142 Patienten mit weit fortgeschrittener Alveolarkammatrophie wurde eine Rekonstruktion mit der Sandwichplastik in erweiterter und modifizierter Form, zum Teil simultan in Oberkiefer und Unterkiefer, durchgeführt. Unter Einbeziehung von Kephalometrie, Profilanalyse, Belastungs- und Stützzonenbestimmung, gelenkbezogen im Artikulator, und unter Ausgleich intermaxillärer Inkongruenzen konnten ohne methodisch bedingte Komplikationen Alveolarkämme aufgebaut werden, die über einen Beobachtungszeitraum von 2 Jahren klinisch und röntgenologisch lediglich Resorptionen physiologischen Ausmaßes, anatomisch fast ausschließlich nur am Sandwichdeckel aufwiesen. Trotz Onlay-Technik im Seitenzahnbereich ist der Höhenverlust um die Hälfte geringer als bei vergleichbaren Referenzgruppen. Entscheidend ist die Integration des Transplantates in die Biodynamik des Unterkiefers, die nur bei entsprechender Transplantatgestaltung, bei korrekter Fixation zwischen Restkiefer und Deckel in der angegebenen Art und entsprechender Präparation der molaren Weichteiltaschen gegeben ist. Die vorliegende klinisch und röntgenologisch gestützte Analyse beweist, daß mit der modifizierten und erweiterten Sandwichplastik eine tatsächliche Alveolarkammrekonstruktion erreichbar ist und deren Operationsergebnis einer physiologischen Ausgangssituation entspricht. Hinsichtlich des epidemiologischen Trends ist die Sandwichplastik den effektivsten Augmentationsplastiken zuzurechnen.

Summary

Reconstruction of the Alveolar Ridge Using Schettler's Sandwich Technique. The growing need to provide increasingly younger patients with dentures and the longer periods dentures are worn on account of higher life expectancies make the long-term stability of denture-bearing structures a critical factor deciding the outcome of surgery. Unlike conventional surgical techniques, which have sofar been disappointing, Schettler's sandwich technique for the first time produced results that justified the complexity of the procedure and provided the basis for adequate long-term prosthetic management. A representative group of 142 patients with far advanced alveolar atrophy underwent ridge augmentation using an extended and modified version of the sandwich technique, which was simultaneously done in the mandible and maxilla in some cases. Kephalometry, profile analysis, articulator-assisted definition of stress distribution and support areas and compensation for intermaxillary mismatch all contributed to successful augmentation. Complications attributable to the technique itself were absent and augmented ridges were stable clinically and radiologically for 2 years. Absorption was minimal and almost always confined to the sandwich flap. Although the onlay technique was used in the lateral region, loss of alveolar height was 50% less than in comparable reference groups. Integration of the graft in the biodynamic pattern of the mandible is the critical factor determining success. This can only be ensured by optimal graft design, correct fixation between the residual bone and the flap and adequate shaping of molar soft tissue pockets. The clinically and radiologically documented analysis presented here shows that truly physiological augmentation of the alveolar ridge can be obtained by a modified and extended version of the sandwich plasty. In light of epidemiological trends, Schettler's technique is, no doubt, one of the most effective augmentation procedures.

Schlüsselwörter: Alveolarkammatrophie, Kieferkammrekonstruktion, Sandwichplastik, Augmentationsplastik, präprothetische Chirurgie, biodynamische Unterkieferrekonstruktion.

Key words: Alveolar atrophy, alveolar ridge reconstruction, sandwich plasty, augmentation, preprosthetic surgery, biodynamic reconstruction of the mandible.

Einleitung und Problemstellung

Immer größer wird die Zahl derjenigen Patienten, die bereits in sehr jungen Jahren nur dann wieder prothetisch versorgt werden können, wenn größere chirurgische Eingriffe vorausgehen. Nachlässigkeit in Zahnpflege und Mundhygiene, Bequemlichkeit und Unverständnis für prophylaktische Maßnahmen, reduzierte Kaubelastung bei weich-breiiger Kostform, übersteigerte Angst vor Schmerz und daraus resultierend mangelnde Bereitschaft zur zahnärztlichen Behandlung einerseits, gestiegene Lebenserwartung und aktive Lebensgestaltung bis in das weit fortgeschrittene Lebensalter anderseits haben zu einer enormen Verlängerung des prothetischen Versorgungszeitraumes im Individualleben geführt. Gegenwärtig haben über 3,5 Millionen Bürger in der Bundesrepublik Deutschland das 80. Lebensalter überschritten (statistisches Jahrbuch 1986), über 800.000 das 90. Lebensalter. Die Zahl der prothetischen Erstversorgung mit herausnehmbarem Zahnersatz hat sich gegenüber einem vergleichbaren Zeitraum von 15 Jahren mehr als verdoppelt. Der Anteil prothetisch Versorgungsbedürftiger an der Gesamtbevölkerung ist ebenfalls fast auf das Doppelte angestiegen; hochgerechnet werden 42,8% mehr Menschen voraussichtlich über 4,5 Jahrzehnte Prothesen tragen als gegenwärtig. Weder die Mundschleimhaut noch der Alveolarknochen sind über einen so langen Zeitraum dieser unphysiologischen Belastung gewachsen. Selbst wenn in günstigen

Fällen die Alveolarkammatrophie nur um 0,1 bis 0,3 mm pro Jahr (Joos und Härle, 1980, 1982; Schettler, 1982) fortschreitet, ist eine Atrophie des Unterkiefers bis zu einer Resthöhe von weniger als 15 mm gleichzusetzen mit der Unmöglichkeit einer suffizienten Protheseneingliederung. Kaum ein Patient ist bereit, diesen Zustand über längere Zeit hinzunehmen, hauptsächlich wegen der psychosozialen Auswirkungen, weniger aus sprach- und kaufunktionellen Gründen. Wenn weichteilchirurgische Maßnahmen nicht mehr ausreichen oder erfolglos bleiben, die Resthöhe nach frustranen Kompromißlösungen auf 10 mm und weniger reduziert ist und der Unterkiefer typische Greisenform zeigt, ist die Rekonstruktion des Alveolarkammes mittels Augmentationsplastik mit autogenen/allogenen Transplantaten oder keramischen Implantaten kaum zu umgehen. In Anbetracht der sich abzeichnenden epidemiologischen Entwicklung wird der *langfristige Erhalt prothetischer Versorgungsfähigkeit* in bezug auf die prospektive Lebenserwartung zum entscheidenden Erfolgskriterium einer Operationsmethode und bestimmt deren Indikation (Tabelle 1).

Tabelle 1. „Prothesen"anamnese bei Patienten mit absoluter Indikation zur simultanen OK-UK-Alveolarkammrekonstruktion

Alter, Geschl., Geb.-Monat, Jahr	Erster Zahnverlust im Alter von ... Jahren		Teilprothese seit ... Jahren		Totalprothese seit ... Jahren	
	OK	UK	OK	UK	OK	UK
48, ♂, 10/39	24	12	–	19	15	–
50, ♀, 5/37	29	16	2	–	8	14
56, ♀, 2/31	37	?	7	9	6	6
59, ♀, 9/28	?	?	?	?	12	13
52, ♀, 10/35	32	36	–	–	14	10
52, ♂, 4/35	19	12	8	4	6	4
58, ♂, 8/29	?	17	9	4	9	8
45, ♀, 11/42	15	15	5	?	–	9
69, ♂, 9/18	?	26	13	6	19	22
62, ♀, 12/25	27	18	–	–	11	14
51, ♀, 7/36	23	23	6	6	8	8
51, ♂, 9/36	19	21	5	6	6	8
49, ♂, 6/38	?	?	4	18	12	–
41, ♀, 2/46	12	15	?	?	11	9
62, ♀, 1/25	19	16	?	?	21	9
52, ♀, 12/35	17	19	5	6	7	6
56, ♀, 3/31	29	33	8	12	–	8
47, ♂, 4/40	14	14	4	11	9	4
49, ♀, 10/38	?	?	?	?	13	3
58, ♂, 11/29	17	19	18	16	8	3
53, ♀, 8/34	19	19	7	10	10	4
47, ♀, 5/40	17	20	–	7	5	3
70, ♀, 1/17	?	?	12	8	23	16
57, ♂, 2/30	31	19	6	22	9	–
45, ♀, 1/42	17	22	5	21	11	–
36, ♀, 9/51	12	7	4	6	8	11
47,4 J.	⌀ 22 J.	⌀ 19 J.	⌀ 7,8 J.	⌀ 13,2 J.	⌀ 11,5 J.	⌀ 9,5 J.

Nach den ernüchternden Langzeitergebnissen (siehe Härle, 1982) und
gehäuften Folgeoperationen konventioneller Methoden zeichnen sich heute
erfolgversprechende Lösungen ab, die bei strenger Indikation ausreichend
Retention und tragfähige Auflageflächen für eine Prothese schaffen können. Implantate setzen selbst bei Bereitschaft zum Risiko immer eine
gewisse Resthöhe an Knochen voraus; deshalb liegt unserer Meinung nach
ihr bevorzugter Einsatzbereich in den jüngeren Lebensabschnitten *mit
ausreichender Restkammhöhe,* mit intakter mesenchymaler Reaktionsfähig-
keit und kommt dem ausdrücklichen Wunsch dieser Patienten nach
festsitzendem Ersatz in der aktiven Berufs- und Lebensphase entgegen.
Unter Berücksichtigung des prospektiven prothetischen Versorgungszeitraumes sollte ein *atrophierter Alveolarkamm* möglichst physiologisch und
belastungsorientiert *wieder aufgebaut werden.* Autogene Transplantate sind
zu bevorzugen. Übereinstimmend wird die absolute Indikation zur Augmentationsplastik bei Resthöhen unter 10 mm gesehen. Relative Indikationen
können sich aus Lebensalter, Kieferform, Muskulatur, Artikulation usw.
und den gnathologischen Verhältnissen bereits bei einer geringeren Atrophie ergeben (Resthöhen zwischen 16 bis 10 mm). Keramik und andere
Knochenersatzmaterialien sollten nur dann Verwendung finden, wenn dem
Patienten aus gesundheitlichen Gründen *ein größerer operativer Eingriff* in
Narkose *nicht zugemutet* werden kann oder er der Transplantatentnahme
nicht zustimmt.

Patientengut

Unter den genannten Kriterien haben wir uns von Oktober 1984 bis Juni
1986 am Klinikum Minden bei 142 Patienten für eine Alveolarkammrekonstruktion nach der Sandwichmethode (Schettler, 1974, 1976, 1980, 1982)
entschieden, 87mal im Unterkiefer, 24mal im Oberkiefer und 31mal
simultan in Ober- und Unterkiefer. Bei allen Patienten wurde ein autogenes
Beckenspongiosatransplantat verwendet; 17 Unterkiefer-, 7 Oberkiefer-
und 17 simultane Oberkiefer-Unterkiefer-Alveolarfortsatzrekonstruktionen
wurden mit korallinen Hydroxylapatitgranula, fixiert mit Fibrinkleber
(Tissucol®), ergänzt. Außer bei 15 Patienten der singulären Unterkiefer-
Sandwichgruppe sind die verschiedensten operativen Maßnahmen zur
Verbesserung des Prothesenlagers, zum Teil auch mehrfach, erfolglos
vorgenommen worden: Schleimhautexzisionen, Lappenfibromentfernung,
sublinguale/vestibuläre Taschenbildungen, Edlan-Mejchar-Plastiken, par-
tielle/totale Vestibulumplastiken, zum Teil kombiniert mit Mundbodensenkung, mit und ohne Spalt-Schleimhaut-Transplantat, Onlay-Augmentatio-
nen mit Rippe, Becken, Cialitkonservaten, Hydroxylapatit sowie Integratio-
nen verschiedener Zylinder- und Blattimplantate. Durch die konsekutiven
Narben, Weichgewebsraffung, Druckulzera usw. lagen in der Mehrzahl der
Fälle sehr ungünstige Voraussetzungen für eine Alveolarkammrekonstruktion vor. Anderseits wurde ein gewisser Dehnungs- und Auswalkungseffekt
auf die Weichteile durch die frei im Mund beweglichen und häufig
überdimensionierten Prothesen beobachtet.

Das Durchschnittsalter zum Zeitpunkt der Operation betrug für die singuläre Unterkiefer-Sandwichplastik 46,2 Jahre, für die simultane Ober-kiefer-Unterkiefer-Rekonstruktion 47,4 Jahre, für den Oberkieferaufbau 56,8 Jahre. Der erste Zahnverlust wurde mit durchschnittlich 20,9 bzw. 22 Jahren im Oberkiefer, mit 16,8 bzw. 19 Jahren im Unterkiefer angegeben. Teilprothesen trugen die Patienten im Oberkiefer seit 7,8 Jahren, im Unterkiefer seit 9,7 bzw. 13,2 Jahren, Totalprothesen über 11,5 Jahre im Oberkiefer, 9,5 bzw. 13,3 Jahre im Unterkiefer (Tabelle 1).

Planung und Vorbereitung

Die erforderliche Alveolarkammhöhe, Formgebung und Positionierung des Transplantates sowie des „Deckels" werden durch Kephalometrie (Ausmessung nach Steiner und Riedel) und Weichteilprofilanalysen; Aaronson, 1967; Connole und Small, 1971; Fromm und Lundberg, 1970; Robinson et

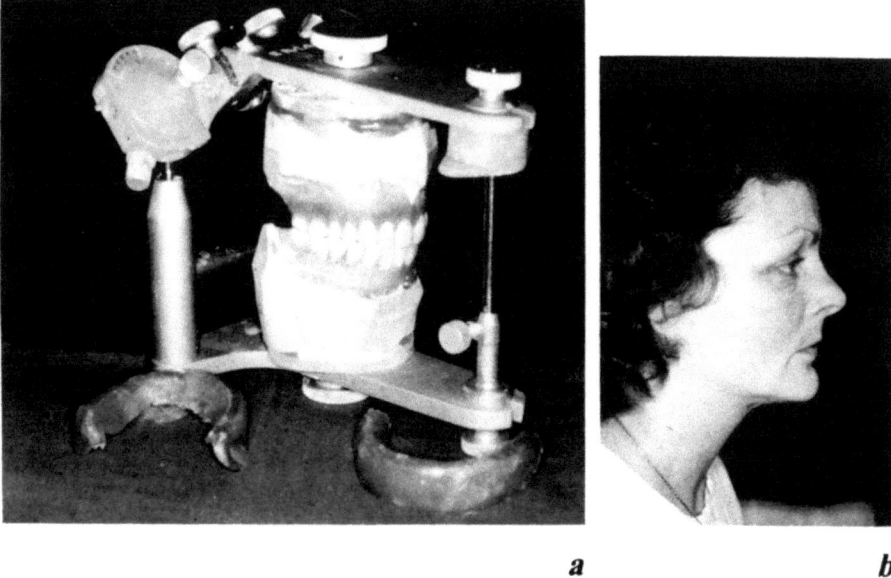

a   *b*

Abb. 1. a individuelle Planung: auf gelenkbezogen einartikulierten Modellen wird der cephalometrisch bestimmte Alveolarkamm modelliert (Schablone) und darüber die provisorische Prothese in Wachs aufgestellt, **b** Profil- und Weichteilstudie mit eingesetzter Schablone und Prothese

al., 1971) ermittelt. Mit Hilfe dieser Meßmethoden werden Bißhöhe und intermaxilläre Diskrepanzen unter Berücksichtigung der späteren Prothesenhöhe korrigiert. Die Oberkiefer- und Unterkiefermodelle werden gelenkbezogen in Individualbißlage im SAM-Artikulator einartikuliert, auf diesen den Vorgaben entsprechend Wachsprofile modelliert und am Patienten in

situ überprüft. Danach werden auf den Gipsmodellen die Alveolarkämme in
OK und UK ausgeformt und der aufzubauende Teil in Kunststoff übergeführt. Über diese „Schablone" wird eine provisorische Prothese in Wachs-
aufstellung gefertigt (Abb. 1a); Schablone und Prothese werden dem
Patienten eingesetzt und Profil, Mittellinie, Weichteilproportionen, Ge-
sichtshöhe usw. überprüft (Abb. 1b). Gleichzeitig werden Stütz- und
Belastungszonen im Konstruktionsbiß festgelegt und korrigiert. Wachsauf-
stellung und Anprobe haben sich als wertvolle Hilfe für die Anfertigung der
postoperativen provisorischen Prothese erwiesen. Auf dem Gipsmodell
wird dann über die aufgesetzte „Schablone" eine „Verbandplatte" aus
glasklarem Kunststoff hergestellt, die sterilisiert intra operationem zur
Modellation des Knochentransplantates und zur Kontrolle der Transplan-

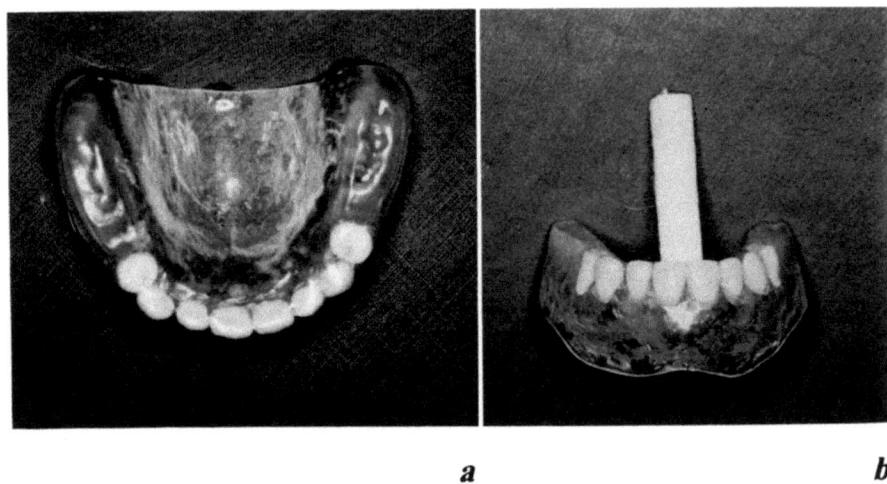

a   *b*

Abb. 2. Bißwall-Prothesen mit vorgeblendeten Zahnfacetten

tatposition verwendet wird. Um das Spongiosatransplantat später exakt
modellieren zu können, wird auch das Gipsmodell in Kunststoff übergeführt und sterilisiert. Im Oberkiefer wird die „Schablone" mit 2 Wachsplat-
tenstärken unterfüttert; die danach gefertigte „Verbandplatte" wird über
10 Tage zur Fixation des Transplantates im Oberkiefer eingeschraubt,
unterfüttert und anschließend bis zur Fertigstellung der provisorischen
Prothese unfixiert getragen.

Nach abgeschlossener Wundheilung wird in der 3. postoperativen
Woche eine provisorische Prothese (Abb. 2a und b) aus glasklarem Kunststoff, artikulationsneutral mit breitflächigen Aufbissen, leicht extendiert,
eingegliedert. Die Zähne sind im sichtbaren Bereich nur vorgeblendet.
Dadurch sind Druckstellen und Fehlbelastungen leichter einsehbar, Scher-

kräfte werden vermieden. Vom Prothesenrand sollte jedoch zu keinem Zeitpunkt etwas abgeschliffen werden.

Operatives Vorgehen

Von einem zum anderen Foramen mentale wird vestibulär unmittelbar paramarginal die Schleimhaut bis auf das Periost inzidiert. Seitlich läuft der Schritt schräg nach distal in das Vestibulum aus. Nach Identifikation der Nervi mentales wird die Schleimhaut supraperiostal bis zum Unterkieferrand bzw. bis zum Ansatz des Platysma abpräpariert. Anschließend wird im Gegensatz zur Originalmethode der Nervus mentalis beidseits unterminiert und das Periost schräg von distal her, etwa in Höhe der Kreuzung der Arteria facialis mit dem Unterkieferrand, mesial um das Foramen mentale herum, bis zum Alveolarkamm inzidiert. Die vertikalen Schnitte werden möglichst tief am Unterkieferrand durch einen horizontalen Schnitt über die Kinnspitze verbunden. Der so gebildete Periostlappen wird von kaudal (Unterkieferrand) bis zum Kieferkamm abgelöst und mit Haltenähten versehen. Mit einem Minitrennbohrer/Minilindemannfräse wird jetzt der „Säge"-Schnitt vor dem Foramen mentale beidseits zur Bildung des Knochendeckels gelegt (Abb. 3a bis d); die linguale Knochenlamelle wird vorsichtig mit 2 Minilambottemeißeln in der Sollbruchstelle gesprengt, ohne das Periost und die jeweils rechts und links der Mittellinie direkt unter dem Periost deutlich erkennbaren beiden mentalen Arterien und weniger deutlichen, sich weit verzweigenden Venen zu verletzen. Lingual anhaftende Muskelfasern müssen sorgfältig abgelöst werden, da sonst der Mundboden im vorderen Bereich mit angehoben wird. Ergänzend zur Schettlerschen Originalmethode werden Weichteile und Periost mit einem über die Kante gebogenen Raspatorium (für rechts und links gesondert) vom Unterkiefer – subperiostal – bis retromolar zum aufsteigenden Ast gelöst, vestibulär nur bis zum Unterkieferrand; lingual muß die Schleimhaut am Ansatz des Musculus mylohyoideus vorsichtig abgelöst und über letzterem Muskel abpräpariert werden. In diese Tasche wird ein Skalpell, geschützt bis in den retromolaren Bereich, eingeführt, dann mit der Schneide zum Periost gedreht, Weichteilmantel und Periost gestrafft und unter dem tastenden Finger behutsam geschlitzt („Meshing"). Nach der Lösung des Periostes und der Schleimhaut vom Mundboden läßt sich der Knochendeckel mühelos anheben. Bei zurückgeklapptem Periostlappen werden jetzt rechts und links der Mittellinie an der vorderen Schnittkante des Knochendeckels sowie des Unterkiefers jeweils 3 tangentiale Bohrungen gelegt, durch die später die Fixationsnähte des Spongiosablockes gelegt werden. Das zwischenzeitlich von der Darmbeinschaufel entnommene, modellierte und mit resorbierbaren Fäden vertikal durchzogene Spongiosatransplantat (Abb. 3c) kann jetzt zwischen Knochendeckel und Unterkiefer gelegt werden. Um Verschiebungen bei inkongruenter Bohrung zu vermeiden, müssen die Fixationsnähte immer von der Mitte nach lateral geknüpft werden (Abb. 3d). Der Periostlappen wird über das Transplantat so weit wie möglich ausgebreitet, durch 4 bis 6 nach kaudal gelegte Nähte fixiert und

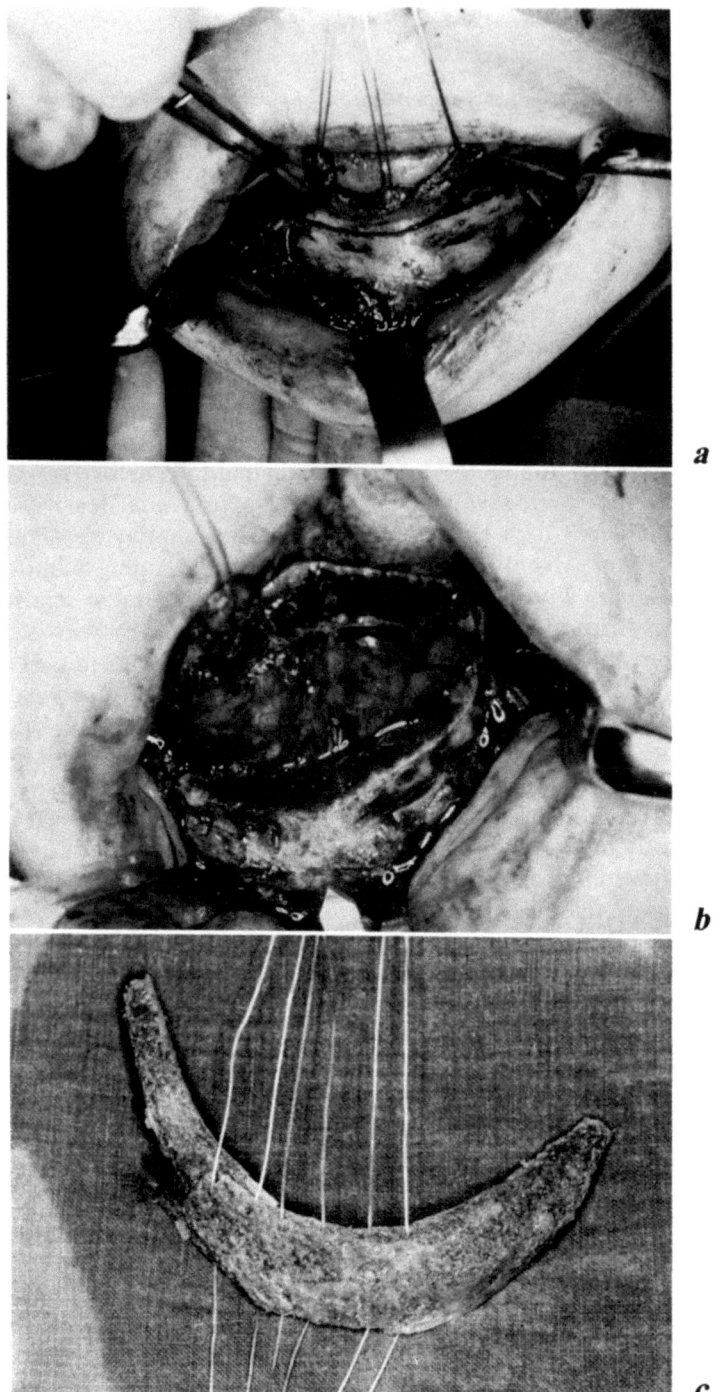

Abb. 3. Operative Technik. **a** am „Deckel" gestielter, mit Haltefäden versehener Periostlappen, Darstellung der Nn. mentales, horizontale Osteotomie, **b** elevierter Knochendeckel, molare Taschenbildung, Bohrungen jeweils rechts und links des Zungenbandwulstes stellen sich die vom Mundboden zum Knochendeckel führenden Gefäße dar. Alle Muskelansätze bleiben an der UK-Spange, **c** modelliertes und mit Matrize/Patrize ausgeformtes, mit Fixationsfäden durchzogenes Transplantat (Beckenspongiosa), **d** durch die straff geknüpften Vicrylfäden zwischen Deckel und UK-Spange fixiertes Transplantat, **e** Zustand vor Nahtentfernung am 10. Tag post op., **f** Zustand 3 Monate post op.

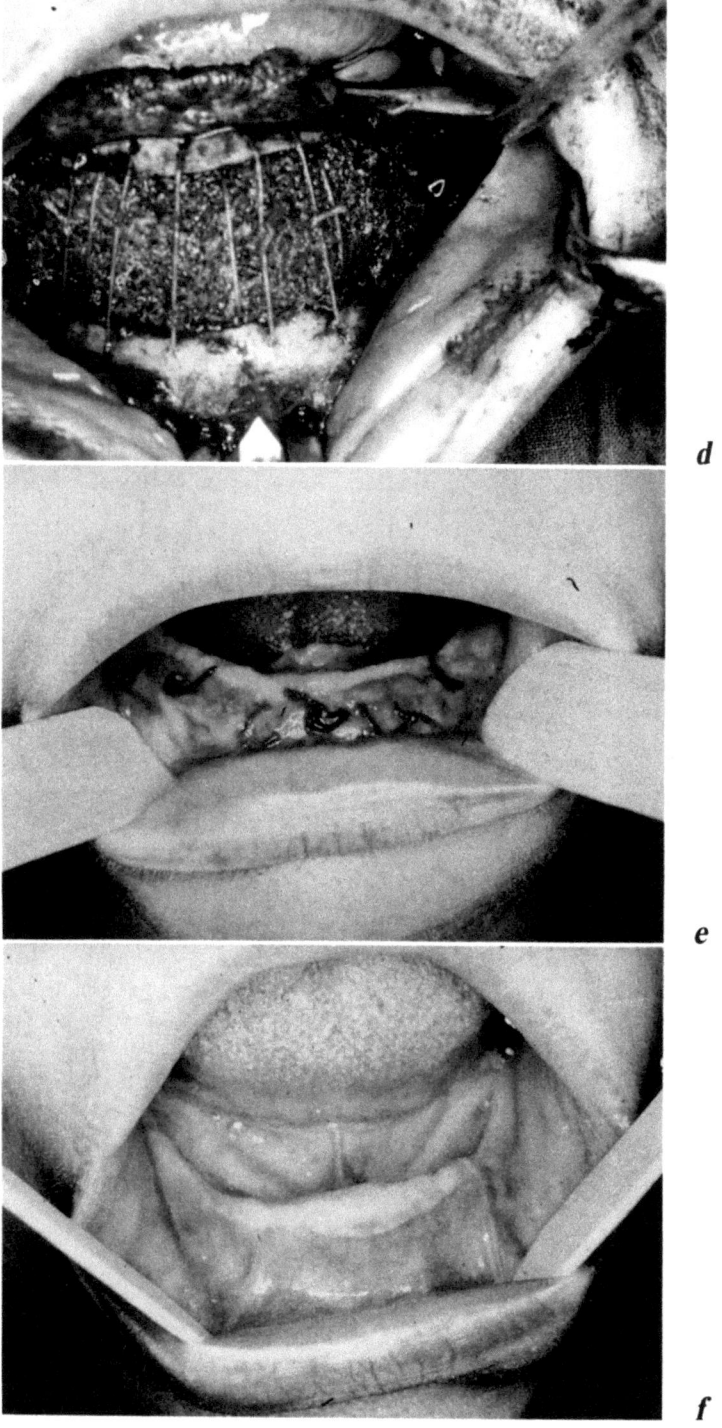

gestrafft; die seitlichen Zipfel sollten dabei über den Nervus mentalis gelegt werden. Gleichzeitig werden dabei die labialen Muskelansätze an den Unterkiefer fixiert. Die Schleimhautnaht erfolgt konsequent mit U-Nähten speicheldicht (Abb. 3 e bis f).

Das entnommene Spongiosatransplantat wird durch Einpassen in die vorgefertigte „Verbandplatte" modelliert und durch Aufsetzen auf das Unterkiefermodell aus Kunststoff auch in der gewünschten Höhe ausgeformt. Unter leichter Kompression verdichtet sich die Spongiosa und bleibt danach formstabil.

Im Oberkiefer wird nur im Eckzahnbereich jeweils ein vertikaler Schnitt gelegt und vestibulär tunnelierend subperiostal präpariert. Bei scharf auslaufendem Oberkiefer-Restkamm ist eine horizontale Osteotomie ohne

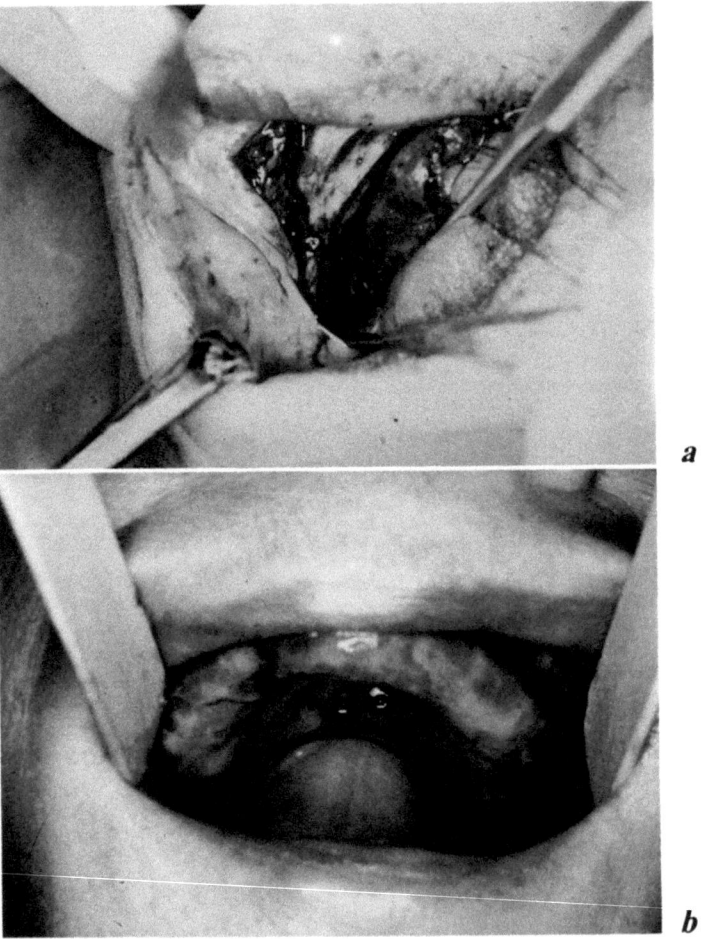

Abb. 4. a Sandwichosteotomie am OK, **b** durch 2 Osteosyntheseschrauben befestigte Fixationsplatte und **c, d** Zustand 3 Monate post op.

besondere Schwierigkeiten durchführbar. Nach Lösen des Deckels mit dem Minilambottemeißel läßt sich analog zum Unterkiefer nach multiplen Inzisionen des Periosts der „Deckel" anheben (Abb. 4a). In günstigen Fällen kann die Spange bis in die molare Region verlängert werden. Meistens findet man jedoch im Frontbereich überhaupt keinen Alveolarkamm, so daß nur im Seitenzahnbereich Deckel gebildet werden können. Das für den Oberkiefer zwei- oder dreigeteilte Transplantat wird dazwischen eingelagert; ein scharfer Restkamm läßt sich durch eine vestibuläre Stufe im Transplantat ausrunden. Manchmal ist der Restkamm, bedingt durch Narben oder die derben Texturen der Gaumenschleimhaut, nur nach palatinal zu kippen; das Transplantat wird dann keilförmig in den Spalt ein- und vorgelagert. Die Modellation des Transplantates erfolgt ebenfalls nach

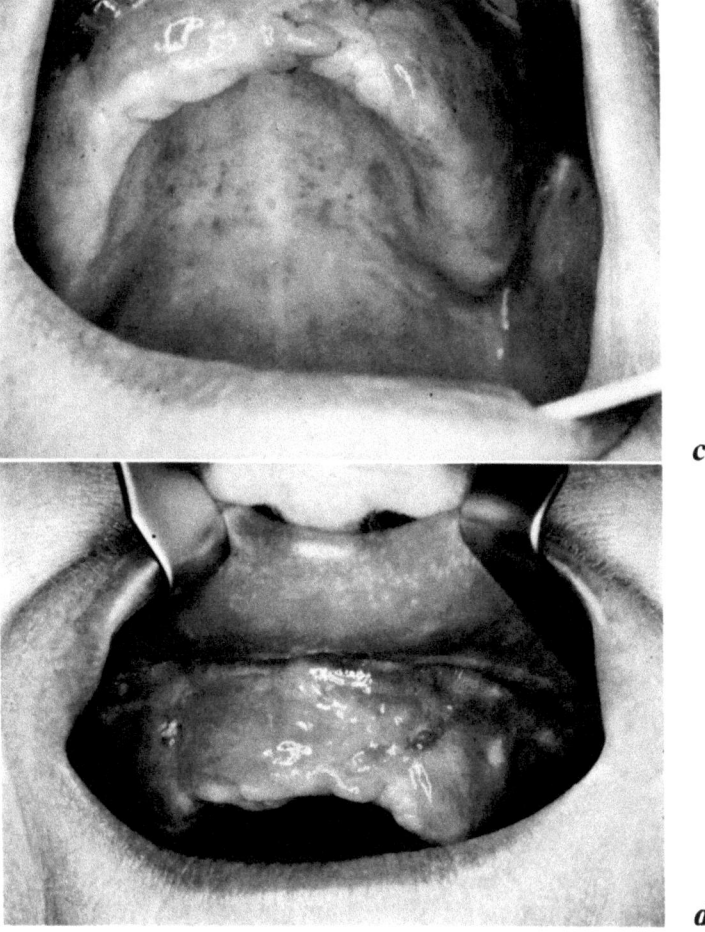

c

d

Abb. 4. c, d

der Schablone. Vestibulär werden zusätzlich supraperiostal wie bei einer submukösen Vestibulumplastik tief ansetzende Muskeln gelöst und gegebenenfalls kranial fixiert. Die vorgefertigte Platte aus glasklarem Kunststoff wird nun eingepaßt und der Alveolarkamm mit Spongiosabrei so weit ausgefüllt, bis überall die Schleimhaut der Fixationsplatte gleichmäßig anliegt. Im Anschluß an die Schleimhautnaht wird die Fixationsplatte mit 2 Osteosyntheseschrauben am Gaumen für 10 bis 14 Tage fixiert.

Im Oberkiefer wie im Unterkiefer haben wir stets das Spongiosatransplantat in Fibrinkleber (Tissucol®), „langsame Klebung", eingescheidet und

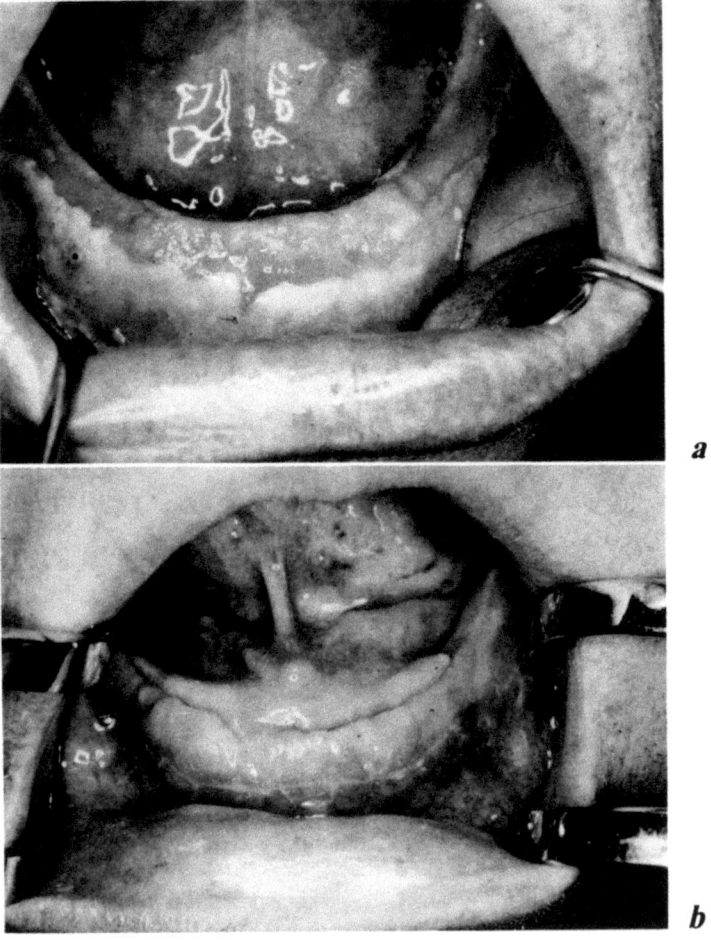

a

b

Abb. 5. a Zustand 2 Jahre nach Sandwichplastik mit sekundärer Mundboden-Vestibulumplastik und Spalthauttransplantat (12 Wo. nach Primärop.), **b** Zustand 2 Jahre nach Sandwichplastik und sekundärer Mundboden-Vestibulumplastik mit Schleimhauttransplantat (12 Wo. nach Primärop.) und **c, d** Zustand 2 Jahre nach modifizierter Sandwichplastik *ohne* jede Sekundäroperation

den Schleimhautperiostlappen in der primären Clottierungsphase sorgfältig adaptiert.

Reicht der Spongiosabrei zur Auffüllung und Ausformung eines Kieferkammes nicht aus, wird Hydroxylapatitgranulat (korallin) mit der „Starter"-Lösung des Fibrinklebers in einem Schälchen vollständig durchtränkt, mit Fibrinogen vermischt und bei beginnender Clottierung von Hand geformt. Während der weiteren Clottierung kann die Feinmodellation in situ mühelos vorgenommen werden.

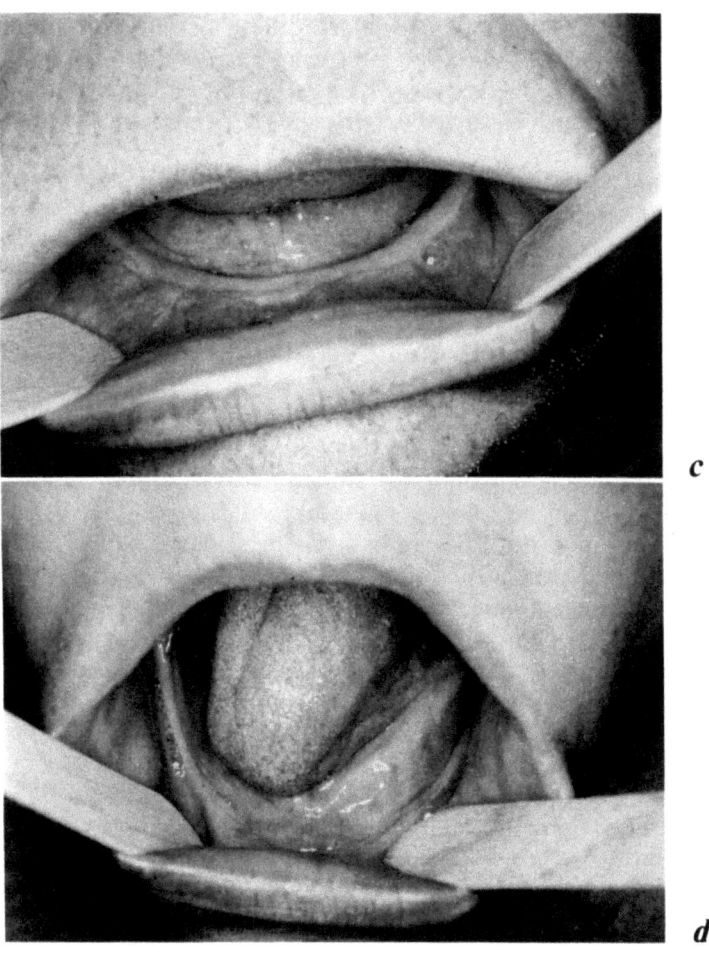

c

d

Abb. 5. c, d

Ergebnisse

72 der 87 singulären Unterkiefer-Sandwichplastiken heilten ohne jede Komplikation p. p. ab; Schleimhautdehiszenzen der ersten 6 Patienten veranlaßten uns zur oben beschriebenen Änderung in der Schleimhaut- und Periostschnittführung gegenüber der Originalmethode. Da 3 der Dehiszenzen erst nach der 3. Woche auftraten, sind Zusammenhänge mit dem unvermeidlichen vertikalen Zug bei Narbenschrumpfung wahrscheinlich. Es wurde nur eine einzige Infektion beobachtet, die durch Lokalbehandlung mit Rivanol-Spülung, Gentianaviolett-Pinselung und Fibrolansalbe unter einer Schutzplatte ohne jeglichen Transplantatverlust ausheilte. 8mal traten Druckstellen/Schleimhautnekrosen auf, die ausschließlich durch Einbiß der unerlaubt getragenen Oberkieferprothese hervorgerufen waren. Jeder Patient erhielt deshalb *vor* der Entlassung aus der stationären Behandlung eine Schutzplatte aus glasklarem Kunststoff mit einem artikulationsneutralen Bißwall und facettenartig vorgeblendeten Zähnen im sichtbaren Bereich (Abb. 2a und b).

Von den 19 simultan in Oberkiefer *und* Unterkiefer rekonstruierten Patienten hatten 12 Schleimhautdehiszenzen, 9 davon im Oberkiefer. Infektionen, Transplantatverlust usw. wurden nicht beobachtet, eine Schleimhautnekrose entstand durch „Verwechslung" der alten mit der neuen provisorischen Prothese.

Komplikationen an der Entnahmestelle traten weder primär noch im Beobachtungszeitraum (2 Jahre) auf.

Funktionsstörungen, Hyp- bzw. Parästhesien, länger als 6 Wochen postoperativ anhaltend, wurden insgesamt am rechten Nervus mentalis 13mal, links 3mal geklagt, am linken Nervus infraorbitalis 1mal, im Versorgungsgebiet der Nervi mandibularis, lingualis und palatinus zu keinem Zeitpunkt. Im Elektromyogramm stellte sich bei einem älteren Patienten eine deutliche Insuffizienz der Oberlippenmuskulatur rechts und links heraus, 1mal jeweils bei anderen Patienten in der rechten Unterlippe und am Mundboden. Überraschend waren bei gezielter Befragung und Untersuchung die präoperativ nach jahrelanger Protheseninsuffizienz fast immer geklagten Gelenkbeschwerden trotz nachgewiesener röntgenologischer Veränderungen gebessert bzw. nicht mehr aufgetreten. Nur ein 69jähriger Patient klagte über eine Verschlechterung im linken Kiefergelenk. Mittels spezieller myoarthrogener Funktionsanalysen ließen sich die Verbesserungen bei allen Patienten verifizieren. Bei allen vertikalen Schnittführungen traten Narbenzüge mit keilförmiger Einziehung auf; funktionell störend wirkten sie sich nur bei 4 Alveolarkammrekonstruktionen (2,8%) aus. Seither streben wir deshalb immer schräge Schnitte oder Z-Plastiken an.

Die Alveolarkammhöhe wurde im UK mit einem spitz zugeschliffenen „8er"-Zirkel gemessen; im OK über eine plane, glasklare Aufbißplatte, versehen mit einem seitlich verschieblichen, senkrecht dazu angeordneten Meßstift im Bereich des 1. Molaren. Um genauere Bezugswerte als die oben angeführte jährliche Alveolarkammatrophie zu gewinnen, wurden jeweils 30 Totalprothesenträger mit gut ausgeformten Alveolarfortsätzen verschie-

Tabelle 2

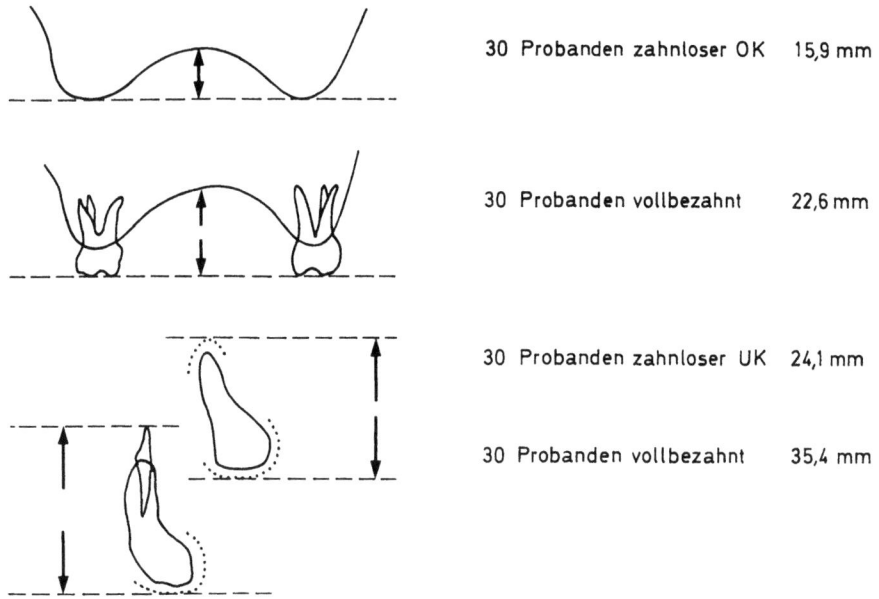

30 Probanden zahnloser OK	15,9 mm
30 Probanden vollbezahnt	22,6 mm
30 Probanden zahnloser UK	24,1 mm
30 Probanden vollbezahnt	35,4 mm

Tabelle 3. Ergebnisse der simultanen OK-UK-Alveolarkammrekonstruktion
(klinische Messung, direkt am Patienten)

Pat., Kennung	Präop. OK	UK	12 Wochen post-op. OK	UK	Langzeitergebnisse OK	UK	Zeitl. Abstand zur Op. (Monate)
♂, 10/39	2	6	14	26	12	24	30
♀, 2/31	3	8	16	28	11	27	28
♀, 10/35	4	7	12	27	9	26	21
♀, 11/42	6	5	18	23	14	20	26
♀, 12/25	7	9	17	22	16	21	28
♂, 9/36	8	10	18	27	15	25	24
♂, 6/38	3	12	19	29	19	29	18
♀, 2/46	5	10	13	31	13	29	16
♀, 1/25	5	8	11	28	9	29	29
♂, 4/40	3	15	8	32	6	30	20
♀, 10/38	3	9	16	26	16	24	14
♂, 11/29	4	12	17	29	16	28	19
♀, 5/40	2	11	13	31	11	31	23
♀, 1/17	4	6	10	22	9	22	27
♂, 2/30	5	9	14	28	11	25	22
♀, 1/42	5	8	15	27	15	24	29
∅	4,3	9,1	14,4	27,3	12,6	25,9	23,4

dener Altersstufen in gleicher Weise gemessen (Tabelle 2). Zur Verdeutlichung der Verhältnisse präoperativ, 3 Monate postoperativ und langfristig
sind die Meßdaten von 16 simultanen Oberkiefer-Unterkiefer-Alveolar-
kammrekonstruktionen aufgeführt (Tabelle 3). Im Unterkiefer wurde der
Alveolarkamm (gemessen 3 Monate postoperativ) um durchschnittlich
18,9 mm erhöht, im Oberkiefer um 9,8 mm.

Bei den Patienten mit einem Abstand zur Operation von mindestens
18 Monaten reduzierte sich die vertikale Höhe innerhalb eines Zeitraumes

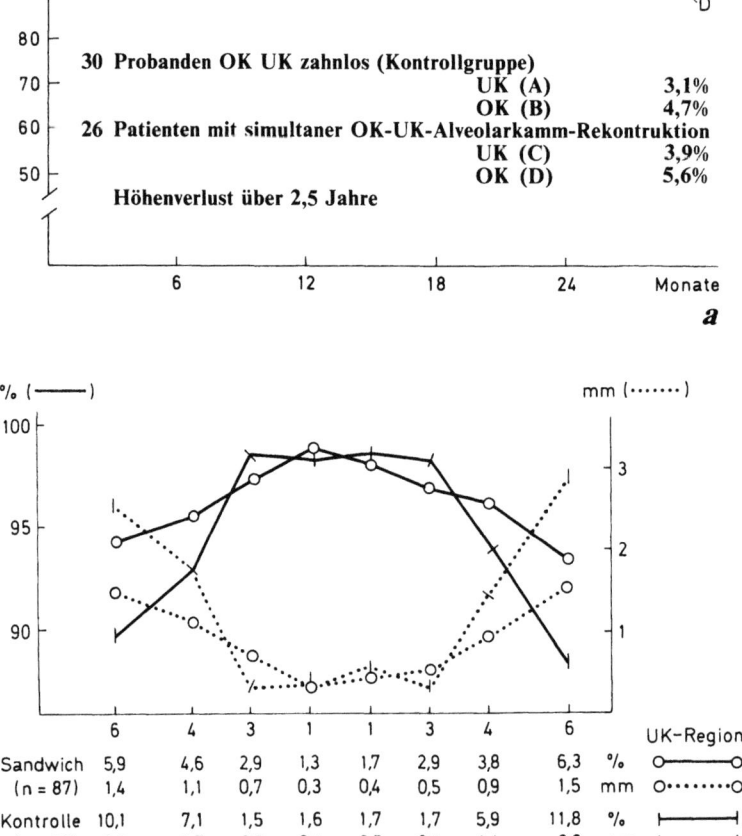

Abb. 6. a Vertikaler Knochenabbau; Verlauf über 2,5 Jahre nach simultaner OK-
UK-Sandwichplastik im Vergleich zu einer selektionierten Kontrollgruppe (Compu-
teranalyse aus regelmäßigen FRS und OPG-Verlaufskontrollen), b Vertikaler
Knochenverlust 2 Jahre *nach* singulärer UK-Sandwichplastik; Situation in den
Zahnregionen 1 bis 6 im Vergleich zu einer selektionierten Kontrollgruppe
(Computeranalyse aus FRS und OPG)

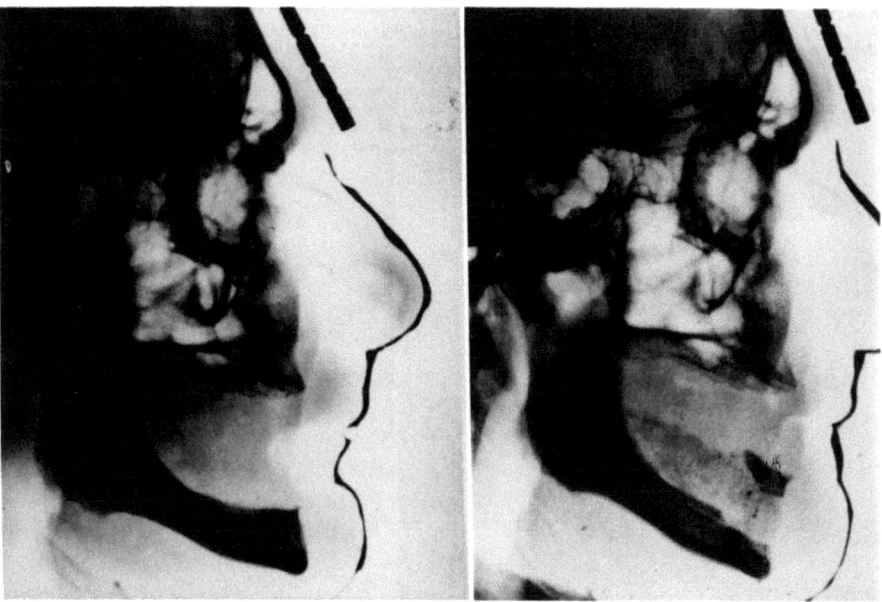

a

b

Abb. 7a–d. Situation jeweils vor und 2 Jahre nach simultaner OK-UK-Alveolar-kammrekonstruktion mit der Sandwichplastik nach Schettler (Abb. 7c, d auf S. 74)

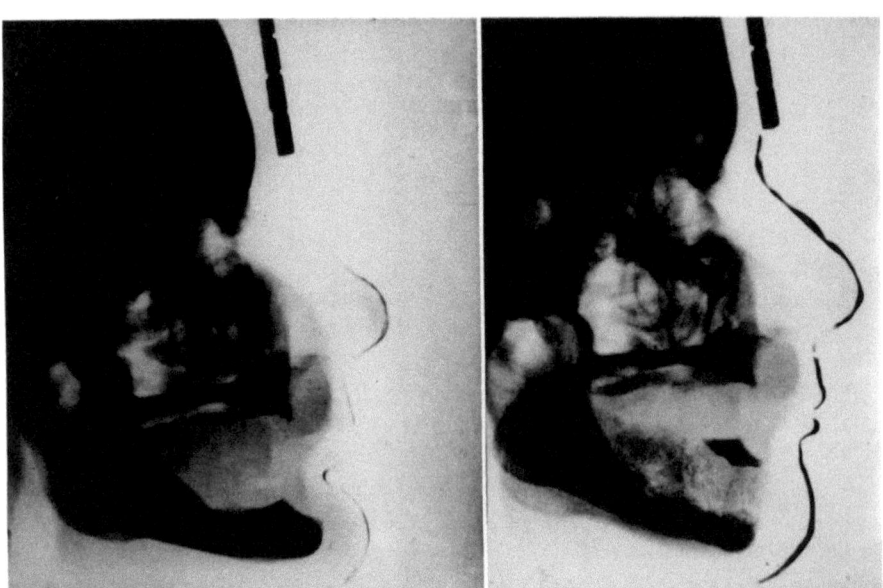

c

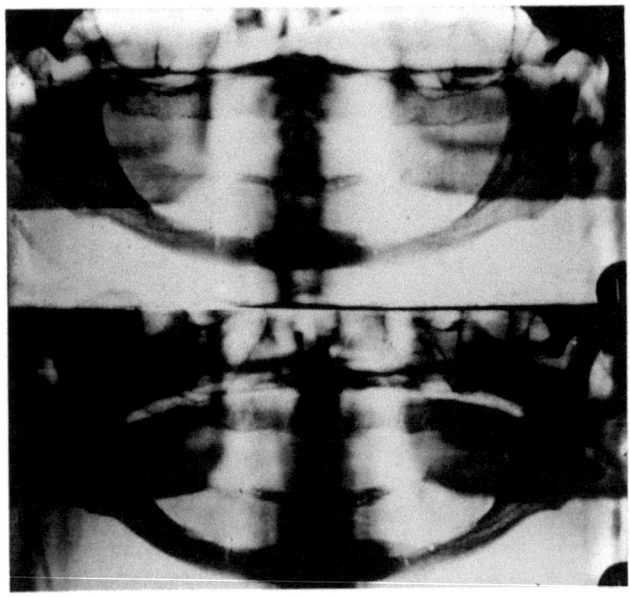

d

Abb. 7 c, d

von 23,4 Monaten im Oberkiefer um 1,8 mm, um 1,4 mm im Unterkiefer (simultane Oberkiefer-Unterkiefer-Alveolarkammrekonstruktion); bei singulärer Unterkiefer-Sandwichplastik gingen in 21,2 Monaten 0,8 mm Höhe verloren. Bei dieser *klinischen* Auswertung bestand kein Unterschied zur „normalen" Vergleichsgruppe im gleichen Zeitraum.

Der Verlust an vertikaler *Knochen*höhe wurde mittels Computer aus den röntgenologischen Verlaufskontrollen (OPG und FRS), bezogen auf einen 2-Jahres-Abstand, ermittelt (Abb. 6 a und b); Fehlprojektionen und Vergrößerungsfaktor wurden jeweils im Einzelbild durch den Computer korrigiert. Die Referenzwerte stammen von den gleichen 30 Probanden, die sich zwar in den Altersgruppen unterscheiden, aber im Altersdurchschnitt gleich sind. Auffällig ist ein stärkerer initialer Höhenverlust innerhalb der primären Einheilungsphase (4 Monate) und ein deutlich stärkerer Abbau im Seitenzahngebiet (Onlay-Abschnitt) gegenüber der Front. Erstaunlicherweise liegt die Resorptionsquote bei der Referenzgruppe in diesem Bereich um fast 50% höher als bei den Alveolarkammrekonstruktionen (Abb. 6 b).

Diskussion

Während die Indikation zur Alveolarkammrekonstruktion bei fortgeschrittenem Abbau unbestritten ist, bestehen unterschiedliche Meinungen hinsichtlich der geeigneten Methode. Im Gegensatz zu den enttäuschenden Ergebnissen der Onlay-Technik und den bekannten Komplikationen der Visierosteotomie (Härle, 1975) konnten bereits Schettler und Stoelinga nachweisen, daß mit der Sandwichtechnik bei adäquatem Vorgehen praktisch ohne Komplikationen überraschend gute Verhältnisse für eine prothetische Versorgung erzielt werden. Seit der Inauguration sind diese über mehr als ein Jahrzehnt erhalten geblieben (Schettler, 1982, 1984). Die in diesem verhältnismäßig großen Zeitraum beobachtete Resorption/Verlust an vertikaler Höhe war ausschließlich auf den „Deckel" begrenzt, während das Spongiosatransplantat ohne Höhenverlust von einer kräftigen Corticalis lingual und vestibulär umgeben wurde (Schettler, 1984).

Die klinischen und röntgenologischen Ergebnisse der hier vorgestellten 142 Patienten mit Alveolarkammrekonstruktion beweisen, daß mit der Sandwichplastik nicht nur der Alveolarkamm in einer besonders günstigen Form tatsächlich wiederhergestellt wurde, sondern daß auch langfristig ein funktionstüchtiges Prothesenlager erhalten bleibt.

Die *absolute* Indikation zur Alveolarkammrekonstruktion wird unbestritten bei einer Resthöhe von weniger als 11 mm gesehen. Eine *relative* Indikation ergibt sich unserer Meinung nach in einem Bereich zwischen 18 und 11 mm, wenn der Restkamm das Niveau der Umschlagsfalte und Muskelansätze erreicht hat bzw. Prothesen vom Patienten nicht mehr toleriert werden. Je nach prospektiver Tragezeit und Lebensalter des Patienten ist dann eine vorgezogene Sandwichplastik in jedem Fall erfolgreicher als zu einem hinausgeschobenen Zeitpunkt oder nach vorausgegangenen Weichteiloperationen, insbesondere nach der klassischen Mundbo-

den-Vestibulumplastik nach Trauner – Obwegeser mit Spalthaut-/Schleim-
haut-Transplantation.

Im Unterschied zu der Originalmethode wurde die Rekonstruktion über
den gesamten Unterkieferkorpus ausgedehnt. Die ursprünglich obligate
Mundbodenabsenkung und Vestibulumplastik mit Spalthaut-/Schleim-
haut-Transplantat zirka 3 Monate nach dem Alveolarkammaufbau war nur
noch bei den ersten 12 singulären Unterkiefer-Sandwichplastiken notwendig. Durch Änderung der Naht- und Präparationstechnik bildete sich bei
allen Patienten bereits nach der Augmentationsplastik ein wohlgeformter,
hoher und schmaler Alveolarkamm heraus (Abb. 5b bis d), der ohne jede
Schwierigkeit prothetisch suffizient zu versorgen war. Wichtig für den
langfristigen Erhalt des rekonstruierten Alveolarkammes ist die belastungs-
orientierte Lagerung der Transplantate und der intermaxilläre Ausgleich.
Auf kephalometrische Analysen und die Modelloperation unter Einbeziehung der Weichteilsituation kann deshalb nicht verzichtet werden. Die von
Schettler (1982) und Stoelinga et al. (1978) noch vereinzelt beobachteten
Komplikationen, insbesondere Funktionsausfälle am Nervus mentalis,
konnten durch Verbesserung der operativen Technik und Überlagerung des
Periostzipfels bis auf Ausnahmefälle reduziert werden. Dennoch scheint
auch bei dem vorliegenden Krankengut die rechte Seite gefährdeter zu sein;
zu diskutieren ist die ungünstigere Operationssituation rechts bei rechtshän-
digem Operieren (Operateur mittig hinter dem Kopf des Patienten) und der
schlechtere Einblick des hakenhaltenden Assistenten auf der rechten Seite.

Erwartungsgemäß und übereinstimmend mit Osborn und Pfeiffer (1984),
Wangerin und Härle (1987), Härle und Kreusch (1987), Lambrecht (1986)
hat sich die Ergänzung des Transplantates mit Hydroxylapatitgranula nicht
nachteilig ausgewirkt. Da am vorliegenden Krankengut keineswegs von
einem sogenannten ersatzstarken Transplantatlager auszugehen war, kam
als Transplantat nur autogene Spongiosa im Block in Betracht. Regelmäßig
war eine stärkere Umbauaktivität und Resorption unmittelbar über der
Aneinanderlagerungsstelle der einzelnen Transplantatblöcke im Unterkiefer, unabhängig von der Körperseite, zu beobachten. Nur wenn diese direkt
über der Spina mentalis in der Mittellinie gelegen war, trat keine keilförmige
Resorption auf (Abb. 4d, 5b, 5c und d). Die Konfiguration der Becken-
schaufel erlaubt jedoch keine Entnahme einer ungeteilten Transplantat-
spange, da von retromolarer Region zu retromolarer Region der Gegenseite
zirka 12 cm erforderlich sind. Die Aneinanderlagerung des kürzeren und
längeren Teilstückes führt zwangsläufig zu einer Instabilität in der ungün-
stigsten Belastungszone (Eckzahn – Prämolarenregion). Verschiedene eigene Kraftfeldanalysen an der Spongiosatransplantatspange weisen darauf
hin, daß an dieser Stelle die Kraftübertragung bei Biegung, Stauchung und
Rotation unterbrochen ist und auch durch Einlagerung zwischen Restunterkiefer und Knochendeckel nur mangelhaft erfolgen kann. Günstiger ist die
Situation, wenn sich die beiden Teilspäne über die Mittellinie gegenseitig
überlappen lassen. Korbnahtartige Umschlingungen mit resorbierbarem
Nahtmaterial zur straffen Aneinanderlagerung der Spongiosalamellen verbessern die Situation erheblich. Ein ungeteiltes Transplantat oder eine

lamellenartig überlappende Anlagerungsstelle in der Mittellinie ist möglichst anzustreben. Bei unfixierter Anlagerung der beiden Spongiosablöcke „im Stoß" wird dieses Kraftfeld völlig unterbrochen, das heißt die Situation ähnelt der einer Pseudarthrose. Schlußfolgernd ist also das Transplantat in die biodynamische Belastung des Unterkiefers auch im Sinne einer schraubenförmigen Innenrotation vollständig und direkt integriert; entscheidend dafür sind die Fixationsnähte, die Deckel, Transplantat und Restunterkiefer zu einer biodynamischen Funktionseinheit verbinden.

Die Integration des *gesamten* Transplantates in die Biodynamik des Unterkiefers ist die wesentliche Voraussetzung für den Erhalt der Alveolarkammhöhe auch im Seitenzahnbereich, trotz Onlay-Technik (Abb. 6a und b, 7a bis d). Unseren Beobachtungen zufolge überträgt sich das Hauptbelastungsfeld vom Knochendeckel weiter über die strangartige Periostschleimhautverdickung, die unmittelbar anschließend am Ansatz des Musculus mylohyoideus beginnt und zum Mundboden hin bis in den retromolaren Bereich am aufsteigenden Unterkieferast zieht. Die Fixation an dieser Stelle sollte deshalb tunlichst nicht gelöst, sondern lediglich nach kranial verschoben werden. Außerdem ist die Rotationsbelastung des Unterkiefers im dorsalen Seitenzahnbereich geringer.

Aus dieser Überlegung heraus verbieten sich auch Hydroxylapatit oder Aluminiumoxydkeramik in Blockform, da diese absolut verwindungssteif und spröde sind. Unter biodynamischer Belastung könnte sich dann eine Innenrotation zwangsläufig nur an den Stoßflächen der Einzelblöcke im beschriebenen negativen Sinn auswirken oder müßte bei Verwendung eines ungeteilten Implantates zu Verschiebungen zwischen Unterkieferbasis und „Deckel" führen. Komprimierte Granulatimplantate verhalten sich dagegen neutral. Wahrscheinlich stehen die auffällig häufig beobachteten Schleimhautnekrosen (Beck-Mannagetta et al., 1987) bei Blockimplantaten damit im Zusammenhang.

Senkrechte Narbenzüge als Residuen der Schleimhautschnitte wirken sich immer nachteilig aus. Spätdehiszenzen lassen sich mit der Narbenkontraktur auf unnachgiebiger Unterlage und unter der Druckbelastung der Prothesen erklären. Auch auf den Deckel oder das Transplantat wirkt sich der Druck infolge Narbenzuges zusätzlich nachteilig aus, wie radiologisch verifizierte Einkerbungen an diesen Stellen beweisen. Bei schräg ins Vestibulum auslaufender sparsamer Schnittführung mit Z-Plastik treten diese nicht mehr auf (Abb. 5e und d).

Joos und Härle (1980) sowie Tallgren (1972) gehen von einem physiologischen Alveolarkammabbau von 0,2 bis 0,3 mm pro Jahr aus; unter Berücksichtigung der Umbauphase in den ersten 4 Monaten liegen die errechneten Mittelwerte der vorliegenden Computeranalyse aus den Verlaufskontrollen innerhalb dieser Größenordnung. Gegenüber der mit gleicher Meßmethode aus dem Röntgenbild berechneten Referenzwerte schnitten die Alveolarkammrekonstruktionen gleich gut, in den meisten Fällen sogar besser ab, besonders die singuläre Unterkiefer-Sandwichplastik. Die *klinisch* meßbare Reduktion der vertikalen Höhe (unter Einbeziehung der

Weichteildecke) lag innerhalb von 2 Jahren zu 39,7% unter der der Referenzgruppe.

Diese Ergebnisse und die über mehr als ein Jahrzehnt fortgeführten Beobachtungen von Schettler (1982) sprechen für eine Alveolarkammrekonstruktion nach der Sandwichtechnik. Bei fortgeschrittener Atrophie sollte diese Methode besonders unter Berücksichtigung des langfristigen Erhaltes prothetischer Versorgungsfähigkeit und der prospektiven Lebenserwartung stets in Erwägung gezogen werden. Die Operationsergebnisse rechtfertigen den Aufwand. Selbst unter Berücksichtigung einschränkender Faktoren wie Alter, Belastbarkeit, Allgemeinzustand, Kooperationsfähigkeit und Verständnis des Patienten muß die Alveolarkammrekonstruktion nach der Sandwichplastik im Unterkiefer wie im Oberkiefer gegenwärtig als eine der erfolgreichsten Methoden angesehen werden.

Literatur

Aaronson SA (1967) A cephalometric investigation of the surgical correction of mandibular prognathism. Angle Orthodont 42:22

Baker RD, Terry BC, Davis WH, Connole PW (1979) Long term results of alveolar ridge augmentation. J Oral Surg 37:486

Beck-Mannagetta J, Krenkel Ch, Donath K (1987) Augmentation of atrophic alveolar ridges by stabilized particulate HA. Abstracts, 2nd Congress Reprosthetic Surgery, Palm Springs, p 70

Bunte M, Strunz V, Bitter K, Bömer H (1976) Augmentationsplastik des atrophischen Unterkieferalveolarfortsatzes mit Glaskeramik. Dtsch Zahnärztl Z 35:458

Connole PW, Small EW (1971) Combined maxillary and mandibular osteotomies. J Oral Surg 29:572

Danielson PA, Nemarich AN (1976) Subcortical bone grafting for ridge augmentation. J Oral Surg 34:887

Ewers R, Härle F (1980) Langzeitresultate nach Visierosteotomie. Dtsch Zahnärztl Z 35:1007

Fromm B, Lundberg M (1970) The soft tissue facial profile before and after surgical correction of mandibular protrusion. Acta Odont Scand 28:157

Härle F (1975) Visierosteotomie des atrophischen Unterkiefers zur absoluten Kammerhöhung. Dtsch Zahnärztl Z 30:561

Härle F (1976) Visierosteotomie zur absoluten Erhöhung des atrophischen Unterkiefers. Fortschr Kiefer- u Gesichtschir 21:149

Härle F (1982) Indikation, Methoden und Ergebnisse zur absoluten Alveolarkammerhöhung des Unterkiefers. Dtsch Zahnärztl Z 37:121

Härle F, Kreusch Th (1987) Augmentation of the alveolar ridges with HA in a vicryl tube. Abstracts, 2nd Congress Preprosthetic Surgery, Palm Springs, p 71

Joos U, Härle F (1980) Die Unterkieferresorption nach Vestibulumplastik und Mundbodensenkung. Dtsch Zahnärztl Z 35:986

de Koomen HA, Stoelinga PJW, Tidemann H, Hendricks HJ (1980) Resultate bei der Erhöhung des atrophischen Unterkiefers mit Beckenknochentransplantat. Dtsch Zahnärztl Z 35:1014

Lambrecht JT (1986) Persönliche Mitteilung, Dezember 1986

Lekkas K, Wes BJ (1981) Absolute augmentation of the extremely atrophic mandible. J Max-Fac Surg 9:103

Lines PA, Steinhäuser EW (1975) Diagnosis and treatment planning in surgical orthodontics. Submitted for publishing. (Persönliches Manuskript)

Osborn JF, Pfeiffer G (1984) Hydroxylapatitkeramik – Experimentelle und klinische Ergebnisse. In: Retting H (Hrsg) Biomaterialien und Nahtmaterialien. Springer, Berlin Heidelberg New York Tokyo, p 61

Petersen LJ, Slade EW (1977) Mandibular ridge augmentation by modified visor osteotomy. J Oral Surg 35 : 999

Robinson SW, et al (1971) Soft tissue change produced by reduction mandibular prognathism. Angle Orthodont 42 : 227

Schettler D (1974) Sandwichtechnik mit Knorpeltransplantat zur Alveolarkammerhöhung im Unterkiefer. Vortrag, Jahrestg Dtsch Ges Kiefer- Gesichts-Chir, Köln

Schettler D (1976) Sandwichtechnik mit Knorpeltransplantat zur Alveolarkammerhöhung im Unterkiefer. Fortschr Kiefer- Gesichts-Chir 20 : 61 –63

Schettler D, Holtermann W (1977) Clinical and experimental results of a sandwichtechnique for mandibular alveolar ridge augmentation. J Max Fac Surg 5 : 199

Schettler D (1980) Modifizierte Technik der Sandwichplastik für extrem atrophierte Unterkiefer. Dtsch Zahnärztl Z 35 : 994

Schettler D (1981) Rekonstruktion des atrophischen Unterkieferkammes durch die Sandwichplastik. Vortrag, III. Intern Symposium für orale Implantologie und Kiefer-Gesichtschirurgie, Seis am Schlern

Schettler D (1982) Spätergebnisse der absoluten Kieferkammerhöhung im atrophischen Unterkiefer durch die Sandwich-Plastik. Dtsch Zahnärztl Z 37 : 132

Schettler D (1984) Persönliche Mitteilung

Statistisches Jahrbuch der BRD (1987) Statistisches Bundesamt

Steinhäuser EW (1974) Weichteilveränderungen bei korrektiven Osteotomien im Kieferbereich. Dtsch Zahnärztl Z 29 : 1065

Stoelinga PJW, Tiedemann JS, Berger H, de Koomen A (1977) Interpositional bone graft augmentation of the atrophic mandible. J Oral Surg 35 : 999

Stoelinga PJW, Tiedemann JS, Berger H, de Koomen A (1978) Interpositional bone grafts augmentation of the atrophic mandible. J Oral Surg 36 : 30

Tallgren A (1972) The continuing reduction of the residual alveolar ridge in complete denture wearer. J Proth Dent 27 : 120

Tetsch P, Jacobi-Hermanns E (1980) Die Indikation zur relativen Alveolarkammerhöhung des Unterkiefers. Dtsch Zahnärztl Z 35 : 1046

Tetsch P, Hauser J (1982) Die Alveolarkammresorption nach Zahnverlust. Dtsch Zahnärztl Z 37 : 102

Tiedemann H, Stoelinga PJW, de Koomen HA (1980) Die Erhöhung des atrophischen Unterkiefers mit Beckenknochentransplantat. Dtsch Zahnärztl Z 35 : 1011

Wangerin K, Härle F (1987) Experimental study of bone replacement mixheres. Abstracts, 2nd Congress Preprosthetic Surgery, Palm Springs, p 58

Anschrift des Verfassers: Prof. Dr. Dr. H. Hauenstein, Klinik und Poliklinik für Mund-, Kiefer- und Gesichtschirurgie am Klinikum Minden, Friedrichstraße 17, D-4950 Minden, Bundesrepublik Deutschland.

Sandwichtechnik mit homologem Knorpeltransplantat zur Erhöhung des Alveolarkammes im Unterkiefer

W. Puelacher und B. Norer

Abteilung für Kieferchirurgie (Leiter: Prof. Dr. E. Waldhart) der Universitätsklinik für Zahn-, Mund- und Kieferheilkunde, Innsbruck (Vorstand: Prof. Dr. K. Gausch)

Mit 5 Abbildungen

Zusammenfassung

Zur absoluten Alveolarfortsatzerhöhung im Unterkiefer wird die interforaminale Osteotomie als Modifikation der Sandwichtechnik beschrieben. Als Interponat findet homologer, lyophilisierter, gassterilisierter Rippenknorpel Verwendung. Die Osteosynthese mit Minischrauben erlaubt eine frühzeitige Belastung des Kieferkammes. In Verbindung mit einer Vestibulumplastik und (oder) Mundbodenplastik wird die prothetische Ausgangssituation signifikant verbessert.

Summary

Sandwich Technique Using Homologous Cartilage for Augmenting the Mandibular Alveolar Ridge. A modified sandwich technique, i.e. interforaminal osteotomy, is described for absolute augmentation of the mandibular alveolar ridge. Homologous, loyphilized, gas-sterilized costal cartilage was used as graft material. Osteosynthesis with mini-screws permitted early stress exposure of the alveolar ridge. Adjuvant vestibuloplasty and/or oral floor extension significantly improved the denture-bearing areas.

Schlüsselwörter: Alveolarfortsatzerhöhung, interforaminale Sandwichosteotomie, lyophilisierter Knorpel.

Key words: Alveolar ridge augmentation, interforaminal sandwich osteotomy, lyophilized cartilage.

Einleitung

Die prothetische Versorgung des zahnlosen Unterkiefers stellt bei hochgradig atrophiertem Alveolarfortsatz für den Prothetiker ein schwerwiegendes Problem dar.

Immer dann, wenn mit relativen chirurgischen Maßnahmen wie Mundboden- (Obwegeser, 1963) und Vestibulumplastik (Rehrmann, 1953) mit Schleimhaut- bzw. Hauttransplantaten allein keine befriedigenden Resultate erzielt werden können, stellt der atrophe, nicht prothesenfähige Unterkiefer (Hofer und Mehnert, 1964) die Indikation zur absoluten Kammerhöhung dar. Eine Reihe von Autoren (Emslander, 1985; u. a.) geben als Richtwert eine Unterkiefergesamthöhe von 15 mm im Kinnbereich im lateralen Zephalogramm an; bei jüngeren Patienten ist eine absolute Kammerhöhung bereits bei 20 mm angezeigt, weil hier mit fortschreitendem Alter durch die physiologische Involution des Kiefers die kritische Höhe von 15 mm bald unterschritten würde (Schettler, 1982).

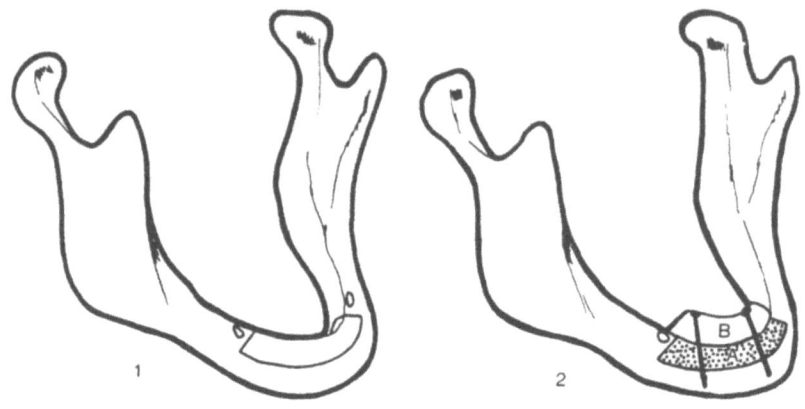

Abb. 1. **1** Prinzip der interforaminalen Osteotomie. **2** Das osteotomierte Knochenstück nach kranial und mesial verschoben. Fixierung des Knorpelinterponates *(A)* und des supraponierten Knochenstückes *(B)* mit Minischrauben

Dabei sehen die Autoren in der Unfähigkeit des Patienten, mit einem den Verhältnissen angepaßten optimalen Zahnersatz zurechtzukommen, die Indikation zur präprothetischen Chirurgie. Beim zahnlosen Unterkiefer kommt es außerdem durch die Streckung des Kieferwinkels zu einer nach anterior abfallenden Ebene, so daß die totale Prothese ins Vestibulum gedrückt wird. Deshalb muß die fehlende Höhe in der Front im besonderen ersetzt werden, um eine günstigere intermaxilläre Relation herzustellen (Obwegeser, 1967).

An einen rekonstruktiven präprothetischen Eingriff im Unterkiefer sind nach Schettler (1982) folgende Forderungen zu stellen:

1. die Vergrößerung des Prothesenlagers,

2. die frühe Belastbarkeit des operierten Kiefers durch die Zahnprothese,

3. geringe Resorptionsquote des eingelagerten Transplantates zur Vermeidung der Reoperation,

4. keine bleibenden Störungen der Sensibilität im Unterkieferbereich.

Wegen der hohen Resorptionsrate bei Auflagerungsplastiken mit autologen Transplantaten (Emslander, 1985; Rudelt und Haydearian, 1981; u. a.) und den guten Langzeitergebnissen bei der Sandwichosteotomie mit

Knorpel- bzw. Knocheninterponaten (Schettler, 1982; Emslander, 1985) und basierend auf die oben erwähnten Forderungen haben die Autoren die interforaminale Einlagerungsplastik als Modifikation der Sandwichplastik vorgenommen.

Als Material zur Interposition verwenden die Autoren homologen, lyophilisierten, gassterilisierten Rippenknorpel, der 8 Stunden vor Implantation in Antibiotikalösung rehydriert wird. Neben der praktisch unbeschränkten, sofortigen Verfügbarkeit und der immunologischen Verträglichkeit heilt der lyophilisierte Knorpel in über 97% der Fälle (Sailer, 1976) reaktionslos ein. Wangerin et al. (1987) beobachteten nach kastenförmiger Rippenteilresektion und Miniplattenosteosynthese tierexperimentell hohe Formkonstanz bei Verwendung von gassterilisiertem, homologem Lyoknorpel. Schmelzle und Schwenzer (1982) berichten über Formbeständigkeit des cialitkonservierten Stützgewebes bei Verwendung als Transplantat in der präprothetischen Chirurgie (Abb. 1).

Operationstechnik

In Allgemeinanästhesie wird nach Infiltration eines Vasokonstringens ein bogenförmiger Schleimhautschnitt – in der Medianen zirka 6 mm vom Kieferkamm in dem meist verstrichenen Vestibulum entfernt, in den Regiones 5 beidseits zum Alveolarkamm auslaufend – angelegt. Submukös präparierend werden die meist oberflächlich liegenden Austrittspunkte der Nervi mentales in ihrem Bindegewebsfett aufgesucht. Zirka 4 mm unterhalb des Kieferkammes wird interforaminal bis zum Periost vorgegangen. Nun wird supraperiostal nach kaudal präpariert, das Periost geschlitzt und nach oben etwas abgeschoben. Die horizontale Osteotomie wird interforaminal mit der Strykersäge bis zirka 2 mm mesial der Nervenaustrittspunkte durchgeführt. Durch eine schräge, nach okklusal konvergierende Osteoto-

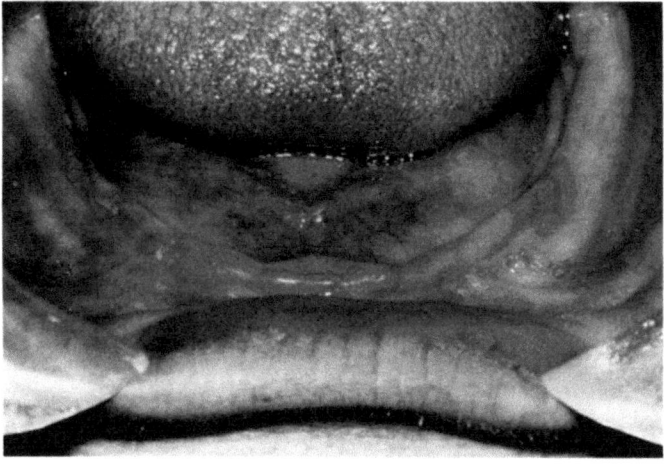

Abb. 2. Zustand vor Behandlung; stark atrophierter Alveolarkamm im Unterkiefer

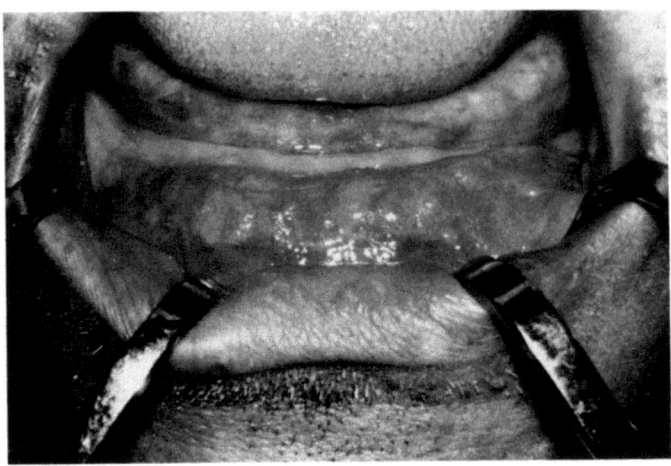

Abb. 3. Prothesenlager im Unterkiefer nach interforaminaler Sandwichplastik und
Vestibulumplastik

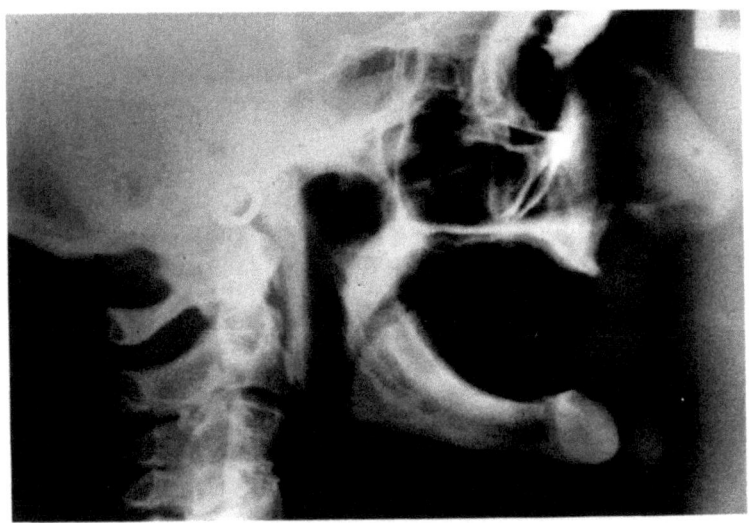

Abb. 4. Laterales Zephalogramm präoperativ

mie beidseits entsteht ein gebogenes, trapezförmiges Knochenstück, das
lingual weichteilgestielt verbleibt. Lyophilisierter, homologer, in Antibiotikalösung rehydrierter Rippenknorpel kann leicht mit einem scharfen
Skalpell ankonturiert werden. Die konvergierenden Schnittebenen verhindern das Abgleiten nach lingual. Das Knorpelstück kann ohne Schwierigkeiten mit Bohrer und Gewindeschneider nach Rehydratation bearbeitet
werden. Nach Supraposition des weichteilgestielten Knochenstückes wird

rechts und links in mediokaudaler Richtung nach Anlegen von Bohrlöchern je eine Minischraube eingedreht, wobei der Kopfteil versenkt wird. Die Wunde wird mit Vicrylnähten verschlossen. Nach der Nahtentfernung am 10. Tag wird eine provisorische Unterkiefertotalprothese eingegliedert. 4 bis 6 Monate später wird nach Entfernung der Schrauben bei Bedarf eine Vestibulumplastik oder auch eine Mundbodenplastik durchgeführt.

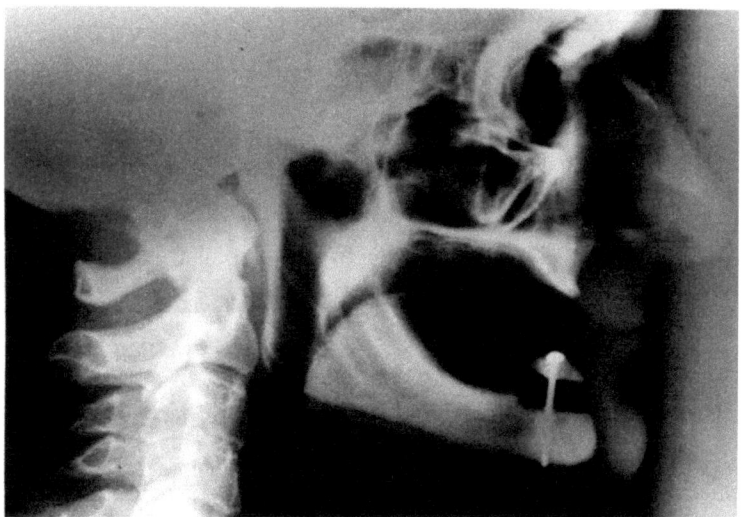

Abb. 5. Laterales Zephalogramm 2 Monate postoperativ

Diskussion

Bei starker Atrophie des Alveolarfortsatzes im Unterkiefer besteht übereinstimmend die Indikation zur absoluten Kammerhöhung. Die verschiedenen Operationsmethoden der Onlay-Technik wurden auf Grund der relativ hohen Resorptionsraten zugunsten der Inlay-Techniken und der Visierosteotomie verlassen.

Die Verwendung von homologem lyophilisiertem Rippenknorpel läßt die Entnahmeoperation vermeiden. Die Knorpeltransplantate heilen nach Angaben von Sailer und eigenen Erfahrungen reizlos ein. Sie zeigen bei der von Schettler durchgeführten Spätkontrolle nach Sandwichosteotomie noch geringere Resorptionsquoten als der interponierte, autologe Knochen, dessen Resorption wiederum unter der physiologischen Atrophierate nach Joos und Härle (1980) liegt. Wangerin et al. (1987) zeigten tierexperimentell die besonders hohe Formkonstanz des lyophilisierten, gassterilisierten Knorpels.

Als eine Komplikation bei der Sandwichplastik zum Aufbau des atrophen Unterkiefers geben Vogeler und Schettler (1983) das Abgleiten des kranialen Alveolarfortsatzfragmentes nach lingual an. Dieses linguale

Abgleiten des osteotomierten Unterkieferfragmentes und des Knorpelinterponates durch die genioglossale und geniohyale Muskulatur wird durch die
nach lingual und kranial konvergierenden Osteotomielinien und durch die
Fixierung mit Minischrauben verhindert. Außerdem kann die postoperative
Zahnlosigkeit im Unterkiefer vermieden werden. Es besteht die Möglichkeit, bereits kurz nach der Nahtentfernung einen provisorischen Zahnersatz
einzugliedern. Da sich der vorgestellte Eingriff im interforaminalen Bereich
des Unterkiefers bewegt, sind Sensibilitätsstörungen selten zu erwarten.
Weiters ist die interforaminale Osteotomie bei Risikopatienten nach Sedie-
rung auch in Lokalanästhesie durchführbar.

Literatur

Baker RD, Terry BC, Davis WH, Connole PW (1979) Long term results of alveolar
    ridge augmentation. J Oral Surg 37 : 486 – 198
Emslander E (1985) Die absolute Alveolarkammerhöhung im retrospektiven Ver-
    gleich zweier Methoden. Schweiz Mschr Zahnmed 95 : 656 – 663
Hofer O, Mehnert H (1964) Eine neue Methode zur Rekonstruktion des Alveolar-
    kammes. Dt Zahn- Mund- Kieferheilkd 41 : 353 – 360
Joos U, Härle E (1980) Die Unterkieferresorption nach Vestibulumplastik und
    Mundbodensenkung. Dtsch Zahnärztl Z 35 : 986 – 988
Obwegeser HL (1963) Die totale Mundbodenplastik. Schweiz Mschr Zahnheilkd
    73 : 565
Obwegeser HL (1967) Weitere Erfahrungen mit der aufbauenden Kammplastik.
    Schweiz Mschr Zahnheilkd 77 : 1002 – 1012
Rehrmann A (1953) Beitrag zur Alveolarkammplastik am Unterkiefer. Zahnärztl
    Rundschau 62 : 18
Rudelt HC, Haydarian F (1981) Alveolarkammerhöhung durch autologe Rippen-
    transplantation mit anschließender Vestibulumplastik. Dtsch Z Mund-Kiefer-
    Gesichts-Chir 5 : 345 – 348
Sailer HF (1976) Experiences with the use of lyophilized bank cartilage for facial
    contour correction. J Max Fac Surg 4 : 149 – 157
Schettler D (1976) Sandwichtechnik mit Knorpeltransplantat zur Alveolarkammer-
    höhung im Unterkiefer. Fortschr Kiefer- u Gesichts-Chir 20 : 61 – 63
Schettler D (1982) Spätergebnisse der absoluten Kieferkammerhöhung im atrophi-
    schen Unterkiefer durch die „Sandwichplastik". Dtsch Zahnärztl Z 37 : 132 – 135
Schmelzle R, Schwenzer N (1982) 10jährige klinische Erfahrung mit Cialit®-konser-
    viertem Stützgewebe in der praeprothetischen Chirurgie. Dtsch Zahnärztl Z
    37 : 136 – 138
Tideman H, Stoelinga PJW, De Koomen HA (1980) Die Erhöhung des atrophierten
    Unterkiefers mit Beckenknochentransplantat. Dtsch Zahnärztl Z 35 : 1011 – 1013
Vogeler E, Schettler D (1983) Variation der Sandwichosteotomie zur Stabilisierung
    des Transplantates. Dtsch Zahnärztl Z 38 : 513 – 514
Wangerin K, Ewers R, Bumann A (1987) Verhalten unterschiedlich sterilisierter,
    allogener Lyoknorpelimplantate im Tierexperiment. Dtsch Z Mund-Kiefer-Ge-
    sichts-Chir 11 : 8 – 17

Anschrift des Verfassers: Dr. W. Puelacher, Abteilung für Kieferchirurgie, Universitätsklinik für Zahn-, Mund- und Kieferheilkunde, Anichstraße 35, A-6020
Innsbruck.

Zur Frage des Interponates bei der Sandwichplastik nach Schettler

E. Dielert

Klinik und Poliklinik für Kieferchirurgie der Ludwig-Maximilians-Universität, München (Direktor: Prof. Dr. Dr. D. Schlegel), Bundesrepublik Deutschland

Mit 6 Abbildungen

Zusammenfassung

Obwohl die Sandwichplastik heute zu den klinischen Routineverfahren der präprothetischen Chirurgie zählt, kann der therapeutische Effekt bei herkömmlichen Knorpel- und Knocheninterponaten nicht voll befriedigen. Mißerfolge bei ihrem Austausch gegen Hydroxylapatitblöcke resultieren aus dem ungünstigen Porendesign von Sinterkeramik. Alternativen werden an Hand eines Laborversuches aufgezeigt.

Summary

What is the Optimal Graft Material for Interposition with Schettler's Sandwich Osteotomy? Although sandwich osteotomies have acquired a firm place in routine preprosthetic surgery, the results obtained with conventional cartilage and bone interposition are unsatisfactory. Failures of replacing interposed grafts by hydroxylapatite blocks are due to the unfavourable pore design of sintered ceramics. Alternatives will be presented on the basis of bench tests.

Schlüsselwörter: Sandwichplastik, Hydroxylapatit-Block, Interponat.

Key words: Sandwich osteotomy, hydroxylapatite blocks, interposed grafts.

Einleitung

Von allen absoluten Erhöhungen der Alveolarfortsätze, die mit Osteotomien der Kiefer einhergehen, haben sich nur die Sandwichplastik nach Schettler (1976) und ihre Modifikation (Schettler, 1980; Vogeler und Schettler, 1983) als Routineverfahren durchsetzen können. Den Verlust an gewonnener Unterkieferhöhe gibt Schettler (1977) mit 10% nach 6 Monaten und 15% nach 6 Jahren an. Demnach liegt die Höhenminderung unter der von Joos und Härle (1980) mit 0,2 bis 0,3 mm pro Jahr bestimmten konsekutiven Unterkieferatrophie nach präprothetischen Weichteilverlagerungen und wäre auch geringer als die physiologische Altersinvolutionsrate von

0,2 mm/Jahr bei Zahnlosigkeit (Tallgren, 1972). Wenn de Koomen et al. (1980) nach 3 Jahren die Hälfte der durch Sandwichosteotomie gewonnenen Höhe dem Umbau/Abbau anheimgefallen fanden, ist die Ursache im Interponat (Knochen/Knorpel) zu suchen.

Knochen-Knorpel-Interponate

Ganz allgemein gilt, daß transferierter Knorpel formbeständiger, jedoch infektanfälliger (Bull et al., 1976; Wunderer, 1976) als autologer Knochen ist, weil letzterer einem kontinuierlichen Umbau unterliegt (Ham, 1952). Nach Bull et al. (1976) sowie Riediger et al. (1980) dürfte cialitkonservierter Knorpel mit geringeren Verlustraten belastet sein als autologer Knorpel. Im Gegensatz zum Knocheninterponat haben jedoch beide den Nachteil, daß sie nur bindegewebig (Schuchardt und Fröhlich, 1959; Schröder, 1966) im Osteotomiespalt fixiert werden. Ihre avaskuläre Ernährung durch Diffusion führt nun einerseits zur Mangeldurchblutung der deckenden, kranialwärts verlagerten UK-Spange von kaudal, woraus erhöhte Resorptionsraten resultieren können. Andererseits erlaubt die bindegewebige Fixation auch sekundäre Verlagerungen des Knochendeckels durch Muskelzug und Prothesenscherkräfte sowie Migrationen des Knorpelinterponates.

Als wir im Jahre 1983 18 Sandwichplastiken mit autologem Knocheninterponat aus den Jahren 1975 bis 1982 nachuntersuchten, ergaben sich Resorptionsraten zwischen 3% und 80%. Nach 5 Jahren waren 50 bis 70% der gewonnenen Höhe dem Abbau anheimgefallen. Noch ungünstiger stellte sich die Situation der Weichteile im Aufbaubereich dar. In 60% der Fälle (1975 bis 1982) fand sich ein Schlotterkamm. Auch störende Narbenzüge im Vestibulum (40%), druckstellenbedingte entzündliche Schwellungen (20%) sowie Reizfibrome (15%) deuten darauf hin, daß dem Abbau nicht mit ausreichenden Unterfütterungen des Zahnersatzes begegnet worden war.

Keramikinterponate

Daraus resultiert der Wunsch nach einem formbeständigen Interponat, das ohne bindegewebiges Interface zur Einheilung gelangt. Bunte et al. (1976) setzten dementsprechend Glaskeramik bei der Sandwichplastik ein, während Swart und De Groot (1980) Hydroxylapatit-Blockmaterial verwenden. Nach anfänglich ermutigenden Ergebnissen (Dielert und Fischer-Brandies, 1986) bei der Interposition von gesinterter Keramik (30 bis 35% Makroporen, Durchmesser 100 bis 300 μm), stellen wir heute fest, daß alle 4 Blöcke wegen sekundären Frei-zu-liegen-Kommens entfernt werden mußten (Liegezeit 0,5 bis 3 Jahre). Im Hinblick auf die Ursachenanalyse ergibt sich die Frage, weshalb dicht gesintertes HA-Granulat ein völlig anderes Verhalten zeigt. Der durch Blockentnahme entstandene Hohlraum wurde in der gleichen Sitzung jeweils mit Granulat aufgefüllt. Trotz subakut infizierter Lagergewebe kam es in allen Fällen zur Heilung per primam, Spätkomplikationen traten nicht auf. Während die intergranulären Räume dem ortsständigen Gewebe das Durchwachsen erlauben, fehlt dem gesinterten Block das hierzu erforderliche interkonnektierende Porensystem. Ist er einmal über Prothesendruckstellen frei zu liegen gekommen, ergeben sich die gleichen Probleme wie bei herkömmlichen Implantaten.

Porendesign

Die Nichtdurchströmbarkeit des gesinterten makroporösen Blockmaterials belegt die folgende Versuchsanordnung (Dielert, 1986): Das Implantat wird vollständig in flüssiges Technovit 7143® eingebracht und verbleibt dort bei Unterdruckbedingungen bis zum Aushärten des Kaltpolymerisates (zirka 10 Minuten). Nach Wegschleifen des umgebenden Kunststoffes werden die Proben in der Mitte durchtrennt. Das Entfernen des HA erfolgt im

Abb. 1. Technovit 7143® Ausgußpräparate makroporöser HA-Blöcke. Sinterapatit oben, korallines (Interpore 200™) Material unten

Salpetersäurebad unter Ultraschall, wobei der Porenausguß erhalten bleibt. Die Abb. 1 läßt die Unterschiede im Porendesign von synthetischem (oben) und korallinem (unten) Blockmaterial zutage treten. Während der Ausguß des Interpore 200™-Blockes exakt der ursprünglichen Implantatform entspricht, sind tiefergelegene Poren des Sintermaterials (Durchtrennungsstelle oben) nicht kunststoffgefüllt.

Diskussion

Daß eine Osseointegration belasteter HA-Keramik auch bei der Humanimplantation zu erzielen ist, sei an dem folgenden Fallbeispiel gezeigt. Direkt postoperativ (Abb. 2) liegt der makroporöse Sinterblock dem ortsständigen Lagergewebe nicht bündig an. Nach 2 Jahren (Abb. 3) ist es durch Knochenapposition zur interfacefreien Integration der Keramik gekommen. Dieser Befund findet in den anderen Ebenen (Abb. 5 und 6 oben) Bestätigung, auch wenn nicht zu verkennen ist, daß gleichzeitig ein Höhenabbau der kranialen Knochenspange um zwei Drittel erfolgte. Nach 3 Jahren (Abb. 4 oben) erschien die Patientin mit einer Prothesendruckstelle am Übergang Knochendeckel/HA-Block. Das Röntgenbild (Abb. 5 unten) zeigt zu diesem Zeitpunkt eine Spaltbildung zwischen Keramik und Lagergewebe. Trotz dreimaliger Implantatreduktion und Weichteilplastik war der Block nicht zur Deckung zu bringen. Unter Fortführung der Antibiose entfernten wir das Interponat und füllten den Defekt gleichzeitig vollständig mit dicht gesintertem HA-Granulat auf. Hierbei fanden die röntgenologischen Befunde ihre Bestätigung. Da die Keramik fest osteointegriert ist, gelingt ihre Entfernung nur mühsam mit diamantierten Schleifkörpern. Nach Granulateinlagerung gestaltete sich der postoperative Heilverlauf völlig komplikationslos (Abb. 4 unten). Auch röntgenologisch ist der prothetisch relevante Höhengewinn der Sandwichplastik (Abb. 6 oben) durch das sekundäre Granulatinterponat (Abb. 6 unten) erhalten geblieben.

Die Beobachtungen belegen die Abhängigkeit des Heilverlaufs vom Implantatdesign bei im Hinblick auf Biokompatibilität gleichwertigem Werkstoff. Ein primäres Granulatinterponat hat jedoch bei nicht ossär fixiertem Knochendeckel unter Prothesendruckbelastung keine Aussicht auf vollständige knöcherne Durchbauung. Deshalb ist bei der Sandwichplastik im Gegensatz zur subperiostalen Implantation (Dielert, 1987) Interpore 200™-Blockmaterial der Vorzug zu geben. Wenn trotz vorhandener Alternative an die Hersteller von Sinterkeramik die Aufforderung ergeht, durch neue Fertigungsmethoden ein günstigeres Porendesign sicherzustellen, dann geschieht dies aus Gründen des Umweltschutzes und weil bei synthetischem im Vergleich zu korallinem Material ein günstigerer Preis realisierbar ist. Prothesendruckstellen über HA kann durch entsprechende prothetische Nachsorge und primär günstige Gestaltung im Aufbaubereich begegnet werden. Hierbei ist eine ausreichende Dimensionierung des Knochendeckels in sagittaler Richtung sicherzustellen, wobei das Interponat diesen in der Front nicht überragen darf.

Die Vorteile der Alloplastik gegenüber autologen Knocheninterponaten ergeben sich aus ihrer Formkonstanz und Fortfall der Entnahmeoperation. Im Gegensatz zu Knorpelinterponaten kommt es bei HA-Blöcken zum raschen Einwachsen ortsständigen Knochens in Makroporen ohne bindegewebiges Interface. Da HA zudem Memory-Charakteristika fehlen, dürfen größere Orts- und Gestaltsfestigkeit bei Keramik erwartet werden. Solange jedoch durch weitere klinische Studien keine gesicherten Langzeitergebnisse bei ausreichenden Fallzahlen vorliegen, kann die Alloplastik bei Sand-

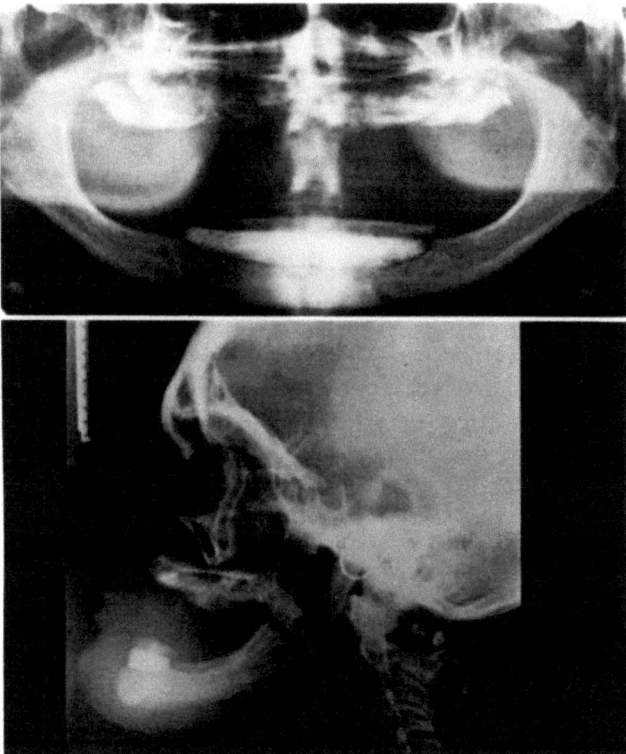

Abb. 2. Sandwichplastik mit Keramikinterponat direkt postoperativ im Orthopantomogramm (oben) und FRS (unten)

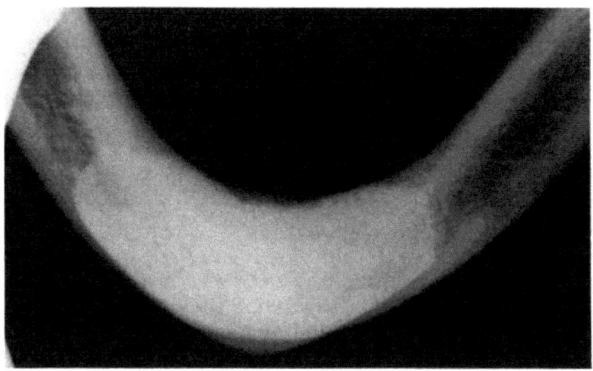

Abb. 3. Osseointegration der makroporösen Keramik ohne Randspaltbildung 2 Jahre post OP im UK-Aufriß

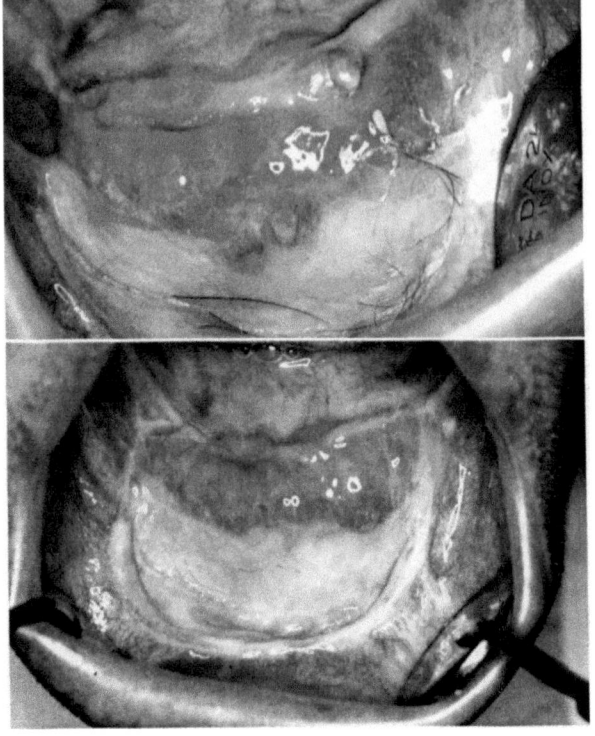

Abb. 4. Prothesendruckstelle mit Frei-zu-liegen-Kommen des Interponates nach 3 Jahren (oben), ungestörte Wundheilung nach Blockentnahme und Granulatauffüllung (unten)

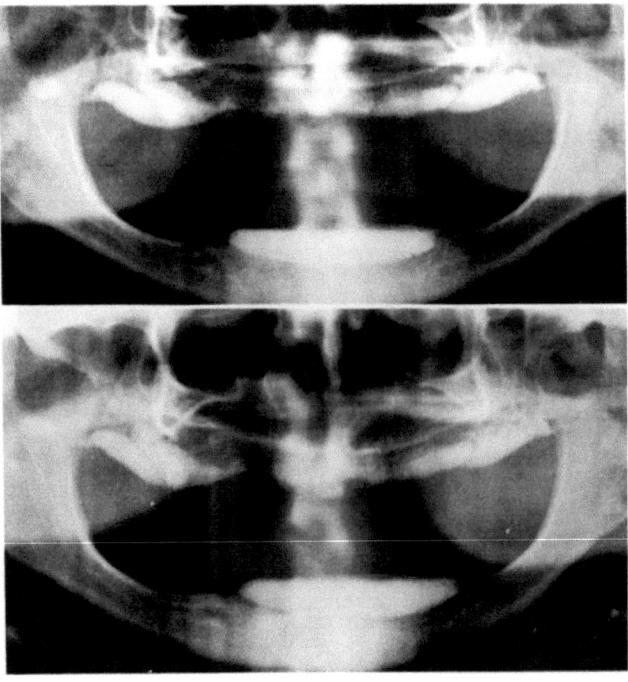

Abb. 5. Alloplastik im Orthopantomogramm nach 2 Jahren (oben) und 3 Jahren (unten). Randspaltbildung rechts unten durch Infektion der Lagergewebe

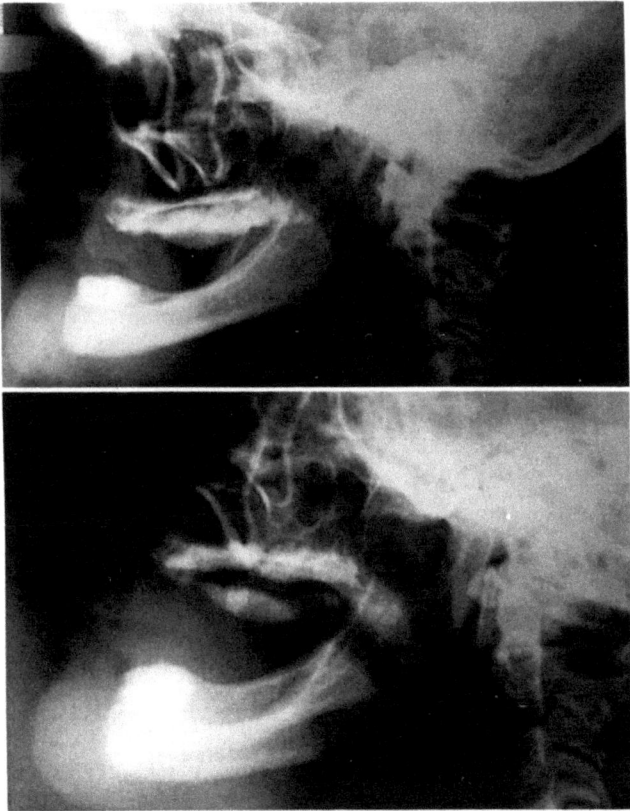

Abb. 6. HA-Block nach 2 Jahren Liegedauer (oben) und Granulatinterponat nach Blockentnahme (unten) im FRS. Der prothetisch relevante Höhengewinn bei Sandwichplastik ist erhalten geblieben

wichosteotomie nicht als Routineverfahren empfohlen werden. Über Heilverläufe und therapeutischen Effekt bei korallinen Interponaten werden wir demnächst berichten.

Literatur

Bull HG, Coredes V, Neugebauer W (1976) Spätergebnisse nach Alveolarkammplastik mit Knorpeltransplantation. In: Fortschr Kiefer-Gesichtschir, Bd 20, S 58. G Thieme, Stuttgart

Bunte M, Strunz V, Bitter K, Brömer H (1976) Augmentationsplastik des atrophischen Unterkieferalveolarfortsatzes mit Glaskeramik. Dtsch Zahnärztl Z 31:458

De Koomen HA, Stoelinga PJW, Tideman H, Hendriks FHJ (1980) Resultate bei der Erhöhung des atrophischen Unterkiefers mit Beckenknochentransplantat. Dtsch Zahnärztl Z 35:1014

Dielert E, Fischer-Brandies E (1986) Der Hydroxylapatit-Aufbau – Ein Fortschritt gegenüber allen bisherigen Verfahren bei der restaurativen Alveolarkammplastik. Quintessenz J 37:1175

Dielert E (1986) Die Unterkieferfront als Implantatbasis am Beispiel der Hydroxyl-apatit-Interponate. Vortrag auf dem 3. Jahreskongreß der GOI, Würzburg

Dielert E (1987) Der Einsatz von Hydroxylapatit-Blockmaterial bei konturverbes-sernden Operationen. Vortrag auf der 36. Jahrestagung der Arbeitsgemeinschaft Kieferchirurgie der DGZMK, Bad Homburg

Ham AW (1952) Some histophysiological problems peculiar to calcified tissues. J Bone Joint Surg 34-A : 701

Joos U, Härle F (1980) Die Unterkieferresorption nach Vestibulumplastik und Mundbodensenkung. Dtsch Zahnärztl Z 35 : 986

Riediger D, Schmelzle R, Schwenzer N (1980) Indikation, Technik und Ergebnisse der rekonstruktiven Alveolarkammplastik mit Cialit-konservierten Transplanta-ten. Dtsch Zahnärztl Z 35 : 997

Schettler D (1976) Sandwichtechnik mit Knorpeltransplantat zur Alveolarkammer-höhung im Unterkiefer. In: Fortschr Kiefer-Gesichtschir, Bd 20. G Thieme, Stuttgart, S 61.

Schettler D (1977) Clinical and experimental results of a Sandwich-technique for mandibular alveolar ridge augmentation. J Max Fac Surg 5 : 199

Schettler D (1980) Modifizierte Sandwichplastik für extrem atrophierte Unterkiefer. Dtsch Zahnärztl Z 35 : 994

Schröder F (1966) Alveolarkammaufbau im Oberkiefer mit körpereigenem Material – im Vergleich zu den Gerüstimplantaten. Dtsch Zahnärztl Z 21 : 422

Schuchardt K, Fröhlich E (1959) Vorbereitende chirurgische Maßnahmen zur Eingliederung von Prothesen. In: Zahn-Mund-Kieferheilk. Urban u Schwarzen-berg, München Berlin

Swart JGN, de Groot K (1980) Clinical experiences with sintered calciumphosphate as oral implant material. In: Dental implants. Hanser, München

Tallgren A (1972) The continuing reduction of the residual alveolar ridges in complete dentures wearers. J Prosth Dent 27 : 120

Vogeler E, Schettler D (1983) Variation der Sandwichosteotomie zur Stabilisierung des Transplantates. Dtsch Zahnärztl Z 38 : 513

Wunderer S (1976) Schwerpunkte und Fortschritte auf dem Gebiet der präprotheti-schen Chirurgie. In: Fortschr Kiefer-Gesichtschir, Bd 20. G Thieme, Stuttgart, S 143.

Anschrift des Verfassers: Prof. Dr. Dr. E. Dielert, Klinik und Poliklinik für Kieferchirurgie der Ludwig-Maximilians-Universität, Lindwurmstraße 2 a, D-8000 Mün-chen 2, Bundesrepublik Deutschland.

Kieferkammaufbau mit Lyoknorpel nach Unterkiefer-Spangenresektion

B. Norer[1], O. Dietze[2], V. Strobl[1] und W. Puelacher[1]

[1]Abteilung für Mund-, Kiefer- und Gesichtschirurgie (Leiter: Prof. Dr. E. Waldhart)
der Universitätsklinik für Zahn-, Mund- und Kieferheilkunde, Innsbruck
(Vorstand: Prof. Dr. K. Gausch)
[2]Institut für Pathologische Anatomie (Vorstand: Prof. Dr. G. Mikuz)
der Universität Innsbruck

Mit 4 Abbildungen

Zusammenfassung

Ein besonderer präprothetischer chirurgischer Problemkreis umfaßt Patienten, bei denen tumorbedingt eine Unterkieferspangenresektion durchgeführt wurde. Ziel ist es dabei, den Defekt mit einem verträglichen Material auszufüllen, das außerdem Formstabilität garantiert, obwohl die funktionelle Belastung durch die Mundboden-muskulatur auf die verbliebene Unterkieferbasis gerichtet ist. Auf Grund der in der Literatur angegebenen Spätergebnisse verwenden wir lyophilisierten gassterilisier-ten Bankknorpel. An Hand eines nach Dehiszenz nach Vestibulumplastik verloren-gegangenen Implantates konnten die feinkörnige Verkalkung und an chondrale Ossifikation erinnernde Umbauvorgänge nachgewiesen werden. Die Ursache für Probleme bei der Vestibulumplastik sehen die Autoren in der schlechten Stoffwech-sellage im narbigen ehemaligen Tumorgebiet.

Summary

Alveolar Augmentation Using Lyophilized Cartilage After Transverse Frame Resection of the Mandible. Reconstruction of the alveolar ridge after transverse frame resection of the mandible is a special problem in preprosthetic surgery. The bone defect has to be filled up with a stable material which is able to tolerate functional stresses of the suprahyoid, glossal and masticatory muscles. Prompted by published long-term results we have come to use lyophilized gas-sterilized bank cartilage. Histologically, finely granular calcification and metaplastic processes reminiscent of chondral ossification were found to be present in an implant lost due to dehiscence after vestibuloplasty. Problems encountered with vestibuloplasties are thought to be attributable to the poor metabolic conditions in the scarred defect left after tumor resection.

Schlüsselwörter: Kieferkammaufbau, Lyoknorpel, Unterkieferspangenresektion.

Key words: Alveolar augmentation, lyophilized cartilage, transverse frame resection of the mandible.

Einleitung und Problemstellung

2 bis 3 Jahre nach erfolgreicher Resektion eines malignen Tumors, bei dem aus Sicherheitsgründen zur Weichteilresektion des Mundbodens eine Unterkieferspangenresektion durchgeführt wurde, stellt sich die Frage, ob mit entsprechenden präprothetischen Maßnahmen eine aufbauende Kammplastik erfolgen kann. Nachdem der Patient den ersten psychischen Schock, an einem malignen Geschehen zu leiden bzw. gelitten zu haben, überwunden hat, rührt sich in ihm der Wunsch, möglichst wieder eine Prothese tragen zu können.

Sieht man die Literatur durch, werden eine Reihe von Implantationsmaterialien vorgeschlagen, die zur aufbauenden Kieferkammplastik Verwendung finden, aber teilweise unbefriedigende Langzeitergebnisse erbringen. So stellten Dumbach und Geiger (1980) fest, daß autologe Rippenknochentransplantate innerhalb von 6 Jahren eine bis zu 100% vertikale Resorptionsquote aufweisen. Ähnlich hohe Rezidive und damit höchst unbefriedigende Ergebnisse veröffentlichten Davis et al. (1975), Wang et al. (1976), Fazili et al. (1978) und Baker et al. (1979). Diese Autoren fanden eine Resorption innerhalb von 3 Jahren von 50%, wenn der Knochenspan subperiostal dem atrophierten Unterkiefer aufgelagert wird. Die von Lekkas und Wes (1981) angegebene Unterkieferaugmentation kann bei diesen Patienten nicht zur Anwendung kommen, da ja die Pars alveolaris mit dem kranialen Teil des Corpus mandibulae fehlt und daher eine Tieferlegung der Basis mandibulae nicht den durch Tumorresektion geschaffenen Defekt füllt. Die kombinierte Behandlung mit Beckenkammtransplantat und Vestibulumplastik in Verbindung mit der Sandwichosteotomie nach Schettler (1976) und Visierosteotomie nach Härle (1975, 1979), wie sie de Koomen et al. (1980) angaben, würde bessere Resultate bringen, ist aber auf Grund der schmalen und dünnen Restlamelle nach Unterkieferspangenresektion nicht möglich.

Besser eignet sich Knorpel als Transplantat. Krüger (1964, 1966) gab an, daß homologer Knorpel dem autologen Knorpel hinsichtlich des Resorptionsverhaltens überlegen ist. Bull et al. (1976) überprüften die Langzeitergebnisse autologer und homologer Transplantate und kamen zum Schluß, daß zwar bei nahezu der Hälfte der Patienten Resorptionen festzustellen waren, insgesamt ein langjähriger Erfolg hinsichtlich des Sitzes der Prothesen zu erzielen war. Schmelzle und Schwenzer (1982) berichteten über 10jährige Erfahrung mit cialitkonserviertem Knorpel mit 98%iger Einheilungsrate und großer Formkonstanz. Sogar Verknöcherung wurde gefunden. Sailer (1976) verwendete lyophilisierten Bankknorpel. Die Resorptionsrate betrug bis zu 20%. 1979 wies Sailer eine beginnende Kalzifizierung nach. Lyophilisierter Bankknorpel diente dabei zur Konturkorrektur. Nasteff (1966) wendete Lyoknorpel zur Alveolarkammerhöhung an und berichtete über teilweise Resorptionen mit Umwandlung in Bindegewebe.

Diese Berichte veranlaßten uns, für den Kieferkammaufbau lyophilisierten gassterilisierten Bankknorpel zu verwenden. Da die traktoriellen Belastungslinien bei der muskulären Steuerung der Unterkieferbewegung vom verbliebenen Knochenrestspan abgefangen werden, kommt unserer

Meinung nach Knochen nicht in Frage, da dieser keiner Zug- und Druckbelastung wie bei Interponat nach Unterkieferkontinuitätsdurchtrennung ausgesetzt ist. Knorpel resorbiert zwar, hat aber insgesamt doch eine gewisse Formkonstanz.

Kasuistik

An Hand von 2 Patientinnen, bei denen wegen eines Mundhöhlenkarzinoms eine Unterkieferspangenresektion durchgeführt worden war und der Defekt mit Lyoknorpel aufgefüllt wurde, soll die Technik dieser Methode beschrieben und auf Komplikationen hingewiesen werden.

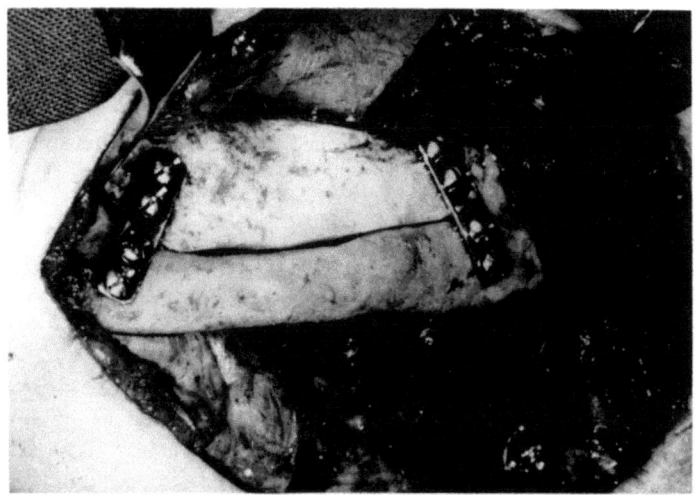

Abb. 1. OP-Situs nach Apposition von Lyoknorpel im Spangenresektionsbereich

  67jährige Patientin, E. E., verruköses Karzinom im Sulcus circumlingualis, $T_2N_1M_0$. Da das Periost in regio 44 durchbrochen war, wurde eine Unterkieferspangenresektion von regio 42 bis 46 durchgeführt; der Knochen war tumorfrei. Der Restspan war so dünn, daß in der Folge eine Spontanfraktur auftrat, die mittels Plattenosteosynthese stabilisiert wurde. 26 Monate nach Erstoperation wurde von der alten Operationsnarbe aus der Unterkiefer freigelegt, die 8-Loch-Platte entfernt und lyophilisierter homologer gassterilisierter Bankknorpel zugeschnitten und eingebracht. Die Fixation erfolgte mit fortlaufender Miniplatte. Das Implantat heilte problemlos ein.
  46jährige Patientin, R. G., 25 mm zu 15 mm großes parakeratotisch verhornendes Plattenepithelkarzinom im Sulcus circumlingualis links, $T_2N_0M_0$. Wegen der makroskopisch in den Grenzbereich der Gingiva propria reichenden Ulzeration des Tumors wurde im Unterkiefer von regio 33 bis 38 eine Spange des Unterkiefers mitreseziert, so daß nur ein

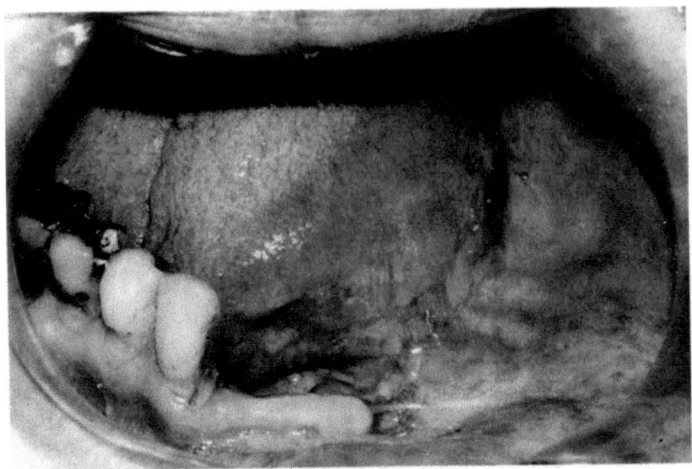

Abb. 2. Zustand vor Vestibulumplastik und Mylohyoideusplastik

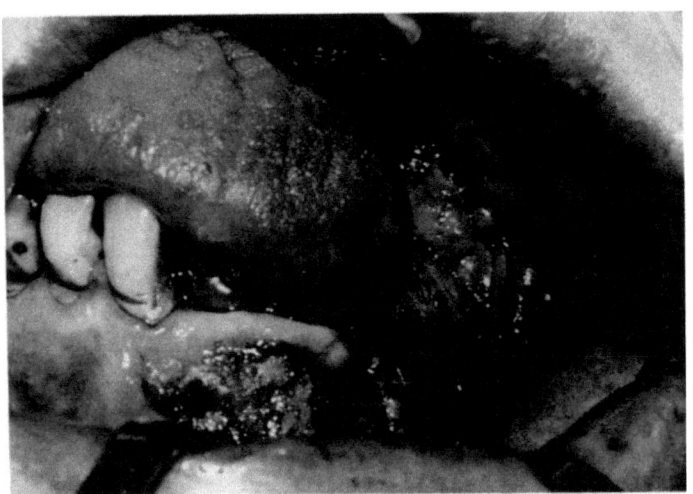

Abb. 3. Zustand 7 Tage postoperativ

7 mm hoher Teil der Unterkieferbasis verblieb. Aus beruflichen Gründen wurde bereits nach 20 Monaten Rezidivfreiheit mit dem Knorpelaufbau begonnen. Mittels 2 A0-Miniplatten erfolgte die Fixation des 6 cm langen und 2,5 cm hohen Implantates (Abb. 1). Die Einheilung war komplikationslos, so daß nach Anfertigung entsprechender Teilprothesen eine linksseitige Mylohyoideus- und Vestibulumplastik mit Spaltschleimhautauflage durchgeführt wurde (Abb. 2 und 3). Die vorbereitete Prothese wurde in typischer Weise mit Kaltpolymerisat verlängert und eingegliedert. 3 Wochen postoperativ kam es durch Druckstellen zu Dehiszenz der Gingiva propria über dem

Transplantat. Trotz Wundpflege wurde die Dehiszenz größer; da es zu einer putriden Einschmelzung kam, wurde 202 Tage nach Implantation der Knorpel schließlich entfernt.

Diskussion

Der gassterilisierte lyophilisierte Knorpel ist stabil genug, um eine brauchbare Osteosynthese mittels Miniplatten und Schrauben durchführen zu können. Die Implantate heilen zwar komplikationslos ein, Probleme entstehen allerdings nach Vestibulumplastik, da Druckstellen der Prothese vom Patienten nicht wahrgenommen werden. Die von Riediger et al. (1980) angegebene spontane Abheilung von freiliegendem Knorpel konnten wir nicht feststellen. Dies ist wohl auf die Vorbehandlung mit narbiger Ausheilung des Gewebes infolge des Tumorgeschehens mit seinen nachteiligen Auswirkungen auf die Schleimhauternährung zurückzuführen. Als Alternative käme die Interponierung von Hydroxylapatitkeramik in Blökken in Frage. Aus der eigenen Erfahrung mit Hydroxylapatitkeramik zum Aufbau atropher Kieferkämme wissen wir, daß das Granulat zwar im allgemeinen gut einheilt, die Blöcke aber nicht bindegewebig durchwachsen werden und eher als Fremdkörper in situ verbleiben. Auf Grund der Literaturangaben über die Erfolgsaussichten hinsichtlich der Resorption des Implantationsmaterials haben wir uns für den gassterilisierten und lyophilisierten homologen Bankknorpel entschieden. Wangerin et al. (1987) haben an Beagle-Hunden die unterschiedlichen Sterilisationsarten in Hinblick auf das Resorptionsverhalten von homoioplastischem Knorpel untersucht und festgestellt, daß trotz partieller Implantationsresorptionen nach 328 Tagen nur beim gassterilisierten Lyoknorpel ein formstabiles Verhalten und eine vollständig knöcherne Substitution der resorbierten Regionen zu verzeichnen ist. Strahlensterilisierter Lyoknorpel sowie betaproproiolactonsterilisierte Implantate sind nach 328 Tagen vollständig resorbiert und nur ungenügend knöchern substituiert.

Der bei einer von unseren Patientinnen entfernte Knorpel hatte eine Implantationsdauer von 202 Tagen. Histologisch besteht das Material aus hyalinem Knorpel, das feinkörnig verkalkt ist und an der Basis einen Knorpelabbau erkennen läßt. In dieser Zone ordnen sich die einzelnen noch erhaltenen Knorpelbälkchen ähnlich der chondralen Ossifikation an. Dieser Befund entspricht den experimentellen Ergebnissen von Wangerin et al. (1987), die an der Basis des implantierten gassterilisierten Knorpels eine spongiöse Substitution nach 125 Tagen beschrieben haben (Abb. 4).

Die Konsequenz aus dieser histologischen Erkenntnis wird sein, die unbedingt notwendige Vestibulumplastik nicht bereits zirka ein halbes Jahr nach Implantation durchzuführen, sondern das knöcherne Anwachsen des Lyoknorpelimplantates abzuwarten, sodaß erst zirka 1½ Jahre nach erfolgreicher Implantation die Schaffung eines unverschieblichen Schleimhautbettes für die Prothese folgt. Hier ist ein gestieltes Schleimhauttransplantat nach Trefz (1980) als modifizierte Methode nach Edlan und Mejchar (1964) in einem zweizeitigen Vorgehen für die vestibuläre und für die linguale Seite

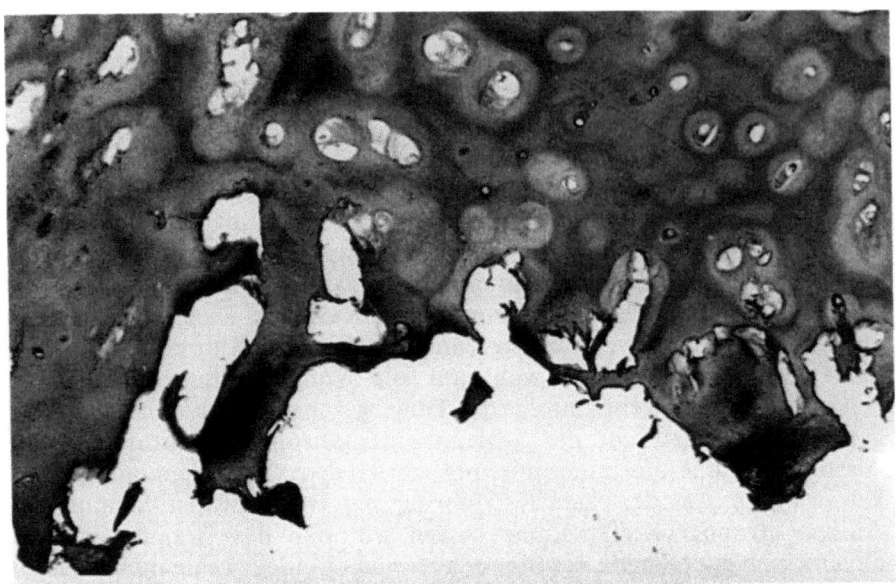

Abb. 4. Basis des entfernten Knorpelimplantates (Paraffin, CAB, 220fach): rarefiziertes Knorpelgerüst an der Stelle des ossären Kontaktes. Der durch spongiöse Substitution neu gebildete Knochen ist beim Ablösen des Implantates an der Mandibula verblieben

zu empfehlen, da die Vorschädigung des Gewebes infolge Narbenbildung nach Operation und eventueller Strahlentherapie eine schrittweise Behandlung indiziert erscheinen läßt.

Literatur

Baker RD, Terry BC, Davis WH, Connole PW (1979) Long-term results of alveolar ridge augmentation. J Oral Surg 37:486–498

Bull HG, Cordes V, Neugebauer W (1976) Spätergebnisse nach Alveolarkammplastik mit Knorpeltransplantaten. Fortschr Kiefer-Gesichtschir 20:58–61

Davis WH, Delo RI, Ward WB, Terry B, Patakas B (1975) Long term ridge augmentation with rib graft. J Max Fac Surg 3:103–106

Dumbach J, Geiger SA (1980) Klinische und radiologische Befunde bei absoluter Alveolarkammerhöhung im Unterkiefer durch autologe Rippentransplantate. Dtsch Zahnärztl Z 35:1003–1008

Edlan A, Mejchar B (1964) Parodontologisch indizierte Vertiefung des unteren Mundvorhofes. Parodontologie 18:87–94

Fazili M, Overvest-Eerdmans GR, Vernooy AM, Visser WJ, Waas MAJ (1978) Follow-up investigation of reconstruction of the alveolar process in the atrophic mandible. Int J Oral Surg 7:400

Härle F (1975) Visierosteotomie des atrophischen Unterkiefers zur absoluten Kammerhöhung. Dtsch Zahnärztl Z 30:561

Härle F (1979) Follow-up investigation of surgical correction of the atrophic alveolar ridge by visor-osteotomy. J Max Fac Surg 7:283–293

De Koomen HA, Stoelinga PJW, Tideman H, Hendriks FHJ (1980) Resultate bei der Erhöhung des atrophischen Unterkiefers mit Beckenknochentransplantat. Dtsch Zahnärztl Z 35:1014–1016

Krüger E (1964) Die Knorpeltransplantation. Hanser, München
Krüger E (1966) Rekonstruktion des atrophischen Alveolarfortsatzes im Unterkiefer mit homoioplastischem Knorpel. Dtsch Zahnärztl Z 21 : 418 – 421
Lekkas K, Wes BJ (1981) Absolute augmentation of the extremely atrophic mandible. J Max-Fac Surg 9 : 103 – 107
Nasteff D (1966) Klinische Beobachtungen über lyophilisiertes Gewebe in der wiederherstellenden Kiefer-Gesichts-Chirurgie. Z Stomatol 63 : 172 – 177
Riediger D, Schmelzle R, Schwenzer N (1980) Indikation, Technik und Ergebnisse der rekonstruktiven Alveolarkammplastik mit Cialit-konservierten Transplantaten. Dtsch Zahnärztl Z 35 : 997 – 999
Sailer HF (1976) Experiences with the use of lyophilized bank cartilage for facial contour correction. J Max-Fac Surg 4 : 149 – 157
Sailer HF (1979) Gefriergetrockneter Knorpel in der rekonstruktiven Gesichtschirurgie. Fortschr Kiefer- Gesichtschir 24 : 56 – 58
Schettler D (1976) Sandwichtechnik mit Knorpeltransplantat zur Alveolarkammerhöhung im Unterkiefer. Fortschr Kiefer- Gesichtschir 20 : 61 – 63
Schmelzle R, Schwenzer N (1982) 10jährige klinische Erfahrung mit Cialit-konserviertem Stützgewebe in der präprothetischen Chirurgie. Dtsch Zahnärztl Z 37 : 136 – 138
Trefz HJ (1980) Das gestielte Schleimhauttransplantat als präprothetische Maßnahme. Dtsch Zahnärztl Z 35 : 976 – 978
Wang JH, Waite DE, Steinhäuser E (1976) Ridge augmentation: an evaluation and follow-up report. J Oral Surg 34 : 600 – 602
Wangerin K, Ewers R, Bumann A (1987) Verhalten unterschiedlich sterilisierter allogener Lyoknorpelimplantate im Tierexperiment. Dtsch Z Mund- Kiefer-Gesichts-Chir 11 : 8 – 17

Anschrift des Verfassers: Dr. B. Norer, Abteilung für Mund-, Kiefer- und Gesichtschirurgie, Universitätsklinik für Zahn-, Mund- und Kieferheilkunde, Anichstraße 35, A-6020 Innsbruck.

Präprothetische Chirurgie zur Verbesserung des Prothesenlagers bei Tumorpatienten

B. Hoffmeister, R. Ewers und Th. Kreusch

Abteilung Kieferchirurgie (Direktor: Prof. Dr. Dr. F. Härle) im Klinikum der Christian-Albrechts-Universität zu Kiel, Bundesrepublik Deutschland

Mit 6 Abbildungen

Zusammenfassung

Die operative Behandlung von ausgedehnten Tumoren in der Mundhöhle hat trotz moderner primärer Rekonstruktionsverfahren in vielen Fällen eine erhebliche Beeinträchtigung der Zungenbeweglichkeit, der Sprachlautbildung und der Kaufunktion zur Folge. Nach einem genügend langen rezidivfreien Intervall können diese Beeinträchtigungen durch sekundäre rekonstruktive Maßnahmen behandelt werden.

Von 1981 bis 1987 wurden an 46 Tumorpatienten in 30 Fällen Vestibulumplastiken mit Mundbodensenkung und in 37 Fällen Zungenlösungen durchgeführt. An 4 Patienten wurde eine Austauschplastik zur Verbesserung der Sensibilität der Zungenschleimhaut nach tumorbedingter Resektion des Nervus lingualis vorgenommen.

Die anfänglich bei der Vestibulumplastik von uns verwendeten Spalthauttransplantate wurden zugunsten der freien Schleimhauttransplantate aus dem Planum buccale verlassen. In 4 Fällen wurde zur Vestibulumplastik überschüssige Jejunalschleimhaut nach Primärrekonstruktion durch mikrovaskulär anastomosierte Dünndarmtransplantate verwendet.

In allen nachuntersuchten Fällen kam es zu einer deutlichen Verbesserung der Zungenbeweglichkeit, der Sprachlautbildung, der Prothesenfähigkeit und der Kaufunktion. Die vorgestellten Operationsmethoden vermitteln unseren Patienten eine bessere Lebensqualität.

Summary

Preprosthetic Surgery to Improve the Denture Bearing Area in Tumor Patients. Inspite of sophisticated procedures for primary repair the surgical management of extensive tumors involving the oral cavity leaves many patients with considerably reduced tongue mobility, impaired phonation and mastication. Given an adequately long relapse-free interval patients with these impairments are eligible for secondary reconstructive surgery.

Between 1981 and 1987 a total of 46 tumor patients underwent secondary reconstructive surgery. Vestibuloplasty with extension of the oral floor was done in

26 cases; the tethered tongue was freed in 41 cases; and regrafting to improve lingual sensitivity after resection of the invaded lingual nerve was done in 4 instances.

Vestibuloplasty was initially done with spit-thickness grafts. These have now been replaced by free mucosal grafts from the buccal plane. In 4 cases excessive jejunal mucosa left after primary repair by jejunal grafts with microvascular anastomoses was used for secondary vestibuloplasty.

All patients followed-up showed substantially improved tongue mobility, phonation, denture retention and mastication. The surgical procedures to be reviewed much improved the quality of life of our patients.

Schlüsselwörter: Präprothetische Chirurgie, Unterkiefer, Schleimhauttransplantate.

Key words: Praeprosthetic surgery, mandible free mucosal graft.

Einleitung

Die operative Behandlung von Patienten mit Plattenepithelkarzinomen in der Mundhöhle erfordert ausgedehnte Resektionen der betroffenen Gewebsbezirke. Die Wiederherstellung von Form und Funktion des Kausystems nach Tumoroperationen im Kiefer-Gesichts-Bereich stellt hohe Anforderungen an die chirurgische Therapie unserer Tumorpatienten.

Noch vor wenigen Jahren wurden die entstandenen Gewebsdefekte meist durch lokale Verschiebeplastiken aus der Umgebung gedeckt. Nach Einführung der myokutanen Pectoralis-major-Lappen durch Ariyan (1979) und der Methode der Dünndarmtransplantation zum Ersatz der Schleimhautdefekte durch Reuther und Steinau (1980) konnten ästhetische und funktionelle Aspekte bei der Tumorchirurgie mehr berücksichtigt werden.

Obwohl die oben genannten Operationsmethoden durch primäre Rekonstruktion günstigere funktionelle und ästhetische Resultate liefern, als es vor Einführung möglich war, müssen die Patienten zur Wiederherstellung der Prothesenfähigkeit oft weitere operative Eingriffe über sich ergehen lassen.

Bereits bekannte Methoden haben wir variiert und ihre Indikationen erweitert, um die Zungenbeweglichkeit und damit die Sprachlautbildung und die Prothesenfähigkeit unserer Patienten zu verbessern. Durch sekundäre operative Behandlung werden adhärente Zungen gelöst und insuffiziente Prothesenlager verbessert.

Behandlungsvorschläge zur Zungenmobilisation und Rekonstruktion eines Prothesenlagers wurden von vielen Autoren gemacht. Die Behandlungsprinzipien bei der Vestibulumplastik mit Spalthauttransplantation wurden von Schnitzler und Ewald (1984) begründet, während Schleimhauttransplantate mit den verschiedenen Modifikationen auf Lewis (1963) zurückgehen. Steinhäuser (1987) bevorzugt Spalthauttransplantate und lokale Schwenklappen aus der Restzunge zur Zungenlösung und Vestibulumplastik im Unterkiefer. Andere Autoren (Hoffmeister und Ewers, 1986) haben sich auf freie Schleimhauttransplantate aus der Wange konzentriert.

Grundsätzlich ist jede operative Technik anwendbar, die bei dem Patienten die Kiefer-Gesichts-Region funktionell verbessert, ein suffizientes Prothesenlager schafft, die Sprachlautbildung verbessert und damit dem

Patienten hilft, sich wieder in sein angestammtes soziales Umfeld zu integrieren.

Methode

Wir haben die operative Zungenlösung und Vestibulumplastik im Unterkiefer bei unseren Tumorpatienten standardisiert und wenden je nach Indikation folgende Verfahren an:

1. Zungenlösung mit lokalen Verschiebelappen, die auf die Methode von Schmidseder und Esswein (1978) zurückgehen (Abb. 1 und 2);   ·
2. Läppchenaustausch mit Z-Plastik zur Verbesserung der Sensibilität der Zungenoberfläche nach tumorbedingter Resektion des Nervus lingualis (Abb. 4);
3. Zungenlösung mit Ausfüllen des Epitheldefektes durch ein freies Schleimhauttransplantat aus dem Planum buccale (Abb. 2);
4. die offene Mundbodensenkung nach Trauner (1952);
5. Vestibulumplastik mit Spalthauttransplantat oder freier Schleimhaut aus dem Planum buccale (Abb. 3).

In 4 Fällen führten wir eine Vestibulumplastik im Unterkiefer mit einer epithelialen Deckung des Alveolarfortsatzes mit freier Jejunalschleimhaut durch, die einem in die Mundhöhle transplantierten Jejunalsegment zur intraoralen Defektdeckung entnommen wurde.

Die Nachuntersuchung der Patienten wurde im Rahmen der Tumorsprechstunde durchgeführt.

Für die Beurteilung wurden folgende Kriterien herangezogen:

1. Die Zungenbeweglichkeit: 0   = unbeweglich
                                       +   = Zunge erreicht den Alveolarfortsatz
                                    + +   = Zunge erreicht das Lippenrot
                                    + + + = Zunge erreicht alle Bereiche der Unter- und Oberlippe

2. Prothesenlager: 0   = keine fixierte Schleimhaut auf dem Alveolarfortsatz
                       +   = weniger als 5 mm breite fixierte Schleimhaut
                       + +   = mehr als 5 mm und weniger als 10 mm fixierte Schleimhaut
                       + + + = mehr als 10 mm fixierte Schleimhaut über dem gesamten Alveolarfortsatz

3. Sprachlautbildung: 0   = Sprache unverständlich
                       +   = Sprache zu verstehen
                       + +   = Sprache gut zu verstehen (ist am Telefon zu verstehen)
                       + + + = Normalsprache

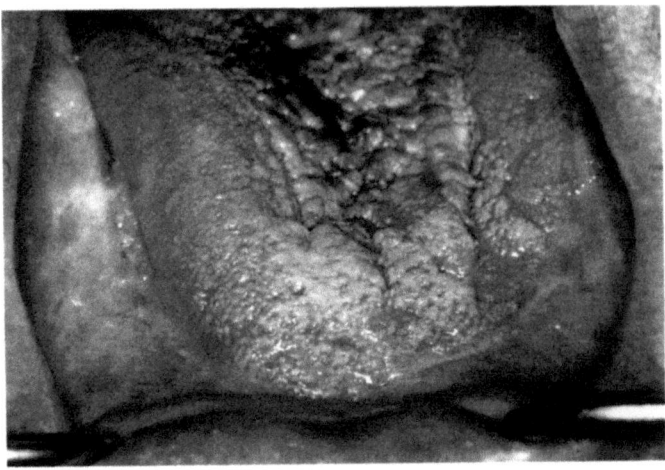

Abb. 1. Ausgebreiteter Zungenlappen zur Deckung eines Mundbodendefektes nach Operation eines Plattenepithelkarzinoms (T2N2M0) 14 Monate postoperativ

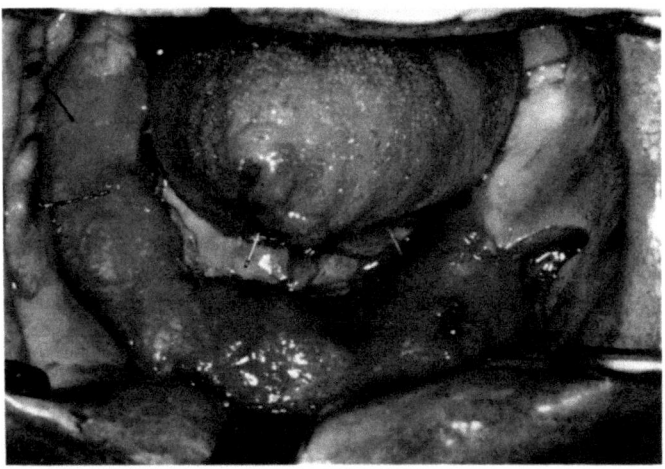

Abb. 2. Intraoperativer Situs bei der Zungenlösung und gleichzeitiger Vestibulumplastik. Aus der Zungenschleimhaut wird eine neue Zungenspitze gebildet. Der entstandene Gewebsdefekt im Bereich des Mundbodens und des freipräparierten Alveolarfortsatzes wird mit Schleimhauttransplantaten aus dem Planum buccale gedeckt

Die Beurteilung der Sprachlautbildung wurde nach Beratung durch einen Heil- und Sprachtherapeuten vorgenommen.

Die Verbesserung der Sprachlautbildung, Zungenbeweglichkeit und die Verbreiterung des Prothesenlagers wurde nach den hier angegebenen Kriterien beurteilt.

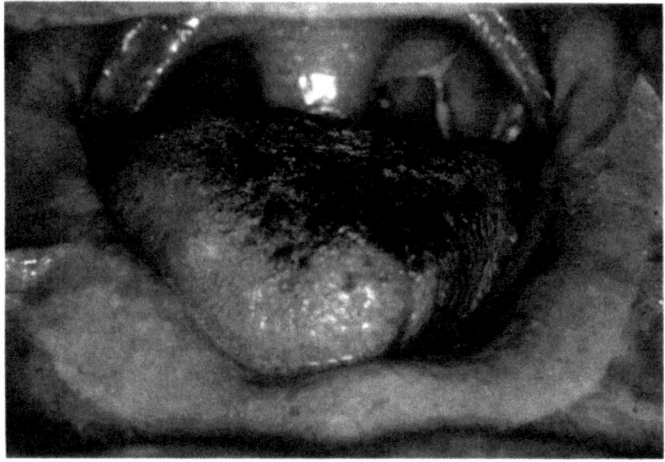

Abb. 3. Postoperative Situation ein halbes Jahr nach der Zungenlösung und der Vestibulumplastik. Die Zunge ist gut beweglich, und das Prothesenlager ist zum suffizienten Prothesenhalt großzügig extendiert

Ergebnisse

Wir behandelten von 1981 bis 1987 insgesamt 46 Patienten mit sekundären, rekonstruktiven Eingriffen zur Verbesserung des Prothesenlagers im Unterkiefer.

Im Mittel waren diese Patienten 57 Jahre alt. Das Intervall zwischen der Tumoroperation und dem präprothetisch-chirurgischen Eingriff betrug im Mittel 23 Monate.

Alle Patienten waren wegen eines Plattenepithelkarzinoms der Zunge, des Mundbodens und des Unterkiefers behandelt worden. Es handelte sich um 11 Patienten mit einem T3-Tumor, 30 Patienten mit einem T2-Tumor und 5 Patienten mit einem T1-Tumor. Insgesamt wurden 30 Vestibulumplastiken und 41 Zungenlösungen vorgenommen.

Die Vestibulumplastiken wurden fast ausschließlich zusammen mit einer Mundbodensenkung nach Trauner (1952) operiert.

In 17 Fällen wurde die Vestibulumplastik mit Schleimhauttransplantaten aus dem Planum buccale, in 9 Fällen mit Spalthaut und in 4 Fällen mit Jejunumschleimhaut vorgenommen.

Die 37 Zungenlösungen wurden in 16 Fällen mit Schleimhauttransplantaten, in 11 Fällen mit Spalthauttransplantaten und in 4 Fällen mit Jejunalschleimhaut durchgeführt. Lokale Verschiebeplastiken zur Zungenlösung wurden in 6 Fällen vorgenommen.

Bei der Nachuntersuchung beobachteten wir, daß es in der überwiegenden Zahl der Fälle zu einer deutlichen Besserung der Zungenbeweglichkeit und damit auch der Sprachlautbildung gekommen war. Es ließ sich nicht differenzieren, ob auch die Verbesserung des Prothesenlagers und damit das Tragen der Prothesen zu einer besseren Sprachlautbildung geführt hat.

I   II

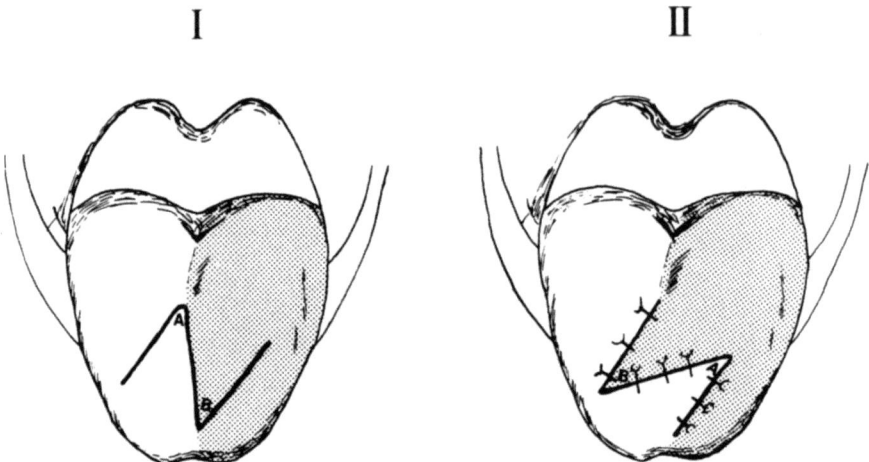

Abb. 4. Läppchenaustausch der muskulär gestielten Schleimhautareale aus der innervierten Seite (punktierte Fläche) zur anästhetischen Seite der Zungenhälfte nach tumorbedingter Lingualis-Resektion. In **I** ist die Schnittführung der Z-Plastik eingezeichnet. In **II** ist der Läppchenaustausch mit Verschiebung sensibler Schleimhaut zur nicht innervierten Seite deutlich. Durch Aussprossen sensibler Axone aus dem verlagerten Lappen bei *B* wird das innervierte Schleimhautareal der bisher anästhetischen Zungenhälfte noch vergrößert

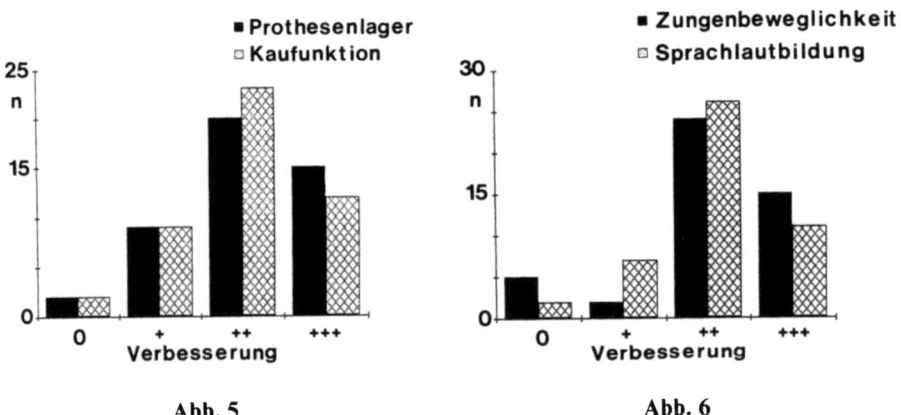

Abb. 5   Abb. 6

Abb. 5. Verbesserung des Prothesenlagers und der Kaufunktion (n = 45)

Abb. 6. Verbesserung der Zungenbeweglichkeit und der Sprachlautbildung (n = 45) nach sekundären rekonstruktiven Eingriffen zur Lösung der Zungenbeweglichkeit *(0 keine Verbesserung, + Verbesserung um eine Stufe, + + Verbesserung um zwei Stufen, + + + Verbesserung um drei Stufen, siehe S. 105)*

Abb. 6 zeigt die graphische Darstellung der Resultate der operativen Zungenlösung anhand der Verbesserung der Sprachlautbildung und der Zungenbeweglichkeit.

Die Ergebnisse der Bemühungen für die Erstellung eines funktionsgerechten Prothesenlagers durch Mundbodensenkung und Vestibulumplastik zeigen in den meisten Fällen eine deutliche Verbesserung des Prothesenlagers und in der Folge eine bessere Kaufunktion (siehe Abb. 5). Es muß deutlich hervorgehoben werden, daß in 9 Fällen der 46 Patienten die angefertigten Prothesen nicht getragen wurden. Obwohl objektiv ein guter Prothesenhalt resultierte, wurden die Prothesen langfristig von den Patienten abgelehnt. Überraschend waren die Ergebnisse bei den von uns zuletzt operierten Patienten, an denen wir mit der reichlich zur Verfügung stehenden transplantierten Jejunalschleimhaut eine Vestibulumplastik durchführten. Hier blieb die transplantierte Schleimhaut adhärent und paßte sich auch unter mechanischer Belastung durch die Prothesen der Mundschleimhaut gut an.

In keinem der von uns untersuchten Fälle war es postoperativ zu einer Verschlechterung gekommen.

In den Fällen, in denen ein Läppchenaustausch mit Verlagerung sensibilisierter Zungenschleimhaut auf die Gegenseite zur Verbesserung der Sensibilität erfolgte (siehe Abb. 4), beobachteten wir, daß die Patienten beim Kauvorgang mit der Verteilung des Speisebreis besser zurechtkamen und es ihnen besser möglich war, mit der Zunge den Prothesenhalt zu unterstützen.

Diskussion

Die Möglichkeiten der primären Rekonstruktion unserer am Mundhöhlenkarzinom operierten Patienten konnten in den letzten Jahren mit zahlreichen Methoden erweitert und die Technik verbessert werden. Dennoch ist in vielen Fällen eine sekundäre Operation nach einem ausreichend langen rezidivfreien Intervall erforderlich, um den Patienten die Sprachlautbildung und den Prothesenhalt zu verbessern. Damit sollte eine bessere Reintegration der Patienten in ihr soziales Umfeld möglich sein. Die Voraussetzungen dafür waren schon früh von Trauner (1952), Obwegeser (1963), Schmidseder und Esswein (1978) geschaffen worden. In letzter Zeit bemühte sich Steinhäuser (1987) um sekundäre rekonstruktive Maßnahmen zur Verbesserung des Prothesenlagers bei Tumorpatienten.

Während Steinhäuser dem gestielten Schleimhautlappen zur Zungenmobilisation den Vorzug gibt, ist nach unseren Erfahrungen das freie Transplantat aus der Wangenschleimhaut bei dem insgesamt vorhandenen Schleimhautdefekt dieser Patienten ebenfalls geeignet, ein akzeptables Ergebnis zu erzielen. Zu Beginn der hier beschriebenen Vestibulumplastiken zur Deckung des Epitheldefektes haben wir Spalthauttransplantate verwendet und mit dieser Methode gute Ergebnisse erzielt. Die von den Patienten häufig angegebene Mundtrockenheit und die rezidivierende hartnäckige Soorbesiedlung der Spalthauttransplantate veranlaßten uns unter anderem, die der freien Schleimhauttransplantation aus der Wange anzuwenden. Der Vorteil dieser Methode ist, daß wir bei den Patienten eine zusätzliche Wunde an der äußeren Haut vermeiden und die bessere Eignung der Schleimhaut als Prothesenlager. Wir haben in den letzten Jahren keine Spalthauttransplantate mehr verwendet.

Große Erwartungen setzen wir in die Vestibulumplastiken mit überschüssiger Jejunalschleimhaut. Diese Methode zur Rekonstruktion intraoraler Schleimhautdefekte nach Tumoroperationen ist mittlerweile ein Routineverfahren, mit dem auch extreme Schleimhautdefekte gedeckt werden können. In diesen Fällen ist weniger die Zungenlösung das Problem als die Schaffung eines suffizienten Prothesenlagers. In den ersten von uns operierten Fällen haben wir ein ausreichendes Prothesenlager herstellen können, das nach der relativ kurzen Beobachtungszeit noch keine abschließende Beurteilung zuläßt. Wir sind jedoch der Ansicht, daß mit der reichlich vorhandenen transplantierten Jejunalschleimhaut das Problem des Schleimhautersatzes in der Mundhöhle auch bei sekundären operativen Maßnahmen gelöst werden kann.

Literatur

Ariyan S (1979) The pectoralis major myocutaneous flap. Plast Reconstr Surg 63 : 73 – 81

Hoffmeister B, Ewers R (1986) Operative Maßnahmen zur Verbesserung des Prothesenlagers nach Tumoroperation. Dtsch Zahnärztl Z 41 : 1207 – 1210

Lewis ET (1963) Surgical correction of the sublingual region. J Am Dent Ass 67 : 364

Obwegeser H (1963) Die totale Mundbodenplastik. Schweiz Mschr Zahnheilkd 73 : 565

Reuther JF, Steinau HU (1980) Mikrochirurgische Dünndarmtransplantation zur Rekonstruktion großer Tumordefekte der Mundhöhle. Dtsch Z Mund- Kiefer- Gesichts-Chir 4 : 131

Rubin LR, Mishriki YY, Speace G (1984) Reanimation of hemiparalytic tongue. Plast Reconstr Surg 2 : 184 – 194

Schmidseder R, Esswein W (1987) Rekonstruktion des Mundbodens nach Tumorresektion. Fortschr Kiefer Gesichtschir 23 : 102

Schnitzler J, Ewald K (1984) Zur Technik der Hauttransplantation nach Thiersch. Central Chir 7 : 148

Steinhäuser EW (1987) Eine Methode der Zungenlösung nach Tumorresektion. Dtsch Zahnärztl Z 42 : 707 – 711

Trauner R (1952) Die Alveolarkammplastik im Unterkiefer auf der lingualen Seite zur Lösung des Problems der unteren Prothese. Dtsch Zahnärztl Z 7 : 256

Anschrift des Verfassers: Priv. Doz. Dr. Dr. B. Hoffmeister, Abteilung Kieferchirurgie im Klinikum der Christian-Albrechts-Universität Kiel, Arnold-Heller-Straße 16, D-2300 Kiel, Bundesrepublik Deutschland.

Die präprothetisch-funktionsgerechte Unterkieferrekonstruktion

H. Matras und Ch. Krenkel

Abteilung für Kiefer- und Gesichtschirurgie (Vorstand: Prof. Dr. Helene Matras) der Landeskrankenanstalten Salzburg

Mit 4 Abbildungen

Zusammenfassung

Die häufigsten Ursachen für erworbene Teilverluste des Unterkiefers sind Tumorresektionen, primär entzündliche Erkrankungen sowie fortschreitende Atrophie infolge Fehlbelastung.

Bei einer primären wie sekundären Unterkieferrekonstruktion muß die funktionsgerechte Einstellung zum Oberkiefer im besonderen Berücksichtigung finden, und zwar in der sagittalen, transversalen und vertikalen Ebene. Durch stabile Osteosynthesen vermeiden wir nach Möglichkeit die intermaxilläre Fixation und setzen damit den transplantierten Knochen früh unter Funktion. Ist der Kieferkamm höhenmäßig nicht ausreichend, wird ein Alveolarkammaufbau mit Kalziumhydroxylapatit zirka ein halbes Jahr nach Metallentfernung und 3 Monate danach eine Vestibulum- und Mundbodenplastik mit freier Spalthauttransplantation ausgeführt. Ein gutes Dauerergebnis ist dann gegeben, wenn diese Kiefer prothesenfähig sind, damit die funktionelle Belastung durch Kauen und Schlucken fortwirkt. Nicht zuletzt hängt es von der prothetischen Versorgung ab, in welchem Ausmaß dies gelingt.

Summary

Preprosthetic Functional Reconstruction of the Mandible. Acquired partial loss of the mandible is most commonly due to surgical removal of tumors, trauma, primary inflammatory diseases and progressive atrophy secondary to abnormal stress distribution.

In both primary and secondary mandibular reconstruction emphasis should be placed on an adequate functional alignment of the mandible relative to the maxilla in the sagittal, transverse and vertical planes. Stable osteosynthesis helps avoid intermaxillary fixation and provides for early exposure of the grafted bone to functional stresses.

If the alveolar crest is of inadequate height, alveolar augmentation with calcium hydroxyl apatite is done half a year after removal of the metal parts. This is followed by vestibular and oral floor plasty using free split-thickness skin grafts after another 3 months. Long-term results are apt to be best if the reconstructed jaws can hold dentures so that ongoing stimulation by functional stresses during mastication and swallowing is ensured. Denture design is another factor determining the functional success of mandibular reconstruction.

Schlüsselwörter: Funktionsstabile Unterkieferrekonstruktion, kaudal liegende Überbrückungsplatte, Kalziumhydroxylapatitaufbau des Alveolarfortsatzes.

Key words: Stable functional mandibular reconstruction, caudal reconstruction plate, alveolar augmentation with calcium hydroxyl apatite.

Der Resektion von Teilen der Mandibula bzw. dem Kontinuitätsverlust aus anderer Ursache sollen nach Möglichkeit sofort knochenwiederherstellende Maßnahmen folgen (Matras, 1986). Die ersatzlose Kontinuitätsresektion im bezahnten oder unbezahnten Kiefer führt zu schweren funktionellen und ästhetischen Störungen für den Patienten und zu erhöhten chirurgisch-technischen Schwierigkeiten für den Operateur, wenn nicht primär, sondern sekundär im vernarbten Gebiet der Unterkiefer funktionsgerecht rekonstruiert werden muß. Bis zu einer Spätrekonstruktion kann die Okklusion wie auch die Gesichtssymmetrie bei bezahnten Patienten nur in günstigen Fällen mit intensiver Mitarbeit gehalten werden, da der Restkiefer sich immer in einem labilen Gleichgewicht befindet und eine fehlende kondyläre Abstützung muskulär aufgefangen werden muß. Dies führt je nach Ort der Resektion zu einer erhöhten Belastung des einen oder beider Kiefergelenke wie auch der Kau-, der Supra- und Infrahyoidalmuskulatur. Arthrosen und myofaziale Beschwerden können die Folge sein.

Sind die Weichgewebe einmal geschrumpft, ist die Knochenrekonstruktion durch die „fehlenden" Weichteile oft so erschwert, daß sie in zwei Operationsschritten erfolgen muß. Es wird also sowohl bei einer primären wie einer sekundären Unterkieferwiederherstellung die prothesenfunktionsgerechte Einstellung zum Oberkiefer in der sagittalen, transversalen und vertikalen Relation berücksichtigt werden müssen.

Teilverluste des Unterkiefers entstehen als Folge operativer Entfernung gutartiger oder bösartiger Tumoren, nach Traumen (Defektheilungen, Pseudarthrosen), durch primär entzündliche Erkrankungen oder auch bei fortschreitender Atrophie infolge Fehlbelastung.

Sowohl bei primärer Rekonstruktion als auch bei sekundärer in vernarbter Umgebung wird die Frühfunktion der wiederhergestellten Knochenregion angestrebt, um Inaktivitätsatrophien vorzubeugen. Damit Frühfunktion auf den transplantierten Knochen ausgeübt werden kann – wir verwenden Corticalis-Spongiosaspäne vom Beckenkamm –, vermeiden wir nach Möglichkeit die postoperative intermaxilläre Fixation und verwenden als Kraftträger eine kaudal (Krenkel, 1986) oder bukkal (Schmoker, 1977 und 1983; Spiessl, 1980) angelegte Resektionsplatte.

Die kaudal liegende Überbrückungsplatte hat folgende Vorteile:

a) Das Einpassen des Transplantates ist von vorne direkt möglich und technisch leichter.

b) Das Knocheninterponat wird zu den Stümpfen mit Miniplatten oder Zugschrauben verbunden. Damit sind funktionelle Reize auf das Transplantat gesichert.

c) Muskelreste, wie Anteile von Zungen- und Mundbodenmuskulatur, werden nicht zur Platte, sondern zum transplantierten Knochen fixiert. Dies ist technisch einfach durchführbar und fördert die funktionelle Belastung wie auch den interfragmentären Druck, wenn mehrere Corticalis-Spiongio-sastücke aneinandergefügt werden (Brückenbogensystem).

Die von kaudal angelegte Platte läßt sich zum Unterschied von der bukkal liegenden mit Weichteilen leicht und ohne Spannung decken und ist damit gegen Perforation gut geschützt.

Wird bei einer primären Defektüberbrückung mit Platte kein Knochen transplantiert, sondern dieser sekundär eingesetzt, kann die kaudal angeleg-te Platte als Kraftträger belassen werden; die bukkal liegende im Gegensatz muß vor der Knochenrekonstruktion entfernt und in anderer Lage und Krümmung neu gelegt werden. Ein gleichfalls von kaudal dem Unterkiefer angeschraubtes Metallimplantat bzw. eine Metallschiene zur Defektüber-brückung beschreibt Benoist 1978.

Fallbeispiele sollen im folgenden die bisherigen Ausführungen illustrie-ren:

Patientin L. A., weibl., geb. 1972 (Abb. 1 a – h)

13jähriges Mädchen mit einem weit ausgedehnten, die Knochencortica-lis teilweise resorbierenden, zentralen Riesenzellgranulom im Unterkiefer.

Operation: Unterkieferresektion von regio 37 bis 42, Knochen im Gesunden abgesetzt. Defektüberbrückung mit einer kaudal liegenden Rekonstruktionsplatte. Der darüberliegende, einteilige, angepaßte Kno-chenspan wird beidseits mit je einer Miniplatte zu den Stümpfen fixiert. Weitere Knochenstücke werden zur Formverbesserung und Erhöhung des Transplantates zwischen Resektionsplatte und dem Span eingepaßt und mit zirkumferenten Drahtschlingen befestigt. 10 Monate nach Operation wird das Osteosynthesematerial entfernt und eine kieferorthopädische Behand-lung im Oberkiefer zur Ausformung des Zahnbogens begonnen. Im Unterkiefer wird ein Prothesenprovisorium eingesetzt. Die Patientin steht voll im Wachstum, der Unterkiefer weist keine Asymmetrie auf. Der Knochen hat nach Vermessung an Höhe zugenommen. Es ist vorgesehen, die Weisheitszähne des Oberkiefers in die linke untere Molarenregion nach genügendem Wurzelwachstum zu transplantieren, um die Freiendsituation in eine intermediäre Lücke zu verwandeln.

Patient N. J., männl., geb. 1926 (Abb. 2 a – e)
Verhornendes Plattenepithelkarzinom im Sulcus sublingualis parame-dian rechts bis über die Mitte nach links reichend mit Knochenadhärenz.

Operation: radikale Neck dissection rechts, suprahyoidale Räumung links, Unterkieferresektion von regio 33 bis 46 (laut Histologie T3N2M0). Resektionsplatte von kaudal angelegt. Knochenrekonstruktion im gleichen Operationsakt mit einem Corticalis-Spongiosaspan vom Beckenkamm, der in den bogenförmigen Defekt eingepaßt wird. Ferner Rekonstruktion des Nervus accessorius rechts. 12 Monate später Entfernung des Osteosynthese-materials. 8 Monate danach wird zur Verbesserung eines prothesenfähigen

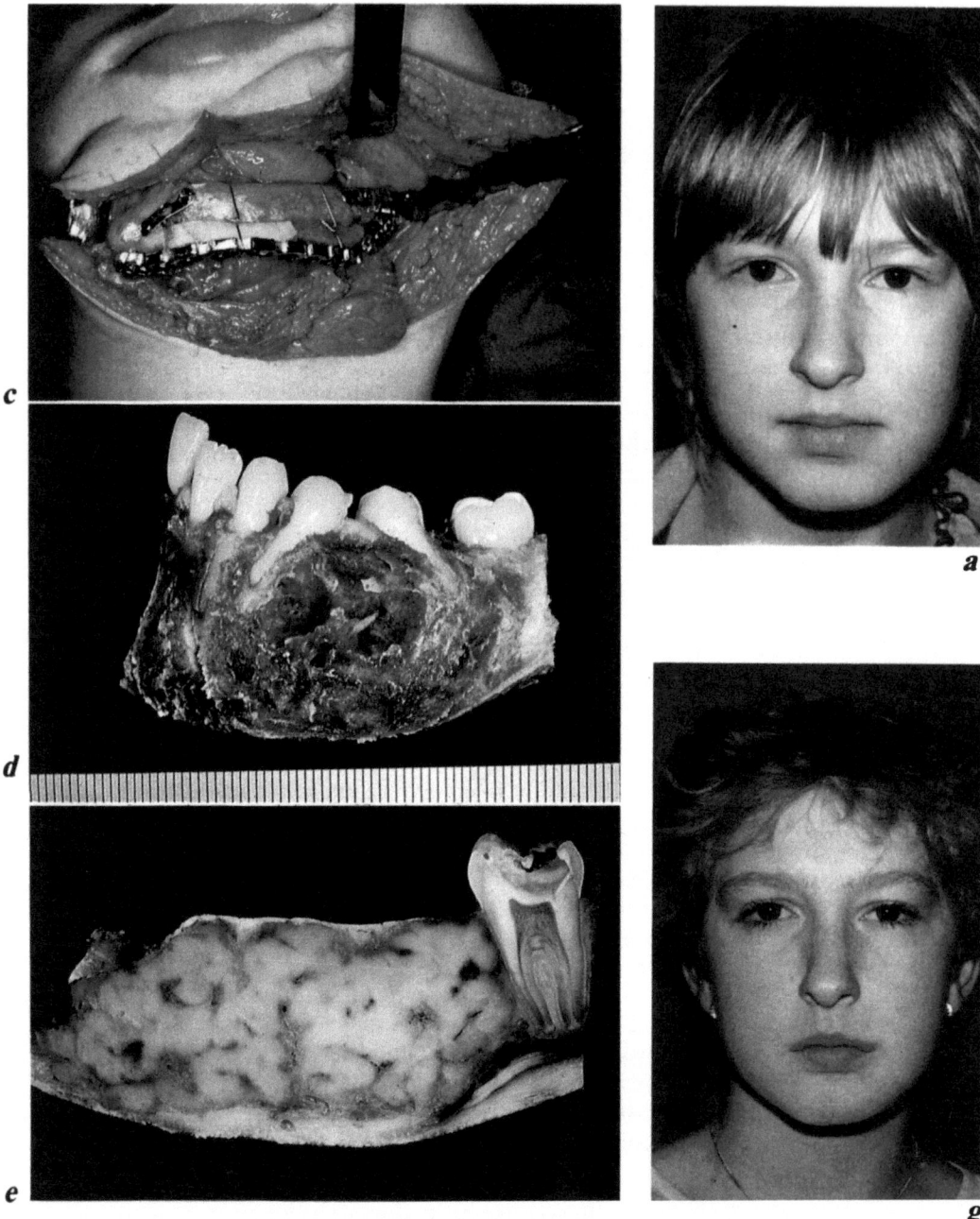

Abb. 1. Patientin L. A., weibl., 13 Jahre. **a** Gesicht präoperativ. **b** zentrales Riesenzellgranulom im Unterkiefer, rechts oben präoperatives Orthopantomogramm. **c** Operationssitus: Zustand nach partieller Unterkieferresektion und -rekonstruktion mit autologen Knochentransplantaten; als Kraftträger dient die von kaudal angelegte Überbrückungsplatte, Knochenosteosynthesen mit Miniplatten, zusätzliche Drahtschlingenfixation der gebündelten Knochenteile. **d** Resektionspräparat. **e** Sägeschnitt durch Resektionspräparat, deutlich sichtbare Corticalisdestruktion. **f** postoperatives Orthopantomogramm. **g** Gesicht der Patientin 2 Jahre nach Operation. **h** Orthopantomogramm 2 Jahre nach Operation; der Knochen im transplantierten Bereich zeigt eine deutliche Corticalis-Spongiosastruktur

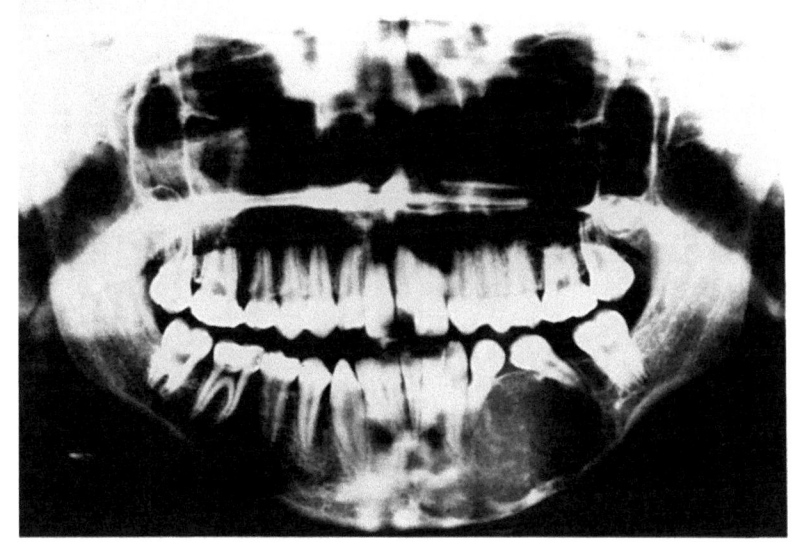

b

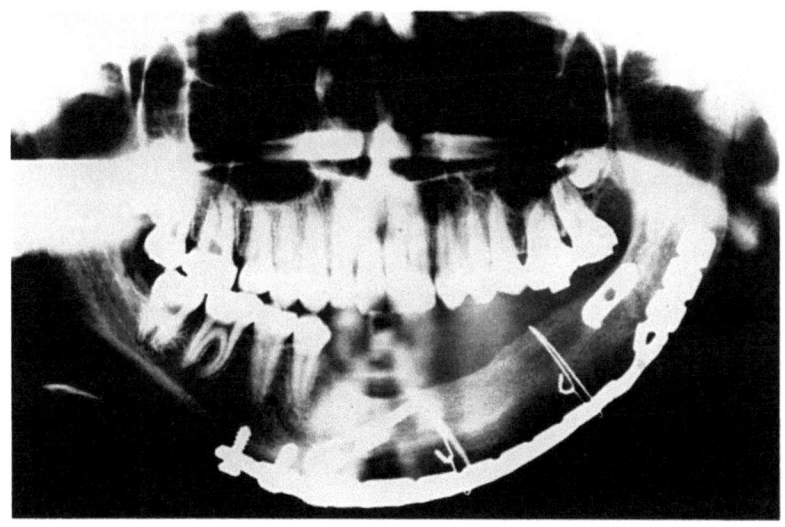

f

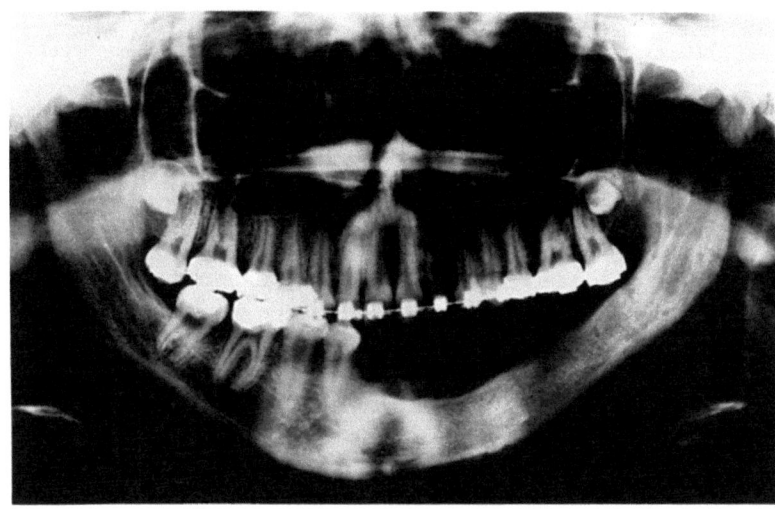

h

Abb. 1 b, f, h

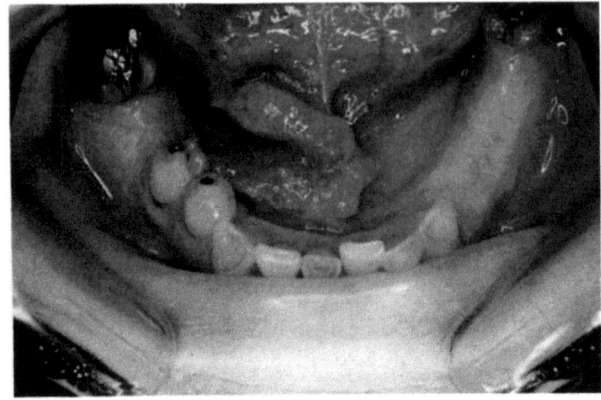

a

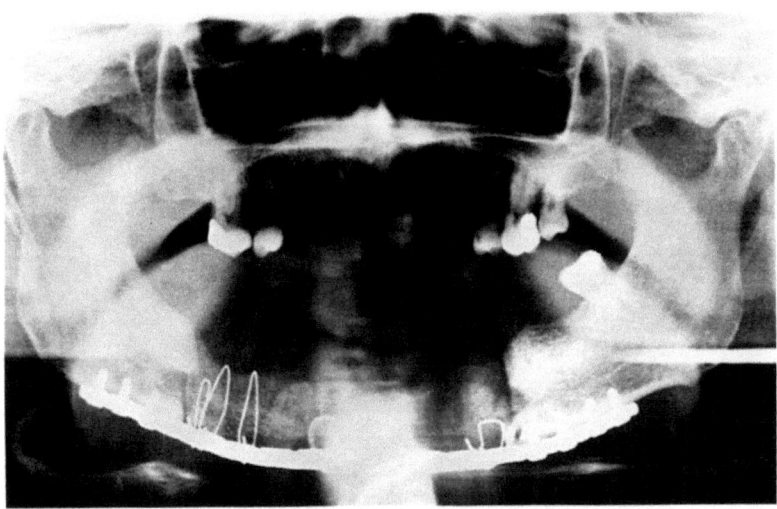

b

Abb. 2. Patient N. J., männl., 59 Jahre. **a** verhornendes Plattenepithelkarzinom im Sulcus sublingualis paramedian rechts und bis über die Mitte nach links reichend mit Knochenadhärenz. **b** postoperatives Orthopantomogramm des nach Teilresektion rekonstruierten Unterkiefers mit kaudal liegender Überbrückungsplatte und interponiertem Knochentransplantat; Fixation mit Drahtschlingen. **c** Alveolarfortsatzaufbau über dem Knochentransplantat mit Kalziumhydroxylapatit 2 Jahre nach Unterkieferresektion und -rekonstruktion. **d** Zungenlösung und Vestibulumplastik mit freier Spalthauttransplantation über dem rekonstruierten Unterkiefer. **e** Prothesen in situ

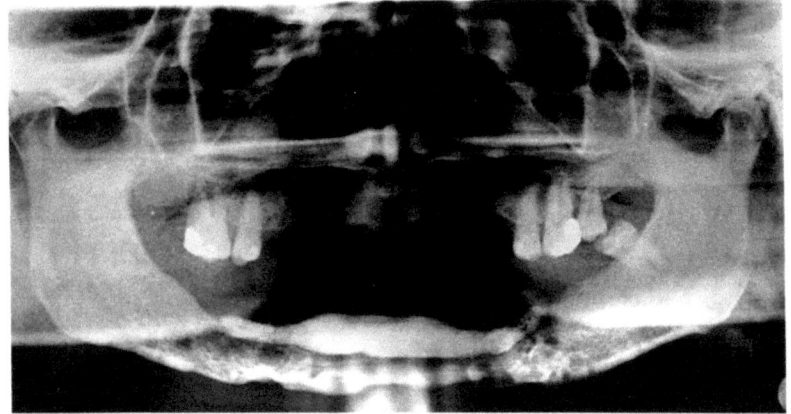

c

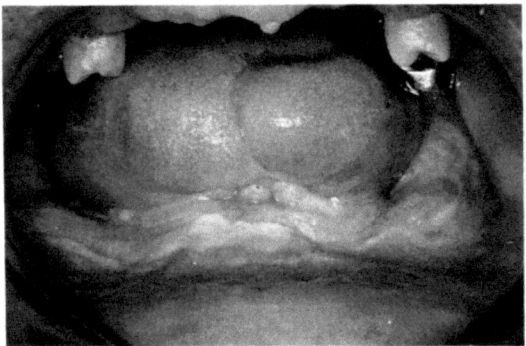

d

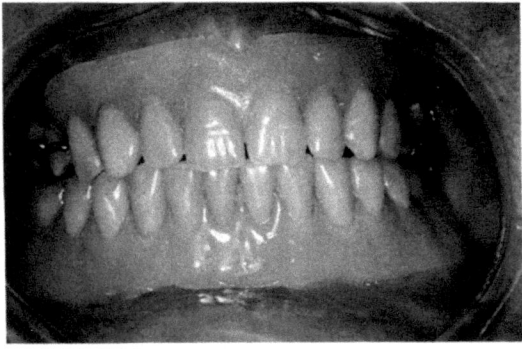

e

Abb. 2 c bis **e**

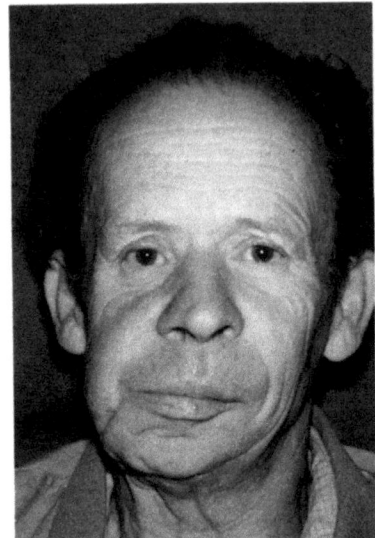
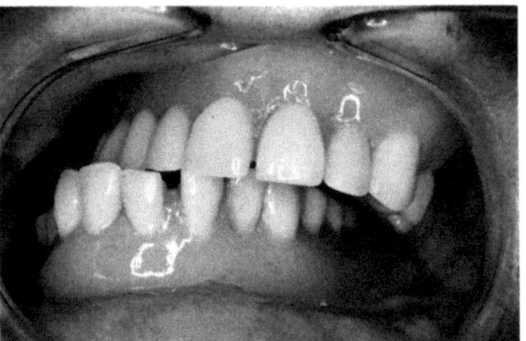

a   *b*

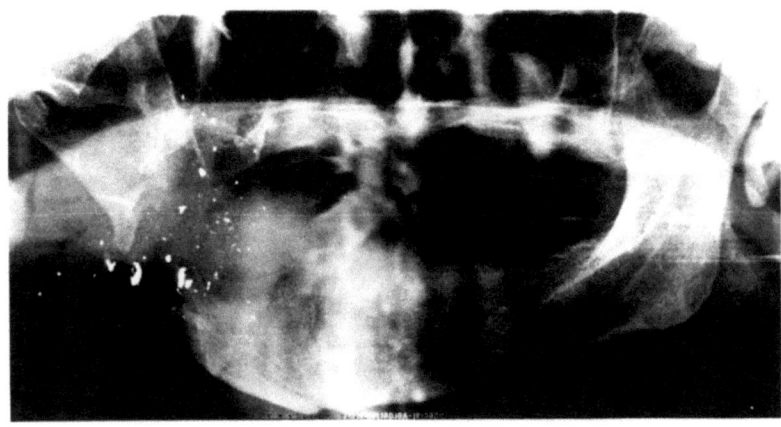

c

Abb. 3. Patient Z. B., männl., 60 Jahre. **a** Gesicht; Zustand nach Schußbruch und
Pseudarthrose im rechten Unterkieferbereich seit dem II. Weltkrieg. **b** Zahnprothe-
sen in situ. **c** Orthopantomogramm präoperativ. **d** Orthopantomogramm 3 Jahre
nach Unterkieferrekonstruktion; eingeheiltes und umgebautes Knochentransplantat
mit Spongiosastruktur. **e** prothetische Versorgung nach Unterkieferaufbau. **f** Gesicht
nach Unterkieferaufbau, Weichteilkorrekturen noch ausständig

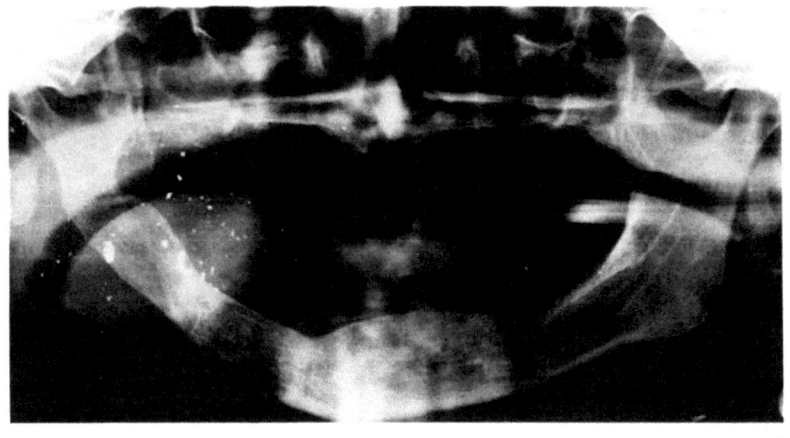

d

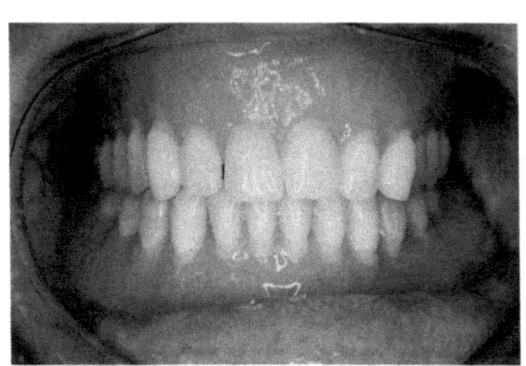

e

f

Abb. 3d bis **f**

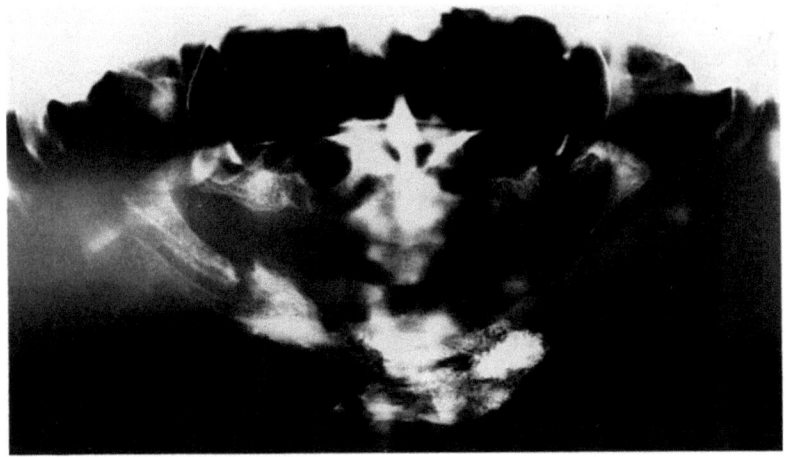

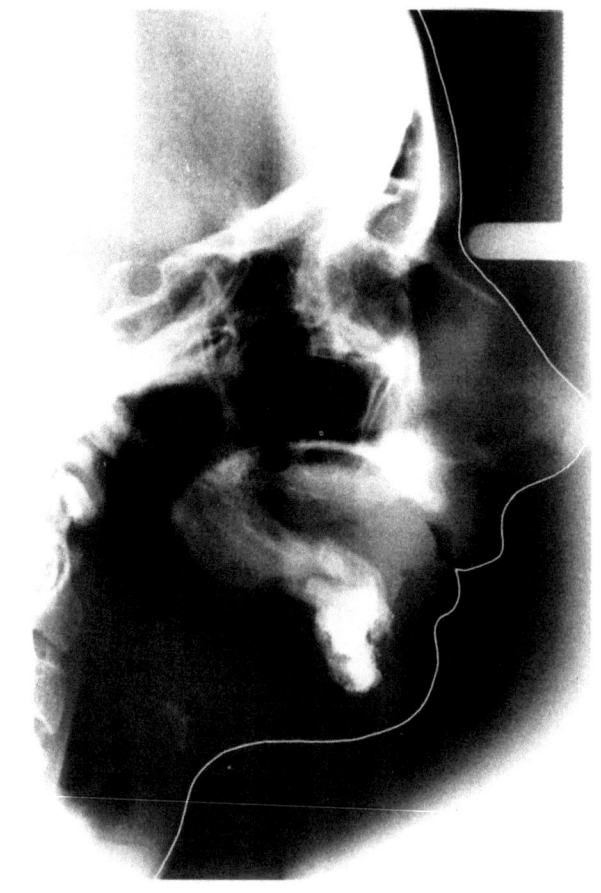

Abb. 4 a, b

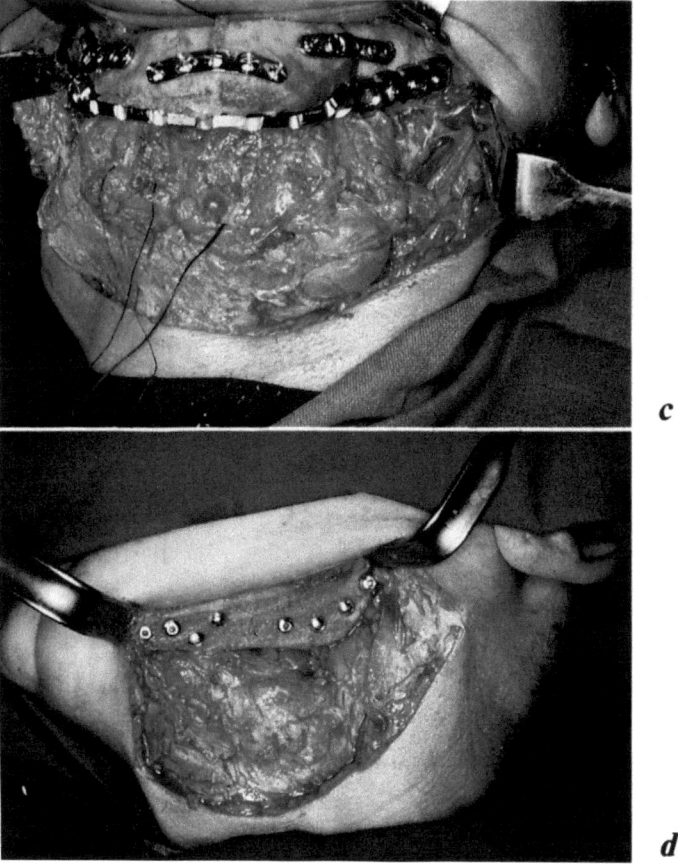

Abb. 4. Patientin R. M., weibl., 35 Jahre. **a** und **b** präoperatives Orthopantomogramm und seitliches Fernröntgenbild: Zustand nach vor 5 Jahren eingesetztem,
subperiostalem Rahmenimplantat im Unterkiefer, Knochenschwund, Spontanfraktur, Knochenrekonstruktionsversuchen und Kalziumhydroxylapatitauffüllung.
c Operationssitus nach Entfernung von Knochensequestern und Kalziumhydroxylapatit, Einstellung der Unterkieferstümpfe und Fixierung mittels Platte, Defektüber-
brückung mit autologen, stabil osteosynthetisierten Knochentransplantaten. **d** Operationssitus nach Wiederherstellung des linken Kieferwinkels in einem zweiten Akt
mit autologem Knochentransplantat und Zugschraubenosteosynthesen. **e** und
f Orthopantomogramm und seitliches Fernröntgenbild nach Unterkieferaufbau und
Alveolarfortsatzerhöhung mit Kalziumhydroxylapatit (Abb. 4e, f auf S. 122)

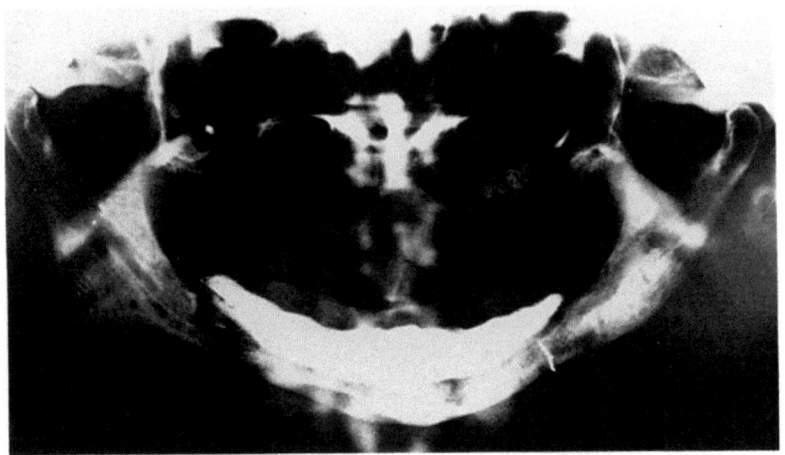

e

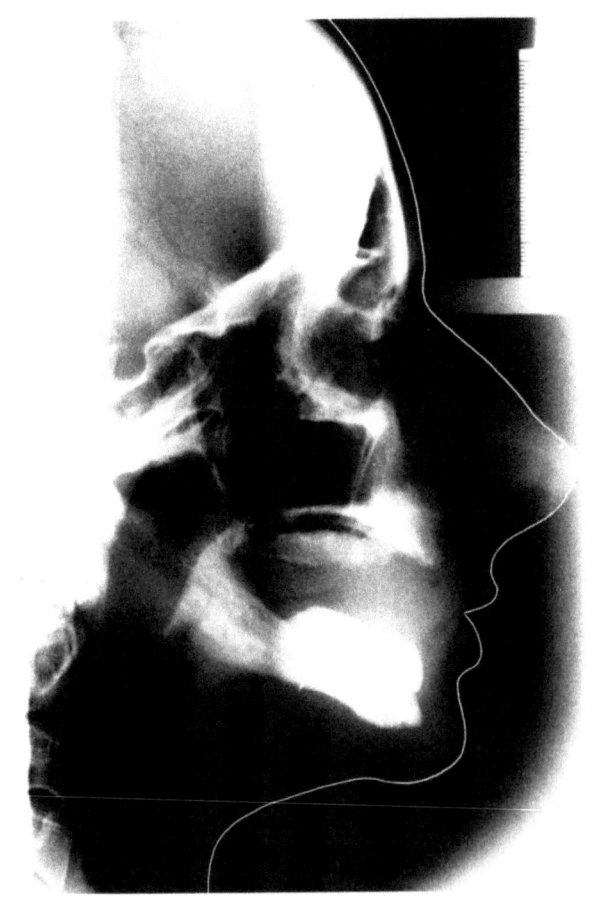

f

Abb. 4 e, f

Unterkieferkammes ein Aufbau mit Kalziumhydroxylapatit[1] ausgeführt und 3 Monate später eine Zungenlösung und Vestibulumplastik mit freier Spalthautverpflanzung angeschlossen. Der Patient ist im Ober- und Unterkiefer prothetisch-funktionell und ästhetisch voll zufriedenstellend versorgt und seit nunmehr 3 Jahren tumorfrei. Die Rekonstruktion des Nervus accessorius führte zur Funktionsrückkehr in seinem Versorgungsgebiet.

Patient Z. B., männl., geb. 1924 (Abb. 3 a – f)

Nicht prothesenfähiger Unterkiefer nach Schußbruch mit Pseudarthrose rechtsseitig seit dem Zweiten Weltkrieg, als irreparabel erklärt. Patient sucht Rat und Hilfe zur Ermöglichung eines prothesenfähigen Lagers.

Operation: Narbenlösung der in Fehlstellung fixierten Unterkieferstümpfe und Distraktion derselben. Nach Durchtrennung des rechten Processus muscularis gelingt dies auf eine Distanz von 5 cm Länge. Um eine Überlastung der Kiefergelenke durch noch stärkere Stellungsänderung zu vermeiden, wird es dabei belassen und die gewonnene Distanz mit einer bukkal liegenden Rekonstruktionsplatte überbrückt. An ihrer Innenseite wird ein Beckenkammtransplantat angelagert. Nachdem dieses Vorgehen noch nicht zur Gesichts- und Unterkiefersymmetrie geführt hat, wird ein Jahr später in regio 43 osteotomiert. Eine Distanz von etwa 3,5 cm wird aufgedehnt und neuerlich ein autologes Knochentransplantat interponiert. Im gleichen Operationsakt wird auch der rechte obere Alveolarfortsatz mit autologem Knochen aufgebaut, wo fibröse Veränderungen nach Schußverletzung und Knochendefizit vorliegen. Somit ist die prothesengerechte Ober- und Unterkieferrelation in allen drei Ebenen des Raumes wiederhergestellt. Eine Alveolarfortsatzerhöhung oder Vestibulumvertiefung ist nicht erforderlich.

Patient R. M., weibl., geb. 1950 (Abb. 4 a – f)

Dieser Patientin wird im Alter von 30 Jahren im zahnlosen Unterkiefer ein subperiostales Rahmenimplantat eingesetzt. Im Laufe weiterer Jahre kommt es zu zunehmendem Knochenschwund, Knochensequestrierung, Spontanfraktur und einigen erfolglosen Rekonstruktionsversuchen auswärts. Das schließlich an unserer Abteilung durchgeführte operative Vorgehen ist wie folgt: Entfernung von Restknochen, Kalziumhydroxylapatit und Narbengewebe von regio 37 bis 47. Einstellung des Unterkieferdefektes unter Berücksichtigung der Ober-Unterkiefer-Basenrelation und der Gesichtssymmetrie. Funktionsgerechte Unterkieferrekonstruktion mit Kraftträger von kaudal und miniplattenfixierten Corticalis-Spongiosaspänen vom Beckenkamm.

Ein Jahr später wird entsprechend einer Schablone nach Osteotomie eine weitere Transplantation zur Verlängerung des Korpus und Kieferastes sowie Formverbesserung der Kieferwinkelregion durchgeführt. Zugschrauben fixieren das angelagerte Beckenkammtransplantat. Ein halbes Jahr nach Metallentfernung wird, um einen besser prothesenfähigen Kieferkamm zu schaffen, ein Kalziumhydroxylapatitaufbau ausgeführt. Die Vestibulumplastik steht noch aus.

---

[1] Calcitite® (Calcitek, Inc., San Diego.)

Die von uns für eine funktionsgerechte Unterkieferrekonstruktion angewandten Methoden haben das Ziel, den transplantierten Knochen vom ersten Tag an funktionell zu belasten. Dabei hat sich gezeigt, daß frei verpflanzte Knocheninterponate der Atrophie nicht anheim fallen, wenn sie funktionsstabil fixiert und früh belastet werden. Ein gutes Dauerergebnis ist jedoch nur dann zu erreichen, wenn diese neuen Kiefer auch prothesenfähig sind, damit die funktionelle Belastung durch Kauen und Schlucken fortwirkt. Nicht zuletzt hängt es von der Qualität der prothetischen Versorgung ab, in welchem Ausmaß dies gelingt. Somit geht das funktionsgerechte Vorgehen des Chirurgen nahtlos in die anschließende prothetische Versorgung über.

Literatur

Benoist M (1978) Experience with 220 cases of mandibular reconstruction. J Max Fac Surg 6:40–49

Krenkel Ch (1986) Die Unterkiefer-Rekonstruktionsplatte – kaudal angelegt – in Kombination mit miniplatten-fixierten Beckenkammtransplantaten. Acta Chir Austriaca 18:254–255

Matras H (1986) Gesichtspunkte zur Rekonstruktion des Unterkiefers. Acta Chir Austriaca 18:250–251

Schmoker R, Spiessl B, Mathys R (1977) Eine Rekonstruktionsplatte zur Überbrückung größerer Knochendefekte im Unterkiefer. G Thieme, Stuttgart (Aktuelle Traumatologie, vol 7, S 199–206)

Schmoker R (1983) Mandibular reconstruction using a special plate. Animal experiments and clinical application. J Max Fac Surg 11:99–106

Spiessl B (1980) Das Problem der Nonunion bei Frakturen des atrophierten Unterkiefers. Schweiz Mschr Zahnheilkd 90:627–632

Anschrift des Verfassers: Prof. Dr. Helene Matras, Abteilung für Kiefer- und Gesichtschirurgie, Landeskrankenanstalten Salzburg, Müllner Hauptstraße 48, A-5020 Salzburg.

Langzeitresultate nach der offenen und geschlossenen Mundbodensenkung (Trauner versus Brown)

F. Härle

Abteilung Kieferchirurgie (Direktor: Prof. Dr. Dr. F. Härle) im Klinikum der Christian-Albrechts-Universität, Kiel, Bundesrepublik Deutschland

Mit 5 Abbildungen

Zusammenfassung

Nach der Literatur soll die geschlossene Mundbodensenkung (Brown) mit weniger Komplikationen behaftet und für den Patienten weniger belastend sein wie die offene Methode (Trauner) und ebensogute Resultate erzielen. Um diese Frage zu klären, haben wir eine prospektive Studie durchgeführt und planten, 50 Patienten auf der einen Seite nach der offenen, auf der anderen Seite nach der geschlossenen Methode zu operieren. Nach 18 Patienten wurde die Studie abgebrochen, da eine Zwischenuntersuchung gezeigt hatte, daß die Resultate nach der offenen Methode immer besser waren. Die durchschnittliche Absenkung war in allen Meßpunkten 6 Wochen und 3 Jahre postoperativ nach der Trauner-Methode mehr als 2mal so tief wie nach der Brown-Methode. Krankheitsgefühl, Wundschmerz und postoperative Beschwerden, Nebenwirkungen und Komplikationen waren bei beiden Methoden gleich.

Summary

Long-Term Results of Open and Closed Oral Floor Extension – Trauner's Versus Brown's Technique. In the literature lowering of the floor of the mouth by Brown's closed method has been reported to be less demanding on the patients with fewer complications than Trauner's open technique, but with identical results. To confirm these reports we conducted a prospective trial in which 50 patients were to be operated with the open method on one side and closed method on the other. The trial was, however, discontinued after 18 cases, since interim analyses had shown the results of the open method to be consistently better. At 6 weeks and 3 years the mean gain obtained by Trauner's method at all sites evaluated was twice that achieved with Brown's method. Malaise, postoperative pain and discomfort, side effects and complications were the same for both methods.

Schlüsselwörter: Präprothetische Chirurgie, Mundbodensenkung, Langzeitresultate.

Key words: Preprosthetic surgery, lowering of the floor of the mouth, long-term results.

Einleitung

Zur Verbesserung der Stabilität und Retention einer totalen Unterkieferprothese ist die Mundbodensenkung angezeigt, wenn der Mundboden den Unterkiefer überlappt, wenn die Muskelansätze die linguale Extension der Prothesenflügel behindern und wenn die Prothese beim Sprechen und Schlucken abgehebelt wird.

Es gibt im Prinzip zwei Methoden, um den Mundboden abzusenken, das offene und das geschlossene Verfahren.

Die offene Mundbodensenkung nach Trauner

Die offene Methode wurde 1952 von Trauner angegeben. Die Operation wird von einer Schnittführung an der Grenze verschiebliche zur unverschieblichen Schleimhaut der Kieferkamminnenseite durchgeführt und der Musculus mylohyoideus von der Linea mylohyoidea, ohne das Periost zu

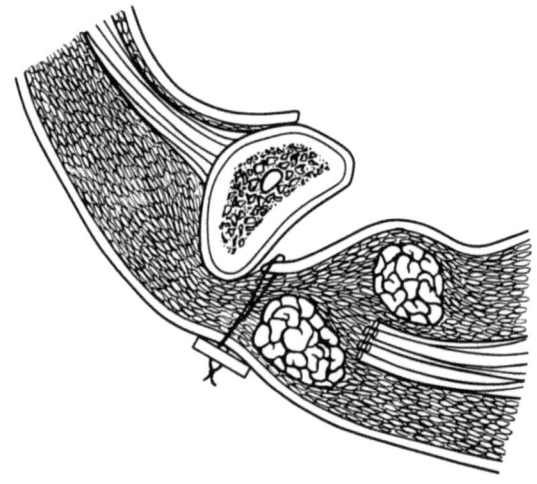

Abb. 1. Offene Mundbodensenkung nach Trauner

verletzen, abgetrennt. Der Mundboden wird dann mit Matratzennähten, die extraoral über Wäscheknöpfe geknüpft werden, nach unten gezogen. Schlingennähte werden unter dem Unterkiefer durchgeführt, wenn die Mundbodensenkung mit einer Vestibulumplastik (totale Mundbodenvestibulumplastik) vergesellschaftet wird. Die Periostoberfläche des lingualen Unterkiefers wird der freien Epithelisation, die nach vier bis fünf Wochen abgeschlossen ist, überlassen (Abb. 1).

Trauner et al. (1970), Obwegeser (1977), Brusati und Stoelinga (1984) fanden keine schweren Komplikationen außer einer leichten Schwellung in den ersten postoperativen Tagen bei mehr als 2500 operierten Patienten. Hull (1977) und Popowich und Samit (1983) beschrieben dagegen in

Einzelfällen schwere Mundbodenschwellungen hervorgerufen von Einblutungen ins Gewebe, die zu respiratorischen Komplikationen führten.

Die geschlossene Mundbodensenkung nach Brown

Die geschlossene Methode wurde 1953 von Brown beschrieben und von Downton (1953) und Caldwell (1955) modifiziert. Die Operation wird von einer auf der Linea mylohyoidea geführten Schnittführung, die bis zur Mittellinie des Unterkiefers verlängert wird, ausgeführt.

Die Schleimhaut wird vom Musculus mylohyoideus abpräpariert, die Muskelfasern werden dargestellt und scharf von der Linea mylohyoidea, die mit der Fräse oder dem Luer abgetragen wird, gelöst. Die Schleimhaut des Mundbodens wird zurückgeschlagen und vernäht (Abb. 2). Sowie die primäre Wundheilung abgeschlossen ist, wird nach zirka einem Monat eine Prothese mit extendierten lingualen Flügeln eingegliedert.

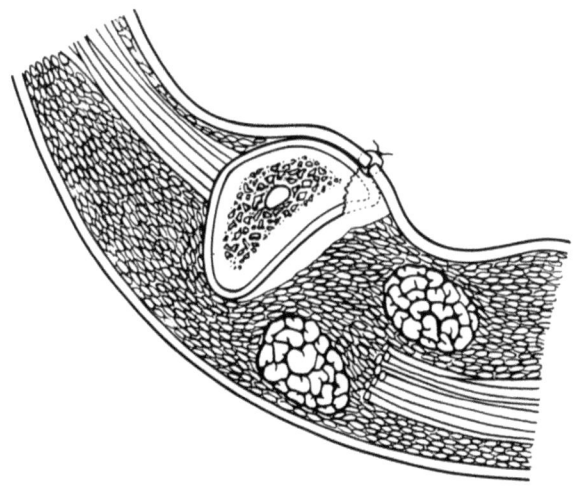

Abb. 2. Geschlossene Mundbodensenkung nach Brown

Das Problem

In der Literatur wird die geschlossene Mundbodensenkung nach Brown für den Patienten als weniger belastend, komplikationsärmer und mit ebenso guten Resultaten wie die offene Methode nach Trauner beschrieben (Gillies, 1956; Gröschel, 1965; Frenkel, 1982; de Koomen et al., 1982; Brusati und Stoelinga, 1984). Um diese Frage zu klären, haben wir eine prospektive Studie aufgelegt.

Material und Methode

Wir planten, 50 Patienten auf der einen Seite nach der offenen und auf der anderen Seite nach der geschlossenen Methode zu operieren. Vor der

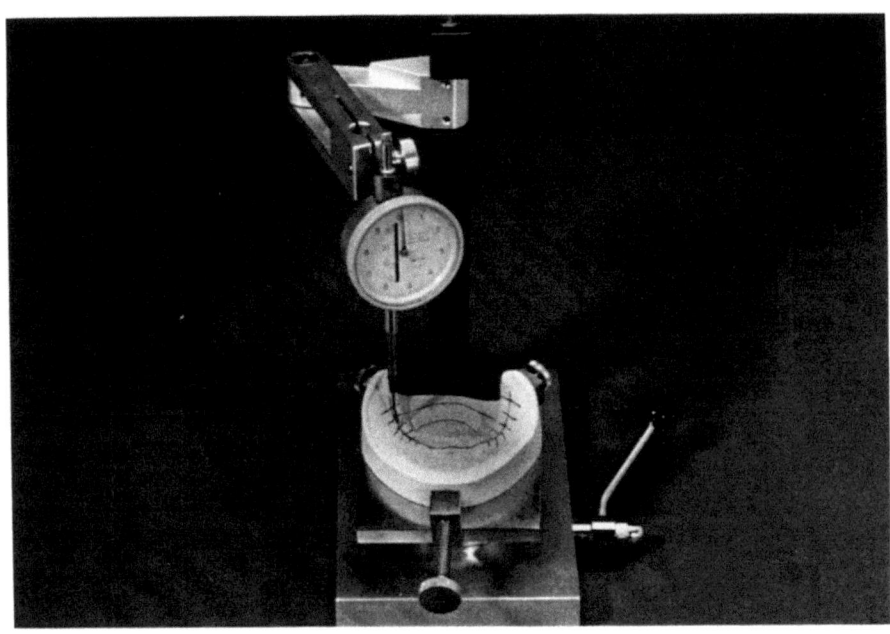

Abb. 3. Meßmethode an den Modellen

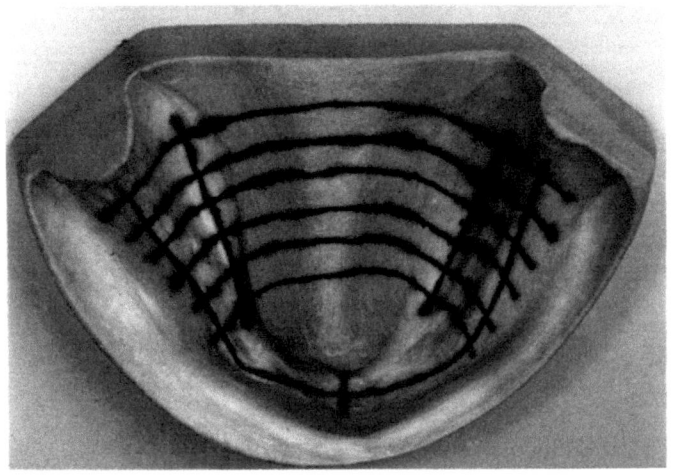

Abb. 4. Modell mit eingezeichneten Meßpunkten

Operation nahm der Prothetiker Funktionsabdrücke. Die Operation wurde zusammen mit einer Vestibulumplastik ausgeführt. Nach 6 Wochen wurden vom gleichen Prothetiker wieder Funktionsabdrücke genommen. Der Prothetiker wußte nicht, ob die rechte oder die linke Seite nach der offenen oder nach der geschlossenen Methode operiert worden war.

Zur Auswertung der Modelle wurde ein zahnärztliches Parallelometer umgebaut. An einem beweglichen Parallelometerarm wurde ein Meßstab fixiert, mit dem in der Senkrechten die verschiedenen Tiefen des Mundbodens ausgetastet werden konnten. Um korrespondierende Messungen der verschiedenen Mundbodentiefen vornehmen zu können, wurden alle Modelle auf einem Parallelometertisch montiert, so daß der Kieferkamm parallel zur Tischfläche lag (Abb. 3). Referenzpunkte waren der vorderste mediale Punkt (Symphyse) und die zwei Punkte 5 mm vor dem retromolaren Dreieck auf dem Unterkieferkamm.

Mit dem Zirkel wurde auf dem vordersten Punkt an der Symphyse des Unterkieferkammes eingestochen, und es wurden 6 Kreise in 5 mm Abstand mit dem Zirkel geschlagen. Der erste Kreis ging durch die beiden Meßpunkte 5 mm vor dem retromolaren Dreieck (Meßpunkt 6).

Die weiteren 5 Kreise wurden abnehmend in jeweils 5 mm Abstand geschlagen (Meßpunkt 5, 4, 3, 2, 1). Als Meßpunkte dienten die Kreispunkte auf dem Kieferkamm und in der Tiefe des Mundbodens (Abb. 4).

Ergebnisse

Der Vergleich der prä- und postoperativen Modelle zeigte die Vertiefung des Mundbodens. Nachdem 18 Patienten operiert worden waren, zeigte eine Zwischenuntersuchung, daß die Resultate aus der Sicht des Prothetikers nach der offenen Methode immer besser waren als nach der geschlossenen Methode. Deshalb wurde die Studie, nachdem 10 Frauen und 8 Männer im Alter von 45 bis 80 Jahren operiert worden waren, abgebrochen. Der Vergleich der prä- und postoperativen Meßpunkte zeigte, daß mit der geschlossenen Methode eine durchschnittliche Absenkung des Mundbodens von 32% der ursprünglichen Mundbodentiefe erreicht worden war. An jedem Meßpunkt konnte eine Vertiefung von durchschnittlich 1,4 mm erreicht werden.

Mit der offenen Methode wurde an jedem Meßpunkt eine durchschnittliche Vertiefung von 3,7 mm erreicht, was einer Vertiefung um 77%, bezogen auf die Ausgangslage des Mundbodens, entsprach. Die offene Methode zeigte bei allen Patienten sowohl absolut als proportional eine bessere Absenkung des Mundbodens. Alle 18 Patienten konnten nicht entscheiden, ob auf der rechten oder auf der linken Seite die postoperativen Beschwerden stärker waren. 17 der 18 Patienten würden sich bei gleicher Ausgangslage einer solchen Operation wieder unterziehen, 1 Patient konnte sich nicht entscheiden.

13 Patienten konnten 3 Jahre später noch einmal nachuntersucht werden. Es zeigte sich, daß die nach der Brown-Methode operierten Patienten im anterioren Bereich einen höherliegenden Mundboden hatten als vor der

Operation, was wir mit der in der Zwischenzeit durch die Operation bedingten Resorption des Alveolarfortsatzes erklärten. Auch nach der Trauner-Methode war ein Teilrezidiv aufgetreten, aber immer noch war die Vertiefung des Mundbodens in allen Meßpunkten mehr als doppelt so groß wie nach der Brown-Methode. Sensibilitätsstörungen der Zunge und des Mundbodens wurden weder nach der offenen noch nach der geschlossenen Methode gefunden (Abb. 5).

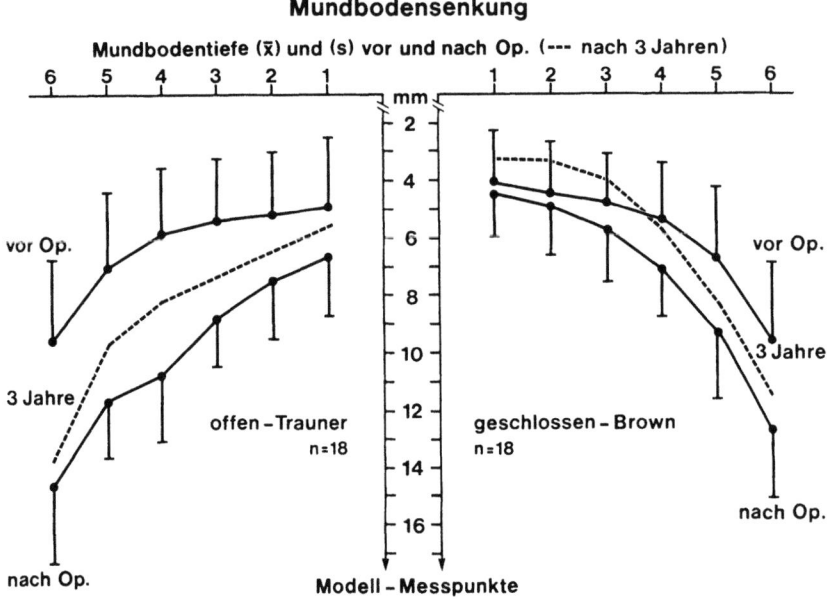

Abb. 5. Resultate der Modellmessungen

Schlußfolgerung

Die durchschnittliche Vertiefung des Mundbodens ist nach der offenen Trauner-Methode mehr als doppelt so groß wie nach der geschlossenen Brown-Methode. Krankheitsgefühl, postoperative Schmerzen und Beschwerden, Nebenwirkungen und Komplikationen sind bei beiden Methoden gleich. Sensibilitätsstörungen im Ausbreitungsgebiet des Nervus lingualis treten nicht auf. Die offene Mundbodensenkung nach Trauner ist der geschlossenen Mundbodensenkung nach Brown überlegen und stellt, da sie gegenüber der Brownschen Methode keine Nachteile hat, das Standardverfahren für die Mundbodensenkung dar.

Literatur

Brown LJ (1953) A surgical solution of a lower denture problem. Br Dent J 95 : 215
Brusati R, Stoelinga PJW (1984) Deepening of the floor of the mouth. In: Proceeding consensus conference: The roles of vestibuloplasty and ridge augmentation in the management of the atrophic mandible. Quintessenz, Chicago, p 55

Caldwell JB (1955) Lingual ridge extension. J Oral Surg 13:287

Downton D (1953) Mylohyoid resection. Dent Rec 74:212

Frenkel G (1982) Präprothetische Eingriffe aus heutiger Sicht. Dtsch Zahnärztl Z 37:36

Gillies RJ (1956) A surgical aid to a prosthetic problem. Aust Dent J 1:329

Gröschel K (1965) Vereinfachte Mundbodenplastik. Fortschr Kiefer-Gesichtschir 10:29

Hull M (1977) Life-threatening swelling after mandibular vestibuloplasty. J Oral Surg 35:511

de Koomen HA, Tiedemann H, Stoelinga PJW, Huybers AJM, Hendriks FHJ (1982) Indikation, Technik und Ergebnisse der Unterkiefervestibulumplastik und Mundbodensenkung. Dtsch Zahnärztl Z 37:509

Obwegeser H (1977) Der atrophische Kiefer aus der Sicht des Kieferchirurgen. Schweiz Mschr Zahnheilkd 87:946

Popowich L, Samit A (1983) Respiratory obstruction following vestibuloplasty and lowering of the floor of the mouth. J Oral Max Fac Surg 41:255

Trauner R (1952) Die Alveolarkammplastik im Unterkiefer auf der lingualen Seite zur Lösung der Probleme der unteren Prothese. Dtsch Zahnärztl Z 7:256

Trauner R, Eskici A, Kurnajec P (1970) Alveoloplasty with ridge extension. Br J Oral Surg 8:70

Anschrift des Verfassers: Prof. Dr. Dr. F. Härle, Abteilung Kieferchirurgie im Klinikum der Christian-Albrechts-Universität Kiel, Arnold-Heller-Straße 16, D-2300 Kiel, Bundesrepublik Deutschland.

Das freie Schleimhauttransplantat in der präprothetischen Chirurgie

Th. Kreusch und J.-Th. Lambrecht

Abteilung Kieferchirurgie (Direktor: Prof. Dr. Dr. F. Härle) im Klinikum der Christian-Albrechts-Universität, Kiel, Bundesrepublik Deutschland

Mit 8 Abbildungen

Zusammenfassung

Bei insgesamt 55 Patienten wurde eine Vestibulumplastik mit einem freien Schleimhauttransplantat durchgeführt. Dieses Transplantat bietet als Vorteile die gleiche Farbe und Beschaffenheit der normalen Mundschleimhaut. Bei exakter Präparation des Transplantates sowie sorgfältiger Vorbereitung des Transplantatlagers konnten die von anderen Autoren beschriebenen ödematösen Transplantate nur in seltenen Fällen gefunden werden. In allen Fällen reichte die entnommene Transplantatmenge aus, die vorhandenen Wundflächen zu decken. Sensibilitätsstörungen nach dem operativen Eingriff wurden nur in wenigen Fällen beobachtet.

Diese Methode kann als gutes Verfahren empfohlen werden, um ein ästhetisch und funktionell gutes Ergebnis bei der Vestibulumplastik zu erzielen.

Summary

Free Mucosal Grafts in Preprosthetic Surgery. 55 patients underwent vestibuloplasty with free mucosal grafts, which offer the advantage of matching normal oral mucosa in their colour and texture. Meticulous dissection of the graft and careful preparation of the recipient bed helped to confine edematous graft swelling, which was reported by others, to exceptional cases. The size of the grafts raised adequately matched the size of the defects in all cases. Postoperative loss of sensitivity was rare.

Free mucosal grafting is recommended as a useful procedure for obtaining cosmetically and functionally satisfactory vestibuloplasty results.

Schlüsselwörter: Vestibulumplastik, Schleimhauttransplantat.

Key words: Vestibuloplasty, mucosal grafts.

Einleitung

Wird bei einer offenen Vestibulumplastik die Wundfläche der freien Epithelisation überlassen, so sieht man bis zu 90% Verlust an operativ geschaffener Vestibulumtiefe. Wird dagegen als Bedeckung ein Hauttrans-

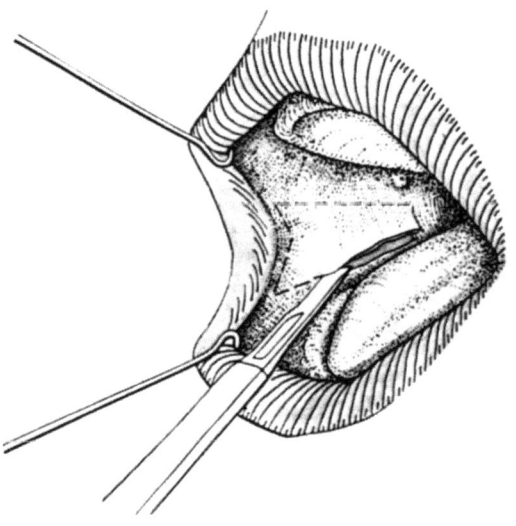

Abb. 1. Die Schleimhautentnahmestelle aus der Innenwange

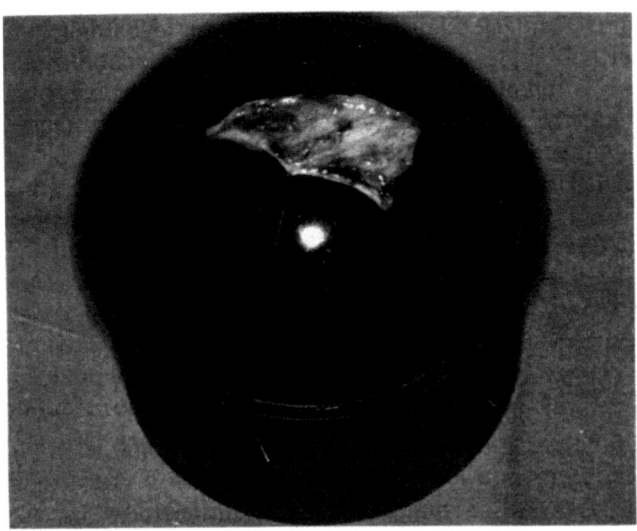

Abb. 2. Aufgespanntes Transplantat auf der Schuchardt-Kugel

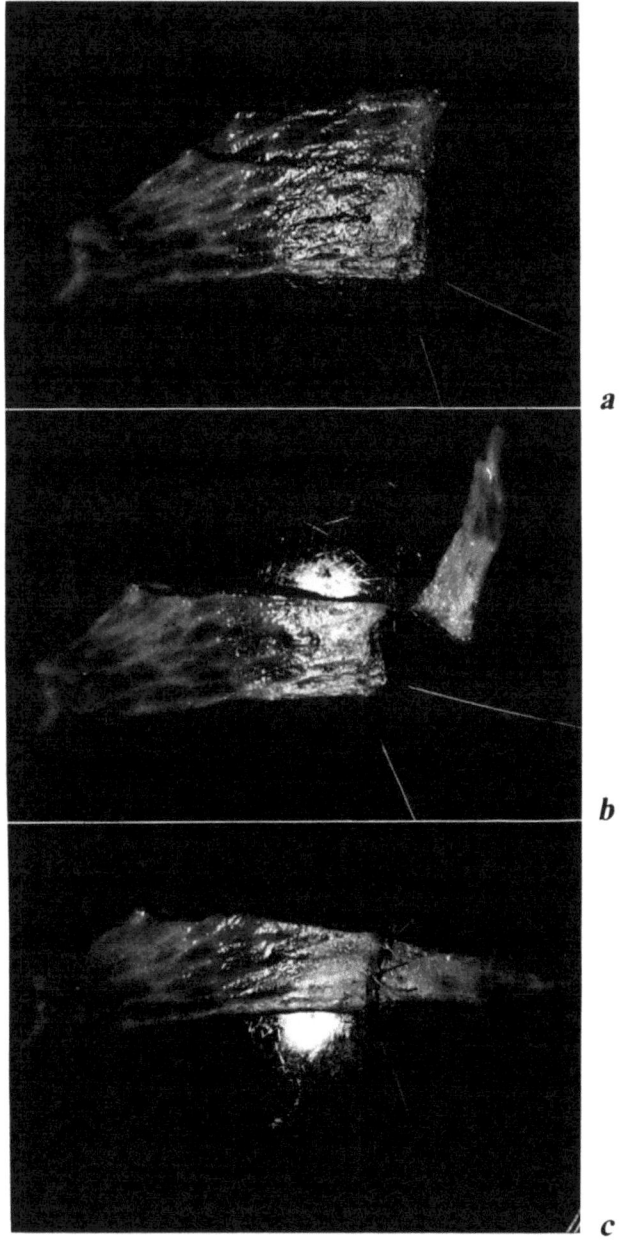

Abb. 3a bis **c.** Dreiecks-Plastik zum Verlängern des dünn präparierten Schleimhaut-transplantates

plantat verwendet, sieht man nur eine minimale postoperative Schrumpfung. Die erste freie Hautverpflanzung in die Mundhöhle wurde von Schnitzler und Ewald (1894) beschrieben. In der Folgezeit wurden von Moskowicz (1915) und Esser (1917) die Operationsmethoden verfeinert, Weiterentwicklungen sind Schuchardt (1952) zu verdanken. Erstmals beschrieb Propper (1964), später auch Matras (1964) die Verwendung von freien Schleimhauttransplantaten als Wundbedeckung bei Vestibulumplastiken.

Spalthauttransplantate dagegen stören oft durch die helle Farbe im Gegensatz zur rosigen Mundschleimhaut, verruköse Hyperkeratosen und vermehrte Soor-Besiedlungen wurden beschrieben.

Material und Methode

Zwischen 1984 und 1986 wurde in unserer Abteilung bei 55 Patienten eine Vestibulumplastik mit einem freien Schleimhauttransplantat durchgeführt.

Aus der Innenwange rechts und links wurde jeweils ein dreieckiges Transplantat entnommen (Abb. 1).

Die Entnahmestelle wurde nach Mobilisation der Wundränder primär verschlossen.

Das Transplantat wurde dann auf der Schuchardt-Kugel aufgespannt und mit Pinzette und Präparierschere ausgedünnt (Abb. 2).

Hierbei wurden sorgfältig Fett und submuköses Bindegewebe entfernt.

Da mehr Transplantatbreite als nötig vorhanden war, wurde das Transplantat mit einer Dreiecksplastik verlängert (Abb. 3).

Diese Transplantatlänge war wichtig, da wir die Vestibulumplastik im Regelfall bis in den Molarenbereich rechts und links ausdehnten, um neben den Retentionsflächen im vorderen Vestibulum auch eine ausreichende horizontale Auflagefläche im Molarenbereich zu erhalten.

Bei allen Patienten wurde gleichzeitig eine offene Mundbodensenkung nach Trauner (1952) durchgeführt.

Die Transplantate wurden mit feinen Vicrylfäden sorgfältig eingenäht, anschließend wurde eine vorbereitete Verbandplatte eingebunden (Abb. 4).

Nach 4 Tagen entfernten wir die Verbandplatte, wir sahen fibrinbelegte Transplantatoberflächen, die sich im Laufe der nächsten 14 Tage von selbst reinigten. Bei allen Patienten wurde 14 Tage nach dem operativen Eingriff eine prothetische Versorgung durchgeführt.

Ergebnisse

Ein halbes Jahr nach dem operativen Eingriff war die Mundöffnung bei allen Patienten wieder normal. Die von Huybers et al. (1985) beschriebenen Sensibilitätsstörungen im Bereich des Nervus mentalis konnte bei unseren Patienten nicht gefunden werden. Die Sensibilitätsprüfung 1 Jahr nach dem operativen Eingriff bei 55 Patienten ergab in der Mehrzahl der Fälle ungestörte Sensibilitätsverhältnisse.

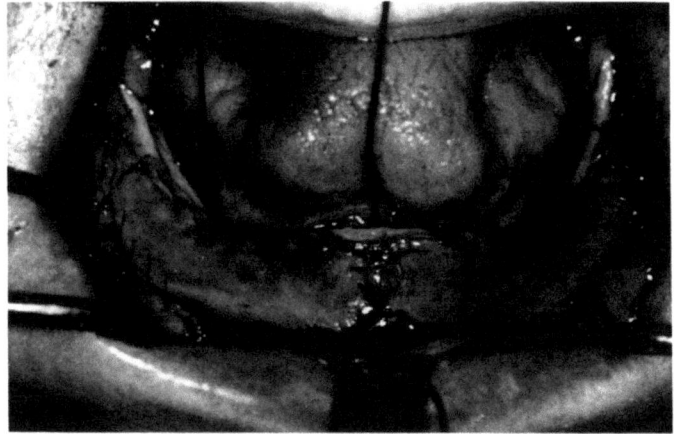

Abb. 4. Das eingenähte Schleimhauttransplantat

Tabelle 1. Sensibilitätsstörungen 1 Jahr nach Vestibulumplastik und Mundbodensenkung

Ungestörte Sensibilität	48
Hypästhesie	5
Parästhesie	2
Gesamt	55

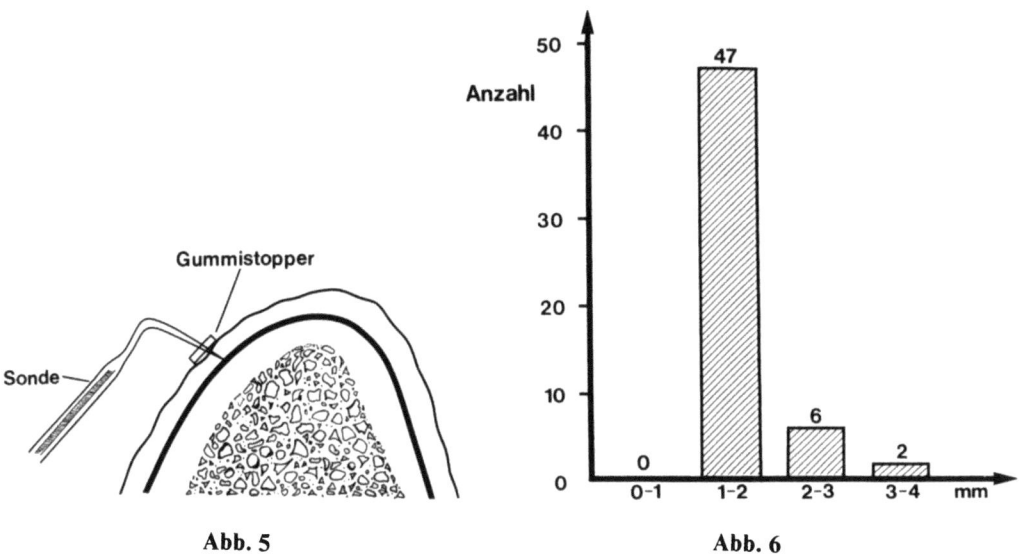

Abb. 5   Abb. 6

Abb. 5. Schematische Darstellung der Schleimhautdickenmessung
Abb. 6. Schleimhauttransplantatdicke 1 Jahr postoperativ in mm (n = 55)

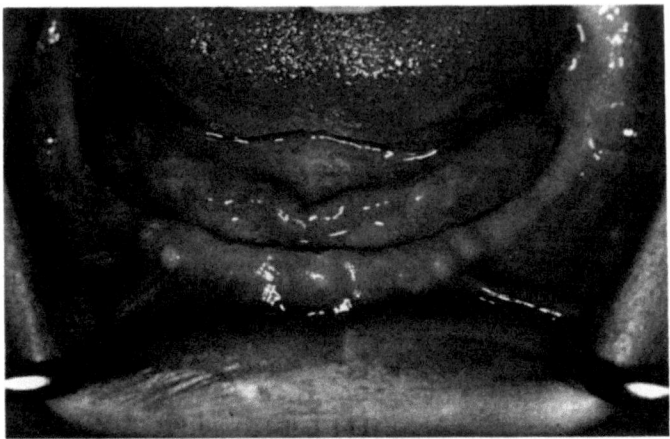

Abb. 7. Atrophierter Unterkiefer präoperativ

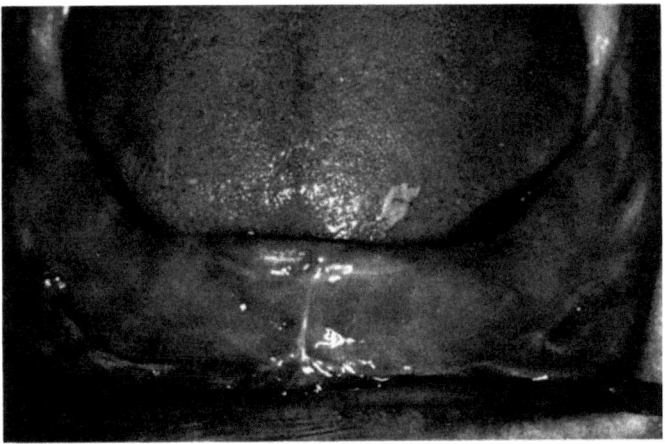

Abb. 8. Unterkiefer 1 Jahr nach Vestibulumplastik mit Schleimhauttransplantat

Zur Untersuchung der Transplantate auf Eignung als Prothesenauflagefläche führten wir eine Dickenmessung mit Sonde und Gummischeibchen durch (Abb. 5).

Die Mehrzahl der Transplantate zeigte eine Dicke zwischen 1 und 2 mm (siehe Abb. 6).

Die von Huybers et al. (1985) beschriebenen ödematösen Transplantate sahen wir nur in 2 Fällen.

Wir empfehlen das freie Schleimhauttransplantat als gute Methode, um ein ästhetisch und funktionell gutes Ergebnis bei der Vestibulumplastik zu erzielen (Abb. 7 und 8).

Literatur

Esser JFS (1917) Studies in plastic surgery of the face. Ann Surg 65 : 297

Huybers T, Stoelinga P, de Koomen H, Tidemann H (1985) Mandibular vestibulo-plasty using a free mucosal graft. Int J Oral Surg 14 : 11 – 15

Matras H (1964) Zur Histologie des Haut-Autotransplantates in der Mundhöhle. Österr Z Stomatol 64 : 469

Moskowicz I (1915) Über die Verpflanzung Thierscher Epidermisläppchen in die Mundhöhle. Arch Klin Chir 108 : 216

Propper RH (1964) Simplified ridge extension using free mucosal grafts. J Oral Surg 22 : 469

Schnitzler R, Ewald K (1894) Zur Technik der Hauttransplantation nach Thiersch. Centralblatt Chir 21 : 148

Schuchardt K (1952) Die Epidermistransplantation bei der Vorhofplastik. DZZ 7 : 364

Trauner R (1952) Die Alveolarkammplastik im Unterkiefer auf der lingualen Seite zur Lösung des Problems der unteren Prothese. Österr Z Stomatol 49 : 419

Anschrift des Verfassers: Dr. Th. Kreusch, Abteilung Kieferchirurgie im Klinikum der Universität Kiel, Arnold-Heller-Straße 16, D-2300 Kiel 1, Bundesrepublik Deutschland.

Die retromolare Weichteiltasche als Alternative zur klassischen Mundboden- und Vestibulumplastik

J.-E. Hausamen[1], A. Roßbach[2] und H. Scheller[2]

[1]Klinik für Mund-, Kiefer- und Gesichtschirurgie
(Direktor: Prof. Dr. Dr. J.-E. Hausamen),
[2]Poliklinik für Zahnärztliche Prothetik II (Direktor: Prof. Dr. A. Roßbach)
der Medizinischen Hochschule Hannover, Bundesrepublik Deutschland

Mit 3 Abbildungen

Zusammenfassung

Die Bildung von retromolaren Weichteiltaschen zur Stabilisierung unterer Totalprothesen über retromolare Flügel bei stark atrophiertem Alveolarkamm des Unterkiefers stellt eine echte Alternative zu den herkömmlichen Techniken der relativen und absoluten Erhöhung des Kieferkammes dar. Neben der Darstellung der Prinzipien dieser Methode und der Operationstechnik wird über die Erfahrungen von 143 Patienten berichtet, bei denen der untere Zahnersatz über retromolare Weichteiltaschen stabilisiert wurde. 92 Patienten konnten systematisch nachkontrolliert werden, dabei zeigte sich in einem hohen Prozentsatz eine wesentliche Verbesserung des Prothesenhaltes nach diesem Eingriff. Auf Grund dieser Ergebnisse sollte die Indikation für die herkömmlichen Techniken überdacht werden.

Summary

Retromolar Soft Tissue Pockets as an Alternative to Conventional Oral Floor and Vestibular Extension. Retromolar soft tissue pockets to stabilize lower dentures with retromolar wings constitute a true alternative to conventional relative and absolute alveolar augmentation in patients with severely atrophic alveolar ridges. The general concept and the operative technique are discussed and the experiences in 143 patients are presented. 92 patients were available for systematic follow-up examinations, which showed stabilization by retromolar soft tissue pockets to produce significantly improved denture retention in a large percentage of cases. In light of these results, indications for conventional techniques should be reconsidered.

Schlüsselwörter: Retromolare Weichteiltasche, retromolare Prothesenflügel.

Key words: Retromolar soft tissue pockets, retromolar denture wings.

Einleitung

Bei stark atrophierten Alveolarfortsätzen ist häufig der Prothesenhalt in allen drei Dimensionen gestört, so daß es unter der Funktion zu einer unerwünschten Bewegung der Prothese kommt und die weitere Atrophie des Unterkiefers begünstigt wird. Ziel eines präprothetisch-chirurgischen Eingriffes sollte daher sein, die Voraussetzungen für eine mechanische Stabilisierung des Zahnersatzes zu schaffen. Hierfür hat sich das Anbringen von Prothesenteilen in unter sich gehende Bezirke bestens bewährt (Kemeny und Varga, 1955; Kühl und Jüde, 1982; Jüde, 1975).

Im Rahmen der traditionellen präprothetischen Chirurgie konnten dem Prothetiker Eingriffe angeboten werden, die zu einer relativen oder absoluten Erhöhung des Kieferkammes und zu einer Vergrößerung der Prothesenauflagefläche führten. Diese Verfahren ließen meist jedoch die vom Prothetiker gewünschten Stabilisierungsmöglichkeiten außer acht und erreichten lediglich eine passive Prothesenauflage auf dem vergrößerten Prothesenlager.

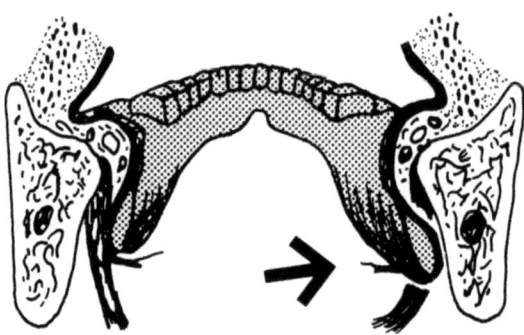

Abb. 1. Prinzip der Stabilisierung unterer Totalprothesen durch retromolare Flügel. Nach Absetzen des M. mylohyoideus und Präparation einer retromolaren Tasche rasten die Flügel in unter sich gehende Stellen des Unterkiefers ein und fixieren die Prothese in allen drei Dimensionen

Bei der Ausschau nach Alternativen zur traditionellen präprothetischen Chirurgie muß davon ausgegangen werden, daß diese den Wünschen der modernen Prothetik nur begrenzt gerecht werden. Es muß deshalb nach Methoden gesucht werden, die es dem Prothetiker erlauben, einen Zahnersatz unter Anwendung aller für den Prothesenhalt relevanten Faktoren einzugliedern. Hierzu soll eine 1981 an unserer Klinik eingeführte chirurgisch-prothetische Lösung zur Stabilisierung unterer Totalprothesen bei starker Alveolarkammatrophie vorgestellt und erste Langzeitergebnisse vorgelegt werden.

Das Prinzip besteht in der chirurgischen Bildung von retromolaren Weichteiltaschen und Stabilisierung der unteren Totalprothese über retromolare Flügel. Bei dieser Technik tritt eine Fixierung der Prothese durch Einrasten von Prothesenanteilen in unter sich gehende Bereiche hinzu. Bei dem nach dorsal divergierenden Unterkiefer lassen sich an der Unterkieferprothese retromolare Flügel starr anbringen. Durch die retromolaren Flügel wird die Unterkieferprothese in Folge der erreichten sagittalen und transversalen Versteifung bei allen Funktionen gegen Luxation gesichert und in allen drei Dimensionen mit Ausnahme der sagittal-dorsalen Richtung stabilisiert, entsprechend kann sie auch nur von kranial-dorsal in den retromolaren Raum eingeführt werden (Abb. 1).

Operatives Vorgehen

Das operative Vorgehen ist recht einfach. In Intubationsnarkose oder in Lokalanästhesie wird die Schleimhaut des Mundbodens möglichst nahe am Alveolarfortsatz über der distalen Hälfte des Unterkieferkörpers abgetrennt und der M. mylohyoideus stumpf dargestellt. Nach Unterfahrung des Muskels mit einer Schere, wird er möglichst nahe an seiner Ansatzleiste entsprechend einer typischen Mundbodenabsenkung nach Trauner im distalen Drittel abgesetzt. Besondere Sorgfalt ist darauf zu legen, daß das Periost intakt bleibt, eher soll ein schmales Muskelpolster über der scharfen Knochenleiste erhalten bleiben, wodurch die sekundäre Granulation gefördert und gleichzeitig ein für den Zahnersatz günstiges Weichteilpolster über der Crista mylohyoidea geschaffen wird. Nie sollte die Crista mylohyoidea abgetragen werden, auch wenn sie sehr scharfkantig ausgebildet ist. Anschließend wird stumpf eine Weichteiltasche lingual entlang dem Unterkieferknochen in dorso-kaudaler Richtung, also in Richtung auf den inneren Kieferwinkel, präpariert. Auch hier erfolgt die Präparation stumpf und rein epiperiostal. Der N. lingualis bleibt bei dieser Präparation lingual der Weichteiltasche und kann in jedem Fall sicher geschont werden (Abb. 2 und 3).

Die Größe der Tasche sollte wegen der unvermeidlichen Narbenschrumpfung deutlich überkorrigiert werden. Letztlich wird eine Weichteiltasche von der Größe eines Zehnpfennigstückes angestrebt, intra operationem muß sie jedoch wesentlich größer dimensioniert werden.

Die linguale Schleimhaut sollte entsprechend der Traunerschen Technik mit durchgreifenden, extraoral über einen Tupfer geknüpften Fäden nach kaudal genäht werden. Die linguale Wundfläche des Unterkiefers wird der freien Granulation überlassen.

An der vorhandenen Unterkieferprothese müssen intra operationem mit Kerrmasse die retromolaren Flügel in der gewünschten Größe angebracht werden, erfahrungsgemäß sollen diese Kerrflügel eine Wandstärke von mindestens 3 bis 4 mm haben und abgerundet sein, um primäre Druckstellen zu vermeiden.

Das Einsetzen der ergänzten Prothese erfolgt von dorsal nach ventral, um ein Verformen oder Abbrechen der Kerrflügel zu verhindern. Bewährt hat sich das Einbringen der Prothese mit noch weichen Kerrflügeln, die nach Einbringen der Prothese leicht, jedoch drucklos an den Unterkieferknochen adaptiert werden. Abschließend wird die Prothese in typischer Weise durch eine perimandibuläre Drahtumschlingung fixiert.

7 Tage postoperativ können die eingebundene Prothese entfernt und die Kerrflügel in Kunststoff umgesetzt werden. Diese ergänzte provisorische Prothese wird bis zur vollständigen Granulation und Epithelisierung der

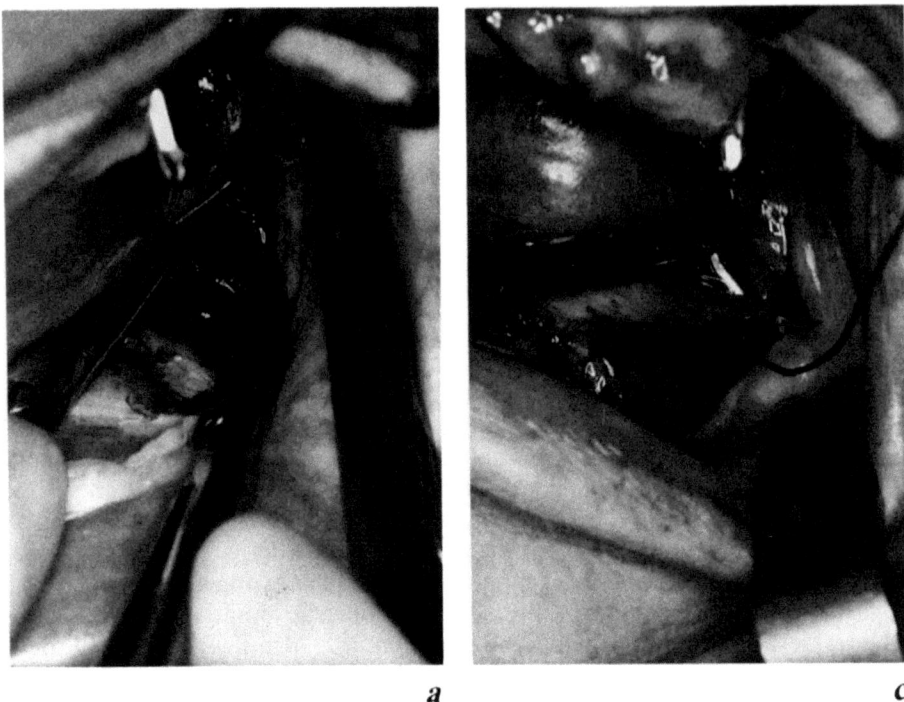

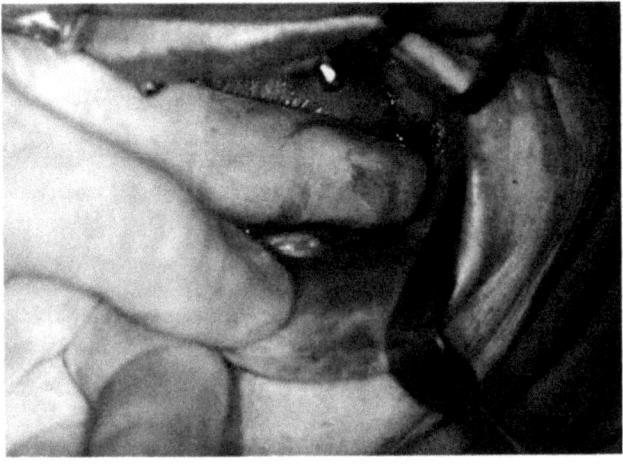

Abb. 2a. Präparation der retromolaren Tasche. Der M. mylohyoideus wird im distalen Drittel dargestellt und an seiner Ansatzleiste abgesetzt

Abb. 2b. Stumpfe Präparation der Tasche in Richtung auf den inneren Kieferwinkel

Abb. 2c. Die linguale Schleimhaut wird über nach submandibulär geführte Fäden in typischer Weise nach Trauner nach kaudal genäht

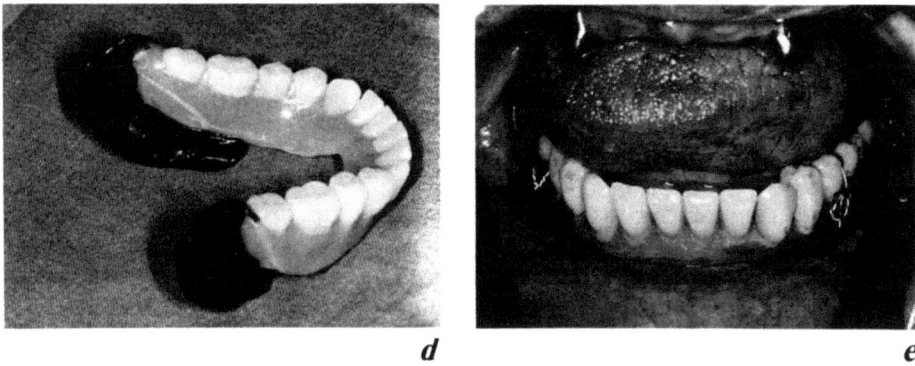

d   *e*

Abb. 2d. Ergänzung der Prothese durch Anbringen der retromolaren Flügel mit Kerr-Masse

Abb. 2e. Einsetzen der Prothese und Fixierung durch perimandibuläre Drahtumschlingung

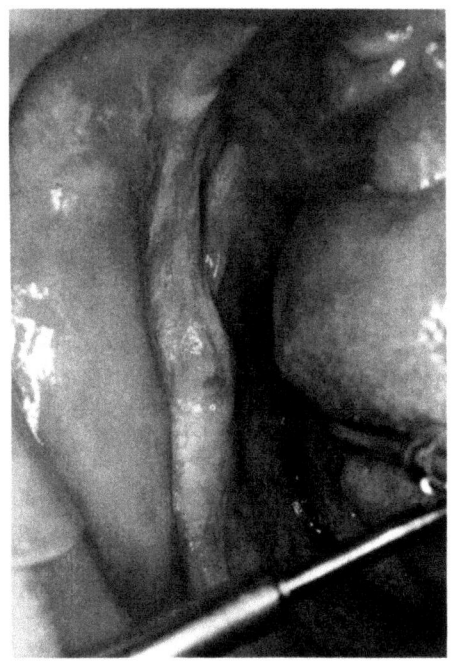

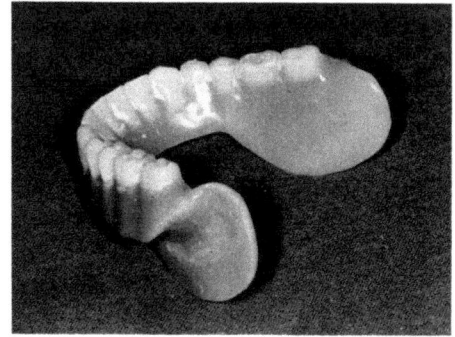

a   *b*

Abb. 3a. Nach Abheilen der Operationswunden entsteht eine tiefe retromolare, lingual des Unterkiefers gelegene Tasche

Abb. 3b. Definitive Prothese mit den ausladenden retromolaren Flügeln

Wundflächen getragen. Kontrollen werden durch den Prothetiker in wöchentlichen Abständen durchgeführt, da die Narbenschrumpfung durch Form und Politur der Prothesenflügel beeinflußt wird. Der endgültige Zahnersatz kann in der Regel nach 8 Wochen eingegliedert werden.

Eigene Untersuchungen

Im Zeitraum von 1983 bis März 1987 wurden an der Zahn-, Mund- und Kieferklinik der Medizinischen Hochschule Hannover insgesamt 143 Patienten mit retromolaren Weichteiltaschen versorgt. Hiervon erfolgte bei 92 Patienten die prothetische Versorgung in unserem Hause, alle diese Patienten konnten einer regelmäßigen Verlaufskontrolle und Nachuntersuchung unterzogen werden.

Die Kontrollen erfolgten in regelmäßigen Abständen von 3 Monaten, dabei wurde die Lagestabilität der unteren Totalprothese nach dem üblichen Vorgehen überprüft und die subjektive Bewertung durch die Patienten erfaßt. Zusätzlich zum klinischen Befund wurde mit Einverständnis aller Patienten eine Dokumentation mittels eines Fernröntgenbildes und eines Orthopantomogramms mit inkorporierten Prothesen angefertigt, zur Verdeutlichung der Kaudalverlagerung des dorsalen Prothesenlagers wurde bei den alten und neuen Prothesen im retromolaren Bereich am lingualen, dorso-kaudalen Prothesenrand ein feiner Draht angebracht. Die Röntgenaufnahmen wurden präoperativ, einige Wochen postoperativ und 2 Jahre postoperativ angefertigt, um eventuell Narbenschrumpfungen der Taschen zu erfassen.

In 80% des nachuntersuchten Krankengutes waren die Patienten seit 10 und mehr Jahren Prothesenträger, zum Zeitpunkt der Operation wurde von den Patienten der Prothesenhalt im Unterkiefer in 96% aller Fälle als schlecht bezeichnet, und in 4% wiesen sie einen mäßigen Halt auf.

Ergebnisse

Nach dem operativen Eingriff und definitiver prothetischer Versorgung konnte der Halt bei den 92 in unserem Hause angefertigten Unterkieferprothesen in 87% (80 Patienten) als gut bis sehr gut bezeichnet werden. Bei 13% (12 Patienten) war der Halt zufriedenstellend. Bei der Befragung der Patienten zeigte sich, daß die subjektive Beurteilung der Patienten weitgehend mit dem objektiven Untersuchungsbefund übereinstimmte und nur in wenigen Fällen durch nicht einwandfreie Gestaltung der Prothesenränder rezidivierende Druckulzerationen auftraten, die nach Korrektur der Flügel beseitigt werden konnten.

29 Prothesen mußten im retromolaren Bereich nach 3 Monaten unterfüttert werden. Bei 9 dieser Patienten war eine nochmalige Unterfütterung nach 6 Monaten notwendig. Nachfolgend wurde keine Korrektur an den Prothesen mehr durchgeführt. Die Unterfütterung war erforderlich geworden, da die Prothesenflügel der lateralen Begrenzung der Weichteiltasche, also dem Unterkiefer, nicht mehr anlagen, so daß die Stabilisierung in transversaler Richtung nachließ.

Selbstverständlich traten auch bei diesem präprothetisch-chirurgischen Eingriff Komplikationen auf. Bei einem Patienten entwickelte sich ein Reizfibrom über der granulierenden Wundfläche des Unterkiefers, die durch den nicht exakt adaptierten Prothesenflügel und die damit verursachte Protheseninstabilität unter der Funktion verursacht war. Nach Abtragung des Reizfibroms und Korrektur des Prothesenflügels heilte die Wundfläche komplikationslos ab. Bei einem weiteren Patienten verursachte der Prothesenflügel eine Reizung des N. lingualis, neuralgiforme Beschwerden waren die Folge. In diesem Fall war der Prothesenflügel nicht ausreichend abgerundet und dem Unterkiefer adaptiert, sondern mit einer falschen Verlaufsrichtung nach medial auf den N. lingualis gerichtet. Nach Korrektur des Prothesenflügels waren die Beschwerden beseitigt. Bei 2 Patienten kam es zu einer Läsion des Periostes und zu einer verzögerten Granulation, bei diesen Patienten war der Prothesenflügel zu fest an den Unterkiefer adaptiert und hatte permanent über dem Periost gescheuert und zu einer Drucknekrose geführt. Nach entsprechender druckloser Gestaltung des Prothesenflügels kam es auch in diesen beiden Fällen zu einer Granulation und Epithelisierung der Wundflächen. In keinem der Fälle kam es zu einer Läsion des N. lingualis.

Bei der röntgenologischen Überprüfung der Taschentiefe im Rahmen der Nachuntersuchung konnten wir feststellen, daß lediglich in den ersten postoperativen Wochen eine Narbenschrumpfung eintrat, und wir konnten durch primäre Überextention eine permanente Taschentiefe von etwa 1 cm bei einer Länge von 2 cm in allen Fällen erhalten. Nach Eingliederung der endgültigen Prothese traten keine weiteren Schrumpfungen mehr ein, bei allen über 2 Jahre postoperativ nachuntersuchten Patienten waren die Taschen konstant, und röntgenologisch konnten wir keine Resorption des Alveolarknochens im retromolaren Bereich nachweisen.

Diskussion

Wenn wir nach Alternativen zu den klassischen Methoden der präprothetischen Chirurgie suchen, so müssen wir berücksichtigen, daß sich auch die zahnärztliche Prothetik wie die Mund-, Kiefer- und Gesichtschirurgie in den letzten Jahren entscheidend weiterentwickelt hat. Dieser Entwicklung muß die präprothetische Chirurgie Rechnung tragen, indem nicht nach weiteren aufwendigen Möglichkeiten zur Erhöhung des Kieferkammes und Vergrößerung der Prothesenbasis Ausschau gehalten wird. Der Chirurg ist gefordert, möglichst einfache Eingriffe zu entwickeln, die es dem Prothetiker erlauben, den Zahnersatz unter den für ihn relevanten Kriterien einzugliedern und die mit möglichst wenig Folgeproblemen, wie fortschreitende Knochenresorption, operationsbedingte Empfindlichkeit des Prothesenlagers, rezidivierende Druckstellen, Sensibilitätsstörungen, Mißempfindungen und die Notwendigkeit zu häufigen Unterfütterungen behaftet sind.

Unter diesem Gesichtspunkt haben wir nach den Überlegungen von Roßbach die Stabilisierung unterer Totalprothesen über retromolare Weichteiltaschen und retromolare Prothesenflügel entwickelt. Dieser einfache

Eingriff, der aus chirurgischer Sicht keine echte Neuerung darstellt, bedeutet unserer Meinung nach eine echte Alternative zu den herkömmlichen verschiedensten, meist aufwendigen Eingriffen der relativen und absoluten Kieferkammerhöhung. Den wesentlichen Vorteil sehen wir in dem prothetischen Kunstgriff der retromolaren Flügel, die eine zusätzliche Prothesenstabilisierung in allen 3 Dimensionen erlauben und in einem hohen Prozentsatz zu einer ganz wesentlichen objektiven und subjektiven Verbesserung des Prothesenhaltes führen. Operationsbedingte Komplikationen und Folgeerscheinungen sind bei diesem Vorgehen nicht zu erwarten, da das tragfähige Prothesenlager durch den operativen Eingriff nicht erfaßt wird und die Stabilisierung der unteren Totalprothesen auch bei stark atrophierten Alveolarfortsätzen durch die unter sich gehenden Innenflächen des Unterkiefers im Bereich der Weichteiltaschen gewährleistet wird. Die vom Prothetiker als wünschenswert angesehene Saughaftung des Zahnersatzes wird im Bereich der Ventilränder nicht durch Narbengewebe behindert. Weiter ist nach unseren bisherigen Erfahrungen mit einer fortschreitenden Atrophie des Unterkiefers nicht mehr zu rechnen (Roßbach und Hausamen, 1982).

Auf Grund der engen interdisziplinären Zusammenarbeit auch bei der Lösung von schwierigen prothetischen Problemen beim Unterkieferzahnersatz und der operativen Verbesserung des Prothesenlagers nach den Belangen des Prothetikers, hat sich in unserer Klinik unser präprothetisch-chirurgisches Krankengut grundsätzlich gewandelt. Wenn wir vor einigen Jahren im Unterkiefer noch das gesamte Spektrum der relativen und absoluten Kieferkammerhöhung angeboten haben, so werden alle diese Eingriffe bei uns heute kaum noch vorgenommen nur noch gelegentlich stellen wir bei lappigen Fibromen oder einem Schlotterkamm die Indikation für eine Vestibulumplastik.

Im Unterkiefer führen wir heute praktisch nur noch zwei Eingriffe als präprothetisch-chirurgische Maßnahmen durch. Bei allen Patienten, bei denen das Prothesenlager intakt und lediglich der Kieferkamm hochgradig resorbiert ist, gelingt eine Stabilisierung der Prothese über retromolare Taschen. Eine Indikation für diesen Eingriff sehen wir für alle Fälle, bei denen das Foramen mentale noch lateral und nicht auf dem Unterkiefer liegt sowie keine rezidivierenden Druckstellen im Bereich der Unterkieferfront bestehen. Letzteres ist in der Regel dann der Fall, wenn die bewegliche vestibuläre Schleimhaut ohne attached gingiva direkt in den Mundboden übergeht. Bei dieser Patientengruppe sehen wir keine Indikation mehr für einen präprothetisch-chirurgischen Eingriff im herkömmlichen Sinne, auch nicht für die absolute Kieferkammerhöhung. In solchen Fällen wählen wir zur prothetischen Versorgung den Weg über Implantate und einen festsitzenden Zahnersatz.

An Hand unserer eigenen Erfahrungen und der jetzt vorgelegten Nachuntersuchung unserer seit 1983 nach diesem Indikationsspektrum versorgten Patienten sind wir sicher, daß wir auf dem richtigen Weg sind. In der Mundbodenabsenkung im retromolaren Bereich sehen wir eine echte Alternative zu den herkömmlichen Operationsmethoden, da sie operationstechnisch sehr einfach ist und in einem hohen Prozentsatz zu einer guten Stabilisierung des unteren Zahnersatzes führt sowie nicht mit nachfolgenden Problemen für den Prothetiker behaftet ist. Insbesondere erwarten wir auch nach einem längeren Zeitablauf, daß die Stabilität der unteren Totalprothesen gewährleistet bleibt, da im Bereich des operativ geschaffenen Prothesenlagers nicht mit einer fortschreitenden Knochenresorption und einer Narbenschrumpfung zu rechnen ist.

Literatur

Jüde HD (1975) Die Gestaltung retromolarer Flügel am unteren totalen Zahnersatz. Hanser, München Wien
Kemeny I, Varga I (1955) Ein Operationsverfahren zur Sicherung der Stabilität der unteren totalen Prothese. Dtsch Zahn-Mund-Kieferheilkd 23:126
Kühl W, Jüde HD (1982) Zur Basisgestaltung der totalen Prothese. Dtsch Zahnärztl Z 37:749
Roßbach A, Hausamen JE (1982) Die Stabilisierung unterer Totalprothesen bei stark atrophiertem Alveolarfortsatz über retromolare Weichteiltaschen. Dtsch Zahnärztl Z 37:757
Trauner R (1952) Die Alveolarkammplastik im Unterkiefer auf der lingualen Seite zur Lösung des Problems der unteren Prothese. Dtsch Zahnärztl Z 7:256

Anschrift des Verfassers: Prof. Dr. Dr. J.-E. Hausamen, Klinik für Mund-, Kiefer- und Gesichtschirurgie, Medizinische Hochschule Hannover, Konstanty-Gutschow-Straße 8, D-3000 Hannover 61, Bundesrepublik Deutschland.

Geschlitzte Schleimhauttransplantate in der präprothetischen Chirurgie

Th. Kreusch, R. Ewers und J.-Th. Lambrecht

Abteilung Kieferchirurgie (Direktor: Prof. Dr. Dr. F. Härle) im Klinikum der Christian-Albrechts-Universität, Kiel, Bundesrepublik Deutschland

Mit 5 Abbildungen

Zusammenfassung

Geschlitzte Schleimhauttransplantate heilen unter einer Verbandplatte mit zirka 10tägiger Verzögerung im Vergleich zu normalen Schleimhauttransplantaten reizlos ein.

Trotz einer etwas geringeren Vestibulumtiefe konnten wir nach einem Jahr ein straffes und belastbares Prothesenlager finden.

Das Verfahren des Schleimhautschlitzens bei Transplantaten kann als geeignete Methode empfohlen werden, wenn in seltenen Fällen die Transplantatgröße nicht ausreicht bzw. wenn extrem große Wundflächen zu decken sind.

Summary

Meshed Mucosal Grafts in Preprosthetic Surgery. Meshed mucosal grafts were found to heal well with a delay of about 10 days versus conventional mucosal grafts.

Although vestibular depth was somewhat lower, the denture bearing area was firm with good stress tolerance at 1 year.

It is concluded that meshed mucosal grafting is an acceptable alternative for expanding graft size in patients with extensive wound surfaces.

Schlüsselwörter: Vestibulumplastik, geschlitzte Transplantate.

Key words: Vestibuloplasty, meshed mucosal grafts.

Einleitung

Bei der offenen Vestibulumplastik hat es sich als Routinemethode bewährt, die geschaffene Wundfläche mit einem freien Schleimhauttransplantat zu decken. In der Regel reichen die beiden, aus den Innenwangen entnommenen Transplantate aus. In seltenen Fällen ist jedoch ein erhöhter Transplantatbedarf vorhanden, bzw. in manchen Fällen können aus anatomischen Gründen nur kleinere Transplantate entnommen werden. In der Literatur wurde bereits über geschlitzte Schleimhauttransplantate berichtet (Maloney et al., 1976; Shepherd et al., 1973; Shepherd et al., 1975). Wir übernahmen diesen Ansatz und führten eine Studie durch.

Material und Methode

Es wurden insgesamt 10 Patienten mit einer Unterkieferalveolarfortsatzatrophie operiert.

Nähere Daten zu den Patienten siehe Tabelle 1.

Tabelle 1. Aufschlüsselung der operierten Patienten nach Alter, Geschlecht und Unterkieferhöhe im seitlichen Fernröntgenbild

Operierte Patienten (n)	10
Alter (Jahren)	58 (43–75)
Männl.:weibl.	2:8
Unterkieferhöhe (mm)	18 (16–21)

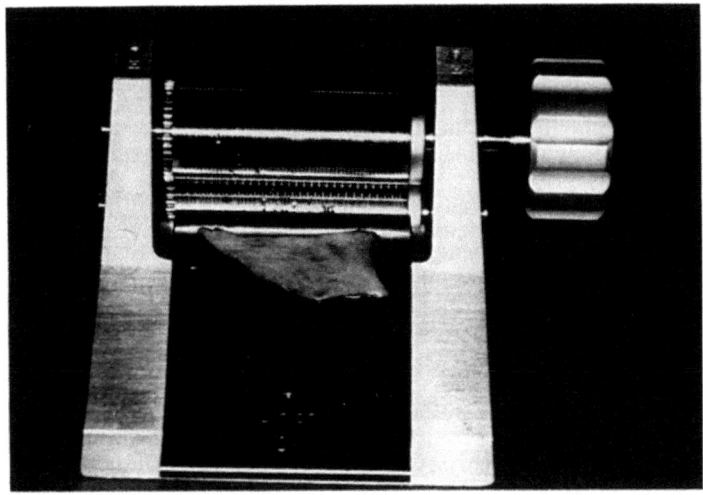

Abb. 1. Das Schleimhauttransplantat wird befeuchtet und vor dem Skin-graft-Expander positioniert

Der Eingriff wurde bei allen Patienten vom selben Operateur durchgeführt. In typischer Weise erfolgte eine Vestibulumplastik vom Molarenbereich rechts bis zum Molarenbereich der Gegenseite. Aus beiden Wangeninnenseiten wurde je ein dreieckiges Schleimhauttransplantat entnommen. Nach Präparation des Transplantates auf der Schuchardt-Kugel wurde ein Transplantat im Skin-graft-Expander der Firma Ulrich[1] geschlitzt.

---

[1] Fa. H. C. Ulrich, Medizinmechanik, Postfach 4060, D-7900 Ulm.

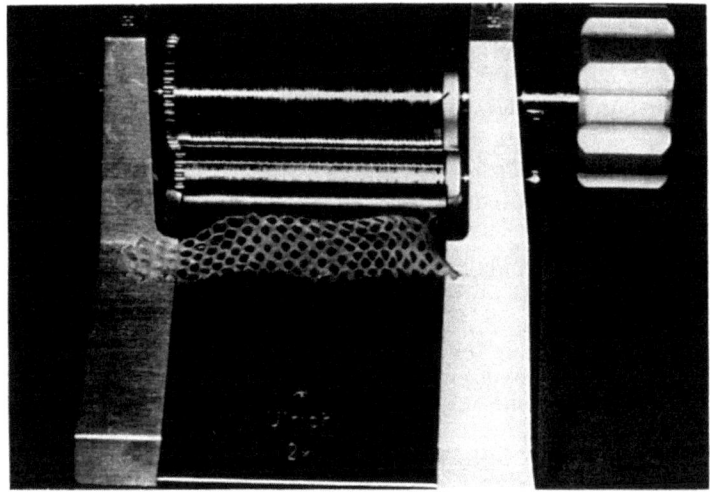

Abb. 2. Nach dem Schlitzen ist das Transplantat auf die doppelte Fläche vergrößert

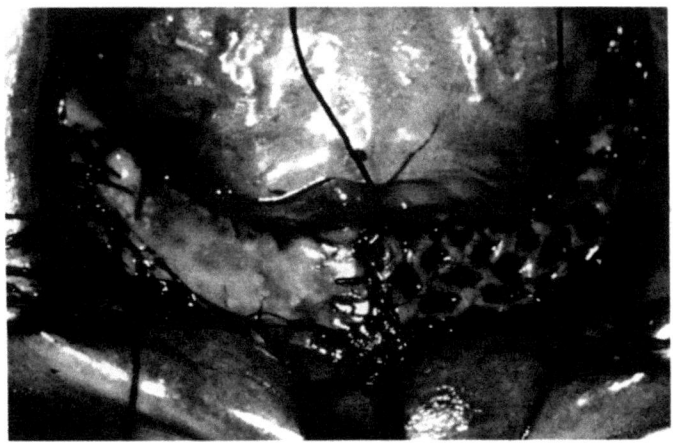

Abb. 3. Die eingenähten Transplantate. Rechts: geschlitztes Transplantat. Links: Schleimhauttransplantat

Hierdurch wurde die Fläche auf das Doppelte vergrößert (Abb. 1 und 2).

Nach zufälliger Zuordnung wurde die Wundfläche der einen Unterkieferseite mit einem dünnen Schleimhauttransplantat, die andere Seite mit einem geschlitzten Transplantat bedeckt (Abb. 3).

Die Fixierung der Transplantate erfolgte mit 5/0 Vicrylfäden, anschließend wurde eine vorbereitete Verbandplatte eingebunden. Am 4. Tag entfernten wir diese Platte und sahen eine fibrinbelegte Wundfläche, die sich im Laufe der nächsten Tage von selbst reinigte.

Auf der Seite mit dem geschlitzten Transplantat sahen wir eine um 10 Tage verzögerte Wundheilung.

Nach 14 Tagen wurde bei allen Patienten eine provisorische prothetische Versorgung durchgeführt. Bis zirka 6 Wochen nach dem operativen Eingriff sahen wir eine unebenere Schleimhautoberfläche auf der geschlitzten Seite. Im Verlaufe der nächsten Wochen nivellierte sich diese Unebenheit.

Die Befragung der Patienten, welche Seite sie zum Kauen bevorzugten, ergab die folgenden Antworten:

Tabelle 2. Befragung der Patienten nach der Operation, welche Seite zum Kauen bevorzugt wird

Geschlitzte Seite	5
Schleimhautseite	0
Keine Seite bevorzugt	5
Summe	10

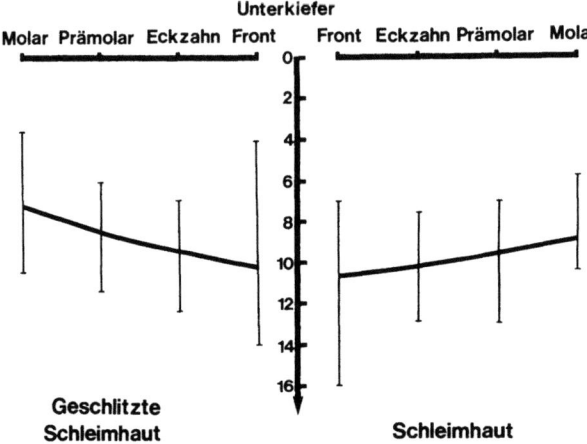

Abb. 4. Vestibulumtiefe in mm (Ordinate), gemessen an Tuschetätowierungspunkten an 4 verschiedenen Gegenden (Front, Eckzahn, Prämolar, Molar)

Kein Patient bevorzugte zum Kauen die Seite mit dem reinen Schleimhauttransplantat.

Zur Ausmessung der operativ geschaffenen Prothesenauflagefläche setzten wir Tuschemarkierungen und konnten den Abstand zum Kieferkamm messen.

Auf beiden Seiten nahm die Vestibulumtiefe vom Frontzahnbereich bis zum Molarenbereich gleichmäßig ab. Auf der Seite mit dem geschlitzten Transplantat sahen wir immer eine etwas geringere Vestibulumtiefe (Abb. 4 und 5).

Eine klinische Relevanz dieser geringeren Vestibulumtiefe konnte nicht gefunden werden. Ganz im Gegenteil, die Seite mit dem geschlitzten

Transplantat machte einen strafferen und festeren, auf der Unterlage weniger verschieblichen Eindruck.

Der weitere Verlauf der Vestibulumtiefe wird zu beobachten sein, ebenso die Gewebsstruktur der Transplantate im Verlauf der nächsten Jahre. Bisher können wir das Schlitzen von Schleimhauttransplantaten als gute Methode empfehlen, die Transplantatfläche zu vergrößern in Fällen, wo große Wundflächen zu decken sind.

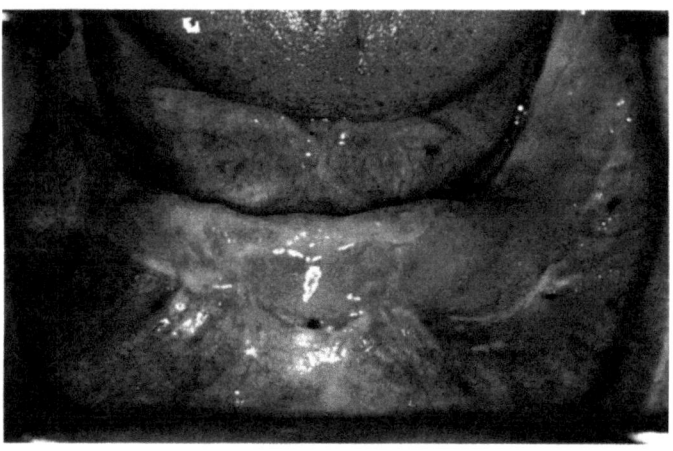

Abb. 5. Die reizlos eingeheilten Transplantate, 1 Jahr postoperativ. Links das geschlitzte, rechts das normale Schleimhauttransplantat. Die schwarzen Tuschetätowierungspunkte sind in der Vestibulumtiefe zu erkennen

Literatur

Maloney P, Garland S, Stanwich L, Shepherd N, Doku H (1976) Immediate vestibuloplasty with fenestrated and intact full-thickness mucosal grafts. Oral Surg 42 / 5 : 543 – 551

Shepherd N, Maloney P, Doku H (1973) Expanded split-thickness mucosal grafts. Oral Surg 31 : 687 – 690

Shepherd N, Maloney P, Doku H (1975) Fenestrated palatal mucosal grafts for vestibuloplasty. J Oral Surg 33 : 34 – 37

Anschrift des Verfassers: Dr. Th. Kreusch, Abteilung Kieferchirurgie im Klinikum der Christian-Albrechts-Universität Kiel, Arnold-Heller-Straße 16, D-2300 Kiel 1, Bundesrepublik Deutschland.

Langzeituntersuchung der Alveolarkammplastik mit gestieltem Schleimhautmaschennetz

R. Engleder und *G. Falkensammer*

Abteilung für Mund-, Kiefer- und Gesichtschirurgie (Vorstand: Prof. Dr. R. Fries) des Allgemeinen öffentlichen Krankenhauses der Stadt Linz

Mit 2 Abbildungen

Zusammenfassung

Die Abnahme der Vestibulumhöhe nach Oberkiefervestibulumplastiken mit gestieltem Schleimhautmaschennetz wurde an Hand metrischer Nachuntersuchungen, ermöglicht durch Tätowierungspunkte, bei 15 Patienten ermittelt. Die Operation lag 4 Jahre zurück. Der mittlere Verlust an vertikaler Höhe betrug 30,8% des Ausgangswertes.

Im Unterkiefer konnten 14 Patienten 4 Jahre lang nachuntersucht werden: Die vertikale Höhe betrug 11,45 mm im Seitenzahnbereich und 16,1 mm im Frontzahnbereich. Unter diesen Voraussetzungen betrug der mittlere Verlust des durch die Vestibulumplastik mit gestieltem Schleimhautmaschennetz gewonnenen Prothesenlagers 67,6%.

Somit ist auch mit dieser Technik bei einer Unterkieferhöhe unter 20 mm kein sicheres Ergebnis zu erzielen und anderen Operationsverfahren der Vorzug zu geben.

Summary

Vestibuloplasty Using Pedicled Mucosal Mesh Grafts – A Long-Term Follow-up Study. Controversial experiences made with different methods for covering the mucosal defects in patients undergoing maxillary and mandibular alevolar ridge plasties prompted the authors to develop a technique, which consists in meshing the local unattached mucosa.

29 patients undergoing vestibuloplasty were followed up and measurements were taken between tattoo marks and the fornix. At 4 years the mean reduction in vestibular depth was 49.2%. Reduction was significantly more pronounced in the mandible than in the maxilla (67.6% versus 30.8%). The reduction seen was mainly determined by the severity of the atrophy and its sequels. In absolute terms, vertical height was 11.46 mm and 16.1 mm in the molar and frontal regions, respectively. At a mandibular height of no more than 20 mm other surgical procedures for lowering the floor of the mouth and mandibular vestibuloplasty should be considered.

Schlüsselwörter: Alveolarkammatrophie, Vestibulumplastik mit gestieltem Schleimhautmaschennetz, Technik und Ergebnisse.

Key words: Alveolar ridge atrophy, vestibuloplasty using pedicled mucosal mesh grafts, technique and results.

Einleitung

Seit Ganzer (1916), Rumpel (1916) und Szaba (1916) die Vestibulumplastik
mit Sekundärepithelisierung einführten, wurde eine Vielzahl von Techniken
publiziert, um eine relative Erhöhung des atrophen Alveolarfortsatzes zu
erreichen. 1982 stellten wir eine von Necek inaugurierte Operationstechnik
vor, die eine einfache Rekonstruktion der Schleimhaut unter Verwendung
ortsständigen Materials sowohl im Ober- als auch im Unterkiefer ermöglicht. Im folgenden wird die Technik skizziert und die Ergebnisse einer
Langzeituntersuchung vorgestellt.

Operative Technik (Abb. 1)

Die Operation beginnt mit einem horizontalen Schleimhautschnitt am
Übergang von beweglicher zu fixierter Schleimhaut, der mukogingivalen
Grenzlinie. Die Alveolarschleimhaut wird durch Präparation mit Schere
und Skalpell über den Fornix in die Wangen- bzw. Lippenweichteile von der
Submukosa mobilisiert. Lappige Fibrome werden exzidiert, wobei soweit
als möglich die deckende Schleimhaut erhalten wird. Bei Vorliegen eines
Schlotterkammes wird auch die „Gingiva" präpariert und das hyperplasti-
sche Bindegewebe exzidiert (Schuchardt und Fröhlich, 1959).

Es erfolgt die epiperiostale Präparation des Alveolarfortsatzes in
üblicher Weise (Krüger, 1965). Der gestielte Schleimhautlappen mit einem
spitzen Skalpell, ähnlich der Mesh-graft-Technik (Tanner et al., 1964),
mehrfach in jeweils 10 mm Länge und in Abständen von 2 mm versetzt
perforiert. Je nach Bedarf an zu gewinnender Schleimhautoberfläche
werden meist drei oder vier Reihen von Inzisionen gelegt. Durch leichten
Zug läßt sich die Schleimhaut wie ein Maschennetz mit offenen Räumen
zwischen den Schleimhautstreifen bis auf das Dreifache ihrer ursprünglichen Fläche dehnen. Die beschriebene Technik wird sowohl bei Mundbo-
den- (Trauner, 1952) als auch bei Unterkiefervestibulumplastiken durchgeführt.

Die Umschlagfalte im postkaninen Bereich des Sulcus circumlingualis
und des Sulcus buccomandibularis werden sowohl lingual als auch bukkal
über 2 Polivinyldrains geführt. Die präoperativ angefertigte Verbandplatte
wird intraoperativ indirekt unterfüttert und nach dem Vernähen des freien
Randes des vestibulär gestielten Schleimhautmaschennetzes mit der in situ
belassenen Schleimhaut am Alveolarkamm mit zirkummandibulären Drähten fixiert. Diese Verbandplatte wird 8 Tage post operationem durch eine
provisorische Zahnprothese ersetzt, um das neu geschaffene Vestibulum
funktionell zu belasten. Die definitive prothetische Versorgung erfolgt
frühestens – nach mehrmaligen Prothesenrandkorrekturen – 3 Monate post
operationem beim zuweisenden Zahnarzt.

Im Oberkiefer wird diese Technik in ähnlicher Weise angewandt: Wie im
Unterkiefer wird die Verbandplatte intraoperativ unterfüttert und mit
selbstschneidenden Schrauben am harten Gaumen fixiert (Abb. 2).

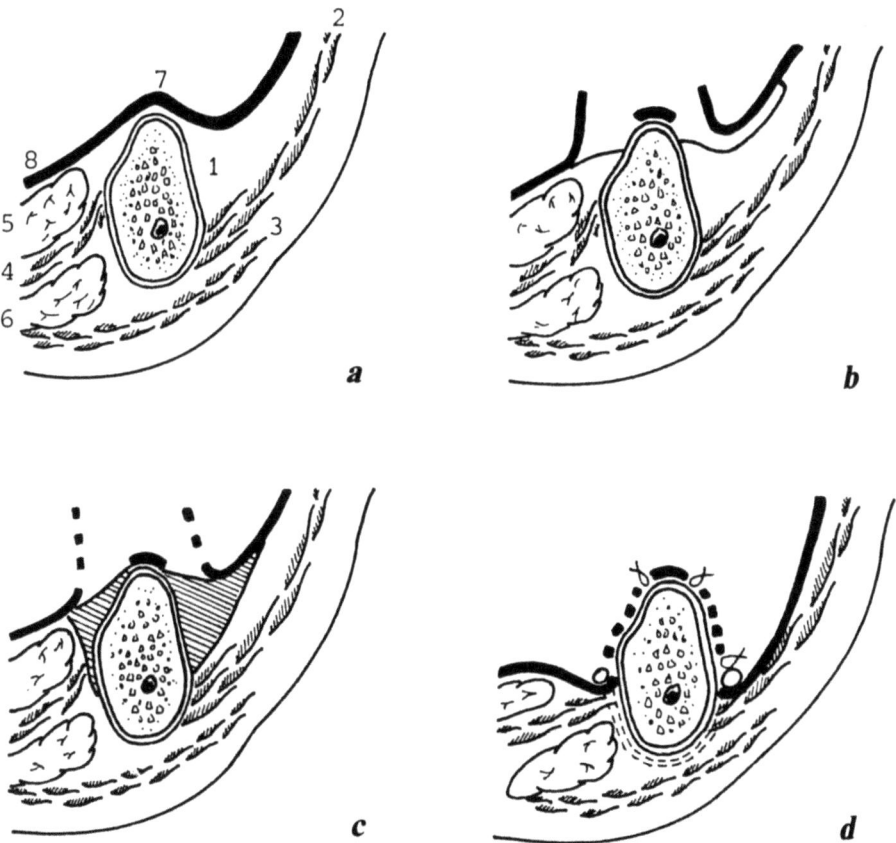

Abb. 1. Schematische Darstellung der Vestibulum- und Mundbodenplastik mit gestieltem Schleimhautmaschennetz bei Alveolarkammatrophie im Unterkiefer: **a** anatomische Situation präoperativ (1 Unterkiefer, 2 Wangenmuskulatur, 3 Platysma, 4 Mundbodenmuskulatur, 5 Glandula sublingualis, 6 Glandula submandibularis, 7 atropher Alveolarfortsatz, 8 Schleimhaut), **b** nach Mobilisierung der Wangen- und Mundbodenschleimhaut, **c** nach versetztem Perforieren der Schleimhaut, **d** am Ende der Operation vor Einsetzen der Verbandplatte

Material

Für eine Langzeituntersuchung wurde ein willkürlicher Zeitraum vom 1. 4. 1982 bis 1. 4. 1983 gewählt. An der Abteilung für Kiefer-Gesichtschirurgie des AKH-Linz wurde bei 36 Patienten eine relative Alveolarkammerhöhung mit dieser Technik in diesem einem Jahr durchgeführt. Das Durchschnittsalter betrug 54,3 Jahre. Die Relation von Männern und Frauen 1 : 3. 15 der 21 im Oberkiefer operierten Patienten, 14 von 15 der im Unterkiefer operierten konnten 4 Jahre nachuntersucht werden.

Ziel der durchgeführten Langzeituntersuchung war es, postoperative Schrumpfungen zu objektivieren und die Ergebnisse einer kritischen Bewertung zu unterziehen. Es sollte geklärt werden, ob durch eine

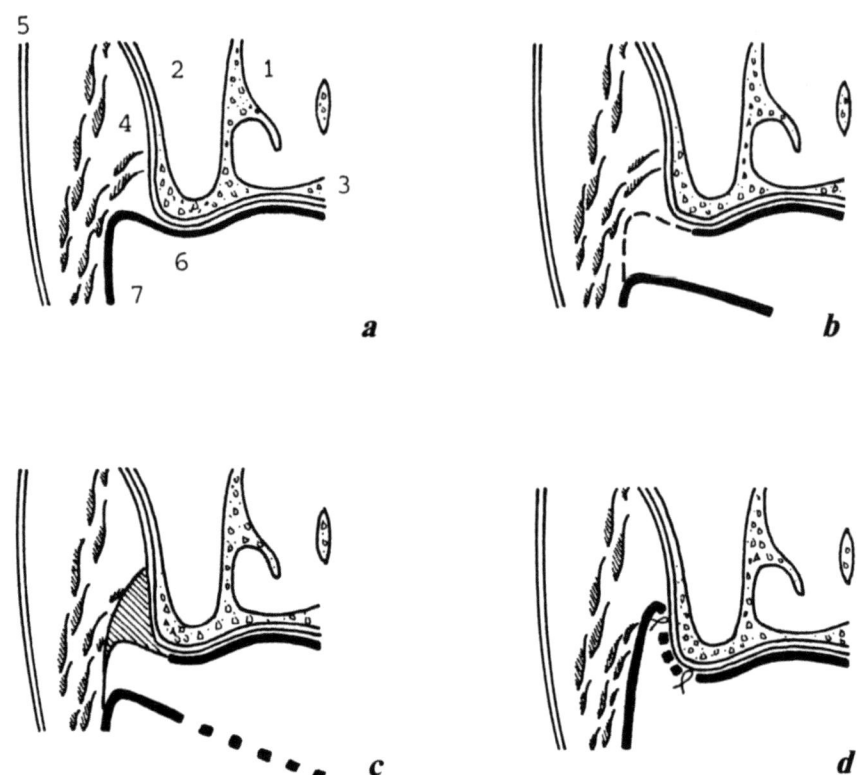

Abb. 2. Schematische Darstellung der Vestibulum- und Mundbodenplastik mit gestieltem Schleimhautmaschennetz bei Alveolarkammatrophie im Oberkiefer: **a** anatomische Situation präoperativ (1 Nasenhöhle, 2 Kieferhöhle, 3 harter Gaumen, 4 Wangenmuskulatur, 5 Haut, 6 atropher Alveolarfortsatz, 7 Schleimhaut), **b** nach Mobilisierung der Wangenschleimhaut, **c** nach versetztem Perforieren der Schleimhaut, **d** am Ende der Operation vor Einsetzen der Verbandplatte

Vestibulumplastik die neugeschaffene prothetische Ausgangssituation zu einem deutlich verbesserten Funktionszustand des Totalersatzes führt. Denn seit Einführung des Hydroxylapatits scheint eine Revision zur Indikation zu einer Vestibulumplastik angezeigt. Beim Ausbinden der Verbandplatte wurden deshalb 5 Punkte im Bereich der Nähte in die Schleimhaut mit Tusche tätowiert (Hillerup, 1975). Bei jeder Nachkontrolle konnte mit Hilfe dieser Markierungen die Distanz der gewonnenen Schleimhaut zur Umschlagfalte exakt vermessen werden. Zur besseren Darstellung der mukogingivalen Grenzlinie erfolgte eine Anfärbung mit einer Schillerschen Jodlösung. Das gestielte Transplantat behält die Charakteristika der Alveolarmukosa (Anfärbung mit Schillerscher Jodlösung) auch über 4 Jahre. Es bildet sich keine Keratinschicht, was sich im Oberkiefer funktionell nicht als nachteilig erwiesen hat (Trefz, 1980).

Ergebnisse im Oberkiefer (Tabellen 1 und 2)

Das Prothesenlager wurde als „befriedigend" bewertet, wenn die Epitheldecke narbenfrei, glatt und fest an der Unterlage fixiert war. Lediglich eine Oberkiefervestibulumplastik mußte objektiv schlecht bewertet werden: hier kam es zu einem Rezidiv des Schlotterkammes. Einschränkend muß jedoch darauf hingewiesen werden, daß wir heute bei diesem Patienten primär eine absolute Alveolarkammerhöhung durchgeführt hätten.

Tabelle 1. Ergebnisse 4 Jahre nach Oberkiefervestibulumplastik mit gestieltem Schleimhautmaschennetz n = 15 (71,4%)

Prothesenlager:	befriedigend: 14	schlecht: 1
Prothesenfunktion:	befriedigend: 13	schlecht: 2
Komplikation:	keine: 14	Dysästhesie: 1
subjektive Zufriedenheit:	sehr: 13	unzufrieden: 2

Verlust des gewonnenen Prothesenlagers:
Arithmetisches Mittel: 30,8%
Standard-Abweichung: 27,3%

Tabelle 2. Oberkiefervestibulumplastiken

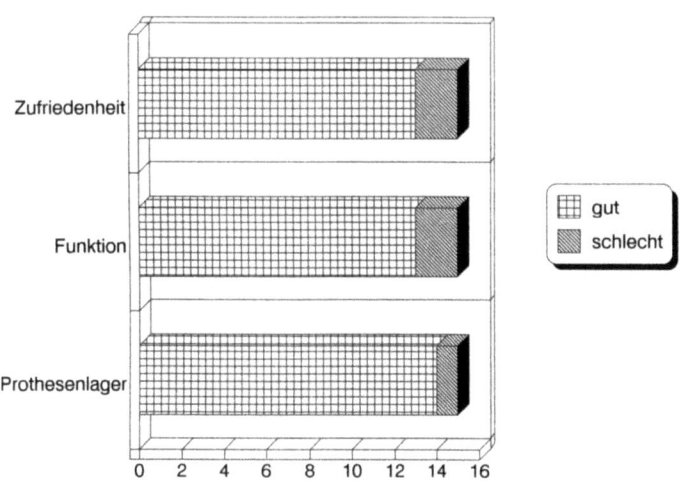

Der Prothesensitz war bei einem weiteren Patienten schlecht: Die Prothese erreichte mit ihrem Rand das chirurgisch geschaffene Vestibulum nicht.

Entsprechend zufrieden beurteilten die Patienten auch den Operationserfolg. 87% der Patienten würden den Eingriff wiederholen lassen.

Am Alveolarfortsatz war bei allen Patienten eine normale Sensibilität der Schleimhaut zu registrieren, nur 1 Patient war wegen einer Hypästhesie an der Oberlippe mit dem Behandlungserfolg nicht zufrieden.

Tabelle 3. Vestibulumplastiken Oberkiefer (n = 15)

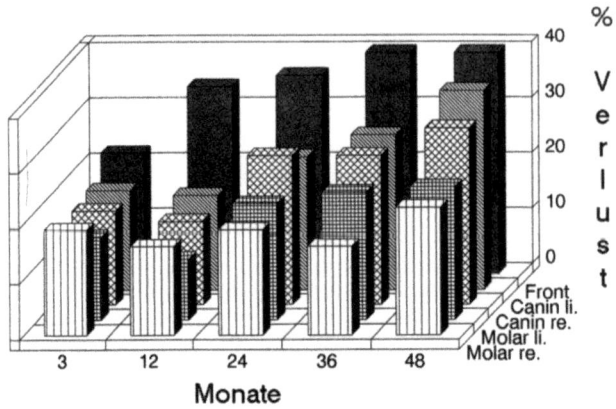

Tabelle 4. Ergebnisse 4 Jahre nach Unterkiefervestibulumplastik mit gestieltem
Schleimhautmaschennetz n = 14 (93,3%)

Vertikale Höhe des Unterkiefers:
Seitenzahnbereich: 11,45 mm (sd = 2,8)
Frontzahnbereich: 16,1 mm (sd = 3,1)

Prothesenlager:	befriedigend: 8	schlecht: 6
Prothesenfunktion:	befriedigend: 7	schlecht: 7
Komplikation:	sehr: 8 (57%)	unzufrieden: 6
subjektive Zufriedenheit:	keine: 11	Dynastie: 3

Verlust des gewonnenen Prothesenlagers:
　　Arithmetisches Mittel: 67,6%
　　Standard-Abweichung: 36,6%

Tabelle 5. Unterkiefervestibulumplastik

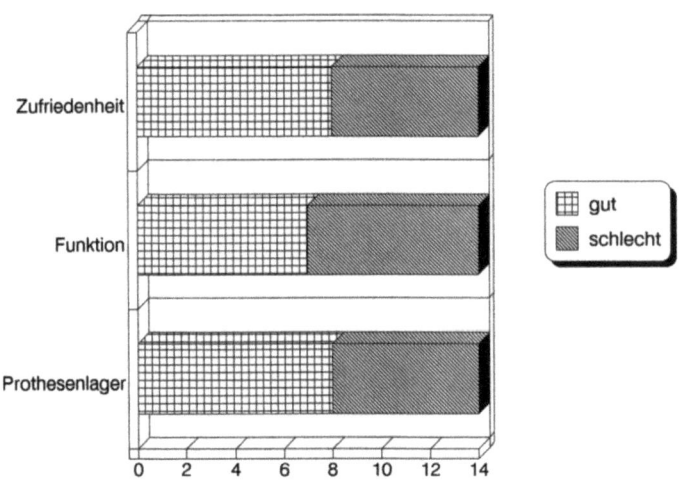

Der Verlust des gewonnenen Prothesenlagers mit durchschnittlich 30,8%
(Tabelle 3) 4 Jahre nach dem Eingriff berechtigt, diese Operationstechnik
gleichwertig der Vestibulumplastik mit Deckung der Periostwunde mit
Gaumenschleimhaut zu bewerten. Bei exakter Indikationsstellung läßt sich
das Ergebnis noch verbessern, ausgedrückt durch eine Standardabweichung
von 27,3.

Ergebnisse im Unterkiefer (Tabellen 4 und 5)

Komplexer als im Oberkiefer stellte sich uns die Auswertung der Unterkiefervestibulumplastiken:

An Hand der Fernröntgen konnten wir eine vertikale Höhe des
Unterkiefers im Seitenzahnbereich von durchschnittlich 11,45 mm messen,
wobei eine Standardabweichung von nur 2,8 festgestellt werden mußte.
Unter dieser Voraussetzung ist auch die Beurteilung der Operationstechnik
zu werten, denn in der Literatur wird übereinstimmend eine vertikale Höhe
von 15 bis 20 mm für eine relative Alveolarkammerhöhung gefordert.
Trotzdem haben wir versucht, die neue Technik auch bei dieser extrem
ungünstigen Situation durchzuführen.

Tabelle 6. Vestibulumplastik Unterkiefer (n = 14)

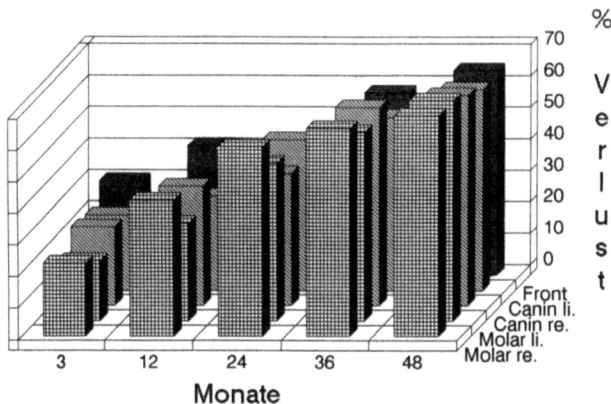

8 der 14 nachuntersuchten Patienten zeigten ein gutes Prothesenlager,
die Funktion der Totalprothesen war in 50% ausreichend. Bei 21% der
Patienten mußte eine unilaterale Hypästhesie im N.-Mentalis-Bereich oder
am Kinn festgestellt werden.

Entsprechend dieser objektivierbaren Kriterien waren 57% der operierten Patienten subjektiv zufrieden und würden einer Operationswiederho-
lung zustimmen.

Der Verlust des gewonnenen Prothesenlagers betrug 4 Jahre nach der
Operation durchschnittlich 67,6%, bei einer Standardabweichung von 36,6.
Unsere Hoffnung, daß im Frontzahnbereich ein geringerer Verlust des
operativ gewonnenen Prothesenlagers zu verzeichnen wäre, konnte trotz

einer absoluten Kieferhöhe in diesem Bereich von durchschnittlich 16,1 mm nicht bestätigt werden (Tabelle 6).

Diskussion

Trotz der Heterogenität und Unvollständigkeit der publizierten Ergebnisse wird in Übereinstimmung mit eigenen Erfahrungen deutlich, daß die sekundäre Epithelisierung auf Grund ihrer Regressionsquote bis 70% innerhalb eines Jahres als obsolet gelten muß (Ackermann et al., 1980; Baumann, 1978). Dieses zum Rezidiv führende Phänomen, daß nämlich das sich über sekundär heilenden Wundflächen initial gebildete Granulations- gewebe durch Organisation zur Kontraktion der Schleimhautränder führt, ist auch durch Deckung mit lyophilisierter Dura nicht zu verhindern (Weyrother et al., 1972). Wenn zur Defektdeckung im Oberkiefer Schleim- hauttransplantate verwendet werden, konnte ein mittlerer Verlust von 22% erreicht werden (Hardt und Paulus, 1983).

In der mir zur Verfügung stehenden Literatur konnte ich nur eine vergleichende Arbeit von Joos et al. (1982) finden, der die Zufriedenheit der Patienten in Abhängigkeit von der Ausgangshöhe des Unterkieferalveolar- fortsatzes nach einer Mundbodensenkung nach Obwegeser beurteilte: 90% Patienten waren bei einer Ausgangssituation von mehr als 20 mm zufrieden, jedoch nur 10,1% bei einer Unterkieferhöhe von weniger als 20 mm.

Aus diesem Grunde möchten wir nur diese Arbeit zitieren, denn Vergleiche bei absoluten Unterkieferhöhen von mehr als 15 mm würden das Ergebnis verfälschen. Trotzdem scheint in Ergänzung die Publikation von Hillerup (1982) erwähnenswert: ohne die absolute Höhe des Unterkiefers zu erwähnen, gelang es, 99% des chirurgisch geschaffenen Vestibulums unter Verwendung frei transplantierter Wangenschleimhaut über 2 Jahre zu erhalten.

Die Alveolarkammplastik mit gestieltem Schleimhautmaschennetz hat gegenüber anderen Methoden wesentliche Vorteile:

– Zur Defektdeckung wird ortsständige Schleimhaut verwendet, womit Sekundärdefekte vermieden werden.

– Die Beschaffenheit, insbesondere die Resilienz der neugebildeten Schleimhaut am Alveolarfortsatz, ist der natürlichen Schleimhaut sehr ähnlich, wodurch eine ausgezeichnete Haftfähigkeit der Zahnprothese erzielt werden kann.

– Die Umschlagfalte kann aus Schleimhaut gebildet werden, was hinsichtlich des Ventilrandschlusses der Prothese von besonderer Bedeu- tung erscheint (Fröhlich, 1957).

– Ein Einrollen der Lippen wird auch bei schwierigen Verhältnissen vermieden.

Die Ergebnisse der Nachuntersuchung von Vestibulumplastiken mit gestieltem Schleimhautmaschennetz gestatten folgende Schlußfolgerungen: im Oberkiefer sind gute Ergebnisse zu erzielen und gestatten, diese Technik routinemäßig anzuwenden.

Im Unterkiefer ist auch mit dieser Technik bei einer Unterkieferhöhe von 11 mm im Seitenzahnbereich – jedoch auch mit keiner anderen – kein sicheres Ergebnis zu erzielen. Liegt die Ausgangshöhe unter 20 mm, ist somit anderen Operationsverfahren der Vorzug vor der Vestibulumplastik mit Mundbodensenkung zu geben.

Literatur

Ackermann KL, Tetsch P, Baum P (1980) Untersuchungsergebnisse verschiedener Vestibulumplastiken. Dtsch Zahnärztl Z 35 : 1027–1030

Baumann T (1978) Technik und Ergebnisse der vestibulären Kammplastik im Unterkiefer mit Schleimhauttransplantat. Zitiert aus Köle H: 25 Jahre Erfahrung mit präprothetischer Chirurgie an der Grazer Klinik. Österr Z Stomatol 75 : 162

Fröhlich E (1957) Beiträge zur Ätiologie, Pathogenese und Therapie des Schlotterkammes. Dtsch Zahn- Mund- Kieferheilkd 27 : 54

Ganzer H (1916) Die Wiederherstellung des Vestibulum oris nach Schußverletzung der Kiefer. Dtsch Mschr Zahnheilkd 43 : 380

Hardt N, Paulus GW (1983) Langzeiterfahrung mit autologen Schleimhauttransplantaten bei Vestibulumplastiken im Oberkiefer. Schweiz Mschr Zahnheilkd 93 : 1129–1135

Hillerup S (1975) Tattoo marking for registration of relaps after oral vestibuloplasty. Int J Oral Surg 4 : 65

Hillerup S (1982) Preprosthetic mandibular vestibuloplasty with buccal mucosal graft. Int J Oral Surg 11 : 81–88

Joos U, Gernet W, Muzzulini F (1982) Die Resorption des Unterkiefers nach Vestibulumplastik und Mundbodensenkung. Dtsch Zahnärztl Z 37 : 117–120

Krüger E (1965) Zur Technik der Verwendung ortsständiger Schleimhaut bei Mundvorhofplastik im Oberkiefer. In: Schuchardt K (Hrsg) Fortschr Kiefer-Gesichtschir, Bd 10. G Thieme, Stuttgart, S 9 ff

Necek D, Platz H, Engleder R (1982) Alveolarkammplastik mit gestieltem Schleimhautmaschennetz. Österr Z Stomatol 79 : 444–452

Rumpel C (1916) Die Wiederherstellung des Vestibulum oris nach Schußverletzung der Kiefer. Dtsch Zahnärztl Wochenschr 19 : 262

Schuchardt K, Fröhlich E (1959) Vorbereitende chirurgische Maßnahmen zur Eingliederung von Prothesen. In: Häupl K, Reyer E, Schuchardt K (Hrsg) Die Zahn-, Mund- und Kieferheilkunde, Bd III/2. München, S 1095

Szaba J (1916) Methode zur Verhinderung des Verwachsens der durchtrennten Schleimhaut. Österr-Ung Vjschr Zahnheilkd 32 : 244

Tanner JC, Vandeput J, Olley JF (1964) The mesh skin graft. Plast Reconstr Surg 34 : 287

Trauner R (1952) Die Alveolarkammplastik im Unterkiefer auf der lingualen Seite zur Lösung des Problems der unteren Prothese. Dtsch Zahnärztl Z 7 : 256

Trefz HJ (1980) Das gestielte Schleimhauttransplantat als präprothetische Maßnahme. Dtsch Zahnärztl Z 35 : 976–978

Von Weyrother HG, Jakoby L, Mutschelknauss R (1972) Über die Verwendung von lyophilisierter Dura bei mucogingivalen Eingriffen. Dtsch Zahnärztl Z 27 : 353–356

Anschrift des Verfassers: Dr. R. Engleder, Abteilung für Kiefer- und Gesichtschirurgie des Allgemeinen öffentlichen Krankenhauses der Stadt Linz, Krankenhausstraße 9, A-4020 Linz.

Werkstoffkundliche Aspekte der Kalziumphosphatkeramiken

G. Bauer, G. Hohenberger und S. Wend

Institut für Werkstoffwissenschaften III – Glas und Keramik
(Lehrstuhlinhaber: Prof. Dr. Dr. h.c. H. J. Oel)
der Universität Erlangen-Nürnberg, Bundesrepublik Deutschland

Mit 5 Abbildungen

Zusammenfassung

Die Hauptursachen der Resorption von bioaktiver Kalziumphosphatkeramik liegen im Phasenwechsel von TCP während des Sinterns; dabei werden ein Volumensprung von 7,3% sowie stark unterschiedliche Ausdehnungskoeffizienten von α- und β-TCP beobachtet. Beides führt während der Abkühlphase des Sinterns zu starken Spannungen und Rissen in der Keramik, die eine Gefügezerrüttung einleiten. Darüber hinaus wird TCP in wäßriger Lösung unter Volumenzunahme in HA zurückverwandelt, was ebenfalls zum Partikelzerfall führt. Die Resorption erfolgt im Organismus durch Inkorporation der Partikel durch Makrophagenzellen.

Phasenreine HA-Keramik ist demnach resorptionsbeständig, TCP-Keramik neigt zu Resorption, kann jedoch durch Sintertechnik relativ beständig hergestellt werden, während zweiphasige Keramiken aus HA und TCP stärker gefährdet sind.

Summary

Material Technology of Calcium Phosphate Ceramics. The main reason underlying absorption of bioactive calcium phosphate ceramics is in the phase change of TCP during sintering: Volume losses of 7.3% and major differences in the thermal expansion coefficients of α and β TCP are seen. Both of these effects result in high tension build-up and cracking of the ceramic during the cooling phase of sintering, which initiates disintegration of the microstructure. In addition, TCP recrystallizes to HA in aqueous solutions with volume expansion. This also leads to particle disintegration. In the organism absorption occurs by incorporation of particles in macrophage cells.

Single-phase HA ceramics is resistant to absorption, while TCP tends to be absorbed. Using appropriate sintering technology relatively resistant TCP can, however, be obtained. Double-phase HA and TCP ceramics, by contrast, are consistently more likely to be absorbed.

Schlüsselwörter: Bioaktive Keramik, Hydroxylapatitkeramik, Trikalziumphosphatkeramik.

Key words: Bioactive ceramics, hydroxylapatite ceramics, tricalcium phosphate ceramics.

Einleitung

Kalziumphosphatkeramiken rücken als bioaktive Werkstoffe für den Kno-
chenersatzbereich immer mehr in das Blickfeld, dabei sind von den
tierexperimentell und klinisch getesteten Zusammensetzungen zur Zeit nur
Trikalziumphosphat (TCP) und Hydroxylapatit (HA) klinisch relevant.

In der Vergangenheit ergaben sich ausgeprägte Unsicherheiten bezüglich des Verhaltens der Keramik im biologischen Medium: Hydroxylapatit
gilt bis heute überwiegend als resorptionsresistent, während β-TCP als
resorbierbar angenommen wird.

Dabei geht de Groot so weit, daß er generell vor der Anwendung von
TCP-Keramik warnt, da er bei TCP-Keramik einen Angriff an den „Hälsen"
diskutiert, der zu Partikelzerfall führt mit anschließender Inkorporation der
Partikel in Makrophagen, so daß eine Anreicherung in den Lymphknoten zu
befürchten sei (de Groot, 1985).

Verschiedene Autoren haben jedoch darauf verwiesen, daß auch bestimmte HA-Präparate zur Resorption neigen bzw. daß es deutliche
Unterschiede in der biologischen Reaktion auf die Produkte verschiedener
Hersteller gibt. Umgekehrt verweist Heimke auf poröse TCP-Keramiken,
die auch bei mehrjähriger Beobachtung kaum Resorptionserscheinungen
aufweisen (Heimke, 1986).

Problemstellung

Um einen besseren Einblick in das differenzierte Verhalten der Präparate zu
gewinnen, wurde in Grundlagenuntersuchungen das Verhalten der Kalziumphosphate von der Herstellung der Rohstoffe über die keramische
Verarbeitung bis zur Lagerung in wäßrigen Lösungen studiert. Damit sollte
überprüft werden, inwieweit die Keramik für die beobachteten Phänomene
verantwortlich gemacht werden kann.

Methodik

Es wurden die Rohstoffe verschiedener Hersteller untersucht sowie eigene
Pulver unter definierten Fällungsbedingungen hergestellt.

Die Keramik wurde unter üblichen Bedingungen durch Trockenpressen
verarbeitet und vielfältigen Brennprogrammen unterworfen.

Grundlagen der bioaktiven Keramik

Keramik kann als Endprodukt eines Verarbeitungsverfahrens definiert
werden, bei dem aus reaktiven Pulvern ein Festkörper geformt und durch
Sintern (Brennen) verdichtet wird.

Je nach Sinterbedingungen kann ein Spektrum eingestellt werden, das
nahe an der theoretischen Dichte des Einkristalls liegen kann und bis zur
porösen Keramik reicht. Für Biokeramik wurde die Einteilung der Porosität
in Mikroporen (zirka 5 µm) und Makroporen (> 100 µm) vorgenommen.

Die Mikroporen entsprechen der üblichen Porenverteilung in Keramik,
wenn keine sehr hohe Dichte erreicht wird, während die Makroporen für

den biologischen Einsatz gefordert und künstlich eingebracht werden, da sie eine Einsprossung der Kollagenfasern des Knochens ermöglichen. Voraussetzung für eine vitale Versorgung eines Implantats ist jedoch ein interkonnektierendes Porensystem, das keine Einschnürung der Porenradien unter 100 µm aufweist.

Zur Herstellung makroporöser Keramikkörper haben sich Schaumbildner bei der Formgebung oder ausbrennbare Füllmassen im Rohling bewährt; Schwierigkeiten bereitet jedoch die Forderung nach dem interkonnektierenden Porensystem, wenn gleichzeitig eine gewisse Mindestfestigkeit garantiert werden soll.

Tabelle 1. Unterscheidungsmerkmale von Biokeramik nach der Dichte

Art der Keramik	Art der Poren	Oberfläche
dichte Keramik	keine Poren	sehr gering
poröse Keramik	Mikroporen	sehr groß
	Makroporen	gering
	Mikro- und Makroporen	groß

Zur Quantifizierung der porösen Keramik wurde in Tabelle 1 auf die gleiche Gesamtdichte der Keramik bezogen.

Resorption durch Anlösung an den „Hälsen"

Zur Vermeidung der Porenkollabierung während des Sinterns wurden verschiedentlich die Präparate nicht ausreichend gesintert:

Nach der Sintertheorie berühren sich die Pulverpartikel nach der Formgebung. Zu Beginn des Sinterns verbreitern sich die Berührungspunkte der Partikel zu den sogenannten Hälsen, ohne Schwindung des Formkörpers. Die mechanische Festigkeit ist dementsprechend noch sehr bescheiden.

Derartige Keramiken neigen zum Partikelzerfall sowohl aus mechanischen Gründen als auch wegen der Möglichkeit der Anlösung an den „Hälsen". Es sollte diesbezüglich kein großer Unterschied zwischen TCP und HA bestehen, da die anzulösende Masse bis zum Zerfall in Partikel außerordentlich gering ist. Für die chemische Löslichkeit ist die Gesamtoberfläche mitentscheidend, die jedoch bei Keramik, die nicht über das Frühstadium hinausgekommen ist, noch außerordentlich hoch ist.

Chemie der Kalziumphosphate

TCP und HA sind 2 Mineralphasen, die sich in der chemischen Zusammensetzung kaum unterscheiden:

Tabelle 2

Chem. Zusammensetzung	% CaO	% P_2O_5	% H_2O
TCP	54,3	45,7	–
HA	55,8	42,4	1,8

Das heißt die Differenz im CaO-Gehalt beträgt nur 1,5%. Eine gute chemische Analyse hat in diesem Bereich jedoch nur eine Genauigkeit von zirka 0,3%.

Im System der Kalziumphosphate gibt es einige Besonderheiten: Hydroxylapatit ist in wäßrigen Lösungen oberhalb des pH-Werts von 6,3 bei Raumtemperatur die einzige stabile Kalziumphosphatphase, aber die Zusammensetzung kann über einen breiten Bereich schwanken. So kann ein Kalziumphosphat mit der Stöchiometrie des TCP gefällt werden, aber es hat die Struktur des HA!

Erst beim Sintern erfolgt die Umsetzung in TCP. Das führt dazu, daß jeder noch so geringe Kalziumdefizit im Rohstoff während der Herstellung der Keramik zur Bildung von TCP als Zweitphase führt. Ein Ca-Defizit von nur 1‰ ergibt demnach schon zirka 7% TCP als Zweitphase.

Die Rohstoffe wiesen in der Vergangenheit größere Abweichungen auf, so daß mehr als 20% TCP in der Keramik häufig gemessen wurden (Bauer et al., 1985).

Volumensprung von TCP

TCP liegt bei Temperaturen oberhalb von 1125°C als α-TCP vor, darunter wandelt es sich in β-TCP um. Diese Umwandlung erfolgt jedoch nicht spontan, so daß in der Keramik die Umwandlung über einen großen Temperaturbereich erfolgen kann, bzw. meistens findet man in TCP-Keramiken auch bei Raumtemperatur noch Reste von α-TCP vor.

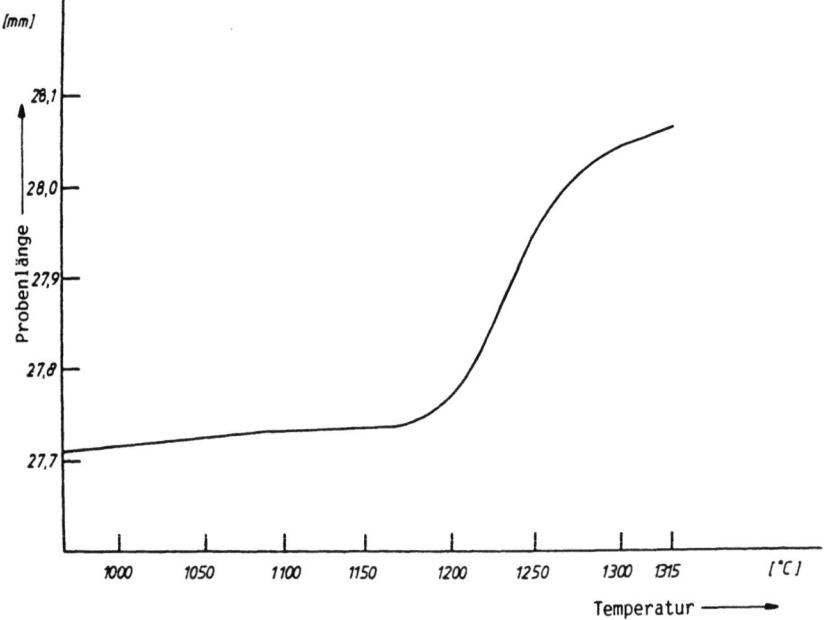

Abb. 1. Dilatometeraufnahme von TCP-Keramik: Längenänderung der Keramik als Funktion der Temperatur. Volumensprung bei 1220 bis 1260°C

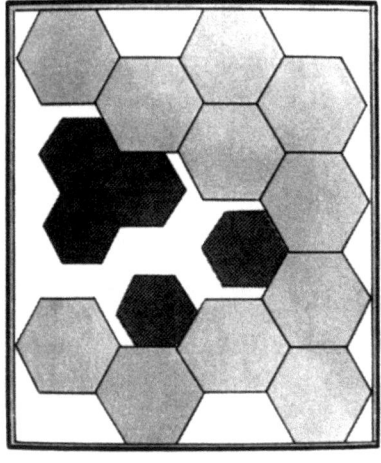

Abb. 2

Abb. 3

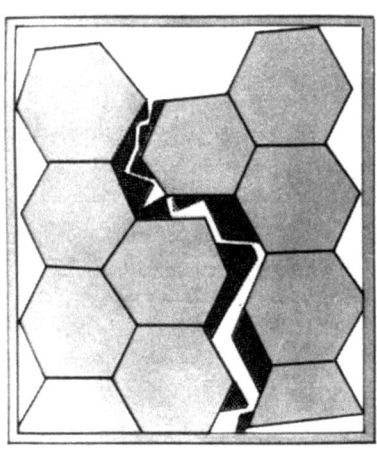

Abb. 4

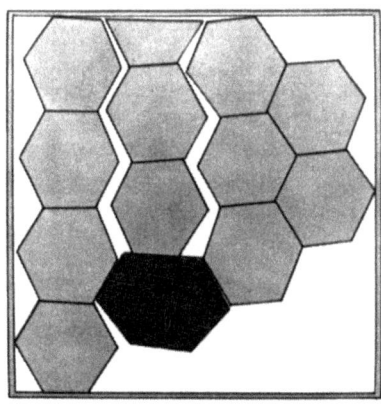

Abb. 5

Abb. 2. Schematisches Gefügebild von TCP-Keramik: Durch den Volumensprung kommt es zu Rissen (dunkel = β-TCP, hell = α-TCP)

Abb. 3. Schematisches Gefügebild von TCP-Keramik: α-TCP (hell) zieht sich beim Abkühlen stärker zusammen (hoher Ausdehnungskoeffizient) als β-TCP (dunkel)

Abb. 4. HA-Keramik mit TCP als Zweitphase an den Korngrenzen reißt beim Abkühlen wegen der unterschiedlichen Ausdehnungskoeffizienten von HA und α-TCP sowie wegen des Volumensprungs beim Phasenwechsel α-/β-TCP

Abb. 5. Treibmineraleffekt: in wäßrigen Lösungen sprengt ein TCP-Korn (dunkel) in HA (hell) das Gefüge wegen der Volumenzunahme

Der Phasenübergang erfolgt mit einem Volumensprung von 7,3% (siehe Abb. 1). Falls keine Gegenmaßnahmen sintertechnischer Art ergriffen werden, bedeutet dies das Auftreten von Spannungen und Rissen in der Keramik, womit der spätere Partikelzerfall vorbereitet wird (siehe Abb. 2) (Bauer et al., 1987).

Thermischer Ausdehnungskoeffizient

Darüber hinaus passen die thermischen Ausdehnungskoeffizienten von α- und β-TCP nicht zueinander: Der Ausdehnungskoeffizient von α-TCP (zirka $60 \times 10^{-6} K^{-1}$) ist viel größer als der von β-TCP ($13,1 \times 10^{-6} K^{-1}$), so daß ebenfalls Risse und Spannungen während der Abkühlphase entstehen (siehe Abb. 3).

HA-Keramiken mit Ca-Defizit

Da es gelingt, diese Effekte bei reinem TCP auszuschalten, sind Kalziumphosphate mit Stöchiometrien, die zwischen TCP und HA liegen, stärker gefährdet als die beiden reinen Phasen: der Ausdehnungskoeffizient von HA ist mit $11,6 \times 10^{-6} K^{-1}$ ähnlich dem von β-TCP, so daß Mischungen von HA und β-TCP keine Schwierigkeiten erwarten lassen, dagegen liegen während des Sinterns HA und α-TCP vor. Beim Abkühlen kommt es zunächst zu Spannungen wegen der Ausdehnungskoeffizienten, danach setzt der Volumensprung des α- nach β-TCP ein, so daß normalerweise eine Gefügezerrüttung eintritt (siehe Abb. 4).

Eine Analyse käuflicher bzw. in klinischer Erprobung befindlicher Präparate ergab, daß die Phasenreinheit in der Vergangenheit nicht immer gewährleistet war (Fischer-Brandies et al., 1987a, 1987b).

Treibmineraleffekt

Wie bereits erwähnt, ist in wäßrigen Lösungen HA die einzig stabile Phase, so daß bei TCP eine Rückumwandlung in HA beobachtet wird. Unter der Annahme, daß nur die Wasseraufnahme erfolgt und Lösungsvorgänge unberücksichtigt gelassen werden dürfen, errechnet sich dabei eine Volumenzunahme von 7,6%. Dieser Effekt entspricht etwa der Volumenzunahme bei gefrierendem Wasser und führt zur Gefügezerrüttung (siehe Abb. 5). Dies steht im Einklang mit der Beobachtung, daß Ca-Phosphatkeramiken in wäßrigen Lösungen eine ausgeprägte Festigkeitsabnahme zeigen.

Resorptionsmechanismen

Bei der Diskussion der Resorptionsmechanismen wurde häufig die chemische oder biologische Löslichkeit angeführt.

Hierbei sollte bedacht werden, daß das Blut im gesunden Organismus ständig mit der Gesamtoberfläche des Knochengerüsts im Gleichgewicht steht, so daß davon auszugehen ist, daß das Blut an Kalzium- und Phosphationen gesättigt ist. Damit kann aber von keiner chemischen

Löslichkeit ausgegangen werden, solange sich die Keramik nur unwesentlich von der Zusammensetzung des Knochenapatits unterscheidet.

Ähnliches gilt für die biologische Löslichkeit über Komplexbildner im Blut (z. B. Citrat oder Aminosäuren) und die rein hormonell gesteuerte Resorption des Knochenapatits (Calcitonin ↔ Parathormon): da die Keramik eine um viele Potenzen geringere Oberfläche aufweist, sollte sie entsprechend geringer löslich sein!

Dagegen kann die zellvermittelte Resorption durch Osteoklastenzellen auch an Kalziumphosphatkeramik nachgewiesen werden. Bei der Diskussion dieser Resorptionsart muß differenziert werden zwischen Implantationsort im Knochen und im Weichgewebe, wobei der Anteil an der Gesamtresorption noch abzuklären sein wird. Der Hauptanteil der Resorption verläuft jedoch über Partikelzerfall mit anschließender Inkorporation der Keramikpartikel durch ein- und mehrkernige Makrophagenzellen.

Isotopenversuche mit ^{45}Ca belegten im Tierexperiment die anschließende Lyse der Keramik, so daß keine Aktivität im Weichgewebe und insbesondere im Lymphknoten gefunden wurde, während die gemessene Aktivität im kontralateralen Skelett eindeutig die Verteilung der Keramik über den Stoffwechsel belegt (Fischer-Brandies et al., 1987 c).

Damit schließt sich die Beweiskette: klinisch wird die Resorption durch Partikelzerfall beobachtet, aus der Sicht des Werkstoffwissenschaftlers finden sich verschiedene Besonderheiten im System der Kalziumphosphate, die zum Partikelzerfall führen, wenn auf Phasenreinheiten nicht geachtet wird.

Die Gefügezerrüttung ist auf die Anwesenheit von TCP zurückzuführen. Trotzdem muß betont werden, daß es bei phasenreinem TCP wiederum relativ einfach gelingt, den Partikelzerfall zu stoppen, während dies bei zweiphasigen Keramiken mit HA und TCP Probleme bereitet.

Darüber hinaus sind Präparate, die nicht ausreichend hoch gesintert wurden, ebenfalls stark durch Zerfall gefährdet.

Schlußfolgerungen

Für den klinischen Einsatz werden dichte und poröse Kalziumphosphatkeramiken angeboten.

Dabei bieten dichte Keramiken dem Organismus eine geringe Oberfläche als Angriffsmöglichkeit.

Makroporen gestatten dem Organismus die Einsprossung von Kollagenfasern und eine vitale Versorgung des Gewebes, falls die Poren keine Einschnürung unter 100 μm aufweisen. Die Gesamtoberfläche ist noch gering, falls keine Mikroporosität hinzukommt.

Mikroporöse Keramik besitzt eine sehr große Oberfläche und weist damit im Organismus eine hohe Reaktivität auf. Da eine hohe Mikroporosität meist durch eine zu niedrige Sintertemperatur oder zu schnelles Sintern entsteht, ist sowohl mikroporöses TCP als auch mikroporöses HA stark resorptionsgefährdet und in der Regel mechanisch wenig stabil.

TCP-haltige Kalziumphosphatkeramiken sind wegen des Phasenwechsels von α- nach β-TCP in der Abkühlphase stark gefährdet, da ein großer Volumensprung und Ausdehnungskoeffizienten gemessen werden, die nicht zueinander passen. Beide Effekte führen zu Spannungen und Rissen, die einen Gefügezerfall einleiten können.

HA-Keramiken mit TCP als Zweitphase sind stärker gefährdet als phasenreine β-TCP-Keramik, da es sintertechnisch einfacher ist, die einphasige TCP-Keramik spannungsfrei zu erhalten als das Gemisch. In der Vergangenheit enthielten viele HA-Präparate merkliche Mengen an TCP als Zweitphase!

TCP-Keramik wird im Organismus wieder zurückverwandelt in Hydroxylapatit. Da diese Umwandlung unter Volumenvermehrung abläuft, kommt es ebenfalls zur Gefügezerrüttung. Das Ausmaß des Zerfalls hängt stark von der Porosität und der Phasenverteilung ab.

Der Hauptanteil der Resorption verläuft per Zerfall der Keramik und Inkorporation der Partikel durch Makrophagen. Das heißt, die Resorption wird überwiegend durch die chemische Zusammensetzung der Rohstoffe und durch die Sintertechnik beeinflußt.

Dichte, phasenreine HA-Keramik ist nicht resorptionsanfällig, TCP ist stärker gefährdet, kann aber trotzdem phasenrein so hergestellt werden, daß kaum Resorption zu beobachten ist. Am stärksten neigen Keramiken zum Zerfall, die in der Zusammensetzung zwischen HA und TCP liegen und damit zweiphasig sind.

Porosität fördert die Resorption, wobei makroporöse Keramiken unter Umständen trotzdem sehr gute Erfolge aufweisen können, da eine knöcherne Integration leichter erfolgt und die Resorption im knöchernen Lager sehr viel geringer als im Bindegewebe ist. Mikroporöse Keramik ist am stärksten resorptionsgefährdet.

Umgekehrt kann diese Erkenntnis genützt werden, um die Resorptionsgeschwindigkeit gezielt einzustellen, wenn ein Ersatz des Implantats durch vitalen Knochen erwünscht wird. Isotopenversuche zeigen, daß, entgegen der Warnung von de Groot, keine Komplikationen durch Partikelansammlung in den Lymphknoten zu befürchten sind.

Literatur

Bauer G, Fellows BJ, Oel HJ (1985) Phasen-Entstehung und -Umwandlung bei der Herstellung bioaktiver keramischer Werkstoffe. DVM 6. Vortragsreihe des DVM-AK „Implantate": Bioaktive Werkstoffe – chemische und physikalische Reaktionen, S 93–102

Bauer G, Donath K, Dumbach J, Sitzmann F, Spitzer WJ (1987) Vergleich verschiedener Calciumphosphatkeramiken zum Knochenersatz. Z Zahnärztl Implantol 3:101–106

Fischer-Brandies E, Dielert E, Bauer G (1987 a) Zur Morphologie synthetischer Calciumphosphatkeramiken in vitro. Z Zahnärztl Implantol 3:87–93

Fischer-Brandies E, Dielert E, Bauer G, Eisenmann Th (1987 b) Zusammensetzung und Reinheit von Calciumphosphat-Keramiken verschiedener Hersteller. Dtsch Zahnärztl Z (eingereicht)

Fischer-Brandies E, Dielert E, Bauer G, Senekowitsch R (1987 c) Zum Verbleib der Abbauprodukte isotopenmarkierter Calciumphosphatkeramik. Z Zahnärztl Implantol 3 : 39 – 42

De Groot K (1985) Die klinische Anwendbarkeit von Calciumphosphatkeramiken. ZM Fortbildung 18 : 1938 – 1940

Heimke G (1986) 3. Symposium Hydroxylapatit, Amsterdam, 21. bis 23. Februar 1986, Diskussionsbeitrag

Anschrift des Verfassers: Dr. G. Bauer, Institut für Werkstoffwissenschaften III, Universität Erlangen-Nürnberg, Martensstraße 5, D-8522 Erlangen, Bundesrepublik Deutschland.

Histopathologische Befunde
von Hydroxylapatitkeramiken im Kieferbereich

K. Donath

Abteilung für Oralpathologie (Direktor: Prof. Dr. Dr. K. Donath)
der Universität Hamburg, Bundesrepublik Deutschland

Mit 3 Abbildungen

Zusammenfassung

Verschiedene synthetische dichte und poröse Hydroxylapatitkeramiken wurden histopathologisch im Tierexperiment und am humanen Biopsiematerial untersucht.
Für dichte Hydroxylapatitkeramiken gelten die pathophysiologischen Parameter, wie sie auch für autologe Knochentransplantate ermittelt wurden. Die im Knochenlager auf dichten Hydroxylapatitkeramiken auftretenden mehrkernigen Riesenzellen entsprechen der Funktion und Bedeutung von Osteoklasten. Die Knochenbildung beginnt abseits der Keramikoberfläche. Eine Fremdkörperreaktion mit proliferativer Entzündung entsteht bei Hydroxylapatitkeramik im Weichgewebe außerhalb des Knochens.

Summary

Histopathological Evaluation of Maxillary and Mandibular Hydroxylapatite Ceramics. Various dense and porous synthetic hydroxylapatite ceramics were examined histopathologically in animal experiments and in human biopsy specimens.
For hydroxylapatite ceramics the pathophysiological parameters were found to be the same as those seen in autologous bone grafts. The function and role of the multinucleated giant cells present on dense hydroxylapatite ceramic surfaces were comparable to those of osteoclasts. Bone formation began opposite the ceramic surface. In the presence of hydroxylapatite ceramic foreign body reactions with proliferate inflammatory changes occurred in the extraosseous soft tissue.

Schlüsselwörter: Hydroxylapatitkeramik, Resorption, Knochenbildung, Fremdkörperreaktion.

Key words: Hydroxylapatite ceramics, resorption, bone formation, foreign body reaction.

Einleitung

Hydroxylapatitkeramiken werden als bioaktive Werkstoffe bezeichnet (Osborn, 1979). Sie entsprechen in ihrem elementaren Aufbau den anorganischen Bestandteilen des Zahnes und Knochens. Die Bioresorption der Hydroxylapatitkeramik erfolgt durch Phagozytose und/oder Halisterese

(Lösung in physiologischen Flüssigkeiten; Jarcho et al., 1979). Die Hydroxylapatitkeramiken haben keinen osteoinduktiven, jedoch einen osteokon-
duktiven Effekt. Das Knochenwachstum wird durch die Keramik so
beeinflußt, daß eine Knochenbildung auch in Bereichen erfolgt, die sonst
nicht mit Knochen gefüllt sind. Ein für bioaktive Werkstoffe charakteristi-
sches Merkmal soll das von Köster et al. (1976) und Osborn und Newesely
(1980) angegebene implantofugale Knochenwachstum sein.

Ziel dieser Studie ist die histopathologische Untersuchung der Gewebe-
reaktion auf unterschiedliche Hydroxylapatitkeramiken an verschiedenen
Implantationsorten im Kieferbereich im Tierexperiment und am humanen
Biopsiematerial.

Material und Methode

Im Unter- und Oberkiefer der Prä- und Molarenregion bei Hunden,
Schweinen, Schafen und Meerschweinchen wie auch im Unter- und
Oberkiefer verschiedener Lokalisationen beim Menschen waren Kalziumphosphatkeramiken (siehe Tabelle 1) in Knochentaschen, Bohrstollen,
knöcherne Defekte, Osteotomiespalten interossär (Sandwichtechnik) oder
direkt auf den Kieferknochen (Augmentation) eingebracht worden[1]. Die
Verweildauer der Keramiken lag bei 3, 5, 7, 14 und 28 Tagen; 3, 5, 6 und
9 Monaten sowie bei 1, 2 und 3 Jahren.

Tabelle 1. Untersuchte Knochenersatzmaterialien

Trikalziumphosphat
Hydroxylapatit: Dichte – Allotropat 50, Calcitite 2040, Durapatit
poröse – Osprovit, Interpore 200
kalzinierter Knochen – Pyrost
denaturierter, enteiweißter Knochen – Bio-Oss

Das vom Patienten stammende Material konnte wegen eines Tumorrezi-
divs, Kieferfraktur oder rekonstruierender Maßnahmen gewonnen werden.
Die Kieferpräparate wurden unmittelbar nach der Entnahme in schmale 2
bis 3 mm dicke Segmente zerlegt und in neutralem Formalin fixiert.

Die Kiefersegmente aus den Tierversuchen wurden in Analogie zu dem
humanen Material ebenfalls mit dem Trennsystem (Donath, 1987) in 2 bis
3 mm dicke Scheiben zerlegt. Gewebescheiben mit Keramik für histochemi-
sche Untersuchungen (saure und alkalische Phosphatase) wurden ohne
Fixierung in Glykolmethakrylat bei 5°C entwässert und in Kulzer 7200 VLC
eingebettet. Die Kieferscheiben für die Routineuntersuchung wurden in
neutralem Formalin immersionsfixiert.

---

[1] Für die Überlassung des Untersuchungsmaterials habe ich den Kollegen
OA Dr. Beck-Mannagetta, Salzburg; Prof. Dr. Dr. Geiger, Karlsruhe; PD Dr. Hör-
mann, Hamburg; Dr. A. Kirsch, Filderstadt; Dr. Dr. Kniha, München; Prof.
Dr. Dr. Lendrodt, Düsseldorf; Prof. Dr. Osborn, Bonn; Prof. Dr. Dr. Spiekermann,
Aachen; Dr. Dr. Spitzer, Erlangen, zu danken.

Die Herstellung der Schliffpräparate unter Erhaltung der Keramik erfolgte nach der Trenn-Dünnschliff-Technik (Donath und Breuner, 1982; Donath, 1987).

Untersuchungsergebnisse

Dichtes Hydroxylapatitgranulat: Nach 3 Tagen sind auf den Oberflächen des dichten Hydroxylapatitgranulats nahe dem Implantatlager Anfärbungen mit Toluidinblau, die auf Eiweißabscheidungen aus dem Blut beruhen, sichtbar. Zwischen dem Granulat ist ein feines Fibrinnetzwerk entwickelt, welches von Erythrozyten durchsetzt ist. Nach 5 Tagen sind die Granulatoberflächen von mononukleären Zellen besetzt. Diese Zellen enthalten saure Phosphatase. Im Abstand von etwa 20 bis 40 µm von der Granulatoberfläche liegt ein kapillarreiches, kollagenfaserarmes Bindegewebe mit runden bis spindelförmigen Zellen, in deren Zytoplasma alkalische Phosphatase positiv ist.

Nach 7 Tagen ist in dieser Bindegewebszone die erste Geflechtknochenbildung nachweisbar. Auf der Granulatoberfläche sind einzelne Lakunen mit einkernigen Makrophagen sichtbar. Innerhalb der Lakunen sieht man auf die Keramikoberfläche neben dem mononukleären Makrophagen senkrecht einstrahlende Kollagenfasern. Nach 14 Tagen treten zwischen dem Granulat Geflechtknochenbildungen auf, die mit einzelnen Keramikoberflächen in Verbindung stehen. Ein Einbau der kompakten Granulate in Geflechtknochen ist im Abstand von etwa 2 mm vom Lagerknochen nach einem Monat erfolgt. Die bei größeren als 4 mm durchmessenden Defekten im Zentrum liegenden Granulate sind von einem schmalen kollagenfaserhaltigen Bindegewebe eingehüllt. Zwischen Kollagen und Granulatoberflächen sind Spalträume oder auch mehrkernige Riesenzellen vorhanden. Andere Granulatoberflächen weisen über größere Abschnitte eine angelöste schmale Zone auf, die einer Keramikauflösung in den Korngrenzen entspricht. Im Bindegewebe liegen Keramikpartikel frei oder im Zytoplasma von Makrophagen. Das umgebende Bindegewebe ist kollagenfaserarm und reichlich vaskularisiert.

Unreifer lamellärer Knochen ist in der Grenzzone des Lagerknochens entwickelt. Nach 3 Monaten sind die Granulate in den lamellären Knochen eingebaut (Abb. 1). Die Osteone bestehen nur zu einem Teil aus Knochen und zum anderen Teil aus der Keramik. Zwischen der Granulatoberfläche und dem angebauten Knochen besteht ein direkter Verbund. Eine Keramikresorption durch mehrkernige Riesenzellen besteht bei den knochenfreien Oberflächen des Kanälchensystems oder des Knochenmarks. Schon nach einem Jahr nach der Implantation sind nur ganz vereinzelt Riesenzellen an den knochenfreien Keramikoberflächen sichtbar (Abb. 2). In den Weichteilen außerhalb des Knochenlagers sind um Hydroxylapatitgranulate Trümmer- oder Geröllzonen entwickelt (Abb. 3). Die Keramikoberflächen enthalten ein- und mehrkernige Makrophagen. Keramikpartikel liegen im Zytoplasma der Makrophagen oder frei im Bindegewebe.

Poröses Hydroxylapatitgranulat (Osprovit, Interpore) enthält in den Makroporen nach 14 Tagen ein lockeres Bindegewebe mit einem zentralen

Gefäß. In den knochennahen Abschnitten ist in den Makroporen auf der Keramikoberfläche Osteoid oder auch Knochen mit Osteozyten ausgebildet. Beim Osprovit sind neben bindegewebig gefüllten auch leere Makroporen vorhanden. An den Granulatoberflächen ist nach 4 Wochen und auch 3 Monaten ein ausgeprägter Keramikabbau sichtbar. Die Keramikauflösung erfolgt in den Korngrenzen. Die Auflösungszone ist 5 bis 20 µm breit und wird von ein- und mehrkernigen Makrophagen durchsetzt. Keramikpartikel liegen frei im Bindegewebe und auch im Zytoplasma der Makrophagen. Das um die stark aufgelösten Granulate gelegene Bindegewebe ist weitgehend hyalinisiert. Die Fibrozyten weisen degenerative Veränderungen mit Zellkernpyknosen auf. Nach 6 und 9 Monaten liegt eine knöcherne Einheilung in knochennahen Abschnitten vor. Die Verbundzone zwischen Keramik (Osprovit) und Knochen weist starke Verzahnungen auf, die durch die vorangegangene Keramikanlösung bedingt sind. Glatte Verbundzonen mit verstärkter Anfärbbarkeit, wie die Kittlinie des Knochens, sind nur vereinzelt entwickelt.

Interpore: Fortgeschrittene Knochenbildungen an den Oberflächen und in den Makroporen liegen nach 14 Tagen vor. Die knochenfreien Oberflächen sind mit einzelnen mehrkernigen Riesenzellen besetzt. Die Knochenverbundlinien sind vorwiegend glatt begrenzt und durch eine stärker gefärbte Linie gekennzeichnet, wie sie als Kittlinie vom Knochen bekannt ist. Bei Blöcken und Granulat aus Interpore waren nach 5 Monaten (längste untersuchte Implantationszeit) zentrale, entfernt vom Implantatlager und der überkleidenden Schleimhaut gelegene Makroporen leer.

Die Granulate in den Weichteilen der Umschlagsfalte des Mundvorhofes nach Knochendefektfüllung oder Augmentation lassen keine Knochenneubildung an ihren Oberflächen oder bei den porösen Granulaten in den Makroporen erkennen. Die dichten und porösen Granulate sind von einem kollagenfaserreichen Bindegewebe umgeben. Zwischen der Keramikoberfläche und dem Bindegewebe liegen große mehrkernige Riesenzellen. Freie oder im Zytoplasma liegende Keramikpartikel sind im umgebenden Bindegewebe nur selten sichtbar.

Trikalziumphosphatkeramik (TCP): Die Einheilung von dichter und poröser TCP-Keramik wurde nur in Knochendefekthöhlen untersucht. Nach 3 Monaten ist auf den Oberflächen neben einer ausgeprägten

---

Abb. 1. Knöchern eingeheiltes dichtes Hydroxylapatitgranulat 3 Monate nach Implantation in einen knöchernen Defekt des Unterkiefers. Dünnschliff. Toluidinblau. Vergr. 70 x

Abb. 2. Knöchern eingeheiltes dichtes Hydroxylapatitgranulat 1 Jahr nach Augmentation des Unterkiefers. Keine ausgeprägte Resorption an den Keramikoberflächen. Dünnschliff. Toluidinblau. Vergr. 28 x

Abb. 3. Dichtes Hydroxylapatitgranulat im Weichgewebe benachbart des Knochenlagers mit bindegewebiger Einscheidung. An der Keramikoberfläche eine schmale Geröll- und Trümmerzone mit Makrophagen. Keramikpartikel liegen frei im Bindegewebe und im Zytoplasma der Makrophagen. Dünnschliff. Toluidinblau. Vergr. 290 x

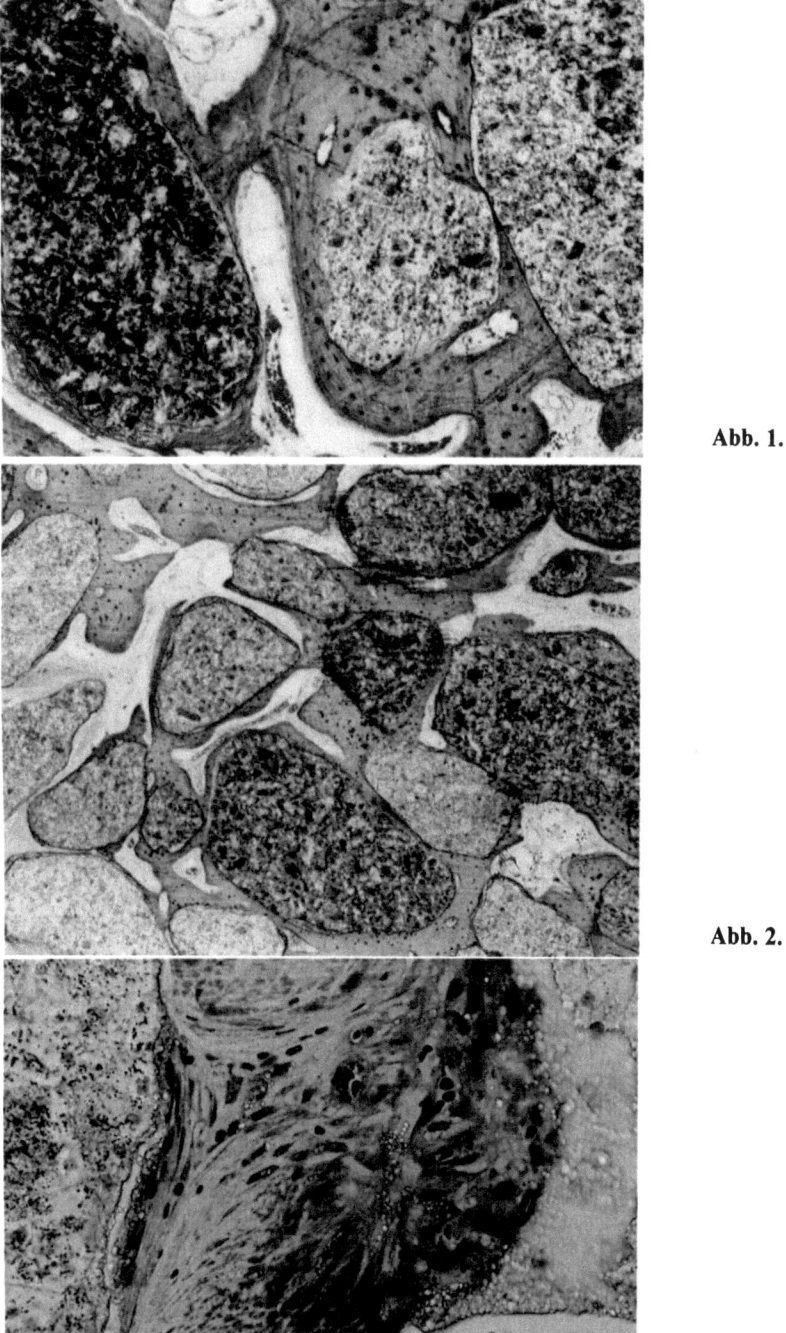

Abb. 1.

Abb. 2.

Abb. 3.

Keramikauflösung in den Korngrenzen und Resorption durch mehrkernige Riesenzellen auch eine Knochenanlagerung sichtbar.

Um die Keramikauflösungsareale ist eine breite Zone mit dichtgelagerten und Keramikpartikeln beladenen Phagozyten sichtbar. Vereinzelt sind im Durchlicht leere Abschnitte benachbart der Keramik entwickelt. Polarisationsoptisch oder im Dunkelfeld sind in diesen Abschnitten feinste Keramikpartikel eingelagert. Die Begrenzung dieser Abschnitte ist ähnlich einer Abszeßmembran. Auch nach 6 Monaten ist die Auflösung und Resorption der TCP-Keramik noch sehr stark ausgeprägt. Die von Knochen bedeckten Keramikoberflächen sind kleiner als die Resorptions- und Auflösungsflächen.

Pyrost (kalzinierter Knochen): Die Untersuchungszeiträume lagen bei 3 und 6 Monaten. Nach 3 Monaten findet im Knochenlager eine Resorption und eine Auflösung in den Korngrenzen statt. Die resorptiven Vorgänge sind bei den außerhalb (im Knochenmark oder periostalen Bindegewebe) des Implantatlagers gelegenen Partikeln stärker ausgeprägt. Neben den mehrkernigen Riesenzellen auf dem kompakten oder spongiösen gebrannten Knochen liegen im angrenzenden Bindegewebe ein- und mehrkernige Makrophagen mit Keramikpartikeln oder auch Granulombildungen mit zentralen Keramikteilstücken. Nach 6 Monaten liegt eine knöcherne Einheilung der Abschnitte vor, die direkt im Bohrstollen liegen. Die außerhalb im Periost oder Knochenmark gelegenen Granulate sind bindegewebig eingeheilt. Das Kanälchensystem des Pyrost ist revaskularisiert. Freie, nicht vom Knochen bedeckte Flächen lassen auch nach 6 Monaten noch eine deutliche Resorption durch mehrkernige Riesenzellen erkennen.

Bio-Oss (antigenfreier, nicht gebrannter Kalbsknochen). Die Versuchszeiträume lagen bei 6 und 12 Wochen. Nach 6 Wochen ist das Kanälchensystem des kompakten Knochens revaskularisiert. Auf den Oberflächen sind nur inselartige Knochenbildungen benachbart des Lagerknochens ausgebildet. Die im Zentrum liegenden Knochen sind bindegewebig umscheidet. Zwischen Bindegewebe und Knochenoberfläche liegen mehrkernige Riesenzellen. Nach 12 Wochen ist der Bohrstollen knöchern durchbaut, die Knochenimplantate sind vollständig von Knochen umgeben. Die außerhalb des Bohrloches im Bindegewebe oder Knochenmark liegenden Knochenimplantate sind bindegewebig eingescheidet. Zwischen Bindegewebe und Implantatknochenoberfläche liegen mehrkernige Riesenzellen.

Diskussion

Über die Verwendung und die biologischen Eigenschaften der Kalziumphosphatkeramiken gibt es zahlreiche Publikationen in Form von Zeitschriftenartikeln, Habilitationen und Büchern. Unberücksichtigt blieb hierbei das Studium der physiologischen Hydroxylapatit-Knochenverbindung an Zahnkronen verlagerter Weisheitszähne. Bisher ist noch unklar, welche Voraussetzungen gegeben sein müssen, damit es am Schmelz zur Knochenbildung kommen kann. Nach den bisher vorliegenden Beobachtungen findet eine Knochenbildung nur an Stellen einer vorausgegangenen

Schmelzresorption statt. Freie, an das Knochenmark angrenzende Schmelz-
oberflächen sind frei von mehrkernigen Riesenzellen. Die Verbindung von
Schmelz und Knochen besteht aus einer verstärkt angefärbten Linie, wie sie
vom Knochen als sogenannte Kittlinie bekannt ist (Donath, 1986). Der
natürlichen Hydroxylapatit-Knochenverbindung verlagerter Weisheitszähne vergleichbare Verbindungen bestehen auch bei dichten synthetischen
Hydroxylapatitkeramiken und dem neugebildeten Knochen des Implantatlagers. Die Knochen-Keramik-Verbindungen bestehen bei dichten Keramiken in immobilen Implantationsarten, z. B. Augmentation oder in Knochen-
defektfüllungen. Die Resorptionsrate (Zahl der Riesenzellen) an den freien
Keramikoberflächen entspricht dem Knochen, das heißt nicht auf allen
knochenfreien Keramikoberflächen sind Riesenzellen nachweisbar. Für die
knöcherne Einheilung von synthetischen Hydroxylapatitkeramiken müssen
bestimmte pathophysiologische Parameter, wie sie auch in der Transplanto-
logie ihre Gültigkeit haben, erfüllt sein. Hierzu gehören im wesentlichen ein
ersatzstarkes (gut durchblutetes) Implantatlager, stabile Lagerung während
der Einheilungsphase und eine biochemische Stabilität des Implantates
(Donath, 1986).

Die Klassifizierung der Biomaterialien durch Osborn (1979) stiftet
Verwirrung, da in Abhängigkeit von der Reaktion des Implantatlagerkno-
chens drei verschiedene Implantatwerkstoffe – biotolerant, bioinert und
bioaktiv unterschieden werden. Die Reaktionsweise des Knochens wird als
materialspezifisch – Distanz-, Kontakt- und Verbundosteogenese – formu-
liert. Die hier formulierten Reaktionsweisen sind durch die unterschiedliche
Stabilität (mobil, immobil) des Implantates während der Einheilphase
erklärt. Dichtes Hydroxylapatitgranulat in mobilem Implantatlager heilt
bindegewebig ein (sogenannte Distanzosteogenese) (Donath et al., 1987a).

Verbundzone: Die Verbindung von Knochen und Keramikoberfläche
wird durch eine zelluläre Keramikresorption eingeleitet. Präosteoblasten
bilden Kollagenfasern, die senkrecht auf die Keramikoberfläche einstrahlen
(Donath et al., 1987a). Unklar ist bis heute, ob die Resorptionszellen (saure
Phosphatase positiv) sich in Präosteoblasten und Osteoblasten differenzieren können, oder ob ein Zellwechsel an der Keramikoberfläche stattfindet.

Nach Ganeles et al. (1985) besteht die Verbundzone elektronenmikro-
skopisch aus elektronendichtem amorphem, granulärem Material und ist
weitgehend frei von Kollagen. Die Breite der Verbundzone liegt zwischen
0,25 und 0,5 µm. Einen abweichenden Befund beschreibt Jarcho (1986), der
ebenfalls eine kollagenfaserfreie, stark mineralisierte Grundsubstanz in der
nur 0,05 bis 0,2 µm breiten Verbundzone beschreibt.

Resorption der Hydroxylapatitkeramik

Die zelluläre Resorption der Hydroxylapatitkeramiken steht in Abhängigkeit vom Implantationsort (Weichgewebe, Knochen) und von der Dichte der
Keramik. Die von Weinländer et al. (1987) angegebene Einteilung der
Kalziumphosphatkeramiken in resorbierbare und nicht resorbierbare entspricht nicht den hier vorliegenden Untersuchungsergebnissen. Alle unter-

suchten Hydroxylapatitkeramiken (auch Durapatite) sind in den Weichteilen resorbierbar. Die zelluläre Resorption der dichten Hydroxylapatitkeramiken ist histopathologisch identisch zum osteoklastären Knochenabbau, das heißt es handelt sich um einen zellvermittelten, aber extrazellulären Keramikabbau.

Im Gegensatz hierzu ist die sogenannte zellbedingte Phagozytose (Weinländer et al., 1987) zu sehen, die in Verbindung mit der Halisterese (Lösung der Keramik in den Korngrenzen durch Flüssigkeiten) abläuft. Auf der Keramikoberfläche und auch im angrenzenden Weichgewebe liegen ein- und mehrkernige mit Keramikpartikeln beladene Makrophagen. Besonders zu erwähnen ist die sogenannte Trümmer- oder Geröllzone an den Oberflächen der dichten und porösen Keramiken. Diese durch Halisterese bedingte Keramikanlösung kommt auch in der Knochenverbundzone durch die zackige Struktur zum Ausdruck.

Die Anlösung der Keramiken in den Korngrenzen sind besonders ausgeprägt bei den Trikalziumphosphat- und synthetischen porösen Hydroxylapatitkeramiken wie auch bei kalzinierten Knochen. Dichte Hydroxylapatitkeramiken und enteiweißter Kalbsknochen (Biooss) erweisen sich als stabiler.

De Groot (1980) sieht eine Abhängigkeit der Bioresorption in der chemischen Zusammensetzung (abhängig von der Sintertemperatur) und von der Porengröße.

Mehrkernige Riesenzellen

Bei dichten Hydroxylapatitkeramiken treten in der Einheilungsphase im knöchernen Implantatlager auf den Oberflächen ein- und auch mehrkernige Riesenzellen auf. Diese Riesenzellen enthalten keine Keramikpartikel im Zytoplasma und sind nach knöcherner Einheilung der Keramik nicht mehr nachweisbar. Bei der Transplantation von autologen avitalen Knochenbälkchen erfolgt ein Abbau durch Osteoklasten (Decker et al., 1979), und Reste dieser avitalen Knochenbälkchen sind im neugebildeten Knochen nachweisbar.

Dichte Hydroxylapatitkeramik zeigt nach den hier vorliegenden Untersuchungsergebnissen ein vergleichbares Einheilungsmuster zum avitalen autologen Knochen.

Eine Abwehrreaktion (Fremdkörperreaktion) des Organismus lösen Hydroxylapatitkeramiken nur in Weichteilen außerhalb des Knochens aus, die in einer proliferativen Entzündung, extrazellulären Resorption und einer Phagozytose besteht. Alle untersuchten Keramiken ließen eine zelluläre Resorption erkennen.

Knochenbildung

Alle untersuchten Hydroxylapatitkeramiken weisen keine osteogenetische Potenz auf. Auch bei dem Granulat Interpore 200 war keine osteogenetische Stimulation, wie sie von Kenney et al. (1986) in parodontalen Defekten beobachtet wurde, nachweisbar.

In der Einheilungsphase konnte bei keiner Hydroxylapatitkeramik ein sogenanntes implantofugales Knochenwachstum, wie von Köster et al. (1976) für Trikalziumphosphatkeramik oder für Hydroxylapatitkeramik (Osborn und Newesely, 1980) beschrieben, beobachtet werden (Donath et al., 1985).

Literatur

Decker S, Müller-Färber J, Decker B (1979) Die Knochenneubildung im autologen Spongiosatransplantat – morphologisch-experimentelle Untersuchung. Z Plast Chir 3 : 160

De Groot K (1980) Bioceramics consisting of calcium phosphate salts. Biomaterials 1 : 47

Donath K (1986) Ist die Osteointegration der Dentalimplantate abhängig vom Implantatmaterial? ZWR 11 : 1146

Donath K (1987) Die Trenn-Dünnschliff-Technik zur Herstellung histologischer Präparate von nicht schneidbaren Geweben und Materialien. Exakt-/Kulzer-Druckschrift, Norderstedt

Donath K, Breuner G (1982) A method for the study of undecalcified bones and teeth with attached soft tissues. J Oral Path 11 : 318

Donath K, Hörmann K, Kirsch A (1985) Welchen Einfluß hat die Hydroxylapatitkeramik auf die Knochenneubildung? Dtsch Z Mund-Kiefer-Gesichts-Chir 9 : 438

Donath K, Rohrer MD, Hörmann K (1987 a) Mobile and immobile hydroxylapatite integration and resorption and its influence on bone. Oral Implantol 13 : 120

Donath K, Rohrer MD, Beck-Mannagetta J (1987 b) A histologic evaluation of a mandibular cross section one year after augmentation with hydroxylapatite particles. Oral Surg 63 : 651 – 655

Ganeles J, Listgarten MA, Evian CI (1985) Ultrastructure of durapatite-periodontal tissue interface in human intrabony defects. J Periodontol 57 : 133

Jarcho M, Salsbury RL, Thomas MB, Doremus RH (1979) Synthesis and fabrication of β-tricalcium phosphate ceramics for potential prosthetic applications. J Mater Sci 14 : 142

Jarcho M (1986) Biomaterial aspect of calcium phosphates. Reconstr Implant Surg Implant Prosthodont 30 : 25

Kenney EB, Lekovic V, SaFerreira JC, Han T, Dimitrijevic B, Carranza jr FA (1986) Bone formation within porous hydroxylapatite implants in human periodontal defects. J Periodontol 57 : 76

Köster K, Karbe E, Kramer H, Heide H, Konig R (1976) Experimental bone replacement with resorbable calcium phosphate ceramic. Langenbecks Arch Chir 341 : 77

Newesely H (1984) Grundprinzipien bioreaktiver Implantatwerkstoffe. Zahn-Mund-Kieferheilkd 72 : 230

Osborn JF (1979) Biowerkstoffe und ihre Anwendung bei Implantaten. Schw Mschr Zahnheilkd 87 : 1138 – 1139

Osborn JF (1985) Implantatwerkstoff Hydroxylapatitkeramik. Quintessenz, Berlin

Osborn JF, Newesely H (1980) The material science of calcium phosphate ceramics. Biomaterials 1 : 108 – 111

Weinländer M, Grundschober F, Plenk H (1987) Tierexperimentelle Untersuchungen zur Auffüllung von Knochendefekten mit Hydroxylapatitkeramik. Z Stomatol 84 : 195 – 205

Anschrift des Verfassers: Prof. Dr. Dr. K. Donath, Abteilung für Oralpathologie, Universität Hamburg, Martinistraße 52, D-2000 Hamburg 20, Bundesrepublik Deutschland.

Zur Eignung verschiedener Hydroxylapatitgranulate für die restaurative Alveolarkammplastik

E. Dielert

Klinik und Poliklinik für Kieferchirurgie (Direktor: Prof. Dr. Dr. D. Schlegel) der Ludwig-Maximilians-Universität München, Bundesrepublik Deutschland

Mit 5 Abbildungen

Zusammenfassung

Seit Einführung der Hydroxylapatitaugmentation im Jahre 1978 vollzieht sich ein Wandel bei der Therapie hochgradiger Kieferatrophien. Obwohl für die Alloplastik noch keine gesicherten Langzeitergebnisse vorliegen, gibt es eine Vielzahl von Empfehlungen im Hinblick auf operatives Vorgehen, keramische Werkstoffe, Hilfsmittel und Nachbehandlung. Bei der zum Teil kontrovers geführten Diskussion gilt es naturwissenschaftliche Erkenntnisse mit den Forderungen des Klinikers an das Augmentationsmaterial in Einklang zu bringen.

Summary

Suitability of Different Hydroxylapatite Granules for Alveolar Ridge Augmentation. Since hydroxylapatite augmentation was introduced in 1978, the management of severe jaw atrophy has undergone considerable changes. While definitive long-terms results are not yet available for alloplastic augmentation, various surgical techniques, ceramic materials, auxiliaries and post-augmentation procedures have been recommended. In the ongoing and in part controversial discussion a reasonable balance must be reached between what is technologically feasible and what the clinicians expect of an augmentation material.

Schlüsselwörter: Dicht gesintertes Hydroxylapatitgranulat, makroporöses HA-Granulat, HA-Granulat mit Formstabilisator.

Key words: Dense sintered hydroxylapatite granules, macro-pore HA granules, stabilized HA granules.

Einleitung

Die zunehmende Abkehr von der restaurativen Alveolarkammplastik mit auto- und homologem Material (Dielert et al., 1985) ist durch drei Phasen gekennzeichnet. Anfang der siebziger Jahre empfahl Hubbard (1974) Hydroxylapatit-(HA-)Keramik für klinische Anwendungen. Die grundlegenden Arbeiten von Jarcho et al. (1976, 1977), Denissen (1979) sowie

Denissen et al. (1980) belegten Mitte der siebziger Jahre die besondere Eignung des praktisch nicht resorbierbaren HA als Knochenersatzwerkstoff. Darauf aufbauend setzte Kent ab 1978 (Kent et al., 1982b) dicht gesinterte Kalziumphosphatkeramik als Granulat bei der Kieferkammaugmentation ein. Sein operatives Vorgehen bei der Tunnelierungstechnik – ausgehend von zwei senkrecht zum Verlauf des Alveolarfortsatzes in der Prämolarenregion geführten Mukoperiostschnitten – basiert auf einer von Brachmann (1950, 1951) angegebenen Methode. Letzterer beschickte den bis zur Retromolarregion (UK) bzw. Tuberregion präparierten subperiostalen Tunnel mit frisch entnommenem Leichenknorpel.

Im deutschsprachigen Schrifttum wird ab 1985 über klinische Ergebnisse der HA-Augmentation berichtet. Stellvertretend hierfür seien die ersten Publikationen von Osborn (1985a–b), Krüger (1985) und der Münchener Arbeitsgruppe (Dielert et al., 1985; Fischer-Brandies und Dielert, 1985a–d) genannt.

Alloplastik

Der therapeutische Effekt der absoluten Kieferkammerhöhung ist neben richtiger Indikationsstellung, exakter chirurgischer Technik beim Granulataufbau einschließlich entsprechender Nachbehandlung auch abhängig von einem geeigneten Augmentationsmaterial. Die Vielzahl zum Teil divergierender therapeutischer Empfehlungen im Hinblick auf operatives Vorgehen und zu verwendender HA-Keramik führt dazu, daß bei dem noch jungen Verfahren die Uneinigkeit gegenüber der Einigkeit vorzuherrschen beginnt. Da der Erfolg jeder Alloplastik durch den Werkstoff mitgeprägt wird, können daraus resultierende Mißerfolge dem Verfahren nicht zur Last gelegt werden. Dem Zahnarzt, Chirurgen und Implantologen, der sich tagtäglich mit Werkstoffeigenschaften auseinandersetzen muß, diese jedoch nicht immer selbst bestimmen kann, sei deshalb zunächst bezüglich des Augmentationsmaterials eine Richtschnur an die Hand gegeben.

HA-Keramik

Zum Sicherstellen eines auf Dauer guten therapeutischen Effektes der Alloplastik darf das HA-Granulat keiner nennenswerten Resorption unterworfen sein. Im Tierversuch konnten wir nachweisen, daß es bei unbelasteter HA-Keramik mit Begleitphase (α/β-TCP) bereits nach kurzer Liegezeit zu einem Angriff der Oberflächen kommt (Dielert et al., 1987). Fremdphasen und Fremddionen, wie z. B. CO_3, setzen durch Störungen im Kristallgitter ihre Löslichkeit herauf (Le Geros et al., 1967; Jarcho, 1981; Okazaki et al., 1981). De Groot (1985) sowie Bauer et al. (1985, 1987) haben die Mechanismen der Resorption beschrieben.

Chemische Zusammensetzung

In Kenntnis dieser Zusammenhänge ist für einen resorptionsresistenten Implantatwerkstoff das Einhalten seiner theoretischen Zusammensetzung zu fordern, damit keine Zweitphase entstehen kann. Deshalb haben wir die Keramikhersteller immer wieder zur differenzierten Qualitätskontrolle ihrer Produkte aufgefordert. Die Analytik der Kristallstrukturen mittels Röntgendiffraktometrie und Infrarot-Spektrometrie in jüngster Zeit hat gezeigt, daß viele als HA-Keramik angebotene Präparate zum großen Teil Oxyapatit enthalten. Eine Zusammenstellung ist bei Fischer-Brandies et al. (1987) gegeben. Der Stöchiometrie entsprechend kann Oxyapatit nach der Reaktionsgleichung – $Ca_{10}(PO_4)_6O \rightarrow 2\,Ca_3(PO_4)_2 + Ca_4(PO_4)_2O$ – in TCP und Tetra-CP zerfallen.

Sinterbedingungen

Damit ist das Entstehen von begleitendem TCP und Tetra-CP beim Herstellen von HA-Keramik erklärt. Im Zuge der Abkühlung kommt es dann mit der Umwandlung der α- in die β-TCP-Phase zu einem Volumenschwund von 7,3%, der durch Spannungen im Gefüge zur Rißbildung führt. Deshalb muß das Sinterprogramm entsprechend abgestimmt sein. Keramiken zum beständigen Knochenersatz sollten zudem eine möglichst kleine Oberfläche aufweisen, das heißt dicht gesintert sein. Da die Gesamtoberfläche in die Resorptionsgeschwindigkeit eingeht, sind Mikroporen unerwünscht.

Dichtes/makroporöses Granulat

Nach de Groot (1985) führt Mikroporosität zu einer wesentlich stärkeren Oberflächenvergrößerung als Makroporosität. Bauer et al. (1987) messen zudem rein physikalischen Eigenschaften der Keramik wie Härte, Festigkeit, Verformbarkeit etc. im Hinblick auf ihre Resorptionsresistenz untergeordnete Bedeutung bei. Demgemäß bestehen aus naturwissenschaftlicher Sicht gegen den Einsatz von makroporösem HA-Granulat bei der Humanimplantation keine Bedenken.

Der Kliniker jedoch muß sich fragen, wie bei diesem Material
a) die von Misiek et al. (1983) aufgestellte Forderung nach Gratfreiheit erfüllt werden kann,
b) ob die beim Granulataufbau erreichbare primäre Packungsdichte ein konstantes Augmentationsergebnis sicherstellt,
c) ob die mechanischen Festigkeitswerte makroporöser Keramik der Prothesendruckbelastung auf Dauer standhalten können.

Granulatdesign

Misiek et al. (1983) haben an Hand von Tierversuchen aufgezeigt, daß scharfkantige HA-Keramik eine ständige Entzündungsreaktion der Lagergewebe unterhält. Die Forderung nach Gratfreiheit ist bei Makroporosität trotz abgerundeter Kontur des Granulates kaum zu erfüllen. So werden Makroporeneingänge bei der Nachbearbeitung in der Kugelmühle immer scharfkantig bleiben, woraus auch ein „Verhaken" im Applikator resultiert. Die REM-Aufnahme (Abb. 1 oben) läßt dies bei synthetischer Keramik erkennen. Natürliches korallines Material (Interpore 200™) zeigt diesbezüglich ein günstigeres Design (Abb. 1 unten).

Packungsdichte

Über die Packungsdichte gibt der Schüttversuch Auskunft. Auf Grund der unregelmäßigeren Kontur des makroporösen Werkstoffes (Osprovit® 1,8) bestehen intergranulär ausgedehnte Hohlräume (Abb. 2 oben). Beim dicht gesinterten Granulat (Allotropat® 50) besteht eine wesentlich günstigere Packungsdichte (Abb. 2 unten). Diese schlägt sich, wie klinische Erfahrun-

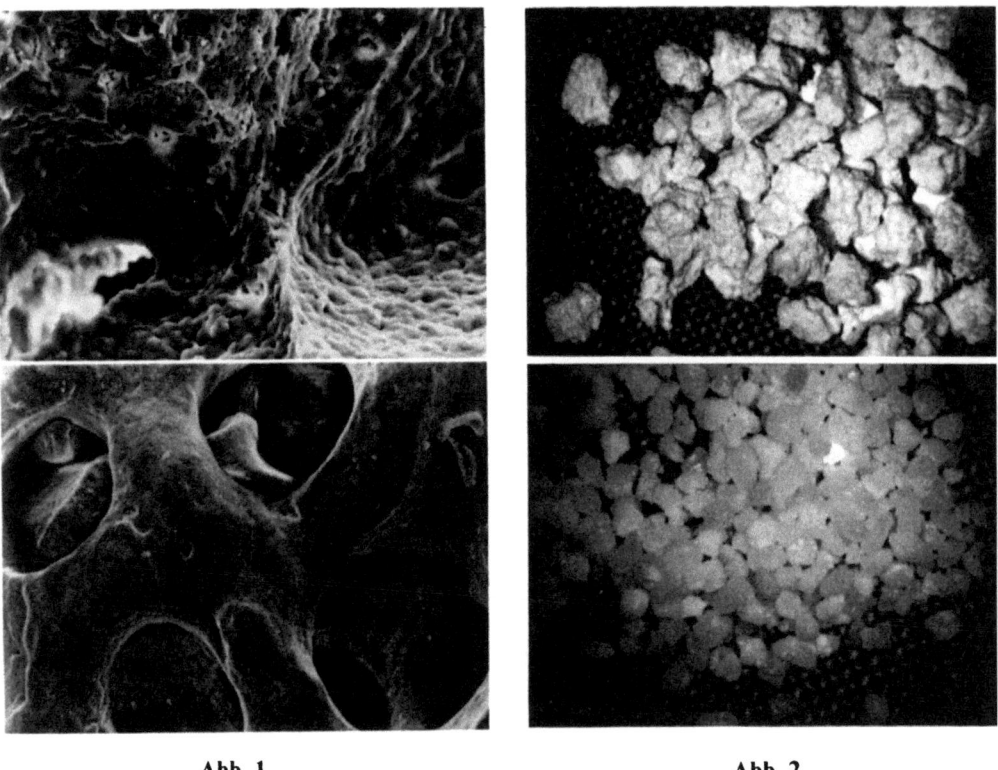

Abb. 1   **Abb. 2**

Abb. 1. Porendesign synthetischer Keramik (oben) und natürliches korallines Material (unten) REM-Aufnahme 500fach oben, 200fach unten

Abb. 2. Granulatdesign, Packungsdichte und Schüttkontur makroporöser (oben) und dicht gesinterter (unten) HA-Keramik

gen zeigen, in einer größeren Formkonstanz des Augmentates nieder. Die unregelmäßige, nicht weichteilgerechte Aufbaukontur bei makroporöser Keramik führt neben Entzündungsreaktionen zu einer dauernden mechanischen Irritation des deckenden Mukoperiostes. Daraus können zum Teil

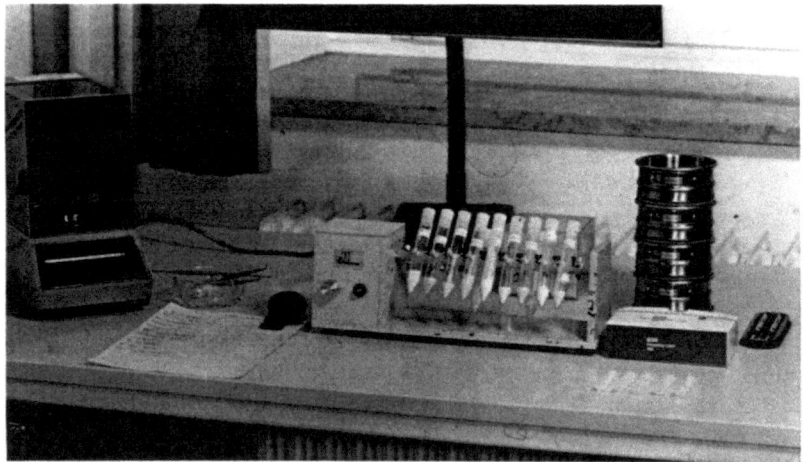

Abb. 3. Versuchsanordnung zum Bestimmen der mechanischen Festigkeit (Schüttel-versuch)

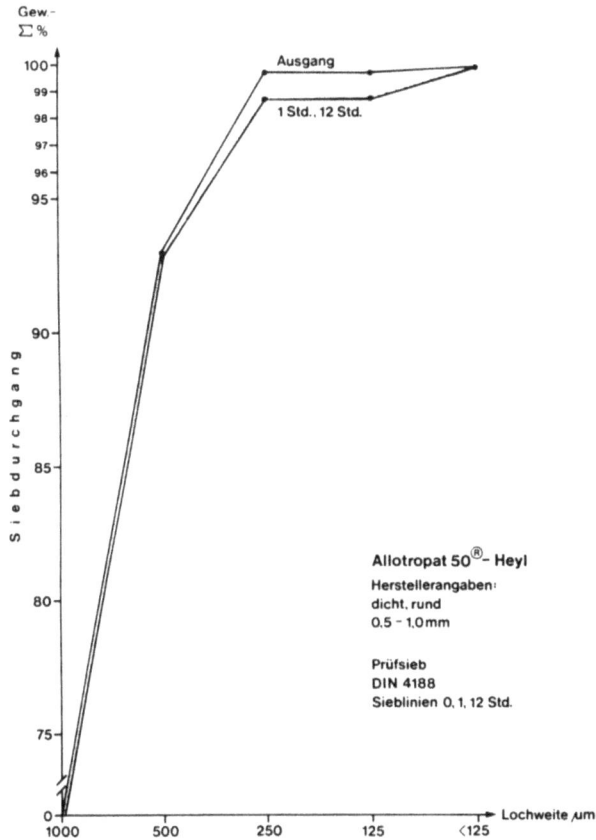

Abb. 4. Sieblinien mit einem Größtkorn von 1,0 mm bei 0, 1 und 12 Stunden Schüttlerexposition

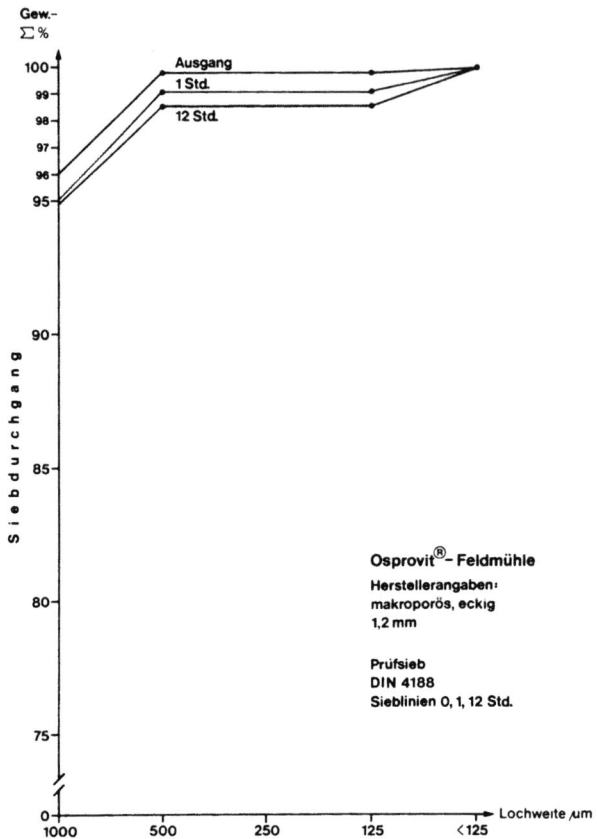

Abb. 5. Sieblinien mit einem Größtkorn von 1,2 mm bei 0, 1 und 12 Stunden Schüttlerexposition

heftige Schmerzen bei Prothesendruckbelastung resultieren, gefolgt von der Unfähigkeit, den Zahnersatz einer Funktion zuzuführen.

Mechanische Festigkeit

Es verbleibt die Frage nach ausreichenden mechanischen Festigkeitswerten für druckbelastete Zonen. Da vergleichende Meßwerte für unterschiedliche Keramik (dicht/makroporös) nur schwer zu ermitteln sind, griffen wir auf den Schüttelversuch zurück. Hierbei werden die zu analysierenden Granulate (Tabelle 1) in Reagenzgläser eingewogen (jeweils 2,5 g) und nach deren Verschließen in einem Schüttler (Abb. 3) fixiert. Bei einer konstanten Umdrehungszahl von 60/min ist deren Inhalt 120 × /min dem freien Fall ($g = 9,81 \text{ m/s}^2$) ausgesetzt. Wenn es hierdurch zu einer Zerstörung von Granula kommt, dann ist die veränderte Kornzusammensetzung nach DIN 4188 im Siebversuch bestimmbar. Zum Bestimmen der Ausgangsfraktion und der Kornzusammensetzung nach einer bzw. 12 Stunden Schüttlerexposition wurden die übereinandergestellten DIN-Prüfsiebe (Abb. 3) je-

Tabelle 1. Sieblinienflächen für analysierte Proben und Siebdurchgangsfraktionen nach 0, 1 und 12 Stunden Schüttlerexposition

	Ausg. $F_{Trapez\,\Sigma}$	1^h $F_{Trapez\,\Sigma}$	12^h $F_{Trapez\,\Sigma}$	Ausg.-1^h $F_{Trapez\,\Sigma}$	1^h–12^h $F_{Trapez\,\Sigma}$	Ausg.-12^h $F_{Trapez\,\Sigma}$
HA – Friedrichsfeld dicht, eckig	400	399,58	399,58	0,42	0,00	0,42
Allotropat 50 – Heyl dicht, rund	342,56	340,72	340,72	1,84	0,00	1,84
Calcitite – Calcitek dicht, rund	342,36	341,76	340,28	0,60	1,48	2,08
Interpore 200 – Interpore makroporös, eckig	349,10	346,12	344,84	2,98	1,28	4,26
HA – FU – Amsterdam dicht, rund	351,66	348,88	347,24	2,78	1,64	4,42
Osprovit – Feldmühle makroporös, eckig, 1,2 mm	397,6	394,86	393,16	2,74	1,70	4,44
Alveograf – Cook – Waite dicht, eckig	332,29	330,38	324,77	1,91	5,61	7,52
HA – HEYL dicht, eckig	348,40	339,08	336,80	9,32	2,28	11,60
Osprovit – Feldmühle makropörös, eckig, 1,8 mm	399,02	389,96	386,10	9,06	3,86	12,92

Tabelle 2. Sieblinienflächen der Tabelle 1 in bezug zu HA-Friedrichsfeld (0,42 = 1) mit Wertung für Anwendungsbereiche in druckbelasteten Zonen

	Ausg.-1^h $F_{Trapez\,\Sigma}$ Bezug HA-Fried.	Ausg.-12^h $F_{Trapez\,\Sigma}$ Bezug HA-Fried.	
HA – Friedrichsfeld dicht, eckig	1	1	
Allotropat 50 – Heyl dicht, rund	4,4	4,4	Unbedenklich
Calcitite – Calcitek dicht, rund	1,4	4,95	
Interpore 200 – Interpore makroporös, eckig	7,1	10,1	
HA – FU – Amsterdam dicht, rund	6,6	10,5	Bedingt brauchbar
Osprovit – Feldmühle makroporös, eckig, 1,2 mm	6,5	10,6	
Alveograf – Cook – Waite dicht, eckig	4,5	17,9	
HA – HEYL dicht, eckig	22,2	27,6	Bedenklich
Osprovit – Feldmühle makropörös, eckig, 1,8 mm	21,6	30,8	

weils über 15 Sekunden auf einen Rüttler gegeben. Der Siebdurchgang bei 1000, 500, 250, 150, 125, < 125 µm Lochweite wird mit der Analysenwaage (Abb. 3) bestimmt. Das Eintragen der Meßwerte für die Kornanteile ergibt die Sieblinien (Abb. 4 und 5). Die Sieblinienflächen werden nach $F_{Trapez}\sum = S_0/2 + S_1 + S_2 + S_3 + S_4/2$ berechnet und sind in Tabelle 1 für analysierte Proben und Fraktionen eingetragen. Der besseren Übersicht halber sind die Werte für Ausgang – 1 h und Ausgang – 12 h in Tabelle 2 in Bezug zum festesten Granulat (= 1) – HA-Friedrichsfeld – gesetzt.

Diskussion

Die Wertung ist unbedenklich, bedingt brauchbar sowie bedenklich erfolgt für HA-Anwendungsbereiche in druckbelasteten Zonen und hat bei mechanischer Ruhe (z. B. Zystenfüllung) weniger Gewicht. Da bereits geringe Abweichungen im Herstellungsverfahren selbst bei gleichen Ausgangssubstanzen zu verschiedenen Endprodukten (siehe vorne) führen können, gelten die vorgelegten Ergebnisse nur für untersuchte Chargen. Die Sieblinien in Abb. 4 für Allotropat® 50 zeigen nach einer Stunde einen gegenüber der Ausgangsfraktion veränderten Siebdurchgang. Da sich dieser nach weiterer 11stündiger Schüttlerexposition jedoch nicht mehr verändert (deckungsgleiche Linien, Tabelle 1), ist der Einstundenwert auf das Brechen von Kanten an der Oberfläche zurückzuführen, wodurch Granula in das nächstfeinere Prüfsieb gelangen. Zu einer Zerstörung der dichtgesinterten Keramik kommt es nicht. Ganz anders liegen die Verhältnisse beim makroporösen Osprovit® (Abb. 5). Der genannte Effekt kann auch hier für den Einstundenwert zumindest teilweise in Rechnung gestellt werden (Tabelle 1). Bei weiterer Schüttlerexposition besteht jedoch ein kontinuierlicher Zerfall der Keramikpartikel. Zudem kommt der Versuchsaufbau dem makroporösen Granulat (Teilchengröße 1,2 mm) entgegen, da als größte Lochweite 1000 µm gewählt wurden, wodurch sich auch der unterschiedliche Ausgang der Sieblinien von Allotropat® 50 (Teilchengröße 0,5 bis 1 mm) erklärt. In Tabelle 2 verhalten sich die mechanischen Festigkeitswerte von Allotropat® 50 : Osprovit® 1,2 = 2,4 : 1. Deshalb kann nur dicht gesinterte Keramik bei der Augmentation stark atrophischer Kiefer zur Anwendung gelangen und als unbedenklich eingestuft werden. Auffallend ist jedoch, daß 3 dichte Granulate die Bewertung bedingt brauchbar und bedenklich erfahren müssen (Tabelle 2). Das untermauert die Forderung nach Reinheit der Ausgangssubstanzen, genau abgestimmtem Sinterprogramm und Qualitätskontrolle durch die Hersteller.

Nachdenklich stimmt es, wenn von einigen Autoren immer noch poröses Granulat für die Kieferaugmentation empfohlen wird. Osborn et al. (1986 a), Osborn (1987) räumen ihm gegenüber dicht gesintertem sogar Vorteile ein, obwohl Schweiberer et al. (1967), Schweiberer (1970) sowie Donath et al. (1985) immer wieder darauf hingewiesen haben, daß Hydroxylapatit osteogenetisch unwirksam ist. Die Empfehlung von Osborn et al. (1986 a) „vorläufige Prothese ohne Belastung nach 6 Wochen, definierte Prothese mit Teilbelastung nach 9 Wochen und Vollbelastung ab 12 Wochen" mag der Vorstellung entsprechen, daß in diesen Zeiträumen eine Verfestigung des Aufbaus im Sinne der Composite-Werkstoff-Mechanik von Andrews (1980) und Harris (1980) zustande kommt. Bei geringer Packungsdichte (Abb. 2 oben) und unzureichenden mechanischen Festigkeitswerten (Tabelle 1 und 2) der Keramik läuft jedoch bereits vor Ausdifferenzierung in intergranuläre Freiräume und Makroporen eingesproßter Gewebe eine Zerstörung der Granula ab. Ihre vollständige Durchwachsung ist bei dem nicht interkonnektierenden Porensystem (blind endende Pore rechts in Abb. 1 oben) ohnehin nicht möglich.

Eine weitere Verlängerung der Prothesenkarenz nimmt Osborn hin, wenn er die einzeitige Augmentation aufgibt und das zweizeitige Vorgehen empfiehlt (Osborn et al., 1986 b). Die 2- bis 3 wöchige Vorpflanzungszeit von weichbleibendem Kunststoff – Krüger (1985) verwendet Silikonkörper – zur Ausbildung einer dickeren Weichgewebsdecke für das sekundäre Augmentat mag bei dem scharfkantigen Granulat und der unregelmäßigen Kontur des Aufbaus (Abb. 2 oben) von Vorteil, ja sogar zwingend notwendig sein. Beim einzeitigen Vorgehen sind jedoch Eingliederung des definitiven Zahnersatzes und Belastung nach 4 bis 5 Wochen möglich, wenn dicht gesinterte Keramik (0,5 bis 1,0 mm Durchmesser) zur Implantation gelangt. Diese Werkstoffabhängigkeit der Alloplastik ist durch 250 eigene totale Augmentationen im Oberkiefer und Unterkiefer belegt.

Eine, beim zweiphasigen Vorgehen, zum Zeitpunkt des definitiven Aufbaus bereits in Ausbildung begriffene periimplantäre Narbe kann unter Umständen zu behinderter bindegewebiger Durchwachsung intergranulärer Räume und geringerer knöcherner Durchbauung der untersten Granulatlagen führen. Mangelnde Gestalts- und Ortsfestigkeit des Augmentates unter Prothesendruckbelastung wären die Folge. Auch die klinischen Ergebnisse von Kieferkammaugmentationen, bei denen das Granulat in einem formgebenden Vicrylnetzschlauch zu liegen kommt (Härle, 1985; Wiese et al., 1986), bleiben abzuwarten. Zum Zeitpunkt der Resorption des Polyglactins besteht ebenfalls bereits eine periimplantäre Narbe.

Sicher kommen dem zweiphasigen Vorgehen (präformiertes Implantatlager) und dem Vicrylnetz insofern Bedeutung zu, als sie Granulatdislokationen während der Augmentation vermeiden helfen. In der zitierten Arbeit stellten Kent et al. (1982 b) fest, daß es bei ihren Patienten in jedem achten Fall zur Dislokation von Granulat gekommen war. Dieser versuchen sie durch das Eingliedern von Verbandsplatten (Kent und Zide, 1984) zu begegnen. In der Folgezeit kommen Gips (Stoelinga, 1985; Nentwig und Kniha, 1986) und das Fibrinklebesystem (Bochlogyros et al., 1985) zur Formstabilisierung des Granulataufbaus zum Einsatz. Osborn (1983) hat nachgewiesen, daß der Fibrinkleber das Einwachsen ortsständigen Gewebes in die intergranulären Räume hemmt. Der 20%ige Zusatz von Gips zur Keramik macht ihre Durchbauung bis zur Resorption des Bindemittels unmöglich und ist konsekutiv von einer entsprechenden Höhenminderung des Aufbaus begleitet. Zudem hat Busch (1985) die unzureichende Biokompatibilität des Gipses eindrucksvoll belegt. Bei der Auffüllung zystischer Hohlräume ergab sich eine nahezu 50%ige Komplikationsrate. Die genannten Probleme können eliminiert werden, wenn Kollagen als Formstabilisator für dicht gesintertes Granulat dient. Ein Gemisch aus 95% Kollagen Typ I und 5% Typ III entspricht weitgehend der kollagenen Matrix des natürlichen Knochens. Bei den vorgeformten Blöcken (Alveoform®) ist die Applikation des Augmentates im subperiostalen Tunnel erleichtert, womit primärer Migration begegnet werden kann (Mehlisch et al., 1987). Da die Blöcke unter Sicht positioniert werden müssen, ist jedoch eine umfangreichere Deperiostierung als beim Aufbau mittels Applikator erforderlich. Diese Deperiostierungszonen können zu größeren postoperativen Schwellungszuständen führen und sekundäre Granulatdislokationen begünstigen. Limitiert ist die Alveoform®-Augmentation sicher durch den Preis, der bis heute mehr als 3mal höher liegt als bei gleicher Menge nicht gebundenen Granulats.

Ob Gestalts- und Ortsfestigkeit des HA-Aufbaus unter Prothesendruckbelastung durch die Beimengung von autologer Spongiosa zum Granulat – wie von Kent et al. (1982a) angegeben – günstig beeinflußt werden können, dürfte abschließend nicht geklärt sein. Einer der Vorteile der Alloplastik – Fortfall der Entnahmeoperation – ist durch den Eingriff am Beckenkamm aufgehoben. Wir wenden Gemische HA/autologe Spongiosa (1:1 bis 1:2) nur bei hochgradiger Unterkieferatrophie mit drohender Spontanfrakturgefahr an. Kent und Zide (1984) konnten im Tierversuch belegen, daß der Knochenabbau durch beigemengtes, nicht resorbierbares HA reduziert wird.

Eine gute Formstabilität des Aufbaus läßt sich aber auch allein über entsprechende Gestaltung der Granula erreichen, wobei die Vorzüge des einzeitigen Verfahrens bestehen bleiben und die Nachteile durch Hilfsmittel wie Gips, Fibrinkleber sowie Vicrylnetz entfallen. Hierbei sind zwei Anforderungen an das Granulat zu erfüllen.

a) Seine Partikelgrößen müssen so aufeinander abgestimmt sein, daß eine dichte Packung nach dem „Schotterprinzip" gewährleistet wird.

b) Die Körner müssen trotz abgerundeter Kontur vieleckig sein, damit eine gute intergranuläre Friktion zustande kommt.

Diese Forderungen des Implantologen hinsichtlich Ortsstabilität der Granula sowie Gestaltsfestigkeit des Aufbaus werden z.B. von der HA-Keramik Allotropat® 50 erfüllt. Bei entsprechender chirurgischer Technik ist der neue Kieferkamm direkt nach dem Aufbau manuell nicht mehr verformbar. Die dicht gesinterte Keramik besitzt eine hohe Degradationsresistenz und verfügt über mechanische Festigkeitswerte (Tabelle 2), die Prothesendruckbelastungen auf Dauer standhalten können.

Literatur

Andrews EH (1980) Fracture. In: Vincen JFV, Currey JDS (eds) The mechanical properties of biological materials. Cambridge University Press, Cambridge, pp 13–35

Bauer G, Fellows BJ, Oel HJ (1985) Phasen-Entstehung und -Umwandlung bei der Herstellung bioaktiver keramischer Werkstoffe. DVM.6. Vortragsreihe des DVM-AK „Implantate": Bioaktive Werkstoffe – chemische und physikalische Reaktionen, S 93

Bauer G, Donath K, Dumbach J, Sitzmann F, Spitzer WJ (1987) Vergleich verschiedener Calciumphosphat-Keramiken zum Knochenersatz. Z Zahnärztl Implantol 3:301

Bochlogyros PN, Hensher R, Becker E, Zimmermann E (1985) A modified hydroxylapatite implant material. J Max Fac Surg 13:213

Brachmann GB (1950) Die plastische Wiederherstellung des zahnlosen unteren Alveolarfortsatzes durch frischen Leichenknorpel zwecks besserer prothetischer Versorgung. Stomatologija (Moskau) 1:24

Brachmann GB (1951) Die plastische Wiederherstellung des zahnlosen unteren Alveolarfortsatzes durch frischen Leichenknorpel zwecks besserer prothetischer Versorgung. Dtsch Zahn-Mund-Kieferheilkd 15:395

Busch HP (1985) Kalziumsulfat – ein Knochenersatzmittel? Dtsch Zahnärztl Z 40:678

De Groot K (1985) Die klinische Anwendbarkeit von Calciumphosphat-Keramiken. Zahnärztl Mitt 75:1938

Denissen HW (1979) Dental root implants of apatite ceramics. Acedemisch Proefschrift, Amsterdam

Denissen HW, van Dijk HJA, de Groot K, Klopper PJ, Vermeiden JPW, Gehring AP (1980) Biological and mechanical evaluation of dense calcium hydroxylapatite made by continous hot pressing. In: Hastings GW, Williams DF (eds) Mechanical properties of biomaterials. J Wiley, Chichester

Dielert E, Fischer-Brandies E, Nentwig HG (1985) Ein Wandel bei der Indikationsstellung zur aufbauenden Kammplastik. Dtsch Z Mund-Kiefer-Gesichts-Chir 9:305

Dielert E, Fischer-Brandies E, Bagambisa F (1987) Zur Morphologie biologischer und synthetischer Apatitstrukturen. Z Zahnärztl Implantol 3:94

Donath K, Hörmann K, Kirsch A (1985) Welchen Einfluß hat die Hydroxylapatitkeramik auf die Knochenneubildung? Dtsch Z Mund-Kiefer-Gesichts-Chir 9:438

Fischer-Brandies E, Dielert E (1985 a) Der Alveolarkammschwund – therapeutische Möglichkeiten und Perspektiven. Quintessenz J 36:441

Fischer-Brandies E, Dielert E (1985 b) Die absolute Alveolarkammerhöhung mit Hydroxylapatit eine Alternative zum zahnärztlichen Implantat. Fortschr Zahnärztl Implantol 1:254

Fischer-Brandies E, Dielert E (1985 c) Hydroxylapatit in der präprothetischen Chirurgie. Zahnärztl Mitt 75:2429

Fischer-Brandies E, Dielert E (1985 d) Clinical use of tricalciumphosphate and hydroxylapatite in maxillo-facial surgery. J Oral Implantol 12/1:40

Fischer-Brandies E, Dielert E, Bauer G (1987) Zur Morphologie synthetischer Calciumphosphat-Keramiken in vitro. Z Zahnärztl Implantol 3:87

Härle F (1985) Der Oberkieferaufbau mit Hydroxylapatit und gleichzeitiger submuköser Vestibulumplastik nach Obwegeser beim Schlotterkamm. Indikation, Technik, Probleme und Ergebnisse. Vortrag auf dem 2. Kölner Hydroxylapatitkeramik-Symposion

Harris B (1980) The mechanical behaviour of composite materials. In: Vincent JFV, Currey JD (eds) The mechanical properties of biological materials. Cambridge University Press, Cambridge, pp 37–74

Hubbard WG (1974) Physiological calcium phosphates as orthopedic biomaterials. Diss Abstractes Internat 35

Jarcho M, Bolen CH, Thomas MB, Bobick J, Kay JF, Doremus RH (1976) Hydroxylapatite synthesis and characterization in dense polycristalline form. J Mat Sci 11:2027

Jarcho M, Kay JF, Gumaer KI, Doremus RH, Drobeck HP (1977) Tissue, cellular and subcellular events at a bone-ceramic hydroxylapatite interface. J Bioengin 11:79

Jarcho M (1981) Calcium phosphate ceramics as hard tissue prosthetics. Clin Orthop 157:259

Kent JN, Cook SD, Quinn JH, Thomas K (1982a) Radiographic evaluation of alveolar ridge augmentations with hydroxylapatite. Presented at meeting, International Association for Dental Research, and American Association for Dental Research, New Orleans, Louisiana

Kent JN, Quinn JH, Zide MF, Finger IM, Jarcho M, Rothstein SS (1982b) Correction of alveolar ridge deficiencies with nonresorbable hydroxylapatite. J Am Dent Ass 105:993

Kent JN, Zide MF (1984) Wound healing: Bone and biomaterials. Otolaryngol Clin N Am 17/2:0

Krüger E (1985) Alveolarkammaufbau im Unterkiefer mit Hydroxylapatit-Keramik. Dtsch Z Mund-Kiefer-Gesichts-Chir 9:194

Le Geros RZ, Trautz OR, Le Geros JP, Kleine E, Shirra WP (1967) Apatite crystallites: Effects of carbonate on morphology. Science 155:1409

Mehlisch DR, Taylor TD, Leibold DG, Hiatt R, Waite DE, Waite PD, Laskin DM, Smith ST, Koretz MM (1987) Evaluation of collagen/hydroxylapatite for augmenting deficient alveolar ridges: A preliminary report. J Oral Max Fac Surg 45:408

Misiek DJ, Kent JN, Carr RF, Saal CJ (1983) The soft tissue response to different shaped hydroxylapatite particles. J Dent Res 62:237

Nentwig GH, Kniha H (1986) Die Rekonstruktion lokaler Alveolarfortsatzrezessionen im Frontzahnbereich mit Kalziumphosphatkeramik. Z Zahnärztl Implantol 2:80

Okazaki M, Moriwaki Y, Aoba T, Doi Y, Takahashi T (1981) Solubility behavior of CO_3 apatites in relation to crystallinity. Caries Res 15:477

Osborn JF (1983) Die enossale Implantation von Hydroxylapatit-Keramik unter Verwendung des Fibrinklebesystems. Dtsch Zahnärztl Z 38:956

Osborn JF (1985a) Die Alveolar-Extensions-Plastik (I). Neue Operationsverfahren zur Behandlung des alveolären Kollapses und der gratartigen Alveolarfortsatzatrophie. Quintessenz 36:9

Osborn JF (1985b) Die Alveolar-Extensions-Plastik (II). Neue Operationsverfahren zur Behandlung des alveolären Kollapses und der gratartigen Alveolarfortsatzatrophie. Quintessenz 36:239

Osborn JF, Brecht G, Kapovits M, Stuckenholz CA (1986a) Die computertomographische Analyse von Unterkieferaugmentaten aus Hydroxylapatitkeramik-Granulat. Coll Med Dent 30:165

Osborn JF, Kapovits M, Karl P (1986b) Die zweizeitige Augmentation des atrophischen Kiefers mit Hydroxylapatitkeramik-Granulat. Coll Med Dent 30:149

Osborn JF (1987) Hydroxylapatitkeramik-Granulate und ihre Systematik. Zahnärztl Mitt 77:840

Schweiberer L, Abel-Doenecke H, Hofmeier G, Müller I, Wörner D (1967) Der osteogenetische Wert des heterologen Macerationsspanes nach Maatz und Bauermeister (Kieler Span). Chirurgica Plastica 4:33

Schweiberer L (1970) Experimentelle Untersuchungen von Knochentransplantaten mit unveränderter und mit denaturierter Knochengrundsubstanz. Springer, Berlin Heidelberg New York (Hefte Unfallheilkd 103)

Stoelinga PJW (1985) Die Augmentation im Molarenbereich des Unterkiefers mit Hydroxylapatit und gleichzeitiger Sandwich-Osteotomie im Symphysenbereich, Vortrag, 2. Kölner Hydroxylapatitkeramik-Symposion

Wiese G, Merten HA, Luhr HG (1986) Die Hydroxylapatit-Vicrylnetzplastik. Klinische Ergebnisse und tierexperimentell histologische Untersuchungen der Unterkieferaugmentation. Vortrag, 3. Hydroxylapatitkeramik-Symposium, Amsterdam

Anschrift des Verfassers: Professor Dr. Dr. E. Dielert, Klinik und Poliklinik für Kieferchirurgie, Ludwig-Maximilians-Universität München, Lindwurmstraße 2a, D-8000 München 2, Bundesrepublik Deutschland.

Hydroxylapatitkeramik auf Knochenbasis

G. Bauer[1], K. Donath[2], J. Dumbach[3], E. Kroha[4], F. Sitzmann[5], W. J. Spitzer[3] und F. Vizethum[1]

[1]Institut für Werkstoffwissenschaften III – Glas und Keramik
(Lehrstuhlinhaber: Prof. Dr. H. J. Oel) der Universität Erlangen-Nürnberg,
[2]Institut für Pathologie der Universität Hamburg,
[3]Klinik und Poliklinik für Kieferchirurgie der Universität Erlangen-Nürnberg,
[4]Städtisches Krankenhaus, Bayreuth,
[5]Abteilung für Zahnärztliche Chirurgie und Röntgenologie der Universität Ulm,
Bundesrepublik Deutschland

Mit 3 Abbildungen

Zusammenfassung

Durch ein neues Präparationsverfahren gelingt es, aus Spongiosaknochen eine Hydroxylapatitkeramik herzustellen, die die Festigkeit des Knochens und darüber hinaus die gleiche Mineralphase, die identische Porenstruktur sowie dieselbe chemische Zusammensetzung aufweist. Der Tierversuch belegt die Integration der Keramik durch Einbau in die Corticalis bzw. knöchernen Überzug im Bereich der Spongiosa.

Summary

Bone-derived Hydroxylapatite Ceramic. Using novel preparative technology, a new type of hydroxylapatite ceramic can be produced from cancellous bone. This material has the same strength as bone and the same mineral phase, pore structure and chemical composition. Animal experiments showed the ceramic material to be fully integrated into cortical bone and overgrown by vital bone tissue in cancellous bone areas.

Schlüsselwörter: Bioaktive Keramik, Hydroxylapatitkeramik, Knochenkeramik.

Key words: Bioactive ceramic, hydroxylapatite ceramic, bone ceramic.

Einleitung

Für die absolute Erhöhung des Unterkiefers wurden bisher poröse Hydroxylapatitkeramikblöcke (HA) eingesetzt. Vereinzelte Schwierigkeiten mit diesem Material ergaben sich wegen des typischen Porengefüges; die für das Einwachsen der Kollagenfasern geforderten Makroporen werden durch Schaumbildner oder durch ausbrennbare bzw. flüchtige Füllmassen in die keramische Rohform eingebracht. Dabei ist ein interkonnektierendes Porensystem ohne Einschnürungen unter den gewünschten Mindestdurchmesser von 100 μm schwer erreichbar. Das führte zum Teil dazu, daß es bei ungenügender Versorgung des Blockinneren zur Infektion kam.

Die gewünschte Porenstruktur bieten bisher Hydroxylapatitblöcke, die aus Korallen hergestellt werden (Interpore® von Herdlicka Medizintechnik GmbH) oder die aus Spongiosaknochen gesintert werden (Pyrost® der Fa. Oscobal AG), letztere erreichen jedoch bisher keine ausreichende Druckfestigkeit, so daß sie für den Kieferaufbau nicht geeignet erscheinen.

Problemstellung

Für den Einsatz bei der absoluten Kieferkammerhöhung und bei der Überbrückung von Knochendefekten können poröse HA-Keramiken dann einen wertvollen Dienst erweisen, wenn die Keramik ein interkonnektierendes Porensystem ohne Einschnürung unter den geforderten Mindestdurchmesser von 100 μm aufweist und gleichzeitig einer ausreichenden Druckbelastung standhält. Für den Einsatz im Unterkiefer wird darüber hinaus die Forderung nach Resorptionsbeständigkeit erhoben, während bei anderen Anwendungszwecken eine gezielte Resorption wünschenswert wäre. Die Lösung dieser Anforderung ist das Thema dieser Arbeit.

Methodik

Ausgangsmaterial für eine Keramik mit dem interkonnektierenden Porensystem war wie im Fall von Pyrost® tierischer Knochen. Die Herstellung der eigenen Knochenkeramik unterscheidet sich von Pyrost® durch ein wesentlich schonenderes Sinterverfahren, so daß das Endprodukt je nach den eingestellten Bedingungen auch Druckfestigkeiten aufweist, wie sie am tierischen Spongiosaknochen gemessen werden.

Damit kann dem Organismus ein Präparat angeboten werden, das unter geeigneten Sinterbedingungen aus phasenreinem Hydroxylapatit besteht, die gleiche Porenstruktur aufweist, wie sie unter physiologischen Bedingungen aufgebaut wird (siehe Abb. 1), und darüber hinaus auch chemisch exakt die gleiche Zusammensetzung besitzt, wie sie in der Natur innerhalb der üblichen Schwankungsbreiten von Individuen vorkommt.

Die Porendurchmesser sind davon abhängig, von welcher Tierart und aus welchem Bereich der Spongiosaknochen entnommen wird. Übliche Porendurchmesser aus Rinderknochen liegen im Bereich um 500 μm, so daß nach der Faustregel von de Groot, wonach eine vitale Integration bis in die Tiefe vom 10fachen Porendurchmesser erfolgt, mit einer vitalen Versorgung von Knochenkeramikblöcken, z. B. für den Einsatz im Unterkiefer, auszugehen ist (de Groot, 1985).

Die gemessenen Festigkeiten liegen im Bereich der Belastbarkeit von Spongiosaknochen, wobei anzumerken ist, daß es große Unterschiede gibt in Abhängigkeit von der Richtung. Der Knochen zeigt einen Aufbau, der für die physiologischen Anforderungen optimiert ist: dazu zählt eine hohe Druckbelastung in Richtung der Knochen und hohe Biegemomente senk-

recht dazu. Bei der schonenden Herstellung von Keramik aus Knochen
bleibt die Ausrichtung erhalten.

Die Druckfestigkeit in Lastrichtung des zugrundeliegenden Knochens
weist Werte wie tierischer Spongiosaknochen auf, dabei erfolgt bei Über-
schreitung der Grenzlast Sprödbruch, die aufbringbare Last fällt danach
dramatisch ab. Senkrecht zur Lastrichtung des Knochens tritt bei Erreichung der Grenzspannung ein Zerpressen der Keramik auf, wobei kein
Abfall in der Spannung zu messen ist.

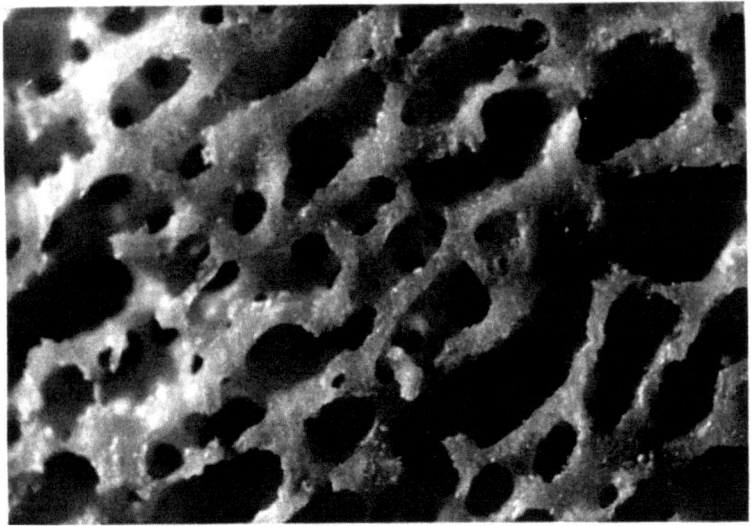

Abb. 1. Porenstruktur einer Knochenkeramik. Vergrößerung 10fach

Die am Spongiosaknochen und der Keramik gemessenen Festigkeiten
liegen unter den Versuchsbedingungen bei 7,5 MPa.

Wie die Erfahrung mit autologem Knochenersatz lehrt, ist diese
Festigkeit für die meisten klinischen Bedürfnisse ausreichend. Da zudem
davon auszugehen ist, daß ein Knochenersatzmaterial mit den genannten
Eigenschaften vital integriert und knöchern ausgebaut wird, steigt die
nutzbare Festigkeit des Implantats an, da es sich anschließend um einen
Verbundwerkstoff zwischen anorganischer Matrix und vitalen Kollagenfasern des Knochens bzw. des Weichgewebes handelt.

Tierversuche am Kaninchen und Hund zeigen die fast vollständige
knöcherne Integration der Keramik.

Im Bereich der Corticalis wird das Implantat in die neugebildete
Corticalis integriert (siehe Abb. 2). Bei Implantation im Markraum erfolgt
nur ein dünner Überzug von neugebildetem Knochen über das Implantat
(siehe Abb. 3).

In Zonen, in denen sich das Implantat über die Corticalis erhebt, werden
stellenweise Bindegewebseinscheidungen beobachtet, dort kann auch Ma-
krophagentätigkeit nachgewiesen werden.

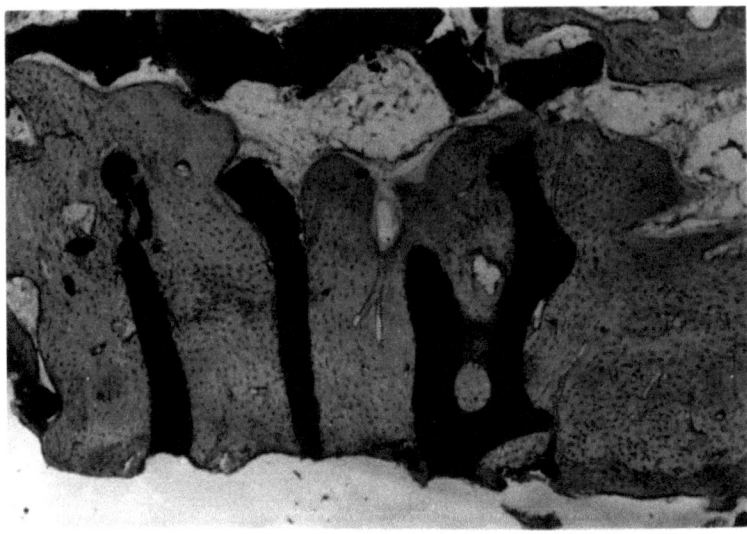

Abb. 2. Dünnschliff einer Knochenkeramik: Kaninchen 5 Monate. Integration der
Keramik in die Corticalis (Becken). Vergrößerung 50fach

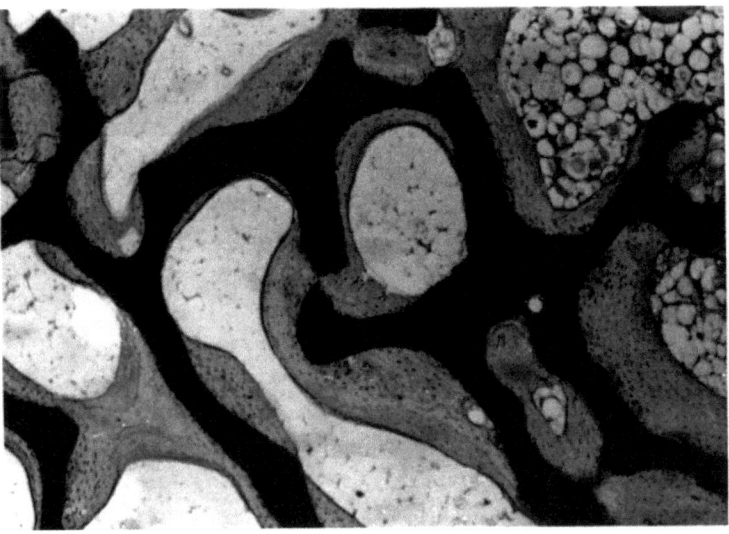

Abb. 3. Dünnschliff einer Knochenkeramik: Kaninchen 5 Monate. Dünner knöcherner Überzug über die Keramik (Becken). Vergrößerung 50fach

Diskussion

Durch sehr schonende Probenpräparation gelingt es, eine Keramik aus Spongiosaknochen herzustellen, die noch die Porenstruktur des Knochens aufweist.

Die gemessenen Druckfestigkeiten sind mit der des tierischen Knochens identisch (7,5 MPa) (abhängig von den Sinterbedingungen und der Lastrichtung des Knochens).

Die Mineralphase ist Hydroxylapatit, und die chemische Zusammensetzung entspricht exakt der des Knochens, so daß auch identische Verhältnisse bezüglich der Nebenelemente, z. B. Na, K, Mg usw., herrschen.

Das Ergebnis der Tierversuche belegt die knöcherne Integration entsprechend der physiologischen Bedingungen: im Bereich der Corticalis erfolgt der Ausbau des Implantats zu kompaktem Knochen, im Bereich der Spongiosa erfolgt nur ein dünner knöcherner Überzug.

Literatur

De Groot K (1985) Die klinische Anwendbarkeit von Calciumphosphat-Keramiken. ZM Fortbildung 75 : 1938 – 1940

Anschrift des Verfassers: Dr. G. Bauer, Institut für Werkstoffwissenschaften III, Universität Erlangen-Nürnberg, Martensstraße 5, D-8520 Erlangen, Bundesrepublik Deutschland.

Alveolarfortsatzaufbau mit Hydroxylapatit

E. Waldhart, G. Röthler, B. Norer, V. Strobl und W. Puelacher

Abteilung für Mund-, Kiefer- und Gesichtschirurgie (Leiter: Prof. Dr. E. Waldhart)
der Universitätsklinik für Zahn-, Mund- und Kieferheilkunde, Innsbruck
(Vorstand: Prof. Dr. K. Gausch)

Mit 3 Abbildungen

Zusammenfassung

Zum Aufbau des atrophen Kiefers hat sich Hydroxylapatitgranulat, in ein schlauch-förmig genähtes Vikryl®-Netz gefüllt, als vorteilhaft erwiesen. Der Kieferkamm läßt sich damit formstabil erhöhen, und ein Abgleiten des Granulates in die umgebenden Weichteile kann verhindert werden. Nahtdehiszenzen und postoperative Nekrosen über dem Implantat heilen ab, ohne daß dieses entfernt werden muß. An der Abteilung für Mund-, Kiefer- und Gesichtschirurgie in Innsbruck wurde bei 50 Patienten ein Kieferkammaufbau mit Hydroxylapatit durchgeführt. Über die Ergebnisse und Erfahrungen damit wird berichtet.

Summary

Alveolar Ridge Augmentation with Hydroxylapatite. Hydroxylapatite particles filled in a Vicryl® tube turned out to be extremely useful for alveolar ridge augmentation. The atrophic alveolar ridge can be reconstructed with good dimensional stability and drifting of the material away from the desired site can be prevented. Suture dehiscences and postoperative necroses overlying the implanted material heal well without the need to remove the implants. At the Department of Maxillofacial Surgery in Innsbruck ridge augmentation with hydroxylapatite has sofar been done in 50 patients with atrophic alveolar ridges. Results and experiences with this procedure are reviewed.

Schlüsselwörter: Hydroxylapatit, Kieferkammaufbau, Knochenersatz.

Key words: Hydroxylapatite, ridge augmentation, bone graft substitute.

Einleitung

Knochendefekte im Bereich des Alveolarfortsatzes bringen bei einer prothetischen Versorgung des Patienten oft Probleme mit sich. Besonders schwierig für den Zahnarzt ist der zahnlose Patient mit einer hochgradigen Alveolarfortsatzatrophie. Er ist nicht nur bei der Nahrungsaufnahme, sondern auch in kosmetischer und damit vielfach auch beruflicher Hinsicht schwer beeinträchtigt. Der Wunsch dieser Patienten nach einer funktionstüchtigen Zahnprothese, die sie auch in ästhetischer Hinsicht rehabilitiert, ist ohne chirurgische Maßnahmen oft unerfüllbar. Aus diesen Gründen wurden verschiedenste Operationsmethoden zur Verbesserung des Prothesensitzes entwickelt. Diese haben einerseits eine indirekte Erhöhung des Kieferkammes durch Tiefersetzen des Mundvorhofes und des Mundbodens zum Ziel, was jedoch bei hochgradiger Alveolarfortsatzatrophie keine wesentliche Verbesserung bringt. Anderseits erfolgt die absolute Erhöhung des Kieferkammes mit autologen, homologen oder heterologen Transplantaten.

Ein großer Nachteil der Aufbauplastiken mit autologem Knochen oder Knorpel ist, daß durch die Gewebsentnahme der operative Eingriff relativ groß wird und daß es außerdem meist schon nach kurzer Zeit zur weitgehenden Atrophie der Transplantate kommt (Baker et al., 1979; Davis et al., 1975; Dielert und Fischer-Brandies, 1986; Dumbach und Geiger, 1980; Fazili et al., 1978; Wang et al., 1976). Somit wird mit einem relativ großen Eingriff nur ein kurzzeitiger Erfolg erzielt.

Die von Schettler (1976) angegebene Sandwichosteotomie und die Visierosteotomie nach Härle (1975, 1979) bringen beim hochgradig atrophen Unterkiefer nicht immer das erwünschte Resultat.

Relativ gute Ergebnisse im Hinblick auf die Resorption werden mit Bankknorpel erzielt (Krüger, 1964, 1966; Sailer, 1976; Schmelzle und Schwenzer, 1982). Jedoch ist bei einer späteren Freilegung des Transplantates, sei es durch Prothesendruckstellen oder im Rahmen einer Vestibulumplastik, ähnlich wie bei heterologen Implantaten, mit dem Verlust des Transplantates zu rechnen (Fischer-Brandies und Dielert, 1985).

Die Wiederherstellung des Alveolarfortsatzes war zwar von der operationstechnischen Seite her längst gelöst, was bisher jedoch fehlte, war das entsprechende Implantationsmaterial, das resorptionsbeständig, jederzeit und ohne großen Aufwand verfügbar, gut verträglich, nicht kanzerogen und leicht applizierbar ist sowie gut einheilt. All diesen Forderungen wird, soweit man dies bisher beurteilen kann, Hydroxylapatit gerecht, das in Granulat- und Blockform zur Verfügung steht (Kent et al., 1982, 1983, 1986; Kent, 1986).

Operationsmethode und klinische Erfahrungen

An der Abteilung für Mund-, Kiefer- und Gesichtschirurgie der Universitätsklinik für Zahn-, Mund- und Kieferheilkunde in Innsbruck wurde seit Anfang 1985 bei 50 Patienten Hydroxylapatit zum Aufbau des Alveolarfortsatzes verwendet.

Bei 34 zahnlosen Patienten wurde der atrophe Kieferkamm mit Hydroxylapatitgranulat aufgebaut, bei 4 Patienten sowohl der Ober- und Unterkiefer, in 16 Fällen nur der Oberkiefer und 14mal nur der Unterkiefer (Tabelle 1). Das Durchschnittsalter dieser Patienten betrug 54 Jahre. Zum Aufbau eines Oberkiefers wurden durchschnittlich 6,5 g und zum Aufbau eines Unterkiefers 10,7 g Hydroxylapatitgranulat verwendet.

Tabellen 1 und 2. Statistische Aufgliederung der behandelten Patienten

Tabelle 1

	zahnlose Patienten	teilbezahnte Patienten	Gesamtzahl der Patienten
n	34	16	50
männlich	6	13	19
weiblich	28	3	31
min. Alter (Jahre)	29	9	9
max. Alter (Jahre)	85	60	85
Durchschnittsalter (Jahre)	54	30	44
OK	16	14	30
UK	14	1	15
OK + UK	4	1	5
Gesamtzahl der Kiefer	38	17	55
mit Vikrylnetz oder Schlauch	30 Kiefer	–	30 Kiefer
ohne Vikryl	8 Kiefer	17 Kiefer	25 Kiefer

Tabelle 2

	verwendete Hydroxylapatitmenge	
OK	minimal	3 g
	maximal	17,5 g
	Durchschnittsmenge	6,5 g
UK	minimal	4 g
	maximal	16 g
	Durchschnittsmenge	10,7 g

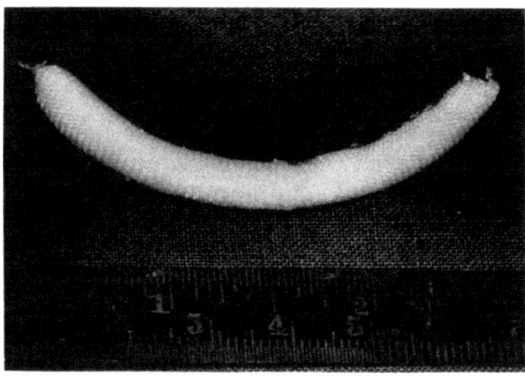

Abb. 1. Das engmaschige Vikryl®-Netz wird intraoperativ zu einem Schlauch genäht und mit Hydroxylapatitgranulat gefüllt. Ein Austreten der Körner wird selbst unter Manipulation weitgehend verhindert

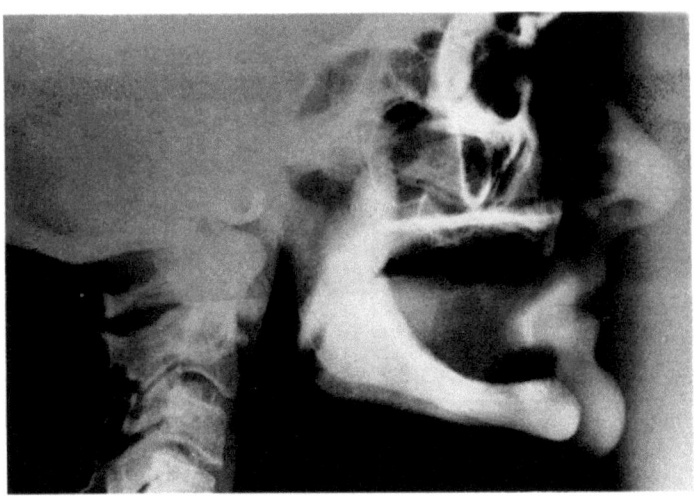

Abb. 2. Fernröntgen einer Patientin mit atrophen Kieferkämmen im Ober- und Unterkiefer

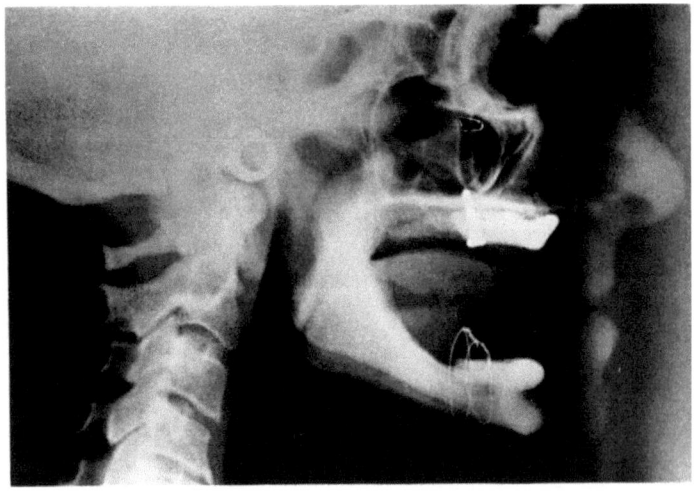

Abb. 3. Gleiche Patientin nach Aufbau mittels Hydroxylapatitgranulat und Fixierung der Prothesen im Oberkiefer mit Schraube und im Unterkiefer mit Drahtumschlingung

Während wir anfangs das Hydroxylapatit nach der von Kent et al. (1982, 1983) angegebenen Methode mit einer Spritze applizierten, füllten wir das Granulat später in einen Vikrylschlauch, und seit 1986 verwenden wir ein Vikrylnetz, das als Ligamentersatz in der Traumatologie Verwendung findet und das zu einem entsprechend langen und dicken Schlauch vernäht wird (Abb. 1). Unmittelbar nach der Implantation wird die Prothese mit Autopolymerisat adaptiert und mit Knochenschrauben oder im Unterkiefer auch mittels Drahtumschlingung für 14 Tage fixiert (Abb. 2 und 3).

In 38% der Fälle kam es postoperativ im Bereich von Schleimhautinzisionen zu unterschiedlich großen Nahtdehiszenzen oder vereinzelt unter der Prothese zu Nekrose mit Freilegung des Implantates. In allen Fällen sind diese Wunden ohne besondere Behandlung abgeheilt, ohne daß das Implantat entfernt werden mußte. Allerdings ging im Bereich der Dehiszenz oder Nekrose Granulat verloren.

Bei 2 Patientinnen, bei denen ein poröser Hydroxylapatitblock implantiert worden war, kam es zu einer Infektion. Trotz intensiver lokaler Behandlung und des Einsatzes von Antibiotika konnte die Infektion nicht zum Abklingen gebracht werden, so daß die Implantate wegen starker Schmerzen entfernt werden mußten.

Diskussion

Im Vergleich zu autologen Knochen- oder Knorpeltransplantaten, die zwar sehr gut einheilten, aber unterschiedlich rasch resorbiert werden, ist Hydroxylapatit formbeständiger. Wir sahen vereinzelt Schleimhautnekrosen über dem Implantat. Diese wurden einerseits dadurch verursacht, daß zuviel Granulat subperiostal appliziert wurde und dadurch die Schleimhaut im fraglichen Bereich nicht ausreichend durchblutet war. Anderseits dürften auch Druckstellen von seiten der Prothese die Nekrose verursacht haben. In allen Fällen kam es jedoch zu einer Epithelisierung, ohne daß das Material entfernt werden mußte, wenngleich Granulat verlorenging und eine kleine Einziehung dieser Region die Folge war. Die Konsequenz daraus ist, daß man zwischen der erwünschten Kieferkammerhöhung und der erreichbaren einen Kompromiß eingehen muß.

Bei den 2 Patientinnen, bei denen ein poröser Hydroxylapatitblock implantiert worden war, kam es zu hartnäckigen Infektionen, die erst nach Entfernung des Blockes abheilten. Auch Wade (1985) berichtet, daß 17% der porösen Hydroxylapatitblöcke wegen Infektion entfernt werden mußten. Der Grund dafür dürfte sein, daß sich Keime bei einer Nahtdehiszenz entlang der Blockoberfläche ausbreiten und von dort in die interkonnektierenden Poren eindringen. Kent et al. (1986) weisen darauf hin, daß Knochentransplantate während ihrer avaskulären Periode ebenso wie anderweitige poröse Implantate leichter infiziert werden als nicht poröse Materialien.

Dielert (1986) gibt dem Hydroxylapatitgranulat zum Aufbau des atrophen Kieferkammes gegenüber dem Block den Vorzug, da vom Block der

Kaudruck von der Prothese nahezu unvermindert auf den Knochen übertragen wird, wobei es zur Überlastung der Grenzzone und in der Folge zum Knochenabbau kommen kann. Beim Granulat hingegen breitet sich dieser Druck auf viele Grenzschichten aus.

Wird Hydroxylapatitgranulat mit der Spritze eingebracht, so erzielt man nach unseren Erfahrungen eher eine Verbreiterung des Prothesenlagers als eine Erhöhung des Kieferkammes. Durch Verletzung des Periosts bei der Präparation dringt Granulat in die umgebenden Weichteile. Auch der Vikryl®-Schlauch vermag nicht das Austreten des Granulates durch die Maschen zu verhindern. Aus diesem Grund verwenden wir das Vikryl®-Netz.

Ein Schlotterkamm im Frontbereich kann entfaltet und mit Hydroxylapatitgranulat aufgefüllt werden. Bisherige Erfahrungen zeigen, daß Hydroxylapatit ein vorzügliches Knochenersatzmaterial in der präprothetischen Chirurgie darstellt.

Dem Patienten wird sofort nach der Implantation eine Prothese eingegliedert. Er verbleibt damit nicht wochenlang zahnlos, wie dies bei anderen Operationsmethoden zum Teil der Fall ist, worauf der Patient besonderen Wert legt.

Literatur

Baker RD, Terry BC, Davix WH, Connole PW (1979) Long-term results of alveolar ridge augmentation. J Oral Surg 37:486–498

Davis WH, Delo RI, Ward WB, Terry B, Patakas B (1975) Long term ridge augmentation with rib graft. J Max Fac Surg 3:103–106

Dielert E, Fischer-Brandies E (1986) Der Hydroxylapatit-Aufbau – Ein Fortschritt gegenüber allen bisherigen Verfahren bei der restaurativen Alveolarkammmplastik. Quintessenz 7:1175–1182

Dumbach J, Geiger SA (1980) Klinische und radiologische Befunde bei absoluter Alveolarkammerhöhung im Unterkiefer durch autologe Rippentransplantate. Dtsch Zahnärztl Z 35:1003–1008

Fazili M, Obervest-Eerdmans GRv, Vernooy AM, Visser WJ, Waas MAJv (1978) Follow-up investigation of reconstruction of the alveolar process in the atrophic mandible. Int J Oral Surg 7:400

Fischer-Brandies E, Dielert E (1985) Der Alveolarkammschwund – therapeutische Möglichkeiten und Perspektiven. Quintessenz 3:441–448

Härle F (1975) Visierosteotomie des atrophen Unterkiefers zur absoluten Kammerhöhung. Dtsch Zahnärztl Z 30:561

Härle F (1979) Follow-up investigation of surgical correction of the atrophic alveolar ridge by visor-osteotomy. J Max Fac Surg 7:283–293

Kent JN, Zide MF, Jarcho M, Quin HJ, Finger JM, Rothstein SS (1982) Correction of alveolar ridge deficiences with nonresorbable hydroxylapatite. J Am Dent Ass 105:993–998

Kent JN, Quinn HJ, Jarcho M (1983) Augmentation of deficient alveolar ridges with nonresorbable hydroxylapatite alone or with autogenous cancellous bone. J Oral Max Fac Surg 41:629–642

Kent JN, Zide MF, Kay JF, Jarcho M (1986) Hydroxylapatite blocks and particles as bone graft substitutes in orthognathic and reconstructive surgery. J Oral Max Fac Surg 44:597–605

Kent JN (1986) Rekonstruktion des Alveolarkammes mit Hydroxylapatit. Dental Report 1986/III Rekonstruktive Implantologie. Medica, Stuttgart

Krüger E (1964) Die Knorpeltransplantation. Hanser, München

Krüger E (1966) Rekonstruktion des atrophischen Alveolarfortsatzes im Unterkiefer mit homoioplastischem Knorpel. Dtsch Zahnärztl Z 21:418–421

Sailer HF (1976) Experiences with the use of lyophilized bank cartilage for facial contour correction. J Max Fac Surg 4:149–157

Schettler D (1976) Sandwichtechnik mit Knorpeltransplantat zur Alveolarkammerhöhung im Unterkiefer. Fortschr Kiefer- Gesichtschir 20:61–63

Schmelzle R, Schwenzer N (1982) 10jährige klinische Erfahrung mit Cialit-konserviertem Stützgewebe in der präprothetischen Chirurgie. Dtsch Zahnärztl Z 37:136–138

Wang JH, Waite DE, Steinhäuser E (1976) Ridge augmentation: an evaluation and follow-up report. J Oral Surg 34:600–602

Anschrift des Verfassers: Prof. Dr. E. Waldhart, Abteilung für Mund-, Kiefer- und Gesichtschirurgie der Universitätsklinik für Zahn-, Mund- und Kieferheilkunde, Anichstraße 35, A-6020 Innsbruck.

Die Kieferkammaugmentation mit Hydroxylapatit – 4jährige Erfahrungen

K. L. Gerlach und H.-D. Pape

Abteilung für Mund- und Kieferchirurgie der Universitäts-Zahn- und Kieferklinik, Köln (Direktor: Prof. Dr. Dr. H.-D. Pape), Bundesrepublik Deutschland

Mit 2 Abbildungen

Zusammenfassung

Bei 65 Patienten wurde zur absoluten Erhöhung atrophierter Alveolarfortsätze der Unterkiefer Hydroxylapatitgranulat verwendet. Die Ergebnisse von 12 mit einem Gemisch aus Spongiosa und Granulat behandelten Patienten werden mit denen von 38 nur mit Hydroxylapatit und 15 mit einer Hydroxylapatit-Vicrylnetzplastik versorgten Patienten verglichen. Eine Objektivierung der Behandlungsergebnisse konnte durch die planimetrische Vermessung prä- und postoperativer Situationsmodelle ermöglicht werden.

Summary

Alveolar Ridge Augmentation with Hydroxylapatite – Experience of 4 Years. In 65 patients hydroxylapatite granules were used for absolute augmentation of atrophic mandibular alveolar ridge. Results in 12 patients treated with a cancellous bone – granule mixture are compared with those in 38 patients receiving hydroxylapatite alone and 15 undergoing hydroxylapatite – vicryl mesh grafting. Objective evidence of the outcome of treatment was obtained by planimetric evaluation and postoperative situation models.

Schlüsselwörter: Hydroxylapatit, Kieferkammaugmentation.

Key words: Hydroxylapatite, alveolar ridge augmentation.

Einleitung

Die Verwendung von Hydroxylapatitgranulat zur absoluten Erhöhung atrophierter Kieferkämme wird bereits seit 1978 klinisch angewendet (Kent et al., 1983). Wegen der wesentlichen Vorteile gegenüber anderen Methoden der Kieferkammaugmentation hat dieses Verfahren in den letzten Jahren eine zunehmende Verbreitung gefunden. Die überwiegend positiven Berichte nach klinischen Studien (Fischer-Brandies und Dielert, 1986; Kent et al., 1986; Pape et al., 1986) zeigten aber auch wesentliche Probleme dieser

Technik auf, wie die unerwünschte Verlagerung des Implantatmaterials und eine unzureichende Formgestaltung besonders im Frontbereich des Unterkiefers. So wurden verschiedene Modifikationen überprüft, die ein Abgleiten der Granulate verhindern sowie eine gewünschte Implantatform gewährleisten sollten. Kent et al. (1983) beschrieben den Gebrauch einer Verbandsplatte, Härle (1985) verwendete einen Vicrylschlauch, Fischer-Brandies und Dielert (1986) stabilisierten das Material durch transkutan fixierte Kunststoffröhrchen. Eine Einlagerung der Granula in Fibrinkleber wurde von Bochlogyros et al. (1984) und in Kollagen von Spitzer und Dumbach (1987) empfohlen. Krüger (1985) berichtete schließlich über ein zweizeitiges Verfahren, indem er zunächst einen Silastikblock als Platzhalter implantierte, welcher später durch die Keramikpartikel ersetzt wurde.

In der Abteilung für Mund- und Kieferchirurgie der Universitäts-Zahn- und Kieferklinik Köln wird Hydroxylapatit seit 1983 angewendet. Über die Ergebnisse von 96 Augmentationen bei bisher 71 Patienten soll hier berichtet werden.

Material und Methode

Von 1983 bis 1986 wurden bei 71 Patienten (53 weibl., 18 männl., Durchschnittsalter 53 Jahre) atrophische Kieferkämme mit einer Hydroxylapatitaugmentation behandelt. Dies betraf 65mal den Unterkiefer und in 31 Fällen den Oberkiefer. Das Ausmaß der Alveolarkammatrophie wurde nach einer Aufschlüsselung entsprechend der Einteilung nach Kent et al. (1983) deutlich. 7 Kiefer entfielen auf die Klasse I, 21 auf die Klasse II, 45 auf die Klasse III und 23 entsprachen der Klasse IV.

Die Patienten waren im Mittel bereits seit 13 Jahren zahnlos und hatten durchschnittlich 3 verschiedene, nicht zufriedenstellende Prothesen getragen.

Der operative Eingriff erfolgte in der Regel in Anlehnung an die von Kent et al. (1983) empfohlene Technik, präoperativ wurden Verbandsplatten gearbeitet, bei denen die geplante Erhöhung zuvor durch Wachsmodellation auf die Situationsmodelle vorbereitet wurde. In einigen Fällen wurde die Stabilisierung des Granulates durch die von Fischer-Brandies und Dielert (1986) empfohlene Technik der transkutan fixierten Drainageröhrchen vorgenommen. Die Verbandsplatten verblieben 3 Wochen in situ, definitive Prothesen wurden 2 Monate post operationem eingegliedert.

Prospektiv wurden die Patienten mit Alveolarkammatrophien des Unterkiefers in 3 Gruppen aufgeteilt. Bei 12 Personen kam zur Augmentation ein Gemisch in gleichen Teilen von Hydroxylapatit und autologer Spongiosa zur Anwendung, bei 38 nur Keramikgranulat, und bei 15 Patienten wurden die Hydroxylapatitpartikel mit einem Vicrylschlauch appliziert. Die erreichte Alveolarkammerhöhung wurde bei den Patienten der beiden ersten Gruppen jeweils präoperativ, 6 Monate und eineinhalb Jahre post operationem durch metrische Vergleiche von OPGs ermittelt (Abb. 1). Da bei diesem Vorgehen lediglich die vertikale Erhöhung, nicht jedoch die Auffüllung des Alveolarfortsatzes in der Breite erfaßt wurde, erfolgten schließlich planime-

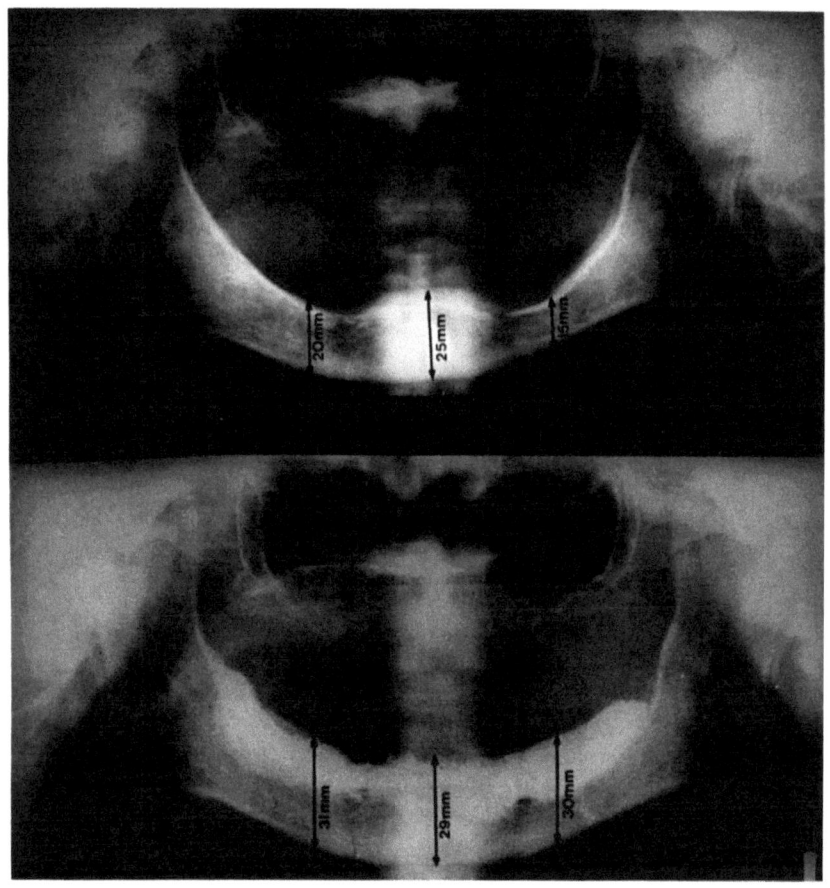

Abb. 1. Prä- und postoperative Orthopantomographie mit eingezeichneten Meßlinien

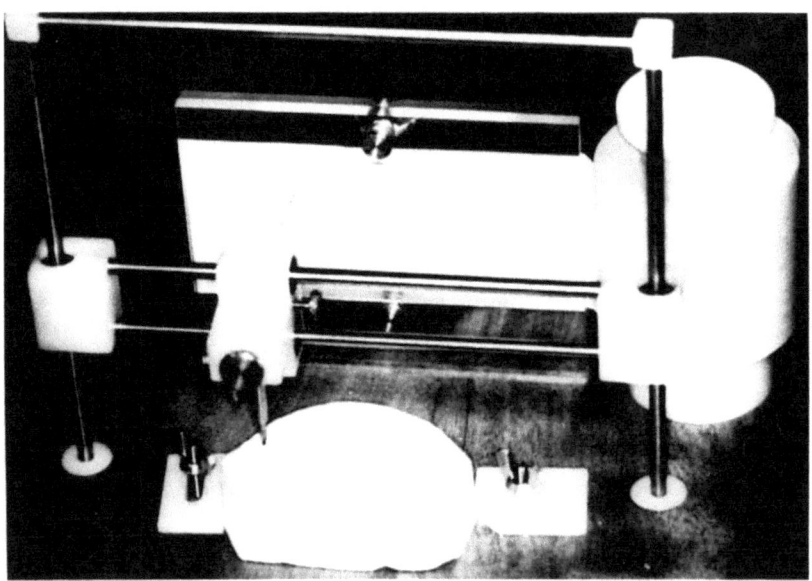

Abb. 2. Apparatur zur planimetrischen Auswertung der Situationsmodelle

Tabelle 1. Vertikale Alveolarkammdimension nach Auswertung von Orthopantomographien. Gruppe I: Hydroxylapatit mit Spongiosa, Gruppe II: Hydroxylapatit. (Relative Werte in %, 4-Wochen-Wert bezogen auf die Ausgangshöhe, 6-Monats- und 1½-Jahres-Wert bezogen auf die Implantathöhe)

Gruppe	Lokalisation	präoperativ	4 Wochen postoperativ	6 Monate postoperativ	1½ Jahre postoperativ
I n = 12	Frontbereich	18,8 mm	23,6 mm (+ 25,5%)	22,0 mm (−33,0%)	21,8 mm (−37,5%)
	Seitenbereich	12,1 mm	19,6 mm (+ 61,9%)	18,4 mm (−16,0%)	18,1 mm (−20,0%)
II n = 38	Frontbereich	19,9 mm	24,2 mm (+ 21,6%)	23,3 mm (−20,9%)	23,2 mm (−23,2%)
	Seitenbereich	18,5 mm	26,6 mm (+ 43,7%)	25,6 mm (−12,3%)	25,4 mm (−14,8%)

Tabelle 2. Planimetrische Auswertung der Situationsmodelle im Frontbereich. Gruppe I: Hydroxylapatit mit Spongiosa, Gruppe II: Hydroxylapatit-Vicrylnetzplastik, Gruppe III: Hydroxylapatit. (Relative Werte in %, 4-Wochen-Wert bezogen auf die Ausgangshöhe, 6-Monats- und 1½-Jahres-Wert bezogen auf die Implantathöhe)

Gruppe	Lokalisation	präoperativ	4 Wochen postoperativ	6 Monate postoperativ	1½ Jahre postoperativ
I n = 12	Höhe	4,4 mm	7,2 mm (+ 63%)	6,2 mm (−35,7%)	6,1 mm (−39,2%)
	Breite	15,3 mm	17,6 mm (+ 15%)	17,4 mm (−8,6%)	17,4 mm (−8,6%)
	Fläche	28,5 mm²	45,2 mm² (+ 58,5%)	42,2 mm² (−17,9%)	41,5 mm² (−22,1%)
II n = 38	Höhe	3,4 mm	6,1 mm (+ 79%)	5,7 mm (−21,9%)	5,7 mm (−21,9%)
	Breite	8,4 mm	13,9 mm (+ 6,5%)	13,3 mm (−10,9%)	13,4 mm (−9,0%)
	Fläche	19,0 mm²	46,1 mm² (+ 142%)	43,1 mm² (−11,0%)	42,8 mm² (−12,1%)
III n = 15	Höhe	2,0 mm	4,0 mm (+ 100%)	3,7 mm (−15%)	–
	Breite	6,6 mm	12,8 mm (+ 95,9%)	13,5 mm (+ 11,2%)	–
	Fläche	10,5 mm²	26 mm² (+ 148%)	23,3 mm² (−17,4%)	–

Tabelle 3. Planimetrische Auswertung der Situationsmodelle im Seitenbereich. Gruppe I: Hydroxylapatit mit Spongiosa, Gruppe II: Hydroxylapatit, Gruppe III: Hydroxylapatit-Vicrylnetzplastik. (Relative Werte in %, 4-Wochen-Wert bezogen auf die Ausgangshöhe, 6-Monats- und 1½-Jahres-Wert bezogen auf die Implantathöhe)

Gruppe	Lokalisation	präoperativ	4 Wochen postoperativ	6 Monate postoperativ	1½ Jahre postoperativ
I n = 12	Höhe	6,1 mm	9,3 mm (+ 52,0%)	8,7 mm (−18,7%)	8,4 mm (−28,1%)
	Breite	13,3 mm	18,8 mm (+ 41,3%)	18,1 mm (−12,7%)	18,0 mm (−14,5%)
	Fläche	36,6 mm²	89,3 mm² (+ 143,0%)	81,1 mm² (−15,5%)	80,3 mm² (−17,0%)
II n = 38	Höhe	4,2 mm	7,9 mm (+ 88,0%)	7,4 mm (−12,9%)	7,3 mm (−16,2%)
	Breite	11,3 mm	17,2 mm (+ 52,2%)	17,5 mm (+ 5,0%)	17,4 mm (+ 2,1%)
	Fläche	26,3 mm²	68,5 mm² (+ 160,0%)	64,4 mm² (−9,7%)	63,3 mm² (−12,3%)
III n = 15	Höhe	3,8 mm	6,1 mm (+ 84,0%)	5,4 mm (−25,0%)	—
	Breite	7,1 mm	13,5 mm (+ 90,0%)	13,7 mm (+ 31,0%)	—
	Fläche	14,8 mm²	43,6 mm² (+ 194,0%)	38,7 mm² (−17,6%)	—

trische Messungen der präoperativ sowie nach verschiedenen Zeitabständen postoperativ hergestellten Situationsmodelle. Dazu wurde eine spezielle Meßeinrichtung verwendet, mit deren Hilfe maßstabgerechte Querschnitte des Alveolarfortsatzes auf Bögen übertragen werden konnten (Abb. 2). Mittels einer Digitalisiereinrichtung konnte schließlich aus den aufgezeichneten Kurven die Breite und Höhe in mm sowie der Querschnitt in mm² ermittelt und somit die prä- und postoperativen Ergebnisse miteinander verglichen werden. Als Meßstellen wurde im Frontalbereich die Kiefermitte, im Seitenbereich jeweils die Molarenregion gewählt.

Ergebnisse

Die klinischen Nachuntersuchungen ergaben in allen Fällen eine reizlose Einheilung des Hydroxylapatits ohne Infektion. Allerdings waren häufiger isolierte Nekrosen der Schleimhaut sowie Nahtdehiszenzen festzustellen: Bei 8 von 50 Patienten ohne und bei 10 von 15 Patienten mit der zusätzlichen Verwendung des Vicrylschlauches. Die Schleimhautdefekte heilten in allen Fällen ohne Komplikationen sekundär. Bei der Patientengruppe mit Vicrylschlauch fanden wir einmal eine Materialverlagerung, während bei den übrigen in 17 von 50 Fällen eine unerwünschte Lokalisation der Granulate festgestellt wurde. Zu erwähnen sind schließlich die bis zu 2 Monate andauernden Hypo- und Parästhesien bei 6 der 65 im Bereich des Unterkiefers behandelten Patienten.

Die zunächst vorgenommenen Röntgenvergleiche der prä- und postoperativen Situation ergaben eine durchschnittliche Erhöhung der Alveolarfortsätze des Unterkiefers im Seitenbereich mit durchschnittlich 7,9 mm und im Frontbereich hingegen nur von 3,5 mm. Nach eineinhalb Jahren wurde eine Reduktion der erreichten Höhe um 14 bis 37% festgestellt (Tabelle 1).

Die planimetrische Auswertung der prä- und postoperativen Situationsmodelle der Unterkiefer zeigte auffällige Unterschiede zwischen den einzelnen Gruppen (Tabelle 2 und 3). Eine deutliche Zunahme 4 Wochen postoperativ der Fläche (142 bis 194%) sowie der Höhe (79 bis 100%) fanden wir bei den mit Hydroxylapatit behandelten Patienten sowie nach der Hydroxylapatit-Vicrylnetzplastik, wobei deren Stabilisierungseffekt besonders im Frontbereich auffiel. Bedingt durch die Sinterung der Granulate sowie der Vicrylabsorption stellten wir nach 6 Monaten eine Abnahme der Meßwerte (Höhe und Fläche) zwischen 12 und 25% fest. Nach eineinhalb Jahren wurden bei den mit Hydroxylapatit behandelten Patienten ein Flächen- und Höhenverlust von 12 bis 21% ermittelt, wobei die gemessene Breite zunahm. Nach Anwendung des Gemisches aus Hydroxylapatit mit Spongiosa beobachteten wir hingegen nach eineinhalb Jahren eine Abnahme der Höhe bis zu 39% und der Fläche bis zu 22%.

Diskussion

Der Erfolg einer absoluten Erhöhung atrophischer Kieferkämme wird neben dem Höhengewinn besonders durch die Zuwachsraten der Alveolarkammquerschnittsfläche beeinflußt. Während der metrische Vergleich der prä- und postoperativen Röntgenaufnahmen lediglich Veränderungen in der Vertikalen erfaßt, erlaubte die angewendete Meßapparatur eine Objektivierung des Augmentationserfolges in der Höhe, der Breite sowie der Querschnittsfläche des Alveolarfortsatzes. So zeigte die planimetrische Auswertung der 3 Behandlungsgruppen nach Anwendung des Hydroxylapatit-Spongiosa-Gemisches eine im Vergleich zu den mit Hydroxylapatit behandelten Patienten auffallend hohe Reduzierung der Fläche und Höhe eineinhalb Jahre postoperativ. Der Vorteil der Hydroxylapatit-Vicrylnetzplastik war neben der vermiedenen Materialverlagerung besonders in einem Stabilisierungseffekt des Implantatmaterials im Unterkieferfrontbereich zu sehen. Die prozentuale Abnahme der röntgenologisch erfaßten Implantathöhe der mit Hydroxylapatit behandelten Patienten zwischen 14 und 23% eineinhalb Jahre postoperativ war schließlich vergleichbar mit den Ergebnissen anderer Autoren. Bei Kent et al. (1983) betrug die Abnahme der Implantathöhe nach 1 bis 4 Jahren 18,6% und bei Cranin et al. (1986) nach 7 Jahren 29%.

Insgesamt bestätigen die Ergebnisse dieser Studie die positiven Erfahrungen anderer Autoren mit der Hydroxylapatitaugmentation atrophischer Kieferkämme (Fischer-Brandies und Dielert, 1986; Kent et al., 1986; Spitzer und Dumbach, 1987; und andere).

Nach der postoperativen prothetischen Versorgung berichteten 90% unserer Patienten über eine wesentliche Verbesserung beim Sprechen und beim Kauen.

Literatur

Bochlogyros N, Hensher R, Becker R, Zimmermann E (1984) Ein neues Verfahren der Implantation von Hydroxylapatit. Dtsch Z Mund-Kiefer-Gesichts-Chir 8:398–399
Cranin AN, Tobin G, Gelbmann J, Varjan R (1986) A seven year follow-up patients with (H/A)ridge augmentation. Trans 12th Ann Meeting, Society Biomaterials, p 155
Fischer-Brandies E, Dielert E (1986) Standortbestimmung nach 2,5jähriger routinemäßiger Anwendung von Hydroxylapatitkeramik in der präprothetischen Chirurgie. Z Zahnärztl Implant 2:147
Fischer-Brandies E, Dielert E (1986) Knochenersatzwerkstoff Hydroxylapatit. Coll Med Dent 30:567–583
Härle F (1985) Augmentation with hydroxylapatite and vestibuloplasty in the atrophic maxilla with a flabby ridge. J Max Fac Surg 13:209–212
Kent JN, Quinn JH, Zide MF, Guerra LR, Boyne PJ (1983) Alveolar ridge augmentation using nonresorbable hydroxylapatite with or without autogenous cancellous bone. J Oral Max Fac Surg 41:629–642
Kent JN, Finger IM, Quinn JM, Guerra LR (1986) Hydroxylapatite alveolar ridge reconstruction: Clinical experiences, complications, and technical modifications. J Oral Max Fac Surg 44:37–49
Krüger E (1985) Alveolarkammaufbau im Unterkiefer mit Hydroxylapatitkeramik. Dtsch Z Mund-Kiefer-Gesichts-Chir 9:194–195
Pape HD, Gerlach KL, Steegmann B, Krause HR (1986) Klinische Studie zur Kieferkammrekonstruktion mit dem Knochenersatzmaterial Hydroxylapatit. In:

Neugebauer H (Hrsg) Plastische und Wiederherstellungschirurgie des Alters. Springer, Berlin Heidelberg New York Tokyo, pp 203–210
Spitzer WJ, Dumbach J (1987) Erfahrungen mit Hydroxylapatit-Granulat zum Aufbau des atrophischen Kieferkammes. Dtsch Zahnärztl Z 42:739–742

Anschrift des Verfassers: Priv.-Doz. Dr. Dr. K. L. Gerlach, Abteilung für Mund- und Kieferchirurgie der Universitäts-Zahn- und Kieferklinik Köln, Joseph-Stelzmann-Straße 9, D-5000 Köln 41, Bundesrepublik Deutschland.

Kieferkammaufbauten im Unterkiefer mittels Hydroxylapatit und lyophilisiertem Knorpel

H. Rainer und F. M. Chiari

Abteilung für Mund-Kiefer-Gesichtschirurgie des Landeskrankenhauses Klagenfurt
(Vorstand: Prim. Doz. Dr. F. M. Chiari)

Mit 2 Abbildungen

Zusammenfassung

Bei Patienten mit einer Alveolarkammatrophie hat sich das Einbringen von Hydroxylapatit in Granulatform in den letzten Jahren sehr bewährt, um eine prothesengerechte Basis zu schaffen.

Das Hydroxylapatitgranulat wird in einen Vicrylschlauch gefüllt und dieser subperiostal, nach Abheben der Schleimhaut vom Unterkieferknochen, eingebracht.

Als Alternative dazu bietet sich der lyophilisierte Knorpel, der in gleicher Weise subperiostal am atrophierten Alveolarkamm aufgelagert wird. Gegenüber der erstgenannten Methode bringt die Transplantation von Knorpel den Vorteil, daß der so erhöhte Alveolarkamm schon nach zirka 10 Tagen mit einer neu adaptierten Prothese belastet werden kann, hingegen das Hydroxylapatitgranulat eine Stabilisierungsphase von zirka 2 Monaten benötigt, bevor eine prothetische Versorgung erfolgen kann.

Trotz der Einbringung von lyophilisiertem Knorpel bzw. Hydroxylapatitgranulat ist neben der so erhaltenen absoluten Alveolarkammerhöhung, mit Ausdehnung der Prothesenbasis, eine Vestibulumplastik notwendig.

An Hand von Fallbeispielen werden diese vorhin beschriebenen Methoden zur Verbesserung des Prothesenlagers im Unterkiefer demonstriert.

Summary

Alveolar Ridge Augmentation in the Mandible Using Hydroxylapatite and Lyophilized Cartilage. In patients with atrophic alveolar ridges hydroxylapatite granules proved to be extremely helpful for shaping a useful denture-bearing alveolar ridge.

Hydroxylapatite granules are filled in a vicryl tube for subperiosteal placement after elevation of the mucosa from the underlying mandibular bone. Alternatively, lyophilized cartilage can be used in the same manner. While cartilage grafts permit stress exposure of the augmented alveolar ridge by new dentures after no more than approximately 10 days, hydroxylapatite granules need about 2 month for stabilisation before dentures can be fitted.

Inspite of absolute augmentation by lyophilized cartilage or hydroxylapatite granules, additional relative augmentation by vestibuloplasty is necessary. Some cases are presented to illustrate the above techniques for improving the denture-bearing area in the lower jaw.

Schlüsselwörter: Hydroxylapatitgranulat, lyophilisierter Knorpel, Kieferkamm-Augmentation.

Key words: Hydroxylapatite granules, lyophilized cartilage, alveolar ridge augmentation.

Einleitung

Seit Anfang 1984 wird an unserer Abteilung für Kieferkammaugmentationen zur absoluten Erhöhung des Kieferkammes Hydroxylapatit in Granulatform bzw. lyophilisierter Knorpel verwendet. Beide Materialien wurden darüber hinaus im Bereich der Parodontalchirurgie zur Defektauffüllung von Zysten, der lyophilisierte Knorpel auch für Stirn- und Jochbeinunterfütterungen verwendet. Die maximale Liegedauer beim Hydroxylapatit beträgt bei den Kieferkammaugmentationen 3 Jahre und 2 Monate. Im Fall des lyophilisierten Knorpels ist eine maximale Beobachtungszeit von eineinhalb Jahren gegeben.

Material und Methode

1. Hydroxylapatit in Granulatform

Grundsätzlich wurde das Hydroxylapatit in Granulatform in einen am Kieferkamm präparierten Mukoperiostschlauch subperiostal eingebracht. Hinsichtlich der Applikationsart wurden hier verschiedene Methoden angewandt.

a) Hydroxylapatitgranulat mit Kochsalzlösung 0,9%ig versetzt, in einer Spritze aufgezogen, wurde mit Hilfe dieser, vom Hersteller mitgelieferten Spritze, in den Mukoperiostschlauch eingebracht.

b) Hydroxylapatit in Granulatform, mit 0,9%iger Kochsalzlösung versetzt, wurde in den Vicrylschlauch gefüllt und eingebracht.

In allen Fällen wurde postoperativ eine zweimonatige Konsolidierungs- und Einheilphase eingehalten, in der es dem Patienten strikt verboten war, eine Prothese zu tragen. Trotzdem kam es, wie die Kontroll-Röntgenaufnahmen beweisen, auch nach 2 Monaten zu einem Verdrücken des Hydroxylapatitgranulates unter Belastung, so daß zum Teil größere Anteile an Hydroxylapatitgranulat frei im Bereich des Vestibulums, seitlich des Kieferkammes, zu tasten waren.

Gleichzeitig wurde in der Mehrzahl der Fälle das nach Präparation des Mukoperiostschlauches verflachte Vestibulum mittels Matratzennähten niedergesteppt. Dadurch konnte in zirka 50% der Fälle eine ausreichende relative Kieferkammerhöhung erreicht werden, so daß in diesen Fällen eine Zweitoperation nicht notwendig war. In den übrigen Fällen wurde eine Verbreiterung der vestibulären Schleimhaut vor allem im Bereich der unteren Front zwischen 43 und 33 durch eine nach 2 bis 3 Monaten durchgeführte vestibuläre Mukoperiostplastik mit Transplantation von Gaumenmukosa erreicht. Die Indikationsstellung zur Sekundäroperation machten wir ausschließlich vom Prothesensitz abhängig.

2. Lyophilisierter Knorpel

Zur Gewinnung des lyophilisierten Knorpels wurde an jungen, gesunden Unfallopfern, die infolge eines Schädel-Hirn-Traumas verstorben sind, Rippenknorpel entnommen, dieser zum Großteil vom Perichondrium befreit und von der Firma Braun Melsungen nach der Originalmethode von Seiler aufbereitet. Die einzelnen Knorpelstücke werden sterilisiert und verpackt von der Firma in gefriergetrocknetem Zustand wieder zugesandt. In diesem Zustand sind sie unbegrenzt lagerungsfähig.

24 Stunden vor der Operation muß der lyophilisierte Knorpel in eine 0,9%ige Kochsalzlösung eingelegt werden, damit er genügend Flüssigkeit aufnehmen kann und quillt. Der Knorpel erreicht daraufhin eine weiche, schneidbare Konsistenz und ist makroskopisch von frisch entnommenem Knorpel nicht zu unterscheiden.

In gleicher Art und Weise wie beim Hydroxylapatitgranulat wird beim operativen Vorgehen ein Mukoperiostschlauch gebildet und entsprechend zugeschnittene Knorpelstücke in diesen Schlauch eingebracht. Das übrige operative Vorgehen gestaltete sich genau so wie im Fall des Hydroxylapatitgranulates. Eine antibiotische Abdeckung wurde anfangs von uns nicht durchgeführt, wird jetzt aber, nachdem 2 Implantate Einheilungsstörungen aufwiesen, von uns regelmäßig angewandt. Die augmentierten Kiefer wurden in diesem Fall bereits nach 14 Tagen Einheilungsphase mit einer Prothese, die adaptiert wurde, belastet. Zweitoperationen zur Vestibulumvertiefung wurden auch in diesem Fall, wie beim Hydroxylapatitgranulat, ausschließlich vom Prothesenhalt abhängig gemacht.

Diskussion

Zur Indikationsstellung sei gesagt, daß wir die Indikation zur absoluten Kieferkammerhöhung sehr zurückhaltend stellen. Grundsätzlich bevorzugen wir die relative Kieferkammerhöhung mittels vestibulärer Mukoperiostplastik bzw. Mylohyoideusplastik, sofern noch genügend Knochen vorhanden ist, um einen befriedigenden Prothesensitz erwarten zu können. Wir glauben, daß die relative Kammerhöhung ohne Implantation von Fremdmaterial unter den entsprechenden Voraussetzungen noch immer die probateste Methode zur Verbesserung des Prothesenhaltes darstellt. Wenn wir nun die beiden Augmentationsverfahren miteinander vergleichen, so sind sie in ihren klinischen Ergebnissen im wesentlichen identisch. Sowohl bei der Hydroxylapatitgranulat-Augmentation mit Vicrylschlauch als auch beim lyophilisierten Knorpel ergibt sich nach mehrjähriger Beobachtungsdauer ein befriedigend ausgeformter Kieferkamm, mit – vom Patienten angegebenen – subjektiv gutem Prothesensitz. In beiden Fällen konnte keinerlei Atrophie der Implantate nachgewiesen werden. Dies war uns im Fall des lyophilisierten Knorpels auch schon von der Anwendung im Bereich des Stirnbeines bekannt. Beide Implantatformen zeigen sich bei den Sekundäroperationen von Bindegewebe durchwachsen bzw. eingescheidet und stabilisiert. Eine Verknöcherung konnte beim lyophilisierten Knorpel nicht festgestellt werden. Histologisch konnte der Pathologe den lyophili-

sierten Knorpel auch nach längerer Liegedauer nicht vom lebenden Knorpel
unterscheiden. Eine knöcherne Durchwachsung konnte auch im Fall des
Hydroxylapatits nicht festgestellt werden. Subjektiv gaben alle Patienten,
bis auf einen, einen ausgezeichneten bzw. wesentlich verbesserten Prothesensitz postoperativ an. Eigenartigerweise waren auch jene Patienten mit
ihrem Prothesensitz zufrieden, bei denen es zu einem Verdrücken des
Hydroxylapatitgranulates in das Vestibulum gekommen war. Bei diesen
Patienten bildete sich trotz des Verdrückens – oder gerade dadurch – eine
Art Rinne zwischen dem eigenen, atrophen Kieferkamm und dem verdrück-
ten Hydroxylapatitgranulat, in der nun die Prothese liegt und einen relativ
stabilen Halt aufweist.

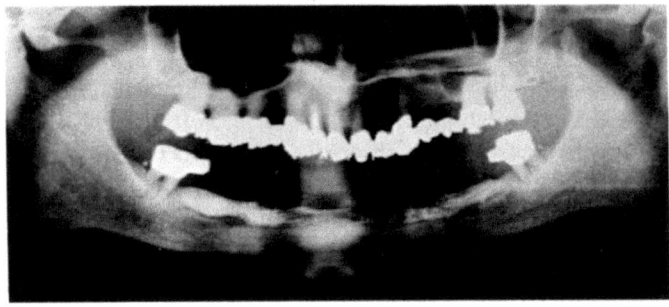

Abb. 1. Orthopantomogramm zirka 3 Monate postoperativ. Das Hydroxylapatit
reaktionslos in situ

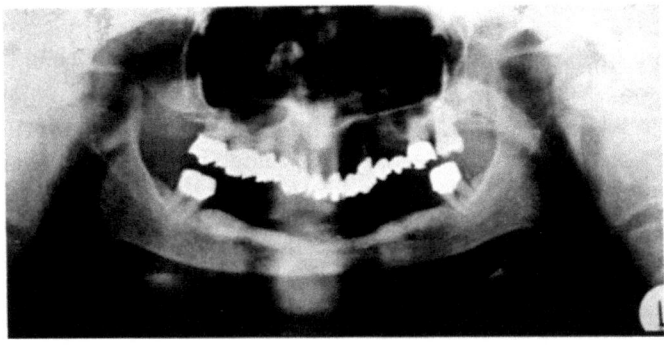

Abb. 2. Orthopantomogramm 3 Jahre postoperativ. Das Hydroxylapatit verdrückt
und, zum Großteil auf dem Röntgenbild nicht sichtbar, ins Vestibulum verpreßt

Diese Fälle zeigten uns auch, daß das durchgeführte Orthopantomogramm zur Röntgenkontrolle im Fall von Hydroxylapatitimplantationen
keine wesentliche Aussagekraft besitzt. Wie man in Abb. 1 und 2 sehen
kann, zeigt sich röntgenologisch eine nahezu perfekte Lage des Granulates,
klinisch jedoch keine wesentliche Kieferkammerhöhung, sondern verdrück-
tes Hydroxylapatit.

Abschließend kann also folgendes gesagt werden:

Beide Methoden sind für eine absolute Kieferkammerhöhung gut geeignet. In beiden Fällen ist auch nach jahrelanger Beobachtungszeit keine Atrophie nachzuweisen. Die klinischen Ergebnisse befriedigen sowohl bei der Verwendung von Hydroxylapatitgranulat mit Vicrylschlauch als auch bei lyophilisiertem Knorpel. Der Vorteil des lyophilisierten Knorpels liegt unserer Meinung nach in der früheren Belastbarkeit des Kieferkammes, der einfacheren Handhabung, und nicht zuletzt ist auch der finanzielle Aufwand geringer. Demgegenüber sehen wir eigentlich nur den Nachteil einer nicht exakt möglichen Röntgenkontrolle, da der Knorpel selbst keinen richtigen Röntgenschatten abgibt. Über Langzeitergebnisse können wir, nachdem wir über eine maximale Beobachtungszeit von 3 Jahren und 2 Monaten verfügen, selbstverständlich noch nichts sagen. Wir verwenden weiterhin beide Methoden und hoffen in einer weiteren Arbeit über die Langzeitergebnisse berichten zu können.

Literatur

Dielert E, Fischer-Brandies E (1986) Der Hydroxyl-Apatit-Aufbau – Ein Fortschritt gegenüber allen bisherigen Verfahren bei der restaurativen Alveolarkammplastik. Die Quintessenz 37/7 : 1175–1182

Fischer-Brandies E (1986) Hydroxylapatit zur Kiefer-Augmentation – Erfahrungen nach zweijähriger Anwendung. Die Quintessenz 37/10 : 1655–1664

Wangerin K, et al (1987) Verhalten unterschiedlich sterilisierter allogener Lyoknorpelimplantate im Tierexperiment. Dtsch Z Mund-Kiefer-Gesichts-Chir 11:8–17

Anschrift des Verfassers: Dr. H. Rainer, Abteilung für Mund-, Kiefer- und Gesichtschirurgie des Landeskrankenhauses Klagenfurt, St. Veiter Straße 47, A-9026 Klagenfurt.

Modifizierte Sandwich-Osteoplastik: Therapie der Unterkieferalveolarkammatrophie unter Berücksichtigung des Gesichtsprofils

H. Niederdellmann, J. Lachner und V. Shetty

Klinik und Poliklinik für Mund-, Kiefer- und Gesichtschirurgie
(Direktor: Prof. Dr. Dr. H. Niederdellmann) der Universität Regensburg,
Bundesrepublik Deutschland

Mit 2 Abbildungen

Zusammenfassung

Bei der Unterkieferalveolarkammatrophie stellt neben der mandibulären Prognathie auch die Progenie für den Prothetiker ein beachtliches Problem dar. Neben funktionellen dürfen ästhetische Gesichtspunkte auch beim zahnlosen Patienten nicht unberücksichtigt bleiben.

Die hier angegebene Modifikation der Sandwich-Osteoplastik nach Schettler (1976) bietet durch Osteotomie des apikalen Segmentes der Unterkieferspange die Möglichkeit, diese zurückzuverlagern. Als Interponat kann sowohl autologer Knochen wie auch heterologes Material verwendet werden. Die Stabilisierung der Segmente erfolgt über eine perkutan eingebrachte Zugschraube.

Über erste Erfahrungen mit dieser Methode wird berichtet und die Differentialindikation herausgearbeitet.

Summary

Modified Sandwich Osteotomy in the Treatment of Alveolar Ridge Atrophy with Special Emphasis on the Ptotic Chin. The atrophic mandible presents significant problems, both in terms of inadequate denture function and poor facial aesthetics. The resorption patterns of the mandible often result in pronounced prominence of the chin. The aesthetic component is often neglected by conventional ridge augmentation procedures.

A modification of the sandwich osteotomy developed by Schettler (1976) is described. The caudal part of the mandible is mobilized through an intraoral approach and then depressed. The bone graft is inserted between the osteotomized segments and stabilized with a lag screw introduced transcutaneously.

First clinical results are presented and indications are defined on the basis of the clinical experience.

Schlüsselwörter: Präprothetische Chirurgie, Gesichtsprofil.

Key words: Preprosthetic surgery, profile of the lower face.

Einleitung

Zur Verbesserung des Prothesensitzes bei extrem atrophiertem Unterkiefer werden zahlreiche Methoden angegeben. Ab einer Alveolarkammhöhe von 15 bis 20 mm, je nach Alter des Patienten, wird allgemein die Meinung vertreten, daß eine absolute Erhöhung des Alveolarkammes bei insuffizientem Prothesenhalt unbedingt erforderlich ist. Neben den traditionellen Methoden der Sandwich-Osteoplastik (Schettler, 1976, 1982), der Visierosteotomie (Härle, 1977) und den Auflagerungstechniken (Schwenzer, 1982), jeweils mit ihren unterschiedlichen Modifikationen (Schettler, 1980) und Kombinationen, hat die aufbauende Kieferkammplastik durch die Verwendung von Hydroxylapatit die Möglichkeiten des operativen Vorgehens erweitert.

Problemstellung

Alle diese Methoden berücksichtigen kaum die nicht unerheblichen Profilveränderungen, die durch den Knochenabbau der Kieferknochen hervorgerufen werden und durch prothetische Maßnahmen oft nicht oder nur unzulänglich korrigiert werden können. Durch die präprothetisch-chirurgischen Maßnahmen kommt es, bedingt durch die Ablösung von mimischer Muskulatur vom Knochen, zu einer weiteren Verschlechterung des Gesichtsprofils mit „drooping-chin" oder Beeinträchtigung der Mimik im Oberkiefer.

Röntgenzephalometrische Verlaufsuntersuchungen von Tallgren et al. (1980) haben gezeigt, wie sich die Lage des Unterkiefers im Verlauf der Tragezeit von Totalprothesen verändert. Durch die Atrophie der Kieferkämme kommt es zu einer Bewegung des Unterkiefers nach vorne oben. Diese Rotation führt zu einem progenen Aspekt der Patienten und beeinflußt bei bereits ohnehin bestehender Progenie das Gesichtsprofil weiter nachteilig.

Diese Veränderungen des Profilverlaufes sollten bei der Planung und Durchführung präprothetisch-chirurgischer Maßnahmen berücksichtigt und die geeignete Operationsmethode angewandt werden.

Über einen extraoralen Zugang wurde von Lekkas und Wes (1981) bereits die Bildung eines basalen Segmentes zur Sandwich-Osteoplastik angegeben. Mit dieser Methode kann das Kinnprofil korrigiert werden. Das Vorgehen wurde modifiziert, die Operation von intraoral durchgeführt und gezielt nach präoperativer Analyse des Fernröntgenseitenbildes angewandt.

Methodik

Zur Planung des Ausmaßes der Rückverlagerung wurde ein Fernröntgenseitenbild des Patienten in Ruheschwebelage angefertigt. Der A-Punkt im Oberkiefer wurde bei normalem Mittelgesichtsprofil mit einem SNA-Winkel von 81 Grad angenommen. Bei der Verlagerungssandwichosteoplastik sollte Pogonion, also der prominenteste knöcherne Kinnpunkt, zirka 2 Grad vor dem A-Punkt zu liegen kommen. Aus dieser Vorhersage wurde metrisch das Ausmaß der Rückverlagerung des Kinns bestimmt.

Ist der A-Punkt wegen der Resorption des Knochens nicht zu lokalisieren, so sollte das geplante Pogonion auf einer Geraden 2 Grad hinter der Verbindungslinie N Spa (spina nasalis anterior) liegen.

Mit einer Wechselschnitt-Technik, wobei der Schleimhautschnitt im Vestibulum und der Periostschnitt kammnah zu liegen kommt, wird von ehemals Regio 36 bis 46 der Unterkieferknochen dargestellt. Mit der oszillierenden Säge wird nach vorheriger Planung mit der Fernröntgenaufnahme die Osteotomie durchgeführt, wobei unter Schonung des Nervus alveolaris inferior je nach anatomischer Situation bis in Regio 36 bzw. 46 osteotomiert werden kann. Die Erhaltung des Nerven bereitet bei der Osteotomie keine Schwierigkeiten, da er beim atrophierten Unterkiefer kammnah liegt.

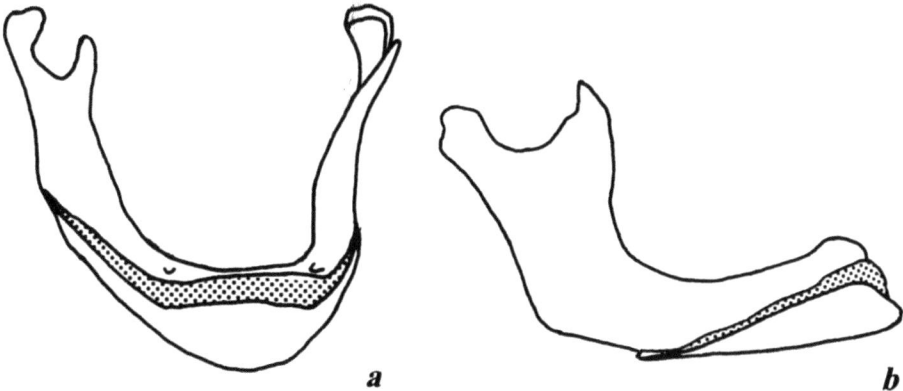

Abb. 1. a und **b.** Osteotomielinie und Interposition des Transplantates

Das kaudale Fragment wird dann nach hinten unten rotiert, um Platz für die Einlagerung eines Beckenspanes oder auch von Hydroxylapatit zu schaffen (Abb. 1 a und b). Über eine Stichinzision in Kinnmitte wird das kaudale Fragment mit einer Schraube zusammen mit dem Interponat stabilisiert. Es folgt dann der zweischichtige Wundverschluß. Nach einer Einheilungsphase von 2 Monaten bei dem autologen Transplantat und von 6 Monaten bei dem Hydroxylapatitimplantat wird dann die Vestibulumplastik mit Mundbodensenkung durchgeführt. Der Schleimhautdefekt wird mit Spalthaut gedeckt.

Diskussion

Selten wird bei der Planung des präprothetisch-chirurgischen Eingriffs der Winkel zwischen Vorderfläche der Mandibula und dem Unterrand des Unterkiefers berücksichtigt (Kinnwinkel). In der Literatur wird eine Streuung von 40 bis 74 Grad beim Bezahnten für diesen Winkel angegeben (Hasund, 1976). Nach Untersuchungen von Wallenius und Öwall (1967) ist ab einem Winkel kleiner als 60 Grad nicht mit einer Verbesserung des Sitzes der Unterkieferprothese zu rechnen, wenn man nur eine Vestibulumplastik durchführt.

Durch Untersuchungen von Engström et al (1985) konnte weiter gezeigt werden, daß es beim Zahnlosen zu einer deutlichen Verkleinerung dieses Kinnwinkels kommt, zusätzlich verbunden mit einer Rotation des Unterkiefers nach vorne oben. Dadurch verschlechtert sich die präprothetisch-chirurgische Ausgangssituation zusätzlich.

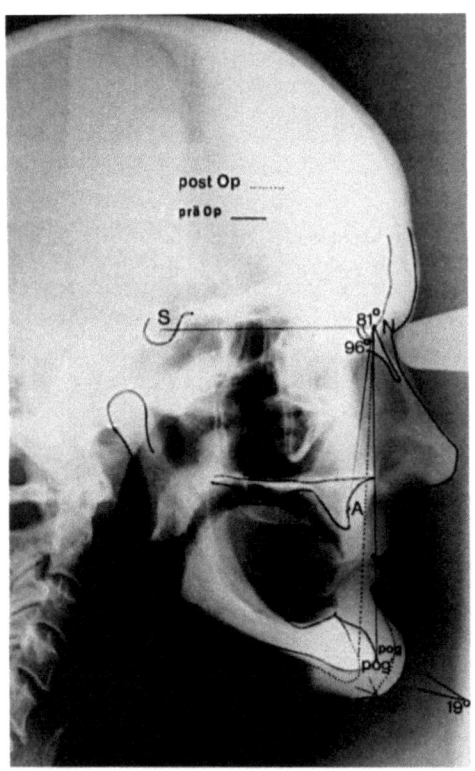 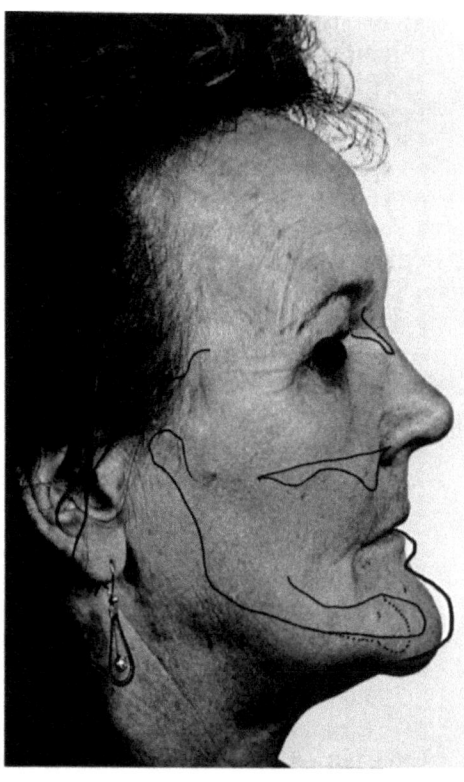

a   *b*

Abb. 2 a. Präoperative Planung

Abb. 2 b. Postoperatives Profil mit Skizzierung der Ausgangssituation

Diese oben erwähnten Untersuchungen lassen es in Situationen mit den oben beschriebenen Veränderungen sinnvoll erscheinen, bei Durchführung einer Sandwich-Osteoplastik ein basales Segment zu bilden. Dadurch besteht die Möglichkeit, die Profilveränderungen zu korrigieren und eine Korrektur des Kinnwinkels durchzuführen. Dem Prothetiker werden dadurch wesentlich günstigere Voraussetzungen geschaffen, eine Prothese zu konstruieren, die den statischen Anforderungen besser gerecht wird. Der flache Kinnwinkel wird vergrößert, und der Mittelpunkt der Unterkieferbreite in der Sagittalen wandert nach distal.

Wir haben bisher 5 Patienten nach dieser Methode operiert. 4 von den Patienten gaben an, schon immer ein prominentes Kinn gehabt zu haben. Es lag also das Bild einer echten Progenie, verstärkt durch die Knochenumbauvorgänge beim Zahnlosen, vor. Durch die Operation konnte eine Korrektur des Profils erreicht werden, das von den Patienten immer als vorteilhaft empfunden wurde (Abb. 2 a und b).

Bei 2 der 5 Patienten wurde Hydroxylapatit als Interponat eingelagert. Dadurch ergaben sich, verglichen mit autologem Knochen, keine Nachteile. Allerdings halten wir es bei Verwendung von Hydroxylapatit für notwendig, mit der Vestibulumplastik und Mundbodensenkung länger zuzuwarten als bei der Verwendung von autologem Knochen.

Die meisten Methoden zur absoluten Kieferkammerhöhung wie die Visierosteotomie, die Sandwich-Osteoplastik und die Auflagerungsplastiken führen zu einer vorübergehenden oder häufig auch bleibenden Schädigung des Nervus alveolaris inferior. Durch Bildung des basalen Segmentes läßt sich der Nerv zuverlässig schonen. Allerdings kann auch keine relative Tieferlegung des Nerves, wie bei anderen Augmentationsmethoden, erfolgen, um Dauerschädigungen durch die Prothese zuvorzukommen.

Die hier vorgestellte Methode bietet bei richtiger Indikationsstellung die Möglichkeit, im Zusammenhang mit einer präprothetisch-chirurgischen Maßnahme eine Korrektur der Progenie bzw. Pseudoprogenie durchzuführen.

Literatur

Engström C, Hollender L, Lindquist S (1985) Jaw morphology in edentulous individuals: a radiographic cephalometric study. J Oral Rehabil 12 : 451 – 460

Hasund A (1976) Klinische Kephalometrie für die Bergen-Technik. Ed: A. S. John Grieg, Bergen, Norway

Härle F (1977) Visierosteotomie zur absoluten Erhöhung des atrophierten Unterkiefers. Fortschr Kiefer-Gesichtschir 21 : 149 – 150

Lekkas K, Wes BJ (1981) Absolute augmentation of the extremely atrophic mandible. J Max Fac Surg 9 : 103 – 107

Schettler D (1976) Sandwichtechnik mit Knorpeltransplantat zur Alveolarkammerhöhung im Unterkiefer. Fortschr Kiefer-Gesichtschir 20 : 61 – 63

Schettler D (1980) Modifizierte Technik der Sandwichplastik für extrem atrophierte Unterkiefer. Dtsch Zahnärztl Z 35 : 994 – 996

Schettler D (1982) Spätergebnisse der absoluten Kieferkammerhöhung im atrophischen Unterkiefer durch die „Sandwichosteoplastik". Dtsch Zahnärztl Z 31 : 130 – 135

Schwenzer N (1982) Prinzipien und Standardverfahren zur operative Verbesserung des Prothesenlagers. Dtsch Zahnärztl Z 37 : 127 – 131

Tallgren A, Lang BR, Walker GF, Askju MM (1980) Roentgencephalometric analysis of ridge resorption and changes in jaw and occlusal relationships in immediate complete denture wearers. J Oral Rehabil 7 : 77 – 94

Wallenius K, Öwall B (1967) Effect of ridge extension on retention and function of dentures. Odontologisk Revy 18 : 361 – 365

Anschrift des Verfassers: Prof. Dr. Dr. H. Niederdellmann, Klinik und Poliklinik für Mund-, Kiefer- und Gesichtschirurgie, Universitätsstraße 84, D-8400 Regensburg, Bundesrepublik Deutschland.

Zur Planung und Durchführung von Kieferkammaufbauten mit Hydroxylapatitgranulat

J. Beck-Mannagetta und Ch. Krenkel

Abteilung für Kiefer- und Gesichtschirurgie (Vorstand: Prof. Dr. H. Matras),
Landeskrankenhaus Salzburg

Mit 6 Abbildungen

Zusammenfassung

Um Schwierigkeiten bei der Verwendung von Hydroxylapatit in Granulatform zur Kieferkammerhöhung zu vermeiden, wird das Einbringen des Implantatmaterials in ein resorbierbares Vicrylnetz empfohlen. Nach einer im Artikulator hergestellten Schablone des aufzubauenden Kieferkammes wird das Vicrylnetz zu einem „Strumpf" vernäht und mit dem Granulat gefüllt. Von einer queren Inzision im vorderen Vestibulum („vorne offen – hinten tunnelisierende Methode") wird das Granulat subperiostal eingebracht. Um eine belastbare Prothesenbasis zu erreichen, empfiehlt sich nach 3 bis 4 Monaten eine Vestibulumplastik mit Spalthauttransplantation.

Summary

Planning and Surgical Procedure of Alveolar Ridge Augmentation with Particulate Hydroxylapatite. To avoid difficulties during the application of particulate hydroxylapatite for alveolar ridge augmentation the authors advocate the introduction of the implant material in an absorbable vicryl mesh. In an articulator a custom-made template is formed in the desired shape of the ridge and the vicryl mesh is sown accordingly like a stocking that is then filled with the granules. From an anterior vestibular incision line ("anterior open-posterior tunnelling approach") the vicryl mesh is placed subperiostally. For the creation of a resistant denture base vestibuloplasty with split-thickness skin grafting is recommended after 3 to 4 months.

Schlüsselwörter: Kieferkammerhöhung, Hydroxylapatit, Operationsmethode.

Key words: Augmentation of alveolar ridge, hydroxylapatite, surgical technique.

Einleitung

Seit rund 10 Jahren wird künstlich hergestelltes Hydroxylapatit als Knochenersatz im Kieferbereich verwendet (Jarcho, 1981). Bei der Implantation dieses alloplastischen Materials in Granulatform zur Erhöhung von atro-

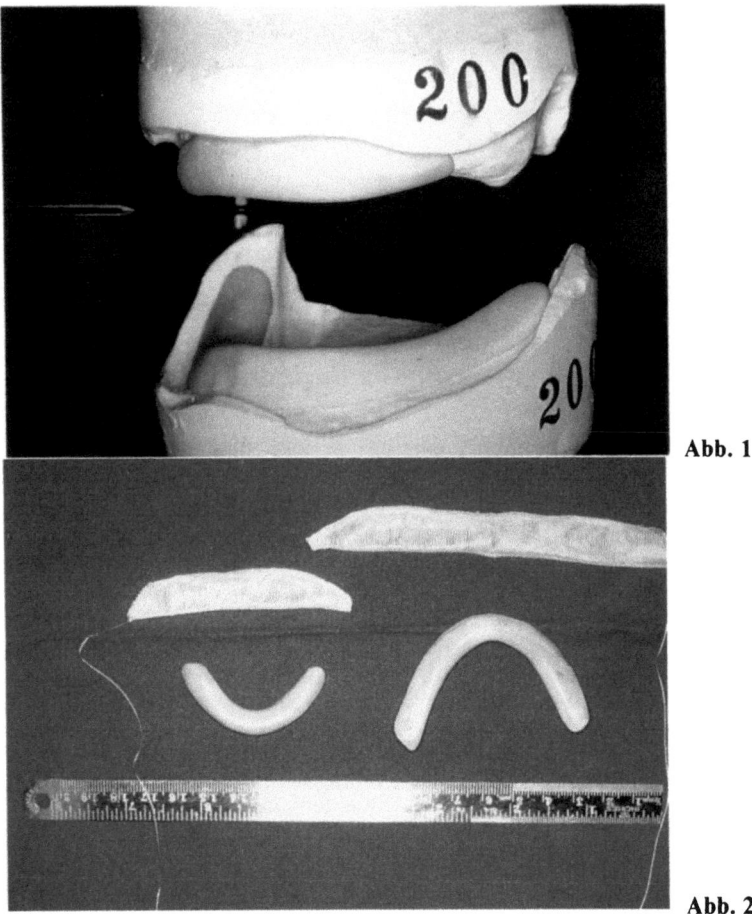

Abb. 1

Abb. 2

Abb. 1. An schädelbezüglich einartikulierten Modellen wird die gewünschte Erhöhung des Alveolarfortsatzes mit Acrylatschablonen simuliert. Die Relation zum Gegenkiefer erfordert häufig nicht nur eine vertikale Verbesserung, sondern auch eine Berücksichtigung der sagittalen und transversalen Dimension. Diese Problematik läßt sich manchmal nur durch eine gleichzeitige Augmentation des Gegenkiefers lösen

Abb. 2. Acrylatschablonen und individuell genähte „Vicrylstrümpfe" von Ober- und Unterkiefer

Abb. 4. Das mit Calcitite® gefüllte Vicrylnetz in situ

Abb. 5. a Präoperative Situation mit unregelmäßiger Kammatrophie (weibl., 61 Jahre), **b** 6 Monate nach Kammaufbau mit Calcitite® bzw. 2 Monate nach der Vestibulumplastik mit Spalthauttransplantation

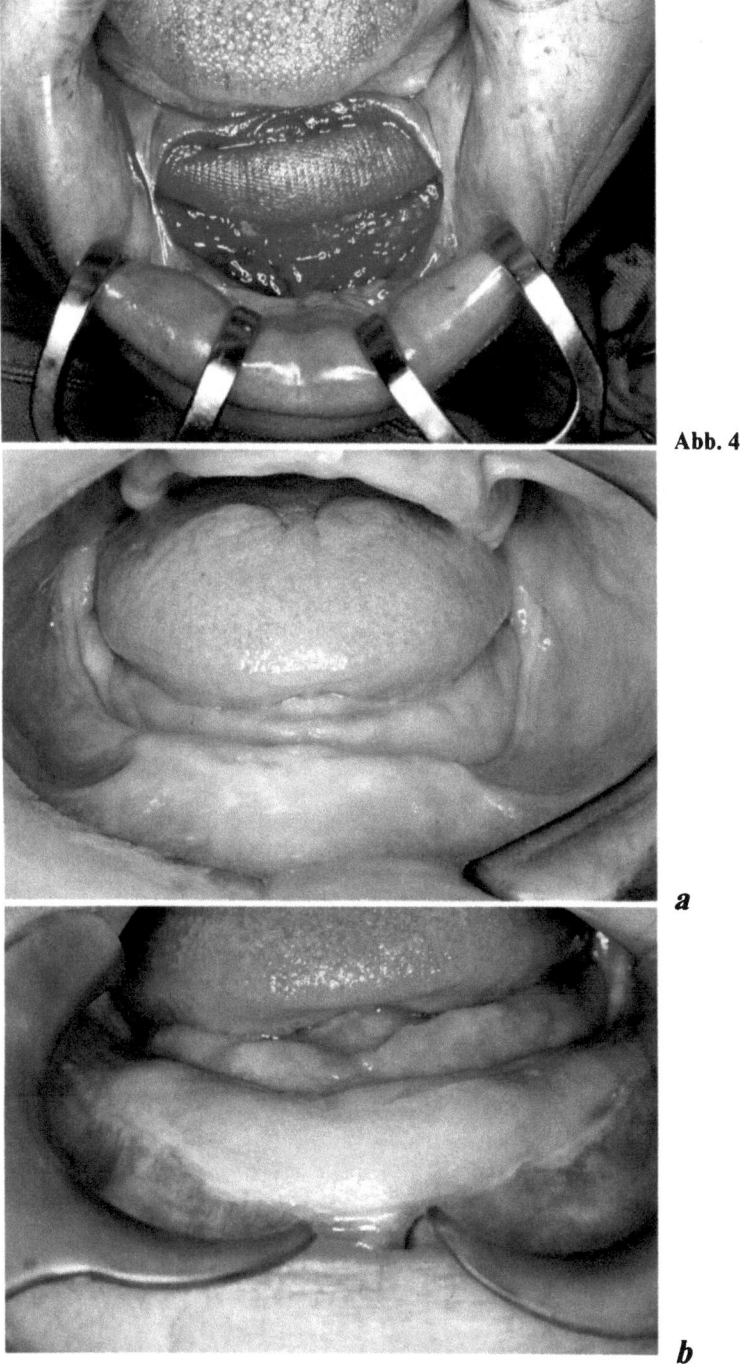

Abb. 4

a

b

Abb. 5 a, b

phen Kieferkämmen können gelegentlich Schwierigkeiten auftreten: Bereits das exakte subperiostale Einbringen ist nicht immer leicht; der Nervus mentalis ist zu schonen; das Granulat soll vor unerwünschter Verlagerung gesichert werden, und auch bei unregelmäßigen Defekten soll eine gleichmäßige Kammerhöhung resultieren (Kent, 1986). Die Methode sollte auch vom weniger Geübten anwendbar sein, gegebenenfalls in Lokalanästhesie.

Auf Grund unserer Erfahrungen bei der absoluten Erhöhung von 70 atrophen Kieferkämmen mit Hydroxylapatitgranulat möchten wir die nachfolgenden Empfehlungen zur Erleichterung von Kammaufbauten geben (vgl. Beck-Mannagetta et al., 1988).

Material und Methode

Um eine möglichst genaue Vorstellung über das Ausmaß der Atrophie und die Relation der Alveolarfortsätze von Ober- und Unterkiefer zueinander zu gewinnen, wird der Patient zunächst klinisch und röntgenologisch untersucht. Nach Abdrucknahme werden Gipsmodelle schädelbezüglich im Artikulator registriert. Diese Modelle dienen gleichzeitig zur Herstellung von Acrylatschablonen, mit denen die gewünschte Form des Kieferkammes simuliert wird (Abb. 1). Schon präoperativ wird ein resorbierbares Vicrylnetz® (Fa. Ethicon, Hamburg) über der Acrylatschablone zu einem „Strumpf" vernäht (Abb. 2) und mit der erforderlichen Menge an Calcitite® (Fa. Calcitek, San Diego) gefüllt. Der Ausgleich unregelmäßiger Kammverläufe ist auf diese Weise durch die Schablone vorgegeben und wird beim Vernähen des Netzes berücksichtigt. Eine lockere, nicht zu pralle Füllung erleichtert das Einführen des gefüllten Netzes, vergrößert die Auflagefläche auf dem Knochen und verbessert die Modellierbarkeit dieses neuen Kieferkammes. Von einer queren Inzision im vorderen Vestibulum läßt sich der Kieferkamm gut überblicken. Nun muß man nach distal, lingual und vestibulär mobilisieren, um einen genügend großen und spannungsfreien Schleimhaut-Periost-Tunnel zu schaffen (Abb. 3). Jetzt faßt man den gefüllten Vicrylstrumpf mit einer Klemme an seinem Ende und führt ihn von mesial nach distal ein (Abb. 4).

Es ist ebenso möglich, diesen „Strumpf" erst intraoperativ in situ durch eine mediane Öffnung zu füllen. Die Strumpfenden werden dann an Ausziehfäden mittels einer Ahle, die distal ausgestochen wird, in die gewünschte Position gebracht. Über eine vorbereitete Öffnung des „Strumpfes" erfolgt nun die Füllung mit Granulat und sodann der Verschluß dieser Strumpföffnung. Die Inzisionswunde wird zweischichtig dicht vernäht. Intraoperativ ist auf sorgfältige Blutstillung zu achten. Einen günstigen Effekt erwarten wir uns auch vom Einlegen des Vicrylstrumpfes in eine Antibiotikalösung (z. B. Baneocin®).

Beim Auftreten von lokalen Schleimhautdefekten hält das Vicrylnetz das Granulat lange Zeit zurück. Nach einigen Tagen bis Wochen kommt es zur sekundären Epithelisation der freiliegenden Areale und nur bei größeren Defekten oder eingeschränkter Mundhygiene zum partiellen Verlust des Granulates. Postoperativ wird deshalb den Patienten eine exakte Mundhygiene mit verdünnter H$_2$O$_2$-Lösung und Chlorhexamed® (Fa. Blendax, Hallein) angeraten.

Um die Einheilung des Implantatmaterials nicht zusätzlich zu gefährden, belassen wir zunächst eventuell vorhandene Prothesenfibrome. Nach Ausbildung eines festen neuen Kieferkammes (d. h. nach zirka 3 bis 4 Monaten) empfiehlt sich in nahezu allen Fällen eine Mundboden- und Vestibulumplastik mit Spalthauttransplantation, um das Ergebnis prothesengerecht zu machen (Abb. 5a, b). Bei dieser Mundvorhofplastik können nicht nur die Prothesenfibrome entfernt, sondern auch noch störende Vorwölbungen des bindegewebig eingeheilten Granulates modellierend abgetragen werden.

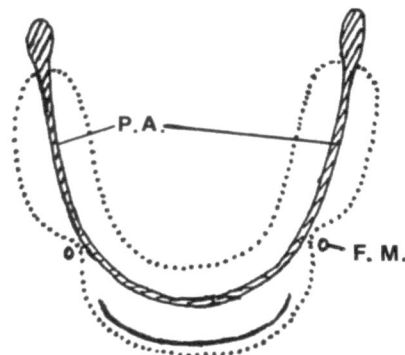

Abb. 3. Subperiostale Unterminierung (. . .) von einer queren vestibulären Inzision im Frontbereich (——). Man beachte die Beziehung zum Foramen mentale (F. M.) und zum atrophierten Alveolarfortsatz (P. A.)

Eine Abdeckplatte mit Zahnfacetten zur lediglich kosmetischen Verbesserung kann frühestens nach 3 Wochen angefertigt werden. Sie sollte keinem Kaudruck ausgesetzt sein und dazu beitragen, den erhöhten Kieferkamm weiter zu stabilisieren.

Diskussion und Schlußfolgerungen

Die Operationstechnik zur Erhöhung eines atrophen Kieferkammes mit Hydroxylapatitgranulat soll vor allem folgenden Anforderungen gerecht werden:

1. ein Inzisionsbereich mit gutem Überblick;
2. die Sicherung des Granulates gegen Dislokationen;
3. ein einfaches Einbringen des Materials;
4. eine gleichmäßige Kammerhöhung im gewünschten Ausmaß (auch bei unregelmäßigen Defekten);
5. die Berücksichtigung des Gegenkiefers in sagittaler und transversaler Richtung.

Die von uns dargestellte Methode der präoperativen Planung im Artikulator, die Anpassung des Vicrylnetzes an die individuellen Erforder-

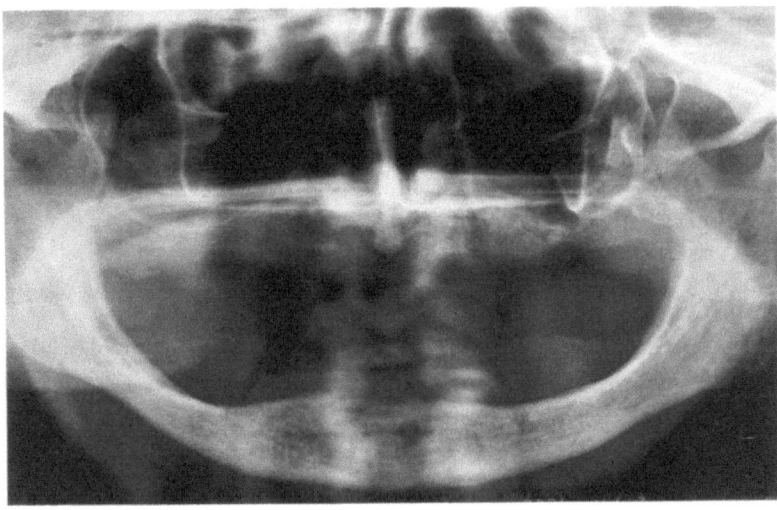

a

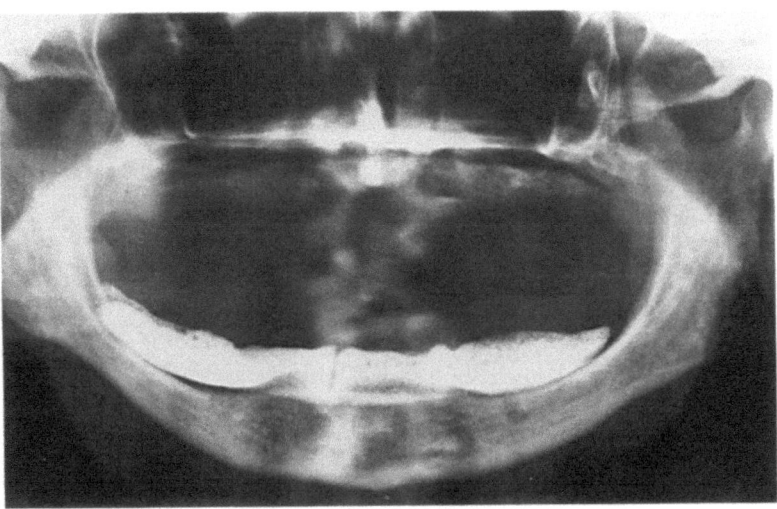

b

Abb. 6. a Panoramaröntgenbild präoperativ (weibl., 63 Jahre), **b** Panoramaröntgenbild postoperativ (Aufbau des Unterkiefers), **c** Seitliches Fernröntgenbild präoperativ (weibl., 73 Jahre), **d** Seitliches Fernröntgenbild postoperativ (Aufbau von Ober- und Unterkiefer)

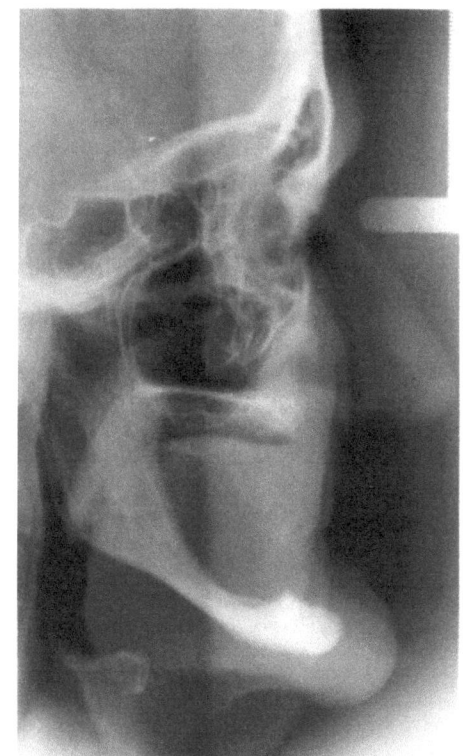

c

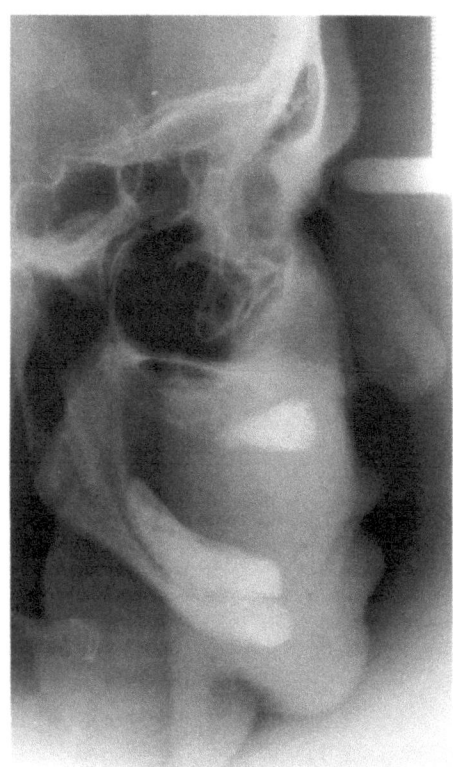

d

Abb. 6c, d

nisse, das Einfüllen des Granulates in ein resorbierbares Vicrylnetz (vgl. Härle und Kreusch, 1987), die quere vestibuläre Inzision im Frontbereich und das Einführen des gefüllten oder noch leeren Netzes mittels Klemme oder Ahle über Hilfsfäden erfüllen diese Wünsche weitgehend (Abb. 6 a bis d). Besonders das Einbringen eines präoperativ gefüllten Netzes geht meist so rasch und problemlos, daß es auch in Lokalanästhesie vom Patienten gut toleriert wird. Der so erhöhte Kieferkamm verfestigt sich innerhalb von 4 bis 6 Wochen und ist zumeist nach 3 Monaten vollständig bindegewebig durchwachsen. Eine echte Knochenneubildung konnten wir bisher an unseren Fällen nicht beobachten (Donath et al., 1987).

Um die operativ erzielte Höhe des Alveolarfortsatzes optimal auszunützen, empfehlen wir in jedem Fall eine Vestibulumplastik mit Spalthauttransplantation. Erst danach sollten belastbare Prothesen angefertigt werden.

Literatur

Beck-Mannagetta J, Krenkel Ch, Donath K (1988) Stabilisation von Hydroxylapatit-granulat durch ein individuelles Vicrylnetz zur Erhöhung des atrophen Kieferkammes. Dtsch Zahnärztl Z 43 (in Druck)

Donath K, Rohrer MD, Beck-Mannagetta J (1987) A histologic evaluation of a mandibular cross section one year after augmentation with hydroxylapatite particles. Oral Surg, Oral Med, Oral Pathol 63 : 651–655

Härle F, Kreusch Th (1987) Augmentation of the alveolar ridge with hydroxylapatite (HA) in a vicryl tube. Second international congress on preprosthetic surgery, Palm Springs (abstr 53)

Jarcho M (1981) Calcium phosphate ceramics as hard tissue prosthetics. Clin Orthopaed Rel Res 157 : 259–278

Kent JN (1986) Reconstruction of the alveolar ridge with hydroxylapatite. Dental Clin North Am 30 : 231–257

Anschrift des Verfassers: Dr. J. Beck-Mannagetta, Abteilung für Kiefer- und Gesichtschirurgie, Landeskrankenhaus Salzburg, Müllner Hauptstraße 48, A-5020 Salzburg.

Die Anwendung von Hydroxylapatitkeramik in der präprothetischen Chirurgie und in der chirurgischen Parodontaltherapie

M. Haas, W. A. Wegscheider, R. O. Bratschko und *A. Eskici*

Department für Restaurative Zahnheilkunde und Parodontologie
(Leiter: Doz. Dr. R. O. Bratschko)
der Universitätsklinik für Zahn-, Mund- und Kieferheilkunde, Graz
(Vorstand: Prof. Dr. H. Köle)

Mit 4 Abbildungen

Zusammenfassung

Die Verwendung von Hydroxylapatit gewinnt bei parodontalchirurgischen Eingriffen und in der präprothetischen Chirurgie zunehmend an Bedeutung. Durch die Nivellierung von tiefen, keilförmigen Knochendefekten kommt es zu einer Verminderung der Rezidivgefahr und zur Wiederherstellung von physiologischen entzündungsfreien Verhältnissen am marginalen Parodont. Die besten Ergebnisse zeigen sich nach 4jähriger Erfahrung bei der Verwendung von aus Korallen gewonnenem Hydroxylapatit in Kombination mit einer papillenerhaltenden Schnittführung.

Darüber hinaus werden die Anwendung dieses Materials zur Erhaltung des Alveolarfortsatzes nach Extraktionen und zur partiellen Rekonstruktion atrophierter zahnloser Kieferabschnitte besprochen.

Summary

Hydroxylapatite in Preprosthetic and Periodontal Surgery. Hydroxylapatite is gaining increasing importance in periodontal and preprosthetic surgery. Levelling deep wedge-shaped bone defects reduces the risk of relapse and restores normal, non-inflammatory conditions at the level of the unattached gingiva. In 4 years of experience coral-derived hydroxylapatite in combination with an incision line designed to salvage the papilla was found to produce the best results.

The use of the material for stabilising the alveolar process after tooth extractions and for the partial repair of atrophic edentulous mandibular segments is also reviewed.

Schlüsselwörter: Hydroxylapatit, fortgeschrittene Parodontopathie, präprothetische Chirurgie.

Key words: Hydroxylapatite, advanced periodontal disease, preprosthetic surgery.

1. Einleitung

Hydroxylapatit (HA) gewinnt als alloplastisches Implantatmaterial in verschiedenen Bereichen der zahnärztlichen Chirurgie zunehmend an Bedeutung. Die Anwendungsbereiche liegen

    1. in der Parodontalchirurgie,
    2. in der Defektauffüllung nach Extraktionen,
    3. in der partiellen und totalen Rekonstruktion des zahnlosen Kiefers.

Bei allen präprothetischen Maßnahmen werden parodontalchirurgische Eingriffe, Extraktionen und Rekonstruktion des Alveolarfortsatzes in einer Sitzung vorgenommen. Die Atrophie des Proc. alveolaris und vor allem der Kollaps im orofazialen Durchmesser wird durch die Alveolenfüllung mit HA-Granulat unmittelbar nach der Extraktion verhindert. Als Alternative zu herkömmlichen präprothetischen Eingriffen steht mit HA ein Material zur absoluten Kammerhöhung zur Verfügung.

2. Material und Methode

2.1. Material

Man unterscheidet 2 Arten von HA-Keramik:
    1. solides HA in Granulatform (Korngröße 300 bis 600 μ);
    2. HA mit interkonnektierendem Porengefüge in Granulat und Blockform (Porendurchmesser 200 μ).

2.2. Parodontalchirurgie

Folgendes klinisches Vorgehen hat sich nach 4jähriger Anwendung von Materialien aus allen zwei Gruppen am besten bewährt.

Der Mukoperiostlappen wird mit einem paramarginalen Schnitt gebildet, wobei interdentales Gewebe erhalten bleibt. Nach der Entfernung des Granulationsgewebes und dem Scaling werden poröse HA-Blöcke (Interpore 200®)[1] an die Defekte angepaßt, die restlichen Hohlräume mit Granulat aufgefüllt und der Lappen spannungsfrei mit kreuzförmigen Papillennähten verschlossen. Bei einwandigen Knochentaschen wird die Keramik mit Fibrinkleber stabilisiert.

2.3. Alveolenfüllung

Nach Extraktionen wird HA-Granulat drucklos in die leere Alveole eingebracht und die Schleimhaut mit einer Situationsnaht adaptiert. Zur postoperativen Kontrolle wurden nach abgeschlossener Wundheilung und in jährlichen Abständen Kleinbildröntgen in Rechtwinkeltechnik angefertigt.

---

[1] Interpore Int. Iruine, CA., USA.

2.4. Rekonstruktion zahnloser Kieferabschnitte

Die Operationstechnik entspricht der Extensionsalveoloplastik nach Osborn (1984). Ein Mukoperiostlappen wird nach Inzision am Alveolarkamm bis zur Darstellung der Kammbreite abgelöst. Nach Doppelwinkelosteotomie wird die vestibuläre, am Periost gestielte Knochenlamelle mit einem Raspatorium an der Basis frakturiert und extendiert (Abb. 1). Bei Einzelzahnlücken wird der entstandene Hohlraum mit HA-Granulat (Calcitite®2 oder Interpore 200®) aufgefüllt. Bei längeren zahnlosen Kieferabschnitten wird ein HA-Block (Interpore 200®) in den Hohlraum eingepaßt (Abb. 2).

Abschließend erfolgt ein spannungsfreier Wundverschluß, wobei eine Periostschlitzung nur seitlich erfolgen darf, um nicht die Blutversorgung der vestibulären Knochenlamelle zu gefährden (Abb. 3).

3. Ergebnisse

3.1. Parodontalchirurgie

Innerhalb von 4 Jahren wurden an 35 Patienten in 86 Defekte HA-Keramiken implantiert. 40mal kam solides HA-Granulat (Calcitite®) und 46mal Hydroxylapatit mit interkonnektierenden Poren (Interpore 200®) zur Anwendung.

Die Abnahme der Sondierungstiefe (Tabelle 1) ergab nach 2 und 4 Jahren eine signifikante Verbesserung bei der Anwendung dieses Verfahrens. Der Attachmentgewinn (Höhenänderung, Schmelzzementgrenze-Taschenfundus, Haas et al., 1987) betrug bei der Verwendung von porösem HA nach 2 Jahren 3,8 mm, nach 4 Jahren bei solidem HA 2,4 mm im Mittelwert (Tabelle 2). Bei 6 Fällen (4 im Oberkiefer, 2 im Unterkiefer) kam es nach Implantation von porösem HA in einwandige Knochentaschen innerhalb der ersten 3 Wochen zum Verlust der Keramik und in weiterer Folge zu einem Rezidiv mit erhöhter Sondierungstiefe mit Blutungsneigung.

3.2. Alveolenfüllung nach Extraktion

In den letzten 4 Jahren wurden an unserer Klinik 53 Alveolen nach der Extraktion mit Hydroxylapatit aufgefüllt. In 25 Fällen wurde solides, in 21 poröses HA verwendet. In 7 Extraktionswunden wurden poröse HA-Blöcke eingepaßt. 45mal wurde zum Verschluß eine Situationsnaht gelegt, in 8 Fällen wurde die Wunde unter Bildung eines Mukoperiostlappens dicht vernäht.

Die Vermessung der Granulathöhe mit der standardisierten Kleinröntgentechnik (Rinn-Tubus®) ergab nach 4 Jahren eine Reduktion der Implantathöhe um durchschnittlich 1,5 mm (Abb. 4). Zwischen den verwendeten Granulatarten war kein Unterschied festzustellen.

Die Verwendung von porösen Blöcken war nur bei dichtem Wundverschluß erfolgreich. Bei 4 Fällen, die nur mit einer Situationsnaht verschlos-

---

2 Calcitek Inc., San Diego, CA., USA.

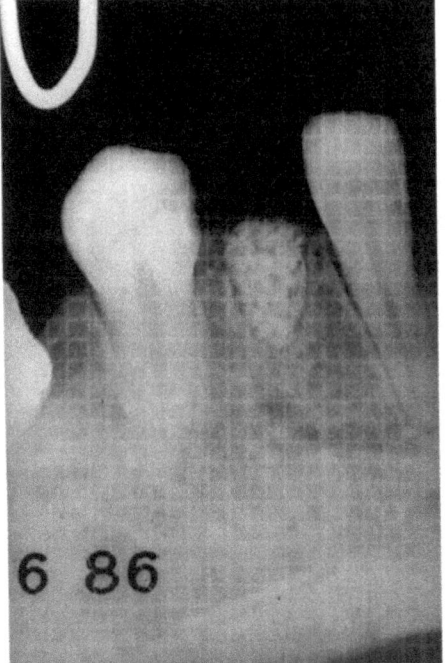

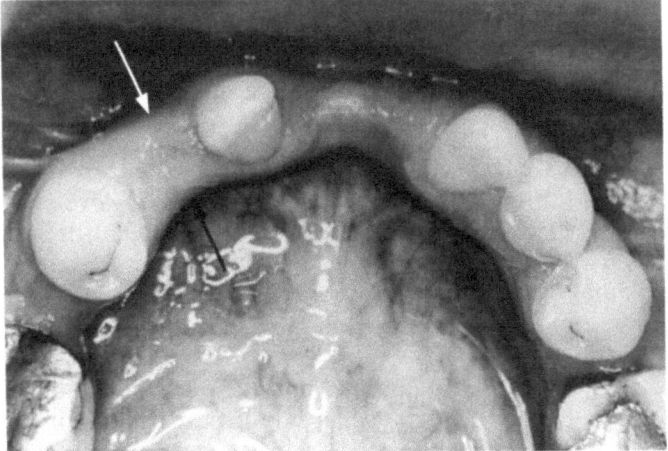

Abb. 1. a Kleinbildröntgen 2 Jahre nach Auffüllung der Alveole 43 mit solidem Hydroxylapatitgranulat (Calcitite®). **b** Klinische Situation 2 Jahre nach der Operation

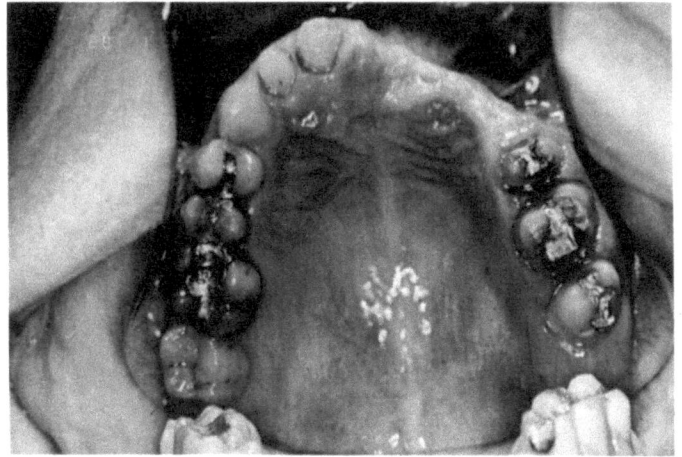

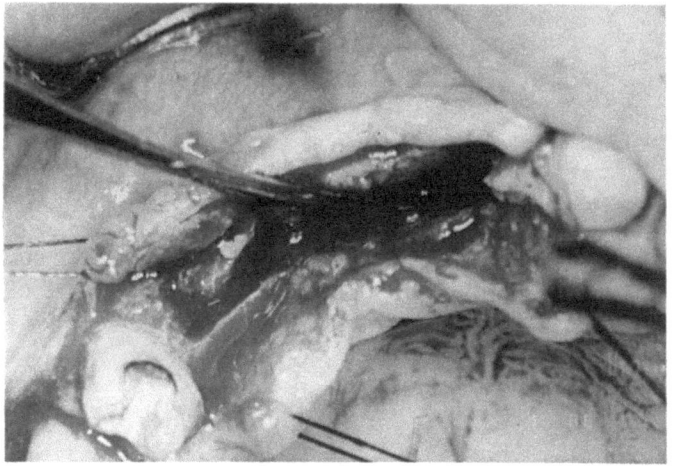

Abb. 2. a Defekt am Oberkiefer nach Motorradunfall bei einem 34jährigen Patienten. **b** Verbreiterung des Kieferkammes nach Doppelwinkelosteotomie

sen wurden, kam es während der Einheilung zum Verlust der Keramik. Sekundäre Dehiszenzen nach Eingliederung von Prothesen traten in keinem der Fälle auf.

3.3. Rekonstruktion zahnloser Kieferabschnitte

Die Verbreiterung des zahnlosen Kiefers erfolgte in 18 Fällen bei Einzelzahnlücken, bei 6 Patienten wurden größere Kieferabschnitte im Oberkiefer, bei 3 Patienten im Unterkiefer rekonstruiert. Die längste Liegedauer dieser Implantate beträgt bei 8 Fällen 3 Jahre.

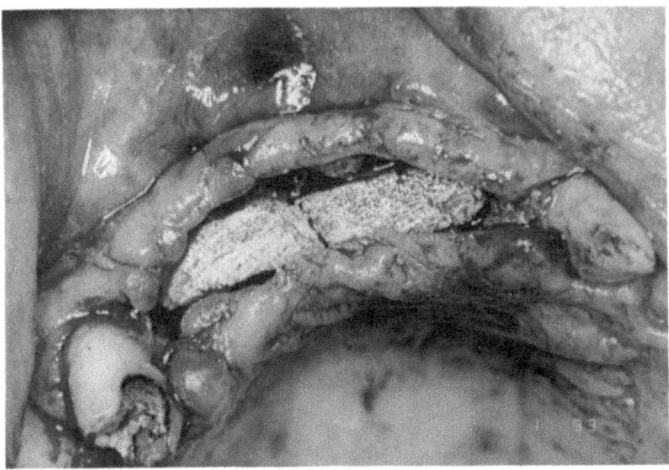

a

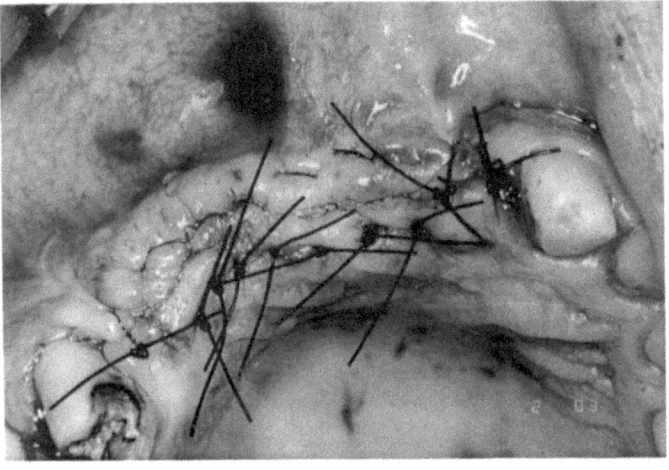

b

Abb. 3. a Einpassung von porösen Hydroxylapatitblöcken zwischen oraler und vestibulärer, am Periost gestielter Knochenlamelle. **b** Spannungsfreier Wundverschluß nach Periostschlitzung

Die Einheilung verlief bei der Verwendung von Granulat in allen Fällen komplikationslos, lediglich bei 2 Fällen kam es im Unterkiefer bei implantierten Blöcken durch den Prothesendruck zu kleineren Dehiszenzen, die sich nach modellierendem Abtragen des Implantatmaterials von selbst verschlossen.

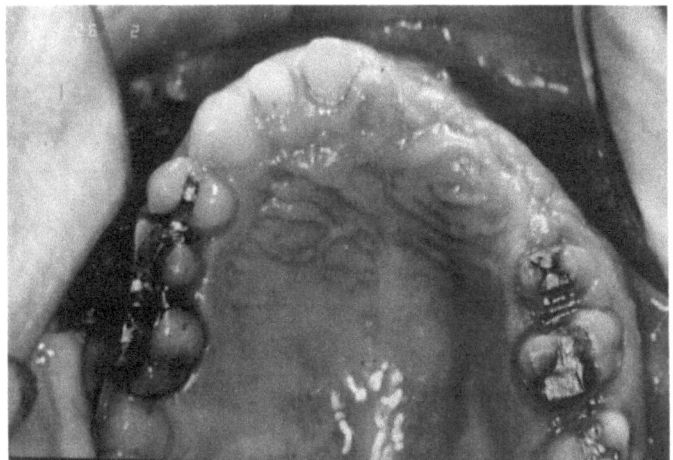

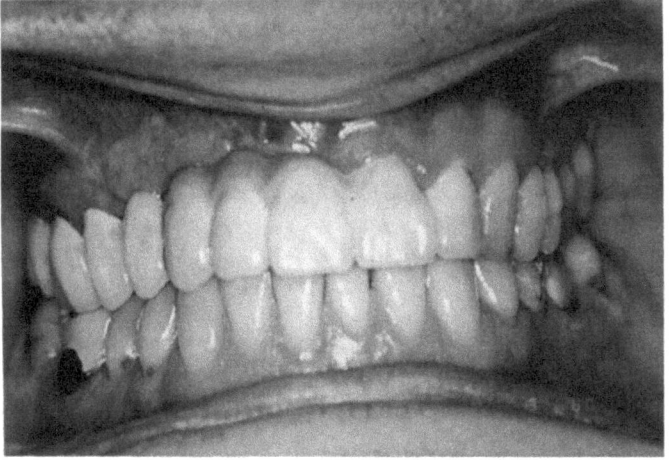

Abb. 4. a Klinischer Zustand 18 Monate nach der Operation. **b** Prothetische
Versorgung mit festsitzender Brücke von 17 auf 21

Tabelle 1. Sondierungstiefe in mm – Mittelwerte + Standardabweichung

	Sol. HA-Granulat (n = 40)	HA-Block + Gran. (n = 46)
Initial	8,3 ± 1,8	9,1 ± 1,4
Nach 2 Jahren	2,3 ± 1,2	2,2 ± 0,9
Abnahme nach 2 Jahren	6,0 ± 1,8*	6,9 ± 2,1*
Nach 4 Jahren	2,5 ± 1,0	–
Abnahme nach 4 Jahren	5,8 ± 1,6**	

Statistische Signifikanz * p < 0,001, ** p < 0,001
n Anzahl der Fälle

Tabelle 2. Attachmentgewinn in mm – Mittelwerte + Standardabweichung

	Sol. HA-Granulat (n = 40)	HA-Block + Gran. (n = 46)
Nach 2 Jahren	2,3 ± 0,4*	3,8 ± 1,3*
Nach 4 Jahren	2,4 ± 0,7**	–

Statistische Signifikanz * p < 0,0002, ** p < 0,0005
n Anzahl der Fälle

4. Diskussion

Bei der Alveolenfüllung und Interposition in Osteotomien ist die knöcherne Einheilung von HA durch zahlreiche histologische Untersuchungen (Kato et al., 1979; Denissen et al., 1980; Finn et al., 1980; Frame et al., 1981; Werhan et al., 1982; Osborn und Donath, 1984) gesichert. Bei Auffüllung kleiner Defekte sind die Granulate zu bevorzugen, da kleine HA-Blöcke hier zu einem hohen Prozentsatz das Phänomen einer „Radix relicta" zeigen und durch Prothesendruck verlorengehen.

Klinische Untersuchungen von parodontalen Anwendungen zeigen eine deutliche Reduktion der Sondierungstiefe mit Hartgewebszuwachs bei Verwendung von solidem HA-Granulat (Hartmann, 1986; Topoll, 1984) und porösem HA (Paillon et al., 1986; Haas et al., 1987).

Der Attachmentzuwachs ist bei der Verwendung von HA deutlich höher als bei herkömmlicher Lappenchirurgie ohne Auffüllung der Knochendefekte (Rabalais et al., 1981; Kenney et al., 1985; Yukna et al., 1985).

Obwohl aus heutiger Sicht die Verwendung von porösem Material in Block- und Granulatform klinische Vorteile bringt, hängt die Prognose wesentlich von der Vorbehandlung und Nachsorge des Patienten ab. Die Alveolenfüllung und die partielle Rekonstruktion zahnloser Kieferabschnitte kann extreme Atrophien verhindern und als Prophylaxe ausgedehnter präprothetischer Eingriffe angesehen werden.

Literatur

Denissen HW, de Groot K, Makkes PCh, Hooff VD, Klopper PJ (1980) Tissue response to dense apatite implants in rats. J Biomed Mater Res 14:713–721

Finn RA, Bell WH, Brammer JA (1980) Interpositional „grafting" with autogenous bone and coralline hydroxylapatite. J Max Fac Surg 8:217–227

Frame JW, Browne RM, Brady DL (1981) Hydroxylapatite as a bone substitute in the yaws. Biomat 2:19–22

Haas M, Wegscheider WA, Bratschko RO, König K, Weybora W (1987) Hydroxylapatit in der chirurgischen Therapie der fortgeschrittenen Parodontopathie. Quintessenz Zahnärztl Lit 2:271–280

Hartmann WJ (1986) Der Aufbau von parodontalen Knochentaschen mit Hydroxylapatit. Quintessenz Zahnärztl Lit 27:257–268

Kato K, Aoki H, Tabata T, Ogiso M (1979) Biocompatibility of apatite ceramics in mandibles. Biomat Med Dev Art ORG 7:291–297

Kenney EB, Lekovic T, Han FA, Carranza JR, Dimitrevic B (1985) The use of a porous hydroxylapatite implant in periodontal defects. J Periodontol 56/2:254

Osborn JF, Donath K (1984) Die enossale Implantation von Hydroxylapatitkeramik und Tricalciumphosphatkeramik: Integration versus Substitution. Dtsch Zahnärztl Z 39/12:970–976

Paillon R, Bastänier G, Wahl G, Osborn JF (1986) Über die Anwendung von poröser Hydroxylapatitkeramik zur Auffüllung parodontaler Knochendefekte. Dtsch Zahnärztl Z 41:527–532

Rabalais ML, Yukna RA, Mayer ET (1981) Evaluation of durapatite ceramic as an alloplastic implant in periodontal osseous defects. I. Initial six month results. J Periodontol 52:680

Takei HH, Han TJ, Carranza jr FA, Kenney EB, Lekovic I (1985) Flaptechnique for periodontal bone implants-papilla preservation technique. J Periodontol 56:4

Topoll H (1984) Hydroxylapatit – ein neues Implantationsmaterial für parodontale Knochendefekte. Quintessenz Zahnärztl Lit 35:2103

Werhan C, Osborn JF, Newesely H (1982) Poröse Hydroxylapatitkeramik – ein osteotroper Werkstoff für den Knochenersatz. H Unfallheilkd 1958:71–75

Yukna RA, Mayer ET, Brite DV (1985) Evaluation of durapatite ceramic as an alloplastic implant in periodontal osseous defects. J Periodont 56:540–547

Anschrift des Verfassers: Dr. M. Haas, Department für Restaurative Zahnheilkunde und Parodontologie, Universitätsklinik für Zahn-, Mund- und Kieferheilkunde, Auenbruggerplatz 12, A-8036 Graz.

Rekonstruktion des atrophischen Alveolarfortsatzes im Unterkiefer durch Interpore-Block-Implantation

A. Eskici[1], H. Kärcher[1], M. Haas[2] und W. A. Wegscheider[2]

[1]Department für Mund-, Kiefer- und Gesichtschirurgie (Leiter: Prof. Dr. H. Köle),
[2]Department für Restaurative Zahnheilkunde und Parodontologie
(Leiter: Doz. Dr. R. O. Bratschko)
der Universitätsklinik für Zahn-, Mund- und Kieferheilkunde, Graz
(Vorstand: Prof. Dr. H. Köle)

Mit 2 Abbildungen

Zusammenfassung

Das Interpore ist ein kaum resorbierbares, biokompatibles, poröses Hydroxylapatit, welches von natürlichen Korallen gewonnen wird. Seine feinen, durchgehenden Kanälchen weisen einen ähnlichen Aufbau wie das Havers'sche System im natürlichen Knochen auf.

Das Knochengewebe wächst post implantationem durch diese Kanälchen durch und festigt so das Implantat am Kiefer. Die technische Durchführung der Operation erfolgt nach konventionellen Methoden:

Das Mukoperiost am Kieferkamm wird von 7–7 untertunneliert. Die prä operationem vorbereiteten Interpore-Blöcke werden im tunnelierten Bereich auf dem Kieferkamm plaziert. Die Inzisionsstellen werden dann vernäht. Sodann wird eine Kunststoffplatte zur Immobilisierung der Implantatteile eingebunden.

Nach unseren ersten Erfahrungen bringt diese Methode, abgesehen von der komplikationslosen Einheilung und der Erhaltung der Implantathöhe, auch gewisse andere Vorteile, wie die Anwendung bei extrem atrophischem Kieferkamm und bei alten bzw. nicht narkosetauglichen Patienten.

Summary

Augmentation of the Atrophic Lower Alveolar Ridge by Interpore Block Implantation. Interpore is a biocompatible porous hydroxylapatite which is derived from natural coral and undergoes little absorption. After tunnelling of a mucoperiosteal flap Interpore blocks are placed on the alveolar ridge. Advantages of this material include a stable vertical height and the safe placement in local anesthesia in very old patients unfit for general anesthesia.

Schlüsselwörter: Hydroxylapatitblock (Interpore 200®), Kieferkammaufbau im Unterkiefer.

Key words: Hydroxylapatite blocks (Interpore 200®), mandibular alveolar ridge augmentation.

Einleitung

Die starke Unterkieferatrophie stellt für viele Patienten und Prothetiker ein wesentliches Problem dar. Um dieses Problem zu lösen, wurden verschiedene Rekonstruktionsmethoden angegeben.

Leider sind die Ergebnisse konventioneller Methoden mit Knorpel-, Knochentransplantation, insbesondere im Seitenbereich, nicht zufriedenstellend, weil diese einer erheblichen Resorption unterliegen (Kerschbaum, 1982).

Seit Mitte der siebziger Jahre zeichnen sich erfolgversprechende Entwicklungen bei absoluter Erhöhung des Alveolarfortsatzes keramischer Werkstoffe ab (Jarcho et al., 1976, 1979).

Hiefür kommen hauptsächlich wegen besonderer Eignung als Knochenersatzmaterial die Hydroxylapatite zum Einsatz (Kent et al., 1982, 1986; Fischer-Brandies und Dielert, 1985; Dielert et al., 1987; Spitzer und Dumbach, 1987).

An der Grazer Klinik haben wir in den letzten 2 Jahren Alveolarfortsatz-Augmentationen im Unterkiefer mit porösem Hydroxylapatit (Interpore 200®-Blöcken) durchgeführt. Im folgenden wird darüber berichtet:

Material und Methode

Das Interpore ist ein biokompatibles, poröses Kalziumphosphat mit der idealisierten Formel $Ca_{10}(PO_4)_6(OH)_2$ – auch Hydroxylapatit genannt. Es wird aus natürlichen Korallen durch Umwandlung von Kalziumkarbonat zu Kalziumphosphat gewonnen. Es entspricht natürlichen Knochen nicht nur in der chemischen Zusammensetzung, sondern auch in der porösen Struktur, die das Durchwachsen des Knochens erlaubt.

Um das Einwachsen von Knochengewebe zu gewährleisten, müssen die Poren eines Knochenersatzmaterials eine Porengröße von mindestens 100 µm betragen (de Groot, 1983).

Das Interpore 200® besitzt Poren mit einem Durchmesser von 200 µm, die untereinander in Verbindung stehen und das Einsprießen von Knochen und Gefäßen begünstigen. Es ist dadurch wesentlich inniger mit dem Kieferknochen verbunden als andere Materialien ohne Poren.

Das Interpore 200® steht uns seit 2 Jahren sowohl in Granulat- als auch in Blockform zur Verfügung.

Die Interpore-200®-Blöcke werden in rechteckiger Form oder präformiert in verschiedenen Größen angeboten.

Klinische Anwendung

Die Keramikblöcke werden mit Skalpell oder Fräse nachgeformt und auf das Gipsmodell des Unterkiefers adjustiert. Die Blöcke müssen so angepaßt werden, daß der neu entstandene künstliche Unterkieferalveolarkamm mit dem oberen im Einklang steht.

Nun wird auf diesem künstlichen Kieferkamm eine Kunststoffplatte angefertigt. Diese Kunststoffschiene wird dann zur Fixation der Blöcke im Mund dienen.

Operationstechnik

In Allgemein- oder Lokalanästhesie werden vestibulär an der Mittellinie und im Bereich der Prämolaren beidseits vertikale Schleimhautperiost-Schnitte angelegt. Danach erfolgt eine subperiostale Tunnelierung am Kieferkamm. Sodann werden die am Unterkiefermodell präparierten Interpore-Blöcke subperiostal direkt auf den Kieferknochen plaziert. Die Inzisionsstellen werden dicht vernäht.

Die vorbereitete Kunststoffschiene wird mit einem weichbleibenden selbsthärtenden Kunststoff im Mund unterfüttert und zirkummandibulär so eingebunden, daß die Keramikblöcke in situ bleiben. Diese Blöcke sind in 8 Tagen so weit befestigt, daß die Schiene (Kunststoffplatte) entfernt werden kann. Nach Abklingen der restlichen Ödeme kann eine provisorische Unterkieferprothese nach 6 Wochen angefertigt werden. Die definitive Prothese aber soll nach 12 Wochen eingesetzt werden.

Ergebnisse

In den letzten 2 Jahren wurden bei 11 Patienten totale bzw. partielle Kieferkammaugmentationen im Unterkiefer mit Interpore-200®-Blöcken durchgeführt. 8 Patienten tragen bereits ihre neue Prothese mit gutem Kauvermögen. Es hat sich gezeigt, daß das Implantatmaterial dem Kaudruck unter der Prothese standhalten kann. Die Einheilung verläuft in der Regel komplikationslos. Bei manchen Fällen kommt es zu kleinen Dehiszenzen nach der Entfernung der Schienenplatte, die sich von selbst schließen. Sollte dies nicht der Fall sein, muß an diesen Stellen das Implantatmaterial modellierend abgetragen werden. So granuliert diese Stelle von der Submukosa her aus und wird mit Epithel überzogen. Entstehen größere Defekte an den sehr dünnen bzw. narbigen Schleimhautstellen, werden diese durch die Mobilisation der Schleimhaut von der Umgebung gedeckt.

Eine vestibuläre oder linguale Kammplastik nach Interpore-Block-Implantation ist in der Regel gar nicht notwendig. Man konnte durch diese Methode prothesenfähige Kieferkämme auch bei extremer Atrophie des Unterkiefers erzielen (Abb. 1 a, b).

Die Position und die durch das Schnitzen verliehene Gestalt der Blöcke bzw. die erreichte Kammhöhe bleiben nach der Einheilung erhalten (Abb. 2 a, b).

Das Implantat ist nach der Einheilung mit dem Kieferkamm so verbunden, daß es ohne Abmeißelung bzw. Frakturierung nicht entfernt werden kann. Das spricht für eine chemische Verbindung zwischen dem Knochengewebe und dem Implantat. Das ist eine wichtige Eigenschaft für ein Knochenersatzmaterial. Die osteokonduktive Eigenschaft der porösen Hydroxylapatitkeramik ist ebenfalls von großer Wichtigkeit. Dadurch wächst das Knochengewebe von den Knochenkontaktstellen in das Implantat hinein, und es entsteht eine innige Verbindung zwischen Knochen und Implantat (Urist, 1980; Weinländer et al., 1987).

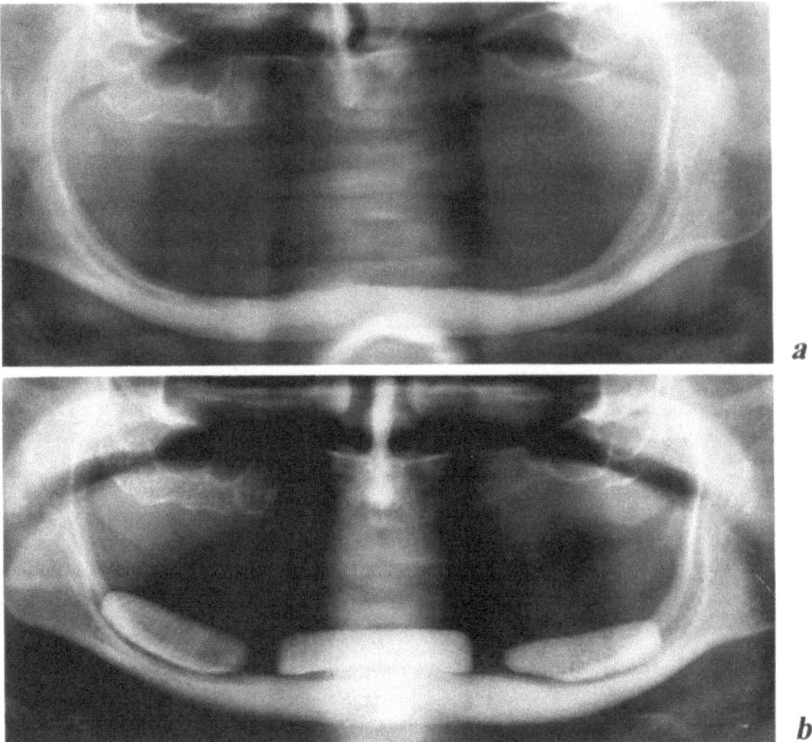

Abb. 1 a. Orthopantomogramm eines hochgradig atrophischen Unterkiefers mit negativem Alveolarkamm

Abb. 1 b. 1 Jahr nach dem Alveolarfortsatzaufbau mit Interpore-200®-Blöcken. Die Implantatteile blieben unverändert

Schlußfolgerung

Die Verwendung von Hydroxylapatit (Interpore 200®) zum Aufbau von atrophierten Kieferkämmen bringt wesentliche Vorteile: Biologische Verträglichkeit, fehlende Antigenität, unbegrenzte Verfügbarkeit und leichte Verformbarkeit und die Osteointegration des Materials sowie Beständigkeit gegenüber dem solvolytischen Einfluß des biologischen Milieus (Topazian, 1971).

Nach bisherigen klinischen Erfahrungen hat sich die Interpore-200®-Blockkeramik für den Knochenersatz auf druckbelastete Kieferkämme bewährt. Was die Stabilität, Prothesenfähigkeit und den Abbau des Implantates anbelangt, zeigt sich ein günstiger Verlauf.

Die Einführung des Interpores (Hydroxylapatit) als Knochenersatzmaterial bei der absoluten Erhöhung des Alveolarfortsatzes ist als ein Schritt vorwärts zu bezeichnen. Abschließend kann gesagt werden, daß mit der beschriebenen Methode gute Resultate bei dem Aufbau des Kieferkam-

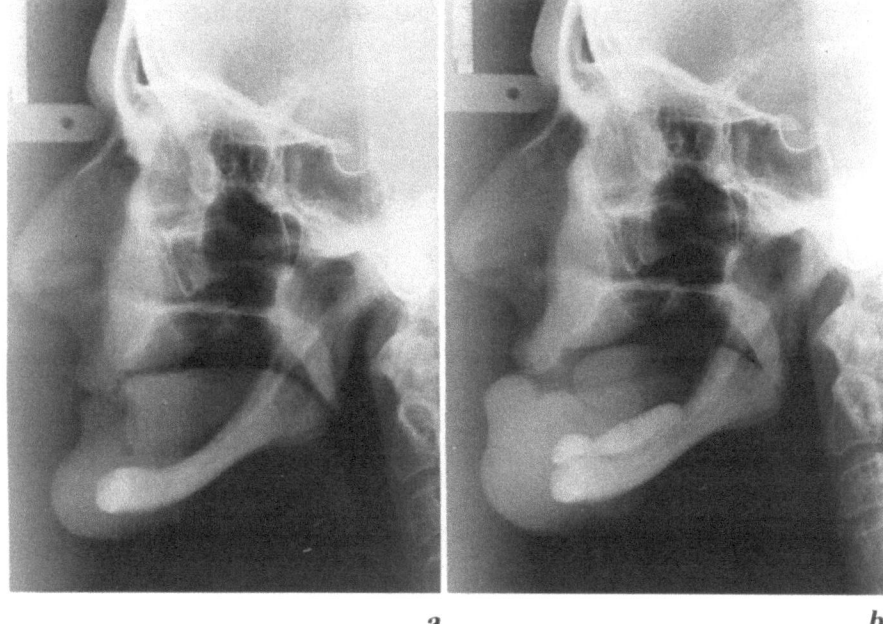

a   *b*

Abb. 2a. Fernröntgenaufnahme eines atrophischen Unterkiefers

Abb. 2b. Der mit Interpore-200®-Blöcken aufgebaute Kieferkamm 1½ Jahre später.
Die neu geschaffene Kammhöhe blieb erhalten

mes erzielt werden können, wenn die Operation lege artis vorgenommen
wird. Für weitergehende Schlüsse sollten aber die weiteren klinischen
Beobachtungen abgewartet werden.

Literatur

De Groot K (1983) Bioceramics of calcium phosphate. CRC Press, Boca Raton,
    Florida
Dielert E, Fischer-Brandies E, Nentwig GH (1987) Ein Wandel bei der Indikations-
    stellung zur aufbauenden Kammplastik. Dtsch Z Mund-Kiefer-Gesichts-Chir
    9 : 305–308
Fischer-Brandies E, Dielert E (1985) Der Alveolarkammschwund – therapeutische
    Möglichkeiten und Perspektiven. Quintessenz J 36 : 441
Jarcho M, Bolen CH, Thomas MB, Bobick J, Kay JF, Doremus RH (1976) Hydro-
    xylapatite synthesis and characterization in dense polycrystalline form. J Mat
    Science 11 : 2027
Jarcho M, Kay JF, Gumaer KI, Doremus RH, Drobeck HP (1979) Tissue, cellular
    and subcellular events at a bone-ceramic hydroxylapatite interface. J Bioengin
    11 : 79
Kent JN, Quinn JH, Zide MF, Finger IM, Jarcho M, Rothstein SS (1982) Correction
    of alveolar ridge deficiencies with nonresorbable hydroxylapatite. J Am Dent
    Ass 105 : 993
Kent JN, Finger IM, Quinn JH, Guerra LR (1986) Hydroxylapatite alveolar ridge
    reconstruction. J Oral Max Fac Surg 44 : 37

Kerschbaum Th (1982) Indikation und Häufigkeiten präprothetischer Eingriffe – Ergebnisse einer Umfrage. Dtsch Zahnärztl Z 37 : 82
Spitzer WJ, Dumbach HJ (1987) Erfahrung mit Hydroxylapatit-Granulat zum Aufbau des atrophischen Kieferkammes. Dtsch Zahnärztl Z 42 : 739 – 742
Topazian RG (1971) Use of alloplastics for ridge augmentation. J Oral Surg 29 : 792
Urist MR (1980) Fundamental and clinical bone physiology. Lippincott, Philadelphia Toronto
Weinländer M, Grundschober F, Plenk jr H (1987) Tierexperimentelle Untersuchungen zur Auffüllung von Knochendefekten mit Hydroxylapatitkeramik. Z Stomatol 84 : 195 – 205

Anschrift des Verfassers: Doz. Dr. Dr. A. Eskici, Department für Mund-, Kiefer- und Gesichtschirurgie, Universitätsklinik für Zahn-, Mund- und Kieferheilkunde, Auenbruggerplatz 12, A-8036 Graz.

Aufbau des atrophischen Unterkiefers mit kollagengebundenem Hydroxylapatitgranulat

W. J. Spitzer[1], E. W. Steinhäuser[1] und J. Dumbach[2]

[1]Klinik und Poliklinik für Kieferchirurgie
(Direktor: Prof. Dr. Dr. E. W. Steinhäuser) der Universität Erlangen-Nürnberg,
[2]Klinik für Mund-, Kiefer- und Gesichtschirurgie
(Chefarzt: Priv.-Doz. Dr. Dr. J. Dumbach)
der Kliniken der Stadt Saarbrücken, Bundesrepublik Deutschland

Mit 3 Abbildungen

Zusammenfassung

Es wird über erste Ergebnisse der Alveolarkammerhöhung im Unterkiefer mittels kollagengebundenem Hydroxylapatitgranulat berichtet. Bis zum Zeitpunkt wurde bei 10 Patienten der atrophische Unterkiefer mittels vorgeformter Implantate aus Hydroxylapatitgranulat und Kollagen aufgebaut. Die Implantate heilten bei allen Patienten reizlos ein, und der Alveolarkamm konnte ausreichend prominent gestaltet werden, ohne daß es zu einer größeren Dislokation des Granulates in die Weichteile kam. Bei fortgeschrittener Alveolarkammatrophie wurde neben der aufbauenden Kammplastik meist noch ein präprothetischer Weichteileingriff im Sinne einer Mundboden-Vestibulumplastik durchgeführt.

Summary

Augmentation of the Atrophic Mandibular Alveolar Ridge with a Combination of Purified Collagen and Particulate HA. In this preliminary report first results of mandibular alveolar ridge augmentation with purified collagen in combination with particulate HA are reviewed. In 10 patients the atrophic mandibles were augmented by preformed implants of purified collagen and particulate HA. Implants were blandly incorporated in all cases and alveolar ridges of adequate prominence were obtained without migration of particulate HA into the soft tissues. In patients with advanced alveolar ridge atrophy alveolar augmentation was supplemented by preprosthetic surgery of the soft parts in terms of vestibuloplasty.

Schlüsselwörter: Alveolarkammatrophie, Hydroxylapatit, Kollagen.

Key words: Atrophic alveolar ridge, hydroxylapatite, collagen.

Einleitung

Hydroxylapatitgranulat findet zunehmend Anwendung zum Aufbau des atrophischen Kieferkammes (Fischer-Brandies und Dielert, 1986; Kent et

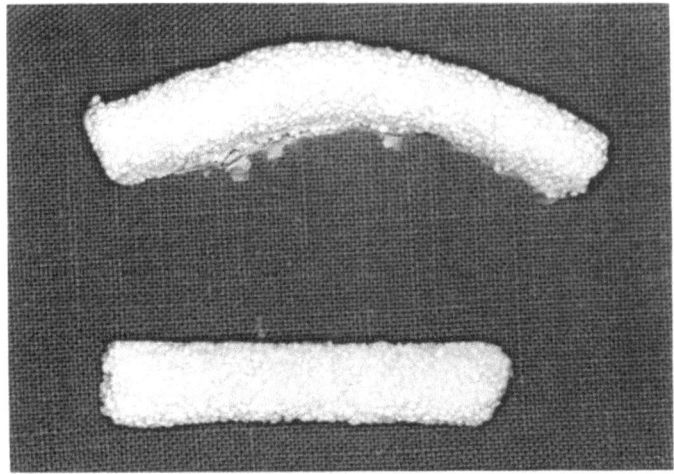

Abb. 1. Implantate aus Hydroxylapatitgranulat und Kollagen. **a** Gerades Stück zum Aufbau des seitlichen Alveolarkammes und gebogenes Stück zur Implantation im Frontzahnbereich. Zusätzlich sind noch unterschiedlich große Implantate verfügbar. **b** Mikroskopische Aufnahme (Vergrößerung 31mal) von Hydroxylapatit-Granulatkörnern und Kollagen als Bindephase

al., 1986; Osborn, 1987; Pape, 1986; Spitzer und Dumbach, 1987). Die gute Gewebeverträglichkeit von Hydroxylapatit, die geringe Komplikationsrate, keine Notwendigkeit zu einer Transplantatentnahme und der nur geringe postoperative Höhenverlust (Kent et al., 1983) sind wesentliche Vorteile dieser Methode. Wegen der Granulatform besteht aber immer die Gefahr des Abgleitens von Hydroxylapatitpartikeln in die Weichteile, und besonders bei starker Kieferkammatrophie ist die Schaffung eines prominenten

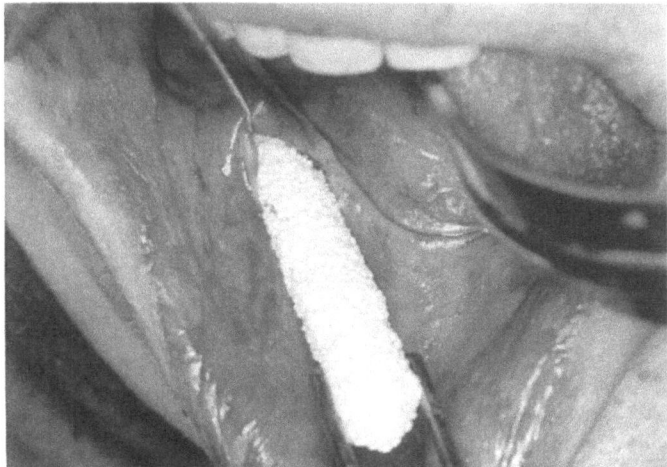

a

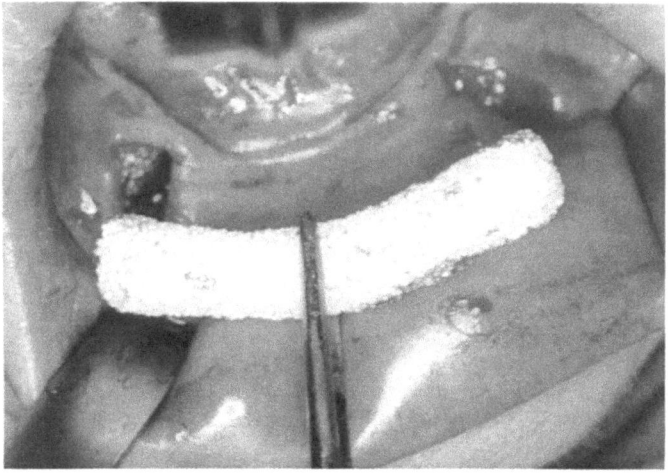

b

Abb. 2. Einbringen von Alveoform-Implantaten. **a** Durch eine vertikale Mukosain-
zision wird nach subperiostaler Präparation ein gerades Implantat zur Erhöhung des
seitlichen Alveolarkammes eingebracht. **b** Gebogenes Stück zur Implantation im
Frontzahnbereich

Alveolarkammes schwierig. Verbandsplatten (Kent et al., 1986), die Einbet-
tung des Hydroxylapatitgranulates in Fibrinkleber (Bochlogyros et al.,
1984), die Vorpflanzung von Silastic-Implantaten (Krüger, 1985), die
Hydroxylapatit-Vicrylnetzplastik (Härle und Hoffmeister, 1986; Matras et
al., 1986; Wiese et al., 1986) und andere Fixierhilfen (Fischer-Brandies und
Dielert, 1985) sollen diese Nachteile verhindern. Auch stehen neuerdings
bereits vorgeformte Implantate aus Hydroxylapatitgranulat und Kollagen
(Alveoform™ Biograft, Collagen Corporation, Palo Alto, CA) für den
Alveolarkammaufbau zur Verfügung.

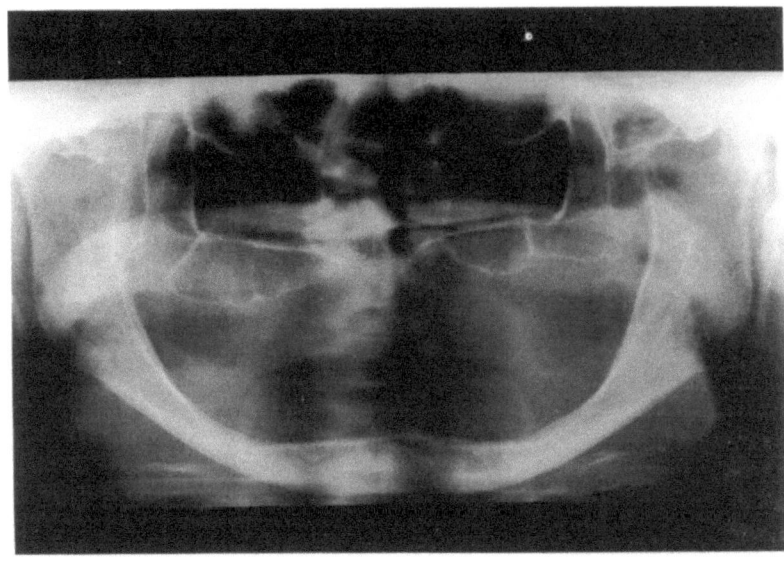

a

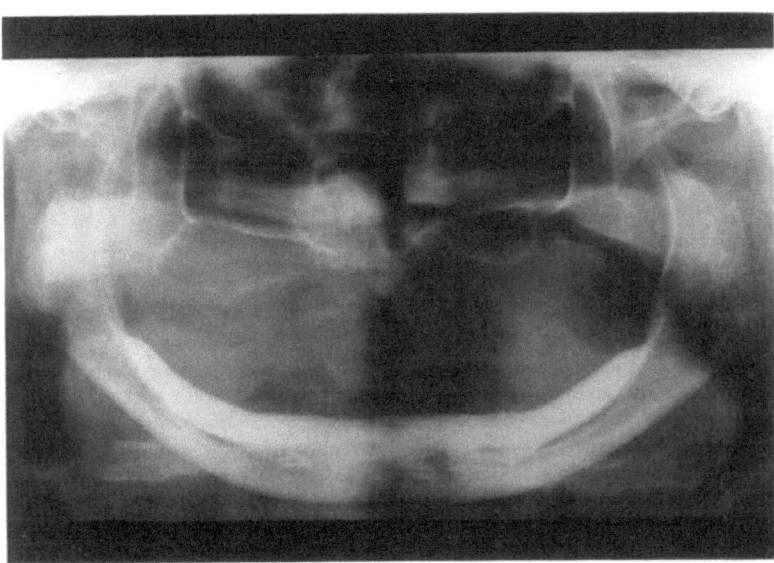

b

Abb. 3. Aufbau des atrophischen Unterkiefers bei einer 51jährigen Patientin. **a** Präoperative Panorama-Schichtaufnahme mit fortgeschrittener Alveolarkammatrophie im Unterkiefer. **b** Panorama-Schichtaufnahme 9 Monate nach Unterkieferaufbau mit 3 Alveoform-Implantaten

Methodik

Alveoform™-Implantate bestehen zu 95% aus phasenreinem Hydroxylapatitgranulat und zu 5% aus gereinigtem bovinem Kollagen als Verbundmaterial (Abb. 1 a und b). Diese Implantate werden von vertikalen Mukosainzisionen aus, die sich in der Regel im Eckzahnbereich befinden, nach subperiostaler Untertunnelung der Alveolarkammschleimhaut in die so geschaffenen Hohlräume eingebracht (Abb. 2 a und b). Da durch Zutritt von Flüssigkeit diese Implantate rasch formbar werden, können sie mühelos dem Kieferkamm angepaßt werden. Bereits nach 4 Wochen ist dann die prothetische Versorgung möglich.

Ergebnisse

Bisher wurde bei 10 Patienten im Alter von 47 bis 72 Jahren der atrophische Unterkiefer mit kollagengebundenem Hydroxylapatitgranulat aufgebaut. Die postoperative Nachbeobachtungszeit beträgt dabei 2 bis 13 Monate. Die Einheilung der Implantate verlief bei allen Patienten komplikationslos, und die Alveolarkämme konnten gleichmäßig und ohne Granulatdislokation erhöht werden (Abb. 3 a und b). Bei 3 Patienten mit fortgeschrittener Kieferkammatrophie wurde 3 Monate nach der aufbauenden Kammplastik zusätzlich eine Mundboden-Vestibulumplastik durchgeführt, wobei die Periostabdeckung mit Spalthaut erfolgte.

Diskussion

Der Aufbau des atrophischen Kieferkammes mit Hydroxylapatitgranulat ist zu einer alternativen Methode gegenüber den bisher geübten Verfahren der absoluten Alveolarkammerhöhung geworden. Dielert et al. (1985) sehen sogar einen Wandel bei der Indikationsstellung zur absoluten Alveolarkammplastik.

Auf Grund der ersten eigenen klinischen Erfahrungen (Spitzer und Dumbach, 1987) und der Ergebnisse von Mehlisch et al. (1987) scheint die Verwendung von kollagengebundenem Hydroxylapatitgranulat beim Kieferkammaufbau geeignet zu sein, um unter Ausnutzung der bekannten Vorteile der Hydroxylapatitkeramik den Alveolarkamm vorteilhafter zu konturieren und um die Gefahr der Dislokation von Hydroxylapatitpartikeln zu verringern. Das zunächst zum Verbund der Granulatkörner dienende Kollagen wird entsprechend tierexperimenteller Untersuchungen (Harvey et al., 1985) innerhalb eines Monats nach der Implantation durch Bindegewebe ersetzt, und es behindert nicht die Einheilung der Hydroxylapatitkeramik (Gongloff und Montgomery, 1985). Obwohl die Kollagentypen Spezies-spezifisch sind, gilt Kollagen doch als sehr schwaches Antigen (Remberger und Hübner, 1979). So beobachteten auch Mehlisch et al. (1987) nur bei wenigen Patienten nach der Implantation von kollagengebundenem Hydroxylapatitgranulat entsprechende Antikörper, die zudem meist wieder verschwanden und die bei keinem Patienten zu klinisch auffälligen Reaktionen führten. Innerhalb von 6 Monaten nach der Alveoform™-Implantation fanden Mehlisch et al. (1987) einen bis zu 20%igen Verlust der operativ gewonnenen Unterkieferhöhe, was mit der Konsolidation des Granulates erklärt wird. In der Regel ist dadurch jedoch die Prothesenretention nicht gefährdet, da die Kieferkammform, die meist wichtiger für die Prothesenretention ist als die alleinige Kammhöhe, erhalten bleibt. Bei fortgeschrittener Alveolarkammatrophie erscheint uns zur Sicherstellung eines optimalen Prothesenhaltes zusätzlich eine Mundboden-Vestibulumplastik im Unterkiefer erforderlich zu sein, wobei die Periostabdeckung mit Spalthaut erfolgt (Steinhäuser et al., 1982).

Literatur

Bochlogyros N, Hensher R, Becker R, Zimmermann E (1984) Ein neues Verfahren der Implantation von Hydroxylapatit. Dtsch Z Mund-Kiefer-Gesichts-Chir 8:398–399

Dielert E, Fischer-Brandies E, Nentwig GH (1985) Ein Wandel bei der Indikationsstellung zur aufbauenden Kammplastik. Dtsch Z Mund-Kiefer-Gesichts-Chir 9:305–308

Fischer-Brandies E, Dielert E (1985) Hydroxylapatit in der präprothetischen Chirurgie. Zahnärztl Mitt 21:2429–2430

Fischer-Brandies E, Dielert E (1986) Standortbestimmung nach zweieinhalbjähriger routinemäßiger Anwendung von Hydroxylapatitkeramiken in der präprothetischen Chirurgie. Z Zahnärztl Implantol 2:147–149

Gongloff RK, Montgomery CK (1985) Experimental study of the use of collagen tubes for implantation of particulate hydroxylapatite. J Oral Max Fac Surg 43:845–849

Harvey WK, Pincock JL, Matukas VJ, Lemons JE (1985) Evaluation of a subcutaneously implanted hydroxylapatite-avitene mixture in rabbits. J Oral Max Fac Surg 43:277–280

Härle F, Hoffmeister B (1986) Die Positionierung von Hydroxylapatit beim Kieferaufbau mit einem Vicrylschlauchnetz. Vortrag, Symposium Hydroxylapatit-Keramik, Amsterdam

Kent JN, Quinn JH, Zick MF, Guerra LR, Boyne PJ (1983) Alveolar ridge augmentation using nonresorbable hydroxylapatite with or without autogenous cancellous bone. J Oral Max Fac Surg 41:629–642

Kent JN, Finger IM, Quinn JH, Guerra LR (1986) Hydroxylapatite alveolar ridge reconstruction. J Oral Max Fac Surg 44:37–49

Krüger E (1985) Alveolarkammaufbau im Unterkiefer mit Hydroxylapatitkeramik. Dtsch Z Mund-Kiefer-Gesichts-Chir 9:194–195

Matras H, Krenkel Ch, Beck J (1986) Alveolarkammaufbau mit Hydroxylapatit unter Verwendung eines Vicrylnetzes und Fibrinkleber. Vortrag, Symposium Hydroxylapatit-Keramik, Amsterdam

Mehlisch DR, Taylor RD, Leibold DG, Hiatt R, Waite DE, Waite PD, Laskin DN, Reyes G, Smith ST, Koretz MM (1987) Evaluation of collagen/hydroxylapatite for augmenting deficient alveolar ridges: a preliminary report. J Oral Max Fac Surg 45:408–413

Osborn JF (1987) Chirurgische Vorbereitung der Kiefer. In: Hupfauf L (Hrsg) Praxis der Zahnheilkunde, Bd 7: Totalprothesen. Urban und Schwarzenberg, München Wien Baltimore, S 20–74

Pape HD (1986) Alveolarkammaufbau mit Hydroxylapatit. Klinische Studie bei 50 Patienten. Vortrag, Symposium Hydroxylapatit-Keramik, Amsterdam

Remberger K, Hübner F (1979) Experimentelle Untersuchungen zur Gewebsverträglichkeit und Resorptionszeit von xenogenem Kollagenschaum. Res Exp Med 175:67–79

Spitzer WJ, Dumbach J (1987) Erfahrungen mit Hydroxylapatit-Granulat zum Aufbau des atrophischen Kieferkammes. Dtsch Zahnärztl Z 42 : 739 – 742

Steinhäuser EW, Hardt N, Spitzer WJ (1982) Langzeiterfahrungen mit autoplastischen Transplantaten in der präprothetischen Chirurgie. Dtsch Zahnärztl Z 37 : 88 – 93

Wiese G, Merten HA, Luhr HF (1986) Die Hydroxylapatit-Vicrylnetzplastik. Vortrag, Symposium Hydroxylapatit-Keramik, Amsterdam

Anschrift des Verfassers: Dr. Dr. W. J. Spitzer, Klinik und Poliklinik für Kieferchirurgie der Universität Erlangen-Nürnberg, Glückstraße 11, D-8520 Erlangen, Bundesrepublik Deutschland.

Die einzeitige absolute Kieferkammerhöhung mit Hydroxylapatit in Verbindung mit der relativen Kammerhöhung durch eine modifizierte Vestibulumplastik und Verbandsplattentechnik

W. Vergote, G. Nabakowski und J. Dieckmann

Abteilung für Mund-Kiefer-Gesichtschirurgie und Plastische Operationen,
Knappschafts-Krankenhaus Recklinghausen
(Chefarzt: Priv.-Doz. Dr. Dr. J. Dieckmann),
Bundesrepublik Deutschland

Mit 6 Abbildungen

Zusammenfassung

Hydroxylapatit hat sich als geeignetes Knochenersatzmaterial zum absoluten Kieferkammaufbau erwiesen. Wir wählten ein modifiziertes Verfahren, wobei einzeitig die absolute Kammerhöhung mit einer relativen Erhöhung durch Vestibulumplastik im Frontzahnbereich nach Edlan–Mejchar und im Seitenzahnbereich mit einer submukösen Vestibulumplastik kombiniert wurde. Um das Abgleiten von Hydroxylapatitpartikeln zu vermeiden, verwenden wir zusätzlich eine modifizierte Verbandplatte, die aus 2 Teilen besteht.

Summary

One-Stage Absolute and Relative Ridge Augmentation with Hydroxylapatite Using a Two-Part Splint. Hydroxylapatite proved to be a suitable bone substitute for augmentation of the alveolar ridge. We chose a modified one-stage technique which combines absolute with relative augmentation obtained in the frontal region by vestibuloplasty according to Edlan–Mejchar and on the sides by submucous vestibuloplasty. To prevent drifting of the hydroxylapatite particles we used a modified two-part splint.

Schlüsselwörter: Hydroxylapatit, Alveolarkammplastik, einzeitige Kieferaugmentationsmethode.

Key words: Hydroxylapatite, alveoloplasty, one-stage alveolar augmentation method.

Einleitung

Hydroxylapatit hat sich seit Beginn der achtziger Jahre als extrem bio-kompatibel und wegen seiner hohen Druckfestigkeit als geeignetes Knochenersatzmaterial erwiesen (Dielert, 1985; Steegmann und Pape, 1985; Osborn, 1987). Nach nun 5jähriger internationaler Erfahrung ist festzustellen, daß dieses Material mit großer Sicherheit einen langzeitstabilen Alveolarfortsatz von prothesengerechter Kontur ermöglicht (Kent et al., 1983; Block und Kent, 1984). Bei der Methode nach Kent (1982) wird ein subperiostaler Tunnel über dem Alveolarfortsatz gebildet und anschließend zwischen Knochen und Schleimhaut Hydroxylapatitgranulat eingelagert (Kent et al., 1982).

Problemstellung

Trotz sorgfältiger Applikation konnte hierbei jedoch nicht immer vermieden werden, daß Keramikpartikel in die angrenzenden Weichteile im Sinne einer „Ortsflucht" dislozierten (Osborn et al., 1986; Pape et al., 1986).

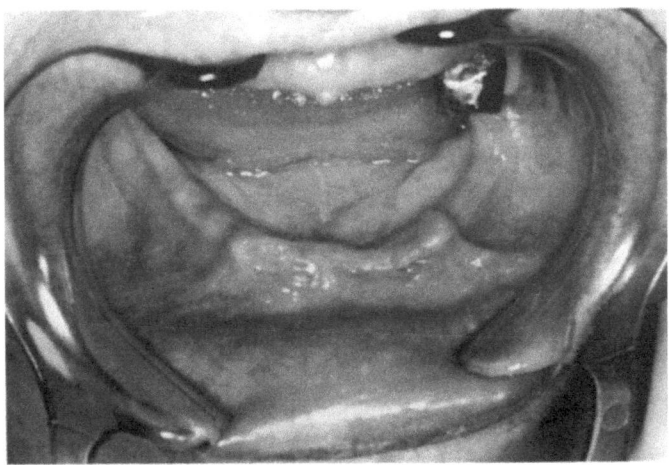

Abb. 1. Präoperativer intraoraler Befund: starker Kammabbau und hochinserieren-de Wangenbänder

Daneben war zur Verbesserung des gesamten Prothesenlagers häufig in einer zweiten Sitzung eine zusätzliche Vestibulumplastik notwendig (Kent et al., 1986; Osborn et al., 1986). Um diese Probleme zu umgehen, haben wir seit 1983 ein modifiziertes Operationsverfahren gewählt: Es beinhaltet die einzeitige Kammerhöhung zusammen mit einer modifizierten Vestibulumplastik und Verbandtechnik. Ähnliche bzw. leicht unterschiedliche Methoden wurden inzwischen von anderen Autoren publiziert (Lew, 1985; Barsan und Kent, 1985; Kent et al., 1986).

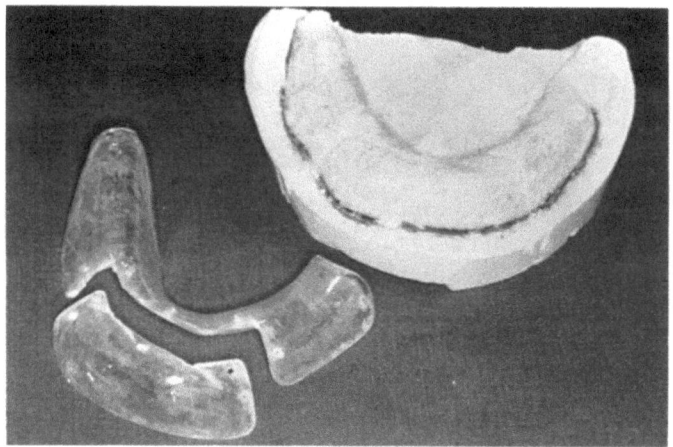

Abb. 2. Arbeitsmodell nach Wachsaufbau, geteilte Verbandplatte mit frontalem Deckel

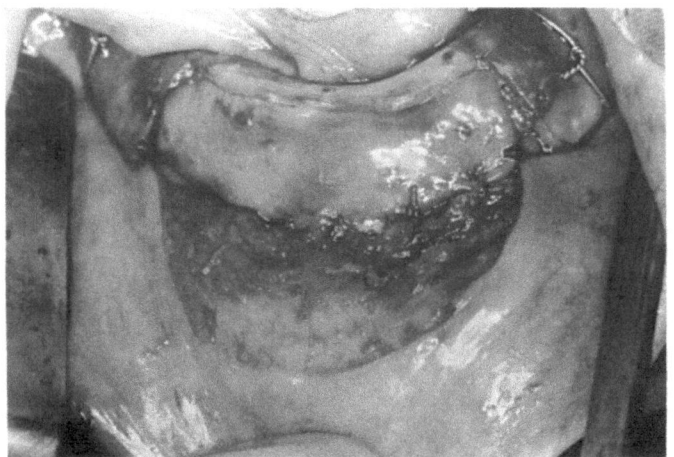

Abb. 3. Seitlicher Kammaufbau unter fixiertem Verbandplattenkörper. Nach Kammaufbau im Frontbereich wurde der Schleimhautlappen mit dem freipräparierten Periost vernäht

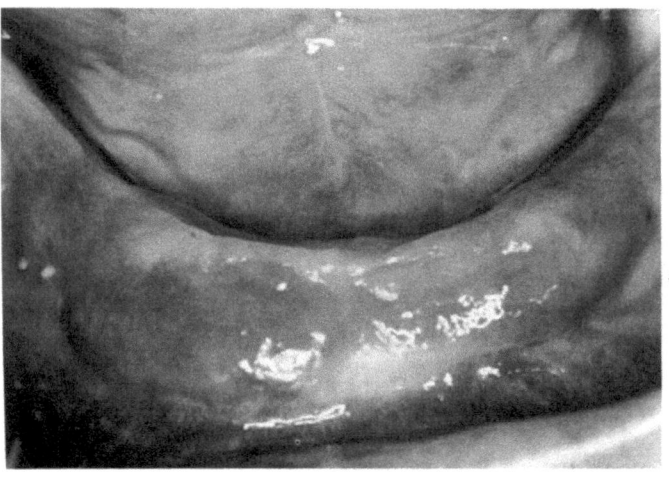

Abb. 4. Befund 14 Tage postoperativ

Methode

Präoperativ wurde nach anatomischer Abdrucknahme ein Wachsaufbau in der angestrebten Höhe auf dem Gipsmodell modelliert. Eine Verbandplatte aus 2 mm dickem durchsichtigem Kunststoff wurde angefertigt und vom prämolaren Bereich bis prämolaren Bereich wurde ein frontaler Deckel ausgefräst (Abb. 2). Intraoperativ wird zunächst ein kammgestielter Schleimhautlappen aus der vestibulären Schleimhaut Regio 35 bis 45 präpariert (Edlan und Mejchar, 1963). Das Periost wird auf dem Alveolarkamm inzidiert und über die gesamte Breite des Alveolarkammes abgeschoben. Jetzt kann man unter Sicht den Nervus mentalis umgehen und im Seitenzahnbereich einen subperiostalen Tunnel bilden, wie von Kent 1982 beschrieben wurde. Zusätzlich wird die Umschlagfalte durch eine submuköse Vestibulumplastik vertieft. Nun wird der Körper der vorgefertigten Verbandplatte eingesetzt und mittels zwei perimandibulärer Drähte fixiert. Unter Sicht wird Hydroxylapatit im Seitenzahnbereich in den Raum zwischen Mukosa und Alveolarkamm eingebracht. Erneut ist darauf hinzuweisen, daß man mindestens 2 bis 3 mm vom Foramen mentale entfernt bleiben sollte.

Nach definitivem Anligieren der perimandibulären Fixationsdrähte kann man vermeiden, daß bei der weiteren Manipulation Keramikpartikel in die Umschlagfalte bzw. nach lingual dislozieren. Anschließend wird unter Sicht der Kammaufbau im Frontbereich durchgeführt. Um zusätzlich das Abrutschen von Keramikpartikeln in die Umschlagfalte zu vermeiden, können ein paar Tropfen Fibrinkleber über das Hydroxylapatitgranulat appliziert werden. Der kammgestielte Schleimhautlappen wird über den Hydroxylapatitaufbau ausgespannt und mit dem freipräparierten vestibulären Periost vernäht (analog mit Barsan und Kent, 1985) (Abb. 3).

Zur weiteren Vertiefung der Umschlagfalte können wir jetzt epiperiostal Muskel- und Bindegewebe im Frontbereich bis zur gewünschten vestibulären Tiefe abpräparieren. Als letztes wird der vorgefertigte Verbandsplattendeckel mit mehreren kleinen Drähten im Frontbereich fixiert und gegebenenfalls unterfüttert.

Das gleiche Vorgehen ist analog im Oberkiefer möglich. Hier werden jedoch zur Fixierung der Verbandplatte 2 AO-Schrauben palatinal in die Raphe mediana des harten Gaumens geschraubt.

Nach 10 bis 12 Tagen wird die Verbandplatte entfernt, vorläufig unterfüttert und bis zur definitiven prothetischen Versorgung noch etwa 6 Wochen getragen.

Diskussion

Bei den nach diesem Verfahren durchgeführten 44 kombinierten absoluten Kammaufbauten im Ober- und Unterkiefer mit gleichzeitiger Vestibulumplastik ergaben sich keine wesentlichen Probleme. Als Nachteil dieser Methode müssen wir jedoch klarstellen, daß dieses ein umständlicheres operatives Verfahren ist im Vergleich zu der Tunneltechnik, welche von Kent 1982 initiiert wurde. Ein weiterer Nachteil ist, daß wir bei etwa einem

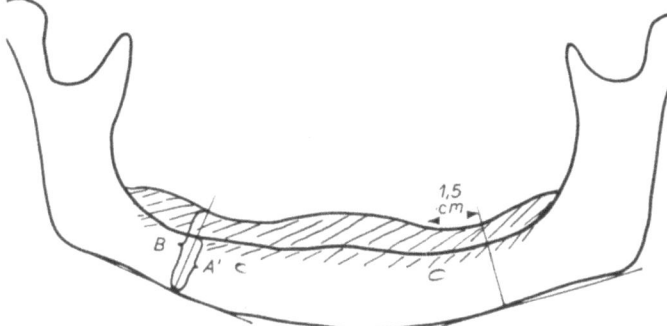

Abb. 5. Ausmessen der Alveolarkammerhöhung 1,5 cm lateral vom Foramen mentale

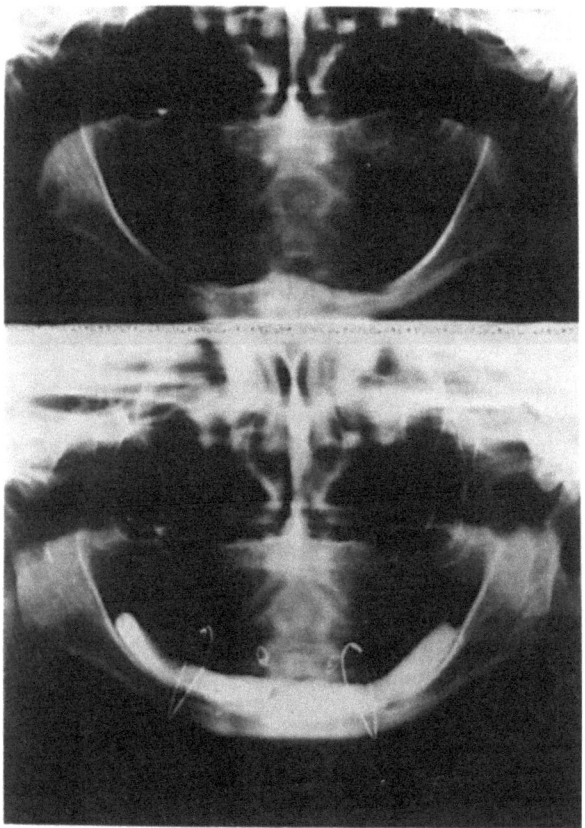

Abb. 6. Röntgen-OPG-Befund prä- und postoperativ

Drittel der Patienten durch Nahtdehiszenzen und kleinere Drucknekrosen am kaudalen Rand des kammgestielten Schleimhautläppchens Wundheilungsstörungen beobachtet haben. Diese heilten jedoch unter Verlust einiger Keramikpartikel über die sekundäre Granulation innerhalb der nächsten 8 bis 14 Tage vollständig ab. Ein weiterer Nachteil bei dieser Technik ist letztlich, daß wir in der Umschlagfalte immer eine Narbe verursachen. Dies hat sich zwar nicht als gravierender Nachteil erwiesen, jedoch haben wir uns bemüht, in der letzten Zeit durch Einlage eines freien Schleimhauttransplantates in die Vestibulumumschlagfalte diesen Nachteil zu beheben.

Als wesentliche Vorteile dieser Operationsmethode möchten wir erstens hervorheben, daß immer ein guter Kammaufbau unter Sicht möglich war. Bei dieser Methode kam es nicht zur bleibenden Schädigung oder Parästhesien des Nervus mentalis. Ferner konnte zweitens durch Anwendung dieser Methode weitgehend eine sekundäre Vestibulumplastik vermieden werden (Abb. 4). Bei den 44 nach dieser Methode durchgeführten Operationen war lediglich bei 3 Fällen eine sekundäre Vestibulumplastik in einer zweiten Operation notwendig.

Zur Beurteilung der erreichten Kammhöhe haben wir analog nach Block und Kent (1984) die Alveolarkammerhöhung 1,5 cm lateral vom Foramen mentale ausgemessen. Durch Vergleich der Höhe zwischen Linea-obliqua-Ausläufer und Unterkieferrand konnten wir die unterschiedlichen Vergrößerungsmaßstäbe des OPGs korrigieren (Abb. 5 und 6). Die Messung der Höhe im Frontbereich wurde durch Vergleiche des prä- und postoperativen Fernröntgenseitbildes bestimmt. Diese Messungen ergaben auf 26 röntgenologisch ausgewerteten Fällen im Unterkiefer eine durchschnittliche Erhöhung im Prämolarenbereich rechts von 6,8 mm, links von 7,4 mm. Die durchschnittliche Erhöhung im Frontbereich betrug 4 mm.

Da diese Auswertung der Röntgenbilder lediglich ein relativer Maßstab der Erhöhung ist, versuchen wir zur Zeit, die Ergebnisse in absolute Millimeterangaben umzurechnen. Hierbei wurden dann kalibrierte Metallkugeln in die Verbandplatte eingebaut und hiermit der Vergrößerungsmaßstab des OPGs berechnet. Endgültige Resultate dieser Berechnungen liegen noch nicht vor.

Konklusion

Wir stellen ein modifiziertes Verfahren zur einzeitigen absoluten und relativen Kammerhöhung vor, das eine definitive prothetische Versorgung nach 6 Wochen ermöglicht und zusätzliche Operationen vermeidet. Weitere Langzeitergebnisse sollen den Wert dieser Methode bestätigen.

Literatur

Barsan RE, Kent JN (1985) Hydroxylapatite reconstruction of alveolar ridge deficiency with an open mucosal flap technique. Oral Surg 59/2 : 113–119
Block SM, Kent JN (1984) Long-term radiographic evaluation of hydroxylapatite-augmented mandibular alveolar ridges. J Oral Max Fac Surg 42 : 793–796
Dielert D (1985) Biologische Depotmaterialien im Kieferbereich: Hydroxylapatit und Tricalciumphosphat. Coll Med Dent 29 : 301–303

Edlan A, Mejchar B (1963) Plastic surgery of the vestibulum in periodontal therapy. Int Dent 13 : 593 – 596

Kent JN, Zide MF, Jarcho M, Quinn JH, Finger IM, Rothstein SS (1982) Correction of alveolar ridge deficiencies with nonresorbable hydroxylapatite. J Am Dent Ass 105 : 993 – 1001

Kent JN, Quinn JH, Zide MF, Guerra LR, Boyne PJ (1983) Alveolar ridge augmentation using nonresorbable hydroxylapatite with or without autogenous cancellous bone. J Oral Max Fac Surg 41 : 629 – 642

Kent JN, Finger IM, Quinn JH, Guerra LR (1986) Hydroxylapatite alveolar ridge reconstruction. J Oral Max Fac Surg 44 : 37 – 49

Lew D (1985) A method for augmenting the severely atropic maxilla using hydroxylapatite. J Oral Max Fac Surg 43 : 57 – 60

Osborn JF, Kapovits M, Karl P (1986) Die zweizeitige Augmentation des atrophischen Kiefers mit Hydroxylapatitkeramik-Granulat. Coll Med Dent 30 : 149 – 160

Osborn JF (1987) Hydroxylapatitkeramik-Granulate und ihre Systematik. Zahnärztl Mitt 8 : 840 – 852

Pape HD, Gerlach KL, Steegmann G, Krause HR (1986) Klinische Studie zur Kieferkammrekonstruktion mit dem Knochenersatzmaterial Hydroxylapatit. In: Neubauer H (Hrsg) Plastische und Wiederherstellungschirurgie des Alters. Springer, Berlin Heidelberg New York Tokyo, S 203 – 210

Steegmann B, Pape HD (1985) Knochenersatzmaterial im Kieferbereich. Zahnärztl Mitt 18 : 1933 – 1940

Anschrift des Verfassers: Dr. W. Vergote, Knappschafts-Krankenhaus Recklinghausen, Dorstener Straße 151, D-4350 Recklinghausen, Bundesrepublik Deutschland.

Ergebnisse im Umgang mit dem Hydroxylapatit Ceros 80® * – Unterkieferaufbau mit fibringebundenem Granulat

A. Hemprich[1], J. Hidding[1] und E. Zimmermann[2]

[1]Abteilung für Mund-, Kiefer-Gesichtschirurgie (Prof. Dr. Dr. R. Becker)
der Westfälischen Wilhelms-Universität Münster,
[2]Abteilung für Physiologie
(Geschäftsführender Direktor: Prof. Dr. H. Schroer)
des Zentrums für Vorklinische Medizin
der Westfälischen Wilhelms-Universität Münster,
Bundesrepublik Deutschland

Mit 2 Abbildungen

Zusammenfassung

Das poröse Hydroxylapatit Ceros 80® wurde über einen Zeitraum von 2 Jahren einer klinischen Prüfung unterzogen. Der Einsatz des Materials erfolgte sowohl in Form reiner Blöcke als auch in Form des Granulates bei verschiedenen Indikationen im Mund-, Kiefer-Gesichtsbereich.

Besonders vielversprechend waren die Ergebnisse der absoluten Alveolarkammerhöhung im Unterkiefer mit Aufbauten aus fibringebundenem Granulat, die individuell hergestellt und dem Patienten in Lokalanästhesie implantiert wurden. Komplikationen in Form von Fistelbildungen und Implantatverlust traten in 6 Fällen (15%) auf. Beide Blöcke aus reinem Hydroxylapatit, die zum Unterkieferkammaufbau eingefügt worden waren, mußten wieder entfernt werden. Bei 34 Patienten (85%) kam es hingegen zu einer dauerhaften Einheilung der Keramik.

Der Einsatz von Ceros 80® in Blockform kann zur Defektauffüllung am Gesichtsschädel und zur Orbitabodenanhebung sowie als fibringebundenes Granulat zur absoluten Alveolarkammerhöhung empfohlen werden.

Summary

Experiences with Ceros 80® for Mandibular Ridge Augmentation Using Fibrin-bonded HA Granules. Ceros 80®, a porous hydroxylapatite, was subjected to clinical testing for 2 years. Both blocks and granules were used in the treatment of various oral and maxillofacial conditions.

---

* Markenzeichen der Firma Mathys, Bettlach, Schweiz.

Results of absolute alveolar ridge augmentation in the mandible using fibrin-bonded granule implants, which were custom-tailored and implanted in local anesthesia, were particularly promising.

Complications in terms of fistulation and implant loss occurred in 6 patients (15%). 2 pure hydroxylapatite blocks implanted for mandibular ridge augmentation had to be removed. In 34 patients (85%) the ceramic implants healed well.

Ceros 80® blocks can be recommended for filling defects in the facial skull and elevating the orbital floor. Fibrin-bonded granules have a place in absolute alveolar ridge augmentation.

Schlüsselwörter: Poröse Hydroxylapatitkeramik, absolute Alveolarkammerhöhung.

Key words: Porous hydroxylapatite ceramic, alveolar ridge augmentation.

Einleitung

Die klinische Anwendung von Hydroxylapatitkeramik wurde 1974 in der amerikanischen Literatur erstmals von Hubbard sowie 1978 im deutschsprachigen Schrifttum durch Osborn und Weiss empfohlen. Seither gelangten die verschiedensten Formen dieses Werkstoffes für unterschiedliche Indikationen im Mund-, Kiefer-Gesichtsbereich zum Einsatz.

Seit 1985 wird die HA-Keramik Ceros 80® an der Abteilung für Mund-, Kiefer-Gesichtschirurgie der Universität Münster einer klinischen Erprobung unterzogen. In tierexperimentellen Studien war die biologische Verträglichkeit des Materials nachgewiesen worden (Kallenberger et al., 1983; Geret et al., 1983).

Fragestellung

Es galt festzustellen, wie sich die verschiedenen Formen von Ceros 80® bei unterschiedlichen Indikationen im Bereiche der Mund-, Kiefer-Gesichtschirurgie langfristig bewähren würden. Ein besonderes Augenmerk richteten wir dabei auf die Weiterführung der an unserer Klinik 1984 begonnenen Studien von Bochlogyros et al. zur absoluten Alveolarkammerhöhung mit individuell hergestellten Blöcken aus fibringebundenem Granulat.

Material und Methode

Während eines Beobachtungszeitraums von 2 Jahren wurde bei 40 Patienten Ceros 80® mit einem Porenvolumen von 60% sowie einem Durchmesser der Makroporen von 100 bis 400 μm eingesetzt. Die Korngröße der Granulate betrug 1,4 bis 2,8 mm. Solide Blöcke des Materials ließen sich mit schnell rotierenden Stahlfräsen in die gewünschte Form bringen. Die Implantation erfolgte unter einer Antibiotikaprophylaxe. Zwei Drittel der Patienten wurden stationär behandelt. Wir kontrollierten die Blut- und Urinparameter während des Klinikaufenthaltes sowie die Blutwerte bei ambulanten Kontrolluntersuchungen nach 3, 6, 12 und 24 Monaten. Röntgenaufnahmen wurden ebenfalls in größeren Abständen vorgenommen.

Unter Zuhilfenahme von speziell vernetzten Fibrinkomplexen setzten wir Ceros-80®-Granulat 8mal zum Unterkieferkammaufbau ein. Als Ausgangsmaterial diente uns humanes, hochgereinigtes und hochkonzentriertes

Fibrinogen, das unter bestimmten physikalischen Bedingungen ohne jeden Zusatz von Chemikalien in jeder beliebigen Form gehärtet werden kann.

Ohne Fibrinstabilisierung verwendeten wir das Granulat 5mal zur partiellen Unterkieferrekonstruktion. In Blockform implantierten wir das Material 2mal zum partiellen Kieferkammaufbau sowie 6mal zur Orbitabodenrekonstruktion und 2mal zur Auffüllung von Defekten im Gesichtsschädel.

Die anfängliche Füllung von 17 Zysten mit Granulat sei der Vollständigkeit halber noch erwähnt (Tabelle 1).

Tabelle 1. Anwendung von Ceros 80® in der MKG-Chirurgie

Absoluter Kieferkammaufbau (Granulat mit Fibrin)	8	⎫
Partieller Kieferkammaufbau (Granulat)	5	⎬ 15
(reiner HA-Block)	2	⎭
Orbitabodenrekonstruktion (reiner HA-Block)	6	
Defektauffüllung am Schädel (reiner HA-Block)	2	
Zystenfüllung (Granulat)	17	
	40	

Ergebnisse

Die Auswertung der Laborparameter für Blut und Urin von 40 Patienten erbrachte keinerlei signifikante Veränderungen. In 34 Fällen (85%) kam es zu einer vollständigen Integration des Materials. 6mal (15%) war die operative Revision der Wunde erforderlich. Dabei mußten schließlich beide dem Unterkiefer aufgelagerten reinen HA-Blöcke vollständig entfernt werden. Im Gegensatz dazu heilten die 6 in die Orbita eingebrachten Blöcke aus Ceros 80® per primam ein (Tabelle 2).

Tabelle 2. Wundheilung nach Implantation von Ceros-80®Hydroxylapatitkeramik (n = 40)

Heilung per primam	28 (70%)	⎫ 85%
Heilung nach Wundbehandlung . .	6 (15%)	⎭
Operative Revision	6 (15%)	

Besonders hoffnungsvolle Ergebnisse ließen sich bei den 8 Patienten erzielen, bei denen wir, aufbauend auf Vorversuchen in unserer Klinik, individuell geformte Aufbauten aus HA-Granulat mit homologen aktivierten Fibrinkomplexen implantierten (Abb. 1). Über eine Inzision im ehemaligen Eckzahnbereich ließ sich das Gewebe gut untertunneln, so daß wir die Implantation in Lokalanästhesie vornehmen konnten. Die Stabilität war auch im postoperativen Röntgenbild nachzuweisen (Abb. 2). Bisher mußten wir in 3 Fällen zusätzlich eine sekundäre Vestibulumplastik durchführen.

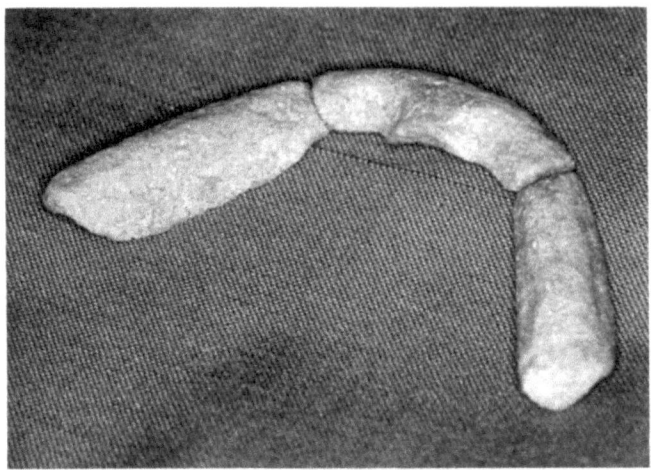

Abb. 1. Drei individuell gefertigte Blöcke aus fibrinstabilisiertem HA-Granulat zur absoluten Alveolarfortsatzerhöhung im Unterkiefer

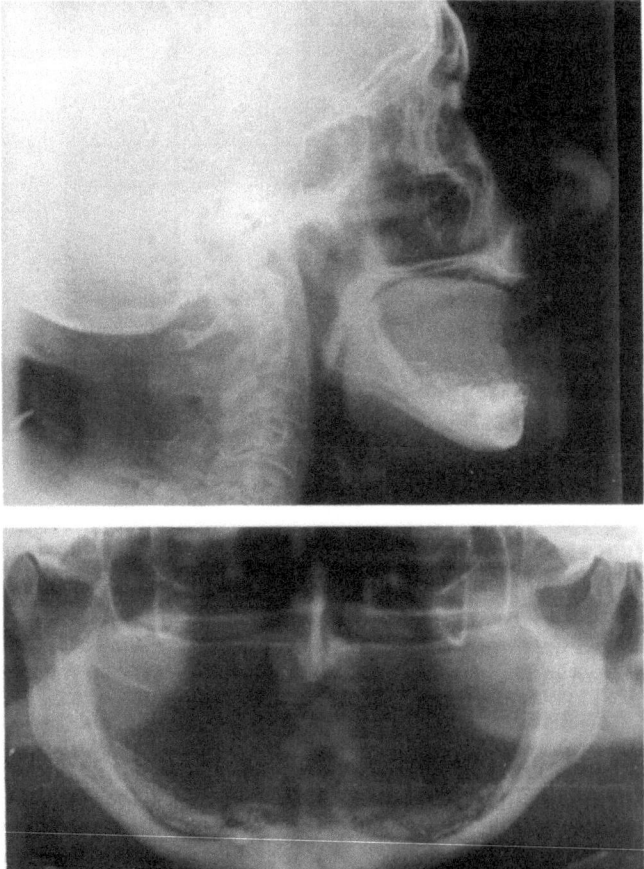

Abb. 2. Röntgenkontrolle (Fernröntgenseitbild oben und Orthopantomogramm unten) 3 Wochen nach absoluter Alveolarkammerhöhung mit HA-Granulat/Fibrinblöcken

Alle Patienten waren jedoch mit dem Ergebnis des Eingriffes nach der Anfertigung einer neuen Prothese vollständig zufrieden.

Diskussion

Die Resultate der bisherigen klinischen Prüfung von Ceros 80® zeigen, daß das Material bei 85% der Patienten gut eingeheilt ist. Wesentliche Probleme ergaben sich hauptsächlich beim Einsatz von reinen HA-Blöcken zum Alveolarkammaufbau unter der Belastung der Prothese. Kam es hier einmal zur Infektion, so hatte dies den vollständigen Implantatverlust zur Folge. Blöcke aus reinem Hydroxylapatit können wir demnach nur in unbelasteten und vollständig von einem Weichteilmantel umgebenen Abschnitten des Gesichtsschädels oder in der Orbita empfehlen.

Sehr vielversprechend waren hingegen unsere Erfahrungen bei der absoluten Kieferkammerhöhung mit Hilfe der individuell gefertigten Aufbauten aus HA-Granulat und humanem Fibrin. Das implantierte Material ging eine feste Verbindung mit dem Alveolarfortsatz ein, so daß eine deutliche Verbesserung der Prothesenbasis erzielt werden konnte. Da wir noch nie gezwungen waren, einen solchen Aufbau wieder zu entfernen, konnten wir im Rahmen der Vestibulumplastik 3 Monate nach der Erstoperation nur Exzisate aus den Randbereichen entnehmen. Diese zeigten histologisch eine bindegewebige Einscheidung des einzelnen Granulums sowie das Einwachsen von Kollagenfasern in die Poren.

Im Vergleich mit allen anderen derzeit angegebenen Verfahren zur Unterkieferalveolarkammerhöhung sehen wir als wesentlichen Vorteil unserer Methode an:
1. einzeitige Operation,
2. Eingriff in Lokalanästhesie,
3. individuelle Kieferkammerhöhung,
4. Eigenstabilität der implantierten Blöcke ohne die Notwendigkeit der Einfügung von Verbandsplatten (Tabelle 3).

Tabelle 3. Vorteile der absoluten Alveolarkammerhöhung mit HA-Granulat/Fibrinpolymer

1. Einzeitige Operation
2. Durchführung in Lokalanästhesie
3. Individuelle Kieferkammgestaltung
4. Eigenstabilität der Blöcke ohne Notwendigkeit des Einfügens von Verbandsplatten

Bei der bisher noch geringen Anzahl der Fälle und der relativ kurzen Nachbeobachtungszeit von durchschnittlich 14 Monaten wäre es vermessen, über Langzeitergebnisse berichten zu wollen.

Dennoch erscheint uns die absolute Kieferkammerhöhung mit Hilfe von fibrinstabilisiertem HA-Granulat ein vielversprechendes Verfahren zu sein, das es ermöglicht, ohne größeren Aufwand für den Patienten auch in hohem Alter eine Verbesserung der Prothesenbasis zu erzielen.

Histologisch ließ sich keine knöcherne Durchwachsung der implantierten Aufbauten nachweisen. In der uns bisher vorliegenden Literatur ist aber auch immer vom Einsprossen knöchernen Gewebes in die Randzonen von HA berichtet worden.

Demzufolge könnte man bei der Alveolarkammerhöhung mit Hydroxylapatit von einem *biologischen* Mißerfolg sprechen. *Klinisch* hingegen erwiesen sich die von uns implantierten Aufbauten als so stabil, daß bisher jeder in der beschriebenen Weise versorgte Patient mit einer funktionstüchtigen Prothese zu seiner Zufriedenheit versehen werden konnte.

Literatur

Bochlogyros N, Hensher R, Becker R, Zimmermann E (1984) Ein neues Verfahren der Implantation von Hydroxylapatit. Dtsch Z Mund-Kiefer-Gesichts-Chir 8: 398

Geret V, Rahn BA, Mathys R, Perren SM (1983) Quantitative Analyse der in vivo Gewebsverträglichkeit von Hydroxylapatit Ceros 80®. Hefte zur Unfallheilkunde 165:75

Hubbard WG (1974) Physiological calcium phosphates as orthopedic biomaterials. Diss Abstract Internat 35

Kallenberger A, Mathys R, Müller W (1983) Untersuchung der Gewebsverträglichkeit von Hydroxylapatit (Ceros 80®) an kultivierten Fibroblasten. Hefte zur Unfallheilkunde 165:71

Osborn JF, Weiss T (1978) Hydroxylapatitkeramik – ein knochenähnlicher Biowerkstoff. Schweiz Mschr Zahnheilkd 88:118

Anschrift des Verfassers: Dr. Dr. A. Hemprich, Abteilung für Mund-, Kiefer-Gesichtschirurgie, Poliklinik und Klinik für Zahn-, Mund- und Kieferkrankheiten, Waldeyerstraße 30, D-4400 Münster, Bundesrepublik Deutschland.

Erfahrungen nach vierjähriger routinemäßiger Anwendung von Hydroxylapatitgranulat zur Augmentation stark atrophischer Kiefer

E. Dielert und E. Fischer-Brandies

Klinik und Poliklinik für Kieferchirurgie (Direktor: Prof. Dr. Dr. D. Schlegel) der Ludwig-Maximilians-Universität München, Bundesrepublik Deutschland

Mit 2 Abbildungen

Zusammenfassung

In 4 Jahren konnten bei 204 Patienten 251 totale Hydroxylapatitaugmentationen im Ober- und Unterkiefer durchgeführt werden. Dabei kommen immer die gleiche Operationsmethode und das gleiche Granulat zur Anwendung. Diese Vorgehensweise und eine kontinuierliche Nachuntersuchung der Patienten dienen im Rahmen der systematischen Studie dem Erarbeiten von Aussagen über die prothetische Relevanz der Alloplastik.

Summary

Experiences with the Routine Use of Hydroxylapatite Granules for 4 Years in the Augmentation of Severely Atrophic Jaws. During the last 4 years 251 complete hydroxylapatite augmentations of the upper or lower jaws were carried out in 204 patients. In all of them the same surgical technique and the same granule material were used. This approach and an ongoing follow-up study will permit a long-term evaluation of this alloplastic procedure.

Schlüsselwörter: Knochenatrophie, Alloplastik.

Key words: Jaw atrophy, alloplasty.

Einleitung

Für die noch junge Methode (Kent et al., 1982) der Hydroxylapatit-(HA-) Augmentation ist bis heute nicht belegt, ob in sie gesetzte Erwartungen auch im Hinblick auf den therapeutischen Effekt erfüllt werden. Bei den Anwendern des Verfahrens herrscht bezüglich des alloplastischen Werkstoffes noch weitgehende Einigkeit. Die unterschiedlichen Empfehlungen hinsichtlich Vorgehensweise (einzeitig, zweizeitig), Aufbaumaterial (dicht, makroporös), Formstabilisatoren (Verbandsplatte, Vicrylnetz, Gips, Fibrinkleber, Kollagen) sowie Prothesenkarenzzeiten resultieren aus granulataufbauspezifischen Schwierigkeiten beim Vermeiden von Dislokationen der Granula und Verhindern von sekundären Gestaltsänderungen des Augmentates. Daraus ergeben sich rechnerisch mindestens 40 Modifikationen der Alloplastik. Da jede einen günstigen Einfluß auf den therapeutischen Effekt ausüben soll, kann man sich vorstellen, wie lange es dauern wird, bis sich die günstigste Vorgehensweise an Hand ausreichender Fallzahlen und gesicherter Langzeitergebnisse herauskristallisiert hat.

Eigenes Vorgehen

Der Operationserfolg ist abgesehen von der angewandten Methode aber auch abhängig von der beim Granulataufbau gewonnenen speziellen Erfahrung und vom prothetischen Verständnis des Chirurgen. Deshalb ist die HA-Augmentation an der Münchener Klinik seit August 1983 im wesentlichen in die Hände von zwei Operateuren gelegt. Zur eigenen Kontrolle erfolgt eine kontinuierliche Nachuntersuchung der Patienten (Fischer-Brandies und Dielert, 1985 a, 1986 a und b; Fischer-Brandies et al.,

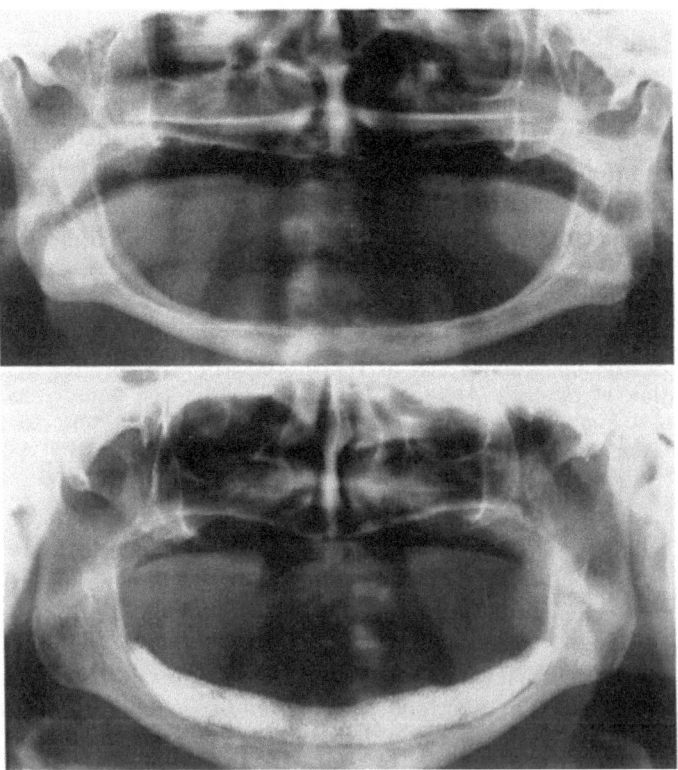

Abb. 1 a. Einzeitiges HA-Augmentationsergebnis bei hochgradiger UK-Atrophie (oben) ohne Granulatdislokation und Konturunregelmäßigkeit (unten) im Orthopantomogramm

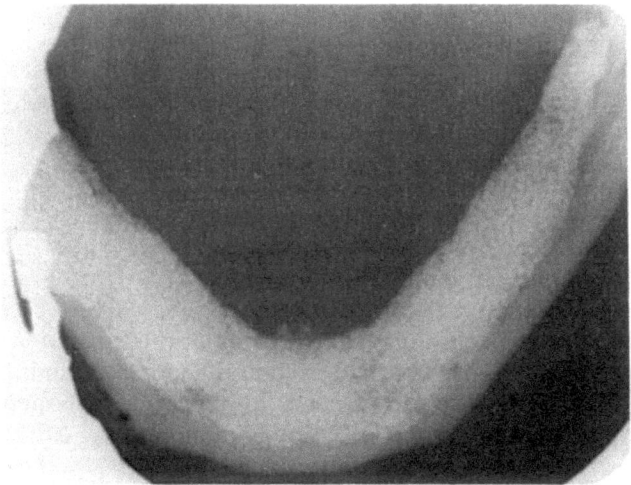

Abb. 1 b. Linguale Positionierung des HA-Aufbaus zum Ausgleich der atrophiebe-
dingten Breitenzunahme des Unterkieferbogens im UK-Aufbiß

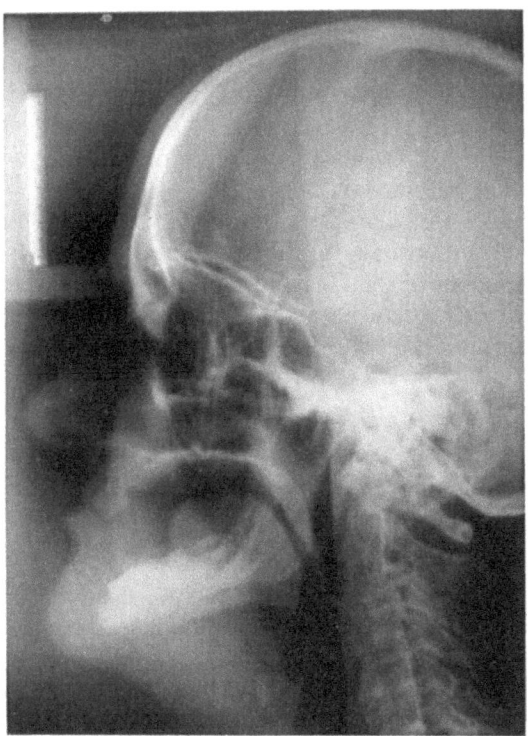

Abb. 1 c. Stufenförmiger Ansatz des Augmentates in der Front zum Erhalt des
vorderen Vestibulums im seitlichen FRS

1987). Um so in absehbarer Zeit Aussagen über die prothetische Relevanz der angewandten Methode bei ausreichenden Fallzahlen machen zu können, kommen im Zuge der systematischen Studie zudem immer die gleiche Operationstechnik, immer die Lokalanästhesie und immer die gleiche Keramik (Allotropat® 50) zum Einsatz (Dielert, 1985; Dielert et al., 1985; Fischer-Brandies und Dielert, 1985 b und c, 1986 b; Dielert et al., 1987).

Statistik

Bis Juli 1987 wurden bei 204 Patienten 251 totale Augmentationen im UK bzw. OK durchgeführt (1983/4, 1984/33, 1985/78, 1986/88, 1987/48). Zur Nachuntersuchung der absoluten Kieferkammerhöhungen aus den Jahren 1983 bis 1986 kamen 73 Patienten (Durchschnittsalter 63,2 Jahre, 63 × UK, 23 × OK). Vermutlich auf Grund von Bißlageveränderungen entsprach etwa ein Drittel der Prothesen im Hinblick auf Zentrik, Artikulation und Halt nicht den Anforderungen an totalen Zahnersatz. Diese Mängel korrelierten jedoch nicht eindeutig mit einer negativen Beurteilung durch den Patienten. Der neue Kieferkamm ist regelmäßig abgerundet, palpatorisch fest, selten gering federnd mobil. Das Vestibulum im UK ist frei von Narbenzügen, jedoch meist flach. Die Frequenz der sich daraus ergebenden Notwendigkeit einer sekundären Vestibulumplastik betrug wegen der guten lingualen Extensionsmöglichkeit lediglich 15%. Sensibilitätsstörungen im Versorgungsgebiet des N. mentalis bestanden präoperativ (12%), direkt postoperativ (43%) und wurden zum Nachuntersuchungstermin in 21% der Fälle als partielle Hypästhesien ohne wesentliche Beeinträchtigung empfunden. Die Verlaufskontrollen im OPT (2 bis 5 Röntgenbilder) bis zu 3 Jahren ergeben eine durchschnittliche Höhenabnahme des Augmentates von 25% (nach einem Monat bereits 21%).

Die ausführliche Befragung der Patienten hinsichtlich der erreichten Ergebnisse für Prothesenhalt, Sprache, Kaufähigkeit, Druckstellen- und Schmerzminderung sowie die Gesamtbeurteilung im Vergleich zur präoperativen Situation ergaben insgesamt folgendes Bild: im OK ließ sich das therapeutische Ziel in etwa 85% der Fälle erreichen, während dieser Wert im UK bei etwa 75% liegt.

Diskussion

Somit ist der Stellenwert der Alloplastik im OK als besonders hoch einzuschätzen, zumal bei Exzision des Schlotterkammes ein wesentlich

---

Abb. 2a. Formkonstanz des Aufbaus nach 12 Monaten Prothesendruckbelastung (unten) bei oberem Restgebiß im Orthopantomogramm

Abb. 2b. Situation der Abb. 2a vor (links) und nach (rechts) HA-Augmentation im Gipsmodell

Abb. 2c. Bei gleicher Schnittebene und Vergleich der präoperativen (oben) mit der postoperativen (unten) Situation kommt der prothetisch relevante Höhengewinn mit metrischen Angaben im Gipssägeschnittmodell zur Darstellung. Bei flachem Vestibulum ist eine gute linguale Extension des Zahnersatzes möglich

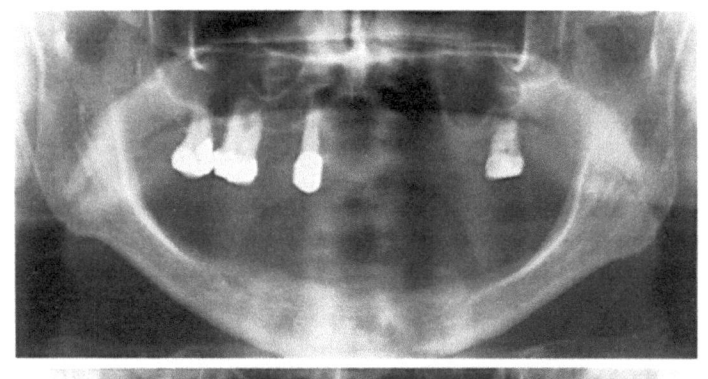

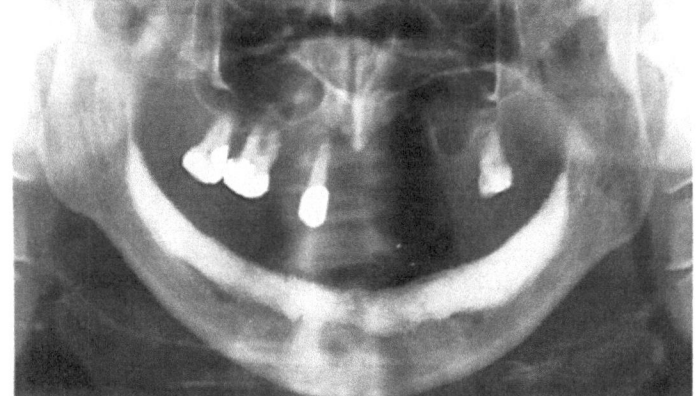

a

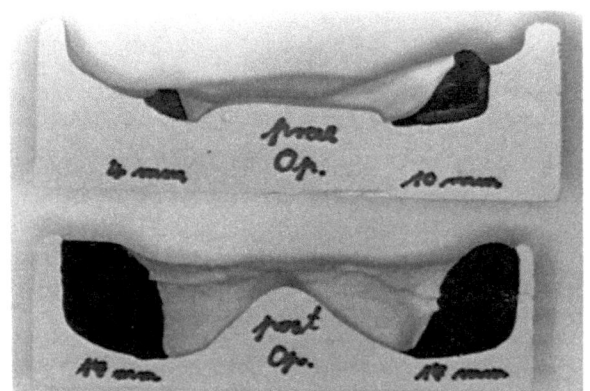

b

c

Abb. 2 a bis c

ungünstigeres Prothesenlager entstanden wäre. Das Hauptproblem im UK ist die stark eingeschränkte Belastbarkeit des Mukoperiostes bei zirka 20% der Patienten, die in der Regel bereits präoperativ vorhanden war. Prothesendruckschmerzen bedingen am ehesten eine negative Beurteilung des Ergebnisses durch den Patienten.

Somit dürfte die HA-Augmentation herkömmlichen Verfahren der absoluten Kieferkammerhöhung in 3 Punkten überlegen sein. Im Vergleich zu Literaturangaben (Ewers und Härle, 1980; de Koomen et al., 1980; Lekkas und Wes, 1981; Schettler, 1982) sind Sensibilitätsstörungen seltener. Eine Anästhesie wurde nicht beobachtet. Die Quote erforderlicher sekundärer Vestibulumplastiken läßt sich erheblich senken. Wang et al. (1976) sowie Stoelinga et al. (1983) geben etwa 60% an, während sie Tischendorf (1976), Grimm (1977), Dumbach und Geiger (1980), Ewers und Härle (1980) sowie de Koomen et al. (1980) in allen Fällen für erforderlich halten. Die Formkonstanz der Alloplastik ist dem Knochentransfer überlegen. Hierfür geben Bird et al. (1974), Davis et al. (1975), Wang et al. (1976), Fazili et al. (1978), Ridley und Mason (1978), Dumbach und Geiger (1980), Wessberg et al. (1982) Resorptionsraten von 50 bis 100% nach 3 bis 5 Jahren an.

Die Augmentation in Lokalanästhesie bietet folgende Vorteile:

a) größere Blutleere und deshalb bessere Positionierbarkeit des Granulates im Tunnel (Abb. 1 a);

b) schnellerer und weniger traumatischer Operationsablauf durch aktive Mitarbeit des Patienten;

c) demzufolge weniger sekundäres Aufquellen des Augmentates durch postoperatives Ödem und Serom und damit größere Ortsfestigkeit der Granula (Abb. 1 b);

d) leichtere und prothetisch günstigere Positionierbarkeit des Aufbaus durch Beibehalten der normalen Lagebeziehung OK/UK am sitzenden Patienten (Abb. 1 b bis c);

e) weniger Belastung für die meist älteren Patienten.

Aus dem nach HA-Aufbau flachen Vestibulum im Unterkiefer (Abb. 2 a bis c) ergibt sich für den Prothetiker die Notwendigkeit, für den Halt des Zahnersatzes auf die Ausgestaltung paralingualer Flügel besonderen Wert zu legen.

Literatur

Bird JS, Kulbom TL, Quast GL (1974) Alveolar ridge augmentation with autogenous bone. J Oral Surg 32:773

Davis WH, Delo H, Ward RT, Terry B, Pataks B (1975) Long term ridge augmentation with rib graft. J Max Fac Surg 3:103

De Koomen HA, Stoelinga PJW, Tideman H, Hendriks FHJ (1980) Resultate bei der Erhöhung des atrophischen Unterkiefers mit Beckenknochentransplantat. Dtsch Zahnärztl Z 35:1014

Dielert E (1985) Biologische Depotmaterialien im Kieferbereich – Hydroxylapatit und Tricalciumphosphat. Coll Med Dent 29:301

Dielert E, Fischer-Brandies E, Nentwig HG (1985) Ein Wandel bei der Indikationsstellung zur aufbauenden Kammplastik. Dtsch Z Mund-Kiefer-Gesichts-Chir 9:305

Dielert E, Fischer-Brandies E, Cortellini M (1987) I biomateriali nella plastica della cresta alveolare. Il Dentista Moderno 4:807

Dumbach J, Geiger SA (1980) Klinische und radiologische Befunde bei absoluter Alveolarkammerhöhung im Unterkiefer durch autologe Rippentransplantate. Dtsch Zahnärztl Z 35 : 1003

Ewers R, Härle F (1980) Langzeitresultate nach Visierosteotomie. Dtsch Zahnärztl Z 35 : 1007

Fazili MG, Overest-Eerdmanns AM, Vernooy W, Visser J, Waas MAJ (1978) Follow up investigation of reconstruction of the alveolar process in atrophic mandible. Int J Oral Surg 7 : 400

Fischer-Brandies E, Dielert E (1985 a) Der Alveolarkammschwund – therapeutische Möglichkeiten und Perspektiven. Quintessenz J 36 : 441

Fischer-Brandies E, Dielert E (1985 b) Die absolute Alveolarkammerhöhung mit Hydroxylapatit eine Alternative zum zahnärztlichen Implantat. Fortschr Zahnärztl Implantol 1 : 254

Fischer-Brandies E, Dielert E (1985 c) Hydroxylapatit in der präprothetischen Chirurgie. Zahnärztl Mitteil 75 : 2429

Fischer-Brandies E, Dielert E (1985 d) Clinical use of tricalciumphosphate and hydroxylapatite in Maxillo-facial surgery. J Oral Implantol 12/1 : 40

Fischer-Brandies E, Dielert E (1986 a) Hydroxylapatit zur Kieferaugmentation – Erfahrungen nach zweijähriger Anwendung. Quintessenz J 37 : 1655

Fischer-Brandies E, Dielert E (1986 b) Standortbestimmung nach zweieinhalbjähriger routinemäßiger Anwendung von Hydroxylapatitkeramik in der präprothetischen Chirurgie. Z Zahnärztl Implantol 2 : 147

Fischer-Brandies E, Dielert E, Schulte N (1987) Nachuntersuchungsergebnisse nach 3jähriger routinemäßiger Anwendung von Hydroxylapatitkeramik zur Kieferaugmentation. Dtsch Zahnärztl Z (im Druck)

Grimm G (1977) Ein präprothetisch-chirurgischer Lösungsweg beim maximal atrophischen Unterkiefer. Stomatol DDR 27 : 153

Kent JN, Quinn JH, Zide MF, Finger IM, Jarcho M, Rothstein SS (1982) Correction of alveolar ridge deficiencies with nonresorbable hydroxylapatite. J Am Dent Ass 105 : 993

Lekkas K, Wes BJ (1981) Absolute augmentation of the extremely atrophic mandible. J Max Fac Surg 9 : 103

Ridley MT, Mason KG (1978) Resorption of rib grafts to the inferior border of the mandible. J Oral Surg 36 : 546

Schettler D (1980) Modifizierte Technik der Sandwichplastik für extrem atrophierte Unterkiefer. Dtsch Zahnärztl Z 35 : 994

Schettler D (1982) Spätergebnisse der absoluten Kieferkammerhöhung im atrophischen Unterkiefer durch die „Sandwichplastik". Dtsch Zahnärztl Z 37 : 132

Stoelinga PJW, de Koomen HA, Tideman H, Huijbers TJM (1983) A reappraisal of the interposed bone graft augmentation of the atrophic mandible. J Max Fac Surg 11 : 107

Tischendorf L (1976) Zur Bewertung der restaurativen Alveolarkammplastik. Stomatol DDR 26 : 539

Wang JH, Waite DE, Steinhäuser E (1976) Ridge augmentation: an evaluation and follow-up report. J Oral Surg 34 : 600

Wessberg GA, Jacobs MK, Wolford LM, Walker RV (1982) Preprosthetic management of severe alveolar ridge atrophy. J Am Dent Assoc 104 : 449

Anschrift des Verfassers: Prof. Dr. Dr. E. Dielert, Klinik und Poliklinik für Kieferchirurgie der Ludwig-Maximilians-Universität München, Lindwurmstraße 2 a, D-8000 München 2, Bundesrepublik Deutschland.

Der direkte Kammaufbau
des hochgradig atrophierten Unterkiefers
mit Hydroxylapatitkeramik (Calcitite®)

Hp. Müller-Schelken

Abteilung für Mund-, Kiefer- und Gesichtschirurgie
(Vorstand: Prim. Dr. Hp. Müller),
Allgemeines Krankenhaus der Schwestern vom Heiligen Kreuz, Wels

Mit 3 Abbildungen

Zusammenfassung

An Hand von Fallbeispielen werden Modifikationen beim direkten Kammaufbau des atrophen Unterkiefers mit Hydroxylapatitkeramik (Calcitite®) demonstriert.

Besonders der – sattelförmig atrophierte – horizontale Unterkieferast bietet durch seine anatomische Form eine gute Möglichkeit, auch ausgeprägtere Kammerhöhungen durchzuführen, wenn:

1. das Keramikgranulat durch die Verwendung eines Vicrylschlauches am gewünschten Ort gehalten werden kann;

2. genügend Schleimhaut aus dem Mundvorhof bzw. den Wangenweichteilen gewonnen werden kann, um Dehiszenzen zu vermeiden;

3. eine Neugestaltung der Umschlagfalte während der ersten Operation durchgeführt werden kann.

Summary

Alveolar Augmentation of Severely Atrophic Mandibles Using Hydroxy Apatite (Calcitite®). Modifications of ridge augmentation in patients with atrophic mandibles using hydroxy apatite (Calcitite®) are described on the basis of case reports.

Owing to their anatomy, atrophic horizontal mandibular rami with a saddle shape offer good prospects even for extensive augmentation, provided:

1. the hydroxy apatite granules are maintained at the desired site by using vicryl tubes;

2. sufficient mucosal tissue from the vestibulum or the cheek can be obtained to prevent dehiscence;

3. reshaping of the recess can be done during primary surgery.

Schlüsselwörter: Präprothetische Chirurgie, Kammaufbau Unterkiefer, Hydroxylapatitkeramik.

Key words: Preprosthetic surgery, mandibular ridge augmentation, hydroxy apatite.

Einleitung

Die biokompatiblen Eigenschaften des knochenähnlichen Materials Hydroxylapatitkeramik haben in den letzten Jahren weltweit einen Boom an
klinischen Versuchen ausgelöst (Jarcho, 1981; Kent et al., 1986).

Die vorläufigen Ergebnisse geben Anlaß zu der Hoffnung, daß die
präprothetische Chirurgie in Zukunft einfacher und erfolgreicher eingesetzt
werden kann.

Der direkte Kammaufbau des stark atrophierten Unterkiefers mit
autologem oder konserviertem Knochen oder Knorpel ist eine aufwendige
Operation und zeigt meist ungünstige Langzeitergebnisse.

Bei der Verwendung von Hydroxylapatitgranulat besteht auch bei
subtilster Präparationstechnik die Gefahr, daß sich die Keramikkügelchen
verlagern (Fischer-Brandies und Dielert, 1986), so daß wir – wie auch bereits
von anderen Autoren angegeben (Härle, 1985; Härle und Kensch, 1987;
Beck-Mannagetta et al., 1986) – durch die Anwendung von verschiedenen
Modifikationen versuchen, diesen Problemen zu begegnen.

Material und Methode

1. Unsere Schnittführung erfolgt, wie in der original angegebenen Methode
– sagittal Regio 33 und 43 (halbgeschlossen) oder von einem Prämolarenbereich zum anderen unter Auslösung von eventuell vorhandenen Reizfibro-
men (offene Methode).

2. Es folgt eine weite Untertunnelung nach bukkal im Sinne einer
submukösen Vestibulumplastik unter Darstellung der Nervi mentales, nach
dorsal bis in das Trigonum retromolare und nach lingual etwas in den
Mundboden reichend. Anschließend wird im Bereich des Alveolarkammes
das Periost vom Knochen abgelöst.

3. Aus einem resorbierbaren Vicrylnetz® (Ethicon) wird inzwischen von
einer Assistenz über einer Applikationsspritze ein Schlauch genäht, wobei je
nach Höhe des gewünschten Kammaufbaues verschieden starke Kalibrie-
rungen gewählt werden (Abb. 1 a).

Dabei verwenden wir *2 Varianten:*

a) Füllung der Spritze mit dem Keramikgranulat und Einbringen der
Spritze unter den Schleimhauttunnel, wobei die Füllung des Schlauches erst
durch Zurückziehen der Spritze und gleichzeitiges Vordrücken des Spritzen-
stempels gebildet wird (Abb. 1 b), oder

b) es wird dieser Schlauch bereits extrakorporal locker mit dem
Keramikgranulat gefüllt und erst anschließend in den Tunnel eingebracht.
Dabei können wir einen langen Schlauch oder 2 oder 3 kürzere Schläuche
benützen, die Verwendung von mehreren Stücken hat den Vorteil einer
leichteren Plazierung.

4. Die Positionierung erfolgt im Frontbereich exakt auf dem Alveolarkamm, im Bereich des horizontalen Unterkieferastes bietet sich die sattelför-
mige Eindellung der Kompakta an, wobei wir den Schlauch etwas lingual
des Kammes einbringen. Damit versuchen wir, die Pseudoprogenie der

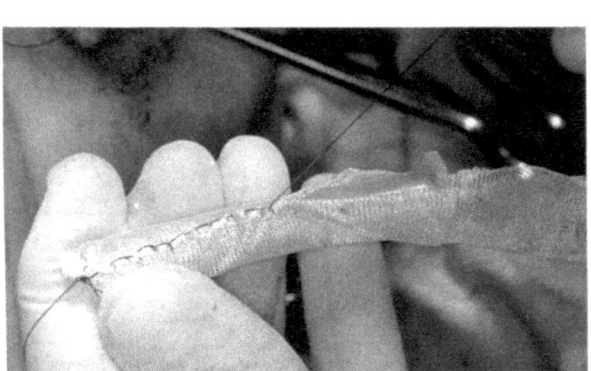
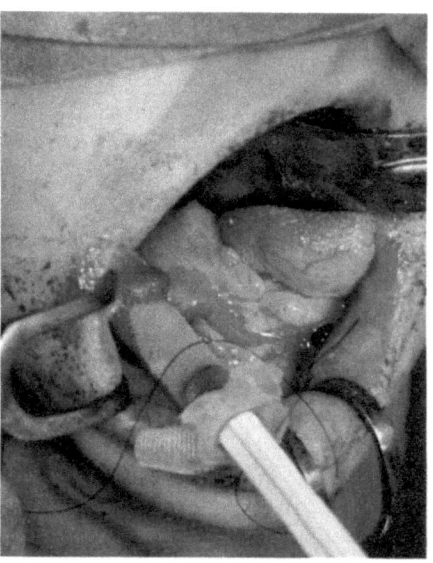

a   b

Abb. 1. a Bildung eines „Vicryl"-Schlauches über der Applikationsspritze. **b** Einführen der Spritze unter den Schleimhauttunnel, wobei die „Wurst" erst durch Zurückziehen der Spritze und gleichzeitiges Vordrücken des Stempels gebildet wird

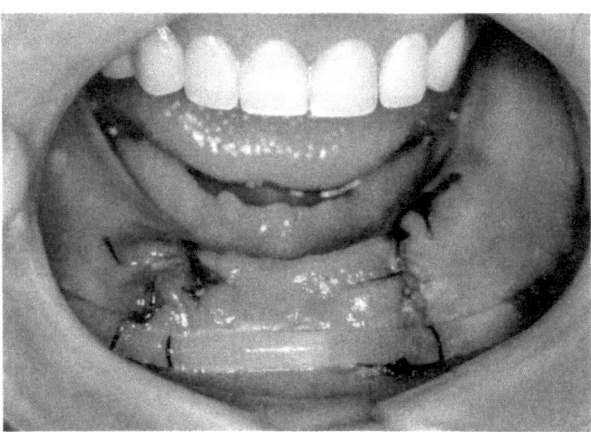

Abb. 2. Bildung eines neuen Vestibulums durch Einsteppen eines Polyvinylröhrchens, die Nähte werden transkutan über submentale Knöpfe geführt

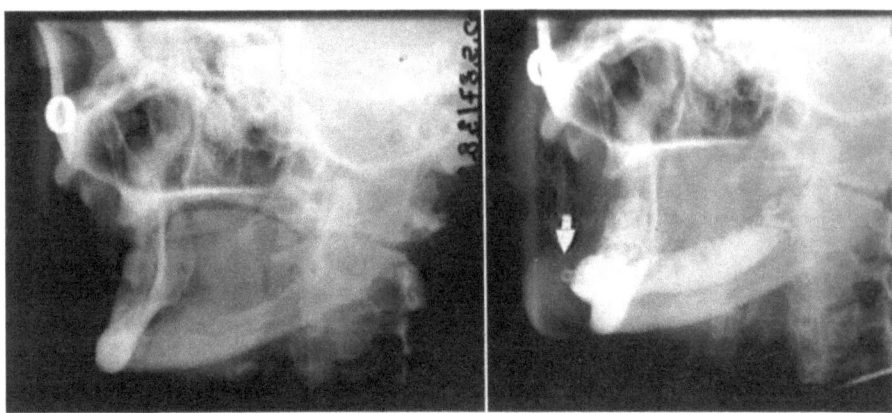

Abb. 3. a Halbschräges Fernröntgen: prä- und postoperativ: Man erkennt deutlich die Lage des Polyvinylröhrchens. **b** MR-Bild prä- und postoperativ: Das Ausmaß der Kammerhöhung und die exakte Position der Keramikteilchen sind gut zu erkennen

zahnlosen Kiefer wieder auszugleichen. (Im Oberkiefer wird sinngemäß dieser Schlauch lateral vom Alveolarkamm inkorporiert.)

Im Durchschnitt haben wir 18 g pro Kiefer verwendet, wobei wir bei ausgedehnten Aufbauten wegen der bindegewebigen Durchwachsung eine zu große Dichte des Materials für nicht vorteilhaft erachten.

Um einen zusätzlichen Eingriff zur Entnahme autologer Spongiosa zu vermeiden, haben wir eine Versuchsserie begonnen:

Im Bereich des rechten Unterkieferastes verwenden wir ein Gemisch (1:1) von Calcitite® und Osteovit® (Firma Braun), im Bereich des linken Unterkieferastes reines Calcititegranulat, um einen Vergleich direkt am Patienten zu bekommen.

Bisher sahen wir weder klinisch noch im radiologischen Bild große Unterschiede im Sinne eines vermehrten Höhenverlustes, doch der Beobachtungszeitraum erstreckt sich erst über 1 Jahr.

5. Zur Vermeidung eines zusätzlichen Eingriffes im Sinne einer Vestibulumplastik und zur Schaffung einer neuen Umschlagfalte legen wir ein Polyvinylröhrchen ein, welches mit transkutanen Steppnähten fixiert wird (Fischer-Brandies und Dielert, 1986).

Unter Berücksichtigung der zu erwartenden postoperativen Schwellung ist dieses Polyvinylröhrchen nur locker einzubringen, da sonst Druckulzera zu erwarten sind (Abb. 2 und Abb. 3a, 3b).

Nach 10 Tagen wird dieses Röhrchen entfernt, der vorhandene Zahnersatz korrigiert und mit Kerr Fitt® ergänzt, bis nach etwa 3 Wochen ein provisorischer Zahnersatz angefertigt werden kann.

Diskussion

Durch die Ablösung des Schleimhautperiostlappens vom Knochen ist eine Umstellung der Gefäßversorgung nötig.

Auch bei lockerer Adaptation ist in etwa der Hälfte der Fälle mit Dehiszenzen zu rechnen, wobei das Vicrylnetz die Partikel zusammenhält.

Die Heilung per granulationem dauert erfahrungsgemäß zirka 6 Wochen, bisher konnten wir keine Infektionen beobachten.

Die Patienten werden bis zur Eingliederung einer definitiven Prothese in wöchentlichen Abständen kontrolliert.

Im Gegensatz zur Literatur und zu unseren ersten eigenen Erfahrungen (Müller-Schelken, 1986) haben wir durch die Verwendung des Vicrylnetzes keine permanenten Parästhesien im Bereich des Nervus mentalis beobachten können, wobei wir natürlich versuchen, den Nervus mentalis weitgehend zu schonen. Durch die Erhöhung des Kammes mit dem HA-Granulat wird der Nervaustrittspunkt wieder tiefer gelegt.

Falls erforderlich, wird nach zirka 3 bis 6 Monaten eine Vestibulumplastik durchgeführt, untersichgehende Stellen und Unregelmäßigkeiten können leicht korrigiert werden. Das Material ist dann hervorragend bindegewebig durchwachsen, auch freie Schleimhaut- und Hauttransplantate finden ein gutes Lager zur Anheilung.

Insbesondere berufstätige Patienten sind über die Dauer des Krankenstandes (2 bis 3 Wochen) und die eventuelle Notwendigkeit eines zweiten Eingriffes aufzuklären.

Schluß und Prognose

Neuere Verbundwerkstoffe – zum Beispiel mit Kollagenfixierung der Keramikteilchen – lassen in Zukunft auf eine einfachere Handhabung und damit eine breite Anwendung schließen.

Somit bestätigen sich die prognostischen Aussagen, die Jarcho bereits 1981 getroffen hat.

Wir stehen hier am Beginn einer Entwicklung (Fallschüssel, 1987).

Vor euphorischen, extremen Kombinationen sollte aber unseres Erachtens gewarnt werden.

Obwohl noch keine Langzeitergebnisse bekannt sind, sind wir als klinisch tätige Ärzte dankbar, daß wir heute unseren Patienten diese Möglichkeit des direkten Kammaufbaues anbieten können.

Die ersten Erfahrungen und unsere Modifikationen des operativen Vorgehens ergaben bisher gute klinische Resultate.

Literatur

Beck-Mannagetta J, Krenkel Ch, Donath K (1986) Zur Erhöhung des atrophierten Kieferkammes mit alloplastischem Material (Hydroxylapatit). Acta Chir Austr 18:256

Fallschüssel GKH (1987) Kalziumphosphatkeramiken in der Zahnmedizin. Quintessenz, Berlin

Fischer-Brandies E, Dielert E (1986) Knochenersatzwerkstoff Hydroxylapatit. Coll Med Dent 30/10:567–583

Härle F (1985) Augmentation in the atrophic maxilla with a flabby ridge. J Max Fac Surg 13:209–212

Härle F, Kensch Th (1987) Augmentation of the alveolar ridge with hydroxylapatite (HA) in a vicryl tube. Abstract 53, Second International Congress on Preprosthetic Surgery, Palm Springs

Jarcho M (1981) Calcium phosphate ceramics as hard tissue prosthetics. Chir Orthop Rel Res 1957:259

Kent JN, Zide MF, Kay JF, Jarcho M (1986) Hydroxylapatite blocks and particles as bone graft substitutes in orthognatic and reconstructive surgery. J Oral Max Fac Surg 44:597–605

Müller-Schelken Hp (1983) Kollagenvlies in der zahnärztlichen Chirurgie. Österr Z Stomatol 80:61–71

Müller-Schelken Hp (1986) Erfolge und Mißerfolge der totalen Kieferkammrekonstruktion mit Calciumoxydkeramik. Calcitite-Symposium, Innsbruck, 11. 1. 1986

Smiler DG (1987) Osseointegrated Implants and porous hydroxylapatite grafted into the sinus. Abstract 42, II. International Congress on Preprosthetic Surgery, Palm Springs

Anschrift des Verfassers: Prim. Dr. Hp. Müller, Abteilung für Mund-, Kiefer- und Gesichtschirurgie, Allgemeines Krankenhaus der Schwestern vom Heiligen Kreuz, Postfach 144, A-4600 Wels.

Präimplantologische Diagnostik zur Erfassung der anatomischen Ausgangssituation

M. Matejka[1], Ursula Pechmann[2], W. Lill[3], A. Neuhold[4] und G. Watzek[3]

[1] Abteilung für zahnheilkundliche Grundlagenforschung
(Leiter: Doz. Dr. M. Matejka) und
[3] Abteilung für zahnärztliche Chirurgie (Leiter: Prof. Dr. G. Watzek)
der Universitätsklinik für Zahn-, Mund- und Kieferheilkunde, Wien
(Vorstand: Prof. Dr. G. Watzek),
[2] Anatomisches Institut 3 (Vorstand: Prof. Dr. H. Gruber) der Universität Wien,
[4] Abteilung für Bildgebende Diagnostik (Leiter: Prof. Dr. L. Wicke)
der Krankenanstalt Rudolfinerhaus

Mit 7 Abbildungen

Zusammenfassung

Die exakte präimplantologische Diagnostik stellt in der oralen Implantologie einen unverzichtbaren Bestandteil zur Erreichung entsprechender Erfolgsquoten dar. Im vorliegenden Bericht wird einerseits auf die präimplantologische klinische Diagnostik, andererseits auf die entsprechenden anatomischen Strukturen sowie auf die zur Verfügung stehenden bildgebenden Verfahren, wobei auch moderne Verfahren wie die Computertomographie (CT) und die Magnetresonanztomographie (MRT) Erwähnung finden, näher eingegangen.

Summary

Diagnostic Procedures to Establish Pre-Implantation Anatomy. A meticulous pre-operative diagnostic work-up is critical for the success of oral implantology. Clinical examinations and the anatomical structures of interest as well as currently available imaging techniques, including such new procedures as computer tomography (CT) and magnetic resonance imaging (MRI), are discussed.

Schlüsselwörter: Anatomie, enorale Implantate.

Key words: Anatomy, oral implants.

Einleitung

Seit Jahrhunderten existiert der Wunsch, bei bestehender Zahnlosigkeit „künstliche Zähne" in den Kiefer einzupflanzen (Maggiolo, 1807, 1809). Aber erst durch die Einführung enossaler Implantate aus geeigneten Werkstoffen konnten Erfolgsziffern erreicht werden, die eine allgemeine

Verbreitung derartiger Behandlungsverfahren verantworten lassen (Brane-mark et al., 1977; Schulte, 1981; Kirsch und Ackermann, 1983; Watzek et al., 1985). Bedingt durch die anatomische Situation einerseits und anderseits durch die im Unterkiefer wesentlich häufigere Prothesenunverträglichkeit seitens der Patienten wird der weitaus größte Teil der enossalen Implanta-tionen im Unterkiefer durchgeführt (Watzek et al., 1988). Zur Implanta-tionsindikation ist die Kenntnis der Häufigkeit der einzelnen Resorptions-formen des Unterkiefers von Bedeutung. Atwood und Coy (1971) fanden in 38% der Fälle einen relativ hohen und abgerundeten Kieferkamm. In 55% der Fälle einen messerschneidenartig konfigurierten Kieferkamm und in lediglich 7% der Fälle einen flach atrophierten Kieferkamm. Eine besondere Problematik stellen die messerschneidenartig atrophierten Unterkiefer im Seitenzahnbereich dar. Entweder muß ein Splitting unter Umständen mit Auffüllung durch synthetisches Knochenersatzmaterial (Osborn, 1985) oder eine Nivellierung des Alveolarkammes bis zum Erreichen der nötigen Breite zur Aufnahme des Implantates durchgeführt werden. Neben der Beurtei-lung der ossären und nervalen Strukturen hat selbstverständlicherweise eine exakte präimplantologische Abklärung der oralen Weichgewebssituation unter besonderer Berücksichtigung des Ausmaßes der fixierten Gingiva im periimplantären Bereich sowohl vestibulär wie oral zu erfolgen.

Präimplantologisch diagnostische Verfahren

Neben einer allgemeinmedizinischen und einer speziellen orofazialen Anamnese werden für die Indikationsstellung noch zusätzliche Parameter benötigt (Tetsch, 1984).

Um die spezielle Problematik der Topographie und der Involution des Unterkiefers einerseits und damit die verbundenen anatomisch bedingten Probleme näher zu beleuchten, soll im folgenden auf die anatomischen Besonderheiten eingegangen werden.

Anatomie

Für die Implantationsindikation ist das Knochenangebot sowohl in orove-stibulärer als auch in vertikaler Richtung von entscheidender Bedeutung. Bei länger bestehender Zahnlosigkeit kommt es zu einer bisweilen ein-drucksvollen Kieferkammatrophie, bei der schlußendlich das Foramen mentale direkt am Kamm zu liegen kommt (Gysi und Kubik, 1983) (Abb. 1). In extremen Atrophiefällen kommt es sogar zum Verlust der den Kanal nach oben hin begrenzenden Knochenlamelle mesial der zweiten Molaren, wodurch das Gefäß-Nerven-Bündel lediglich in einer Rille zu liegen kommt (Gabriel, 1958). Im hochatrophierten zahnlosen Kiefer kommt daher lediglich eine Implantation im Bereiche der Regio interforaminalis in Frage (Branemark et al., 1969; Kirsch und Koch, 1977). Von entscheidender Bedeutung für die Implantatpositionierung in mesiodistaler Richtung ist das Foramen mentale, welches in der überwiegenden Anzahl der Fälle in der interapikalen Region zwischen den beiden Prämolaren eher bei der Wurzelspitze des Fünfers gelegen ist. Es sind aber durchaus Nervenaustritt-

Tabelle 1. Lokalisation des Foramen mentale, anatomische und röntgenologische Studien (in %)

	Tebo und Telford 1950 100 Mandibeln		Sweet 1959 585 Patienten	Fishel et al., 1976 1000 Patienten	
	links	rechts		links	rechts
Lokalisation mesial des 1. Prämolaren	–	–	2,5	2,1	0,9
Area apicalis des 1. Prämolaren	1,2	2,3	7,9	2,9	3,5
zwischen den 2 Prämolaren	20,4	25,3	63,3	72,6	68,1
Area apicalis des 2. Prämolaren	52,8	46,0	22,9	17,2	20,7
distal des 2. Prämolaren	25,6	26,4	3,4	5,2	6,8

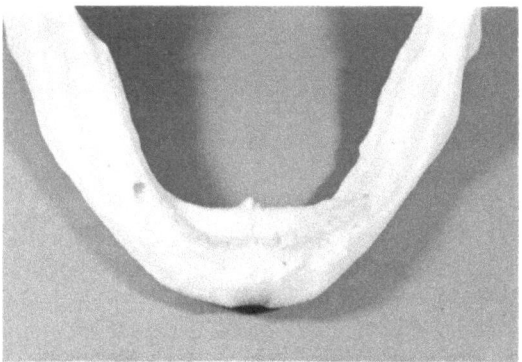

Abb. 1. Hochgradig atropher Unterkiefer mit am Kamm liegendem Foramen mentale

stellen mesial des ersten Prämolaren sowie auch distal des zweiten sowie Doppelanlagen beschrieben (siehe Tabelle 1). Nach Lang und Öder (1984) tritt das Gefäßnervenbündel in der überwiegenden Anzahl der Fälle nach dorsokranial aus. Der Nervkanal beschreibt daher intraossär einen halbkreisförmigen Bogen, wobei er durchaus weiter mesial zu liegen kommen kann, als dies durch die Lage des Foramen mentale vermutet würde. Diese Tatsache gewinnt vor allem beim Setzen von fünf und mehr Implantaten in der Regio interforaminalis für die jeweils distalsten Implantate Bedeutung.

In der Literatur herrscht über den Verlauf des Nervus mandibularis in seinem Kanal von der Lingula bis zum Foramen mentale lediglich grundsätzliche Übereinstimmung. Er beschreibt eine S-förmige Krümmung von distal nach mesial. Die Mediane des Unterkieferastes wird hiebei zwischen dem ersten und zweiten Molaren gekreuzt (Kubik, 1976; Härle, 1977; Reich, 1980). Carter und Keen (1971) konnten 3 Typen des Nerv- und Kanalverlaufes nachweisen. Der Nerv kann als einzelner dicker Stamm im Kanal direkt unter den Wurzeln der Molaren nach abwärts zum Foramen mentale laufen. Er kann einen deutlich nach unten konvexen Bogen machen und in der mesialen Hälfte gleichhöhig das Foramen mentale erreichen oder deutlich tiefer – in größerem Abstand von den Wurzeln der Dentes molares – ziehen. Eine kompaktaartige knöcherne Begrenzung des Kanales ist lediglich in den distalen 2 Dritteln des Kanales in konstanter Form nachzuweisen (Starkie und Stewart, 1930/1931). Diese Tatsache sollte bei der präimplantologischen Beurteilung von Röntgenbildern Beachtung finden.

1. Klinische Diagnose-Verfahren

Als einfachstes und doch in vielen Fällen sehr aufschlußreiches Hilfsmittel soll die Inspektion der gesamten Mundhöhle genannt werden. Dies vor allem dann, wenn noch eine Restbezahnung besteht. Insbesondere sollte in

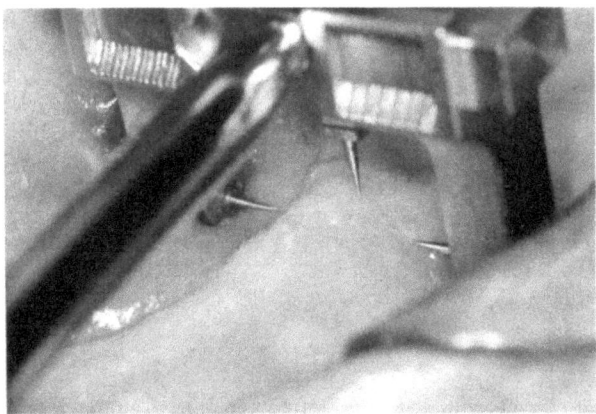

Abb. 2. Meßlehre nach Spörlein, modifiziert. Einsatz im Unterkieferseitenzahnbereich zur Bestimmung des Knochenangebotes

diesen Fällen eine Beurteilung der Mundhygienesituation und des damit verbundenen Parodontalstatus erhoben werden und eine präimplantologische Parodontaltherapie und Hygienemotivation eingeleitet werden. Im zahnlosen Kiefer kann man sich auf diese Weise einen guten Überblick über die Schleimhautverhältnisse sowie über eventuell ungünstig ansetzende Bänder usw. informieren. Darüber hinaus kann eine Beurteilung der Hygieneverhältnisse einer allenfalls bereits getragenen Prothese wichtige Rückschlüsse über die orale Hygienesituation des betreffenden Patienten liefern. Nach der Inspektion kann eine Palpation Aufschlüsse über das bestehende Knochenangebot liefern. Vor allem im Bereich des lateralen Mundbodens lassen sich so Rückschlüsse auf das Knochenangebot unterhalb der Linea mylohyoidea ziehen (Linkow, 1978). Ergänzend zur Palpation kann durch den Einsatz einer speziellen Meßlehre (Spörlein et al., 1986) (Abb. 2) einerseits eine Knochendickenbestimmung in orovestibulärer Richtung und anderseits eine Schleimhautdickenbestimmung durchgeführt werden.

Präimplantologisch ist die Anfertigung von Studienmodellen sowie ein schädelgerechtes Einschlagen in den Artikulator durchzuführen. Auf diese Weise kann insbesondere im teilbezahnten Gebiß eine prothetische Planung der Implantatlokalisation mittels Schablonen und direkter Übertragung in die Mundhöhle vorgenommen werden. Selbstverständlicherweise muß sich jedoch der Operateur an den lokalanatomischen Situationen bzw. am bestehenden Knochenangebot bei der Lokalisation der Implantate orientieren. Von den Studienmodellen können Sägeschnittmodelle angefertigt werden, um so eine Vorstellung von der räumlichen Kiefersituation und der optimalen Implantat-Achsen-Richtung zu gewinnen. Im unbezahnten Unterkiefer soll die Implantatlokalisation zur Anfertigung einer Steg-Gelenk-Prothese mit dem von Kirsch und Ackermann (1983) angegebenen Scharnierachsenlokalisator durchgeführt werden. In differenzierteren Fällen ist eine genaue Analyse nach gnathologischen Kriterien – Axiographie – computergestützte Fernröntgenvermessung usw. – bereits präoperativ durchzuführen (Slavicek und Mack, 1979).

2. Bildgebende Verfahren

1. Zahnfilm

Mit Hilfe des Zahnfilmes lassen sich insbesondere feinstrukturierte pathologische Veränderungen im Bereiche des Alveolarknochens sowie unter Umständen verborgene Wurzelreste identifizieren. Für die präimplantologische Diagnostik ist dem Zahnfilm nicht allzu große Bedeutung beizumessen. Sehr wohl aber als postoperative Kontrolle sowie als Langzeitkontrolle,

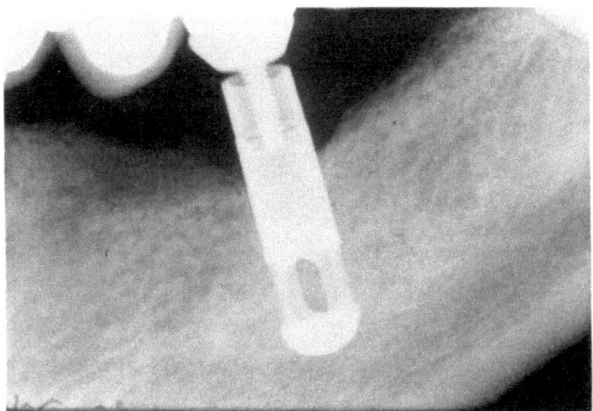

Abb. 3. Zahnfilm eines IMZ-Implantates im Rahmen der Implantatkontrolle (36 Monate in situ)

wobei die Aufnahmen in bevorzugter Weise in Parallel- oder Rechtwinkeltechnik erfolgen sollten (Abb. 3). Zusätzlich angefertigte Aufbißaufnahmen erlauben eine Abklärung hinsichtlich des orovestibulären Knochenangebotes.

2. Orthopantomogramm

Wie schon aus dem Namen ersichtlich, handelt es sich dem Wesen nach um ein tomographisches Verfahren. In der präimplantologischen Routinediagnostik stellt es das wichtigste bildgebende Verfahren dar. Man gewinnt eine gute Übersicht sowohl über bezahnte als auch unbezahnte Kieferabschnitte sowie über die Lage des Foramen mentale als auch über den Verlauf des Canalis mandibulae. Regelmäßig werden an unserer Klinik präimplantologisch sogenannte „Kugelröntgen" angefertigt. Hiebei wird über das Studienmodell eine Folie tiefgezogen, in der normierte Stahlkugeln (5 mm Durchmesser) eingearbeitet sind (Tetsch und Strunz, 1987). Mit Hilfe der inkorporierten Platte wird nun ein Orthopantomogramm angefertigt

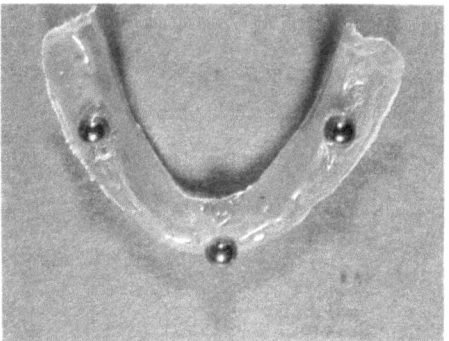

a

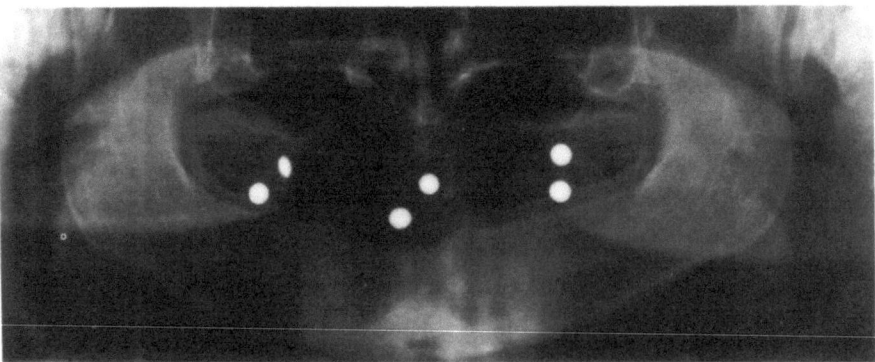

b

Abb. 4. a Tiefziehfolie mit eingearbeiteten Stahlkugeln mit bekanntem Durchmesser. **b** Röntgen mit eingelegter Tiefziehfolie zur Bestimmung des durch das OPG bedingten Vergrößerungsfaktors zur exakten Bestimmung des lokalen Knochenangebotes

(Abb. 4a und b). Auf diese Art und Weise kann dann an Hand des Röntgenbildes der spezifische Vergrößerungsfaktor, da der Durchmesser der Kugeln bekannt ist, im jeweiligen Implantationsbereich berechnet werden und eine exakte Implantatlängenbestimmung durchgeführt werden.

3. Fernröntgen

Die seitliche Fernröntgenaufnahme ist besonders bei der Implantation im zahnlosen Unterkiefer zur Beurteilung des effektiv zur Verfügung stehenden qualitativen und quantitativen Knochenangebotes sowohl in orovestibulärer Richtung als auch in vertikaler Richtung von Nutzen (Lekholm und Zarb, 1985). Darüber hinaus kann bei Problempatienten eine Fernröntgenanalyse vorgenommen werden (Abb. 5a und b). Eine eventuell vorhandene Prothese kann bei der Aufnahme eingesetzt werden, um die präoperativen Kieferrelationen darzustellen (Strid, 1985).

4. Tomographie

Die konventionelle Röntgenschichtaufnahme kann desgleichen in der sagittalen und transversalen Ebene zur Bestimmung des Knochenangebotes

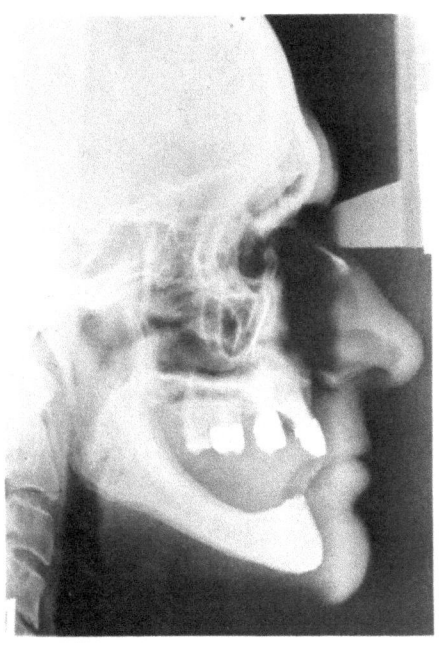
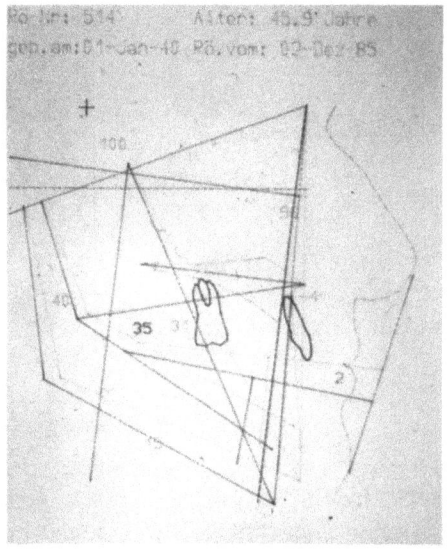

a   b

Abb. 5. a Präimplantologisches Fernröntgen vor Implantation von sechs Branemarkimplantaten in der Regio interforaminalis. **b** Derselbe Patient – computergestützte Fernröntgenauswertung nach Slavicek

und zur Lokalisation des Canalis mandibulae herangezogen werden. Die
Tomographie erlaubt Schichtungen bis zu einer minimalen Dicke von 1 mm.

5. Computertomographie (CT)

Die Computertomographie stellt heute auch in der Zahn-, Mund- und
Kieferheilkunde ein wichtiges diagnostisches Hilfsmittel dar (Schadlbauer
et al., 1988). In der präimplantologischen Diagnostik liegt ihre Domäne in
der Möglichkeit, das Knochenangebot und auch die Knochenqualität
abzuklären (Mc Givney et al., 1986). Darüber hinaus können auch Darstel-
lungen des Canalis mandibulae in seinem Verlauf von distal nach mesial

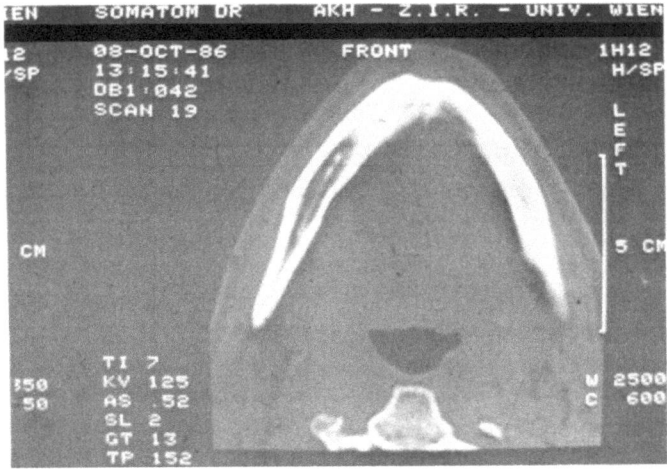

Abb. 6. Computertomographische Darstellung des Canalis mandibularis

(Abb. 6) vorgenommen werden. Des weiteren bietet sich die Möglichkeit
einer digitalen dreidimensionalen Rekonstruktion der topographischen
Situation an.

6. Magnetresonanztomographie (MRT)

Exakte Aussagen über die Bedeutung der MRT zur präimplantologischen
Diagnostik lassen sich nicht zuletzt deshalb, da das Verfahren erst seit
wenigen Jahren zur Verfügung steht, nicht mit Sicherheit treffen. Als Vorteil
dieses Verfahrens sei jedoch genannt, daß es für den Patienten mit keiner
Strahlenbelastung verbunden ist. In Einzelfällen haben auch wir dieses
Verfahren zur präimplantologischen Diagnostik verwendet, wobei sich
insbesondere eine gute Abgrenzungsmöglichkeit zwischen Spongiosa und
Kompakta einerseits sowie eine gute Möglichkeit zur exakten Höhenver-

messung der Mandibula ergeben hat (Abb. 7). Eine routinemäßige Anwendung zur präimplantologischen Diagnostik scheitert zur Zeit wohl einerseits an der geringen Verfügbarkeit der Geräte und anderseits an den noch relativ hohen Untersuchungskosten.

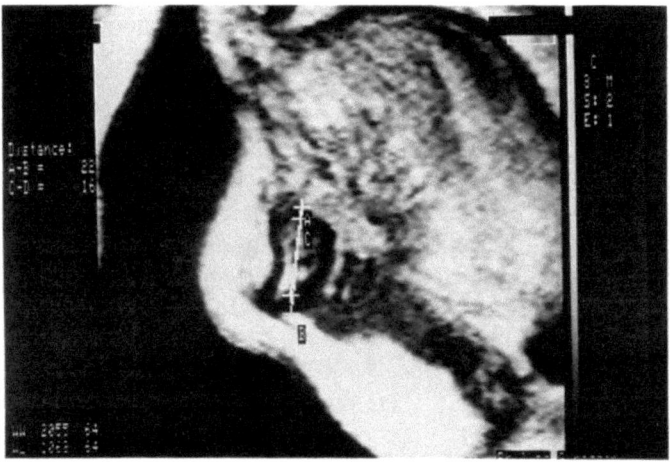

Abb. 7. Höhenvermessung der Mandibula in Regio 33 mittels Magnetresonanztomographie. Schwarz – zirkuläre Kompaktalamelle, weißlich – Spongiosakern der Mandibula

Konklusion

Die exakte präimplantologische Diagnostik stellt einen Grundpfeiler des von uns 1985 veröffentlichten Konzeptes dar (Watzek et al., 1985). Schon bei der klinischen Untersuchung lassen sich wichtige Rückschlüsse auf den zu verwendenden Implantattyp bzw. Implantatgröße einerseits bzw. auf allenfalls erforderliche schleimhautverbessernde Operationen ziehen. Bereits zu diesem Zeitpunkt soll der Patient auf die Notwendigkeit derartiger Eingriffe hingewiesen werden. Insbesondere soll an dieser Stelle auch auf die Wichtigkeit der lingualen Schleimhautsituation im hochatrophierten Kiefer hingewiesen werden, um durch das rechtzeitige Durchführen einer Mundbodensenkung (Trauner, 1952; Obwegeser, 1959) bei Mundbodenhochstand Implantatspätverluste zu vermeiden. Die exakte präimplantologische Abklärung der anatomischen Situation mittels bildgebender Verfahren ist deutlich hervorzuheben. Vorgefertigte konfektionierte Meßschablonen sind unseres Erachtens wegen ihrer zu großen Fehleranfälligkeit abzulehnen. Als in der Praxis sehr empfehlenswert hat sich das erwähnte Kugelröntgen mittels Orthopantomogramm erwiesen. Durch die radiologische Abklärung des zur Verfügung stehenden Knochenangebotes bzw. der viszeralen Strukturen kann somit ein wesentlicher Beitrag zum Erfolg implantologischer Behandlungsverfahren geleistet werden. Darüber hinaus können dadurch Schädigungen des Nervus alveolaris inferior (Tetsch und Strunz, 1987) und dadurch notwendige aufwendige Nervrekonstruktionen vermieden werden (Watzek und Matejka, 1983). Bei allen Implantatlängenberechnungen distal der Foramina mentalia sind selbstverständlich Höhenverluste bei spitz zulaufenden Kieferkämmen und der dadurch erforderlichen modellierenden Osteotomien einerseits und anderseits ein unbedingt erforderlicher Sicherheitsabstand von 1 mm zum Canalis mandibulae zu berücksichtigen. Schädigungen des Unterkiefernervs führen nicht selten zu Haftungsansprüchen seitens des Patienten mit allen damit verbundenen forensischen Problemen.

Auf Grund der beschriebenen Variabilität des Nervverlaufes sind „Umgehungsversuche" des Nervs in orovestibulärer Richtung als obsolet anzusehen. In anatomisch fraglichen Fällen sind weitere diagnostische Verfahren, wie Tomographie, Computertomographie oder MRT, indiziert. In Zukunft könnte in speziellen Problemfällen eine präoperative Planung bzw. Probeimplantation an CT-gestützt angefertigten Unterkiefermodellen erfolgen (Golec, 1986).

Danksagung

Der Firma W & H Dentalwerk Bürmoos sei an dieser Stelle für die Herstellung der Meßlehre herzlichst gedankt. Die vorliegende Studie wurde zum Teil vom Jubiläumsfonds der Oesterreichischen Nationalbank, Projekt Nr. 2624, unterstützt.

Literatur

Atwood DA, Coy WA (1971) Clinical, cephalometric and densiometric study of reduction of residual ridges. J Prosth Dent 26 : 280
Branemark PI, Breine U, Adell R, Hansson BO, Lindström J, Olsson A (1969) Intraosseous anchorage of dental prostheses. I. Experimental studies. Scand J Plast Reconstr Surg 3 : 81
Branemark PI, Hansson BO, Adell R, Breine U, Linström J, Hallen O, Öhman A (1977) Osseointegrated implants in the treatment of edentulous jaw. Experience from a 10-year period. Scand J Plast Reconstr Surg 11 [Suppl] 16
Gabriel AC (1958) Some anatomica features of the mandible. J Anat 92 : 580
Carter RB, Keen EN (1971) The intramandibular course of the inferior alveolar nerve. J Anat 108 : 433
Golec TS (1986) CAD-CAM Multiplanar diagnostic imaging for subperiosteal implants. Dental Clin North Amer 30 : 85
Gysi BE, Kubik S (1983) Anatomie – Orale Implantologie. In: Strub JR, Gysi BE, Schärer P (Hrsg) Schwerpunkte in der oralen Implantologie und Rekonstruktion. Quintessenz, Berlin, S 23
Härle F (1977) Die Lage des Mandibularkanals im zahnlosen Kiefer. Dtsch Zahnärztl Z 32 : 275
Kirsch A, Koch LW (1977) Die programmierte Implantation des IMZ-Implantates und seine biomechanische Integration ins stomatognathe System. Dtsch Zahnärztl Z 32 : 824
Kirsch A, Ackermann KL (1983) Das IMZ-Manual. Kirsch, Stuttgart
Kubik ST (1976) Die Anatomie des Kieferknochens in Bezug auf enossale Blattimplantation. 1. Mandibula. Zahnärztliche Welt/Rundschau 85 : 264
Lang J, Öder M (1984) über die Biomorphose der Mandibula. Gegenbaurs Morph Jahrb (Leipzig) 130 : 185

Lekholm U, Zarb GA (1985) Patientenselektion und Aufklärung der Patienten. In: Branemark PI, Zarb GA, Albrektsson T (Hrsg) Gewebeintegrierter Zahnersatz. Osseointegration in klinischer Zahnheilkunde. Quintessenz, Berlin, S 195

Linkow L (1978) Maxillary/mandibular implants – a dynamic approach to oral implantology. Kilharus, Lorthheaven, Connecticut

Maggiolo J (1807, 1809) La racine artificielle. Manuel de l'art du Dentiste, Nancy

Mc Givney GP, Haughton V, Strandt JA, Eichholz JE, Lubar DM (1986) A comparison of computer-assisted tomography and data-gathering modalities in prosthodontics. Int J Oral Max Fac Impl 1 : 55

Obwegeser HL (1959) Experiences with subperiosteal implants. Oral Surg Oral Med Oral Pathol 12 : 777

Osborn JF (1985) (Hrsg) Implantatwerkstoff Hydroxylapatitkeramik. Quintessenz, Berlin

Reich RH (1980) Anatomische Untersuchungen zum Verlauf des Canalis mandibularis. Dtsch Zahnärztl Z 35 : 972

Schadlbauer E, Fezoulidis J, Matejka M (1988) Die Computertomographie in der kieferorthopädischen und zahnärztlich-chirurgischen Diagnostik. Z Stomatol (in Druck)

Schulte W (1981) Das enossale Tübinger-Implantat aus Aluminiumoxidkeramik (Frialit). Der Entwicklungsstand nach sechs Jahren. Zahnärztl Mitt 71 : 1114

Spörlein E, Mrochen N, Tetsch P (1986) Entwicklung einer zweidimensionalen Schiebelehre (Mainzer Modell). Z Zahnärztl Implantol 2 : 277

Slavicek R, Mack H (1979) Funktionsanalytische Maßnahmen im stomatognathen System. Zahnärztl Praxis 30 : 259

Starkie C, Stewart D (1930/1931) The intra-mandibular course of the inferior dental nerve. J Anat 65 : 319

Strid KG (1985) Radiologische Untersuchungsmethoden. In: Branemark PI, Zarb GA, Albrektsson T (Hrsg) Gewebeintegrierter Zahnersatz. Osseointegration in klinischer Zahnheilkunde. Quintessenz, Berlin, S 313

Tetsch P (Hrsg) (1984) Enossale Implantationen in der Zahnheilkunde. C Hanser, München

Tetsch P, Strunz V (1987) Schädigung des Nervus alveolaris inferior durch Implantationen im Unterkieferseitenzahnbereich. Z Zahnärztl Implantol 3 : 53

Trauner R (1952) Die Alveolarkammplastik im Unterkiefer auf der lingualen Seite zur Lösung der Probleme der unteren Prothese. Dtsch Zahnärztl Z 7 : 256

Watzek G, Matejka M (1983) Zur Läsion benachbarter Strukturen nach enossalen Implantationsversuchen. Österr Z Stomatol 80 : 103

Watzek G, Matejka M, Grundschober F, Plenk H (1985) Enossale Implantate. Theoretische und morphologische Grundlagen – klinische Konsequenzen. Z Stomatol 82 : 27

Watzek G, Matejka M, Lill W, Matzka P, Plenk H jr (1988) Knöchern eingeheilte Implantate (Tübinger, IMZ, Branemark) – Erfahrungen mit einem Therapiekonzept. Z Stomatol 85/4 : 207

Anschrift des Verfassers: Doz. Dr. M. Matejka, Abteilung für zahnheilkundliche Grundlagenforschung, Universitätsklinik für Zahn-, Mund- und Kieferheilkunde, Währinger Straße 25 a, A-1090 Wien.

Osseointegrierte Implantate

Ein Therapiekonzept zur implantologischen Versorgung des atrophen Unterkiefers

G. Watzek[1], W. Lill[1] und M. Matejka[2]

[1] Abteilung für zahnärztliche Chirurgie (Leiter: Prof. Dr. G. Watzek) und
[2] Abteilung für zahnheilkundliche Grundlagenforschung
(Leiter: Doz. Dr. M. Matejka)
der Universitätsklinik für Zahn-, Mund- und Kieferheilkunde, Wien
(Vorstand: Prof. Dr. G. Watzek)

Mit 4 Abbildungen

Zusammenfassung

Nach 5jährigem Einsatz eines implantologischen Konzeptes und der Verwendung osseointegrierter Implantate (intramobiles Zylinderimplantat [IMZ], Implantat nach Branemark) kann über Erfahrungen mit diesem Konzept unter besonderer Berücksichtigung des atrophierten Unterkiefers berichtet werden. Gemäß unseren Ergebnissen kann die implantologische Versorgung des zahnlosen Unterkiefers im Regelfall als mögliche Alternative zur herkömmlichen Totalprothetik angeboten werden.

Summary

Osseointegrated Implants – A Treatment Concept for the Management of Patients with Mandibular Atrophy. The experiences made with an implantation concept based on osseointegrated implants (intramobile cylindrical implants, IMZ; Branemark implants) within 5 years in a material including patients with mandibular atrophy are reviewed. They suggest that patients with edentulous mandibles can generally be offered oral implants as an alternative to conventional full dentures.

Schlüsselwörter: Osseointegration, dentale Implantate, Mandibula.

Key words: Osseointegration, oral implants, mandibule.

Einleitung

Seit nunmehr 50 Jahren wurde in der neueren Zeit die Versorgung des zahnlosen Unterkiefers mit Implantaten empfohlen (Müller, 1938; Dahl, 1943; Goldberg und Gershkoff, 1949). Als mögliche Einheilungsform des Implantates wurde die bindegewebige Einheilung oder Umscheidung bei subperiostalen Implantaten sowie bindegewebige Einheilung enossaler

Implantate unter Ausbildung eines sogenannten „Pseudoparodontes" als optimale Lösung angesehen. Gemäß Untersuchungen von Branemark et al. (1969), Schulte und Heimke (1976), Schröder et al. (1981), Kirsch und Ackermann (1983) ist jedoch eine bindegewebsfreie Einheilung des Implantates, welche als „Osseointegration" bzw. „ankylotische" Einheilung bezeichnet wird, auch gemäß eigenen Untersuchungen als optimales Ergebnis anzusehen (Watzek et al., 1988). Diese knöcherne Integration ist durch eine entsprechende Materialauswahl, Oberflächengestaltung und Formgebung des Implantates einerseits und anderseits durch eine aseptische und atraumatische Operationstechnik erreichbar. Analog große Bedeutung wurde dem periimplantären Weichgewebe (Krekeler et al., 1982) und dem epithelialen Abschluß der transmukösen Pfeiler zuerkannt (Schröder et al., 1976). Für optimale Schleimhautverhältnisse an der Durchtrittsstelle sind somit nach Möglichkeit eine saumfixierte Gingiva (Matejka et al., 1987) und eine entsprechende Mundhygiene des Patienten als Voraussetzung anzusehen.

Parallel zu den implantologischen Versuchen, für den Patienten prothesenfähige akzeptable Resultate beim atrophierten Unterkiefer zu erreichen, wurden zahlreiche Operationsmethoden sowohl zur absoluten als auch relativen Kammerhöhung entwickelt und durchgeführt. Zu nennen wären hier die Mundbodenplastik (Trauner, 1952; Obwegeser, 1963), die bukkale Alveolarkammplastik nach Pichler (1930), Obwegeser (1953) oder Edlan – Mejchar (1963) sowie die submuköse Mundbodenplastik nach Obwegeser als Verfahren zur relativen Kammerhöhung. Zur absoluten Kammerhöhung wurden nach Schettler (1976) die Sandwichtechnik als Osteotomieverfahren sowie autologe Transplantate wie Beckenkamm (De Koomen et al., 1980), Rippentransplantate (Obwegeser, 1967; Davis et al., 1975) sowie homologe Verfahren wie konservierter Knorpel (Schmelzle, 1978) sowie synthetische Knochenersatzmaterialien (Jarcho, 1981; Kent et al., 1986) angegeben.

In der vorliegenden Untersuchung wird über die implantologische Versorgung sowohl von teilbezahnten Unterkiefern als Atrophieprophylaxe einerseits und anderseits bei bereits bestehender Zahnlosigkeit und damit verbundener Unterkieferatrophie berichtet.

Material und Methodik

Im teilbezahnten Gebiß wurde, sofern es die anatomische Situation zuließ, zur Versorgung des sowohl einseitigen als auch des beidseitigen freien Endes sowie zur Pfeilervermehrung in prothetisch ungünstigen Situationen das IMZ-Implantat (Koch und Kirsch, 1977) nach exakter präoperativer Planung (Matejka et al., 1988) verwendet. Dies vor allem deshalb, da in diesen Fällen eine brückenprothetische Versorgung zwischen Implantat und eigenen Zähnen vorgesehen war, wodurch die Vorteile des intramobilen Elementes zum Tragen kommen sollten (Lill et al., 1987). Bei unbezahnten Kiefern wurde in der Regio interforaminalis die Implantation von 4 bis 6 Branemark-Implantaten (siehe Abb. 1), wenn von seiten des Patienten eine festsitzende Versorgung gewünscht wurde, vorgenommen. In allen

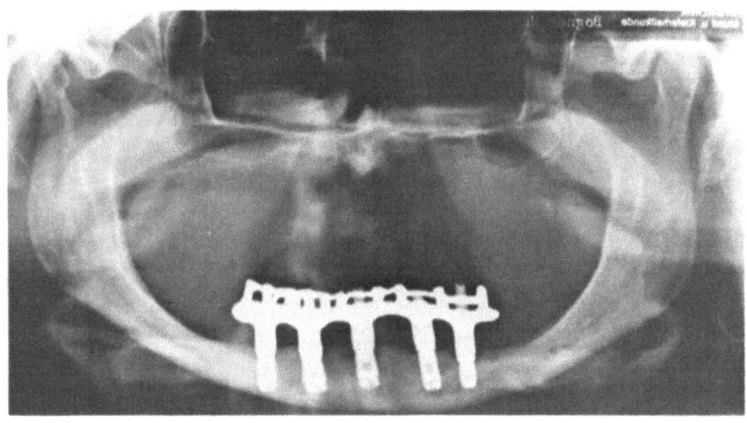

Abb. 1. 5 Branemark-Implantate in Regio interforaminalis mit festsitzender brük-
kenprothetischer Versorgung

Fällen, in denen eine herausnehmbare prothetische Versorgung geplant war,
wurden in der Regio intraforaminalis 2 bis 4 IMZ-Implantate implantiert
und eine Steg-Gelenks-Prothesenversorgung angeschlossen (Abb. 2a, b).
4 Implantate zur Sicherung des Gesamterfolges wurden vorgezogen, um
nicht durch den etwaigen Verlust eines Implantates bei mangelnder
Osseointegration die implantatgestützte prothetische Versorgung als Ganzes
zu gefährden. Durch die Annäherung zweier Implantate jeweils lateral unter
gleichzeitiger Freihaltung eines breiteren Raumes in der Medianen konnte
trotzdem bei der prothetischen Versorgung eine zur Scharnierachse der
Gelenke parallele Stegkonstruktion hergestellt werden, wobei jedoch streng
auf die interimplantäre Hygienefähigkeit der beiden jeweils lateral gelegenen Implantate geachtet wurde. War der Patient mit dieser Versorgung nach
1 bis 2 Jahren aus funktionellen Gründen noch immer unzufrieden, so
wurde analog der Versorgung mit Branemark-Implantaten eine Kunststoff-
brücke mit Metallbasis auf 4 ehemals zur Stegversorgung gedachte Implantate angefertigt, nach distal extendiert und eingeschraubt (Abb. 3a, b und 4a
bis d).
Von Anfang 1983 bis Ende 1987 wurden im Unterkiefer insgesamt 298
enossale Implantate bei 98 Patienten gesetzt, davon waren 33 männlichen
und 65 weiblichen Geschlechts. Das Durchschnittsalter betrug 53,7 Jahre.
Der älteste Patient war 81, der jüngste 31 Jahre alt (Tabelle 1). 248 waren
IMZ-Implantate, und 50 Implantationen wurden mit Branemark-Implantaten durchgeführt (Tabelle 2). Sämtliche Implantationen wurden als Spätim-
plantationen durchgeführt. Im Regelfall wurde gleichzeitig mit der Implantation eine bukkale Alveolarkammplastik nach Pichler und Trauner (1930)
bzw. Edlan – Mejchar (1963) durchgeführt. Bei 11 Implantaten wurden die
auf Grund des geringen Knochenangebotes nur zu drei Viertel im Knochen
versenkbaren Implantate zur Verbesserung der parodontalen Situation mit
Hydroxylapatit abgedeckt. Bei 8 Patienten war zusätzlich zur Vestibulum-

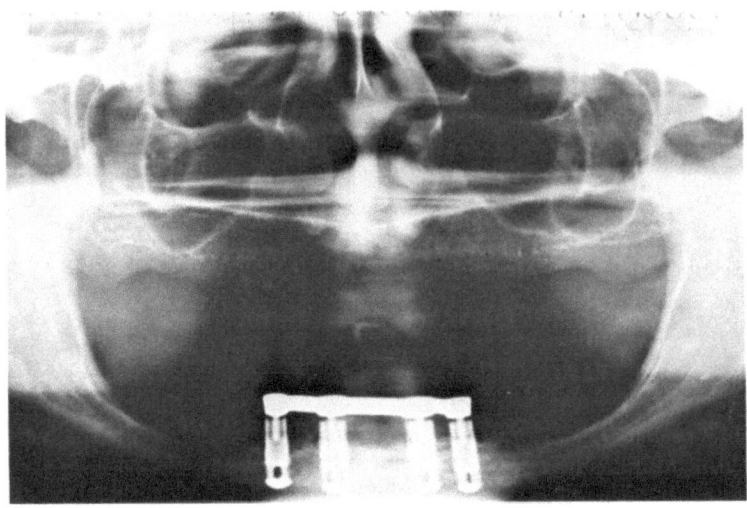

a

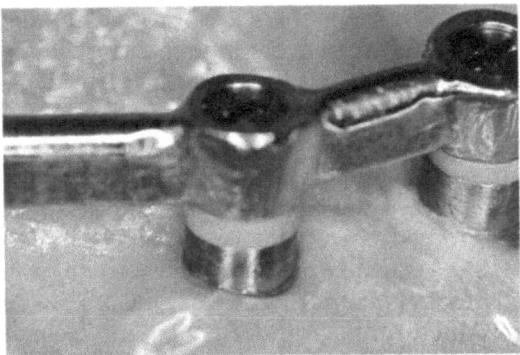

b

Abb. 2. a Orthopantomogramm einer Steg-Gelenkversorgung 4 Jahre post implantationem. **b** Klinischer Ausschnitt aus 2 a

plastik die Durchführung einer partiellen Mundbodensenkung indiziert.
Von an und für sich unproblematischen postoperativen Nachblutungen
abgesehen, blieben eventuelle Heilungsstörungen in allen Fällen streng auf
den periimplantären Raum beschränkt. Das Konzept der prothetischen
Versorgung (Tabelle 3) beinhaltete im teilbezahnten Gebiß bei 33 Patienten
bedingt abnehmbare Verblendkeramikbrücken. Bei 65 zahnlosen Patienten
erfolgte in 55 Fällen die Versorgung mittels Steg-Gelenk-Prothesen und in
10 Fällen mittels abschraubbarer brückenprothetischer Versorgung mit
Metallbasis und Kunststoffzähnen. Zusätzlich wurden im Rahmen unserer
Nachsorgeuntersuchung das periimplantäre Gewebe von 93 Implantaten
nach parodontologischen Gesichtspunkten untersucht.

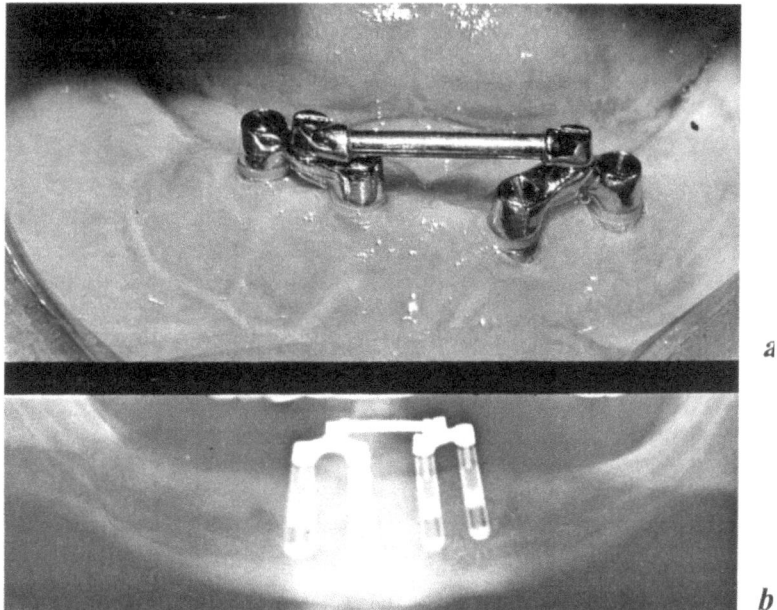

Abb. 3. 4 IMZ-Implantate mit zur terminalen Scharnierachse paralleler Steg-Ge-lenksprothetischer Versorgung. **a** Klinisches Bild. **b** Orthopantomogramm

Tabelle 1

Insgesamt	98 Patienten
Verhältnis ♂ : ♀	1 : 2
Durchschnittsalter	53,7 Jahre

Tabelle 2

Implantattyp	Anzahl	Erfolg	Erfolgsrate in %
IMZ	248	235	94,8%
Branemark	50	49	98%

Tabelle 3

Prothetische Versorgung	Patienten	Implantate
Steg-Gelenk	55	139
Totale abnehmbare Brücke	10	50
Festsitzende Brücke	33	59

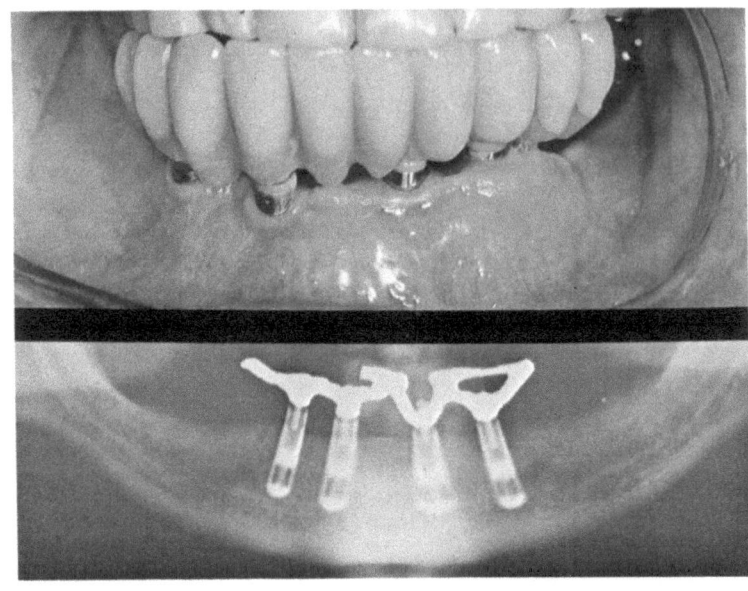

a

b

c

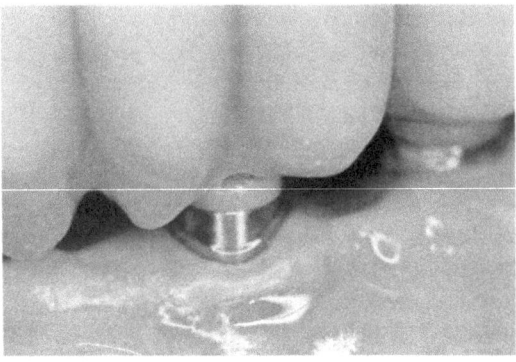

d

Ergebnisse

Bei den IMZ-Implantaten betrug die Erfolgsrate, d. h. die primäre Osseointegration, nach der geforderten 3monatigen Einheilphase 94,8%. Bei 2 Patienten mit einer Steg-Gelenk-Versorgung im zahnlosen Unterkiefer mußten insgesamt 3 Implantate entfernt werden. Die Suprakonstruktion konnte jeweils durch Weiterverwendung benachbarter osseointegrierter Implantate dem Prinzip nach erhalten bleiben. Davon abgesehen ergab sich die Indikation zur Implantatentfernung sonst stets nur in oder nach der Einheilphase vor jeglicher Brücken- bzw. prothetischer Versorgung. 2 IMZ-Implantate waren trotz völlig problemloser Integration entweder auf Patientenwunsch aus psychischer Unverträglichkeit oder bedingt durch Änderung der prothetischen Situation in der Einheilphase zu entfernen. Im Rahmen der Nachuntersuchung von 93 Implantaten (Tabelle 4) bei einer durchschnittlichen Liegedauer von 28 Monaten bei teilbezahnten oder zahnlosen Patienten fand sich bei 18 der 93 Implantatpfosten keine Gingivafixation. Bei den übrigen 75 Implantaten war die Breite der fixierten Gingiva mit durchschnittlich 3,1 mm anzunehmen. Zugleich konnten bei diesen Implantaten eine maximale Taschentiefe von 3,3 mm sowie eine minimale Taschentiefe von 1,9 mm, wobei sich die Werte aus der Summe von 4 Messungen mesial, distal, vestibulär, lingual bzw. palatinal vom

Tabelle 4

Implantate n = 93	Breite der Gingiva fixa	TT max.	TT min.	PBI max.	PBI min.
Gingiva fixa n = 75	3,1 mm	3,3 mm	1,9 mm	positiv in 63%	negativ in 79%
Gingiva libera n = 18	0	4,7 mm	2,7 mm	positiv in 26%	negativ in 94%

TT Taschentiefe
PBI Papillenblutungsindex

Implantatpfeiler ergaben, nachgewiesen werden. Ebenso wurde eine Art Papillenblutungsindex an den gleichen 4 Meßpunkten erhoben: Mindestens einer der gemessenen Werte war in 63% der Fälle positiv und in 79% der Fälle negativ. Bei den 18 Implantaten mit Gingiva libera betrug die maximale Taschentiefe 4,7 mm, die minimale Taschentiefe 2,7 mm. Der maximale PBI war bei 26% positiv, der minimale PBI bei 94% negativ.

Abb. 4. a Selber Patient wie in Abb. 3a und 3b, 1 Jahr später mit nach distal extendierter bedingt abnehmbarer Brückenkonstruktion. **b** Röntgenologischer Befund. **c** Selber Patient beim jährlichen Tausch des intramobilen Elementes mit blanden Schleimhautverhältnissen. **d** Ausschnitt aus 4a

Diskussion

Unsere Ergebnisse zeigen, daß das von uns angewandte implantologische Konzept zur Versorgung des atrophierten Unterkiefers durchaus den herkömmlichen in der Einleitung erwähnten präprothetischen chirurgischen Maßnahmen mehr als gleichzusetzen bzw. den herkömmlichen Verfahren als überlegen anzusehen ist. Dies insbesondere, wenn man von der Belastung derartig großer präprothetischer Eingriffe für den Patienten ausgeht. Auch in durchaus schwierigen Fällen mit einer Unterkieferhöhe von weniger als 15 mm, gleichzuhalten mit der Unmöglichkeit einer suffizienten konservativen Prothesenversorgung, konnten wir mit vergleichsmäßig geringem Aufwand durchaus befriedigende Ergebnisse erzielen.

Auf Grund unserer Erfahrungen erstreckte sich das Indikationsgebiet der brückenprothetischen Lösung auf jüngere, hygienisch gut motivierbare Patienten mit physiologischen Gelenksverhältnissen. Die Steg-Gelenk-Prothese war ein tauglicher Behelf, die prothetische Situation des oft langjährigen Prothesenträgers zu verbessern. Beide Therapiemöglichkeiten ergänzen sich und ermöglichen, zahnlose Patienten dem Fall entsprechend besser zu versorgen. Bei den vorwiegend älteren Patienten, welche mit Steg-Gelenk-Prothesen versorgt wurden, zeigten sich Schwierigkeiten hinsichtlich der Motivierbarkeit zur Mundhygiene. In diesen Fällen sind die Recall-Abstände wesentlich kürzer, angepaßt an die jeweilige Situation, anzusetzen.

Die brückenprothetische Versorgung schien durch die größere Implantatanzahl und durch den starren Verbund der Pfeiler in der Lage zu sein, höhere Kräfte aufzunehmen und besser zu verteilen. Sie provozierte aber bekanntermaßen durch ihre Konstruktion als Freiendbrücke große Belastungen für die distalen Implantate (Skalak, 1983; Soltesz und Siegele, 1982). Bei beiden Systemen wurden stoßdämpfende Maßnahmen zum Schutz der Implantate vor plötzlich auftretenden Belastungsspitzen angewendet. Bei der Steg-Gelenk-Prothese übernahmen der Prothesenkörper und ein in das Implantat integriertes Kunststoffelement diese Aufgabe, bei der Brückenkonstruktion wurden die dämpfenden Eigenschaften der Kunststoffkauflächen genützt. Wie eine vergleichende Untersuchung unserer Arbeitsgruppe zeigte, sind beide Maßnahmen in ihrer Effizienz etwa gleichzusetzen (Lill et al., 1987). Darüber hinaus wäre die Brückenversorgung durch ihre kurze, nur bis zum 2. Prämolaren reichende Abstützung im Seitenzahnbereich mit gewissen Risiken für langjährige Prothesenpatienten mit eventuell präexistenten Kiefergelenksschädigungen behaftet. Durch die kurze distale Abstützung könnte es zur Kompression im Kiefergelenk mit allen negativen Auswirkungen auf das neuromuskuläre System kommen. Die Steg-Gelenk-Prothese bot durch ihre weit nach distal reichende Abstützung und die Möglichkeit der optimalen Anpassung der Okklusionsebene einen guten Schutz des neuromuskulären Systems. In allen Fällen mit Vorschädigungen im Gelenksbereich könnte dies eine gute Möglichkeit sein, eine Therapie einzuleiten. Ob der in der Literatur (Knowlton, 1953; Kraft, 1962; Haraldson und Carlsson, 1977; Branemark et al., 1977) belegte höhere Kaukraftanstieg bei festsitzender Versorgung gegenüber der abnehmbaren Lösung zu einer Verbesserung der mastikatorischen Leistung führt, ist unseres Erachtens zweifelhaft, da den brückenprothetisch versorgten Patienten meist nur die Kauflächen der Prämolaren für die Mastikation zur Verfügung standen.

Das Ausmaß der Erreichbarkeit einer bleibenden attached Gingiva ist klarerweise abhängig von der Höhe des Alveolarkammes bzw. des Kieferkörpers. Ein Dauererfolg ist daher auf Grund der im Unterkiefer-Seitenzahn-Bereich vielfach fortgeschrittensten Resorption dort am schwierigsten zu erreichen, wobei wohl in Zukunft freien Schleimhauttransplantaten der Vorzug zu geben wäre, da durch diese im Gegensatz zur Pichler- bzw. Edlan-Plastik periimplantär eine keratinisierte Gingiva erreicht werden kann.

Von einer Lösung jeglicher Probleme oder der Beherrschung aller Prognosefaktoren (Watzek et al., 1985) sind wir unseres Erachtens jedoch nach wie vor weit entfernt. Es gelang jedoch in den letzten Jahren eine deutliche Annäherung an die gesteckten Ziele. Dieselbe Perfektion und dieselben Prinzipien, die heute zur Erhaltung natürlicher Zähne gefordert werden, sind ohne wesentliche Korrekturen auf enossale Implantate zu übertragen. Die Prognose enossaler Implantate ist insbesondere durch den Einsatz von konventionell präprothetisch-chirurgischen Maßnahmen (Pichler-Plastik, Traunersche Mundbodensenkung, freies Schleimhauttransplantat) wesentlich zu verbessern. Bei 2 Implantaten, die im zahnlosen Unterkiefer nach Anfertigung der Stegkonstruktion entfernt werden mußten, war rückblickend die Indikation zur Mundbodensenkung in diesen Fällen offensichtlich zu spät gestellt worden.

Wir sind der Ansicht, daß die Implantation im zahnlosen Unterkiefer beim heutigen Stand implantologischer Technik und prothetischer Versorgung dem geeigneten Patienten als echte Alternative zur üblichen totalprothetischen Versorgung angeboten werden muß. Die Langzeiterfolgsrate auf der einen Seite und der gewonnene Kaukomfort für den Patienten auf der anderen Seite sind derart überzeugend, daß die Information des Patienten über derartige Behandlungsmöglichkeiten nicht nur vertretbar, sondern zu fordern ist.

Danksagung

Frau Hedwig Rutschek und Frl. Wesna Rohaly sei an dieser Stelle für die datengestützte Implantatdokumentation herzlichst gedankt. Diese Untersuchung wurde vom Jubiläumsfonds der Oesterreichischen Nationalbank, Projekt Nr. 2624, unterstützt.

Literatur

Branemark PI, Breine U, Adell R, Hansson BO, Lindström J, Olsson A (1969) Intraosseous anchorage of dental prostheses. I. Experimental studies. Scand J Plast Reconstr Surg 3 : 81
Branemark PI, Hansson BO, Adell R, Breine U, Linström J, Hallen O, Öhman A (1977) Osseointegrated implants in the treatment of edentulous jaw. Experience from a 10-year-period. Scand J Plast Reconstr Surg 11 [Suppl] 16

Dahl G (1943) Om möjligheten für implantation i käken av metallskelett som bas eller retention för fasta eller avtagbara proteser. Odont Tidsk 51 : 440

Davis WH, Dele R, Ward WB, Tesby B, Patakas B (1975) Long term ridge augmentation with rib graft. J Max Fac Surg 3 : 103

De Koomen HA, Stoelinga PJW, Tideman H, Hendriks FHJ (1980) Resultate bei der Erhöhung des atrophischen Unterkiefers mit Beckenknochentransplantat. Dtsch Zahnärztl Z 35 : 1014

Edlan A, Mejchar B (1963) Plastic surgery of vestibulum in dental periodontal therapy. Int Dent J 13 : 593

Goldberg NI, Gershkoff A (1949) The implant lower denture. Dent Dig 55 : 490

Haraldson T, Carlsson GE (1977) Bite force and oral function in patients with osseointegrated oral implants. Scand J Dent Res 65 : 200

Jarcho M (1981) Calcium phosphate ceramics as hard tissue prosthetics. Chir Orthop Rel Res 1957 : 259

Kent JN, Zide MF, Kay JF, Jarcho M (1986) Hydroxylapatite blocks and particles as bone graft substitutes in orthognatic and reconstructive surgery. J Oral Max Fac Surg 44 : 587

Kirsch A, Ackermann KL (1983) Das IMZ-Manual. Kirsch, Stuttgart

Knowlton JF (1953) Masticatory pressures exerted with implant dentures as compared with soft-tissue-borne centures. J Prosth Dent 3 : 721

Koch WL, Kirsch A (1977) Die Rekonstruktion der physiologischen Zahnbeweglichkeit im IMZ-Implantat. Dtsch Zahnärztl Z 32 : 699

Kraft E (1962) Über die Bedeutung der Kaukraft für das Kaugeschehen. Zahnärztl Praxis 13 : 129

Krekeler G, Niederdellmann H, Jablonka H (1982) Untersuchungen zur Reaktion der periimplantären Gingiva. Zahnärztl Praxis 6 : 250

Lill W, Rambousek-Sperl K, Watzek G, Matejka M (1987) Dämpfungsausmaß implantatgetragener Suprakonstruktionen bei horizontalen und vertikalen Kaukräften. Z Zahnärztl Implantol 3/3 : 183

Matejka M, Lill W, Watzek G (1987) Periimplantäre Weichteilprobleme bei hochgradiger Knochenatrophie. Österr Zahnärztekongreß, Villach

Matejka M, Pechmann U, Lill W, Neuhold A., Watzek G (1988) Präimplantologische Diagnostik zur Erfassung der anatomischen Ausgangssituation. Der zahnlose Unterkiefer. Seine chirurgisch-prothetische Rehabilitation. Springer, Wien New York, S 293

Müller R (1938) „Diskussionsbeitrag". In: Bericht der 74. Tagung der Deutschen Gesellschaft für Zahn-, Mund- und Kieferheilkunde in Düsseldorf, 30. 7. – 4. 8. 1937, Teil I. JF Lehmann, München Berlin, S 53 – 54

Obwegeser H (1953) Alveolarkammplastik am Ober- und Unterkiefer. Zahnärztl Praxis 4 : 21

Obwegeser H (1963) Die totale Mundbodenplastik. Schweiz Mschr Zahnheilkd 73 : 565

Obwegeser H (1967) Weitere Erfahrungen mit der aufbauenden Kammplastik. Schweiz Mschr Zahnheilkd 77 : 1002

Obwegeser H (1976) Die submucöse Vestibulumplastik. Dtsch Zahnärztl Z 14 : 452

Pichler H, Trauner R (1930) Die Alveolarkammplastik. Österr Z Stomatol 28 : 675

Schettler D (1976) Sandwich-Technik mit Knorpeltransplantaten zur Alveolarkammerhöhung im Unterkiefer. Fortschr Kiefer-Gesichts-Chir 20 : 61

Schmelzle R (1978) Transplantate in der Kiefer- und Gesichtschirurgie. C Hanser, München

Schröder A, Pohler O, Sutter F (1976) Gewebsreaktion auf ein Titan-Hohlzylinder-Implantat mit Titanspritzschichtoberfläche. Schweiz Mschr Zahnheilkd 86 : 713

Schröder A, Van der Zypen E, Stich H, Sutter F (1981) The reaction of bone connective tissue and epithelium to endosteal titanium implants with sprayed titanium surface. J Max Fac Surg 9 : 15

Schulte W, Heimke A (1976) Das Tübinger Sofortimplantat. Quintessenz 27 : 17

Skalak R (1983) Biomechanical considerations in osseointegrated prostheses. J Prosth Dent 49 : 843

Soltesz U, Siegele D (1982) Principle characteristics of the stress distributions in the jaw caused by dental implants. In: Huiskes R, et al (eds) Biomechanics: principles and applications. Nijhoff, Den Haag

Trauner R (1952) Die Aveolarkammplastik im Unterkiefer auf der lingualen Seite zur Lösung der Probleme der unteren Prothese. Dtsch Zahnärztl Z 7 : 256

Watzek G, Matejka M, Grundschober F, Plenk H jr (1985) Enossale Implantate. Theoretische und morphologische Grundlagen – klinische Konsequenzen. Z Stomatol 82 : 27

Watzek G, Matejka M, Lill W, Matzka P, Plenk H jr (1988) Knöchern eingeheilte Implantate (Tübinger, IMZ, Branemark) – Erfahrungen mit einem Therapiekonzept. Z Stomatol 85/4:207

Anschrift des Verfassers: Prof. Dr. G. Watzek, Universitätsklinik für Zahn-, Mund- und Kieferheilkunde, Währinger Straße 25 a, A-1090 Wien.

Die periimplantäre Situation und ihre Problematik

G. Krekeler

Abteilung III (Sektion Parodontalchirurgie) der Universitätsklinik
für Zahn-, Mund- und Kieferheilkunde, Freiburg i. Br.,
Bundesrepublik Deutschland

Mit 6 Abbildungen

Zusammenfassung

Zahlreiche klinische und experimentelle Untersuchungen haben gezeigt, daß die periimplantäre Situation sich zwar von der Verankerung des Implantates her von der des natürlichen Zahnes unterscheidet, daß sie sich aber im Bereich des gingivalen Bindegewebes und des Epithels durchaus mit der des natürlichen Zahnes vergleichen läßt. Entsprechend ist mit einer ähnlichen Gefährdung zu rechnen. Es muß zur Verbesserung der Haltbarkeit eines Implantates Sorge dafür getragen werden, daß die Weichgewebsabdichtung am Implantat auf Dauer erhalten werden kann.

Summary

Periimplant Problems. While conditions around implants were shown clinically and experimentally to be distinct from those around natural teeth in terms of implant fixation, they are well comparable with the natural physiological situation as far as gingival connective and epithelial tissues are concerned. Consequently, the risks for implants are apt to be the same as for natural teeth. To improve the useful life of implants long-term soft tissue attachment around the implants should, therefore, be ensured.

Schlüsselwörter: Enossale Implantate, Osteointegration, Weichteilhaftung.

Key words: Endosteal implants, Osteointegration, soft tissue attachment.

Einleitung

Aus einer kürzlich veröffentlichten Übersicht über die Erfolgschancen enossaler Implantate (Albrektsson et al., 1986) wird deutlich, daß die wissenschaftlich erprobten Implantatsysteme auch über Jahre hinweg eine hohe Erfolgsquote aufweisen. Die Mißerfolgsrate schwankt zwischen 5 und 15%. Sie kann durch Änderung der Problemzonen, wie z. B. der Halspartie, sicher noch verbessert werden.

Implantatbasis

Durch die Verwendung biokompatibler Materialien, wie z. B. Kalziumphosphatkeramik, Aluminiumoxidkeramik oder Titan, kann die enossal versenk-
te Implantatbasis ohne nennenswerte Abwehrreaktion im Knochen einheilen. Abhängig vom verwendeten Material wird ein direkter Knochen-Im-
plantat-Kontakt oder sogar eine chemisch-physikalische Bindung beobach-

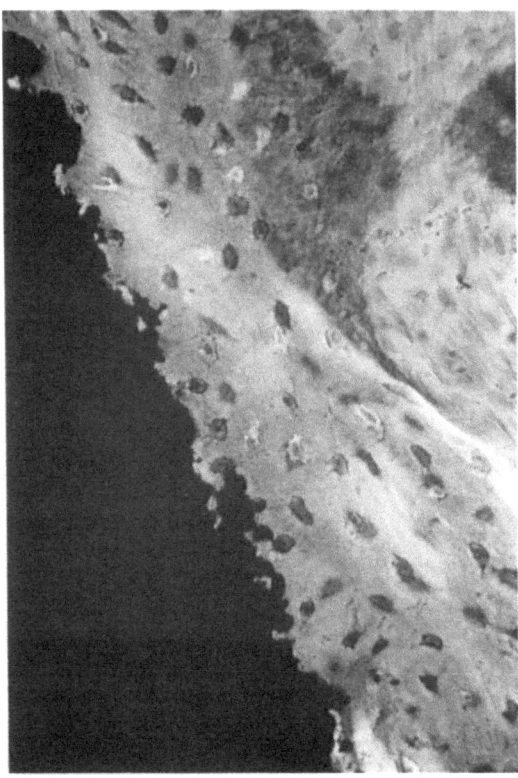

Abb. 1. Titanplasmabeschichtetes Titanimplantat 7 Jahre nach Implantation, wegen
(durch Organtransplantation) notwendiger Immunsuppression entfernt. Innige
Verbindung zwischen Knochen und titanplasmabeschichteter Oberfläche. Osteozyten teilweise in direktem Kontakt mit dem Implantat (Osseointegration)

tet. In diesem Fall spricht man von einer Osseointegration (Brånemark et al.,
1972; Abb. 1). Diese von der Makromorphologie des Implantates und der
Mikromorphologie seiner Oberfläche abhängige Ankylosierung läßt sich,
wenn überhaupt, nur mit großen Kräften lösen. Bei Titan wurden je nach
Oberflächenbeschaffenheit Abreißkräfte zwischen 1,5 und 5 N/mm^2 gemessen (Steinemann et al., 1986), an Abscherkräften mußten zwischen 8 (für
stahlkugelgestrahltes Titan) und 16 N/mm^2 (für titanplasmabeschichtetes
Titan) aufgewendet werden.

Auf Grund dieser dauerhaften festen Verbindung der Basis mit dem Knochen, der sogenannten funktionellen Biokompatibilität (Mühlemann, 1975), kann das Implantat als stabiles Retentionselement in die prothetische Rehabilitation miteinbezogen werden. Die Elastizität des Implantat-Knochenverbundes erlaubt sogar eine Verbindung mit parodontal gesunden natürlichen Zähnen (Abb. 2 a, b).

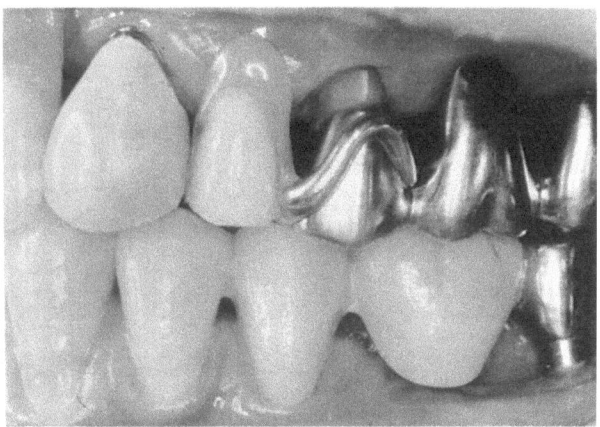

Abb. 2 a. Unterkieferbrücke distal implantatabgestützt. Die offenen Interdentalräume erlauben eine gute Reinigung

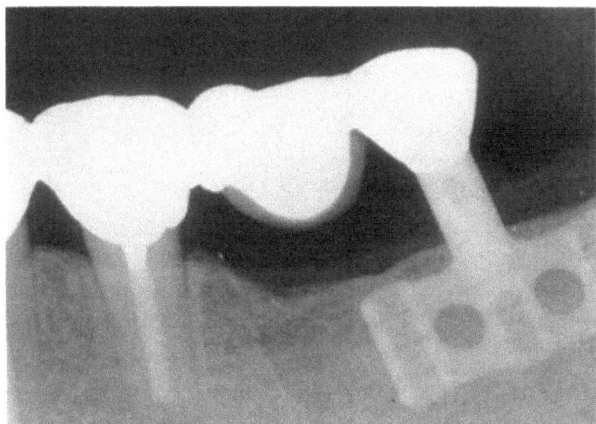

Abb. 2 b. Unterkieferbrücke distal implantatabgestützt, 5 Jahre in situ. Es ist weder im Bereich des Zahnes 35 noch im Bereich des Implantates eine Osteolyse zu beobachten, die Hinweis auf einen schädigenden Einfluß des Implantat-Zahnverbundes geben könnte

Implantathals

Unter der Voraussetzung der Immobilität der Implantatbasis kann davon ausgegangen werden, daß das gingivale Bindegewebe sich entzündungsfrei an den Implantatpfosten anlagert (Adell, 1983). Schroeder et al. (1981) konnten in einer lichtmikroskopischen und elektronenoptischen Studie sogar nachweisen, daß bei titanplasmabeschichteten Titanimplantaten die kollagenen Fasern in einer Matrix auf der Implantatoberfläche verankert sind und radiär vom Implantat abstrahlen. Auch Buser et al. (1987) konnten diesen Haftmechanismus des entzündungsfreien Bindegewebes (Abb. 3) lichtmikroskopisch belegen.

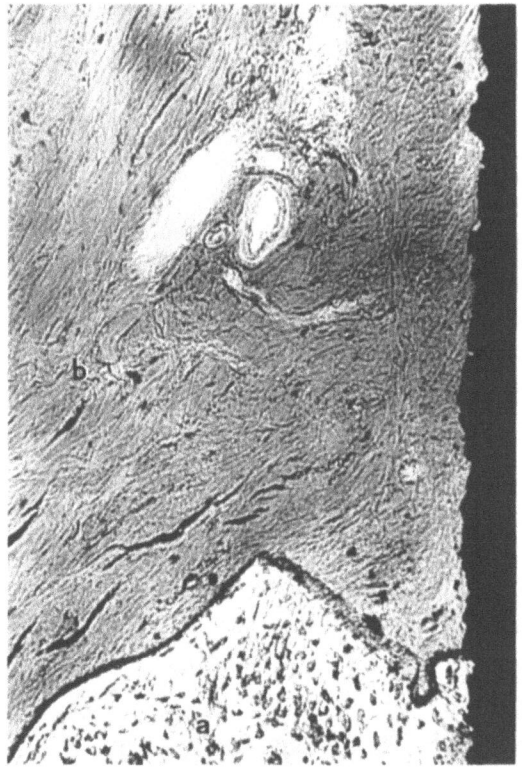

Abb. 3. Bindegewebiges Attachment supraalveolär. Die kollagenen Fasern scheinen fest in der Implantatoberfläche verankert zu sein. *a* Alveolarknochen, *b* gingivales Bindegewebe

Der gingivo-implantäre Abschluß

Aus den Untersuchungen von Ten Cate (1972, 1975) wissen wir, daß eine enge Beziehung zwischen dem Bindegewebe und dem darüberliegenden Saumepithel besteht. Entzündungsfreies gingivales Bindegewebe läßt ein normales Saumepithel erwarten, das, wie Gould et al. (1981) in vitro und in vivo (1984) nachweisen konnten, sogar an der Titanoberfläche haftet. Es spielt hier ganz offensichtlich die Oberflächeneigenschaft des Implantatmaterials eine nicht unwichtige Rolle. Die von Mäusli et al. (1986) beschriebene Chemisorption bei Titan läßt den von Gould beschriebenen Haftmechanismus als wahrscheinlich erscheinen.

Die Funktionstüchtigkeit des gingivo-implantären Abschlusses

Da das enossale Zahnimplant eine Verbindung zwischen Mundhöhle und alveolären Knochen darstellt, wird immer wieder auf die Wichtigkeit der Abdichtungsfunktion der Weichteilmanschette zum Knochen hingewiesen. Eine dynamische Haftung, wie am natürlichen Zahn, wäre wünschenswert. Umfangreiche zytologische Untersuchungen und die Erhebung der über die marginale Reaktion aussagekräftigen parodontologischen Parameter (Krekeler et al., 1981) lassen einen solchen dynamischen Abschluß vermuten (Abb. 4a und b).

Enossale Implantate und mikrobielle Plaque

Die klinische Erfahrung zeigt, daß eine Plaqueakkumulation auf der Implantatoberfläche innerhalb kurzer Zeit zu einer Entzündung der marginalen Gingiva führt und daß bei Fortbestehen dieser Beläge eine Osteolyse beobachtet werden kann. Es wird darüber diskutiert, ob die Plaqueanfälligkeit von beispielsweise Aluminiumoxidkeramik geringer ist als die von Titan. Eigene Untersuchungen haben gezeigt, daß in geschützten Bereichen die Plaqueakkumulation auf beiden Werkstoffen die gleiche ist und sich weder in Zusammensetzung noch in Belagsstärke unterscheidet (Krekeler et al., 1986). Es scheint allerdings die Haftung auf Aluminiumoxidkeramik geringer zu sein, so daß dort die Plaque durch die natürliche Friktion abgewischt werden kann. Bei Titan scheinen sich in diesem Punkt die günstigen Oberflächeneigenschaften (Steinemann et al., 1986) negativ auszuwirken.

Wird durch die marginale Entzündung ein eventuell vorhandenes Attachment gelöst oder der die Halspartie umgebene Spalt verbreitert, kann die auf der Implantatoberfläche haftende Plaque in die Tiefe proliferieren. Durch die Änderung des Ökosystems im Bereich der Zahnfleischtasche wird die Flora dort rasch von gramnegativen anaeroben Stäbchen beherrscht (Krekeler et al., 1986). Sie scheint die Osteolyse auszulösen und letztlich zum Verlust des Implantates zu führen. Elektrochemische Vorgänge bei Metallimplantaten, bedingt durch den Kontakt mit Suprakonstruktionen aus anderen Metallen, können diesen Prozeß zusätzlich beeinflussen.

Konsequenzen aus der periimplantären Problematik

Auf Grund der Hauptgefährdung des Implantates im Bereich der Durchtrittstelle durch das Tegument muß diese Halspartie so gestaltet sein, daß sowohl ein Attachment möglich als auch eine sorgfältige Reinigung durchführbar ist. Plaqueretention muß hier auf jeden Fall vermieden

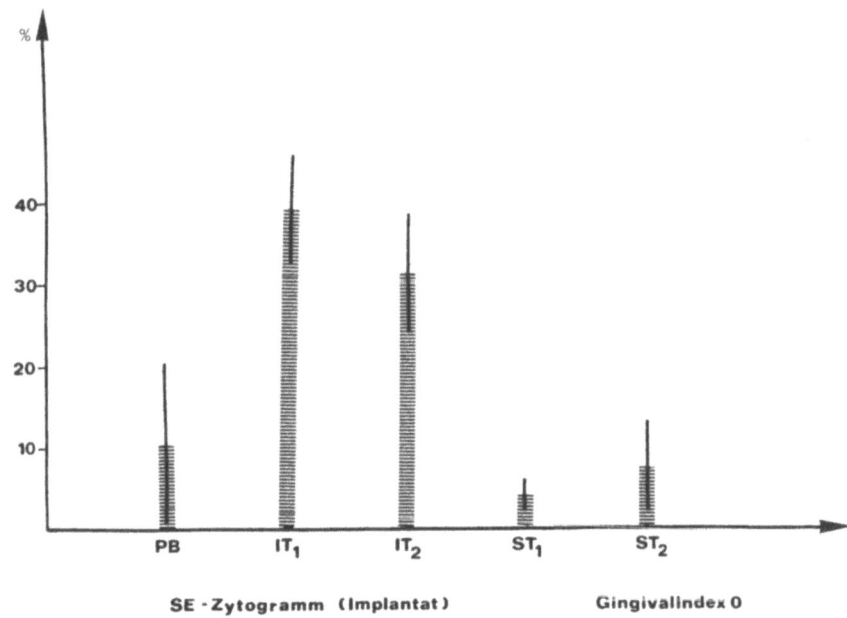

Abb. 4a. Zellabstrich aus dem Sulcus gingivae eines Implantates bei klinisch gesunder Gingiva. Es dominieren die Intermediärzellen

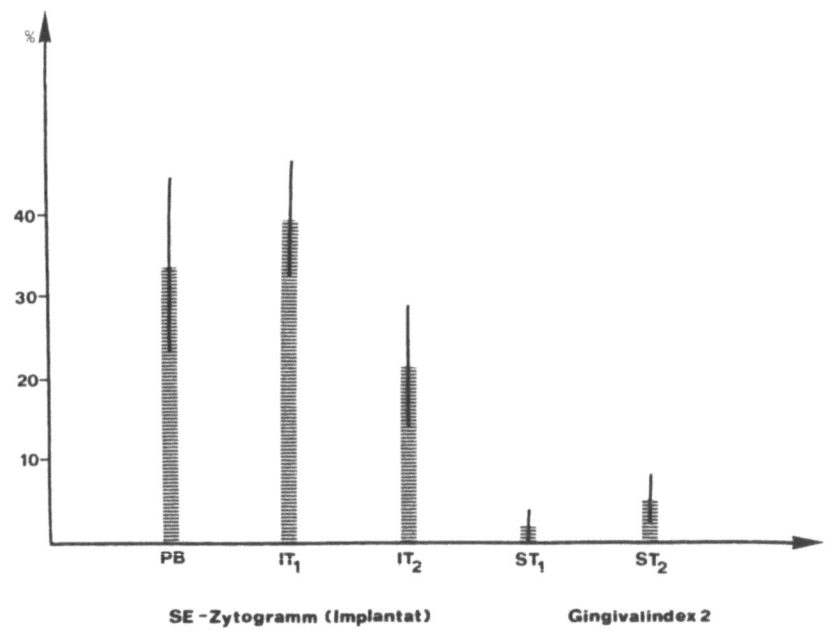

Abb. 4b. Zellabstrich aus dem Sulcus gingivae eines Implantates bei Gingivalindex II. Es hat eine deutliche Linksverschiebung stattgefunden

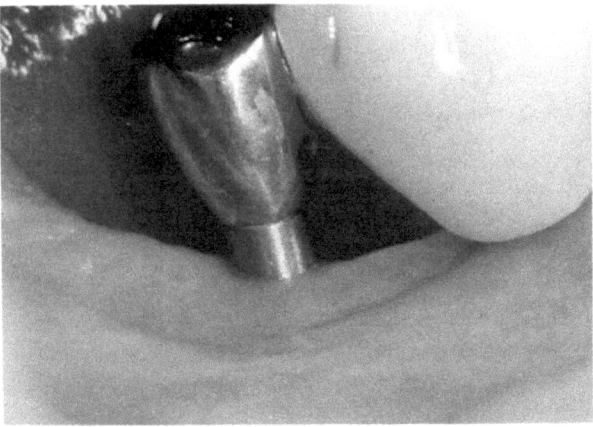

Abb. 5. Der Implantathals ist hochglanzpoliert. Der Übergang zur Suprakonstruktion liegt 2 mm von der Gingiva entfernt. Das Implantat kann auch zum Zwischenglied hin einfach gereinigt werden

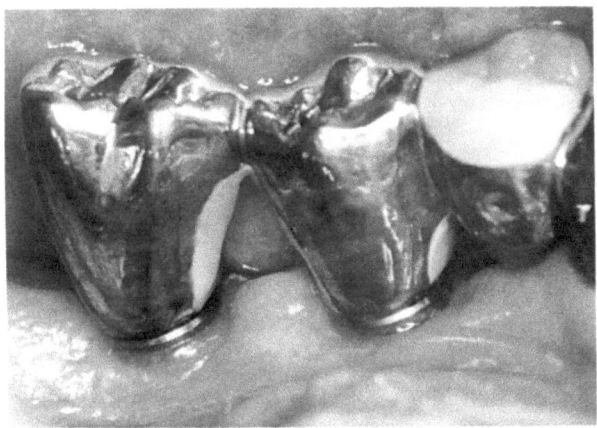

Abb. 6. Lingualansicht einer implantatabgestützten Unterkieferbrücke. Die Kopplungsstelle zwischen Implantatkopf und Implantatkörper liegt außerhalb der Gingiva und ist somit der Reinigung zugänglich

werden. Dazu gehört, daß der Übergang zur Suprakonstruktion ebenfalls leicht gereinigt werden kann, er sollte wenigstens 1,5 mm von der Gingivaoberfläche entfernt sein (Abb. 5). Auch eine Spaltbildung zwischen Implantat und Suprakonstruktion sollte vermieden werden. Besteht die Suprakonstruktion bei den Metallimplantaten aus einem anderen Metall als das Implantat, ist eine Isolierung sicher von Vorteil.

Im Bereich des gingivalen Attachments sollte eine Immobilität vermieden werden. Dies kann durch eine osseointegrierte Basis und eine genügend breite Zone keratinisierter Gingiva erreicht werden.

Eine Spaltbildung im subepithelialen Bereich sollte ebenfalls vermieden werden. Es ist nicht einzusehen, daß auf der einen Seite z. B. die subgingivale Lokalisation einer exakt passenden Gußfüllung kritisiert wird, auf der anderen Seite aber ein bakteriengängiger Spalt im Bereich eines Implantates, wie bei den meisten zweiphasigen Systemen, empfohlen wird. Es erscheint sinnvoller, die Kopplungsstelle zwischen Implantatkopf und Implantathals aus der Gefahrenzone Weichgewebe herauszunehmen (Abb. 6). Eigene bakteriologische Untersuchungen haben gezeigt, daß die mit einem Gewinde versehenen subgingival liegenden Basen enossaler Implantate erhebliche Keimreservoire darstellen. Eine Invasion des umgebenden Gewebes läßt sich somit nicht ausschließen.

Literatur

Adell R (1983) Paper presented at the Göteborg conference on osseointegrated dental implants, Göteborg, September 1983
Albrektsson T, Zarb G, Worthington P, Eriksson AR (1986) The long-term efficacy of currently use of dental implants: A review and proposed criteria of success. Int J Oral Max Fac Impl 1:11–25
Brånemark PJ, et al (1972) Osseointegrated implants in the treatment of the edentulous jaw. Almqvist and Wiksell, Stockholm
Buser D, Krekeler G, Stich H (in Vorbereitung) Verankerung des gingivalen Weichgewebes an der Titanoberfläche
Gould TRL, Westbury L, Brunette DM (1981) The attachment mechanism of epithelial cells to titanium in vitro. J Periodont Res 16:611–616
Gould TRL, Westbury L, Brunette DM (1984) Ultrastructural study of the attachment of human gingiva to titanium in vivo. J Prosth Dent 52:418–420
Krekeler G, Kappert H, Pelz K, Graml B (1984) Die Affinität der Plaque zu verschiedenen Werkstoffen. Schweiz Mschr Zahnheilkd 94:647–651
Krekeler G, Niederdellmann H, Jablonka H (1981) Untersuchungen zur Reaktion der periimplantären Gingiva. Tagungsbeiträge des II. Int Symp für orale und Kiefer-Gesichtschirurgie, Seis. Banaschewski, München, S 53–55
Krekeler G, Pelz K, Nelissen R (1986) Mikrobielle Besiedlung der Zahnfleischtaschen am künstlichen Zahnpfeiler. Dtsch Zahnärztl Z 41:569–572
Mäusli PA, Bloch PR, Geret V, Steinemann SG (1986) Surface characterisation of titanium on Ti-allays. In: Christel P, Meunier A, Lee AJC (eds) Biological and biochemical performance of biomaterials. Elsevier, Amsterdam
Mühlemann HR (1975) Zur Mikrostruktur der Implantatoberfläche. Acta Parodont, Schweiz Mschr Zahnheilkd 85:87–112
Schroeder A, van der Zypen E, Stich H, Sutter F (1981) The reaction of bone, connective tissue and epithelium to endosteal implants with sprayed titanium surfaces. J Max Fac Surg 9:15–21
Steinemann SG, Eulenberger J, Mäusli PA, Schroeder A (1986) Adhesion of bone to titanium. In: Christel P, Meunier A, Lee AJC (eds) Biological and biochemical performance of biomaterials. Elsevier, Amsterdam, pp 409–414
Steinemann SG, Krekeler G (in Vorbereitung) Knochenhaftung an Titan. Eine tierexperimentelle Studie
Ten Cate AR (1972) The epithelial cell rests of Malassez and the genesis of dental cyst. Oral Surg 34:956–964
Ten Cate AR (1975) The dentogingival junction. A review of the literature. J Periodontol 46:475–477

Anschrift des Verfassers: Prof. Dr. G. Krekeler, Abteilung III (Sektion Parodontalchirurgie) der Universitätsklinik für Zahn-, Mund- und Kieferheilkunde, Hugstetterstraße 55, D-7800 Freiburg i. Br., Bundesrepublik Deutschland.

Enossale Implantate (TPS) und ihre einzeitige Kombination mit klassisch präprothetischen Operationen im Unterkiefer

N. Hardt und H. Grau

Abteilung für Kiefer-Gesichts-Chirurgie, Chirurgische Klinik, Kantonsspital, Luzern, Schweiz

Mit 5 Abbildungen

Zusammenfassung

Die Möglichkeiten der klassisch präprothetischen Chirurgie bei totalem Zahnverlust und fortgeschrittener Involution des Kieferknochens sind mit großem operativen Aufwand verbunden und führen vielfach langfristig nicht zu den erwarteten Resultaten. Die Kombination von alloplastischen Verankerungselementen (Titanschrauben-/Hohlzylinderimplantate) und klassisch relativer Kieferkammerhöhung verbessert zum einen wesentlich die Ergebnisse der relativen Kieferkammplastik und bietet zum andern eine echte Alternative zur augmentativen Kieferkammplastik mit vergleichsweise geringem operativem und zeitlichem Aufwand.

Summary

Endosseous Implants (TPS) and Their One-Stage Combination with Classical Prepros-thetic Surgery of the Mandible. Classical preprosthetic surgery for total loss of teeth and advanced involution of the alveolar bone requires extensive procedures and often fails to produce the desired long-term results. The combination of alloplastic anchoring elements (titanium screws/cylindrical implants) with classical procedures for relative alveolar ridge augmentation substantially improves the outcome of relative alveoplasty and constitutes a useful time-saving alternative to augmentation procedures.

Schlüsselwörter: Präprothetische Operationen, enossale Implantate, Spalthauttransplantation.

Key words: Preprosthetic surgery, endosseous implants, split-thickness skin grafts.

Einleitung

Die Pathogenese der fortschreitenden Alveolarkammresorption führt zu einer Reduktion der vertikalen und transversalen Dimension des Kieferknochens sowie proportional zu einem Verlust von fixierter Mukosa (Tetsch, 1983, 1984; Osborn, 1987). Mit progressiver Involution des Unterkiefers ist in der Regel nur wenig oder keine fixierte Mukosa mehr vorhanden.

Die Wahl des präprothetisch chirurgischen Vorgehens ergibt sich aus dem Grad der Resorption des Kieferkamms und der Mobilität des deckenden Teguments (Schilli und Krekeler, 1984). Dabei dient die Messung der Medianhöhe des Unterkiefers im seitlichen Fernröntgenbild in der Regel als brauchbarer Parameter für die Indikationsstellung (Osborn, 1987). Für relative Kieferkammplastiken markiert eine Medianhöhe unter 20 mm eine kritische Grenze (Schettler, 1980, 1982; Joos et al., 1982), weil nach ausgedehnten Weichteileingriffen beim atrophischen UK mit einem zusätzlichen Verlust an Kammhöhe gerechnet werden muß, der die physiologische Resorption von 0,3 mm pro Jahr übersteigt (Joos und Härle, 1980). Die Unterschreitung einer Knochenhöhe von 15 mm gilt allgemein anerkannt als Indikation zur augmentativen Kieferkammplastik (Meissner et al., 1982; Stoelinga et al., 1983; Terry, 1984).

Relative Kieferkammplastiken bei einer mittelgradigen Kammatrophie zwischen 15 und 20 mm sind dadurch gekennzeichnet, daß infolge der eingetretenen Involution nur noch ein beschränkter vertikaler Knochenanschlag und bedingt durch die Muskelansätze nur eine begrenzte chirurgische Extensionsmöglichkeit besteht. Bei den teilweise operativ aufwendigen augmentativen autologen Appositionsplastiken reduziert jeweils der Resorptionsschwund mehr oder weniger rasch die operativ erreichte Kammhöhe (Baker et al., 1979; Steinhäuser et al., 1982; Koberg, 1985).

Während von seiten des Knochenangebotes – oberhalb von 15 mm – eine für die Verankerung von Schrauben- und Hohlzylinderimplantaten günstige Situation besteht, beeinträchtigen die mobilen Schleimhautverhältnisse die dauerhafte Integration von Titanimplantaten. Deshalb wird heute mehrheitlich die Plazierung des Implantatpfeilers in fixierter Mukosa gefordert (Adell et al., 1981; Schroeder et al., 1981; Tetsch, 1984). In der Regel wird daher in einem zweizeitigen Vorgehen versucht, die lokalen Verhältnisse durch eine partielle Vestibulumplastik mit Schleimhaut- oder Spalthauttransplantation (Tetsch, 1984; Foitzik, 1985; Krekeler, 1985; Buser, 1987) oder durch eine Vorhofvertiefung nach Edlan – Mejchar zu normalisieren (Ledermann, 1983; Spiekermann, 1987).

Therapiekonzept

Ausgehend von dieser Situation haben wir daher zur Vermeidung zweizeitiger Eingriffe die einzeitige Kombination von frontaler Implantatstegverankerung mit einer klassisch relativen Alveolarkammerhöhung, d. h. mit einer gleichzeitigen Vestibulum- bzw. Mundboden-Vestibulumplastik durchgeführt (Abb. 1). Mit diesem Vorgehen soll

1. durch die enossalen Titanimplantate eine mehrdimensionale Prothesenretention trotz eines ungenügenden vertikalen knöchernen Prothesenanschlags erreicht werden und

2. durch die gleichzeitige Sulkusplastik mit Spalthaut- oder Schleimhauttransplantation die Reetablierung eines straffen periimplantären und immobilen, belastbaren Kieferkammteguments mit Verbreiterung der weichteiligen Prothesenlagerfläche erfolgen.

Beschränkt sich die Involution des Alveolarkamms im wesentlichen auf den Seitenzahnbereich in Form einer ausgeprägten inversen Sattelbildung, so kombinieren wir gleichzeitig die Integration enossaler Implantate im Frontbereich mit der Augmentation des Seitenzahnbereiches mit Hydroxylapatit.

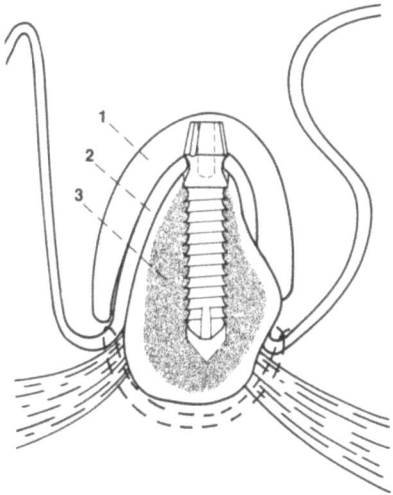

Abb. 1. Schematische Darstellung der kombinierten Operationstechnik von enossaler Implantation und relativer Alveolarkammplastik. *1* Verbandsplatte, *2* Spalthaut, *3* Titanimplantat

Material und Methode

Zwischen 1985 und 1987 wurden an unserer Klinik insgesamt 20 einzeitig kombinierte Eingriffe von enossaler Implantation mit Vestibulum- oder Mundboden-Vestibulumplastik und 5 einzeitig kombinierte Eingriffe mit lateraler Kieferkammaugmentation durchgeführt. Die Indikation wurde eng und kritisch gestellt. In allen Fällen lag eine Medianhöhe von 15 bis 20 mm, eine weitgehende Resorption des Kieferkamms mit einer plateauförmigen okklusalen Knochenfläche im Bereich der regio interforaminalis sowie eine krestal ansetzende hochmobile vestibuläre und linguale Schleimhaut bei funktionell ausgeprägter großer Mundbodenamplitude vor.

Operationstechnik

Operationstechnisch erfolgt vor der Integration der enossalen Implantate zunächst die Durchführung der offenen Vestibulum- bzw. Mundbodenvesti-

bulumplastik. Vor Einsetzen der Implantate wird eine hochmobile krestale
Gingiva im Implantationsbereich vollständig exzidiert, eine noch fixierte
Gingiva dagegen nur an den Implantationspunkten entfernt. Als Implantat-
systeme wurden entweder Titan-Plasma-Schrauben (TPS) oder Titan-Hohl-
zylinder-Implantate verwendet, da diese Implantate einen unmittelbaren
Kontakt zwischen Implantatoberfläche und dem periimplantären Knochen
im Sinne einer Verbundosteogenese bzw. Osteointegration herstellen
(Schroeder et al., 1976; Schroeder et al., 1978, 1981; Steinemann und
Straumann, 1984).

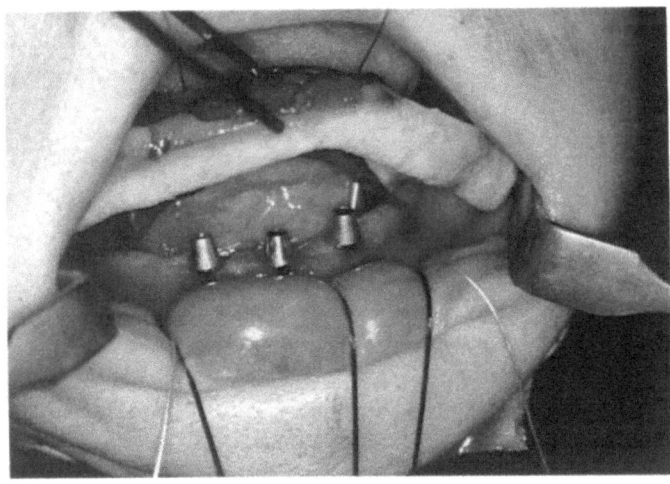

Abb. 2. Operationssitus: Status nach Mundboden-Vestibulumplastik und Integration der Titanschrauben-Implantate in der Unterkieferfront. Eingliederung der
Adaptationsplatte mit dem Spalthauttransplantat

Die Implantation der enossalen Titanimplantate erfolgte nach der von
Ledermann (1979, 1980, 1983) sowie Ledermann und Schroeder (1981) und
Tetsch (1984) angegebenen Operationstechnik.

In der Regel werden 4 TPS-Schrauben, gelegentlich aber auch, je nach
Knochenangebot im Implantationsbereich, nur 3 Implantate gesetzt
(Abb. 2). Letzteres sollte die Ausnahme bleiben, da die Belastungsverteilung
auf den interforaminalen Bereich mit 4 Implantaten am günstigsten ist bzw.
bei Explantation eines Schraubenpfeilers sich die Belastungsverteilung
verschlechtert.

Zur Vermeidung überschwelliger Torsionsbelastungen und zur sicheren
Stabilisierung des späteren Unterkiefertotalersatzes ist bei der Implantatin-
sertion auf eine ausreichend lange Dimensionierung und korrekte Anord-
nung des implantatgestützten Steges zu achten. Das die Periostwundfläche
abdeckende Spalthauttransplantat wird im Bereich der Implantatpfeiler
perforiert, so daß sich die Spalthaut zirkulär um die Implantatschulter legen
kann. Die Adaptation der Transplantate erfolgt durch Eingliederung einer
im Implantatbereich ausgesparten Verbandsplatte (Abb. 2).

Die Augmentation des Seitenzahnbereiches führen wir in der üblichen tunnelierenden Technik mit Hydroxylapatitgranulat oder kollagenstabilisiertem Hydroxylapatit durch. Falls notwendig, wird 12 Wochen nach der Integration des HA-Augmentats eine isolierte Vestibulumplastik angeschlossen.

Ergebnisse

Die Nachuntersuchung der 25 kombinierten Eingriffe betraf von seiten der inserierten Implantate die Prüfung der sekundären Implantatstabilität, die Regression sowie den Entzündungsgrad des periimplantären Teguments und radiologisch die periimplantäre Knochenresorption. Von seiten der Spalthauttransplantate wurde die erzielte vestibuläre Extension, der makroskopische Zustand und die Beweglichkeit der Spalthaut- bzw. Schleimhauttransplantate geprüft (Tabelle 1).

Tabelle 1. Ergebnisse der klinischen Nachuntersuchung
von 25 kombinierten Eingriffen
(Nachuntersuchungsperiode: 5 Monate bis 3 Jahre postoperativ)

Implantate (TPS)	N = 80
Implantatverlust	2
Implantatlockerung	0
Periimplantäre Spalthaut-Regression (ca. 2 mm)	8
Periimplantärer Infekt	0
Periimplantäre Taschenbildung	0
Periimplantäre Knochen-Resorption (radiologisch)	0

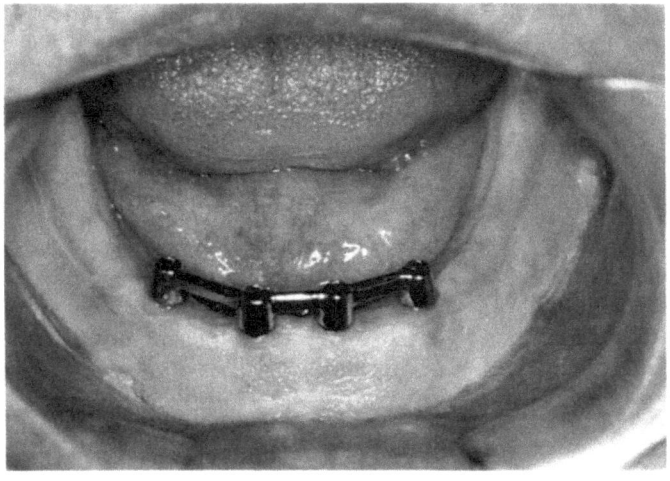

Abb. 3. Ergebnis einer kombinierten alloplastisch präprothetischen Operation. 5 Monate nach Operation: reizlos eingeheiltes Spalthauttransplantat

Kurzfristig wiesen sämtliche inserierten Implantate eine primäre Stabilität ohne Eintreten eines postoperativen Infektes auf. Langfristig, d. h.
innerhalb einer bis zu 3jährigen Kontrollzeit, kam es zu 2 Explantationen.
Sämtliche verbliebenen Implantatpfeiler wiesen eine einwandfreie sekundäre Stabilität im Sinne einer Osteointegration auf. Pathologische Taschenbildungen oder periimplantäre marginale Entzündungen ließen sich nicht
nachweisen (Abb. 3). Hingegen fanden wir bei 8 Implantatpfeilern eine
durchschnittliche Regression des periimplantären Spalthautteguments um
durchschnittlich 2 mm. Periimplantäre Knochenresorptionen bzw. marginal
vertikale Knocheneinbrüche waren radiologisch bei keinem der integrierten
und funktionell belasteten Implantatpfeiler nachweisbar (Abb. 4).

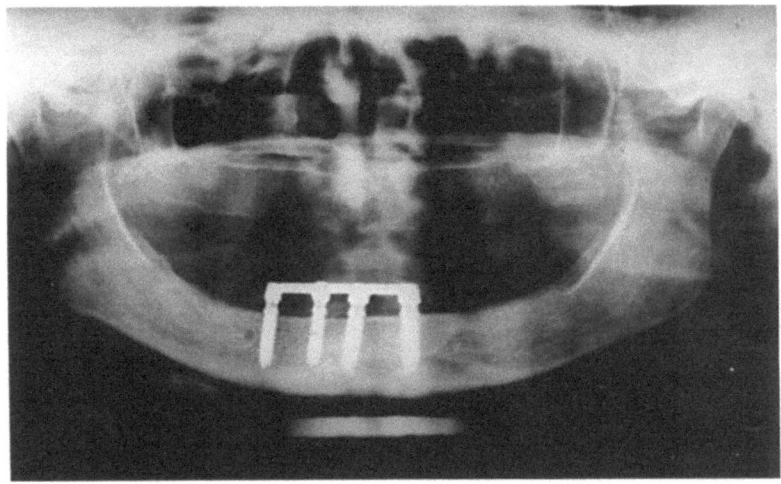

Abb. 4. Radiologische Kontrolle 1 Jahr nach kombinierter Operation: keine periimplantäre Resorption, keine marginalen Knochentaschen

Trotz funktioneller prothetischer Belastung reagierten die vollständig
integrierten Spalthauttransplantate weder mit Hyperkeratosen noch Hyperplasien oder einer submukösen Fibrose mit sekundärer Mobilität des
Transplantates, was als Indiz für die Stabilität des Prothesenlagers gelten
darf. Die erzielte Retention und Lagestabilität der eingegliederten Stegpro-
thesen wurde von allen Patienten als außerordentlich befriedigend empfunden.
    Die lateral eingesetzten Hydroxylapatitaugmentate heilten erwartungs-
gemäß infektfrei ein, wobei durchschnittlich eine definitive Augmentations-
höhe von 6 bis 8 mm erreicht wurde.

Diskussion

Wägt man die Ergebnisse der Kombination von Implantation alloplasti-
scher Retentionselemente und relativer Alveolarkammplastik gegenüber

den konventionell präprothetischen chirurgischen Maßnahmen ab, so läßt sich feststellen, daß eine bedeutende Verbesserung der Prothesenretention gegenüber alleinigen relativen Alveolarkammeingriffen erzielbar ist.

Durch die Regression der fixierten Schleimhaut kommen inserierte Implantate häufig primär oder sekundär in die mobile Schleimhaut zu liegen – mit den entsprechenden negativen Folgen für die Implantatpfeiler (Ledermann, 1983). Spätere lokale Schleimhauteingriffe können zwar die periimplantären Verhältnisse verbessern, eine oft erforderliche Extension des gesamten vestibulären wie gelegentlich lingualen Schleimhautbereiches zur Verbreiterung des Prothesenlagers ist durch diese Eingriffe jedoch ausgeschlossen. Demgegenüber kann durch die gleichzeitige Vestibulumplastik definitiv ein straffes periimplantäres Tegument und ein straffes, extendiertes Prothesenlager geschaffen werden (Steinhäuser et al., 1982).

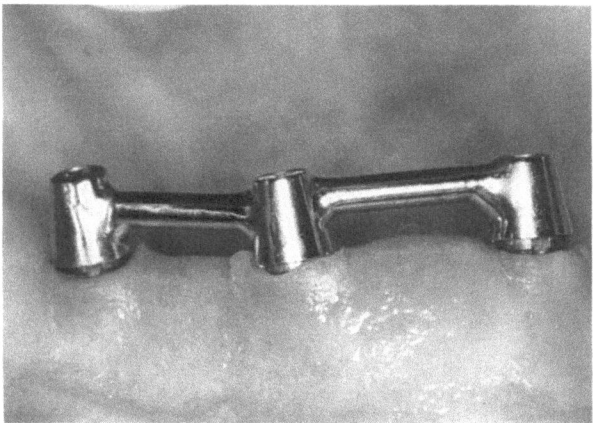

Abb. 5. Detailaufnahme: reizlose periimplantäre Spalthaut ohne Regression. Stufenloser Übergang von Spalthauttransplantat zur vestibulären Schleimhaut. 2 Jahre postoperativ

Die von Ledermann (1983) angegebene Gefährdung des Implantaterfolges bei Insertion der Implantate im Bereich eines Hauttransplantates können wir nicht bestätigen. Auf Grund unserer Nachuntersuchung läßt sich klinisch kein relevanter Unterschied zwischen einem periimplantären Spalthauttransplantat und einer ortsständig fixierten Schleimhaut bzw. einem Schleimhauttransplantat nachweisen (Abb. 5). Dies bezieht sich sowohl auf die Taschenbildung wie den periimplantären Entzündungsgrad und die periimplantäre Tegumentregression.

Mit der beschriebenen Kombination kann zudem bei fortgeschrittener Kieferkammatrophie vielfach auf eine augmentative Kieferkammplastik verzichtet werden, deren Durchführung mit deutlich größerem operativem Aufwand verbunden ist.

Literatur

Adell R, Lekholm U, Rockler B, Brånemark PI (1981) A 15-year study of osseointegrated implants in the treatment of the edentulous jaw. Int J Oral Surg 10:387

Baker RD, Terry BC, Davis WH, Connole PW (1979) Long-term results of alveolar
ridge augmentation. J Oral Surg 37:486

Buser D (1987) Die Vestibulumplastik mit freien Schleimhauttransplantaten bei
Implantaten im zahnlosen Unterkiefer. Schweiz Mschr Zahnmed 97:766

Foitzik C (1985) Möglichkeiten der Verbreiterung der befestigten Gingiva bei
Patienten mit Implantaten im zahnlosen Unterkiefer. Fortschr Zahnärztl Implantol 1:246

Joos U, Härle E (1980) Die Unterkieferresorption nach Vestibulumplastik und
Mundbodensenkung. Dtsch Zahnärztl Z 35:986

Joos U, Gernet W, Muzzolini F (1982) Die Resorption des Unterkiefers nach
Vestibulumplastik und Mundbodensenkung. Dtsch Zahnärztl Z 37:117

Krekeler G (1985) Parodontale Probleme am Implantatpfeiler. Schweiz Mschr
Zahnmed 95:847

Koberg W (1985) Unerwünschte Spätergebnisse nach augmentativer Alveolarkammplastik im Unterkiefer durch autologe Rippen-Knochentransplantation.
Fortschr Kiefer-Gesichts-Chir 30:41

Ledermann Ph (1979) Vollprothetische Versorgung des zahnlosen Problemunterkie-
fers mit Hilfe von 4 titanplasmabeschichteten PDL-Schraubenimplantaten.
Schweiz Mschr Zahnheilkd 89:1137

Ledermann Ph (1980) Die plasmabeschichtete Titanschraube als enossales Implantat. Dtsch Zahnärztl Z 35:577

Ledermann Ph, Schroeder A (1981) Klinische Erfahrungen mit dem ITI-Hohlzylinderimplantat. Schweiz Mschr Zahnheilkd 91:349

Ledermann Ph (1983) 6jährige klinische Erfahrungen mit dem titanplasmabeschichteten ITI-Schraubenimplantat in der Regio interforaminalis des Unterkiefers.
Schweiz Mschr Zahnheilkd 93:1070

Meissner B, Schettler D, Mohr P (1982) Spätergebnisse der relativen Kieferkamm-
höhung im atrophischen Unterkiefer. Dtsch Zahnärztl Z 37:139

Osborn JF (1987) Chirurgische Vorbereitung der Kiefer. In: Hupfauf L (Hrsg) Praxis
der Zahnheilkunde, Bd 7. Urban und Schwarzenberg, München, S 19

Schettler D (1980) Modifizierte Sandwichplastik für extrem atrophierte Unterkiefer.
Dtsch Zahnärztl Z 35:994

Schettler D (1982) Spätergebnisse der absoluten Kieferkamm-Erhöhung im atrophischen Unterkiefer durch die „Sandwichplastik". Dtsch Zahnärztl Z 37:132

Schilli W, Krekeler G (1984) Enossale Implantate – eine Alternative zur konventionellen präprothetischen Chirurgie. Schweiz Mschr Zahnmed 94:688

Schroeder A, Pohler O, Sutter F (1976) Gewebsreaktion auf ein Titanhohlzylinder-
implantat mit Titanspritzschichtoberfläche. Schweiz Mschr Zahnheilkd 86:713

Schroeder A, Stich H, Straumann F, Sutter F (1978) Über die Anlagerung von
Osteozement an einen belasteten Implantatkörper. Schweiz Mschr Zahnheilkd
88:1050

Schroeder A, van der Zypen E, Stich H, Sutter F (1981) The reactions of bone,
connective tissue and epithelium to endosteal implants with titanium-sprayed
surfaces. J Max Fac Surg 9:15

Spiekermann H (1987) Enossale Implantate für den unbezahnten Kiefer. In:
Hupfauf L (Hrsg) Praxis der Zahnheilkunde, Bd 7. Urban und Schwarzenberg,
München, S 257

Steinemann SG, Straumann F (1984) Ankylotische Verankerung von Implantaten.
Schweiz Mschr Zahnmed 94:682

Steinhäuser EW, Hardt N, Spitzer W (1982) Langzeiterfahrungen mit autoplastischen Transplantaten in der präprothetischen Chirurgie. Dtsch Zahnärztl Z
37:88

Stoelinga PJW, de Koomen HA, Tidemann H, Huijbers TJM (1983) A reappraisal of the interposed bone graft augmentation of the atrophic mandible. J Max Fac Surg 11 : 107

Terry B (1984) Die Knochentransplantation zur Korrektur des atrophierten Kieferkamms. 2nd Congress European Association for Maxillo-Facial Surgery, Zürich

Tetsch P (1983) Indikation und Erfolgsaussichten von enossalen Implantaten. Dtsch Zahnärztl Z 38 : 111

Tetsch P (1984) Enossale Implantationen in der Zahnheilkunde. Hanser, München Wien

Anschrift des Verfassers: PD Dr. Dr. N. Hardt, Abteilung für Kiefer-Gesichts-Chirurgie, Chirurgische Klinik, Kantonsspital, CH-6000 Luzern 16, Schweiz.

Die enossale Implantologie des zahnlosen atrophierten Unterkiefers unter Zuhilfenahme parodontalchirurgischer Eingriffe

H. G. Jacobs

Abteilung Zahnärztliche Chirurgie,
Zentrum Zahn-, Mund- und Kieferheilkunde Göttingen,
Bundesrepublik Deutschland

Mit 6 Abbildungen

Zusammenfassung

Bei Zahnlosigkeit und Prothesenunfähigkeit eines stark atrophierten Unterkiefers sehen wir eine absolute Indikation für eine Implantation.

Wegen der in der Regel kaum noch vorhandenen fixierten Gingiva haben wir bei allen bisherigen Patienten die Eingliederung enossaler Implantate mit einer Vestibulumplastik kombiniert.

Die in unserer Klinik derartig behandelten Fälle wurden unter parodontologischen Aspekten nachuntersucht.

Summary

Endosseous Implantology in Edentulous Atrophic Mandibles Combined with Periodontal Surgery. Patients with edentulous and severely atrophic mandibles, which will not support any dentures, are definite candidates for implantion.

As the attached gingiva is almost entirely lost in these cases, endosseous implats have sofar consistently been combined with vestibuloplasty.

Patients thus treated have all undergone meticulous periodontal follow-up.

Schlüsselwörter: Unterkieferatrophie, attached Gingiva, Vestibulumplastik.

Key words: Mandibular atrophy, attached gingiva, vestibuloplasty.

Einleitung

Der stark atrophierte Alveolarfortsatz im Unterkiefer stellt eine große Herausforderung für den prothetisch arbeitenden Zahnarzt dar.

Jeder Verlust eines Zahnes ist mit Um- und – vor allen Dingen – Abbauvorgängen des Alveolarfortsatzes verbunden. Das Ausmaß dieser Reduktion ist in erster Linie abhängig vom Zeitpunkt und der Ursache des

Zahnverlustes. Neben starker Atrophie kommt es häufig auch noch zu einer Abnahme der Breite der attached Gingiva. Außerdem spielen funktionelle Faktoren eine nicht unerhebliche Rolle.

Für die Indikationsstellung zur implantologisch-prothetischen Versorgung des zahnlosen, atrophierten Unterkieferalveolarfortsatzes bevorzugen wir seit 4 Jahren als enossale Implantatkörper die von Koch (1976) und Kirsch (1982) entwickelten intramobilen Zylinderimplantate (Jacobs et al., 1985).

Der Ausgangswert der implantologisch in unserer Klinik versorgten Patienten lag hinsichtlich der Breite der attached Gingiva in den unbezahnten anterioren Unterkieferabschnitten im Regelfall lediglich zwischen 2 und 3 mm.

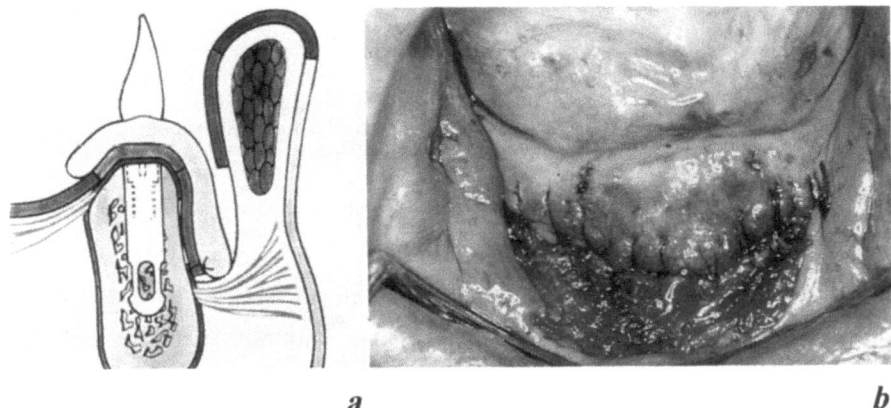

a   *b*

Abb. 1. Darstellung der Implantateingliederung mit primärer Vestibulumplastik;
a schematische Darstellung, **b** Befund intra operationem

Aus diesem Grund wurde der nachfolgende Eingriff der Implantateingliederung stets mit einer Vestibulumplastik kombiniert, um eine ausreichend breite Zone fixierter Schleimhaut zu schaffen (Jacobs, 1987); diesen kombinierten chirurgischen Eingriff führten wir im Sinne von Tetsch (1983) mit einer modifizierten Vestibulumplastik nach Edlan–Mejchar (1963) durch wie dies in Abb. 1a schematisch und in Abb. 1b intra operationem dargestellt ist.

Um den langfristigen Erfolg der chirurgischen Implantatversorgung nicht in Frage zu stellen, werden die Patienten darauf hingewiesen, wie wichtig das Einhalten regelmäßiger Kontrolltermine sei. Dabei wurde der Abstand zwischen den einzelnen Nachuntersuchungen entsprechend der Mundhygiene jedes Patienten ausgerichtet. Spätestens aber alle 6 Monate wurden die Patienten zu einer Kontrolluntersuchung bestellt.

Im einzelnen standen entsprechend einer früheren Arbeit (Jacobs et al., 1984) stets folgende Kriterien im Mittelpunkt der jeweiligen Nachuntersuchungen:

1. Plaque-Index (PI) an den Implantatpfosten,
2. Taschentiefe an den Implantatpfosten,
3. Sulcus-Blutungsindex (SBI),
4. Lockerungsgrad der Implantate,
5. Perkussion,
6. Breite der attached Gingiva an den Implantatpfosten,
7. Röntgenbefund.

Untersuchungsergebnisse

In den letzten 4 Jahren wurden in der Abteilung für Zahnärztliche Chirurgie am Klinikum der Universität Göttingen 26 Patienten mit zahnlosem, atrophiertem und prothesenunfähigem Unterkiefer in vorgenannter Weise implantologisch-prothetisch versorgt. Vor kurzem wurden diese Patienten unter parodontologischen Aspekten nachuntersucht. Vor der mehr tabellari-

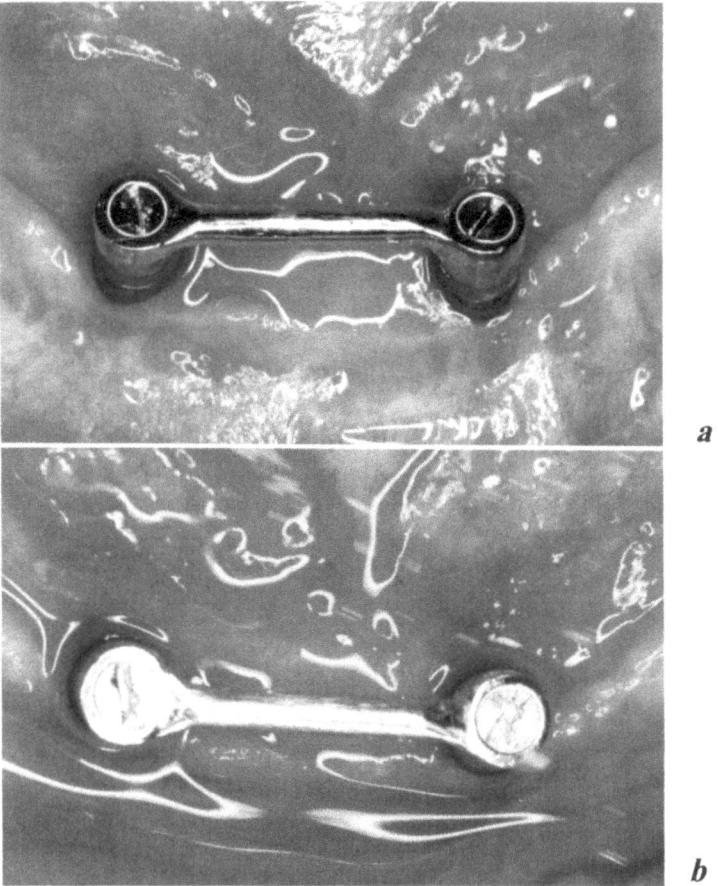

a

b

Abb. 2a und **b.** Intraoraler Befund 33 Monate nach prothetischer Versorgung von IMZ-Implantaten

schen Aufstellung der Untersuchungsergebnisse möchte ich einen Fall im Rahmen der Nachuntersuchungen vorstellen:

Die Abb. 2a und b zeigen den intraoralen Befund 33 Monate nach der prothetischen Versorgung von IMZ-Implantaten in unserer Abteilung mit folgenden parodontologischen Befunden: Plaque-Index Grad 0, Taschentiefe um beide Implantatpfosten 2 mm, Sulcus-Blutungs-Index an den Implantatpfosten Grad 1, Lockerungsgrad 0, Perkussionsklang hell, vestibuläre Breite der fixierten Gingiva in Regio des rechten Implantates 8 mm und im Bereich des linken Implantates 7 mm.

Um den relativen Langzeiterfolg bzw. Mißerfolg zu dokumentieren, haben wir in den weiteren tabellarischen Aufstellungen unserer Ausgangsbefunde und Implantatnachuntersuchungen nur die Fälle berücksichtigt, bei denen der operative Eingriff wenigstens 24 Monate zurücklag. Hierbei handelt es sich um 15 Patienten.

In der folgenden Tabelle ist der Zeitraum zwischen dem Zeitpunkt der Implantateröffnung und dem letzten Nachuntersuchungstermin zu ersehen:

Tabelle 1. Zeitraum zwischen Freilegung der Implantate und des letzten Nachuntersuchungstermins

Patient	A	B	C	D	E	F	G	H	I	J	K	L	M	N	O
in Monaten	34	34	33	33	28	28	28	24	24	24	23	23	22	22	21

An den Kontrollterminen wurde zunächst die Mundhygiene überprüft; die Verteilung auf die Einzelgrade beim Plaque-Index 0 bis 3 war fast gleichmäßig, so daß eigentlich nicht von einer besonders guten Mundhygiene gesprochen werden konnte.

Die Sondierung der Taschentiefe wurde mesial, distal, vestibulär und oral an jedem Pfosten abgelesen; der errechnete Mittelwert ist in der folgenden Tabelle in Abb. 3 eingetragen; es wurden die Mittelwerte von 2 folgenden Kontrollterminen berücksichtigt und unterschiedlich markiert, wobei der zeitliche Abstand stets 15 Monate betrug. Die Pfeile sollen verdeutlichen, wie sich die Taschentiefe in diesem Intervall veränderte.

Bei Patient A war z. B. an beiden Implantaten eine deutliche Abnahme der Taschentiefe zu erkennen. Dies lag daran, daß bei dem Patienten nach dem Feststellen von Taschentiefen von 4 mm bzw. 7 mm ein parodontalchirurgischer Eingriff vorgenommen worden ist. Wie bei Patient A konnte auch bei Patient K durch ein freies Schleimhauttransplantat eine deutliche Abnahme der Taschentiefe, besonders am Implantat in Regio 043, erreicht werden.

Eine gegenläufige Entwicklung ist bei der Patientin G zu beobachten. Bei den ersten Messungen hatten sich Werte für die durchschnittliche Taschentiefe von 2,75 mm bzw. 3,25 mm ergeben. Darauf trat eine kontinuierliche Verschlechterung ein; bei der Patientin waren in der Zwischenzeit marginale Infektionen mit der Bildung von Pseudotaschen aufgetreten. Zu einer ähnlichen Entwicklung war es bei Patient I im Bereich des rechten Implantates gekommen.

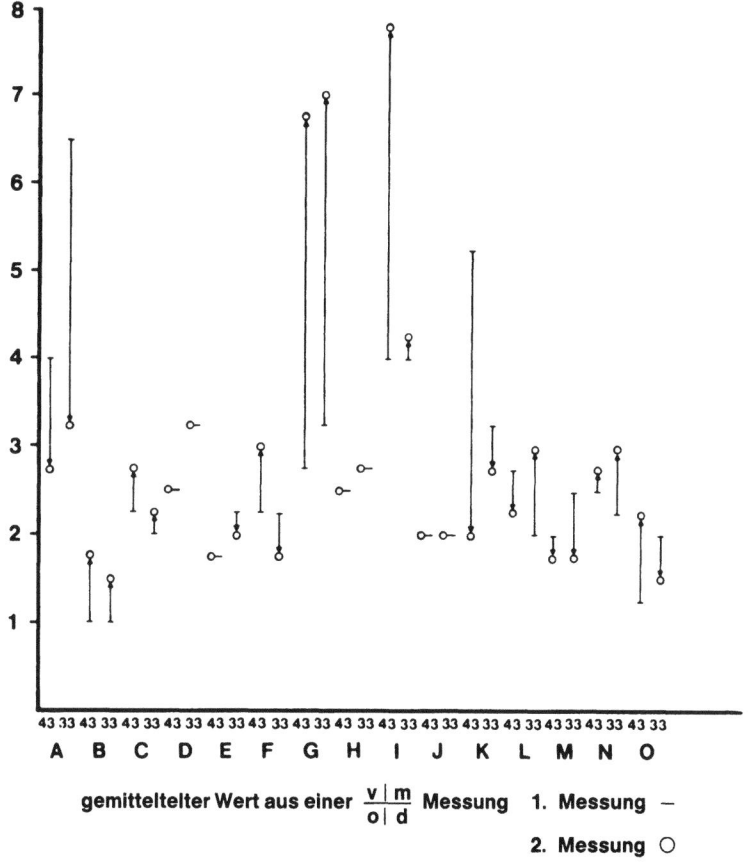

Abb. 3. Ergebnisse der Taschentiefensondierungen

Dieser Aufstellung ist auch zu entnehmen, daß die meisten Patienten eine durchschnittliche Taschentiefe von 2 bis 3 mm an ihren Implantaten aufwiesen. Sehr oft waren die Meßwerte konstant geblieben oder hatten sich nur geringfügig verändert.

Gleichzeitig mit der Messung der Taschentiefe wurde die Bestimmung des Sulkusblutungsindex durchgeführt. Bei jedem Kontrolltermin regelmäßig durchgeführt, ergab sich als Summe aller Einzelmessungen folgende Aufschlüsselung nach den vorgenannten Schweregraden:

Tabelle 2. Sulkusblutungsindex

Grad	0	1	2	3
Anzahl der Befunde	52	31	12	3

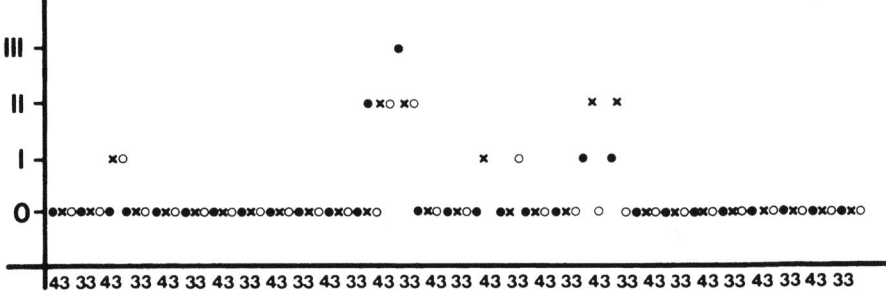

Abb. 4. Ergebnisse der Messungen der Lockerungsgrade

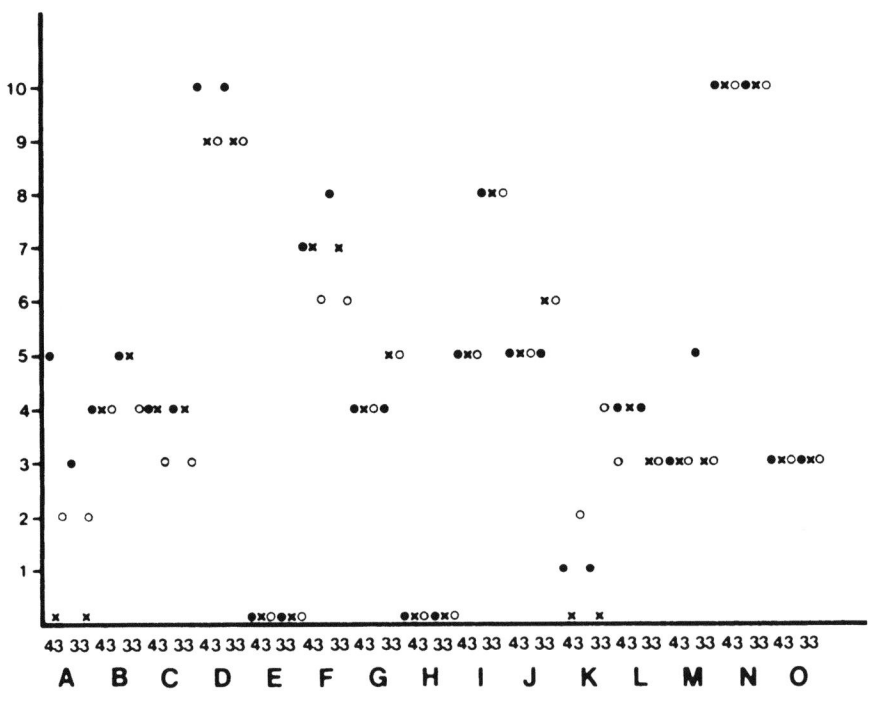

Abb. 5. Ergebnisse der Messungen der attached Gingiva

Aus der Verteilung der Blutungsgrade ist zu ersehen, daß bei 83 von
98 Messungen keine bzw. nur eine sehr geringgradige Blutung festgestellt
werden konnte. Die Blutungsgrade 2 und 3 waren im Zusammenhang mit
stärkeren temporären marginalen Infektionen aufgetreten.

Nach der Entfernung des Steges und Einschrauben der Abdruckpfosten
wurde bidigital der Lockerungsgrad der Implantate bestimmt.

Wie aus der Abb. 4 zu ersehen ist, war bei den meisten Messungen keine
Lockerung der Implantate festzustellen. Nur in einem Fall (I) war es zu einer
starken Zunahme der Lockerung des rechten Implantates gekommen, und
einmal konnte ein gleichbleibend starker Lockerungsgrad gemessen werden
(Fall G).

Bei der Patientin K konnte eine deutliche Verbesserung des Lockerungs-
grades beider Implantate im Zusammenhang mit einem parodontal-chirurgischen Eingriff erreicht werden.

Die anschließende Perkussionsprobe ergab nur in 2 Fällen einen dunk-
len Klang; es handelte sich hier um die Patienten G und I.

Als weiteres wurde die Breite der attached Gingiva bestimmt. Seitendif-
ferent wurde die Entfernung bis zum Implantatkragen bestimmt.

Aus der Abbildung 5 ist die Zu- bzw. Abnahme der Breite der attached
Gingiva in einem Zeitintervall von 3 Kontrolluntersuchungen, d. h. mindestens 15 Monaten, zu ersehen.

Die Meßwerte der einzelnen Kontrolltermine wurden unterschiedlich
markiert und für jedes Implantat einzeln aufgeführt. Der Abbildung ist zu
entnehmen, daß bei den meisten Patienten die Breite der attached Gingiva
mit Werten zwischen 3 und 5 mm konstant blieb.

In 4 Fällen war es jedoch zu einem totalen Verlust angewachsener
Mundschleimhaut gekommen. Bei den Patienten A, E und K wurde
daraufhin eine Transplantation freier Schleimhaut vorgenommen. Bei den
nachfolgenden Kontrolluntersuchungen konnte bei Patient A und K ein
deutlicher Breitengewinn registriert werden, während sich bei Patient E
keine Besserung des Ausgangsbefundes feststellen ließ.

Patientin H, bei der ebenfalls ein totaler Verlust angewachsener Gingiva
gemessen wurde, war zu keinem weiteren parodontal-chirurgischen Eingriff
zu bewegen.

Der Knochenabbau wurde regelmäßig an Hand von Röntgenaufnahmen
beurteilt. Der Grad des Knochenabbaus wurde im Verhältnis zur radiologischen Implantatlänge gesehen. Die Meßwerte dreier aufeinanderfolgender
Kontrolltermine werden in Abb. 6 dargestellt. Dabei liegen zwischen der
ersten und der dritten Messung mindestens 18 Monate.

Aus dieser Abbildung ist zu ersehen, daß der Knochenabbau, wie er sich
zum Zeitpunkt der operativen bzw. der prothetischen Versorgung dargestellt
hatte, meistens konstant geblieben ist. In den Fällen, bei denen schon zum
Zeitpunkt der ersten Kontrolluntersuchung ein Knochenabbau von drei
Viertel bzw. vier Viertel der radiologischen Implantatlänge bestanden hatte,
Fälle I (rechtes Implantat) und K, konnte davon ausgegangen werden, daß
es schon während der Einheilungsphase zu keiner richtigen Knochenanlagerung gekommen war.

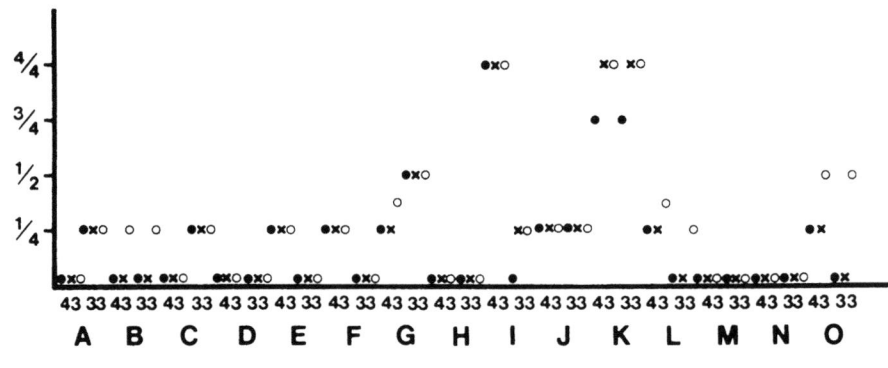

Abb. 6. Ergebnisse der Messungen des Knochenabbaus

Diskussion und Zusammenfassung

Obwohl bei der operativen Implantatversorgung unserer Patienten grundsätzlich eine Vestibulumplastik vorgenommen worden war, hatte sich nicht in jedem Fall ein Saum von angewachsener Gingiva gebildet.

Hieraus ergibt sich für uns folgende Konsequenz für die weiteren operativen Implantateingliederungen: Bei Patienten, die präoperativ schon keine attached Gingiva im Unterkieferfrontzahnbereich mehr besitzen, wird weiterhin die Implantatversorgung primär mit einer Vestibulumplastik kombiniert.

Ist jedoch noch ein schmaler Saum angewachsener Gingiva vorhanden, erfolgt die Implantateingliederung von einem schmalen vestibulären Lappen aus. Kommt es im weiteren Verlauf nun zum totalen Verlust an attached Gingiva, wird eine Transplantation mit einem freien Schleimhauttransplantat vom harten Gaumen in einem zweiten, zeitversetzten chirurgischen Eingriff vorgenommen.

Wir erachten es folglich nicht mehr für notwendig und indiziert, die Implantateingliederung im zahnlosen Unterkiefer grundsätzlich einzeitig mit einer Vestibulumplastik zu kombinieren.

Literatur

Edlan A, Mejchar B (1963) Plastic surgery of the vestibulum in periodontal therapy. Int Dent J 13:593

Jacobs HG, Krause A, Meyer G (1984) Spätergebnisse von beschichteten Extensionsimplantaten unter Berücksichtigung parodontologischer Kriterien. Zahnärztl Welt/Reform 93:122

Jacobs HG, Krämer A, Pielsticker W (1985) Beitrag zur implantologisch-prothetischen Versorgung des zahnlosen atrophierten Unterkiefers mit IMZ-Implantaten. Nieders Zahnärztebl 20:350

Jacobs HG (1987) Die primäre Vestibulumplastik bei der Versorgung des zahnlosen atrophierten Unterkiefers mit enossalen Implantaten. Zahnärztl Praxis 38:249

Kirsch A (1982) Weiterentwicklung im IMZ-System. Vortrag, gehalten auf der 11. Tagung der Westfälischen Arbeitsgemeinschaft für zahnärztliche Implantologie, Münster
Koch WL (1976) Die zweiphasige Implantationsmethode mit intramobilen Zylinderimplantaten – IMZ. Quintessenz 27 Ref Nr 5395
Tetsch P (1983) Implantatmaterial Titan am Beispiel intramobiler Zylinderimplantate. Zahnärztl Mitt 73 : 1811

Anschrift des Verfassers: Prof. Dr. Dr. G. Jacobs, Abteilung Zahnärztliche Chirurgie, Zentrum Zahn-, Mund- und Kieferheilkunde, Robert-Koch-Straße 40, D-3400 Göttingen, Bundesrepublik Deutschland.

Verlaufsbeurteilungen von enossalen Implantaten im zahnlosen Unterkiefer

B. Schramm-Scherer

Poliklinik für Zahnärztliche Chirurgie (Vorstand: Prof. Dr. Dr. P. Tetsch) der Johannes Gutenberg-Universität Mainz, Bundesrepublik Deutschland

Mit 3 Abbildungen

Zusammenfassung

Für den Langzeiterfolg dentaler Implantate sind regelmäßige Kontrolluntersuchungen der Patienten entscheidend. Ein strenges Recall-System mit halbjährlichen Intervallen reduziert das Risiko möglicher umfangreicher Folgeschäden des Lagergewebes. Die Verlaufsbeurteilung erfaßt die Situation von periimplantärem Weich- und Knochengewebe und der Belastung. Als Parameter haben sich die Bestimmung des Gingivalindexes, Messung der Taschentiefen und der Sulkusfluid-Fließraten, Mobilitätsprüfungen, das Periotestverfahren und Röntgenaufnahmen bewährt. Bei insuffizienter Mundhygiene sind die Recall-Intervalle zu kürzen und entsprechende Mundhygieneinstruktionen durch professionelle Reinigungen zu ergänzen.

Summary

Follow-up of Endosseous Implants in Edentulous Mandibles. The long-term success of dental implants depends on a regular follow-up of patients. An efficient recall system with 6-monthly check-ups will decrease the risk of possibly extensive tissue defects. Long-term assessment should include the soft tissue and bone structures around implants and the stress distribution pattern. Gingival index, pocket depth and sulcus fluid flow rate as well as mobility. Periotest shock resistance and X-rays proved to be relevant parameters. If oral hygiene is poor, recalls should be more closely spaced and patient self-care should be supplemented by professional cleaning.

Schlüsselwörter: Schleimhautsituation, Knochenlager, Mundhygiene.

Key words: Soft tissue situation, bony tissue inspection, oral hygiene.

Einleitung

Für den Langzeiterfolg von enossalen Implantaten ist neben der richtigen Indikationsstellung, der operativen Technik und der suffizienten Suprakonstruktion eine regelmäßige Kontrolle unerläßlich (Notter, 1983; Spörlein et al., 1987). Insbesondere der ältere zahnlose Patient bemerkt pathologische Veränderungen meist erst, wenn die eingetretenen Schäden des Lagergewebes zur Entfernung der Implantate zwingen. Die resultierenden Defekte können eine suffiziente prothetische Versorgung erheblich erschweren. Zunehmende Minderung des Allgemeinzustandes im höheren Lebensalter wie kardiovaskuläre Erkrankungen und Diabetes mellitus und die den Langzeitprothesenträgern ungewohnten mundhygienischen Maßnahmen führen gerade bei Patienten mit Implantaten im zahnlosen Unterkiefer zu Problemen. Nur im Rahmen eines konsequenten Recall-Systems können der Pflegezustand der Suprakonstruktion, die Schleimhaut-, Knochen- und Belastungssituation beurteilt und durch Instruktionen und rechtzeitige therapeutische Maßnahmen verbessert werden (Fritzemeier, 1986).

Beurteilung der Schleimhautsituation

Die Inspektion der peripilären Schleimhaut gibt erste Aufschlüsse über bestehende Infektionen, Hyperplasien, Rezessionen und andere klinisch manifeste Veränderungen (Abb. 1). Nach überwiegender Auffassung (Kre-

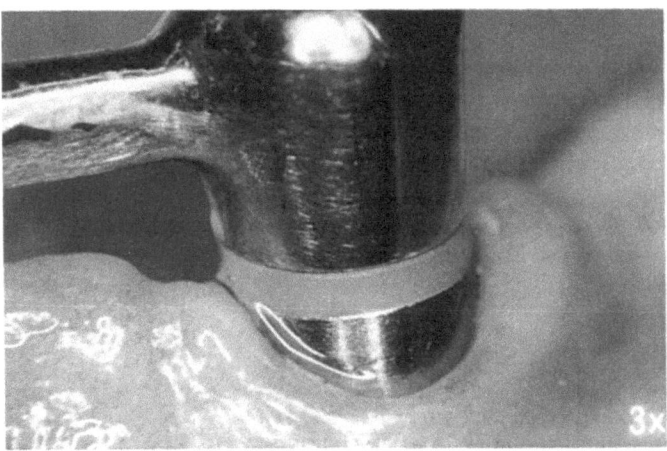

Abb. 1. Reizfreie Schleimhautverhältnisse an einem IMZ-Implantat im zahnlosen Unterkiefer

keler et al., 1982; Foitzik, 1985; Fallschüssel, 1985) ist eine ausreichend breite Zone fixierter Mukosa erforderlich, um eine Taschenbildung an den Implantaten durch Zugwirkung der Weichteile zu vermeiden. Im zahnlosen atrophierten Unterkiefer ergibt sich nach metrischer Bestimmung der fixierten Schleimhaut häufig die Notwendigkeit zur Sulkusplastik (Tetsch, 1984). Die Routineuntersuchung sollte weiterhin die Messung der Taschentiefen und Bestimmung des Gingivalindexes erfassen. Die spezifische Implantatform – wie Schraubenwindungen bei TPS-Implantaten – können eine exakte, reproduzierbare Messung der Taschentiefen erschweren. Besser als die herkömmlichen Parodontalsonden eignet sich hier die von Borst entwickelte drucksensible Sonde, die eine akzidentelle Weichgewebsverletzung vermeidet. Die Bestimmung des Gingivalindexes nach Silness und Löe (1964) ermöglicht eine Klassifikation der periimplantären Infektionen in 4 Grade.

Als empfindlichster Indikator auch zur Diagnostik subklinischer Infektionen hat sich die Bestimmung der Sulkusfluid-Fließrate erwiesen (Tetsch und Spörlein, 1986). Voraussetzung für reproduzierbare Messungen ist die Einhaltung standardisierter Meßbedingungen. Die mit dem Periotron-Gerät ermittelten Werte entsprechen im Bereich 0 bis 10 einer völlig entzündungsfreien Schleimhaut. Bei Werten zwischen 10 und 40 liegen subklinische Entzündungen mit milder Exsudation und bei Werten über 40 manifeste Infektionen vor (Spörlein und Tetsch, 1986).

Beurteilung der Knochensituation

Auch bei Implantaten ist ein gewisser Knochenabbau physiologisch, der bei Osseointegration jedoch durchschnittlich geringer ist als in zahnlosen Kieferabschnitten. In jährlichen Intervallen angefertigte Röntgenaufnahmen lassen Abbauvorgänge beurteilen (Abb. 2a, b und c). Da die bekannte Implantatdimension als Vergleichsmaßstab herangezogen werden kann, können diese Röntgenaufnahmen metrisch ausgewertet werden. Für Detailbeurteilungen sind enorale Zahnfilme nach der XCP-Technik den Übersichtsaufnahmen vorzuziehen.

Nach Entfernung der Stegkonstruktion geben Mobilität und Perkussion der Implantate weitere orientierende Aufschlüsse über den Zustand des knöchernen Lagers. In jüngster Zeit wurde durch die Untersuchungen der Dämpfungseigenschaften mit dem Periotestgerät eine quantitative Methode zur Überprüfung der knöchernen Einheilung und Verlaufsbeurteilung ermöglicht (d'Hoedt und Schramm-Scherer, 1987; Schramm-Scherer, 1987).

Beurteilung der Belastungssituation

Durch die Atrophie der zahnlosen Kiefer können auch bei Implantatträgern Veränderungen des Prothesenlagers resultieren. Okklusion und Artikulation müssen ebenso wie Basis- und Randgestaltung überprüft werden. Unter kaufunktioneller Belastung wurden Dislokationen von Implantaten beobachtet, die allerdings bei keil- und blattförmigen Implantaten häufiger auftreten als bei Implantaten mit breiter und abgerundeter Basis (Tetsch und Strunz, 1987). Defekte oder Frakturen von Suprastrukturen sowie Veränderungen an mobilen Elementen sind weitere mögliche Ursachen für veränderte Belastungssituationen, die bei jeder Kontrolluntersuchung überprüft werden sollten.

Beurteilung der Mundhygiene

Bei älteren Patienten bestehen durch vermindertes taktiles Empfinden, Sehverschlechterung und langjährige Zahnlosigkeit häufig Probleme bei

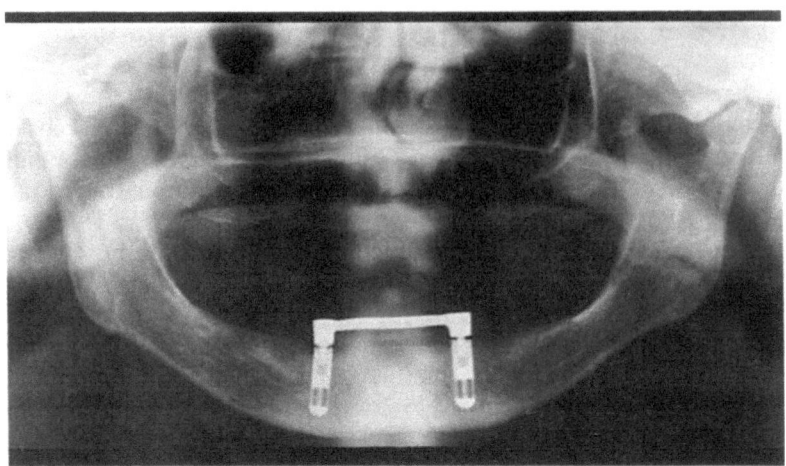

Abb. 2a. Röntgenkontrolle 7 Jahre nach Implantation von 2 IMZ-Implantaten in der Regio interforaminalis: 1 mm Knochenabbau am Implantat Regio 43

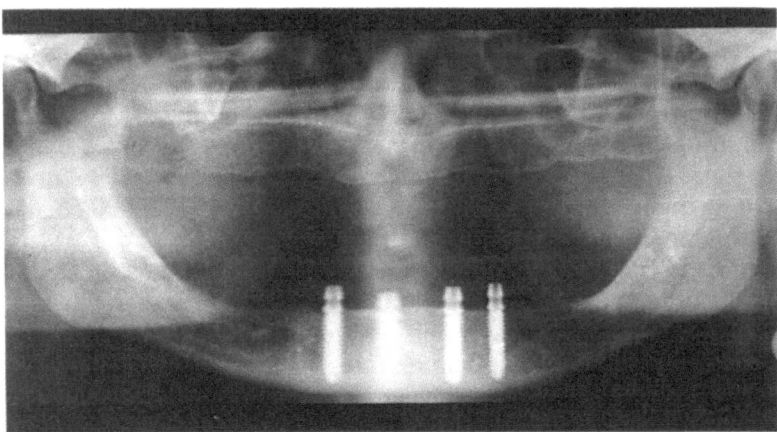

Abb. 2b. Röntgenkontrolle 4 Jahre nach Implantation von 4 TPS-Implantaten in der Regio interforaminalis: kein Knochenabbau

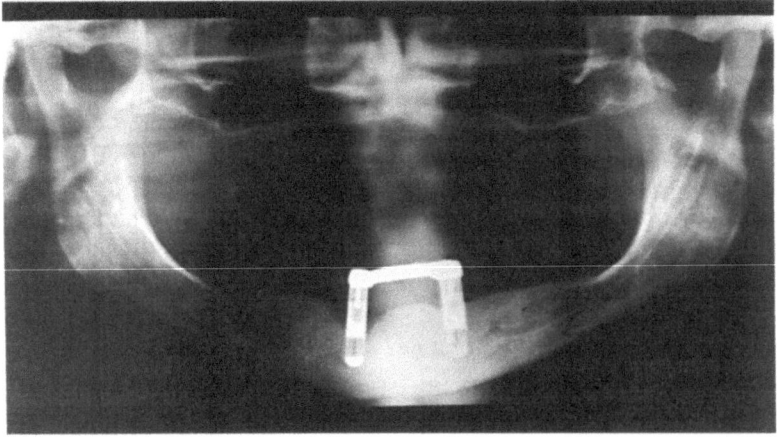

Abb. 2c. Röntgenkontrolle 3 Jahre nach Implantation von 2 IMZ-Implantaten in der Regio interforaminalis: erheblicher Knochenabbau am Implantat Regio 42

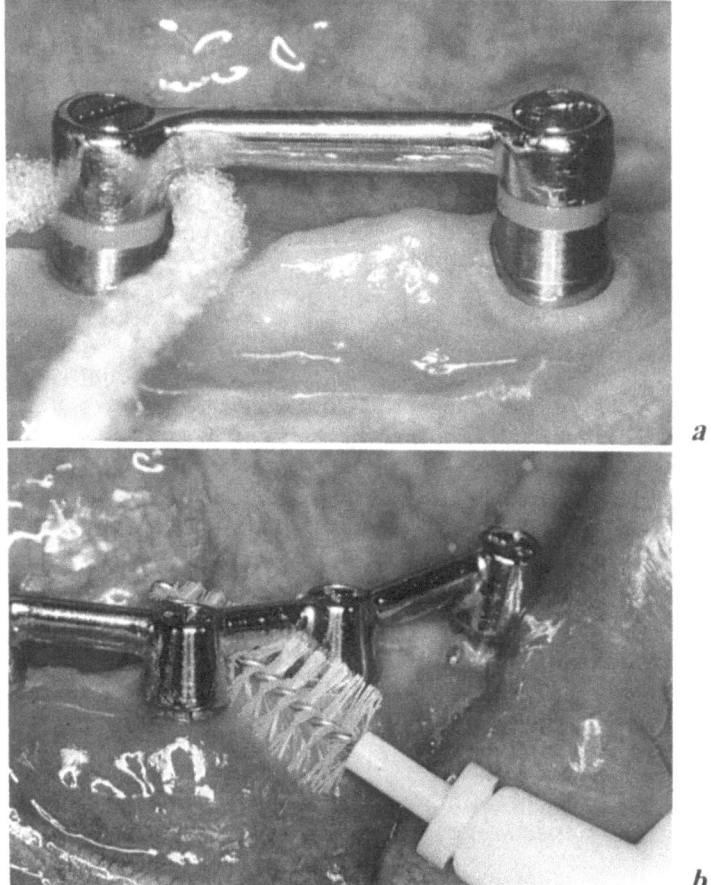

Abb. 3. a Reinigung der intraoral fixierten Suprakonstruktion zweier IMZ-Implantate im zahnlosen Unterkiefer mit einem Superfloßfaden. **b** Reinigung der intraoral fixierten Suprakonstruktion von 4 TPS-Implantaten mit dem Interdentalbürstchen

den notwendigen intensiven Pflegemaßnahmen von Prothese und intraoral fixierter Suprastruktur. Bei den bevorzugten Implantatsystemen für den zahnlosen Unterkiefer wird die Stegkonstruktion bedingt abnehmbar gestaltet. Dem Patienten können unzulänglich gereinigte Bereiche und Belagsbildung eindrucksvoll demonstriert werden. Die professionelle Reinigung läßt sich mühelos durchführen. Die Mundhygienemaßnahmen mit Zahnbürsten, Superfloßfäden und Interdentalbürsten sollten dem Patienten erneut demonstriert werden, wobei die Konstruktion des Steges den hygienischen Forderungen entsprechen muß (Abb. 3a und b).

Diskussion

Auf dem relativ jungen Gebiet der zahnärztlichen Implantologie sind regelmäßige Verlaufskontrollen zur Überprüfung des Therapiekonzeptes erforderlich. Insbesondere für die Situation des zahnlosen atrophierten Unterkiefers sind sie zur Sicherung eines Langzeiterfolges unerläßlich, da sich nach Implantatverlust erhebliche Probleme für eine konventionell-prothetische oder chirurgische Lösung darstellt. Recall-Intervalle in halbjährlichen Abständen tragen dazu bei, sich anbahnende Komplikationen rechtzeitig zu erkennen und therapeutisch angehen zu können. Bei entsprechender Befunderhebung sind Verkürzungen der Untersuchungsabstände notwendig.

Zur Verlaufsbeurteilung ist eine exakte Aufzeichnung der jeweils erhobenen Befunde grundlegend. Standardisierte Untersuchunstechniken und deren Dokumentation bilden die Basis für wissenschaftliche Verlaufskontrollen (Kerschbaum, 1986). In der Bundesrepublik Deutschland wurde 1984 ein Implantatregister eingerichtet, das eine zentrale Auswertung verschiedener Implantatsysteme zum Ziel hat (Lukas, 1986). Dieses Projekt der Deutschen Gesellschaft für Zahn-, Mund- und Kieferheilkunde wird durch weitere Therapiestudien ergänzt. Mit Hilfe dieser Langzeituntersuchungen wird es möglich sein, in Zukunft exaktere Aussagen über die Erfolgssicherheit dentaler Implantatsysteme geben zu können.

Literatur

d'Hoedt B, Schramm-Scherer B (1987) Der Periotestwert bei enossalen Implantaten. Vortrag, 4. Jahrestagung des Arbeitskreises Implantologie, Mainz, 24./25. April 1987
Fallschüssel GKH (1985) Mukogingivale Probleme bei enossalen Implantaten. Fortschr Zahnärztl Implantol 1 : 195
Fritzemeier CU (1986) Besondere Gesichtspunkte bei der Nachuntersuchung von Implantatpatienten. Vortrag, 3. Jahrestagung des Arbeitskreises Implantologie, Düsseldorf, 25./26. April 1986
Foitzik Ch (1985) Möglichkeiten der Verbreiterung der befestigten Gingiva bei Patienten mit Implantaten im zahnlosen Unterkiefer. Fortschr Zahnärztl Implantol 1 : 246
Kerschbaum Th (1986) Dokumentation und statistische Auswertung von enossalen Implantaten. ZWR 95 : 1150
Krekeler G, Niederdellmann H, Jablonka H (1982) Untersuchungen zur Reaktion der periimplantären Gingiva. Zahnärztl Prax 33 : 248
Lukas D (1986) Bericht der Arbeitsgruppe „Implantatstatistik". Bisherige Ergebnisse der Registerstudie. Dtsch Z Zahnärztl Implantol 2 : 31
Notter OR (1983) Klinische Langzeitstudien in der oralen Implantologie. In: Strub J, Gysi BE, Schärer P (Hrsg) Schwerpunkte der oralen Implantologie und Rekonstruktion. Quintessenz, Berlin
Schramm-Scherer B (1987) Untersuchungen zum Dämpfungsverhalten von Metall- und Keramikimplantaten. Z Zahnärztl Implantol 3 : 22
Silness J, Löe H (1964) Correlation between oral hygiene and periodontal condition. Acta Odont Scand 22 : 121
Spörlein E, Tetsch P (1986) Sulkusfluidmessungen bei Titanimplantaten im zahnlosen Unterkiefer. Z Zahnärztl Implantol 2 : 92

Spörlein E, Schramm-Scherer B, Tetsch P (1987) Recall bei Implantatpatienten –
    Bedeutung und Umfang des Recalls sowie Untersuchungsergebnisse. ZWR
    96:128
Tetsch P (1984) Enossale Implantationen in der Zahnheilkunde. Hanser, München
Tetsch P, Spörlein E (1986) Parodontologische Aspekte in der Implantologie. Dtsch
    Zahnärztl Z 41:895
Tetsch P, Strunz V (1987) Schädigungen des Nervus alveolaris inferior durch
    Implantationen im Unterkieferseitenzahnbereich. Z Zahnärztl Implantol 3:53

Anschrift der Verfasserin: Dr. Dr. B. Schramm-Scherer, Poliklinik für Zahnärztliche Chirurgie, Augustusplatz 2, D-6500 Mainz, Bundesrepublik Deutschland.

IMZ- und TPS-Schrauben-Implantationen in der Regio interforaminalis des zahnlosen Unterkiefers

P. Tetsch und B. Schramm-Scherer

Poliklinik für Zahnärztliche Chirurgie (Vorstand: Prof. Dr. Dr. P. Tetsch) der Johannes Gutenberg-Universität, Mainz, Bundesrepublik Deutschland

Zusammenfassung

Seit 9 Jahren werden in der Poliklinik für Zahnärztliche Chirurgie der Universität Mainz IMZ- und TPS-Implantate zur Versorgung des zahnlosen Unterkiefers eingesetzt. Sie führen zu einer überlegenen Lagestabilität der Unterkiefertotalprothese, die subjektiv und objektiv durch keinen anderen präprothetisch-chirurgischen Eingriff erreicht wird. Der Umfang der Operation und die relativ geringe Belastung des Patienten erlauben eine ambulante Behandlung. Voraussetzungen für den Erfolg sind eine exakte präoperative Diagnostik, sorgfältige Operationstechnik, suffiziente prothetische Versorgung und eine gute Mundhygiene. Im Rahmen eines Recall-Systems ist eine strenge Überwachung der Patienten notwendig.

Summary

Interforaminal IMZ and TPS Screw Implants in the Edentulous Mandible. At the Department of Dental Surgery, University of Mainz, IMZ and TPS implants have been used in the management of patients with edentulous mandibles for 9 years. They were found to produce excellent stability and retention of total mandibular dentures unmatched by any other preprosthetic surgical approach both in subjective and objective terms. As the procedure is limited and makes comparatively little demands on the patients, it can be done on an outpatient basis. Meticulous diagnostic work-up preoperatively, painstaking surgery, adequate denture fitting and good oral hygiene are critical for its success. Closely spaced follow-up based on a recall system are imperative.

Schlüsselwörter: IMZ- und TPS-Implantationen, zahnloser Unterkiefer, Vestibulumplastik.

Key words: IMZ and TPS implants, edentulous mandible, vestibuloplasty.

Einleitung

Eine Auswertung ambulant durchgeführter Operationen der Poliklinik für Zahnärztliche Chirurgie der Universität Mainz in einem 10jährigen Intervall

zeigt eine signifikante Zunahme präprothetisch-chirurgischer Eingriffe bei
zahnlosen Patienten (Schramm-Scherer und Tetsch, 1987). Die Anzahl der
operierten Patienten hat sich in dieser Zeit annähernd verdoppelt, und die
Zahl der pro Patient durchschnittlich durchgeführten Eingriffe ist von 1,5
auf 1,8 gestiegen. Die Gründe liegen in der veränderten Altersstruktur der
Bevölkerung, der höheren Lebenserwartung, dem gewachsenen Anspruch
hinsichtlich Ästhetik und Funktion des Zahnersatzes und der Erweiterung
des Operationsspektrums. Mit 62,3% dominieren Eingriffe im Bereich des
zahnlosen Unterkiefers. Der Anstieg ist in erster Linie auf Implantationen
(16,8%) und die häufig mit ihnen kombiniert durchgeführten Vestibulumplastiken (15,8%) zurückzuführen.

Durch die mechanische Verankerung des Zahnersatzes werden subjektiv
und objektiv hervorragende Ergebnisse erzielt, die diejenigen anderer
Verfahren übertreffen. Durch die überlegene Lagestabilität implantatge-
stützter Prothesen kann eine kau- und sprachfunktionelle Rehabilitation
erreicht werden. In der Poliklinik für Zahnärztliche Chirurgie der Universität Mainz bestehen seit 9 Jahren Erfahrungen mit IMZ- (Kirsch und Koch,
1977) und TPS-Implantaten (Ledermann, 1986) in dieser Indikation. Vor
einer Implantation muß durch eine sorgfältige Anamnese und Untersuchung geklärt werden, ob die Voraussetzungen für eine derartige Maßnahme gegeben sind.

Präoperative Diagnostik

Das Durchschnittsalter der implantologisch versorgten zahnlosen Patienten
beträgt im eigenen Patientengut zirka 60 Jahre. Damit ergeben sich zahlreiche Probleme durch Alterserkrankungen, die anamnestisch erfragt werden
müssen. Besonders wichtig ist die Kooperationsbereitschaft der Patienten
hinsichtlich der Implantat- und Prothesenhygiene und zur Wahrnehmung
der notwendigen Recall-Untersuchungen. Der Pflegezustand der vorhandenen Prothese kann einen gewissen Aufschluß geben. Ebenso wichtig ist die
Überprüfung der Prothesenfunktion. Im eigenen Vorgehen wird in der
Mehrzahl der Fälle eine Neuanfertigung des Zahnersatzes vor der Implantation notwendig. Diese Prothesen werden nach dem Eingriff der neuen
Situation angepaßt. In zirka 40% besteht nach der Neuversorgung der
Wunsch nach einer Implantation nicht mehr, da eine ausreichende Funk-
tionstüchtigkeit erreicht wurde.

In den anderen Fällen schließt sich die Diagnostik hinsichtlich des
Lokalbefundes an. Der Kieferkörper wird in Höhe und Breite vermessen
(Tetsch, 1984; Schramm-Scherer et al., 1986; Spörlein et al., 1986) und die
Schleimhautsituation beurteilt. Fehlt eine Zone befestigter Schleimhaut,
muß sie durch entsprechende Operationsverfahren geschaffen werden
(Tetsch, 1984; Foitzik, 1985; Buser, 1987). Dies kann vor, während oder
nach der Implantation geschehen. Wir bevorzugen das kombinierte
Vorgehen, um dem Patienten einen Zweiteingriff zu ersparen. Im Unter-
kieferfrontzahnbereich können mit einer modifizierten Vestibulumplastik
nach Edlan – Mechjar (1963) sehr gute Ergebnisse erzielt werden (Schramm-
Scherer und Linder, 1987).

Die Mindesthöhe des Kieferkörpers sollte in der Regio interforaminalis 13 mm und die Mindestbreite krestal 5 mm betragen. Die Mittelwerte von 100 implantologisch versorgten zahnlosen Patienten betragen in der Regio 34 bis 44 zwischen 13,8 mm (Prämolarenregion) und 16,9 mm (Frontzahnregion) (Schramm-Scherer, 1986). Distal des Foramen mentale liegen die Meßwerte sehr viel niedriger, so daß Implantationen ohne das Risiko einer Nervverletzung nicht möglich sind (Tetsch und Strunz, 1987).

Fehlt eine ausreichende Höhe und Breite, ist im Einzelfall zu klären, ob ein Aufbau oder eine Verbreiterung des Kieferkörpers möglich und sinnvoll sind (Montag, 1987).

In der Regel können die genannten Implantationsverfahren alternativ eingesetzt werden. Im Rahmen einer multizentrischen Therapiestudie der Deutschen Forschungsgemeinschaft erfolgt eine randomisierte Zuteilung durch eine Zentrale. Finden sich regional ungünstigere morphologische Voraussetzungen (z. B. sehr schmaler Kiefer in der Frontzahnregion), wird allerdings das IMZ-System bevorzugt.

Implantation

Eine Gegenüberstellung zeigt, daß es sich um zwei grundsätzlich verschiedene Implantatsysteme handelt, denen lediglich das Material (Titan und Titan-Plasma-Flame-Spray-Beschichtung) gemeinsam ist (Tabelle 1).

Tabelle 1

IMZ-Implantate	TPS-Implantate
Zylinderimplantate	Schraubenimplantate
Implantation von 2 Zylindern	Implantation von 4 Schrauben
Zweiphasiges Verfahren	Einphasiges Verfahren
Belastung nach 3 Monaten	Belastung nach 1 Woche
Gedämpfte Krafteinleitung	Direkte Krafteinleitung
Steg-Gelenk-Konstruktion	Steg-Gelenk-Konstruktion

IMZ-System

Es handelt sich um ein zweiphasiges System, bei dem zwei Implantate zunächst unbelastet einheilen und nach 3 Monaten durch eine Stegkonstruktion versorgt werden. Die Prothese wird über eine Steg-Gelenk-Verbindung stabilisiert. Die Überbrückung der Schleimhaut erfolgt über eine Distanzhülse und die Krafteinleitung über ein intramobiles Element (IME).

Neben der Versorgung mit zwei Implantaten, die in über 90% der Fälle durchgeführt wird, ist auch der Einsatz von weiteren Implantaten möglich. Auf sechs Implantaten kann auch ein festsitzender Zahnersatz im Sinne einer Extensionsbrücke verankert werden.

Überwiegend werden Implantatlängen von 15 und 13 mm (zirka 90%) verwendet. Bei zwei Drittel der Implantationen wird der Eingriff mit einer Vestibulumplastik kombiniert (Schramm-Scherer und Linder, 1987).

TPS-Schraubenimplantate

Neben der unterschiedlichen Implantatform liegt der wesentliche Unterschied zu dem IMZ-System in der sofortigen Schienung und frühzeitigen postoperativen Versorgung. Die Regelversorgung besteht in der Implantation von 4 Schrauben in der Regio interforaminalis des zahnlosen Unterkiefers (zirka 80%). Bei ungünstigen anatomischen Verhältnissen ist auch der Einsatz von 3 Schrauben möglich. Die Kombination der Implantation mit einer Vestibulumplastik ist nicht unproblematisch, da der mobilisierte Schleimhautlappen im Bereich der Implantatköpfe sekundär perforiert werden muß. Die Bestimmung der exakten Position dieser Perforationen bietet gewisse Schwierigkeiten. Alternativ kann eine Vestibulumplastik vor oder nach der Implantation durchgeführt werden.

Unmittelbar nach dem Wundverschluß wird über Transferkappen eine Abformung angeschlossen und innerhalb von 24 Stunden eine Stegkonstruktion angefertigt und eingegliedert. Damit ist eine Schienung der Implantate gewährleistet. Das labortechnische Vorgehen wird durch den Einsatz vorgefertigter Kronen vereinfacht. Nach Abklingen des postoperativen Wundödems und der Nahtentfernung können Stegreiter in die Prothese eingearbeitet werden. Die Unterkieferprothese sollte für zirka 1 Woche nicht getragen werden. In der Regel ist diese Behandlung nach 10 Tagen abgeschlossen. Dieser sehr kurze Zeitraum bis zur definitiven Versorgung ist ein Vorzug des TPS-Systems.

Bevorzugte Schraubenlängen sind 14, 17 und 20 mm. Die Krafteinleitung erfolgt direkt ohne Zwischenschaltung eines mobilen Elementes.

Ergebnisse

Die Verlustquote liegt bei beiden Systemen in einem Beobachtungszeitraum bis zu 8 Jahren unter 5%. Ein Implantatverlust ist durch Infektion oder fehlerhafte Operationstechnik in den ersten Wochen nach dem Eingriff möglich. Spätverluste als Folge von Fehlbelastungen oder insuffizienter Mundhygiene sind nach abgeschlossener Osseointegration im zahnlosen Unterkiefer extrem selten. Dagegen werden Schleimhautinfektionen und Knochenabbauvorgänge häufiger beobachtet. Die Ursache ist in erster Linie in einer insuffizienten Mundhygiene zu sehen. Ein relativ hoher Prozentsatz der implantologisch versorgten älteren Patienten zeigt sich den notwendigen Anforderungen an „parodontal-prophylaktischen" Maßnahmen nicht gewachsen. Die Konsequenz liegt in der Verkürzung der Recall-Termine und der professionellen Reinigung der Stegkonstruktion, die zu diesem Zweck abgenommen werden sollte. Die Demonstration der verunreinigten Bereiche wird mit einer erneuten Unterweisung in der Pflegetechnik verbunden. Bewährt haben sich neben dem Einsatz von Zahn- und Interdentalbürsten Superflossfäden und elektrische Bürsten. Die professionellen Maßnahmen bestehen in der Reinigung der Stegkonstruktion im Ultraschallbad, in der Reinigung der Implantatköpfe mit 3%iger H_2O_2-Lösung und dem eventuellen Einsatz von Strahlgeräten und rotierenden Bürsten, die im Gegensatz zu Handinstrumenten und Ultraschallgeräten keine Verletzung der Implantatoberfläche zur Folge haben. Weitergehende Maßnahmen, wie medikamentöse oder instrumentelle Taschenbehandlungen und Knochendefektauffüllungen sind bei regelmäßiger Überwachung nur in Ausnahmefällen notwendig. Ein strenges Recall-System trägt dazu bei, Folgeschäden nach einem Implantatverlust auf ein Minimum zu beschränken.

Literatur

Buser D (1987) Die Vestibulumplastik mit freien Schleimhauttransplantaten im zahnlosen Unterkiefer. Schweiz Monatsschr Zahnmed 97 : 766

Edlan A, Mejchar B (1963) Plastic surgery of vestibulum in dental periodontal therapy. Int Dent J 13 : 593

Foitzik C (1985) Möglichkeiten der Verbreiterung der befestigten Gingiva bei Patienten mit Implantaten im zahnlosen Unterkiefer. Fortschr Zahnärztl Implantol 1 : 246

Hillerup S (1979) Preprosthetic vestibular sulcus extension by the operation of Edlan and Mejchar. A 2-year follow up study-1. Int J Oral Surg 8 : 333

Kirsch A, Koch WL (1977) Die programmierte Implantation des IMZ-Implantates und seine biochemische Integration ins stomatognathe System. Dtsch Zahnärztl Z 32 : 824

Ledermann PD (1986) Kompendium des TPS-Schraubenimplantats im zahnlosen Unterkiefer, 1. Aufl. Quintessenz, Berlin

Montag H (1987) Anteriore Augmentation und Implantation – Ein Konzept zur prothetischen Versorgung des extrem atrophierten Unterkiefers. Z Zahnärztl Implantol 3 : 152

Schramm-Scherer B (1986) Untersuchungen zum vertikalen Knochenangebot. Z Zahnärztl Implantol 2 : 249

Schramm-Scherer B (1986) Metrische Auswertung von Orthopantomogrammen zum vertikalen Knochenangebot bei teil- und unbezahnten Unterkiefern. Med Diss, Mainz

Schramm-Scherer B, Spörlein E, Tetsch P (1986) Spezielle präimplantologische Diagnostik – eine Voraussetzung für den Langzeiterfolg und zur Vermeidung von Komplikationen. ZMK Heute 2 : 4

Schramm-Scherer B, Reich W, Tetsch P (1987) Zweijährige Erfahrungen mit der Implantatdokumentation. Z Zahnärztl Implantol 3 : 3

Schramm-Scherer B, Linder S (1987) Vestibulumplastiken mit lingual gestieltem Schleimhautlappen. Dtsch Z Mund- Kiefer- Gesichts-Chir 11 : 240

Schramm-Scherer B, Tetsch P, Die präprothetische Chirurgie in der ambulanten Behandlung. (Unveröffentlichte Ergebnisse)

Spörlein E, Mrochen N, Tetsch P (1986) Entwicklung einer zweidimensionalen Schieblehre (Mainzer Modell). Z Zahnärztl Implantol 2 : 277

Tetsch P (1984) Enossale Implantationen in der Zahnheilkunde. Hanser, München Wien

Tetsch P, Strunz V (1987) Schädigung des Nervus alveolaris inferior durch Implantationen im Unterkieferseitenzahnbereich. Z Zahnärztl Implantol 3 : 53

Anschrift des Verfassers: Prof. Dr. Dr. P. Tetsch, Poliklinik für Zahnärztliche Chirurgie, Augustusplatz 2, D-6500 Mainz, Bundesrepublik Deutschland.

Die Versorgung des zahnlosen Unterkiefers mit dem Tantal-Doppelklingenimplantatsystem „Implandent Austria" nach Dr. Herskovits

E. Schuh,[1] J. Reichsthaler[2] und H. Plenk jr.[2]

[1] Ludwig Boltzmann-Institut für Parodontologie, Baden bei Wien
(Leiter: Prof. Dr. E. Schuh),
[2] Laboratorium für Biomaterial- und Stützgewebeforschung
(Leiter: Prof. Dr. H. Plenk)
am Histologisch-Embryologischen Institut
(Vorstand: Prof. Dr. H. G. Schwarzacher) der Universität Wien

Mit 6 Abbildungen

Zusammenfassung

Seit 1979 wurden bei 28 Patienten insgesamt 71 Doppel- und Einzelklingenimplantate aus Tantal in den zahnlosen Unterkiefer gesetzt, von denen bisher 14 nach 5 bis 79 Monaten wegen Lockerung wieder entfernt werden mußten. Die Erfolgsrate = 80,3% wird unter den gegebenen Voraussetzungen der klinischen und röntgenologischen Nachuntersuchungen durch eine statistische Implantatüberlebenskurve genauer analysiert, und eine Vermessungsmethode für Orthopantomogramme wird an Fallbeispielen demonstriert. Als Weiterentwicklung dieses Implantatsystems, das sich schon bisher durch einfache, aber präzise Insertion und auch für atrophische Kiefer geeignete Dimensionen auszeichnete, wird nun eine rein enossale Tantal-Doppelklinge für eine schleimhautgedeckte, zweiphasige Implantation vorgestellt.

Summary

The Tantalum Double-Blade Vent Implant System "Implandent Austria" for the Edentulous Jaw. Since 1979, 71 tantalum double- (and single-) blade vent implants were implanted in the edentulous lower jaws of 28 patients. Of these, 14 had to be removed because of loosening after 5 to 79 months. The success rate of 80.3% is analysed in terms of implant survival on the basis clinical and radiological follow-ups and a measuring technique for X-ray orthopantomographs is described and illustrated by some case reports.

The currently used implant system provides for simple and precise insertion and has dimensions suited for severely atrophic jaws. An improved version for biphasic submucous insertion of a truly endosseous tantalum double-blade vent is presented.

Schlüsselwörter: Zahnloser Unterkiefer, Tantal-Doppelklingenimplantat, Erfolgsstatistik.

Key words: Edentulous mandible, tantalum double-blade vent implant, survival analysis.

Einleitung

Vor allem bei längere Zeit zahnlosen Unterkiefern wird auch die Versorgung mit enossalen Implantaten durch die unterschiedlich ausgeprägte Atrophie des Alveolarknochens und der Mandibula selbst erschwert. Das von Herskovits entwickelte Doppelklingen-Implantatsystem aus Tantal bestach schon von Beginn an durch einfache und knochenschonende Insertion und der gegenüber Einfachklingensystemen verbesserten seitlichen Abstützung (Schroeder, 1974), seine grazilen Dimensionen prädestinieren es aber geradezu für Problemsituationen mit reduziertem Knochenangebot.

Mit einem in der Form etwas veränderten Implantat wurde im Jahre 1978 von Schuh et al. (1981 a, b) eine klinische Überprüfung begonnen, und im folgenden wird über die bisherigen Erfahrungen mit diesem Implantatsystem im zahnlosen Unterkiefer berichtet.

Neben einer Präsentation des gesamten Patientengutes wird auf die Probleme der Nachuntersuchung selbst und der statistischen Auswertbar-

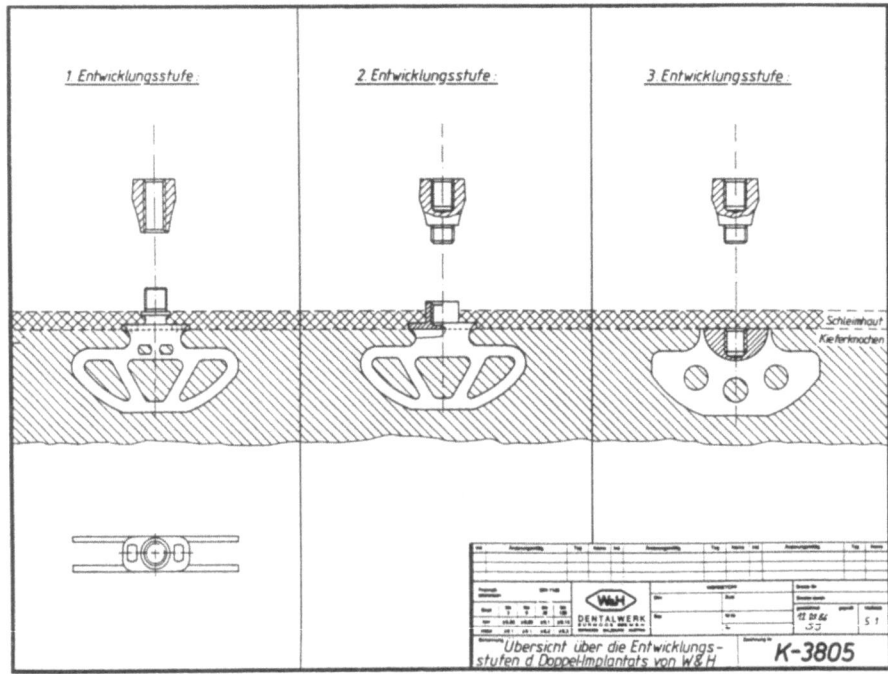

Abb. 1. Schematische Zeichnung der 3 Entwicklungsstufen des „Implandent Austria" vom W & H Dentalwerk, A-5111 Bürmoos. Bei jeder Entwicklungsstufe sind Einzelklingen- und Doppelklingenimplantate (mit 2 und 3 mm Klingenabstand) erhältlich

keit hingewiesen und eine Implantat-Überlebenskurve nach strengen Kriterien vorgestellt. Die Möglichkeiten einer Vermessung von Knochengewebereaktionen um das Implantat an der üblichen Röntgendokumentation werden an Fallbeispielen demonstriert. Schließlich wird eine neue Entwicklungsstufe dieses bereits bewährten Implantatsystems vorgestellt.

Patientengut und Methoden

Die Daten der 29 Patienten (männlich und weiblich, mittleres Alter 63 Jahre), deren zahnlose Unterkiefer mit insgesamt 71 Implantaten (Einzelklinge = 8mal, Doppelklinge 2 mm = 45mal, Doppelklinge 3 mm = 18mal) des nun „Implandent Austria" benannten Implantatsystems (W & H Dentalwerk, A-5111 Bürmoos) versorgt wurden, sind nach dem Zeitpunkt der Implantation gereiht in Tabelle 1 angeführt. Diese Tabelle gibt auch die Jahre an, in denen klinische Nachuntersuchungen (neben einer Beweglichkeitsprüfung der Implantate wurde der Gingivalstatus beurteilt und fallweise durch eine exfoliative Zytologie ergänzt) und/oder röntgenologische Kontrollen (Orthopantomogramm, Einzelröntgenaufnahmen) durchgeführt wurden sowie das Schicksal der Implantate und die Dauer der Implantation. Nur jene Patienten und Implantate, von denen das Datum des Implantatverlustes oder positive Nachuntersuchungsergebnisse innerhalb eines Jahres vor Abschluß dieser Studie vorlagen, wurden in eine statistische Berechnung der Überlebensrate (Kaplan und Meier, 1958) einbezogen.

Es wurde fast ausschließlich das Implantatdesign der Entwicklungsstufe 1 (Abb. 1) eingesetzt, bei dem der fixe Gewindebolzen während der dreimonatigen unbelasteten Einheilphase durch die Schleimhaut in die Mundhöhle ragt (Schuh et al., 1981 a). Bevorzugt wurde etwa in Position 33 und 43 implantiert, zusätzlich, wenn notwendig und möglich, auch im Seitenzahnbereich. Beim stark atrophierten zahnlosen Unterkiefer wurde entweder bei oder schon 6 Wochen vor der Implantation eine Mundvorhofplastik durchgeführt. Üblicherweise nach 3 Monaten erfolgte in der 2. Phase das Freilegen der Gewindebolzen, die Abdrucknahme und die Anfertigung einer bedingt abnehmbaren Stegkonstruktion, auf der die nach gnathologischen Prinzipien hergestellten Totalprothesen mit Reitern verankert wurden. Seit Frühjahr 1987 steht die 3. Entwicklungsstufe dieses Implantatsystems zur Verfügung (siehe Abb. 1), bei der der bisher subperiostal liegende Brückenteil nun halbkreisförmig zwischen die beiden Klingenblätter verlegt wurde, wodurch das Implantat nunmehr nur enossal zu liegen kommt, die Konstruktion erheblich an Festigkeit gewinnt, und in dem Brückenteil genügend Platz für das Sackloch zur Aufnahme des Gewindebolzens (= Pivot) bleibt. Während der Einheilphase wird dieses Sackloch durch eine Verschlußschraube geschlossen, sodaß eine schleimhautgedeckte Einheilung möglich ist. Die zusätzlich benötigte halbkreisförmige Mulde zwischen den Schlitzen für die Aufnahme der Doppelklinge im Alveolarknochen (siehe Abb. 6 a) wird durch eine sägeförmige Gestaltung der Distanzscheibe zwischen den beiden Fräserblättern erzielt.

Tabelle 1. Patientengut und Implantatdaten

Patient, Geschlecht, Alter	Implantat Typ	Implantat Region	Datum	Nachkontrollen Röntgen Jahr	Nachkontrollen Klinik Jahr	Implantat Verlust/Befund Position/Jahr	Implantationsdauer (Monate)
*1, BE. E., w, 64	2/2	43/33	23.01.79	79. 80. 81. 82	79. 80. 81. 82	43/33 :82	(39)
*2, RA. G., w, 62	2/2	43/33	20.03.79	79. 80. 82–84. 86	79. 80. 82–84. 86	–	101
*3, WA. M., w, 56	2/2	43/33	01.03.80	80. 82. 83	80. 82. 83	33 :83	(39) 91
*4, HA. A., w, 85	1/1	43/33	08.03.80	80. 86	80. 86	43 :86	(78) 91
5, LA. M., w, 59	2/2	43/33	10.03.80	80	80	–	91
*6, WI. G., m, 66	2/2	43/33	11.04.80	80. 81. 84. 87	80. 81. 84. 87	43 :A-	89
*7, YO. H., w, 81	2/2	43/33	08.01.81	80. 81. 86	80. 81. 86	43/33 :86	(64)
8, MO. M., w, 69	1/1	43/33	04.02.81	81. 82	85.	–	79
9, WE. F., m, 62	2/2	43/33	23.04.81	82. 83. 84. 85	82. 83. 84. 85	–	77
*10, PA. L., w, 76	2/2	43/33	08.05.81	81. 85. 86. 87	81. 85. 86. 87	–	76
*11, SC. F.†, m, 75	3/2	43/33	01.06.81	81. 82. 84	31. 82. 84	–	02.84.KO.32
*12, KA. S., w, 70	2/2	43/33	30.11.81	81. 82. 86	31. 82. 86	–	70
*13, GI. G., m, 71	2/2	43/33	11.03.82	82. 83. 84	32. 83. 84. 86	43/33 :9	66
14, ST. H., m, 60	3/2/3/2	47/37/43/33	25.05.82	82. 83	32. 83	–	65
*15, MU. H., m, 59	3/3/3	47/37/43	25.08.82	82. 83. 86	32. 83. 86	–	61
*16, NE. H., w, 64	3/3/3	43/33/47	21.09.82	83.	84. 85	43 :83.47/33 :85	(7) (39)
*17, LE. M., w, 73	2/2	43/33	05.11.82	82. 84. 85	85. 86. 87	33 :A-	58
*18, ZA. I., w, 51	2/2/2/2	43/33/46/36	24.11.82	82. 83. 84. 85. 87	82. 83. 84. 85. 87	–	58
*19, OL. E., w, 55	2/2	43/33	24.02.83	83. 84. 85	83. 84. 85	43/33 :85	(23)
20, FE. F., m, 63	3/2/3/2	43/33/46/36	05.04.83	83. 84	83. 84	33 :83A--84A	53
*21, NE. E., m, 67	2/2	43/33	07.05.84	84. 85	84. 85	43/33 :85	(9)
22, WE. H., m, 63	2/2	46/36	11.05.84	84	84	–	41
*23, PI. I., m, 64	2/2/2	43/33/46	29.08.84	84. 85.	84. 85. 86	33 :85	(5) 36
*24, EI. H., w, 52	2/3/1/1	44/34/47/37	05.11.84	84. 85	84. 85. 86	–	34
*25, GR. E., m, 66	3/3/3/3	43/33/46/36	07.01.85	84. 85. 86	84. 85. 86. 87	43/33A-:46/36A-	32
*26, ZA. W.O., m, 50	3/2	44/34	02.09.86	86. 87	86. 87	–	12
27, PE. A., w, 37	3/3	43/33	27.03.87	87	87	–	6
28, KR. A., w, 48	1/1	42/32	03.04.87	87	87	–	6
29, ZA. W.O., m, 50	2/2	46/36	01.06.87	87	87	–	4

*   *Patient*   In Kaplan-Meier-Überlebenskurve einbezogen.
     Patient† Verstorben. Letzter Kontrollbefund gerechnet.
     Patient ○ Derselbe Patient, verschiedene Implantationsdaten.

Implantattyp   *1* Einzelklinge
     2 Doppelklinge 2 mm
     3 Doppelklinge 3 mm

Implantatbefund   *S* Saumbildung im Röntgen
     A Alveolarkammabbau im Röntgen

Implantationsdauer Monate bis Verlust in Klammern ( ).

Um an den Orthopantomogrammen, die in den meisten Fällen zur röntgenologischen Dokumentation vorlagen, vergleichende Beurteilungen und Messungen vornehmen zu können, wurde zunächst durch Messung der Distanz Sattel – Flügelbasis am Röntgenbild und Vergleich mit der tatsächlichen Distanz am Implantat (= 7 mm) der Vergrößerungsfaktor bestimmt. Alveolarkamm-Höhenveränderungen konnten dann vermessen und in aktuelle Zahlenwerte umgerechnet werden. Eine eventuelle Stellungsänderung der Implantate im Kiefer durch die Verbindung mit dem Doldersteg und die Kaubelastung wurde durch eine Winkelbestimmung der Implantatober- und Unterkanten zu einer Normalen auf die Körpersymmetrieebene erfaßt.

Ergebnisse und Diskussion

Eine typische Versorgung eines zahnlosen Unterkiefers mit dem System „Implandent Austria" und das röntgenologische Langzeitergebnis bei Patient 10 zeigen Abb. 2a bis c. Wie sich aus Tabelle 1 ergibt, sind die beiden Implantate bei Patient 2 seit 101 Monaten (8 Jahre und 5 Monate) in situ und belastungsstabil. Leider war es trotz Abmachungen und großem persönlichem Einsatz bei vielen Patienten nicht möglich, einmal jährlich eine Nachuntersuchung durchzuführen, und besonders häufig wurde auch eine Röntgenkontrolle verweigert. Wenn man daher nur nach der Anzahl der wegen Lockerung wieder entfernten Implantate die Erfolgsrate berechnet, so ergibt dies mit 14 Implantaten eine Verlustrate von 19,7% (Erfolgsrate = 80,3%), ohne zu berücksichtigen, 1. wann diese Verluste aufgetreten sind, 2. daß bei manchen Patienten die letzte positive Kontrolle schon jahrelang zurückliegt und 3. daß bei einzelnen noch nicht als verloren beurteilten Implantaten röntgenologisch deutlich eine Saumbildung um die Implantatflügel oder beträchtlicher Alveolarkammabbau erkennbar ist.

Von den 8 Einzelblattimplantaten ging eines verloren, von den 45 Doppelklingen/2 mm 10 (4mal beide gesetzten Implantate) und von 18 Doppelklingen/3 mm einmal alle 3 gesetzten Implantate (Tabelle 1). Auf Grund der geringen Anzahl sind keine statistisch abgesicherten Aussagen über die bessere oder schlechtere Eignung der drei Implantattypen zu machen.

Unterzieht man nur die tatsächlich verlorenen (n = 14) und nur die rezent nachuntersuchten funktionierenden Implantate (n = 48) einer statistischen Überlebensberechnung, so ergibt sich eine mittlere Überlebenszeit von zirka 75 Monaten (S. E. = 5,8) mit etwa 62% der Implantate in guter Funktion (Abb. 3). Damit liegt die Implantaterfolgsrate etwa in der gleichen Höhe wie von Strub et al. (1987) für dieses Implantatsystem, allerdings in teilbezahnten Kiefern, und über einen ähnlichen Zeitraum berichtet.

Aus der Kaplan-Meier-Kurve (Abb. 3) lassen sich auch die Zeiträume ablesen, nach denen Implantatverluste auftraten, man kann aber auch extrapolieren, daß schon nach nur 36 Monaten die Überlebenschance (Erfolgsrate) bei 80% liegt, während nach derzeit 101 Monaten noch eine Überlebenschance für 53,8% (S. E. = 11,3) der Implantate besteht. Die Einbeziehung röntgenologisch gefährdeter oder schon lockerer, aber noch nicht entfernter Implantate würde diese Raten noch weiter reduzieren. Die

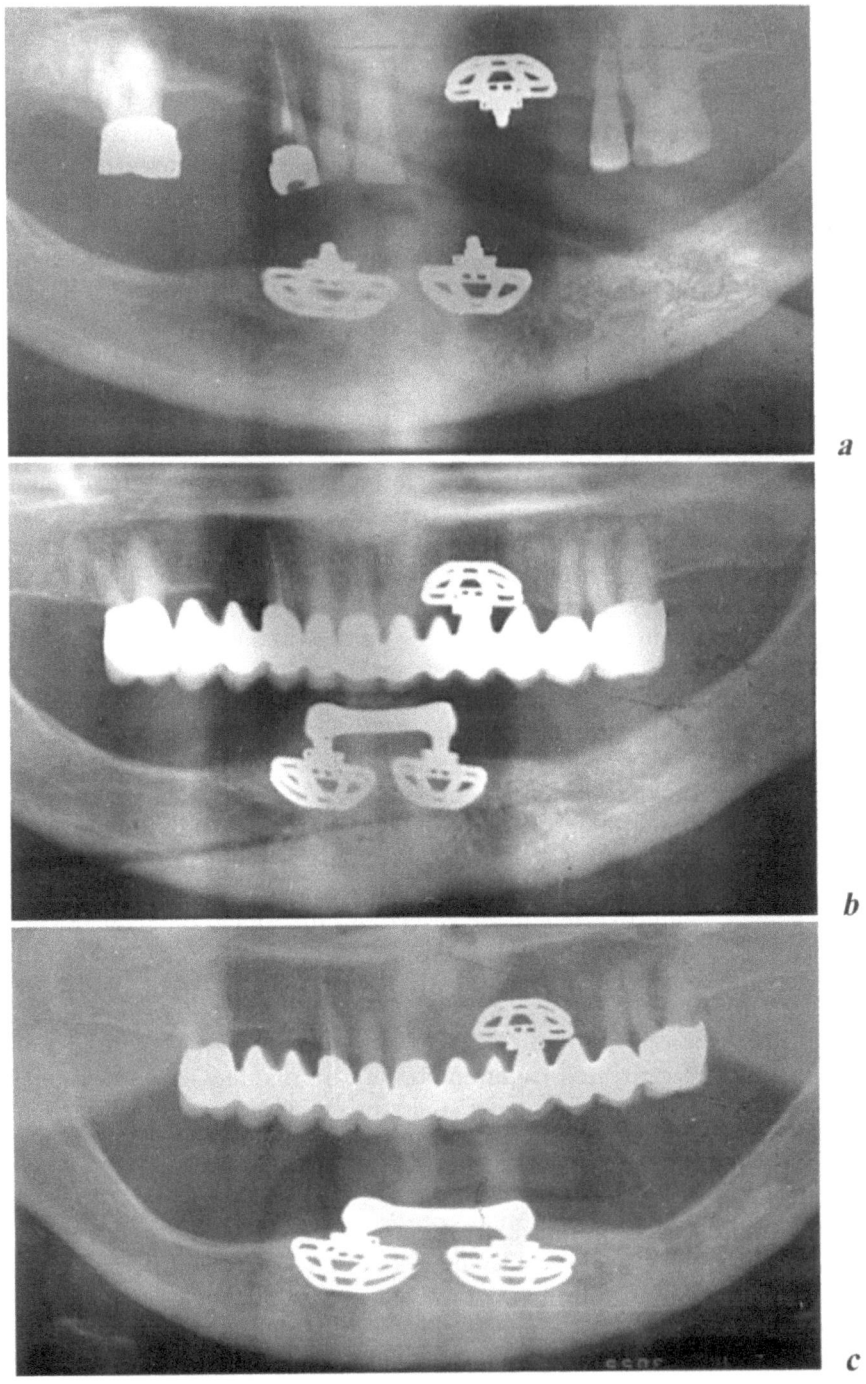

Abb. 2a bis **c.** Orthopantomogramme der Kieferregion von Patient 10 (Tabelle 1), unmittelbar nach Implantation **(a),** 6 Monate **(b)** und 76 Monate nach Implantation **(c)**

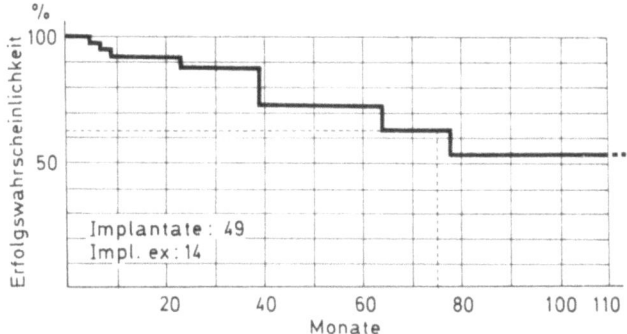

Abb. 3. Kaplan-Meier-Überlebenskurve der „Implandent Austria"-Implantate im zahnlosen Unterkiefer. Die punktierte Linie zeigt die Erfolgswahrscheinlichkeit (zirka 62%) bei der mittleren Überlebenszeit (zirka 75 Monate)

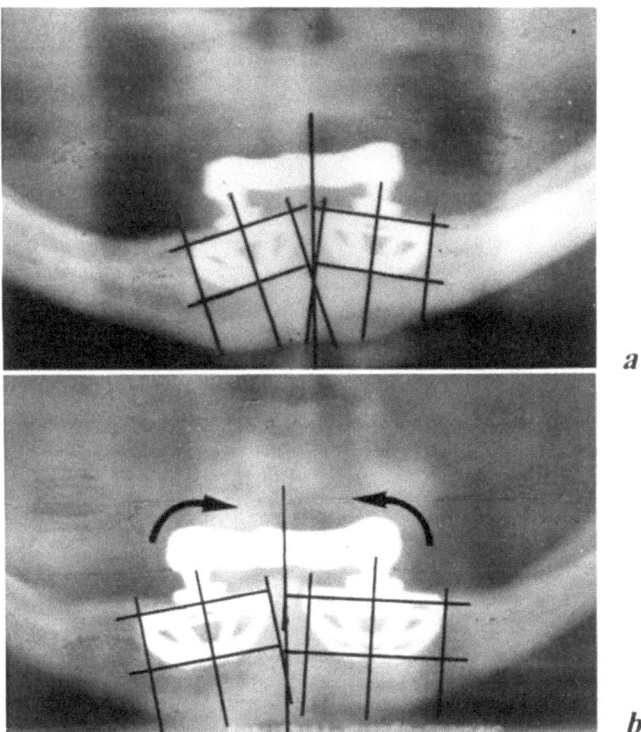

Abb. 4a, b. Ausschnittvergrößerungen aus Orthopantomogrammen der Kieferregion von Patient 2 (Tabelle 1) vom 05. 09. 1979 **(a)** und vom 07. 03. 1984 **(b).** Die Einzeichnung der Implantatgrenzen in bezug auf eine Normale zur Körpersymmetrieebene zeigt eine Verringerung des Kippwinkels auf beiden Seiten (Pfeile)

Problematik der Berechnung solcher Überlebensraten und der Kriterien der Mißerfolgsbeurteilung werden z. B. auch bei orthopädischen Implantaten diskutiert (Dorey and Amstutz, 1986), es ergibt sich daraus aber jedenfalls eine kritischere Einschätzung des Erfolges eines Implantatsystems!

Ein wesentliches Hilfsmittel für die Erfolgsbeurteilung ist die röntgenologische Kontrolle. Leider wird hierfür vor allem die Orthopantomographie verwendet, die nur bedingt standardisierbar ist und keine genaue Erfassung der Knochenreaktion zuläßt. Auch Einzelzahnröntgenaufnahmen sind nur nach Anwendung der Rechtwinkeltechnik vergleichbar. Für die vergleichende Beurteilung von knochendichten Strukturen kommt noch hinzu, daß Filmbelichtung und Ausarbeitung normiert sein müssen. Wie man trotzdem an nicht standardisierten Röntgenbildern vergleichende Messungen vornehmen kann, sollen 2 Fallbeispiele zeigen:

Bei Patient 2 kann man zeigen, daß der subjektive Eindruck einer Stellungsänderung der durch einen Steg verbundenen Implantate tatsächlich stimmen könnte (Abb. 4a, b). In einem Zeitraum von 5 Jahren haben sich beide Doppelklingenimplantate um eine z-Achse nach mesial verkippt, das rechte Implantat (43) um 7 Grad, das linke Implantat (33) um 4 Grad,

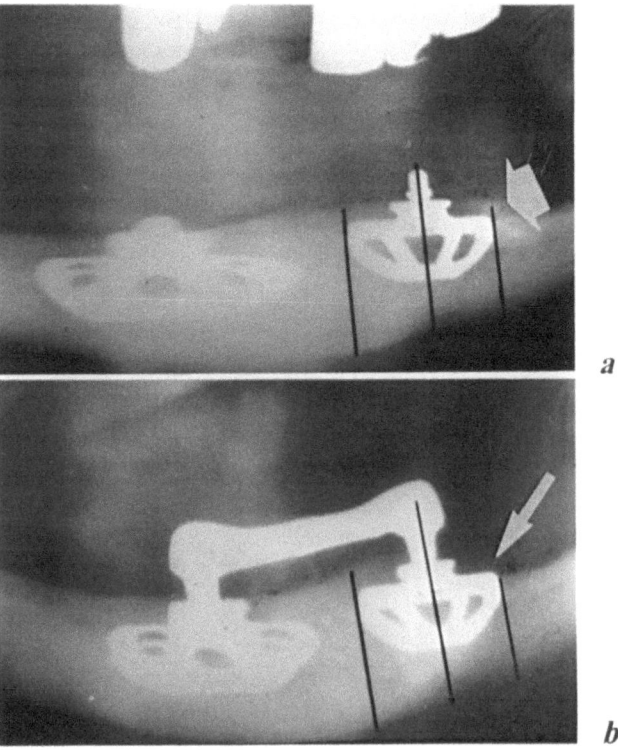

Abb. 5a, b. Ausschnittvergrößerungen aus Orthopantomogrammen der Kieferregion von Patient 17 (Tabelle 1) vom 12. 11. 1982 (a) und vom 05. 07. 1984 (b) zeigen bei Implantat 33 distal eine Abnahme der Knochenhöhe um 1,5 mm (Pfeil)

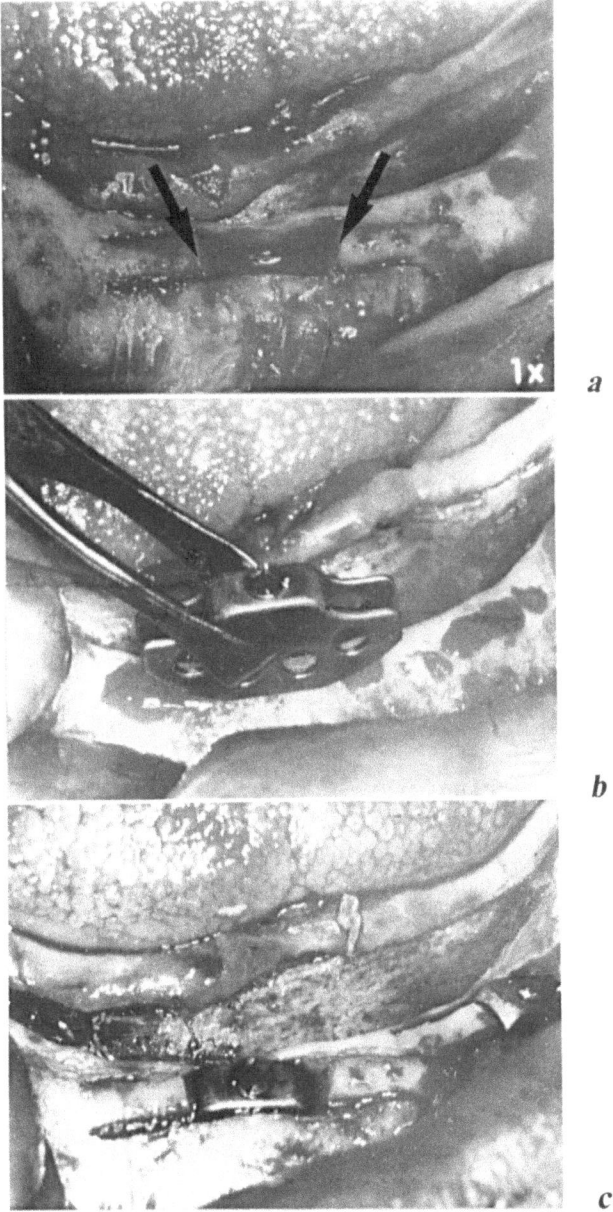

Abb. 6a bis **c.** Operationssitus nach dem Fräsen des Implantatbettes für ein Tantal-Doppelklingenimplantat der Entwicklungsstufe 3 – beachte die Mulde (Pfeile) für den neuen Brückenteil **(a)**. Das neue Implantat vor der Insertion **(b)**. Das eingesetzte Implantat liegt nun völlig enossal **(c)**

ohne daß röntgenologisch eine Saumbildung oder klinisch Lockerungszeichen vermerkt werden können. Es scheint also auch bei osseointegrierten Implantaten so etwas wie eine orthodontische Ausrichtung möglich zu sein, ohne die Knochenumbauvorgänge zu überfordern und zur Lockerung zu führen, wobei die „Löschwiegenform" dieses Implantatsystems so eine Bewegung vielleicht am ehesten zuläßt.

Bei Patient 17 kann man nach Bestimmung des Vergrößerungsfaktors an den Kontrollaufnahmen vom 12. 11. 1982 und vom 5. 7. 1984 (Abb. 5a, b) am Implantat in Position 33 distal einen Höhenverlust von 1,5 mm messen, also mehr Abbau als pro Jahr als zulässig angesehen wird (Branemark et al., 1985). Aus den gezeigten Abbildungen wird aber die Problematik der Darstellung knochendichter Strukturen an unterschiedlichen Röntgenbildern deutlich. Andererseits war gerade bei diesem Implantatsystem, das bisher eine Kombination von enossalen Klingen mit einem subperiostal liegenden Brückenteil darstellte, ein epitheliales Tiefenwachstum zu erwarten und Knochenresorption die unausweichliche Folgeerscheinung.

Um diese Schwachstelle auszuschalten, wurde die oben beschriebene 3. Entwicklungsstufe herausgebracht und bereits bei einigen Patienten eingesetzt (Abb. 6a bis c). In das unter größtmöglicher Gewebeschonung präzise vorbereitete knöcherne Bett kann das Implantat nun so tief eingesenkt werden, daß es völlig enossal liegt und von Schleimhaut bedeckt einheilen kann. Inzwischen konnte an Dünnschliffpräparaten nachgewiesen werden (Plenk, 1986), daß im Gegensatz zu allen anderen Blatt- oder Klingenimplantaten das Doppelklingenimplantat aus Tantal auch nach jahrelanger funktioneller Belastung ohne eine bindegewebige Zwischenschichte durch dichte Knochenkontakte verankert werden kann. Diese Osseointegration kann einerseits durch die gegenüber Einzelklingenimplantaten bessere seitliche Abstützung erklärt werden, denn erst Doppelklingenimplantate nützen den „Katamaraneffekt" und nicht, wie Zander und Schwarz 1983 postulierten, alle Extensionsimplantate. Andererseits bringt Tantal vielleicht von allen üblichen Implantatmetallen und Legierungen die günstigsten elektrochemischen Voraussetzungen mit (Zitter und Plenk, 1987). Damit wird dieses weiterentwickelte Implantatsystem zu einer vielversprechenden Alternative in der oralen Implantologie.

Danksagung

Für Unterstützung bei diesen Untersuchungen danken wir dem Forschungsförderungsfonds der Kammer der Gewerblichen Wirtschaft, Proj. Nr. 03/005919 und dem W & H Dentalwerk Bürmoos.

Literatur

Branemark PI, Zarb GA, Albrektsson T (eds) (1985) Tissue-integrated prostheses. Osseointegration in clinical dentistry. Quintessence, Surrey
Dorey F, Amstutz HC (1986) Survivorship analysis in the evaluation of joint replacement. J Arthroplast 1 : 63–69
Kaplan EL, Meier P (1958) Nonparametric estimation from incomplete observations. J Am Stat Assoc 53 : 457–463

Plenk jr H (1986) Die Osseointegration von Blatt-, Nadel- und Schraubenimplantaten aus Tantal und Titan. 3. GOI-Jahreskongreß, Würzburg, 19. bis 22. Novem-
ber 1986, Referat 42
Schroeder A (1974) Das Implantat nach Herskovits. Vorläufige Mitteilung über eine
neue Implantatform. Schweiz Mschr Zahnheilkd 84 : 742 – 747
Schuh E, Kellner G, Krammer H, Slavicek R (1981 a, b) Das Doppelklingenimplantat System Ebauches S. A. nach Dr. Herskovits (I, II). Quintessenz 32/3:
417 – 427, 32/4:633 – 637
Strub JR, Rohner D, Schärer P (1987) Die Versorgung des Lückengebisses mit
implantat-zahngetragenen Brücken. Eine Longitudinalstudie über 7½ Jahre.
Z Zahnärztl Implantol 3 : 242 – 254
Zander AJ, Schwarz H (1983) Die Grenzschichtbelastung enossaler Kieferimplanta-
te in Abhängigkeit von Implantatform und Belastungsrichtung. Eine In-vitro
Studie. In: Strub JR, Gysi BE, Schärer P (Hrsg) Schwerpunkte in der oralen
Implantologie und Rekonstruktion. Quintessenz, Berlin, S 65 – 87
Zitter H, Plenk jr H (1987) The electrochemical behavior of metallic implant
materials as an indicator of their biocompatibility. J Biomed Mater Res
21 : 881 – 896

Anschrift des Verfassers: Prof. Dr. E. Schuh, Ludwig Boltzmann-Institut für
Parodontologie, Kaiser-Franz-Ring 8, A-2500 Baden bei Wien.

Die extreme Atrophie des Unterkiefers –
eine Indikation zu Implantatversorgung

F. W. Neukam, J.-E. Hausamen, H. Scheller und R. Schmelzeisen

Klinik für Mund-, Kiefer- und Gesichtschirurgie
(Leiter: Prof. Dr. Dr. J.-E. Hausamen),
Medizinische Hochschule, Hannover, Bundesrepublik Deutschland

Mit 3 Abbildungen

Zusammenfassung

Das Brånemark-Schraubenimplantatsystem bietet bei der extremen Atrophie die Möglichkeit, bei einer interforaminalen Resthöhe des Unterkiefers von 6 bis 12 mm entweder durch osteointegrierte Implantate allein oder durch enossale Implantate in Kombination mit einer Knochentransplantation die Kaufunktion wiederherzustellen. Unsere eigenen positiven Ergebnisse nach zweijähriger klinischer Anwendung lassen unter Berücksichtigung der Erfolgsaussichten des Therapiekonzeptes über 15 Jahre den Schluß zu, daß die Implantatversorgung auch bei der extremen Atrophie des Unterkiefers als Alternative zu konventionellen Methoden der präprothetischen Chirurgie angesehen werden kann.

Summary

Advanced Mandibular Atrophy – An Indication for Implants. In patients with advanced mandibular atrophy down to an interforaminal height of 6 to 12 mm, masticatory function can be restored by the Brånemark screw implant system, i. e. by osteointegrated implants alone or by the combination of endosseous implants and bone grafting. Allowing for the 15-year success rate of the treatment concept, our positive experiences after 2 years of clinical use suggest that implants constitute a useful alternative to conventional preprosthetic surgery even in patients with advanced mandibular atrophy.

Schlüsselwörter: Unterkieferatrophie, osteointegrierte Implantate, Knochentransplantation.

Key words: Advanced mandibular atrophy, osteointegrated implants, bone grafting.

Einleitung

Zur chirurgischen Verbesserung des Prothesenlagers im Unterkiefer bei extremer Atrophie wurden zahlreiche Operationsverfahren entwickelt, deren Indikation bei meist großem operativen Aufwand und häufig unbefriedigenden Spätergebnissen heute äußerst zurückhaltend gestellt werden muß. Auch bei der Kieferaugmentation mit Hydroxylapatit ist nach Lentrodt und Fritzemeier, (1986) einerseits die Behandlung meist aufwendig und langwierig und sind anderseits trotz guter Materialeigenschaften Schwierigkeiten und Komplikationen nicht zu vermeiden. Neben den klassischen Operationsverfahren zur relativen und absoluten Kieferkammerhöhung hat die Implantatversorgung des zahnlosen Unterkiefers in den letzten Jahren zunehmend an Bedeutung gewonnen. Wiederholt wird aber darauf hingewiesen, daß gerade bei extrem ungünstigen anatomischen Verhältnissen die Möglichkeiten, zumindest auch in der enossalen Implantologie, begrenzt sind. Dabei finden sich in der Literatur unterschiedliche Angaben über die für die Präparation relevanten anatomischen Gegebenheiten des Kieferknochens, insbesondere über die limitierende Mindesthöhe des Kieferkörpers zur sicheren Inkorporation eines enossalen Implantates. Während als vertikale Grenzhöhen Tetsch (1984) 15 mm, Spiekermann (1987) 12 bis 13 mm und Lentrodt (1983) 11 bis 13 mm allgemein für notwendig erachten, halten Small (1980) für das staple implant eine Mindesthöhe von 9 mm und Brånemark (1983) für sein Implantatsystem ein vertikales Knochenangebot von 7 mm für limitierend.

Die wissenschaftliche Klärung grundsätzlicher Fragen, die hohe klinische Praktikabilität und die durch klinische und röntgenologische Langzeituntersuchungen (Adell et al., 1981) bewiesene Erfolgssicherheit im zahnlosen Ober- und Unterkiefer sowie unsere eigenen positiven Erfahrungen beim osteoplastischen Ersatz der Kiefer (Neukam et al., 1987) waren für uns Voraussetzungen, das Brånemark-Implantatsystem auch bei der extremen Atrophie des Unterkiefers einzusetzen. An Hand von 3 klinischen Fällen soll unser Vorgehen zur Wiederherstellung der Kaufunktion bei einer interforaminalen Resthöhe des Unterkiefers zwischen 6 und 12 mm durch osteointegrierte Implantate allein oder in Kombination mit einer Knochentransplantation erläutert werden.

Kasuistik

Fallbeispiel 1

Bei einer jetzt 65 Jahre alten Patientin führten wir 1978 bei Atrophie des Unterkieferalveolarfortsatzes eine Unterkieferaugmentationsplastik mit einem kortikospongiösen Beckenkammtransplantat durch. Während primär die Prothesenfähigkeit objektiv und subjektiv verbessert werden konnte, war das funktionelle Spätergebnis 8 Jahre später bei vollständiger Resorption der Osteoplastik und erneuter Insuffizienz des Prothesenlagers mehr als enttäuschend. Es wurden bei einer Resthöhe des Kieferkörpers im Fernröntgenbild von 7 bis 9 mm 5 Brånemark-Schrauben Regio 32, 34 (7 mm Länge) und Regio 41, 43, 44 (10 mm Länge) interforaminal inseriert. 3 Monate später wurde die Patientin nach Fixierung der Distanzhülsen mit einer ausschließlich implantatgetragenen Brückenkonstruktion versorgt. Die Kaufunktion konnte vollständig wiederhergestellt werden. Klinische und röntgenologische Kontrolluntersuchungen während der letzten 12 Monate ergaben keinerlei Anhalte auf pathologische Befunde (Abb. 1).

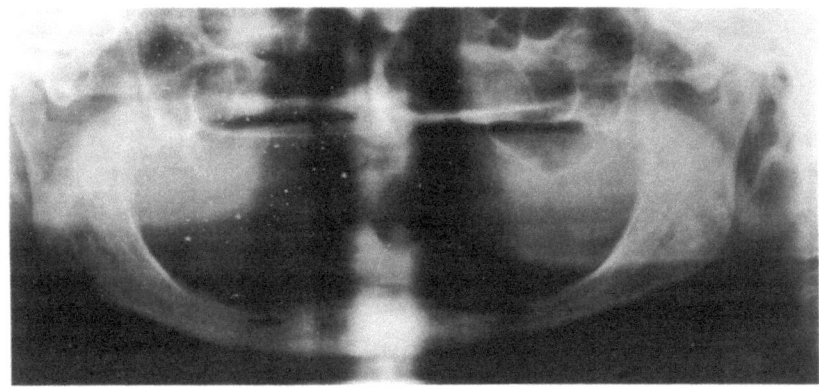

a

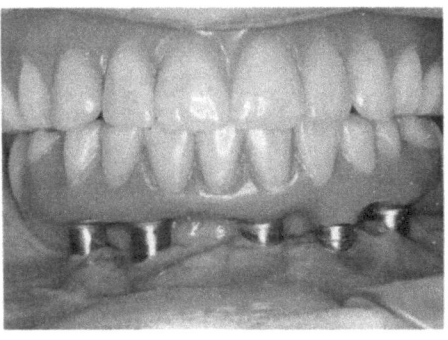
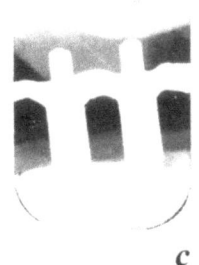

b   *c*

Abb. 1. Unterkieferatrophie mit vertikaler Resthöhe des Unterkieferkörpers im Fernröntgenbild von 7 bis 9 mm. **a** Röntgenbefund 8 Jahre nach Unterkieferaugmentationsplastik und vollständiger Resorption des Knochentransplantates. **b** Klinischer Befund mit ausschließlich implantatgetragener Suprakonstruktion im Unterkiefer 1 Jahr nach definitiver prothetischer Versorgung. **c** Im Röntgenbild ankylotisch eingeheilte Implantatschrauben Regio 42, 43. Kontrolle anderthalb Jahre nach Implantation

Fallbeispiel 2

Bei einer 68jährigen, seit 15 Jahren unbezahnten Patientin bestand eine ausgeprägte Unterkieferatrophie mit auf dem Kieferkamm gelegenen Austrittspunkten der Nn. mentales und einer frontalen Resthöhe des Unterkie-

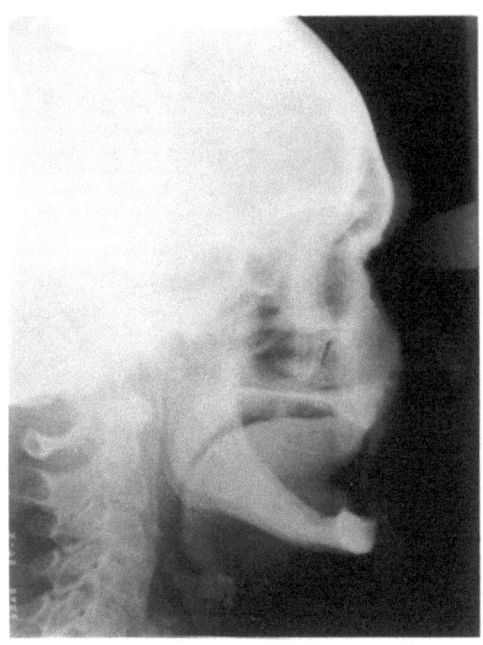
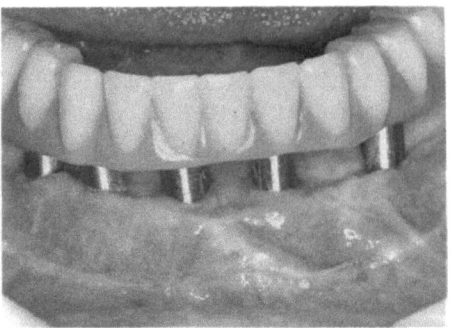
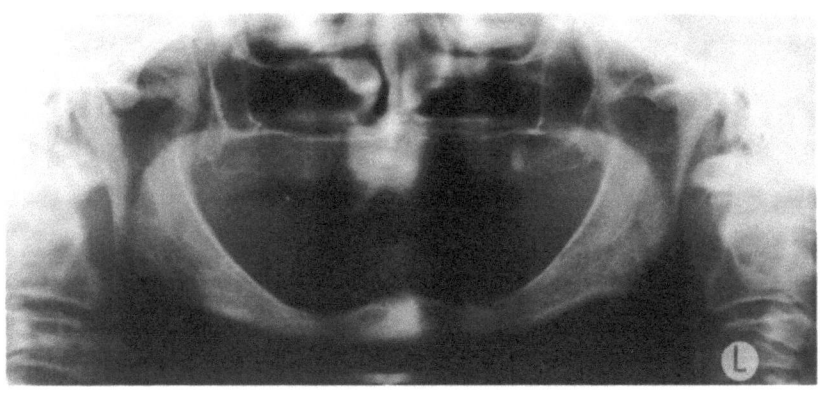
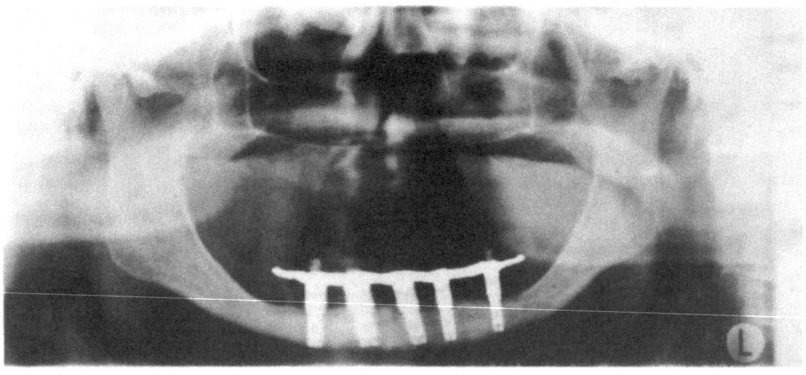

Abb. 2. Unterkieferatrophie mit einem vertikalen Knochenangebot im Unterkiefer interforaminal von 7 bis 8 mm. **a, b** Präoperativer Röntgenbefund. **c, d** Klinischer und röntgenologischer Befund anderthalb Jahre nach Insertion von 5 Brånemark-Implantaten und prothetischer Versorgung. Reizlose peripiläre Schleimhautverhältnisse

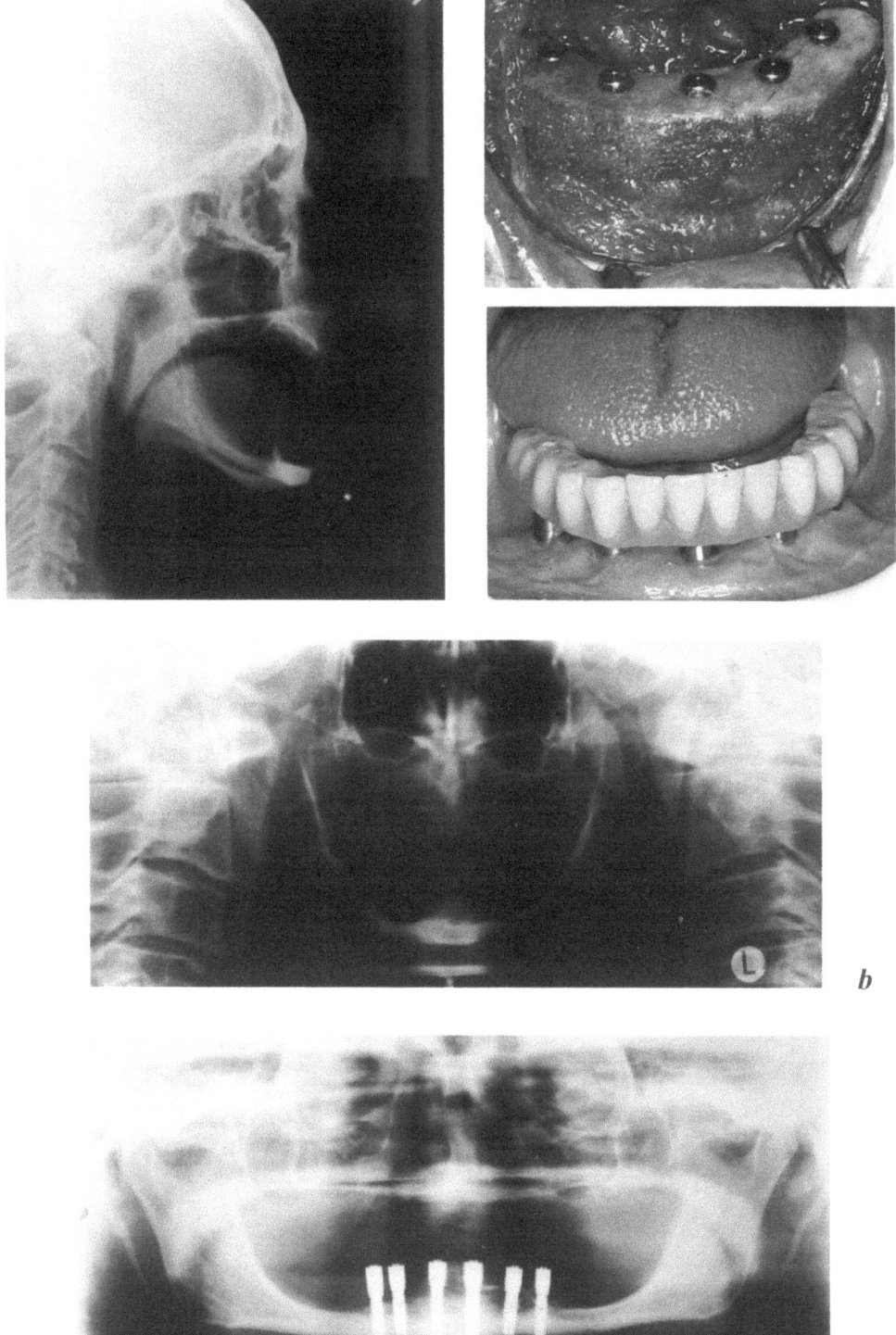

Abb. 3. Extreme Unterkieferatrophie. Wiederherstellung der Kaufunktion durch osteointegrierte Implantate in Kombination mit einer Knochentransplantation. **a, b** Präoperativer Röntgenbefund. Vertikale Resthöhe des Unterkiefers von weniger als 6 mm im frontalen Abschnitt. **c** Unterkieferaufbauplastik mit einem kortikospongiösen Beckenkammtransplantat. Stabilisierung mit 5 Brånemark-Schrauben im ortsständigen Knochen. **d, e** Klinischer und röntgenologischer Befund ein halbes Jahr nach kaufunktioneller Belastung der Implantate

fers von zirka 7 bis 8 mm im Fernröntgenbild. Zur Wiederherstellung der Kaufunktion wurden fünf 7 mm lange Brånemark-Schrauben interforaminal unter Perforation der Unterkieferaußencorticalis Regio 43 und 45 eingegliedert. Nach 3 Monaten waren die Implantate knöchern integriert. Es wurden Distanzhülsen durch die Schleimhaut geführt und ein implantatgetragener, bedingt abnehmbarer Zahnersatz eingegliedert. Bei einer Kontrolluntersuchung 18 Monate später zeigte sich klinisch und röntgenologisch bei wiederhergestellter Kaufunktion ein unveränderter Befund (Abb. 2).

Fallbeispiel 3

Eine 74jährige Patientin wurde uns zur chirurgischen Verbesserung des Prothesenlagers überwiesen. Eine zirka 12 Jahre zuvor vorgenommene Mundbodenvestibulumplastik hatte bei der seit mehr als 30 Jahren mit Vollprothesen versorgten Patientin nur für wenige Jahre die Prothesenfunktion im Unterkiefer verbessern können. Die Kaufunktion war wegen häufiger Druckstellen und mechanischer Irritation des N. mentalis beidseits erheblich eingeschränkt. Klinisch und röntgenologisch fand sich das typische Bild einer extremen Unterkieferatrophie mit einer vertikalen Resthöhe des Unterkiefers von weniger als 6 mm im frontalen Abschnitt. Auf Grund der fortgeschrittenen Knochenresorption erschien eine ausreichende Implantatverankerung im ortsständigen Knochen allein fraglich. Der Unterkiefer wurde deshalb mit einem kortikospongiösen Beckenkammtransplantat aufgebaut. Die Stabilisierung des Knochentransplantates erfolgte ausschließlich über fünf Brånemark-Schrauben (Regio 43 18 mm Länge; Regio 34, 32, 41, 45 15 mm Länge), die im Unterkieferknochen unter Perforation der Außencorticalis Regio 35, 33 und 45 verankert wurden. Die Einheilung des Knochentransplantates erfolgte ungestört. Nach 4 Monaten wurde die Schleimhautdecke eröffnet, Distanzhülsen bei klinisch knöchern integrierten Implantaten befestigt und die Patientin sofort anschließend mit einer implantatgetragenen, bedingt abnehmbaren Brücke versorgt. Bei einer Kontrolluntersuchung 6 Monate später zeigte sich klinisch und röntgenologisch ein unveränderter Befund. Es bestanden keine Sensibilitätsstörungen; die Kaufunktion konnte vollständig wiederhergestellt werden (Abb. 3).

Diskussion

Das Brånemark-Implantatsystem bietet unter Berücksichtigung der anatomischen Gegebenheiten des Kieferknochens auch bei der extremen Atrophie des Unterkiefers die Möglichkeit, durch in der Regio interforaminalis verankerte Implantate einen funktionstüchtigen Zahnersatz einzugliedern. Da Implantate in 7 bis 20 mm Länge zur Verfügung stehen, besteht die Möglichkeit, bei unterschiedlichen Resorptionsgraden zumindest bis zu einer vertikalen Resthöhe von 8 mm die Implantatkörper sicher knöchern zu integrieren. Wesentliche Vorteile gegenüber anderen Implantationssystemen sehen wir aber in der atraumatischen Aufbereitung des Implantatbettes und in der Möglichkeit, durch langsames maschinelles Gewindeschneiden auch im weitmaschigen Spongiosateil eines Knochentransplantates eine sichere primäre Stabilität der Schraubenimplantate zu gewährleisten. Ein Vorteil, der besondere Bedeutung gewinnt, wenn bei einem vertikalen Knochenangebot von 7 mm die Außencorticalis des Unterkiefers perforiert wird oder bei einer Aufbauplastik das Knochentransplantat durch die Schraubenimplantate sicher im ortsständigen Knochen stabilisiert werden soll, so daß auf zusätzliche Stabilisierungselemente verzichtet werden kann.

Die freie Knochentransplantation zur absoluten Unterkiefererhöhung ist mit dem Problem schwer einzuschätzender Resorptionen durch funktionelle Fehlbelastungen behaftet und bietet allein nicht die Gewähr einer langfristigen Wiederherstellung der Kaufunktion (Koberg, 1985). Demgegenüber weisen Breine und Brånemark (1980) und Lindström et al. (1981) darauf hin, daß über eine kaufunktionelle Belastung knöchern integrierter Implantate der transplantierte Knochen physiologisch belastet wird und so resorptive Vorgänge beherrschbar werden. Erste Ergebnisse einer Untersuchung in unserer Klinik zur quantitativen Bestimmung der Resorption nach Knochentransplantationen in Kombination mit enossalen Implantaten scheinen diese Ergebnisse zu bestätigen (Schmelzeisen et al., 1987).

Die ersten Brånemark-Titanschraubenimplantate haben wir im Juli 1985 eingegliedert und haben zwischenzeitlich bei insgesamt 22 Patienten mit extremer Unterkieferatrophie 106 Implantate inseriert. Dabei konnten wir uns von der universellen Anwendungsmöglichkeit des Brånemark-Titanschrauben-Implantatsystems überzeugen. Bei Implantationen im ortsständigen Knochen (88 Implantate) mußten wir bisher lediglich ein Implantat, bei enossalen Implantationen in Kombination mit einer Knochentransplantation zwei Implantate, die bei der Zweitoperation nicht knöchern integriert waren, entfernen. Alle anderen Implantate wiesen bei unverbundener Einzelprüfung klinisch keine Mobilität auf bei reizlosen peripilären Schleimhautverhältnissen und zeigten röntgenologisch bei einem vertikalen Knochenverlust von weniger als 0,2 mm pro Jahr keine Anzeichen periimplantärer Transluzenz. Sie wurden von uns bisher als Erfolg gewertet.

Zusammenfassend können wir sagen, daß unsere bisherigen Ergebnisse eine langfristige Wiederherstellung der Kaufunktion bei der extremen Unterkieferatrophie durch osteointegrierte Implantate allein oder in Kombination mit einer Knochentransplantation erwarten lassen und als Alternative zu konventionellen Methoden der präprothetischen Chirurgie angesehen werden kann. Wir sind uns bewußt, daß eine endgültige Bewertung unseres eigenen Materials erst nach Vorlage einer 5- bzw. 10-Jahres-Überlebensstatistik nach den strengen Kriterien, wie wir sie für eine Tumordokumentation fordern, möglich sein wird, obwohl 15jährige Überlebensstatistiken für das Brånemark-System selbst bereits seit mehreren Jahren vorliegen (Adell et al., 1981). Eine diesbezügliche prospektive statistische Erhebung wird in unserer Klinik vorbereitet.

Literatur

Adell R, Lekholm U, Rockler B, Brånemark PI (1981) A 15-year study of osseointegrated implants in the treatment of the edentulous jaw. Int J Oral Surg
10:387–416

Brånemark PI (1983) Osseointegration and its experimental background. J Prosthet
Dent 49:399–410

Breine U, Brånemark PI (1980) Reconstruction of alveolar jaw bone. An experimental and clinical study of immediate and preformed autologous bone grafts in
combination with osseointegrated implants. Scand J Plast Reconstr Surg 14:
23–48

Koberg W (1985) Spätergebnisse nach Augmentationsplastiken. Dtsch Z Zahnärztl
Implantol 1:239–245

Lentrodt J (1983) Präprothetische Implantologie im Kieferbereich (Bisherige Erfahrungen, Indikationen und Kriterien der Erfolgsbeurteilung). Round-Table-Dis-
kussion, 33. Kongreß der Dtsch Ges für Mund-Kiefer-Gesichtschirurgie, Wien

Lentrodt J, Fritzemeier CU (1986) Schwierigkeiten und Komplikationen bei der
absoluten Alveolarkammerhöhung mit Hydroxylapatit. Z Zahnärztl Implantol
2:226–230

Lindström J, Brånemark PI, Albrektsson T (1981) Mandibular reconstruction using
the preformed autologous bone graft. Scand J Plast Reconstr Surg 15:29–38

Neukam FW, Hausamen JE, Scheller H, Feldmann G (1987) Knochentransplanta-
tion in Kombination mit enossalen Implantaten. In: Kastenbauer, E, Wilmes, E,
Mees, K (Hrsg) Das Transplantat in der plastischen Chirurgie. Springer, Berlin
Heidelberg New York Tokyo, S 41–44

Schmelzeisen R, Raufmann W, Neukam FW (1987) Quantitative Bestimmung der
Knochenresorption am Beispiel osteointegrierter zweiphasiger Implantate –
Erste Ergebnisse eines rechnergestützten Normierungsprogrammes von OPT-
Verlaufsaufnahmen. Dtsch Z Zahnärztl Implantol 3:156–160

Small JA (1980) The mandibular staple bone plate for the atrophic mandible. Dent
Clin N Amer 24:565–570

Spiekermann H (1987) Enossale Implantate für unbezahnte Kiefer. In: Hupfauf L
(Hrsg) Totalprothesen. Urban & Schwarzenberg, München, S 257–284

Tetsch P (1984) Enossale Implantationen in der Zahnheilkunde. Hanser, München

Anschrift des Verfassers: Dr. Dr. F. W. Neukam, Klinik für Mund-, Kiefer- und
Gesichtschirurgie, Medizinische Hochschule Hannover, Konstanty-Gutschow-Straße 8, D-3000 Hannover 61, Bundesrepublik Deutschland.

Periotestmessungen bei enossalen Implantaten

B. Schramm-Scherer

Poliklinik für Zahnärztliche Chirurgie (Vorstand: Prof. Dr. Dr. P. Tetsch)
der Johannes Gutenberg-Universität Mainz, Bundesrepublik Deutschland

Mit 3 Abbildungen

Zusammenfassung

Bei 530 enossalen Implantaten wurden Periotestmessungen nach unterschiedlicher Liegedauer durchgeführt. Dabei zeigten sich erhebliche Differenzen bei verschiedenen Implantattypen. Die günstigsten Durchschnittswerte finden sich bei TPS-Schraubenimplantaten, gefolgt von Frialit- und IMZ-Implantaten. Das Periotestgerät hat sich als zuverlässiges Untersuchungsverfahren in der Verlaufsbeurteilung enossaler Implantate bewährt. Es lassen sich Aussagen über die Osseointegration, pathologische Veränderungen, Funktion von Suprakonstruktionen und Dämpfungselementen treffen. Um Ergebnisse verschiedener Arbeitsgruppen vergleichen zu können, ist eine Standardisierung des Meßverfahrens notwendig.

Summary

Periotest Measurements in Patients with Endosseous Implants. 530 endosseous implants were subjected to Periotest shock resistance measurements after variable intervals following implantation. Considerable differences were found to exist between various implant types. Based on mean Periotest readings, TPS screw implants fared best followed by Frialite and IMZ implants. The Periotest kit proved to be a reliable tool for following up endosseous implants. Osteointegration, pathological changes, suprastructure and mobile element function can be evaluated. Standardization of the procedure is required to ensure better comparability on the results by different groups.

Schlüsselwörter: Dämpfungsverhalten, Osseointegration, Verlaufskontrollen.

Key words: Shock resistance, osteointegration, follow-up.

Einleitung

Das ursprünglich zur Beurteilung der Funktion des Parodontiums und von Parodontalerkrankungen entwickelte Periotestverfahren (Schulte et al., 1983; d'Hoedt et al., 1985; Schulte, 1986) eignet sich nach bisherigen Untersuchungen in besonderem Maße zur Verlaufskontrolle enossaler

Implantate (Schulte, 1986; Schramm-Scherer, 1987; d'Hoedt und Schramm-Scherer, 1987). Osseointegrierte Implantate haben völlig andere Dämpfungseigenschaften als natürliche Zähne. Diese lassen sich mit dem Periotestgerät quantitativ ermitteln. Das Meßprinzip beruht auf der Perkussion des Implantates durch einen mikrocomputergesteuerten Stößel, der mit konstanter Geschwindigkeit 4mal pro Sekunde auf das Implantat auftrifft. Das Abbremsen des Stößels geschieht um so schneller, je größer die Festigkeit des Implantates, also seine Dämpfung ist. Die eigentliche Meßgröße ist die Kontaktzeit zwischen Stößel und Implantatkrone bzw. Meßpfosten. Sie beträgt etwa 1 Millisekunde. Aus zirka 16 Perkussionssignalen errechnet ein integrierter Mikrocomputer den Mittelwert der Kontaktzeiten. Er kontrolliert die richtige Ausführung des Meßvorganges. Die optisch und akustisch angegebenen Werte einer numerischen Skala zwischen -8 und $+50$ liegen bei osseointegrierten Implantaten im Minusbereich. Einen entscheidenden Einfluß auf das Ergebnis hat die Position des Handstückes bzw. des Stößels während der Messung. Um vergleichbare Ergebnisse zu erhalten, muß das Verfahren standardisiert werden.

Methode

Im Rahmen von Routinekontrollen wurden 530 Implantate mit dem Periotestverfahren beurteilt. Es handelte sich um 154 TPS-Schrauben, 139 Frialit-Implantate Typ Tübingen und 237 IMZ-Implantate. Während die Messung bei Tübinger Implantaten – natürlichen Zähnen vergleichbar – labial im Bereich der Krone in Höhe des Äquators durchgeführt wird, ist bei der Beurteilung der IMZ- und TPS-Implantate eine Abnahme der Suprakonstruktion notwendig. Bei IMZ-Implantaten wird zusätzlich das intramobile Element entfernt und ein spezieller Meßpfosten eingeschraubt (Schramm-Scherer, 1987). Schraubenimplantate können durch Perkussion des Kopfes beurteilt werden. Mit der Entfernung des Meßpunktes von der Knochenoberfläche erhöhen sich die Werte. Hier soll über Durchschnittswerte der erwähnten Implantattypen berichtet werden.

Ergebnisse

Die Periotest-Mittelwerte von 154 TPS-Schrauben (durchschnittliche Liegedauer 2,86 Jahre) liegen niedriger als -3 (Abb. 1) und zeigen damit die relativ günstigsten Ergebnisse. Das Maximum der ermittelten Einzelwerte ist mit 4 bzw. 6 Meßeinheiten deutlich niedriger als die Maxima anderer Implantattypen (Abb. 2). Nur vereinzelt finden sich Werte im positiven Bereich. 80% liegen zwischen -1 und -5. Der höchste gemessene Wert betrug $+16$. Ein Einfluß von der Implantatlänge, der Breite des Kieferkörpers und einem vertikalen Knochenabbau läßt sich bisher nicht feststellen.

Tübinger Implantate (n = 139) wurden überwiegend als Sofortimplantate eingesetzt. Die durchschnittliche Liegedauer betrug 2,82 Jahre. Die Periotestwerte liegen zwischen -5 und $+17$ (Abb. 2). Der Durchschnittswert beträgt 1,2 (Abb. 1). 75% der Werte liegen zwischen -3 und $+3$. Der Meßpunkt für die Perkussion des Stößels liegt deutlich höher als bei den

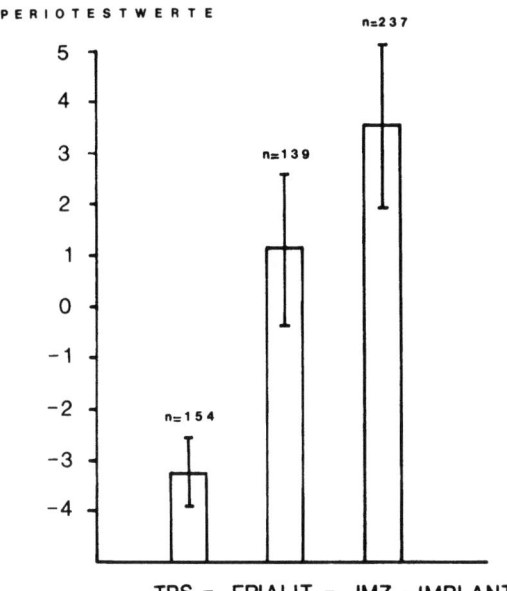

Abb. 1. Mittelwerte und Standardabweichungen der Periotestergebnisse bei: *154 TPS-Schraubenimplantaten:* Mittelwert −3,27, Standardabweichung 1,38, *139 Frialit-Implantaten Typ Tübingen:* Mittelwert 1,14, Standardabweichung 2,96, *237 IMZ-Implantaten:* Mittelwert 3,54, Standardabweichung 3,22

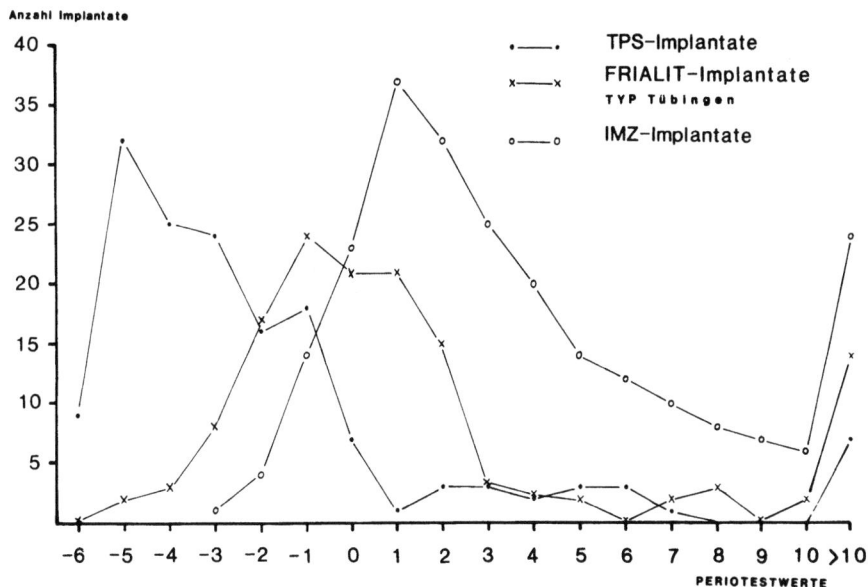

Abb. 2. Verteilung und Maxima der Periotestwerte von 154 TPS-Implantaten, 139 Frialit-Implantaten Typ Tübingen und 237 IMZ-Implantaten

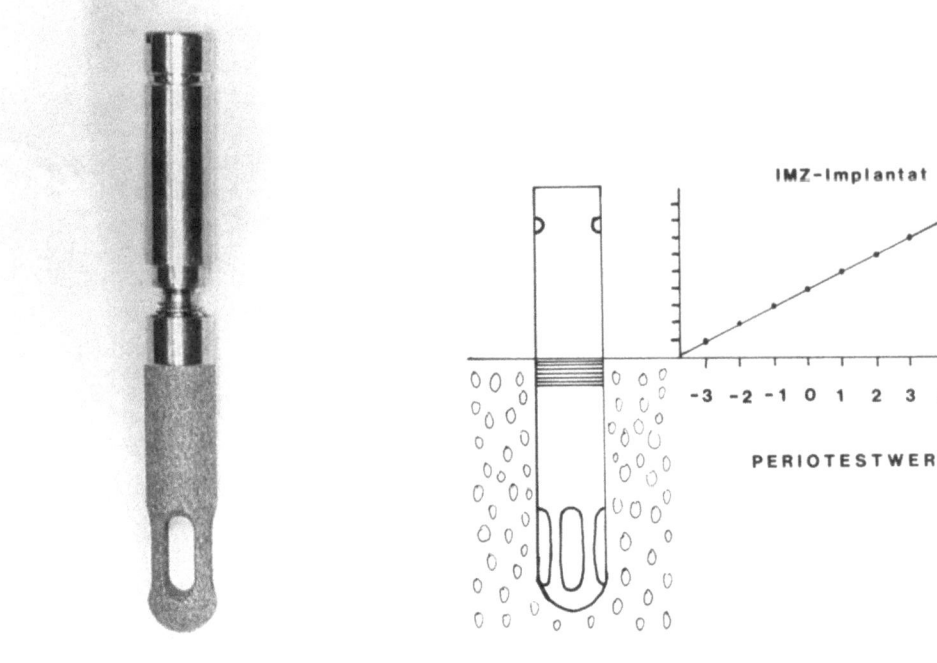

a   *b*

Abb. 3. Abhängigkeit des Periotestwertes von der Distanz des Meßpunktes zur Knochenoberfläche bei IMZ-Implantaten. **a** IMZ-Implantat mit eindrehbarem Meßpfosten. **b** Periotestmessung an IMZ-Implantaten mit eingedrehtem Meßpfosten: Die Periotestwerte steigen mit zunehmender Distanz des Meßpunktes zur Implantatoberkante

TPS-Schrauben. Ein sicherer Zusammenhang besteht zwischen der knöchernen Begrenzung und der Höhe der Periotestwerte. Bei Verlust der vestibulären Knochenlamelle über ein Viertel der Implantatlänge muß mit einem signifikanten Anstieg der Periotestwerte gerechnet werden (Schramm-Scherer, 1987).

Die Auswertung von 237 IMZ-Implantaten (durchschnittliche Liegedauer: 2,79 Jahre) ergibt mit 3,5 die höchsten Mittelwerte (Abb. 1). 140 Implantate wurden in der Regio interforaminalis des zahnlosen Unterkiefers (Periotest-Durchschnittswert: 3,8) und 97 im Unterkieferseitenzahnbereich (Periotest-Durchschnittswert: 3,1) eingesetzt. Die Periotestwerte schwanken zwischen –3 und + 17. Das Maximum der Einzelmessungen liegt bei + 1 (Abb. 2). Der Meßpunkt liegt bei dem speziell für diese Auswertung entwickelten Meßpfosten gegenüber den anderen Implantationsverfahren am höchsten über der Knochenoberfläche. Ein Zusammenhang zwischen Höhe der Periotestwerte und marginalem Knochendefizit ließ sich bisher nicht ermitteln. Auch scheint die Implantatlänge keinen Einfluß auf das Meßergebnis zu haben.

Diskussion

Die bisherigen Erfahrungen haben gezeigt, daß das Periotestverfahren eine wertvolle Hilfe in der Beurteilung enossaler Implantate darstellt. Definitive Aussagen über mögliche Einflußgrößen sind bisher noch nicht möglich. Wünschenswert wäre die Entwicklung spezieller Meßpfosten für alle Systeme mit abnehmbaren Suprakonstruktionen, um reproduzierbar an identischen Punkten messen zu können. Damit wäre auch ein Vergleich von Ergebnissen verschiedener Arbeitsgruppen möglich. Für die IMZ-Implantate wurde ein derartiger Pfosten erfolgreich eingesetzt. Abb. 3 zeigt die Abhängigkeit der Periotestwerte von der Lage des Meßpunktes an Hand experimenteller Untersuchungen bei IMZ-Implantaten. Weiterhin sind In-vitro-Untersuchungen unter standardisierten Parametern notwendig, um Aussagen über die möglichen Einflußfaktoren machen zu können. Die bisherigen Untersuchungen lassen den Schluß zu, daß sich neben der Einheilungszeit der Zustand der Knochenkavität und in gewissem Umfang die Implantatlänge und die Knochenstruktur (d'Hoedt und Schramm-Scherer, 1987) auf das Ergebnis auswirken.

Die unterschiedlichen Werte der drei beschriebenen Verfahren lassen sich nicht sicher systembedingt erklären. Die unterschiedliche Lokalisation und die unterschiedliche Meßdistanz zur Knochenoberfläche sind möglicherweise die Erklärung für die Differenzen der Mittelwerte.

Weitere Einsatzmöglichkeiten des Periotestverfahrens ergeben sich im Rahmen der Implantologie in der Beurteilung von Suprakonstruktionen und zur Objektivierung der Ermüdung von mobilen Elementen, die in bestimmte Implantatsysteme integriert sind.

Literatur

d'Hoedt B, Lukas D, Mühlbradt L, Scholz F, Schulte W, Topkaya A (1985) Das Periotestverfahren – Entwicklung und klinische Prüfung. Dtsch Zahnärztl Z 40:113
d'Hoedt B, Schramm-Scherer B (1987) Der Periotestwert bei enossalen Implantaten. Vortrag, 4. Jahrestagung des Arbeitskreises Implantologie, Mainz, 24./25. April 1987
Schulte W, d'Hoedt B, Lukas D, Mühlbradt L, Scholz F, Bretschi J, Frey D, Gudat H, König M, Markl M, Quante F, Schief A, Topkaya A (1983) Periotest – ein neues Meßverfahren der Funktion des Parodontiums. Zahnärztl Mitt 11:1229
Schulte W (1986) Der Periotest-Parodontalstatus. Zahnärztl Mitt 12:1409
Schulte W (1986) Messung des Dämpfungsverhaltens enossaler Implantate mit dem Periotestverfahren. Z Zahnärztl Implantol 2:11
Schramm-Scherer B (1987) Untersuchungen zum Dämpfungsverhalten von Metall- und Keramikimplantaten. Z Zahnärztl Implantol 3:22

Anschrift der Verfasserin: Dr. Dr. B. Schramm-Scherer, Poliklinik für Zahnärztliche Chirurgie, Augustusplatz 2, D-6500 Mainz, Bundesrepublik Deutschland.

Steg-Geschiebe-Arbeiten auf IMZ-Implantaten im zahnlosen Unterkiefer

H. Montag

Kiefer-Gesichtschirurgische Klinik (Chefarzt: Prof. Dr. Dr. E. Esser), Städtische Kliniken Osnabrück, Bundesrepublik Deutschland

Mit 6 Abbildungen

Zusammenfassung

Nach Angaben der Hersteller ist bei Verwendung von IMZ-Implantaten im zahnlosen Unterkiefer eine bewegliche Steg-Gelenkverbindung zwischen Implantat und Prothese anzuwenden. Die berichteten Erfahrungen mit Steg-Geschiebearbeiten auf IMZ-Implantaten im zahnlosen Unterkiefer zeigen jedoch, daß dieses Verbindungskonzept bei höherem Patientenkomfort erfolgreich auf implantatgestützte Prothesen angewandt werden kann.

Summary

Rigid Anchorage on IMZ Implants in the Edentulous Mandible. According to the producer IMZ implants in the edentulous mandible should be connected to a flexible bar joint structure. The reported experiences with rigid anchorage using IMZ implants in the edentulous mandible show that this principle can be successfully applied to tissue-integrated dentures and offers greater patient comfort.

Schlüsselwörter: Steg-Geschiebearbeiten, IMZ-Implantate, Unterkiefer.

Key words: Rigid anchorage principle, IMZ implants, mandible.

Einleitung

Die funktionsgerechte totalprothetische Versorgung des zahnlosen Unterkiefers zählt zu den schwierigsten und häufig erfolglosen Arbeiten des Prothetikers. Dies gilt umso mehr, wenn eine bereits fortgeschrittene Atrophie des alveolären Knochens die Bemühungen des Behandlers erschwert. Ist durch schleimhautchirurgische Maßnahmen der relativen Alveolarkammerhöhung keine ausreichende Verbesserung der Prothesenretention zu erzielen, so bieten sich neben der absoluten Augmentation zur operativen Unterkieferrestauration enossale Implantate zur Versorgung an

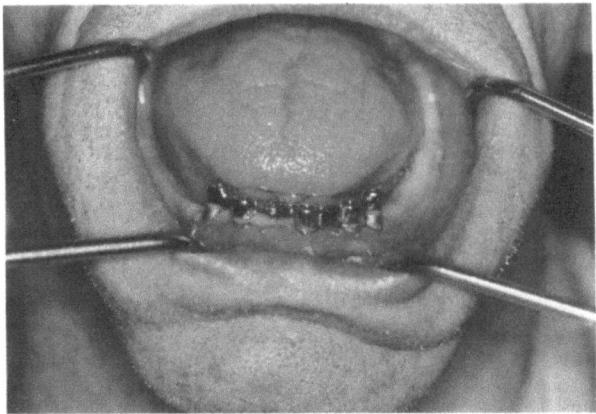

Abb. 1. Individuell gefertigter, parallelisiert gefräster Steg auf 5 IMZ-Implantaten
(5. postoperativer Tag nach Freilegung der Implantate mit Vestibulumplastik)

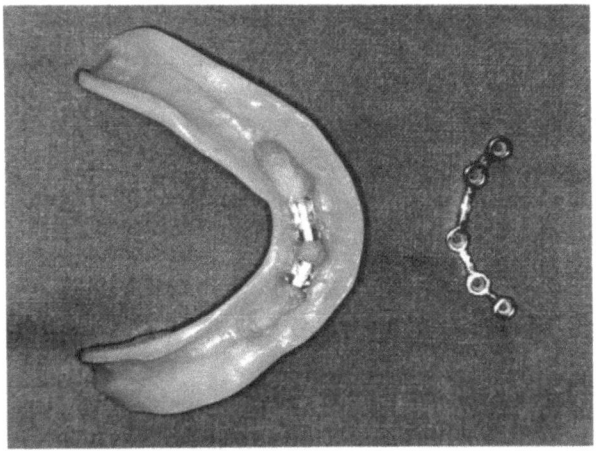

Abb. 2. Steg und Steg-Geschiebe-Prothese vor der Eingliederung (Pat. wie Abb. 1)

(Tetsch, 1984). Wegen der insbesondere langfristig desillusionierend schlechten Ergebnisse zahlreicher Augmentationsverfahren (Koberg, 1985) haben diese Eingriffe an Bedeutung verloren. Wenn auch bioreaktive Keramikwerkstoffe gegenüber autologen oder homologen Transplantationsmaterialien bessere Ergebnisse zu erzielen scheinen (Osborn und Donath, 1984), so setzen sich enossale Implantate wegen der bei entsprechender Implantatwahl und korrekter Technik auch langfristig guten Ergebnisse (Tetsch, 1984; Brånemark et al., 1985; Spiekermann, 1987) als Therapie der Wahl im zahnlosen Unterkiefer zunehmend durch.

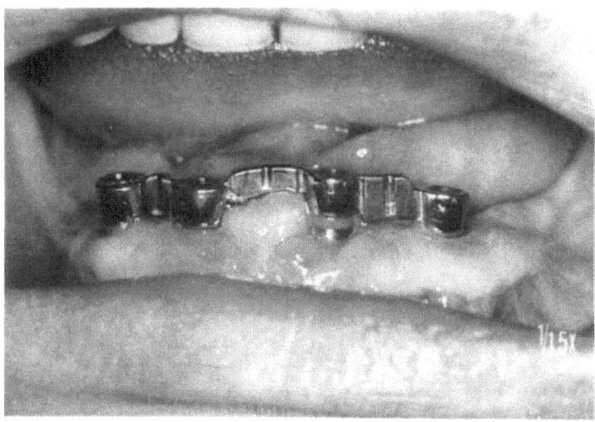

Abb. 3. Individuell gefertigter, parallelisiert gefräster Steg auf 4 IMZ-Implantaten (Zustand nach Vestibulumplastik mit Spalthauttransplantat vor 10 Jahren, bei ausgeprägter Alveolarfortsatzatrophie daher erst operative Unterkieferrestauration durch anteriore Augmentation mit autologem Knochentransplantat)

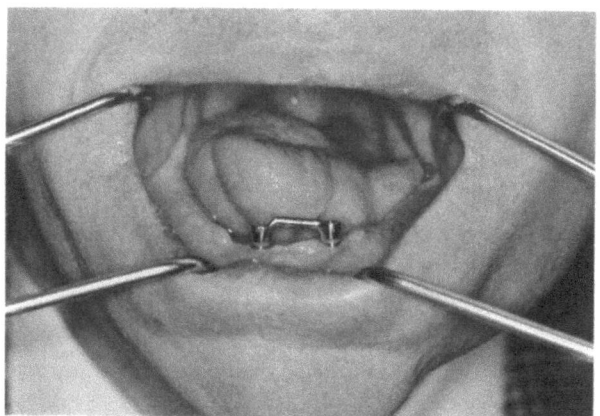

Abb. 4. Scharnierachsenparalleler Rundsteg auf 2 IMZ-Implantaten zur Aufnahme einer Steg-Gelenk-Prothese (Zustand nach Hemiglossektomie links, radikaler Neck dissection links und adjuvanter Radiotherapie mit 60 Gy Herddosis bei Zungenkarzinom)

Problemstellung

Osseointegrierte enossale Implantate sind nur unvollständig in der Lage, die natürliche Dämpfungsfunktion von Zahn und Parodontium zu simulieren. Um eine Über- oder Fehlbelastung der Implantate zu vermeiden, wurden im deutschen Sprachraum daher neben implantatintegrierten Dämpfern zur Simulation des parodontalen Halteapparates (Koch, 1976) vor allem Suprakonstruktionen propagiert, die eine gelenkige Verbindung zwischen

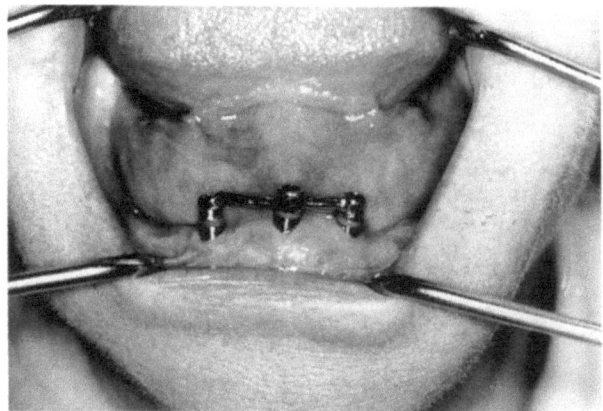

Abb. 5. Rundsteg auf 3 IMZ-Implantaten

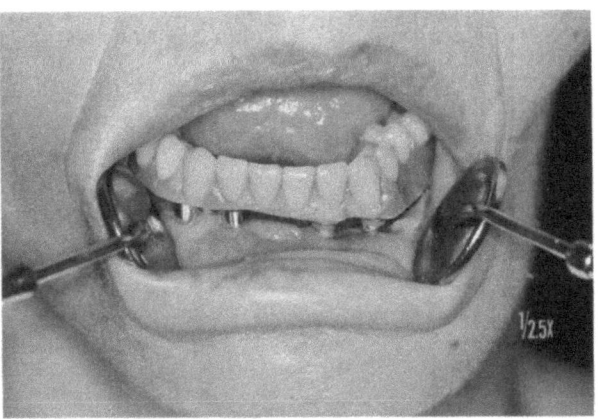

Abb. 6. Ausschließlich implantatgetragene, bedingt abnehmbare Brücke auf 4 IMZ-Implantaten (Zustand nach radikalchirurgischer Entfernung eines Wangen-Alveolarfortsatzkarzinoms links durch Unterkiefer-Teilresektion links, Wangenresektion links mit perforierendem Defekt, radikaler Neck dissection links, adjuvanter Radiotherapie mit 60 Gy Herddosis, Defektdeckung mit Temporalismuskel-Lappen und zervikothorakaler Hautrotation sowie Unterkieferrekonstruktion mit autologem Spongiosatransplantat und temporärem Titannetzimplantat)

Implantat und Totalprothese herstellen. Das System der Steg-Gelenk-Verbindung entsprechend des klassischen auf Wurzelkappen gelöteten Dolder-Steg-Gelenkes wurde als Methode der Wahl allgemein akzeptiert. Auch bei Verwendung eines runden oder ovalären Stegs auf mehr als 2 Implantaten, wie z. B. bei Verwendung von 4 TPS-Schrauben (Ledermann, 1979) mit entsprechender prothetischer Versorgung, entsteht, obwohl keine klassische Steg-Gelenk-Verbindung vorliegt, noch keine wirklich starre Verbindung zwischen Implantaten und Prothese, da die flächige Führung zwischen Primär- und Sekundärteil über einen größeren Bereich fehlt.

Methodik

Im eigenen Patientengut hat sich bei entsprechender Indikation die Versorgung mit enossalen Implantaten im zahnlosen Unterkiefer als Methode der Wahl etabliert (Montag, 1986). Nur im Falle eines zur Implantation unzureichenden Knochenangebotes führen wir eine anteriore Augmentation in der interforaminären Region durch. Diese operative Unterkieferrestauration dient primär der Schaffung eines zur Implantatversorgung geeigneten Knochenangebots (Montag, 1987). Als Standardlösung kommen 2 IMZ-Implantate (Kirsch, 1979) mit einer Steg-Gelenk-Prothese zur Anwendung. Angeregt durch so versorgte Patienten, die bei erheblich gebesserter Prothesenfunktion dennoch die systembedingte Restbeweglichkeit der Prothese beklagten, verwenden wir heute ein abgestuftes, patientenorientiertes, bedarfsgerechtes Versorgungskonzept mit enossalen, osseointegrierten Implantaten der Typen IMZ und Brånemark/Biotes, in dem Steg-Geschiebe-Arbeiten eine Versorgungsmöglichkeit darstellen.

Auf mindestens 4 in der Regio interforaminalis integrierten Implantaten wird ein individuell erstellter und parallelisiert gefräster Steg (Abb. 1) zur Aufnahme der mit den Sekundärteilen versehenen Totalprothese (Abb. 2) eingegliedert. Die prothetische Versorgung erfolgt gelenkbezogen nach gnathologischen Gesichtspunkten. Während bei Steg-Gelenk-Verbindungen zwischen Implantat und Prothese eine bilateral äquilibrierte Gruppenzahnführung im gesamten Seitenzahnbereich mit Disklusion der Frontzähne bei Protrusion angestrebt wird (Montag, 1986), weicht das Artikulationskonzept bei Steg-Geschiebe-Arbeiten mit starrer Implantat-Prothesen-Verbindung hiervon deutlich ab. Wir schleifen in diesen Fällen eine unilateral äquilibrierte Gruppenzahnführung im Bereich der Canini und Prämolaren ein, um den funktionellen Hebelarm bei exzentrischen Exkursionsbewegungen möglichst kurz zu halten. Bei Protrusionsbewegungen streben wir eine deutliche Einbeziehung der Frontzähne in die Artikulation ein. Die Prothesenaufstellung erfolgt mit verkürzter Zahnreihe je nach Situation bis zum ersten Molaren. Gegebenenfalls werden postcanin nur 2 bis 3 Prämolaren aufgestellt. In besonderen Fällen ersetzen wir die Canini durch Prämolaren, um den kaufunktionell genutzten Bereich bei distaler Verkürzung nach mesial zu erweitern. Im entsprechenden Fall ist den kosmetischen Anforderungen durch morphologische Einschleifmaßnahmen Rechnung zu tragen. Derartige prothetische Modifikationen dienen der Verkürzung des funktionell belasteten Prothesenanteils, der als Ausleger bei starrer Implantat-Prothesen-Verbindung wie ein Hebel wirkt.

In-vivo-Untersuchungen zur Belastungsdynamik bei Implantatprothetik fehlen im internationalen Schrifttum. In-vitro-Untersuchungen bei Freiendsattel-Prothesen (Wegmann et al., 1986) haben jedoch gezeigt, daß einfache physikalische Denkmodelle die Belastungsdynamik nur völlig unzureichend wiedergeben können. Um gesicherte Erkenntnisse zu erzielen, sind hier umfangreiche In-vitro-Versuche nötig.

Ergebnisse und Diskussion

Die Beurteilung des Behandlungserfolges durch den Patienten war in den berichteten 9 Behandlungsfällen mit Steg-Geschiebe-Arbeiten (Abb. 3) erwartungsgemäß überaus positiv. Mißerfolge der implantologischen oder prothetischen Maßnahmen wurden bei einer längsten Liegedauer von bisher 25 Monaten nicht beobachtet. Detaillierte statistische Aufschlüsselungen erscheinen bei der bisher geringen Fallzahl wenig sinnvoll. Die Kautelen einer vergleichenden Kontrollstudie zur statistisch gesicherten Beurteilung verschiedener prothetischer Versorgungskonzepte ließen sich wohl nur multizentrisch erfüllen.

Zusammenfassend bleibt aber festzustellen, daß im Rahmen eines abgestuften, patientenorientierten und bedarfsgerechten implantologischen Behandlungskonzepts des zahnlosen Unterkiefers Steg-Geschiebe-Arbeiten in der vorgestellten Form eine sinnvolle Ergänzung darstellen. Es bieten sich somit verschiedene erfolgversprechende Möglichkeiten der totalprothetischen Versorgung an:

1. Einzelimplantat mit Klammerretention oder Stegstummel,
2. Steg-Gelenk-Prothese auf 2 Implantaten (Abb. 4),
3. Rundsteg auf 3 bis 4 Implantaten (Abb. 5),
4. Steg-Geschiebe-Arbeiten auf mindestens 4 Implantaten (oder andere starre Verbindungselemente, wie z. B. Konuskronen),
5. bedingt abnehmbare, ausschließlich implantatgetragene Brücke auf mindestens 4 Implantaten (Abb. 6).

Aufgabe des Behandlers ist es, im Einzelfall die dem jeweiligen Patienten angemessene Versorgung zu wählen.

Literatur

Brånemark PI, Zarb GA, Albrektsson T (1985) Tissue-integrated Prostheses. Quintessence, Chicago
Kirsch A (1979) Das plasmaflame-beschichtete IMZ-Implantat. Orale Impl 6:72
Koberg W (1985) Spätergebnisse nach Augmentationsplastiken. Fortschr Zahnärztl Implantol 1:239
Koch WL (1976) Die zweiphasige enossale Implantation von intramobilen Zylinderimplantaten – IMZ. Quintessence, Ref Nr 5395
Ledermann Ph (1979) Stegprothetische Versorgung des zahnlosen Unterkiefers mit Hilfe von plasmabeschichteten Titanschraubenimplantaten. Dtsch Zahnärztl Z 34:3
Montag H (1986) IMZ-Implantate in der Totalprothetik. ZMK heute 3:14
Montag H (1987) Anteriore Augmentation und Implantation – Ein Konzept zur prothetischen Versorgung des extrem atrophierten Unterkiefers. Z Zahnärztl Implantol 3:152
Osborn JF, Donath K (1984) Die enossale Implantation von Hydroxylapatitkeramik und Tricalciumphosphatkeramik: Integration versus Substitution. Dtsch Zahnärztl Z 39:970
Spiekermann H (1987) Enossale Implantate für unbezahnte Kiefer. In: Hupfauf L (Hrsg) Praxis der Zahnheilkunde, Bd 7. Urban und Schwarzenberg, München

Tetsch P (1984) Enossale Implantationen in der Zahnheilkunde. Hanser, München

Wegmann U, Seebauer H, Mauksch J (1986) In-vitro-Untersuchungen zur Dynamik von Freiendsattelprothesen bei unterschiedlicher Abstützung. Dtsch Zahnärztl Z 41 : 210

Anschrift des Verfassers: OA Dr. H. Montag, Klinik für Mund-, Kiefer-, Gesichtschirurgie, Plastische Operationen, Philipps-Universität Marburg, Georg-Voigt-Straße 3, D-3550 Marburg, Bundesrepublik Deutschland.

Der Stellenwert von Implantaten in der Prophylaxe der Zahnlosigkeit im Unterkiefer

W. A. Wegscheider, M. Haas, R. O. Bratschko und A. Eskici

Department für Restaurative Zahnheilkunde und Parodontologie
(Leiter: Doz. Dr. R. O. Bratschko)
der Universitätsklinik für Zahn-, Mund- und Kieferheilkunde, Graz
(Vorstand: Prof. Dr. H. Köle)

Mit 6 Abbildungen

Zusammenfassung

Durch implantatgetragene Restaurationen, welche nicht mit dem Restgebiß in Verbindung stehen, wird auf Dauer gesehen sowohl die weitere Atrophie des Knochens hintangehalten als auch die natürlichen Zähne geschont. Dies bringt für die Zukunft des Patienten einen doppelten prophylaktischen Effekt. In den letzten 4 Jahren wurden 27 Fälle mit Tübinger-, IMZ- und ITI-Hohlzylinderimplantaten im Unterkiefer versorgt. Zwei der als Spätimplantate gesetzten Tübinger gingen verloren. Alle anderen Versorgungen funktionieren und stehen unter 6monatigen klinischen und röntgenologischen Kontrollen. Statistische Aussagen und Langzeitprognosen lassen sich jedoch erst mit größerer Fallzahl und längerer Liegedauer machen.

Summary

The Role of Implants for Preventing Mandibular Edentulousness. Implant-borne restaurations which are not in contact with residual natural teeth have a dual prophylactic effect in that they help to prevent progressive bone atrophy and preserve natural teeth. In the past 4 years 27 patients were supplied with mandibular Tübingen, IMZ and ITI implants. Two late Tübingen implants were lost. All others are still functional and are followed up clinically and radiologically at 6-monthly intervals. For a long-term prognosis of any statistical significance more patients with longer post-implantation periods will be needed.

Schlüsselwörter: Einzelimplantat, implatatgetragener Zahnersatz.

Key words: Single tooth implant, implant-born restauration.

Einleitung

Arzt und Patient sind in verschiedenen Situationen mit dem Fehlen von Zähnen im Unterkiefer konfrontiert. Die totale Zahnlosigkeit, für beide mit außerordentlichen Schwierigkeiten behaftet, war immer eine besondere Zielgruppe für Implantate und ist mittlerweile auch von vielen Beschreibern äußerst erfolgreich implantologisch behandelt worden (Adell et al., 1981; Ledermann, 1981, 1986; Schröder et al., 1983; Kirsch und Ackermann, 1983; Brånemark et al., 1985). Der Nutzen eines Implantates hinsichtlich der Verhinderung einer weiteren Atrophie des Kieferknochens wurde vor allem von Schulte et al. mehrfach herausgestrichen. Dies geschieht auf Grund der funktionellen Belastung des Knochens durch das Implantat (d'Hoedt und Schulte, 1987; Schulte und d'Hoedt, 1987).

Auch unter festsitzenden Brücken im Unterkiefer findet eine wesentlich geringere Atrophie statt als unter Teilprothesen oder bei unversorgten Kieferabschnitten (Moser, 1987). So erfüllt das Implantat und seine Suprastruktur auch eine wesentliche Funktion gegen die weitere Atrophie durch Teilprothesen oder die dauernde Belastung durch die Weichteile, wie Zungen- und Wangenmuskulatur.

Da heute die implantologischen Erfolge besonders im Unterkiefer äußerst vielversprechend dargestellt werden (Shulman und Schnitman, 1980), soll man versuchen, durch Anwendung von Implantaten die Situation der Zahnlosigkeit möglichst hinauszuschieben oder gar zu verhindern.

Beim Verlust oder Fehlen eines oder nur weniger Zähne scheinen bei vordergründiger Betrachtung restaurative Maßnahmen in Form von Brücken die logische Lösung des Problems. Zieht man jedoch in Betracht, daß mit den Fortschritten in der Implantologie eine parodontal getragene Restauration möglicherweise keine längere Funktion aufweist als eine implantatgetragene (Watzek et al., 1985), so muß man nach dem heutigen Stand der Wissenschaft die Indikation, einen gesunden Zahn zu beschleifen, äußerst bedacht stellen.

Material und Methode

Die sinnvollen Einsatzmöglichkeiten von Implantaten im Unterkiefer liegen im Einzelzahnimplantat als Sofort- und Spätimplantat sowohl im Front- als auch Seitenzahnbereich. Dem Ersatz des ersten Molaren gilt hier unser besonderes Augenmerk, da sich durch sofortiges implantologisches Eingreifen weitere Schäden vermeiden lassen.

Als Sofortimplantat stehen uns nur die Tübinger Implantate (rund oder oval) zur Verfügung (d'Hoedt und Schulte, 1987). Als Spätimplantate wurden von uns zuerst Heinrich-Schraubenimplantate aus Reintitan in einer Modifikation nach Zander (1977) verwendet. Seit 3 Jahren verwenden wir hiezu das ITI-Hohlzylinderimplantat Typ F (Ledermann, 1981; Schröder et al., 1983) oder das IMZ-Implantat nach Koch (1976) und Kirsch (1980).

Liegen größere zahnlose und verheilte Kieferabschnitte vor, so stehen uns heute die beiden letztgenannten zur Verfügung. Das Tübinger Implantat konnte sich in unserem Krankengut als Spätimplantat im Unterkiefer nicht durchsetzen.

Ergebnisse und Diskussion

Seit 5 Jahren werden an der Universitätsklinik für Zahn-, Mund- und Kieferheilkunde Implantate ohne Verbindung zum Restgebiß in den oben beschriebenen Varianten eingesetzt.

Das *Tübinger Sofortimplantat* wurde in 10 Fällen im Unterkiefer eingesetzt. Dies sind nur zirka 18% aller verwendeten Tübinger Implantate. Wir setzten es als Sofort- und Spätimplantat in allen Regionen ein. Zwei der Spätimplantate mußten innerhalb Jahresfrist wegen Lockerung entfernt werden. Seither setzen wir das Tübinger Implantat als Spätimplantat nur in den Fällen, wo ein sich verjüngender Proc. alveolaris kein anderes Implantat als ein konisches zuläßt, wie dies oft bei Nichtanlagen oder nach dem Persistieren von Milchzähnen zu beobachten ist.

Bei der Verwendung im Seitenzahnbereich setzen wir bei Molaren 2 Implantate und bei Prämolaren ovale Implantate. Diese sind jedoch technisch schwieriger zu setzen, und nur die sehr geübte Hand bringt es fertig, eine gute Kongruenz zwischen dem ovalen Implantat und seinem Knochenlager herzustellen. Bei runden Implantaten fürchten wir, daß die Umlenkung der okklusalen Kräfte in Rotationskräfte durch unvermeidliche Imperfektionen an der Okklusion eine dauerhafte Funktion des Implantates verhindert, wie wir dies im Oberkiefer bei schrägstehenden Zähnen beobachten konnten.

Wir glauben, daß die Chance, diese Implantate als Sofortersatz von ersten Molaren im Unterkiefer zu verwenden, häufiger genutzt werden sollte.

Das *IMZ-Implantat* hat als einziges osseointegriertes System einen Beweglichkeitsausgleich durch den Stoßdämpfer. Dieser Umstand prädestiniert es zur Herstellung von implantatgetragenen Brücken, welche mit dem Restgebiß in Verbindung stehen. Steht ein osseointegriertes Implantat, welches in seiner Beweglichkeit lediglich dem Elastizitätsverhalten des Knochens, nicht aber der Beweglichkeit eines natürlichen Zahnes entsprechen kann, in einer Brückenverbindung mit dem Restgebiß, so ist sowohl eine federnde Lagerung der Brücke als auch ein Stress-breaker zum natürlichen Zahn nötig (Koch, 1976). Bei starrer Verbindung mit dem Restgebiß ist eine solche Brücke statisch gesehen als Extensionsbrücke anzusehen (Skalak, 1983; Jemt, 1986), da durch die starre Lagerung am Implantat der gesamte Kaudruck auf dieses käme, bevor noch die Belastung auf den natürlichen Zahn wirksam wird. In den letzten 5 Jahren wendeten wir es für 8 Brückenlösungen im Unterkiefer gemäß den von den Erstbeschreibern herausgegebenen Prinzipien an (Kirsch und Ackermann, 1983).

Das *ITI-Hohlzylinderimplantat* findet seine bevorzugte Anwendung, wenn die lückenbenachbarten Zähne unversehrt sind. Dann fertigen wir eine rein implantatgetragene Konstruktion an, welche aber immer auf mindestens 2 Implantaten ruht. Diese Form der rein implantatgetragenen Lückenversorgung wurde in den letzten 3 Jahren 9mal angewendet. Die Nachkontrollen an allen Patienten waren bisher klinisch und röntgenologisch ohne pathologischen Befund und bestätigen uns die Richtigkeit

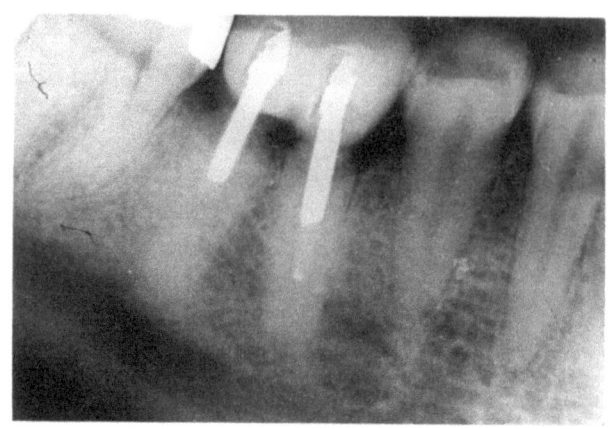

Abb. 1. Tübinger Implantat zum Sofortersatz von 46; Röntgenkontrolle nach 3 Jahren

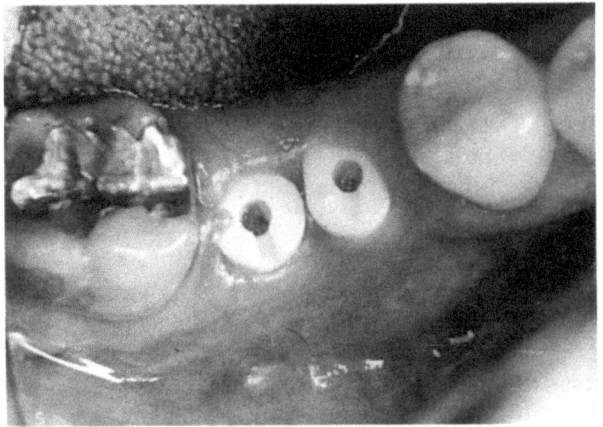

Abb. 2. Patient wie Abb. 1; Implantate vor der Versorgung

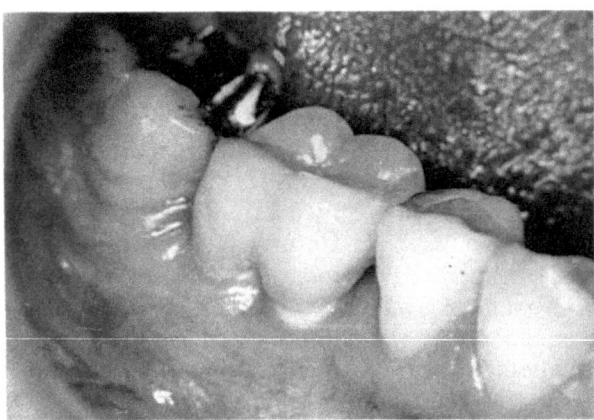

Abb. 3. Patient wie Abb. 1, 2; Glaskeramikkrone zum Molarenersatz auf 2 Tübinger Implantaten

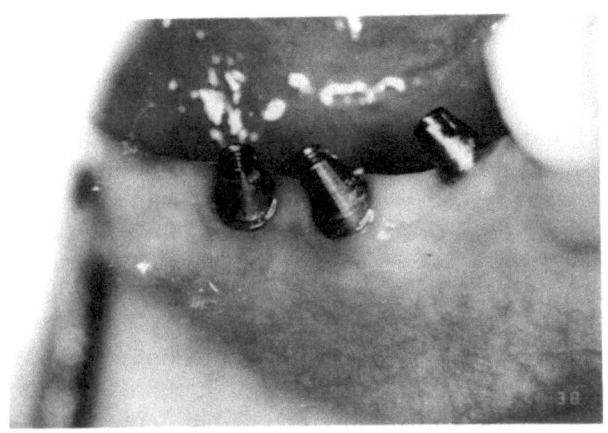

Abb. 4. 3 eingeheilte ITI-Hohlzylinderimplantate

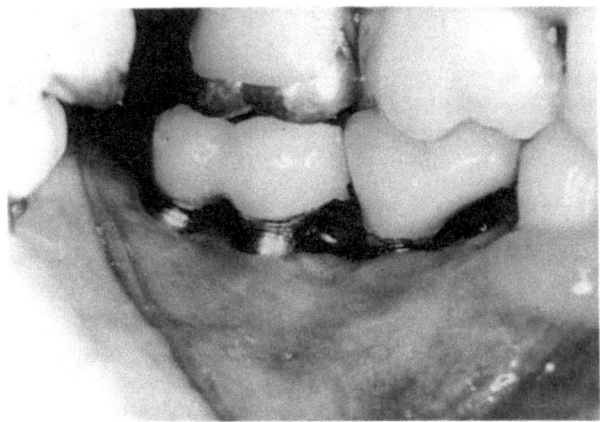

Abb. 5. Patient wie Abb. 4; Ersatz von 46, 47 ohne Verbindung zum Restgebiß

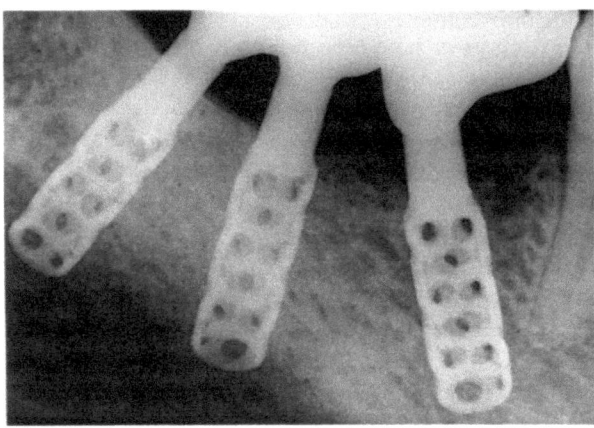

Abb. 6. Patient wie Abb. 4, 5; Röntgenkontrolle der Implantate nach 2 Jahren.
Zahn 45 nach wie vor kariesfrei

unserer Grundintention. Wesentlich ist es jedoch bei diesen Patienten, in der Vorbehandlungsphase die Okklusion zu stabilisieren, damit keine Longitudinal- oder Transversalbewegungen auf den Kauflächen der implantatgetragenen Kronen ausgeführt werden können. Besonderes Augenmerk ist auch auf exakte Okklusionskontrollen zu legen, damit es auf Grund der Abrasion der Restbezahnung nicht zu einer punktuellen Überbelastung der Implantate kommt, wenn die gesamte okklusale Kraft nur mehr auf diesen ruht. Auf diese Okklusionskontrollen ist besonderer Wert zu legen, da die Tastsensibilität, ansonsten durch die Verbindung mit dem Restgebiß von den natürlichen Zähnen übertragen, bei rein implantatgetragenen Restaurationen nicht gegeben ist.

Literatur

Adell R, et al (1981) A 15-year study of osseointegrated implants in the treatment of the edentulous jaw. Int J Oral Surg 6 : 387

Brånemark PI, Zarb GA, Albrektsson T (1985) Tissue-integrated prostheses. Osseointegration in clinical dentistry. Quintessenz Berlin

d'Hoedt B, Schulte W (1987) Möglichkeiten und Langzeitergebnisse bei der Anwendung Tübinger Implantate (Frialit). Zahnärztl Welt 96 : 118

Jemt T (1986) Persönliche Mitteilung, Göteborg

Kirsch A (1980) Titan-spritzbeschichtetes Zahnwurzelimplantat unter physiologischer Belastung beim Menschen. Dtsch Zahnärztl Z 35 : 112

Kirsch A, Ackermann KL (1983) Das IMZ-Manual, Stuttgart

Kirsch A, Ackermann KL (1983) Das IMZ-Implantationssystem. Dtsch Zahnärztl Z 38 : 106

Koch WL (1976) Die zweiphasige enossale Implantation von Intramobilen Zylinderimplantaten – IMZ, I bis III. Quintessenz 27/2 : 23; 27/3 : 21; 27/4 : 39

Ledermann PhD, Schröder A (1981) Klinische Erfahrungen mit dem ITI-Hohlzylinderimplantat. Schweiz Mschr Zahnheilkd 91 : 349

Ledermann PhD (1981) Retentionsverbesserung des Unterkiefertotalersatzes mit vier plasmabeschichteten Schraubenimplantaten. Quintessenz 32/3 : 465

Ledermann PhD (1986) Kompendium des TPS-Schraubenimplantates im zahnlosen Unterkiefer. Quintessenz

Moser F (1987) Persönliche Mitteilung, Graz

Schröder A, Maeglin B, Sutter F (1983) Das ITI-Hohlzylinderimplantat Typ F zur Prothesenretention beim zahnlosen Kiefer. Schweiz Mschr Zahnheilkd 93 : 720

Schulte W, d'Hoedt B (1987) Das Tübinger Implantat aus Frialit im Molarenbereich. Z Zahnärztl Implantol 3 : 15 – 23

Shulman LB, Schnitman PA (1980) Dental implants: benefit and risk. Proceedings of an NIH-Harvard Consensus Development Conference. US Department of Health and Human Services, Publication No 81 – 1531

Skalak R (1983) Biomechanical considerations in osseointegrated prostheses. J Prosth Dent 49 : 843 – 848

Watzek G, Matejka M, Grundschober F, Plenk H (1985) Enossale Implantate. Theoretische und morphologische Grundlagen – klinische Konsequenzen. Z Stomatol 82 : 27 – 49

Zander AJ (1977) Histologische Untersuchungen an enossalen Schraubenimplantaten beim Göttinger Zwergschwein. Med Diss, Tübingen

Anschrift des Verfassers: Dr. W. A. Wegscheider, Department für Restaurative Zahnheilkunde und Parodontologie, Universitätsklinik für Zahn-, Mund- und Kieferheilkunde, Auenbruggerplatz 12, A-8036 Graz.

Subjektive Erfolgsbeurteilung seitens implantatversorgter Patienten

W. Lill[1], Katharina Rambousek[2], G. Mailath[1], M. Matejka[3] und G. Watzek[1]

[1] Abteilung für zahnärztliche Chirurgie (Leiter: Prof. Dr. G. Watzek),
[2] Abteilung für abnehmbare und festsitzende Prothetik
(Leiter: Doz. Dr. R. Slavicek) und
[3] Abteilung für zahnheilkundliche Grundlagenforschung
(Leiter: Doz. Dr. M. Matejka)
der Universitätsklinik für Zahn-, Mund- und Kieferheilkunde, Wien
(Vorstand: Prof. Dr. G. Watzek)

Zusammenfassung

Zur Beurteilung enossaler oraler Implantate werden fast ausschließlich klinische Parameter zur Erfolgsbestimmung herangezogen. Das subjektive Empfinden und die individuelle Beurteilung seitens implantologisch versorgter Patienten wurde nur selten dokumentiert. In der vorliegenden Untersuchung haben wir insgesamt 32 Patienten im Rahmen unserer Nachsorgeambulanz und 39 Patienten mittels Fragebogen anonym befragt. Es kann festgestellt werden, daß bei unseren Patienten die subjektive Beurteilung vielfach mit der objektiven Beurteilung seitens des Behandlers und den klinischen Befunden und dem Verlauf konform ging. Es konnte gezeigt werden, daß, von einzelnen Ausnahmen abgesehen, bei der Fragebogenaktion unserer Ambulanz und bei der später durchgeführten anonymen Erhebung durchaus äquivalente Ergebnisse zu erheben waren. Die negativen Beurteilungen seitens der Patienten waren durch eine zu hohe Erwartungseinstellung an die implantologische Versorgung bedingt.

Summary

Patient Assessment of Oral Implants. The success of endosteal oral implants has so far almost entirely been evaluated clinically, while subjective assessments by the patients undergoing implantological procedures have rarely been recorded. This prompted us to conduct a survey among 32 patients visiting our follow-up services and 39 patients who were asked to complete an anonymous questionnaire. In most cases subjective patient assessments agreed with objective appraisals by the examiner and clinical follow-up data. With some minor exceptions, direct questioning at the follow-up service and anonymous questionnaire replies were found to produce analogous results. Negative assessments were all attributable to exaggerated patient expectations.

Schlüsselwörter: Subjektive Erfolgsbeurteilung, Implantate, Unterkiefer.

Key words: Patient assessment of implant success, implants, mandible.

Einleitung

Zur Beurteilung enossaler oraler Implantate werden fast ausschließlich klinische Parameter, wie Liegedauer, Plaqueindex, Papillenblutungsindex, Taschentiefe, Breite der angewachsenen Gingiva, pH-Wert der periimplantären Sulkusflüssigkeit sowie Lockerungsgrad der Implantate, herangezogen (Strub, 1986).

Viele Autoren (wie z. B. Smithloff und Fritz, 1976; Brånemark et al., 1977; Cranin et al., 1977; Tetsch, 1977; Heners und Wörle, 1983; Watzek et al., 1988) haben sich in den vergangenen Jahren mit der Langzeitprognose oraler Implantate beschäftigt und stützen sich bei ihren Ergebnissen ebenfalls auf die genannten objektiven Kriterien. Es ist sicher unbestritten, daß diese notwendig sind, um die Erfolgsrate bei enossalen Implantaten langfristig beurteilen und dokumentieren zu können.

Das subjektive Empfinden und die individuelle Beurteilung seitens implantologisch versorgter Patienten wurde nur selten dokumentiert (Blomberg, 1985). In der vorliegenden Untersuchung haben wir versucht, bei unseren Implantatnachkontrollen nach der objektiven Beurteilung auch die subjektive Erfolgsbeurteilung seitens der Patienten zu erheben. Da diese Patienten eine erhebliche physische, psychische und finanzielle Belastung auf sich nehmen, stellen sie meist recht hohe Ansprüche an ihre Versorgung.

Patientengut und Therapiekonzept

Im Rahmen der Ambulanz unserer Klinik wurden insgesamt 32 Patienten eines regulären Recall-Termins mit 98 Implantaten, davon 76 IMZ und 22 Brånemark, mittels Fragebogen befragt (Gruppe Ambulanz). 10 Patienten waren Männer und 22 Frauen. Das Durchschnittsalter dieser Patienten betrug 57 Jahre. Die mittlere Liegedauer der kontrollierten Implantate lag bei Männern bei 32 Monaten und bei Frauen bei 25 Monaten. Zusätzlich wurden 50 Fragebögen, welche den Patienten aus der „Gruppe Ambulanz" (n = 32) und 18 weiteren zwischen 3 und 6 Monate später mit der Post mit beigelegtem Retourkuvert zugeschickt. Hievon kamen 39 Fragebögen anonym zur Auswertung (Gruppe Anonym). 13 Patienten waren Männer, 26 Patienten waren Frauen, das Durchschnittsalter betrug 56 Jahre.

Zusätzlich zu den regelmäßig erhobenen objektiven Parametern wurden 4 subjektive Erfolgskriterien erhoben. Die Patienten sollten auf Befragung angeben, wie sie bezüglich Ästhetik, Phonetik, Mastikation und Halt ihrer Versorgung zufrieden sind. Die Beurteilung erfolgte mit gut, zufriedenstellend und schlecht. Bei den postalisch ausgesandten anonymen Fragebögen in der „Gruppe Anonym" war zusätzlich das Geburtsjahr, Geschlecht, Implantatregion und die Art der prothetischen Versorgung anzugeben. Darüber hinaus wurden folgende Fragen gestellt: Sind Sie mit dem erreichten Zustand nach der endgültigen prothetischen Versorgung derartig zufrieden, daß Sie den Eingriff nochmals durchführen lassen würden? Zur Versorgung des meist zahnlosen Unterkiefers wurden zwei Therapiekonzepte durchgeführt (Watzek et al., 1988):

1. Bei unbezahntem Kiefer die Implantation von 2 bzw. 4 intramobilen Zylinderimplantaten und darauffolgend eine Versorgung mittels Steg-Gelenkprothese (Kirsch und Ackermann, 1983).

2. Die zweite Therapieform war die Implantation von 5 bis 6 Bråne-mark-Implantaten ebenfalls im zahnlosen Kiefer oder von IMZ-Implantaten im teilbezahnten Kiefer mit anschließend festsitzender, bedingt abnehmbarer brückenprothetischer Versorgung.

Ergebnisse

Betrachtet man die Beurteilung des Haltes der implantatgetragenen Steg-Gelenkprothesen, so kann man aus dem Diagramm ersehen, daß von insgesamt 20 bzw. 25 Patienten dieser von 14 bzw. 18 Patienten mit gut, von 5 Patienten mit ausreichend und nur von 1 bzw. 2 Patienten mit schlecht angegeben wurde (siehe Tabelle 1). Bei einem dieser letztgenannten Patienten war mehrmals das intramobile Element des IMZ-Implantates frakturiert.

Erwartungsgemäß wurde bei den bedingt abnehmbar versorgten Rehabilitationen im zahnlosen oder teilbezahnten Gebiß der Halt in beiden Gruppen bis auf 1 Fall mit gut beurteilt. Bei diesem unzufriedenen Patienten war es, wie wir im Rahmen der Ambulanzbefragung erfahren mußten, mehrmals zu einer Lockerung der Schrauben gekommen.

Mit der Mastikation waren 27 bzw. 29 Patienten zufrieden. 4 Patienten bzw. 7 bei der anonymen Befragung mit Steg-Gelenkprothesen bezeichneten die Funktion ihrer Versorgung beim Essen nur mit ausreichend, 1 Patient

Tabelle 1. Halt Unterkiefer

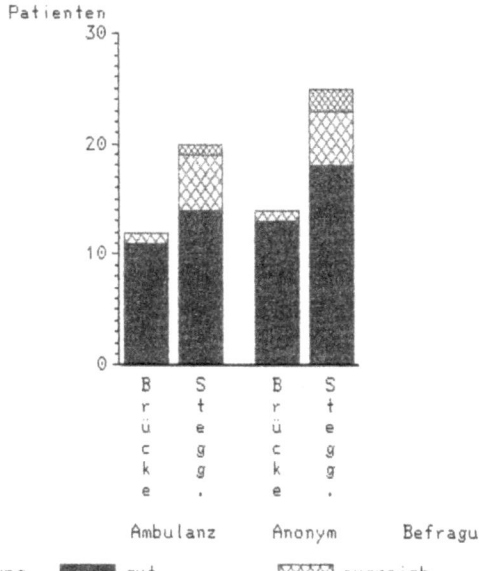

Tabelle 2. Mastikation Unterkiefer

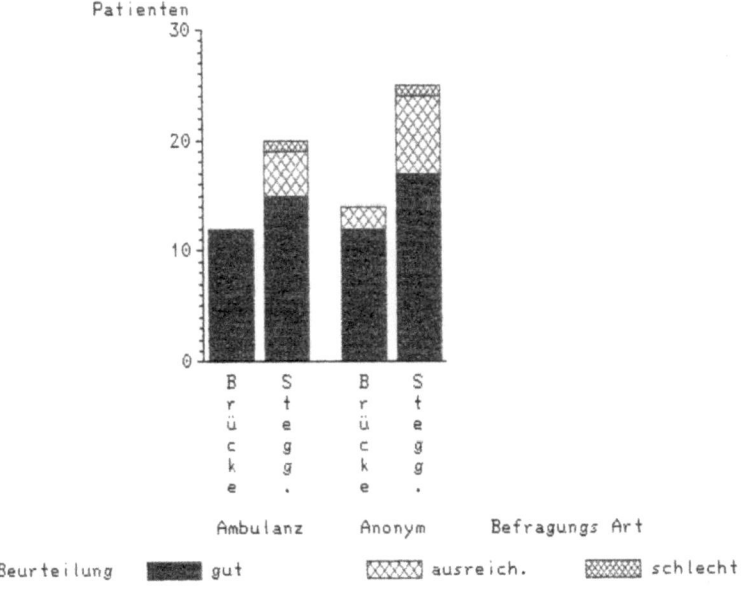

Tabelle 3. Phonetik Unterkiefer

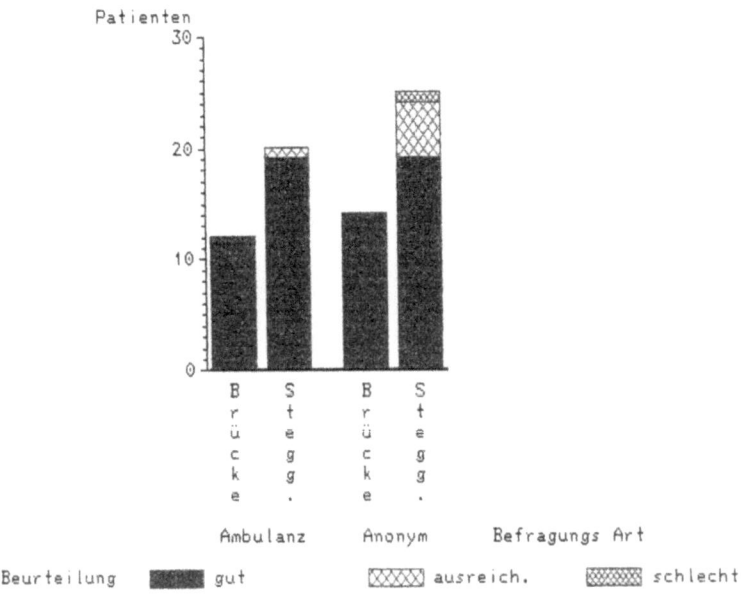

drückte sowohl im Rahmen der anonymen Befragung wie auch in der Ambulanz seine Unzufriedenheit aus (Tabelle 2).

Betrachtet man die Beurteilung der Phonetik, so waren alle befragten Patienten der „Gruppe Ambulanz" bis auf einen mit Steg-Gelenkprothese mit dem Erfolg zufrieden. Bei der anonymen Befragung gaben 5 Patienten die Phonetik lediglich als ausreichend an. Auch hier war 1 Patient unzufrieden (Tabelle 3).

Auch die Frage nach der Ästhetik wurde von der Mehrzahl der Patienten („Gruppe Ambulanz") – nämlich 23 – mit gut beantwortet. 6 Patienten hielten ihre Versorgung diesbezüglich nur für ausreichend und 2 Patienten waren nicht zufrieden. Ähnliche Ergebnisse konnten auch bei der anonymen Befragung erhoben werden (Tabelle 4).

4 Patientinnen würden sich dem Eingriff nicht nochmals unterziehen (Tabelle 5). Zusätzlich würde sich 1 Patient nur in Allgemeinanästhesie und 1 Patientin nur vom selben Operateur implantieren lassen.

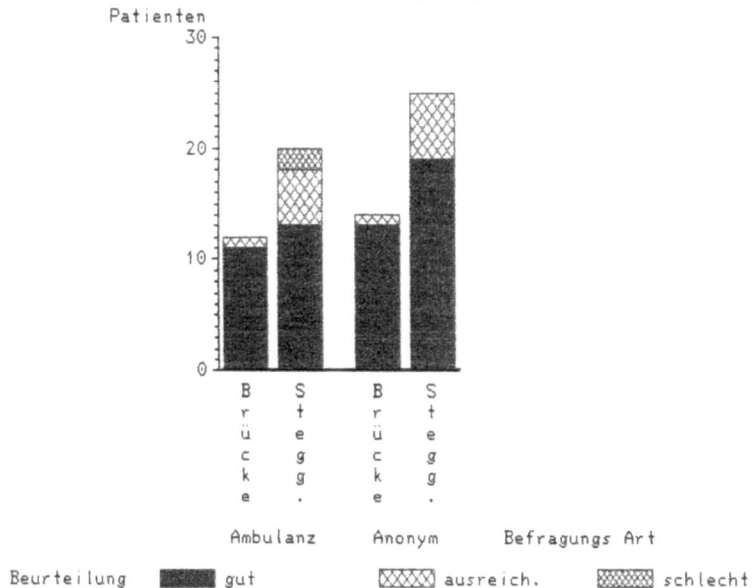

Tabelle 4. Ästhetik Unterkiefer

Tabelle 5

Geschl.	Geburts-jahr	Versorgung	Halt	Mastikation	Phonetik	Ästhetik
w	1929	Steggelenk	gut	ausreichend	gut	gut
w	1948	Steggelenk	schlecht	schlecht	ausreichend	ausreichend
w	1918	Steggelenk	gut	gut	gut	gut
w	1940	Steggelenk	schlecht	ausreichend	ausreichend	ausreichend

In Tabelle 5 sind jene Patienten (4 von 39) aufgelistet, die den Eingriff nicht nochmals durchführen lassen würden.

Diskussion

Zum kostengünstigen Konzept der Steg-Gelenkprothese entschieden sich vornehmlich Patienten, die schon längere Zeit unbezahnt waren und durch ihre ungünstigen anatomischen Verhältnisse nicht – oder nicht mehr – durch schleimhautgetragene Prothetik suffizient versorgt werden konnten. Diese Patienten waren bezüglich Phonetik, Ästhetik und Halt der Versorgung bei insuffizientem Ersatz schon Jahre funktionell und sozial beeinträchtigt. Sie entschieden sich nach Aufklärung häufig für die Steg-Gelenkprothese, da sie eine Verbesserung des Halts ihrer schon gewohnten Versorgung erwarteten.

Die kostenaufwendigere Behandlung mit bedingt abnehmbarer Brükkenkonstruktion wählten Patienten, die auf Grund ihrer psychischen Situation durch den totalen Zahnverlust keinen abnehmbaren Zahnersatz wünschten. Hier spielten sicher die auch von Blomberg (1985) angegebenen Kriterien eine Rolle:

• Individuelle Faktoren (Extraktionstraumen, progressive Parodontopathien);
• interindividuelle Faktoren (Reaktion des persönlichen Umfeldes);
• ästhetische Vorstellungen (Massenmedien, Karikaturen);
• symbolische Bedeutung des Zahnverlustes im Sinne eines altersbedingten Abbaues.

Es konnte gezeigt werden, daß, von einzelnen Ausnahmen abgesehen, bei der Fragebogenaktion unserer Ambulanz und bei der später durchgeführten anonymen Erhebung durchaus äquivalente Ergebnisse zu erheben waren. Erwartungsgemäß wurden in allen von uns angesprochenen Funktionen die festsitzende Brückenversorgung deutlich besser beurteilt als die herausnehmbaren, wesentlich kostengünstigeren Steg-Gelenkprothesen. Betrachtet man jene 4 Patienten, die den Eingriff nach Kenntnis des erreichten Zustandes nicht mehr durchführen lassen würden, fällt auf, daß lediglich 2 Patienten hinsichtlich der angesprochenen Beurteilungskriterien nicht zufrieden waren. 2 Patienten bewerteten alle Kriterien mit gut oder ausreichend, würden aber trotzdem den Eingriff nicht mehr durchführen lassen. Die Gründe hierfür mögen wahrscheinlich in der psychischen und physischen Belastung zu suchen sein. Darüber hinaus war eine der Patientinnen bereits 75 Jahre alt.

Abschließend kann festgestellt werden, daß bei unseren Patienten die subjektive Beurteilung vielfach mit der objektiven Beurteilung seitens des Behandlers und den klinischen Befunden und dem Verlauf konform ging. Divergierende Beurteilungen seitens der Patienten waren durch eine zu hohe Erwartungseinstellung an die implantologische Versorgung bedingt. Es erscheint uns deshalb ganz wesentlich, durch eine noch bessere präoperative Information des Patienten mit Bildern, Video und im persönlichen Gespräch, das Wesen, die Form und die Funktion der geplanten implantologischen Versorgung zu erklären, um nachfolgende Enttäuschungen und seitens der Patienten subjektiv begründete Implantatmißerfolge zu vermeiden.

Danksagung

Diese Untersuchung wurde vom Jubiläumsfonds der Oesterreichischen Nationalbank, Projekt Nr. 2624, unterstützt.

Literatur

Blomberg S (1985) Psychologische Aspekte. In: Brånemark PI, Zarb G, Albrektsson T (eds) Gewebeintegrierter Zahnersatz. Osseointegration in klinischer Zahnheilkunde. Quintessenz, Berlin, S 161

Brånemark PI, Hansson BO, Adell R, Breine U, Lindström J, Hallen O, Öhmann A (1977) Osseointegrated implants in the treatment of edentulous jaw. Experience from a 10-year period. Scand J Plast Reconstr Surg 11 [Suppl] 16

Cranin MA, Rabkin MF, Garfinkel L (1977) A statistical evaluation of 952 endosteal implants in humans. J Am Dent Assoc 94:315

Heners M, Wörle M (1983) Indikation verschiedener Implantationsverfahren – Ergebnisse einer klinischen Langzeitstudie. Dtsch Zahnärztl Z 38:115–118

Kirsch A, Ackermann K-L (1983) Das IMZ-Manual. Kirsch, Stuttgart

Smithloff M, Fritz ME (1976) The use of blade implants in a selected population of partially edentulous adults. J Periodontol 47:19

Strub JR (1986) Langzeitprognose von enossalen oralen Implantaten unter spezieller Berücksichtigung von periimplantären, materialkundlichen und okklusalen Gesichtspunkten. Habilitationsschrift der Zahn-, Mund- und Kieferheilkunde. Quintessenz, Berlin

Tetsch P (1977) Mißerfolge bei enossal verankerten Implantaten. Dtsch Zahnärztl Z 32:302

Watzek G, Matejka M, Lill W, Matzka P, Plenk H jr (1988) Knöchern eingeheilte Implantate (Tübinger, IMZ, Brånemark) – Erfahrungen mit einem Therapiekonzept. Z Stomatol 85/4:207

Anschrift des Verfassers: Dr. W. Lill, Abteilung für zahnärztliche Chirurgie, Universitätsklinik für Zahn-, Mund- und Kieferheilkunde, Währinger Straße 25 a, A-1090 Wien.

Forensische Aspekte präprothetisch-chirurgisch-implantologischer Maßnahmen

R. Fischer und *P. Krömer*

Zusammenfassung

Die beiden Autoren – ein Zahnarzt und ein Jurist – gehen der Frage nach, inwieweit präprothetisch-chirurgisch-implantologische Maßnahmen Neulandtherapie oder als Behandlungsmethode bereits anerkannter Bestandteil der zahnmedizinischen Wissenschaften geworden sind und ziehen daraus die rechtlichen Konsequenzen. Geprüft werden an Hand der beiden vorhin genannten Fragen aus medizinisch-wissenschaftlicher Sicht die rechtlichen Problemkreise der Verpflichtung des Zahnarztes, die gängigen oralen Implantationsverfahren zu kennen, die Frage, ob jeder Zahnarzt selbst Implantationen vornehmen muß sowie ferner besondere Aspekte der Aufklärungspflicht zur Einwilligung der Heilbehandung bei Durchführung von oralen Implantationen. Die Darstellung erfolgt auf Grundlage österreichischen Rechtes.

Summary

Forensic Aspects of Preprosthetic Surgery and Implantology. The authors, a dentist and a lawyer, set out to establish whether preprosthetic surgery and implantology were currently considered novel therapeutic modalities or whether they were recognized as integral elements of dental medicine. To define the resultant legal implications they examined the dentist's obligation to be familiar with commonly used oral implantation procedures; his obligation, if any, to do implantology himself; and special problems relating to his obligation to inform patients before obtaining their consent for implantological procedures. These aspects were studied on the basis of Austrian legislation.

Schlüsselwörter: Neulandtherapie, allgemeine Behandlungsmethode, Verpflichtung des Zahnarztes zur Kenntnis präprothetisch-chirurgischer-implantologischer Maßnahmen, Verpflichtung zur Durchführung von Implantationen, besondere Aspekte der Aufklärungspflicht.

Key words: Novel treatment modality, generally accepted treatment, obligation of dentists to be familiar with preprosthetic surgery and implantology, obligation to perform implantological procedures, special aspects of patient information.

Zum Abschluß der zweiten Arbeitstagung der Arbeitsgemeinschaft für
zahnärztliche Chirurgie und Mund-, Kiefer-Gesichtschirurgie der österreichischen Gesellschaft für Zahn-, Mund- und Kieferheilkunde unter dem
Thema: „Neue chirurgische Alternativen zur traditionellen, präprothetischen Chirurgie des zahnlosen Unterkiefers" darf ein Kurzreferat über die
rechtlichen Aspekte der zahnärztlichen Implantologie nicht fehlen, zumal
sich Ärzte auch in Österreich in den vergangenen Jahren vermehrt mit
Haftungsfragen im weiteren Sinn im Rahmen ihrer Tätigkeit auseinandersetzen mußten. Im Rahmen dieses Kurzreferates können naturgemäß nicht
die gesamten Haftungsfragen des Zahnarztes im allgemeinen behandelt
werden, sondern nur ein oder zwei kleine Teilaspekte rechtlicher Art
herausgegriffen werden. Bei den nachstehenden Ausführungen wird daher
davon ausgegangen, daß einfache Grundfragen der Haftung des Zahnarztes, wie sie im Rahmen des Österreichischen Zahnärztekongresses 1986
behandelt wurden, bekannt sind[1].
Um präprothetisch-chirurgisch-implantologische Maßnahmen aus juristischer Sicht einordnen zu können, muß zunächst einmal eine entscheidende, medizinisch-wissenschaftliche Vorfrage geklärt werden: „Sind die
Anwendungen von oralen Implantationsverfahren die Anwendung von
Neulandtherapien bzw. neuer Behandlungsmethoden, die noch nicht ausreichend erprobt sind und daher noch nicht als Behandlungsmethoden
anerkannter Bestandteil der zahnmedizinischen Wissenschaft geworden
sind, oder nicht?" Der Zahnmediziner Günther hat in seinem 1982
erschienenen, umfassenden Werk: „Zahnarzt – Recht und Risiko" darauf
hingewiesen, daß die oralen Implantationsverfahren trotz einer rund
45jährigen klinischen Geschichte als Neulandtherapie zu qualifizieren sind,
wobei er dies unter anderem damit begründet, daß die zahnärztliche
Implantologie wissenschaftlich im Fluß und klinisch durch zahlreiche
konkurrierende Verfahren gekennzeichnet ist, wobei dieser Therapieform
allgemein anerkannte Qualifikationsmerkmale fehlen und die Möglichkeit
der systematischen Erfolgsreproduktion[2].
Seit dem Erscheinen dieses Werkes wurden die oralen Implantationsverfahren in der wissenschaftlichen Literatur, aber auch auf Kongressen wie
dem gegenständlichen vermehrt behandelt, untersucht, aber auch vor allem
dokumentiert, wozu noch kommt, daß die Verfahren der zahnärztlichen
Implantologie auch teilweise schon standardisiert sind und diese Therapieform auch allgemein anerkannte Qualifikationsmerkmale hat, der Erfolg
bzw. Mißerfolg in der zahnärztlichen Implantologie ist ja seit 1979 definiert[3]. Im Rahmen des zahnärztlichen Lehrganges zum Zwecke der Ausbildung des Arztes für seine Tätigkeit als Facharzt für Zahn-, Mund- und
Kieferheilkunde wird an den medizinischen Fakultäten der österreichischen

[1] Fischer R, Krömer P (1986) Die Haftung des Zahnarztes. Österr Zahnärzte-
Zeitg, Heft 11, S 12 ff (Zahnärztekongreßbericht)
[2] Günther H (1982) Zahnarzt – Recht und Risiko, Teil V, Rz 1048 ff, S 620 ff.
Hanser, München Wien
[3] Günther H, aaO, Rz 1051, S 623 ff

Universitäten im Rahmen der theoretischen Ausbildung die zahnärztliche Implantologie gelehrt und angehenden Zahnärzten ein gewisses theoretisches Rüstzeug für die Praxis zumindest teilweise mitgegeben. Geht man von diesen letztgenannten Umständen aus, kann man für die zahnmedizinische Wissenschaft die Behauptung sehr wohl vertreten, daß die oralen Implantationsverfahren nicht mehr Neulandmedizin darstellen, sondern sich bereits weg von der Neulandmedizin bzw. einer neuen Behandlungsmethode, die noch nicht entsprechend erprobt und nicht allgemeiner Bestandteil der zahnmedizinischen Wissenschaft ist, wegbewegt haben, hin zu einer Behandlungsmethode, die bereits anerkannter Bestandteil der zahnmedizinischen Wissenschaft geworden ist, jedoch als neue Behandlungsmethode im Rahmen der zahnmedizinischen Wissenschaft mit einem höheren Risiko behaftet ist. Geht man von der zuletzt vertretenen, medizinisch-wissenschaftlichen Wertung oraler Implantationsverfahren aus, hat dies für den rechtlichen Bereich teilweise andere Konsequenzen, als wenn man die noch im Jahr 1982 von Günther medizinisch-wissenschaftliche Auffassung vertritt, daß die zahnärztliche Implantologie Neulandtherapie ist.

Die nun folgenden juristischen Überlegungen sind nun nicht auf das Niveau eines absolvierten Rechtswissenschaftlers abgestellt, sondern für einen „juristischen Laien", es werden daher verschiedenste juristische Rechtsfragen im folgenden vereinfacht und simplifizierend dargestellt:

Der erste Problemkreis aus juristischer Sicht ist nun jener, ob der Zahnarzt als Facharzt verpflichtet ist, die gängigen oralen Implantationsverfahren zu kennen.

Nach § 22 Abs. 1 Ärztegesetz 1984 in der derzeit geltenden Fassung hat der Arzt bei seiner ärztlichen Behandlung und Beratung nach Maßgabe der ärztlichen Wissenschaft und Erfahrung sowie unter Einhaltung der bestehenden Vorschriften das Wohl der Kranken und den Schutz der Gesunden zu wahren. Aus dieser Vorschrift im Ärztegesetz allein wird allgemein die Verpflichtung des Arztes abgeleitet, durch entsprechende ständige Fort- und Weiterbildung Kenntnisse über den jeweiligen Stand der medizinischen Wissenschaft zu erlangen[4]. Im Zivilrechtsbereich gelten die Ärzte, demnach auch Zahnärzte, als Sachverständige im Sinn des § 1299 ABGB. Nach dieser Gesetzesbestimmung gibt derjenige, der sich zu einem Amt, zu einer Kunst, zu einem Gewerbe oder Handwerk öffentlich bekennt, zu erkennen, daß er sich den notwendigen Fleiß und die erforderlichen, nicht gewöhnlichen Kenntnisse zutraut; er muß daher den Mangel derselben vertreten. Die Besonderheit des § 1299 ABGB, mit welchem ein besonderer Haftungsmaßstab im Bereich des Schadenersatzrechtes eingeführt wird, ist jene, daß die Kenntnisse und Fähigkeiten eines solchen Sachverständigen im Sinn des § 1299 ABGB an einem objektiven Maßstab gemessen werden. Die den Ärzten bzw. Zahnärzten gebotene Behandlungssorgfalt im objektiven Sinn ist identisch mit der Anwendung der ärztlichen Kunst nach dem Stand der medizinischen Erkenntnisse zur Zeit der Behandlung, wobei hier auf

---
[4] Aigner–List: Ärztegesetz 1985, MGS 65. Anmerkung 6 zu § 22 Ärztegesetz, S 46, Manz, Wien

Behandlungsmethoden, die anerkannter Bestandteil der medizinischen Wissenschaft sind, abgestellt wird. Der dem einzelnen Arzt gebotene Maßstab richtet sich nach seinem Fachkreis, der Nichtfacharzt haftet nicht für das Fehlen der besonderen Kenntnisse und Geschicklichkeit, die ein Facharzt gewöhnlich hat, während eben ein Facharzt jene Sorgfalt zu vertreten hat, die von einem ordentlichen und pflichtgetreuen Facharzt in der konkreten Situation erwartet wird. Innerhalb der einzelnen Fachbereiche entwickeln sich langsam auch besondere Spezialisten für Teilbereiche, wobei dies auch nach außen hin erkennbar gemacht wird, in diesem Fall wird man auch diesbezüglich einen höheren Haftungsmaßstab anlegen müssen (zum Beispiel Herzspezialist gegenüber allgemeinen Internisten). Auch aus dieser Bestimmung des § 1299 ABGB wird im Hinblick darauf, daß der Arzt bzw. Facharzt nach dem Stand der medizinischen Erkenntnisse zur Zeit der Behandlung vorgehen muß, die Verpflichtung des Ärztestandes zu permanenter beruflicher Weiterbildung abgeleitet[5]. Für das Strafrecht bestimmt sich im Bereich der ärztlichen Tätigkeit die objektive Sorgfaltswidrigkeit, die für die Beurteilung einer Todesverursachung als tatbestandsmäßig im Sinn des § 80 Strafgesetzbuch bzw. einer Körperverletzung im Sinn des § 88 StGB Grundvoraussetzung ist, zunächst nach den sogenannten ärztlichen Kunstregeln, darunter ist der in der medizinischen Wissenschaft gesicherte Bestand an grundlegenden Verhaltensanweisungen zu verstehen, die unter keinen Umständen verletzt werden dürfen. Im übrigen entscheidet über das Vorliegen eines objektiven Sorgfaltsverstoßes auch hier der direkte Rückgriff auf das gedachte Verhalten der entsprechenden Maßfigur. Auch bei dieser Maßfigur bzw. Leitbild wird zwischen praktischem Arzt und dem Vertreter des jeweiligen Faches differenziert, der Facharzt wird durch die Einhaltung des Verhaltensstandards eines praktischen Arztes den an ihn zu stellenden Sorgfaltsanforderungen noch nicht gerecht[6]. Insgesamt ergibt sich somit, daß für den gesamten Bereich der Rechtsordnung der Arzt und demnach auch der Facharzt, wie der Zahnarzt, grundsätzlich zur Weiterbildung und Fortbildung verpflichtet ist, um objektiv die Kenntnis des letzten Standes der medizinischen Wissenschaft bzw. der ärztlichen Kunst, somit auch jener Behandlungsmethoden, die allgemeiner Bestandteil der medizinischen Wissenschaft geworden sind, zu kennen, mangelndes Wissen um die letzten neuen, von der Wissenschaft zuletzt anerkannten Behandlungsmethoden im jeweiligen Fachbereich bedeutet objektive Sorgfaltsverletzung im Sinn des § 1299 ABGB bzw. auch §§ 80, 88 StGB.

Geht man daher davon aus, daß die oralen Implantationsverfahren bereits allgemein anerkannter Bestandteil der zahnmedizinischen Wissen-

---

[5] An Stelle zahlreicher Zitate einige Zitate und Hinweise, die auch zahlreiche Judikatur des Obersten Gerichtshofes enthalten: Reischauer in Rummel: Kommentar zum ABGB, Band II, Rz 23 a ff, zu § 1299 ABGB, S 2222 ff, Manz, Wien
   Holzer: Die Haftung des Arztes im Zivilrecht. In: Schick (Hrsg) Die Haftung des Arztes, herausgegeben von Schick. Leykam, Graz, S 67 ff. – Harrer in Schwimann: ABGB Praxis-Kommentar, Band V, Rz 22 ff zu § 1300 ABGB, S 63 ff, Orac, Wien. – Koziol: Österr. Haftpflichtrecht, Band II², Manz, Wien, S 194
[6] Burgstaller in: Wiener Kommentar zum Strafgesetzbuch, 9. Lieferung, Rz 46 ff zu § 80 StGB. Manz, Wien

schaft geworden sind und den Grenzbereich der Neulandtherapie überschritten haben, ist jeder Zahnarzt verpflichtet, diese Behandlungsmethoden – zumindest theoretisch – zu kennen und sich auch die Kenntnis zu
erwerben, eine mangelnde Kenntnis hat der entsprechende Zahnarzt zu
vertreten und kann dies eben unter weiteren Voraussetzungen dann zu
sogenannten Behandlungsfehlern im weiteren Sinne führen, die dann einen
Zahnarzt im Zivilbereich schadenersatzpflichtig machen und im Strafrechts-
bereich für ihn unter Umständen zu einer Verurteilung nach § 88 Strafgesetzbuch führen können, sicherlich gibt es auch im Hinblick auf § 22
Ärztegesetz im Einzelfall dann auch noch neben weiteren Voraussetzungen
eine disziplinäre Verantwortlichkeit. Geht man von der im gegenständlichen
Fall vertretenen medizinischen Auffassung aus, daß die oralen Implantationsverfahren keine Neulandmedizin sind, sondern nur eine neue Behandlungsmethode, die Bestandteil der zahnmedizinischen Wissenschaft geworden ist, ist jeder Zahnarzt verpflichtet, sich Kenntnis von diesen oralen
Implantationsverfahren zu verschaffen.

Vertritt man allerdings die noch von Günther vertretene medizinische
Auffassung, daß orale Implantationsverfahren noch Neulandtherpaie bzw.
Neulandmedizin sind, daher eine Behandlungsmethode, die wissenschaft-
lich noch nicht entsprechend erprobt ist und daher auch nicht anerkannter
Bestandteil der zahnmedizinischen Wissenschaft geworden ist, ist der
Zahnarzt nicht verpflichtet, Kenntnis von diesen oralen Implantationsver-
fahren zu haben und kann auch die mangelnde Kenntnis nicht einen
Sorgfaltsverstoß im Sinn des § 1299 ABGB bzw. § 80, 88 StGB bedeuten,
weil eben nur der Zahnarzt als Facharzt für die Kenntnis der anerkannten
Bestandteile der zahnmedizinischen Wissenschaft einzustehen hat und in
diesem Fall auch die Nichtanwendung einer neuen Behandlungsmethode
dem Arzt objektiv nicht vorwerfbar ist[7].

Die nächste weitere Frage, die sich nunmehr zwangsläufig stellt, ist jene,
ob jeder Zahnarzt selbst Implantationen am Patienten vornehmen muß.
Diesbezüglich ist zunächst einmal ganz allgemein festzuhalten, daß –
ausgenommen im Falle drohender Lebensgefahr (nach § 21 Ärztegesetz,
§ 95 Strafgesetzbuch) – der Arzt im allgemeinen nicht verpflichtet ist, die
Behandlung eines Patienten zu übernehmen[8]. Allerdings kann diese grundsätzliche Freiheit des Arztes durch privatrechtliche Vereinbarungen inso-
weit wiederum eingeschränkt werden, als auf Grund von Verträgen eines
nichtselbständigen Arztes mit dem Rechtsträger einer Krankenanstalt oder
aber eines selbständigen Arztes mit einem Sozialversicherungsträger der
Arzt verpflichtet ist, bestimmte Personen zu behandeln bzw. mit diesen
Behandlungsverträge abzuschließen, in diesem Zusammenhang darf ja
nicht übersehen werden, daß die Verpflichtung zur Leistung erster ärztlicher
Hilfe für öffentliche und nicht öffentliche gemeinnützige Krankenanstalten
eine weitergehende ist, wobei diesbezüglich auf § 23 Krankenanstaltenge-
setz verwiesen wird.

---

[7] Aigner – List, aaO, Anmerkung 8 zu § 22 Ärztegesetz, S 47
[8] Harrer in Schwimann: ABGB – Großkommentar, aaO, Rz 23 zu § 1300 ABGB,
S 83

Geht man nun davon aus, daß die oralen Implantationsverfahren nicht
mehr Neulandtherapien, sondern als neue Behandlungsmethode anerkannter Bestandteil der zahnmedizinischen Wissenschaft geworden sind, ergibt
sich kurz folgendes:

Wenngleich jeder Zahnarzt Kenntnis über die oralen Implantationsverfahren, wie Indikation, Risiken etc. haben muß, muß er dennoch nicht selbst
Implantationen vornehmen. In diesem Zusammenhang möchte ich nämlich
auch darauf hinweisen, daß ja zur Vornahme von Implantationen neben
einer gewissen praktischen Schulung und Erfahrung auch die Ordination
vor allem entsprechend eingerichtet sein muß, auch in diesem Fall in
besonderer Weise für lebensbedrohende Zwischenfälle (im Zusammenhang
mit notwendigen Narkosen). Wenn auch daher nicht jeder Zahnarzt selbst
Implantationen vornehmen muß, ist es jedoch im Hinblick auf das vorhin
Gesagte so, daß im Rahmen einer entsprechenden zahnärztlichen Behandlung der Zahnarzt im speziellen Fall dennoch den Patienten auch in
Richtung Anwendung oraler Implantationsverfahren untersuchen muß und
bei entsprechender Indikation den Patienten ausführlich belehren und auch
an Krankenanstalten bzw. Fachkollegen, die Implantationen selbst durchführen können, weiterverweisen muß. Liegt nämlich z. B. bei einem
Patienten eine eindeutige Indikation für eine Implantation vor, und
unterläßt es der behandelnde Zahnarzt, der selbst nicht Implantationen
durchführt, dem Patienten diese Diagnose mitzuteilen, entsprechend über
die Implantationsverfahren aufzuklären und an einen anderen Kollegen
bzw. eine Krankenanstalt weiterzuverweisen, liegt bei den sonstigen weiteren gesetzlichen Voraussetzungen ein Behandlungsfehler vor (Diagnosefehler und Therapiefehler), der zu Schadenersatzansprüchen oder aber auch
einer strafgerichtlichen Verurteilung (bei Eintritt einer Körperverletzung)
führen kann[9]. Personenkreise, bei denen entsprechende Schäden im aufgezeigten Sinne diesbezüglich auftreten können, sind vor allem Personen, die
im Rahmen der Berufsausübung Zähne bzw. funktionierenden Zahnersatz
benötigen, wie z. B. Glasbläser, Sänger und bestimmte Arten von Musikern.
Insgesamt ergibt sich daher, daß orale Implantationsverfahren – unter der
Voraussetzung, daß sie allgemein anerkannter Bestandteil der zahnmedizinischen Wissenschaft sind – von einem jeden Zahnarzt im Rahmen der
Behandlung zu berücksichtigen sind, und zwar derart, daß sie zu diagnostizieren und dem Patienten als Therapieform bei entsprechender Indikation
auch darzutun sind, wenngleich nicht jeder Zahnarzt verpflichtet ist, dann
selbst Implantationen durchzuführen, sofern er eben nicht auf Grund
privatrechtlicher Verträge sich dazu verpflichtet hat (was im gegenständlichen Fall derzeit nur für Verträge von nichtselbständigen Ärzten mit
Krankenanstaltenrechtsträgern in Frage kommt).

Wertet man die oralen Implantationsverfahren noch als Neulandmedizin, ist grundsätzlich kein Arzt verpflichtet, diese Behandlungsmethode

---

[9] Vergleiche diesbezügliche Ausführungen und die dort zitierten Judikaturbeispiele: Holzer: Die Haftung des Arztes im Zivilrecht, aaO, S 75. – Fischer – Krömer:
aaO, S 40

selbst durchzuführen, wozu noch kommt, daß unserer Meinung nach nicht so ohne weiters auch ein Arzt privatrechtlich wirksam verpflichtet werden kann, solche neuen Behandlungsmethoden durchzuführen[10]. Selbstverständlich – dies kann auch für das oben Gesagte noch festgehalten werden – kann jeder Zahnarzt, wenn er dazu in der Lage ist, sich gegenüber dem behandelnden Patienten verpflichten, eine Implantation durchzuführen, allerdings kann er – sofern eben nicht andere vertragliche Verpflichtungen oder Lebensgefahren bestehen – nicht dazu verpflichtet werden, einen solchen privatrechtlichen Vertrag mit den Patienten abzuschließen. Im Rahmen von Dienstverträgen können unserer Meinung nach bei Neulandmedizin nur jenen Fachärzten Neulandtherapien aufgetragen werden, die sich im Rahmen dieser Verträge zu wissenschaftlicher und forschender Tätigkeit unter anderem auch verpflichtet haben.

Zuletzt wird noch der Fragenkreis angeschnitten, was aus rechtlicher Sicht zu beachten ist, wenn nun tatsächlich ein Zahnarzt implantiert bzw. orale Implantationsverfahren anwendet. Grundsätzlich muß zunächst darauf hingewiesen werden, daß die Krankenanstalt oder jener selbständige Zahnarzt, der Implantationen selbst durchführt, die entsprechenden sachlichen und personellen Voraussetzungen dazu mitbringen muß, dazu gehört die entsprechende apparatmäßige Einrichtung, das notwendige medizinische Personal bzw. Hilfspersonal, aber auch die entsprechende Ausbildung des Zahnarztes[11]. Da es sich bei den Implantationsverfahren auf jeden Fall um neue Behandlungsmethoden handelt, wird es nicht nur für Zwecke der Einkommensteuererklärung zweckmäßig sein, sondern auch für allenfalls nicht auszuschließende Haftungsprozesse, die entsprechenden Unterlagen und Belege über den Besuch von entsprechenden Weiterbildungs- und Fortbildungsveranstaltungen aufzuheben. Diesbezüglich ist folgendes auch festzuhalten:

Verstößt ein behandelnder Zahnarzt bei Durchführung der Implantation gegen die derzeit gängigen Regeln der Implantationsverfahren, liegt ein Behandlungsfehler des behandelnden Zahnarztes vor, der bei Vorliegen von weiteren Voraussetzungen zu einer Schadenersatzpflicht oder aber auch zu einer strafgerichtlichen Verurteilung nach § 88 StGB des behandelnden Zahnarztes führen kann. Geht man davon aus, daß die Implantationsverfahren anerkannter Bestandteil der zahnmedizinischen Wissenschaft sind, wird nur der gewöhnliche Haftungsmaßstab des § 1299 ABGB herangezogen, wobei man eben davon ausgeht, daß hier der Facharzt, der eine solche Behandlung durchführt, auch als Facharzt dann die anerkannten Bestandteile der zahnmedizinischen Wissenschaft beherrschen muß. Lediglich dann, wenn man in der ganz am Anfang geschilderten Übergangszeit noch davon ausgeht, daß nur Spezialisten unter den Zahnärzten Implantationen durchführen, und dann ein Zahnarzt, der nicht zu dieser Spezialistengruppe gehört, eine Implantation durchführt und diesem ein solcher Behandlungs-

---

[10] Aigner – List, aaO, Anmerkung 8 zu § 22 Ärztegesetz, S 47
[11] Günther: aaO, Teil III, Rz 559, S 274 f. – Holzer: Die Haftung des Arztes im Zivilrecht, aaO, S 82

fehler unterläuft, haftet er aus dem Titel Einlassungs- und Übernahmsfahr-
lässigkeit für allfällige Schadenersatzansprüche bzw. strafgerichtlich, wobei
ihm in diesem Fall eben der Einwand verwehrt ist, ihn persönlich könne
kein Vorwurf treffen, weil er nach bestem Wissen gehandelt habe. Der Arzt,
der eine Behandlungtätigkeit mit einer speziellen Qualifikation übernimmt,
hat für diese höhere spezielle Qualifikation immer einzustehen, sofern nicht
Gefahr in Verzug ist[12]. Letztgenanntes gilt allerdings genauso dann, wenn
man davon ausgeht, daß Implantationsverfahren Neulandtherapien sind.

Unabhängig davon, ob nun Implantationsverfahren als Neulandtherapien oder neue Behandlungsmethoden mit hohem Risiko, die allerdings
bereits anerkannter Bestandteil der zahnmedizinischen Wissenschaft geworden sind, anzusehen ist, sind ausgesprochen strenge Anforderungen an die
Aufklärungspflicht des behandelnden Zahnarztes für die Einwilligung in
diese Heilbehandlung – Implantationsverfahren – zu stellen. Der Zahnarzt
hat im Hinblick auf die vom Obersten Gerichtshof in der grundsätzlichen
Entscheidung SZ 55/144 aufgestellten Grundsätze der Aufklärungspflicht
den Patienten im Detail über die Implantationsverfahren aufzuklären, und
zwar insbesondere über deren Risiken. Der behandelnde Zahnarzt hat auch
darauf hinzuweisen, daß es sich bei Implantationsverfahren um neue
Behandlungsmethoden mit höheren Risiken bzw. um Neulandtherapien
trotz umfassender Anwendung in der Vergangenheit handelt, wobei der
behandelnde Zahnarzt immer den Patienten – ausgehend von seiner
erstellten Diagnose – gegenüberzustellen hat die wahrscheinlichen Erfolgsaussichten einer Behandlung mit der herkömmlichen Prothetik und jener
mit einem oralen Implantationsverfahren. In diesem Zusammenhang erscheint uns auch wichtig, daß dem Patienten mitgeteilt wird, was medizinisch gesehen ein Erfolg bei einem Implantationsverfahren ist, nämlich daß
zumindest das Implantat rund 5 Jahre hält und sich nachher der Zustand
nicht verschlechtert hat. Ferner ist diesbezüglich festzuhalten, daß in der
Regel keine lebensbedrohenden Umstände Implantationsverfahren indizie-
ren, daher eben sehr wohl hier strengste Anforderungen an die Aufklärungspflicht für die Einwilligung in die Heilbehandlung für den Zahnarzt
bestehen. Darüber hinaus ist im gegenständlichen Fall auch dem Patienten
eine wirtschaftliche Aufklärung derart zu geben, daß er im Detail darauf
aufmerksam gemacht wird, daß für die Implantationsverfahren keine auch
nur anteilige Bezahlung durch die Sozialversicherungsträger erfolgt und er
daher selbst für die Kosten aufzukommen hat. Diesbezüglich sind auch dem
Patienten die voraussichtlichen Kosten bekanntzugeben, unter Hinweis,
daß sich unter Umständen hier Kostenerhöhungen ergeben können, wobei
in dem Augenblick, wo Kostenerhöhungen eintreten können bzw. wahrscheinlich sind, dies dem Patienten unverzüglich anzuzeigen ist, weil in
einem Behandlungsvertrag über Implantationen werkvertragsähnliche Ele-

---

[12] Reischauer in Rummel: Kommentar zum ABGB, aaO, Rz 25 zu § 1299 ABGB,
S 2224. – Holzer: Die Haftung des Arztes im Zivilrecht, aaO, S 67. – Entscheidung
des Obersten Gerichtshofes vom 9. 9. 1986. Juristische Blätter 1987, S 104 ff,
Springer, Wien New York. – Burgstaller in: Wiener Kommentar zum Strafgesetzbuch, 2. Lieferung, Rz 105 ff zu § 6 StGB. Manz, Wien

mente enthalten sind. Wir empfehlen dringend, sich vor Beginn einer Behandlung mit Implantationen schriftlich bestätigen zu lassen, daß der Patient über die Risiken und die Kosten solcher Implantationsverfahren aufgeklärt wurde und er auch die Kosten zu tragen hat, wenn bei ordnungsgemäßer Behandlung der gewünschte Erfolg nicht eintritt. Diesbezüglich werden in einer solchen Bestätigung etwas mehr als zwei Sätze stehen müssen, nämlich nähere Umstände der Belehrung, bezogen auf den gegenständlichen Einzelfall. Liegt keine entsprechende Aufklärung vor, liegt auch keine wirksame Zustimmung zu einer Heilbehandlung in Richtung Implantationsverfahren vor, was dann ganz allgemein zu Schadenersatzansprüchen des Patienten, aber auch zum Privatanklagerecht des Patienten in Richtung § 110 Strafgesetzbuch gegen den behandelnden Arzt führt[13].

Im Zusammenhang mit der notwendigen Aufklärung zur Einwilligung in ein orales Implantationsverfahren stellt sich teilweise auch die Frage, wann neue Behandlungsmethoden mit höherem Risiko bzw. Neulandtherapien angewendet werden können. Grundsätzlich soll die neue Behandlungsmethode bzw. die Neulandtherapie auf Grund der bisherigen Erfahrungen eindeutig indiziert sein. Die Anwendung einer neuen Methode mit höherem Risiko, die jedoch schon anerkannter Bestandteil der medizinischen Wissenschaft geworden ist, ist dann gerechtfertigt, wenn die anderen bisherigen konventionellen Methoden geringe Erfolgsaussichten bzw. gleichwertige Erfolgsaussichten bieten. Bei Anwendung neuer Behandlungsmethoden, die jedoch noch als Neulandtherapien zu qualifizieren sind, daher wissenschaftlich noch nicht allgemein anerkannt sind, ist die Anwendung einer neuen Methode dann nur gerechtfertigt, wenn es eben keine konventionelle Methode gibt oder diese eine geringere Erfolgsaussicht bieten. Wird entgegen diesen Grundsätzen eine neue Behandlungsmethode angewendet, kann unter bestimmten Voraussetzungen darin auch ein Kunstfehler liegen[14], wobei bei Rettung des Patienten (Lebensgefahr) diesbezüglich auch Sonderregeln gelten[15]. Diese grundsätzlichen Überlegungen gelten ganz allgemein auch für die Anwendung oraler Implantationsverfahren. In der Praxis kommt es jedoch häufig vor, daß aus bestimmten persönlichen Gründen Patienten Implantate wünschen, obwohl unter Umständen die herkömmliche Prothetik höhere Erfolgsaussichten bietet. Da die oralen Implantationsverfahren – egal wie man sie medizinisch gesehen jetzt wertet – auf eine längere Erfahrung zurückgreifen, wird man meiner Meinung nach im gegenständlichen Fall nach entsprechender schriftlicher Belehrung auch in solchen Fällen orale Implantationsverfahren durchführen können, wobei man eben im gegenständlichen Fall hier die Grundsätze für Heilversuche

---

[13] Vergleiche diesbezüglich:
Koziol: aaO, S 120 ff. – Holzer in: Die Haftung des Arztes im Zivilrecht, aaO, S 83 ff. – Fischer - Krömer: aaO, S 19 ff. – Bertel in: Wiener Kommentar zum Strafgesetzbuch, 14. Lieferung, Rz 1 ff zu § 110 StGB. Manz, Wien
[14] Koziol: aaO, S 122
[15] Koziol: aaO, S 122. – Kern - Laufs: Die ärztliche Aufklärungspflicht. Springer, Berlin Heidelberg New York, S 142 ff

bzw. wissenschaftliche Experimente anwendet, die – ausgenommen bei Lebensgefahr – grundsätzlich nach entsprechender detaillierter Aufklärung gestattet werden, wo auch in der schriftlichen, vom Patienten unterfertigten Dokumentation festgehalten werden muß, daß die konventionelle Prothetik größere Erfolge hätte und hier teilweise Heilversuche stattfinden.

Im Rahmen der Behandlung ist im Hinblick darauf, daß es sich bei oralen Implantationsverfahren um neue Behandlungsmethoden mit hohen Risiken oder um Neulandtherapien handelt, notwendig, daß der behandelnde Zahnarzt die einzelnen Schritte entsprechend dokumentiert und vor allem auch seiner therapeutischen Aufklärungspflicht nachkommt, das heißt, daß der Patient entsprechend belehrt wird, hier zum Zwecke des Heilerfolges mitzuwirken. In der Unterlassung der therapeutischen Aufklärung kann nämlich auch ein entsprechender Behandlungsfehler liegen[16]. Der therapeutischen Aufklärungspflicht kommt im gegenständlichen Fall deshalb hohe Bedeutung zu, weil ja unter Umständen bei einer mangelnden Mitwirkung des Patienten der Behandlungserfolg gefährdet ist. Wird ein Patient entsprechend therapeutisch aufgeklärt und unterläßt er grundlegende diesbezügliche medizinische Anordnungen und ist darauf ausschließlich der Mißerfolg zurückzuführen, haftet zwangsläufig weder schadenersatzrechtlich noch strafrechtlich der behandelnde Zahnarzt.

Wird daher von einem Zahnarzt selbst ein orales Implantationsverfahren durchgeführt, hat er sowohl im Bereich der Aufklärung, aber auch der Behandlung, im oben aufgezeigten Sinne ausgesprochen sorgfältig vorzugehen, um nicht Schadenersatzansprüchen oder strafrechtlichen Verurteilungen ausgesetzt zu sein.

Sicherlich gäbe es noch zu den gegenständlichen Problemkreisen im Zusammenhang mit den oralen Implantationsverfahren aus rechtlicher Sicht viel zu sagen, wir hoffen allerdings, mit diesen kurzen, keineswegs abschließenden und keineswegs detaillierten Ausführungen für die Praxis aus rechtlicher Sicht einige Hilfestellung geben zu können.

Anschrift der Verfasser: Prim. Dr. R. Fischer, Schneckgasse 13, A-3100 St. Pölten; RA Dr. P. Krömer, Riemerplatz 1, A-3100 St. Pölten.

---

[16] Holzer: Die Haftung des Arztes im Zivilrecht, aaO, S 79

Kriterien der Auswahl einer implantatgerechten Suprastruktur im zahnlosen Unterkiefer

P. Matzka[1], Katharina Rambousek[1], W. Lill[2], M. Matejka[3] und G. Watzek[2]

[1] Abteilung für abnehmbare und festsitzende Prothetik
(Leiter: Doz. Dr. R. Slavicek),
[2] Abteilung für zahnärztliche Chirurgie (Leiter: Prof. Dr. G. Watzek) und
[3] Abteilung für zahnheilkundliche Grundlagenforschung
(Leiter: Doz. Dr. M. Matejka)
der Universitätsklinik für Zahn, Mund- und Kieferheilkunde, Wien
(Vorstand: Prof. Dr. G. Watzek)

Mit 10 Abbildungen

Zusammenfassung

An der Wiener Klinik werden vorwiegend 2 Typen der Versorgung mit Implantaten durchgeführt:
1. IMZ-Implantate in Verbindung mit einer Steg-Gelenk-Kunststoffprothese,
2. Branemark-Implantate, die eine bedingt abnehmbare Freiendbrücke tragen.
Als Vergleichskriterien werden:
1. die Biomechanik,
2. die Abstützung im Seitzahnbereich und Gelenksproblematik,
3. die hygienischen Verhältnisse und der Einfluß auf das marginale Implantatparodont,
4. die Ästhetik und Phonetik,
5. die Kaukraft und Kauleistung und
6. die subjektive Patientenbeurteilung untersucht.
Die festsitzende Versorgung mit nach distal extendierter Freiendbrücke scheint durch eine größere Implantatanzahl und starrem Verbund der einzelnen Pfeiler in der Lage zu sein, höhere Belastungen aufzunehmen als der abnehmbare Typ. Das Indikationsgebiet für die festsitzende Variante sind hauptsächlich jüngere Patienten mit physiologischen Gelenksverhältnissen und ausreichender hygienischer Motivierbarkeit. Die Steg-Gelenkprothese hingegen stellt ein taugliches Mittel zur Verbesserung der prothetischen Situation des oft schon langjährigen Totalprothesenpatienten dar.
Zusammenfassend ist zu sagen, daß es sich nicht um zwei konkurrierende Systeme handelt, sondern daß sie bei sinnvoller Indikationsstellung unsere Möglichkeiten, zahnlose Patienten optimal zu versorgen, erweitern.

Summary

Selection Criteria for Implant-borne Suprastructures in Edentulous Mandibles. At the Vienna Department 2 implant-based management concepts are used:
  (1) IMZ implants with bar joint dentures of plastic and
  (2) Branemark implants supporting professionally removable cantilever bridges.
These were compared for:
  (1) biomechanics,
  (2) lateral support and joint problems,
  (3) hygiene and effect on peri-implant marginal periodontium,
  (4) cosmetic appearance and phonetic function,
  (5) masticatory force and performance,
  (6) subjective acceptance.
On account of the larger number of implants and the rigid connection between abutments, non-removable bridges with distal cantilevers appear to tolerate greater stresses than removable dentures. Candidates for non-removable dentures include younger patients with normal joints and adequate motivation for oral hygiene. Bar-joint dentures, by contrast, are useful for improving the situation in patients with full denture experience for years.
In summary, the 2 systems are not competitive. They rather have their specific indications and help to optimize the management of endentulous patients.

Schlüsselwörter: Implantate, Suprakonstruktion, zahnloser Kiefer.

Key words: Dental implants, suprastructure, endentulous jaw.

Einleitung und Fragestellung

Bei aller Beachtung und Prognosewertigkeit des chirurgischen Vorgehens bei der Implantation kommt auch der implantatgetragenen Suprastruktur entscheidende Bedeutung für den Langzeiterfolg zu. Während Fehler im chirurgischen Vorgehen sich als sogenannte Frühkomplikationen bemerkbar machen, kann man Spätkomplikationen eher Fehlern in der Suprastruktur zuschreiben. Prinzipiell wird heute eine hygienefreundliche, nach prothetischen und gnathologischen Gesichtspunkten einwandfreie Gestaltung der Suprastruktur gefordert.

Bei der Versorgung des zahnlosen Unterkiefers stehen zwei Möglichkeiten im Vordergrund, die Fixation von Totalprothesen mit implantatgetragenen Halteelementen oder die auf Implantaten verschraubte, im wesentlichen aber festsitzende brückenprothetische Versorgung.

Bei der folgenden Festlegung von Vergleichskriterien soll der Frage nachgegangen werden, inwieweit die beiden unterschiedlichen Behandlungsmöglichkeiten, die Funktionalität und die Prognose der Implantate und der Gesamtversorgung beeinflussen können.

Methodik und Patientengut

An der Universitätsklinik für Zahn-, Mund- und Kieferheilkunde in Wien haben sich folgende Varianten der Versorgung des zahnlosen Unterkiefers mit Implantaten und der entsprechenden Suprastruktur bewährt (Watzek et al., 1985; Watzek et al., 1988):

1. IMZ-Implantate in Verbindung mit einer von einem Steggelenk gestützten Kunststofftotalprothese;
2. Branemark-Implantate, die eine bedingt abnehmbare Freiendbrücke tragen;
3. Bedingt abnehmbare Brücken auf IMZ-Implantaten.

Beim ersten System werden zwei bis vier Implantatpfeiler mit einem IMZ- oder Doldersteg verschraubt und über den jeweils passenden Reiter mit der Prothese verbunden.

Bei der festsitzenden Versorgung werden im Regelfall sechs Implantate gesetzt und mit einer Brücke verschraubt, deren Gerüst gegossen wird und deren Kauflächen und Verblendungen aus Kunststoff bestehen.

Bewertete Vergleichskriterien

1. Biomechanik
2. Abstützung im Seitzahnbereich und Gelenksproblematik
3. hygienische Verhältnisse und Einfluß auf das marginale Implantat-parodont
4. Ästhetik und Phonetik
5. Kaukraft und Kauleistung
6. subjektive Patientenbeurteilung

1. Biomechanik

Der Implantationsbereich ist bei beiden Versorgungssystemen jeweils nur die UK-Front. Dadurch sind keine größeren Verspannungen der Pfeiler untereinander durch die elastische Mandibula zu erwarten. Zur Milderung plötzlich auftretender Belastungsspitzen werden bei den IMZ-Implantaten intramobile Kunststoffelemente und beim Branemark-System Kunststoff-kauflächen in der Überkonstruktion verwendet, deren Effekt etwa gleich einzuschätzen ist (Lill et al., 1987 a).

Wie aus der Literatur ersichtlich (Branemark et al., 1977; Skalak, 1983; Soltész und Siegele, 1982, 1984; Watzek et al., 1988), sind osseointegrierte Implantate, sowohl Schrauben als auch Zylinder, gut geeignet, axiale Kräfte aufzunehmen. Ihr horizontales Kraftaufnahmevermögen ist geringer, da Spannungsspitzen im Bereich der Knochenkompakta auftreten, die zu einer Überlastung des Knochens in diesem Bereich führen können.

Daher sollten zur Verbesserung der Prognose folgende Grundforderungen an die Überkonstruktion gestellt werden.
1. Die einwirkenden Kräfte sollen möglichst gleichmäßig auf die einzelnen Implantate übertragen werden.
2. Die Belastungen sollten vorwiegend axial erfolgen.
3. Kipp- und Horizontalkräfte sollen möglichst gering gehalten werden.

Die Gleichmäßigkeit der Belastungsverteilung

Um die einwirkenden Kräfte möglichst gleichmäßig auf die einzelnen Pfeiler zu übertragen, müssen diese miteinander starr verbunden werden.

Bei der Steggelenkkonstruktion wird dieser starre Verbund durch einen gegossenen Metallsteg verwirklicht (Abb. 1).

Bei der Brückenversorgung durch das Brückengerüst (Abb. 2).

Da aber weder der Steg noch das Gerüst als starre Körper betrachtet werden dürfen, sondern als elastische Körper, die Biege- und Torsionsbelastungen unterworfen werden, hängt ihr Kraftübertragungsvermögen weitgehend von ihrer Elastizität bzw. Steifigkeit ab.

Diese Eigenschaften sind schwer zu erfassen, da sie von mehreren Faktoren abhängen (E-Modul, Länge, Querschnitt, Form usw.).

Vom Prinzip her scheint ein gegossener Steg in der verwendeten Form durch seinen geringeren Querschnitt, seine größere Spannweite und seine Form der Brücke unterlegen zu sein.

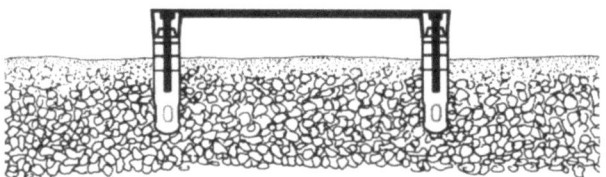

Abb. 1. IMZ-Implantate mit Steg

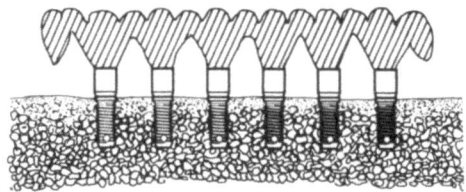

Abb. 2. Branemark-Implantate mit Brückengerüst

Axiale und paraaxiale Belastungen

Bei beiden Konstruktionstypen werden axiale Kräfte, die auf die Suprastruktur einwirken, solange sie über dem Implantationsbereich angreifen, gleichmäßig auf die Implantate verteilt (Abb. 3).

Erhebliche Unterschiede ergeben sich bei paraaxialen Belastungen, die nicht über dem Implantationsgebiet angreifen. Diese Unterschiede erwachsen aus der Freiendkonstruktion der Brücke.

Bei der Steggelenkprothese kommt es bei paraaxialer Krafteinwirkung durch die gemischte Abstützung der Prothese (Schleimhaut, Implantate und Steg) zu keiner ungleichmäßigen Kraftverteilung oder überhöhter Belastung von einzelnen Implantaten (Abb. 4).

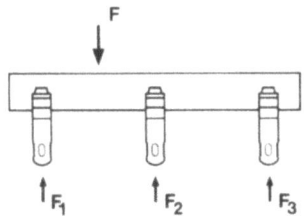

Abb. 3. Kraftverteilung bei axialer Krafteinwirkung über dem Implantationsgebiet

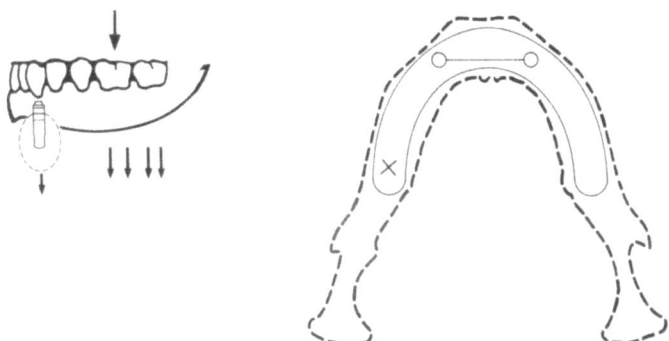

Abb. 4. Lastverteilung bei der Steg-Gelenkprothese

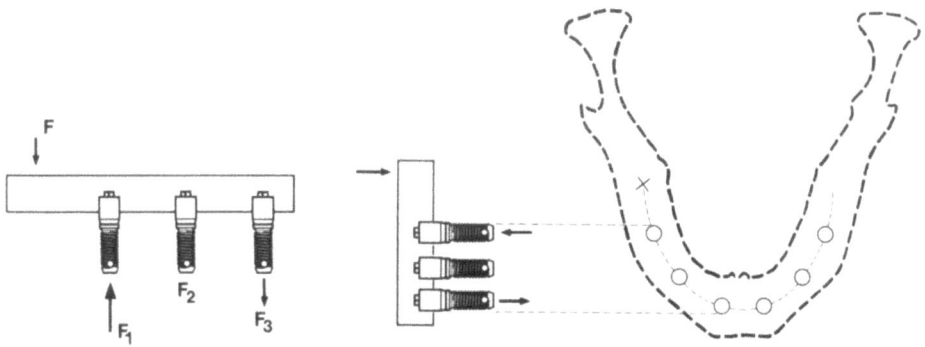

Abb. 5. Auftreten von Belastungsspitzen bei paraaxialer Krafteinwirkung

Im Gegensatz dazu führt die Freiendkonstruktion der Brücke zu erheblichen Belastungsdifferenzen bei den einzelnen Implantaten. Je nach den Hebelverhältnissen der Konstruktion können die Belastungen des endständigen Implantates ein Mehrfaches der einwirkenden Kräfte betragen, während die anterioren Implantate Zugbelastungen ausgesetzt sind (Abb. 5).

Kipp- und Horizontalkräfte

Horizontale Kräfte werden durch beide Konstruktionen gleichmäßig übertragen (Abb. 6), wobei die festsitzende Brücke mit ihrer modellierten Kauflächengestaltung bessere Voraussetzungen hat, das Entstehen von horizontalen Kräften durch Parafunktionen zu vermindern.

Belastungen im Sinne einer Kippung können nur dann auf ein Einzelimplantat übertragen werden, wenn alle Implantate auf einer Geraden liegen oder bei der Stegkonstruktion nur zwei Pfeiler implantiert wurden (Abb. 7).

Werden mehrere Pfeiler so implantiert, daß sich ein Abstützungspoligon ergibt, so werden bei starrem Verbund die Kippkräfte in axiale Zug- und Druckbelastungen übergeführt.

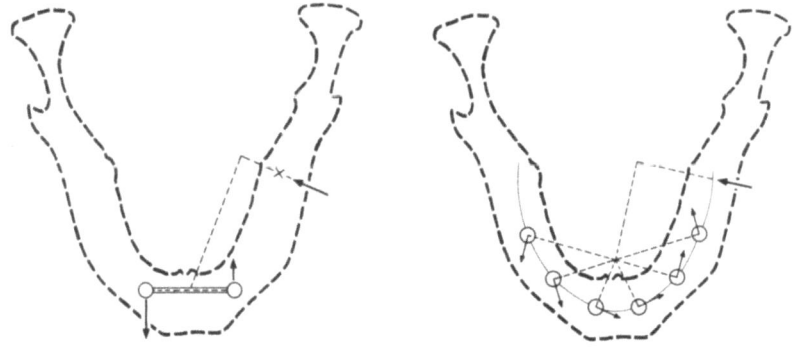

Abb. 6. Verteilung horizontaler Kräfte

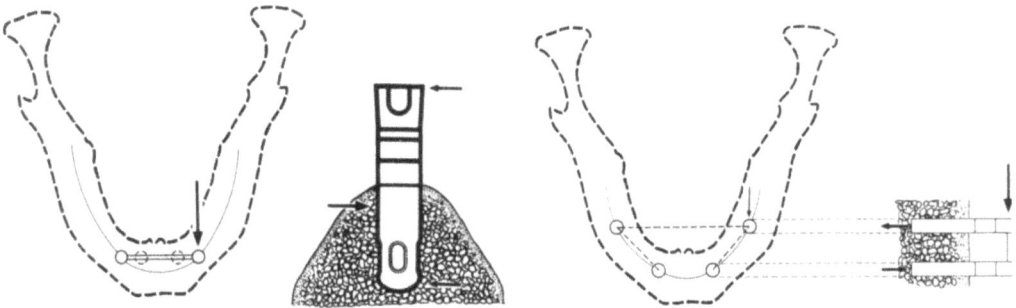

Abb. 7. Der Einfluß der Kippkräfte auf das Einzelimplantat und den Implantatverbund

2. Die Abstützung im Seitzahnbereich und Gelenksproblematik

Die von einem Steggelenk unterstützte Totalprothese bietet der Mandibula eine großflächige und weit nach distal reichende Abstützung gegen die Maxilla. Eine gewisse Resilienz ist entsprechend ihrer Konstruktion als „gemischt" getragene Prothese im distalen Bereich, je nach Schleimhautresilienz, vorhanden. Durch die distale Ausdehnung des Abstützungsbereiches greift der Vektor der von der Kaumuskulatur aufgebrachten Gesamtkraft, beim Kraftschluß sicher innerhalb des Abstützungsbereiches an. Dadurch bleibt das Gelenksköpfchen in seiner optimalen Position, und es entstehen keine negativen Einflüsse auf das neuromuskuläre System.

Durch Unterfütterung kann und muß bei eventuell fortschreitender Kammatrophie dem distalen Absinken der Prothese begegnet werden (Abb. 8).

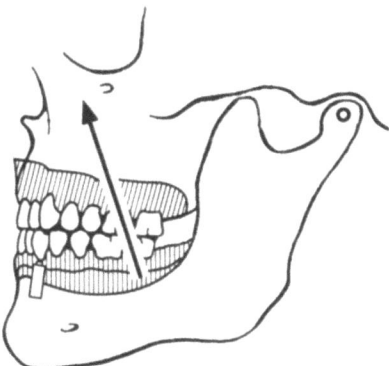

Abb. 8. Abstützungsverhältnisse bei der Steg-Gelenkprothese

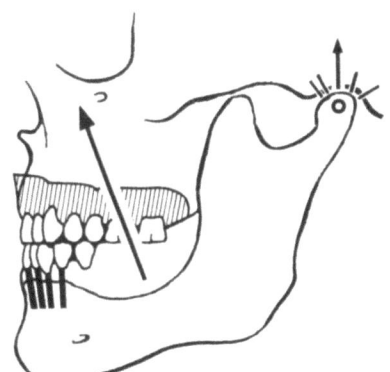

Abb. 9. Abstützungsverhältnisse bei der Freiendbrücke

Bei der festsitzenden Versorgung handelt es sich, wie schon erwähnt, um eine nach distal extendierte Brücke, die in der momentan verwendeten Form eine Abstützung bis in den Bereich 5 bis 5 ermöglicht.

Über die gnathologische Suffienz dieses Abstützungstyps kann man keine verallgemeinernde Aussagen machen.

Zu erwarten wäre, daß in Fällen, in denen der Vektor der Gesamtkaukraft distal von 5 bis 5 angreift, es zu einer Kompression im Gelenk kommt.

Die Lage des Angriffpunktes ist aber schwer zu erfassen und hängt unter anderem von

der Anatomie der Kaumuskulatur,
dem Funktionstyp und von
spezifischen skelettalen Verhältnissen ab (Abb. 9).

Bei der Bewertung gnathologischer Gesichtspunkte ist auch zu bedenken, daß bei Zahnlosen häufig pathologische Gelenksbefunde anzutreffen
sind.

Die meisten Patienten durchlaufen bis zur Extraktion des letzten Zahnes
ein verschieden langes Stadium der Teilbezahntheit. In diesem kommt es oft
zum jahrelangen Bestehen von Malokklusionen (unversorgte Lücken, nicht
abgestützte Freiendsättel, gewanderte und gekippte Zähne). Es handelt sich
daher häufig um mehr oder weniger vorgeschädigte Gelenke, denen durch
die prothetische Versorgung eine Therapie und keine zusätzliche Belastung
geboten werden sollte.

Nach heutiger Auffassung ist eine Bezahnung von 5 bis 5 zwar
parodontal ausreichend, kann aber je nach anatomischen Voraussetzungen
zu den oben angeführten Schwierigkeiten führen und stellt gnathologisch
einen Schwachpunkt des Systems dar.

3. Hygienische Verhältnisse und der Einfluß auf das marginale Implantatparodont

Die Prognose eines Implantates hängt nicht unwesentlich von den hygienischen Verhältnissen ab, die ihm geboten werden. Plaqueansammlungen
führen zur Entzündung der periimplantären Gingiva mit allen daraus
resultierenden negativen Konsequenzen für die Prognose des Implantates
(Matejka et al., 1987).

Die aktive Reinigung durch den Patienten ist bei entsprechender
Motivation, Kontrolle und Anleitung in beiden Fällen relativ leicht
durchführbar. Wobei der Steg durch seine geringere Anzahl von Pfeilern
und dem Fehlen von pflegeintensiven Nischen für Patienten mit geringerem
manuellen Geschick leichter zu reinigen ist. Die festsitzende Brücke
erfordert vom Patienten sicher erhöhte Aufmerksamkeit bei der Reinigung.

Bei der passiven Reinigung der Konstruktion durch Zunge und Speichel
ergeben sich gewisse Unterschiede.

Die Kunststoffprothese wird mit ihrer Aussparung für den Steg ähnlich
einer Glocke über diesen gestülpt. Speisereste, die unter diese Glocke
geraten, können vom Patienten nur aktiv durch Abnahme der Prothese
entfernt werden. Diese Ablagerungen führen sowohl mechanisch als auch
durch eventuell enthaltene Kohlehydrate zu einer entzündlichen Irritation
der periimplantären Schleimhaut.

Die festsitzende Brücke bietet durch ihre frei unterspülbare Konstruktion gute Voraussetzungen für die passive Reinigung durch Zunge und
Speichel.

Die Nachuntersuchung der periimplantären Blutungswerte (PIBI-Werte) am Krankengut der Wiener Klinik bestätigt diese Vorteile der festsitzenden Brückenversorgung (Matejka et al., 1987).

Steggelenkprothese: PIBI 62% positiv.

Festsitzende Brücke: PIBI 46% positiv.

4. Ästhetik und Phonetik

Der Patient erwartet sich von seiner prothetischen Versorgung nicht nur die Wiederherstellung der Kaufunktion, sondern der an Bedeutung sicher überwiegenden sozialen Funktionen. Er erwartet sich auch eine Rehabilitation seines Aussehens sowie die Verbesserung der Phonetik.

Die vom Steggelenk unterstützte Totalprothese bietet dem Patienten eine zufriedenstellende Ästhetik in Kombination mit relativ gutem Prothesenhalt. Dieser entspricht dem einer hochwertigen Teilprothese. Phonetisch ergeben sich bei richtiger Prothesengestaltung keinerlei Schwierigkeiten.

Die festsitzende Brückenversorgung weist in dieser Hinsicht Mängel auf, die nicht von allen Patienten toleriert werden. Der Abstand der Brücke zum Kamm sowie das Sichtbarwerden der Pfeiler beurteilen manche Patienten als ästhetisch störend. Bei der Phonation kann sich die durch die fehlende Abdämmung entweichende Luft durch Zischen unangenehm bemerkbar machen.

5. Kaukraft und Kauleistung

Ein Ansteigen der Kaukraft bei implantatgetragenen Prothesen und Brücken gegenüber der schleimhautgetragenen Totalprothese wird von mehreren Autoren beschrieben (Knowlton, 1953; Kraft, 1962; Haraldson und Carlsson, 1977) (Abb. 10).

Mittlere Kaukraft:

bei natürlicher Bezahnung

Front	zirka 100 N
Seitzahnbereich	zirka 200 N
	(nach Kraft, 1962)

Mittlere Kaukraft bei implantatgetragener Brücke nach Branemark (1977)

Frauen	93 N
Männer	188 N

Die höchste bei Totalimplantation gemessene Kaukraft liegt bei 420 N (Carlsson, 1977) (490 N bei vollbezahnt).

Mittlere Kaukraft bei implantatgetragenem herausnehmbarem Ersatz

Nach Kraft	zirka 60 N

Mittlere Kaukraft mit schleimhautgetragener Totalprothese

Nach Kraft	zirka 20 N

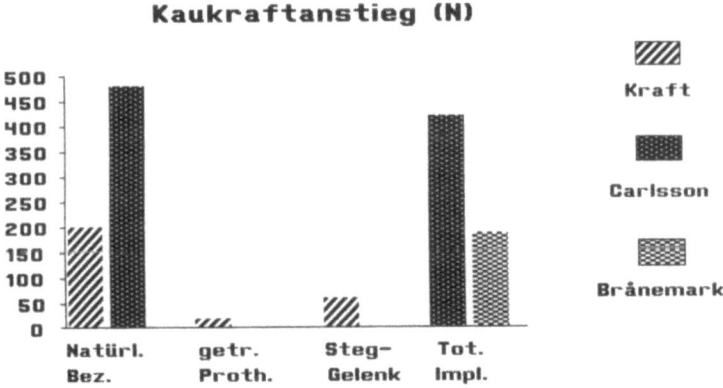

Abb. 10. Graphik des Kaukraftanstieges bei Implantation

Daraus ergibt sich, daß die Steggelenkprothese eine Erhöhung der Kaukraft um zirka das Dreifache gegenüber der schleimhautgetragenen Totalprothese bringt. Bei der festsitzenden Brücke stellen sich Kaukräfte ein, die dem Fünf- bis Neunfachen der Kaukraft einer rein gingival getragenen Prothese entsprechen. Diese Werte sind zwischen einer Oberkiefertotalprothese (schleimhautgetragen) und den verschiedenen Unterkieferversorgungen zu messen. Bei Implantatversorgungen im Oberkiefer ergibt sich kein Anstieg der Kaukraft (Knowlton, 1953).

Der Vergleich der beiden Versorgungsvarianten zeigt, daß es Patienten mit festsitzenden Brücken möglich ist, wesentlich höhere Kaukräfte aufzubringen als Patienten, die mit Steggelenkprothesen versorgt sind.

Wie sich diese Kaukrafterhöhung auf die mastikatorische Leistung des Patienten auswirkt, ist zur Zeit nicht eindeutig klärbar. Die abnehmbare Prothese bietet gegenüber der Brücke eine wesentlich größere Okklusionsfläche und scheint durch die Verankerung die der Steg bietet, eine der natürlichen Funktion ähnelnde Kaubewegung zu ermöglichen.

Dem festsitzend versorgten Patienten verbleiben für seine Kauarbeit nur die Okklusionsflächen 5, 4 bis 4, 5. Die Brücke ermöglicht dem Patienten (bei fester Versorgung des Gegenkiefers) ein der natürlichen Funktion entsprechendes Abbeißen, während dies bei der Steggelenkprothese nur bei optimalen Zahnaufstellungsverhältnissen in beschränktem Ausmaß möglich ist.

6. Subjektive Patientenbeurteilung

Hier ist zu klären, ob der Patient mit der ihm gebotenen Versorgung zufrieden ist, ob sie seine Lebensqualität erhöht und seine Erwartungen erfüllt.

Da die Patienten eine erhebliche physische, psychische und finanzielle Belastung auf sich nehmen, stellen sie meist recht hohe Ansprüche an ihre Versorgung.

Vereinfacht gibt es zwei Patientengruppen, die sich für eine Implantation entscheiden:

1. Patienten, die schon durch längere Zeit unbezahnt sind und durch ihre ungünstigen anatomischen Verhältnisse nicht oder nicht mehr durch normale schleimhautgetragene Prothetik suffizient versorgt werden können. Diese Patienten sind durch ihren insuffizienten Ersatz oft schon Jahre funktionell und sozial (Sprache, Prothesenluxation in der Öffentlichkeit) beeinträchtigt. Sie entscheiden sich nach Aufklärung häufig für die Steggelenkprothese, da sie keine „neuen Zähne", sondern eine Verbesserung ihrer prothetischen Situation erwarten.

2. Patienten, die keine „Zähne zum Herausnehmen" wollen, sondern sich einen festsitzenden Ersatz erwarten, der ihrer früheren Bezahnung in Funktion und Ästhetik möglichst nahe kommt. Die Implantation wird möglichst bald nach Abheilung der Extraktionen, frühestens aber nach einem Jahr, durchgeführt.

Die beiden Patientengruppen werden natürlich unterschiedliche Erwartungen in ihre Versorgung setzen und daher den Behandlungserfolg unterschiedlich beurteilen (Lill et al., 1988).

Diskussion und Konklusion

Die festsitzende Versorgung scheint durch ihre größere Implantatanzahl und den starreren Verbund der einzelnen Pfeiler in der Lage zu sein, höhere Belastungen aufzunehmen als der abnehmbare Typ, provoziert aber durch ihre Gestaltung als Freiendbrücke relativ hohe Belastungen für die endständigen Implantate. Bei der Steggelenkprothese kann die Implantatzahl nicht beliebig gesteigert werden (maximal vier), da sonst die Konstruktion eines funktionsfähigen Steges unmöglich wird. Die einzelnen Pfeiler werden aber relativ gleichmäßig und mit geringerer Kraft belastet. Die mittlere Kaukraft beträgt zirka 60 N und wird zum Teil von der gingivalen Abstützung aufgefangen. Nur beim Kantbiß wird die volle Kraft auf die Implantate weitergeleitet und auf diese gleichmäßig verteilt. Wobei im Extremfall (2 Implantate) zirka 30 N aufgenommen werden.

Bei der festsitzenden Brücke kann es zu extremer Belastung der distalen Pfeiler kommen. Legt man zugrunde, daß die Kaukräfte z. B. bei Männern auf zirka 180 N anwachsen können und daß bei ungünstigten Hebelverhältnissen z. B. das Doppelte einer paraaxial einwirkenden Kraft das distale Implantat belasten kann, so ergibt sich eine maximale Kraft von zirka 360 N, die von den beiden endständigen Implantaten aufgefangen werden muß. Die Belastung des Einzelimplantates läge dann bei zirka 180 N, während die anterioren Implantate einer Zugbelastung ausgesetzt sind.

Diese stark vereinfachte Überschlagsrechnung zeigt, daß die festsitzende Brücke wesentlich höhere Anforderungen an den Verbund zwischen Knochen und Implantat stellt, in ihrer Kaukraft allerdings nahezu physiologische Verhältnisse erreicht.

Einen weiteren Risikofaktor beinhaltet diese prothetische Lösung durch die kürzere distale Abstützung im Seitzahnbereich. Auch die Anforderungen an die Mundhygiene sind bei dieser Versorgungsart höher, wenngleich die Spontanreinigung besser ist. Insgesamt scheint die festsitzende Brücke die risikoreichere Lösung, die dem Patienten aber den psychischen und funktionellen Vorteil eines nicht abnehmbaren Ersatzes bietet.

Das Indikationsgebiet für die festsitzende Variante sind daher hauptsächlich jüngere Patienten mit physiologischen Gelenksverhältnissen und ausreichender hygienischer Motivierbarkeit.

Die Steggelenkprothese stellt ein taugliches Mittel zur Verbesserung der prothetischen Situation des oft schon langjährigen Totalprothesenpatienten dar.

So betrachtet handelt es sich nicht um zwei konkurrierende Systeme, sondern sie erweitern bei sinnvoller Indikationsstellung unsere Möglichkeiten, zahnlose Patienten dem jeweiligen Fall entsprechend besser zu versorgen.

Literatur

Branemark PI, et al (1977) Osseointegrated implants in the treatment of the edentulous jaw. Almqvist & Wiksell, Stockholm

Haraldson T, Carlsson GE (1977) Bite force and oral function in patients with osseointegrated oral implants. Scand J Dent Res 85:200

Knowlton JP (1953) Masticatory pressures exerted with implant dentures as compared with soft-tissue-borne dentures. J Prosth Dent 3:721

Kraft E (1962) Über die Bedeutung der Kaukraft für das Kaugeschehen. Zahnärztl Praxis 13:129

Lill W, Rambousek-Sperl K, Watzek G, Matejka M (1987a) Dämpfungsausmaß implantatgetragener Suprakonstruktionen bei horizontalen und vertikalen Kaukräften. Z Zahnärztl Implantol 3/3:183

Lill W, Rambousek K, Mailath G, Matejka M, Watzek G (1988) Subjektive Erfolgsbeurteilung seitens implantatversorgter Patienten. In: Watzek G, Matejka M (Hrsg) Der zahnlose Unterkiefer. Seine chirurgisch-prothetische Rehabilitation. Springer, Wien New York, S 399

Matejka M, Lill W, Watzek G (1987) Periimplantäre Weichteilprobleme bei hochgradiger Knochenatrophie. Österr Zahnärztekongreß, Villach, 1987

Skalak R (1983) Biomechanical considerations in osseointegrated prostheses. J Prosth Dent 49:843

Soltész U, Siegele D (1982) Principle characteristics of the stress distributions in the jaw caused by dental implants. In: Huiskes R, et al (eds) Biomechanics: principles and applications. Nijhoff, Den Haag

Soltész U, Siegele D (1984) Einfluß der Steifigkeit des Implantatmaterials auf die im Knochen erzeugten Spannungen. Dtsch Zahnärztl Z 39:138

Watzek G, Matejka M, Grundschober F, Plenk H (1985) Enossale Implantate. Theoretische und morphologische Grundlagen – klinische Konsequenzen. Z Stomatol 82:27

Watzek G, Lill W, Matzka P, Matejka M, Plenk H jr (1988) Knöchern eingeheilte Implantate (Tübinger, IMZ, Branemark) – Erfahrungen mit einem Therapiekonzept. Z Stomatol 85/4:207

Anschrift des Verfassers: Dr. P. Matzka, Universitätsklinik für Zahn-, Mund- und Kieferheilkunde, Währinger Straße 25a, A-1090 Wien, Österreich.

MIX
Papier aus verantwortungsvollen Quellen
Paper from responsible sources
FSC® C105338

FSC
www.fsc.org

If you have any concerns about our products,
you can contact us on
ProductSafety@springernature.com

In case Publisher is established outside the EU,
the EU authorized representative is:
Springer Nature Customer Service Center GmbH
Europaplatz 3, 69115 Heidelberg, Germany

Printed by Libri Plureos GmbH
in Hamburg, Germany